FOKUS CHEMIE

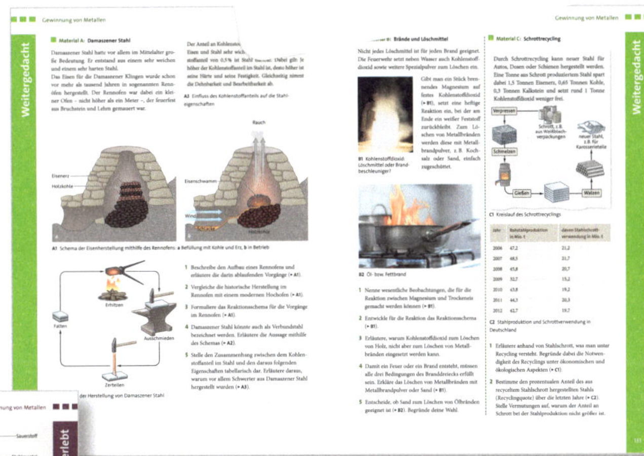
Weitergedacht

Gewinnung von Metallen

Material A: Damaszener Stahl

Material C: Schrottrecycling

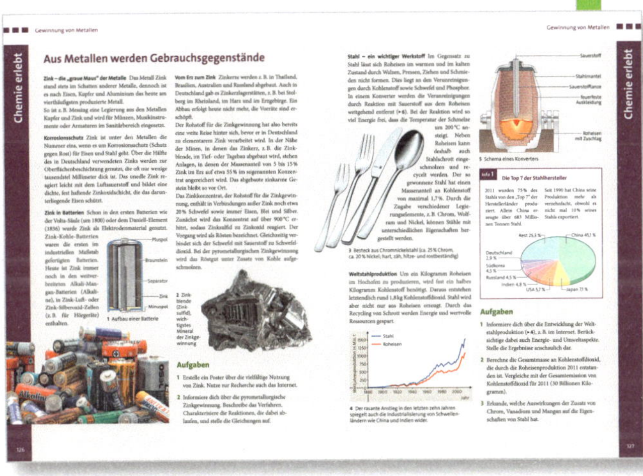
Chemie erlebt

Gewinnung von Metallen

Aus Metallen werden Gebrauchsgegenstände

Aufgaben

WEITERGEDACHT

Hier wird es knifflig: Ähnlich wie in einer Leistungskontrolle fordern dich diese Aufgaben heraus! Beschäftige dich zuerst mit dem vorgestellten Material, damit du diese Aufgaben lösen kannst.
Zur Überprüfung des Grundwissens findest du am Kapitelende unter *Teste dich* zusätzliche Aufgaben mit den Lösungen im Anhang.

CHEMIE ERLEBT

Themen, die die Chemie lebendig machen: Energie, Umwelt, Geschichte, Gesundheit und mehr – mit Texten, Abbildungen und Experimenten, die tiefer in die Anwendungsbereiche der Chemie einsteigen lassen.

FOKUS CHEMIE SI

GESAMTBAND
NIEDERSACHSEN G9

Cornelsen

FOKUS CHEMIE

Autoren: Annkathrien Jaek (Lüneburg), Carsten Kinzel (Meppen), Carina Kronabel (Papenburg), Jörn Peters (Papenburg)

mit Beiträgen von: Dr. Barbara Arndt

Herausgeber: Dr. Karin Arnold

Autoren der allgemeinen Ausgabe: Dr. Karin Arnold, Prof. Dr. Volkmar Dietrich (†), Andreas Eberle, Dr. Holger Fleischer, Andrea Hein, Carina Kronabel, Dr. Uwe Lüttgens, Ralf Malz, Jörn Peters, Hannes Rehm

Teile dieses Buches sind eine Bearbeitung der allgemeinen Ausgabe von Fokus Chemie.

Redaktion: Sven Wilhelm

Designberatung: Ellen Meister

Illustration und Grafik: Birgit Janisch, Tom Menzel

Gesamtgestaltung und technische Umsetzung: EYES-OPEN, Berlin

www.cornelsen.de

Das Buch setzt die neue EU-Verordnung zur Einstufung und Kennzeichnung von Chemikalien um (Globally Harmonised System of Classification and Labelling of Chemicals, GHS).

Experimente sind in der Regel Schüler-Experimente. Wenn sie mit einem L markiert sind, dürfen sie nur von der Lehrerin oder dem Lehrer durchgeführt werden. Zu den Experimenten im Buch sind editierbare Gefährdungsbeurteilungen erhältlich.

Das Umschlagsmotiv zeigt einen Ausschnitt des zur Weltausstellung 1958 erbauten Atomiums in Brüssel.

1. Auflage, 1. Druck 2015

Alle Drucke dieser Auflage sind inhaltlich unverändert und können im Unterricht nebeneinander verwendet werden.

Druck: Mohn Media Mohndruck, Gütersloh

ISBN 978-3-06-012222-6

PEFC/04-31-1033

PEFC zertifiziert

Dieses Produkt stammt aus nachhaltig bewirtschafteten Wäldern und kontrollierten Quellen.

www.pefc.de

Inhalt

CHEMISCHE REAKTIONEN 66

LUFT UND VERBRENNUNG 90

GEWINNUNG VON METALLEN 114

✗ Themenfeld

WASSER 134

QUANTITATIVE BETRACHTUNGEN 148

ELEMENTFAMILIEN 166

ATOMBAU UND PERIODENSYSTEM DER ELEMENTE 188

SALZE UND METALLE – ELEKTRONENÜBERTRAGUNG 212

STOFFE AUS MOLEKÜLEN – ELEKTRONENPAARBINDUNG 238

✗ Themenfeld

SAURE UND ALKALISCHE LÖSUNGEN 256

ANHANG 288

Was ist Chemie?

Die Welt besteht aus vielen unterschiedlichen Stoffen. Gesteine und Mineralien bildeten sich in Urzeiten. Noch heute zeugen Lava speiende Vulkane davon.
Explodieren im Universum Sterne oder stürzen Kometen ab, entstehen dabei immer viele verschiedene Stoffe.
Stoffe, die in Millionen Jahren Erdgeschichte entstanden sind, werden von den Menschen täglich genutzt.
Neben der Biologie und Physik versucht vor allem die Chemie, Antworten auf Fragen nach Stoffen, Erscheinungen und Vorgängen in der Natur zu finden.

Chemie – Chancen und Gefahren

Chemie ist in unserem Leben allgegenwärtig. Zahnpasta, Kosmetika, Medikamente, Plastiktüten, DVDs, aber auch das Fahrrad und die Inlineskates sind nur wenige Beispiele für Produkte der Chemie.
Trotzdem denken viele Menschen bei dem Wort „Chemie“ sofort an Umweltschäden: die Verschmutzung von Luft, Boden und Gewässern oder an Unfälle in Chemiebetrieben. Wie denkst du darüber?

Natur

Auffälligkeiten in der Natur wecken unser Interesse. Durch genaues Beobachten und Probieren können wir die Eigenschaften und Verwendungsmöglichkeiten vieler Stoffe kennenlernen.

Technik

Neuartige Produkte wie flexible elektronische Displays schaffen die Voraussetzung für neue technische Anwendungen.

Ernährung

Speisen werden erst durch ihre Zubereitung in der Küche wohlschmeckend.

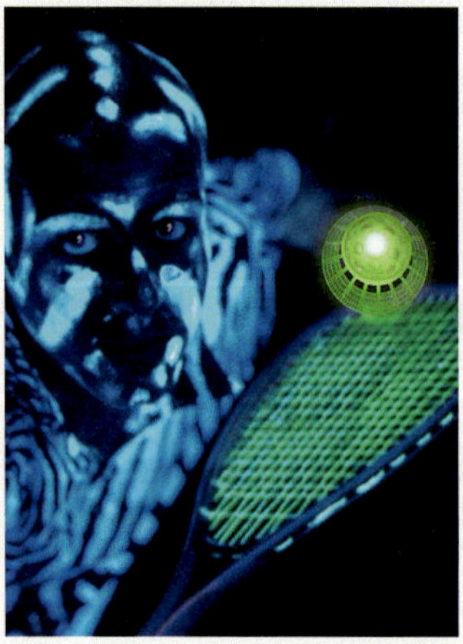

Freizeit

Interessante und aufregende Freizeitbeschäftigungen werden dank neuer Werkstoffe und Fasern möglich.

Medikamente

Medikamente verhindern oder heilen zahlreiche Krankheiten, wenn sie verantwortungsbewusst eingenommen werden.

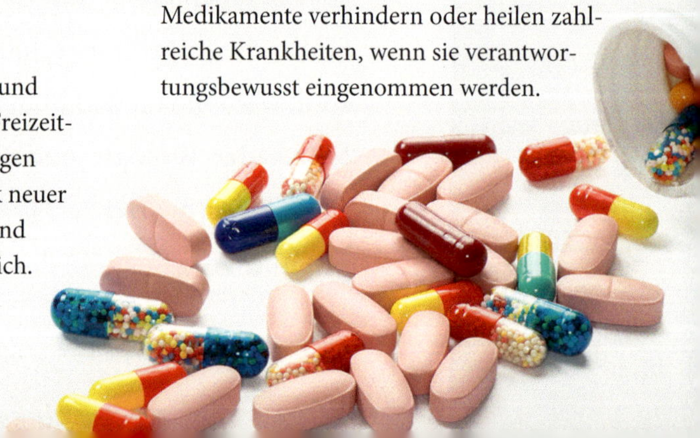

Umweltverschmutzung

Durch auslaufendes Öl bei der Havarie riesiger Öltanker entstehen große Schäden an unserer Umwelt. Dabei zeigt sich häufig, dass menschliches Fehlverhalten zu solchen Katastrophen geführt hat. Zur Minderung der Schäden werden Produkte der chemischen Industrie eingesetzt.

Autoabgase

Abgase der Verbrennung von Kohle und Erdgas sowie Abgase von Kraftfahrzeugen enthalten Schadstoffe. So entsteht bei der Verbrennung von Diesel in modernen Motoren gefährlicher Feinstaub, der beim Einatmen tief in die Lungen eindringt.

Kraftwerke

Durch moderne Abgasreinigungsanlagen wie Rauchgasentschwefelungsanlagen in Kraftwerken oder Abgaskatalysatoren bei Kraftfahrzeugen können viele Schadstoffe aus den Abgasen entfernt werden.

Kenntnisse auf dem Gebiet der Chemie helfen, die Geschehnisse um uns zu verstehen, mit Stoffen verantwortungsvoll umzugehen sowie Gefahren und Ursachen von Störfällen zu erkennen.

Umgang mit Chemikalien

Aufbewahren von Chemikalien Alle **Chemikalien**, die im Chemieunterricht verwendet werden, müssen in besonderen Chemikalienflaschen aufbewahrt werden und eindeutig beschriftet sein. Keinesfalls dürfen Chemikalien in Lebensmittelbehältnisse abgefüllt oder darin aufbewahrt werden, da es dadurch leicht zu Verwechslungen und zu gesundheitlichen Schäden kommen kann. Das gilt vor allem auch für die chemischen Stoffe, die euch in Haushalt und Alltag begegnen.

1 Haushaltschemikalien dürfen nur in ihrer Originalverpackung aufbewahrt werden.

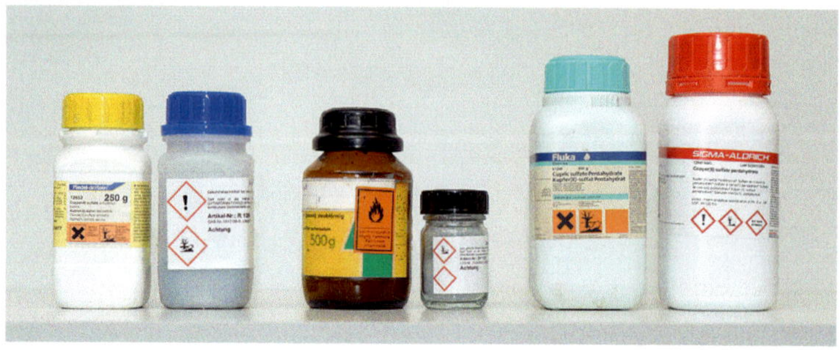

2 Chemikalienflaschen mit alter und neuer Kennzeichnung

> **!** **Kennzeichnung von Gefahrstoffen**
>
> Gefahrenpiktogramme bzw. Gefahrensymbole sind dir sicher schon im Alltag aufgefallen, z. B. an einer Tankstelle, auf Farbdosen, Haushaltsreinigern oder Grillanzündern. Das Gefahrenpiktogramm bzw. Gefahrensymbol ermöglicht eine erste schnelle Information über den Stoff. So lässt sich daran erkennen, ob ein Stoff z. B. giftig, reizend oder umweltgefährlich ist.

Gefahrstoffe Von einigen Stoffen, die im Chemieunterricht wie auch im täglichen Leben verwendet werden, können Gefahren ausgehen. Stoffe, die giftig sind, können durch Einatmen oder Verschlucken zu schweren Gesundheitsschäden oder gar zum Tod führen. Andere Stoffe sind z. B. schon durch Funken leicht entzündbar und können unter bestimmten Bedingungen sogar explodieren. Ätzende Stoffe zerstören Kleidung, Schuhe, Haut oder Augen, aber auch die Oberfläche von Gegenständen. Alle gesundheitsschädlichen und gefährlichen Stoffe werden deshalb als **Gefahrstoffe** bezeichnet.

Der Umgang mit Gefahrstoffen wird durch die **Gefahrstoffverordnung** geregelt. Seit Anfang 2009 werden Chemikalien nach dem GHS (Globally Harmonised System of Classification and Labelling of Chemicals) mit Gefahrenpiktogrammen, -codes und -bezeichnungen neu gekennzeichnet und eingestuft. Für die alte Verordnung mit den orangefarbenen Gefahrensymbolen gelten aber Übergangsfristen. Deshalb findest du auch weiterhin auf Chemikalienflaschen die alte Kennzeichnung (▸ **2**).

GHS01	GHS02	GHS04	GHS03	GHS06	GHS08	GHS05	GHS07	GHS09
explosionsgefährlich	leicht entzündlich	Gase unter Druck	brandfördernd (oxidierend)	giftig	gesundheitsgefährdend	ätzend	gesundheitsschädlich	umweltgefährdend

3 Gefahrenpiktogramme und Gefahrencodes nach GHS, geordnet nach abnehmendem Gefahrenpotenzial

4 Kittel, Schutzbrille und Schutzhandschuhe

Kupfer(II)-sulfat-Pentahydrat
$CuSO_4 \cdot 5\,H_2O$

Gefahrenhinweise
H302 Gesundheitsschädlich bei Verschlucken.
H319 Verursacht schwere Augenreizung.
H315 Verursacht Augenreizung.
H410 Sehr giftig für Wasserorganismen mit langfristiger Wirkung.

Achtung

5 Etikett einer Chemikalie

Auf die besonderen Gefahren beim Umgang mit dem Stoff weisen auf dem Etikett nach dem neuen GHS die **H-Sätze** (engl. *hazard:* Gefahr) hin. Sicherheitsratschläge werden durch **P-Sätze** (engl. *precaution:* Sicherheit) angegeben. Im Anhang des Buches sind die Gefahrenpiktogramme sowie H- und P-Sätze zur genaueren Information zusammengestellt (▸ S. 308 ff.).

Entnahme von Chemikalien Beim Ausgießen einer Flüssigkeit aus einer Flasche wird die Flasche stets so gehalten, dass die Hand das Etikett umfasst, damit herunterlaufende Flüssigkeitstropfen das Etikett nicht beschädigen können. Vor dem Öffnen eines Behälters sind stets die Gefahrenhinweise zu lesen.

6 Ausgießen einer Flüssigkeit aus einer Flasche

7 Entnehmen von Chemikalien mit einem Spatel

Chemikalien dürfen nicht mit den Fingern angefasst werden. Sie werden mit einem Spatel oder Spatellöffel entnommen. Grundsätzlich dürfen keine Geschmacksproben vorgenommen werden. Um sich und andere Personen nicht zu gefährden, muss mit Chemikalien sehr sorgfältig und äußerst sparsam umgegangen werden.

Chemikalienreste können die Umwelt unterschiedlich stark belasten. Deshalb dürfen z. B. keine wassergefährdenden Stoffe, wie Öl- oder Benzinreste, ins Abwasser gelangen. Feste und flüssige Chemikalienreste werden in entsprechend beschriftete Sammelbehälter bzw. Entsorgungsgefäße gegeben. In der Regel sind die Sammelbehälter aus Kunststoff oder Glas. Die so gesammelten Chemikalien werden wieder aufbereitet oder an Entsorgungsunternehmen abgegeben.

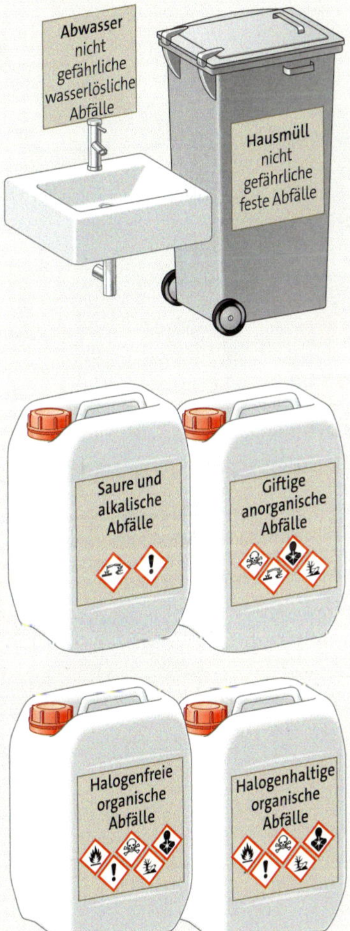

8 Die getrennte Entsorgung von Chemikalien schützt unsere Umwelt.

Chemie ist ...

Die Chemie ist eine auf Erfahrung und Experimenten beruhende Naturwissenschaft. Sie befasst sich mit Stoffen, ihren Eigenschaften, der Untersuchung von Vorgängen und der Herstellung neuer Stoffe.

Herstellung neuer Stoffe

Die Herstellung neuer Stoffe mit besonderen Eigenschaften für den Einsatz in Medizin und Technik – das ist das Ziel von Forschung und Entwicklung auf dem Gebiet der Chemie.

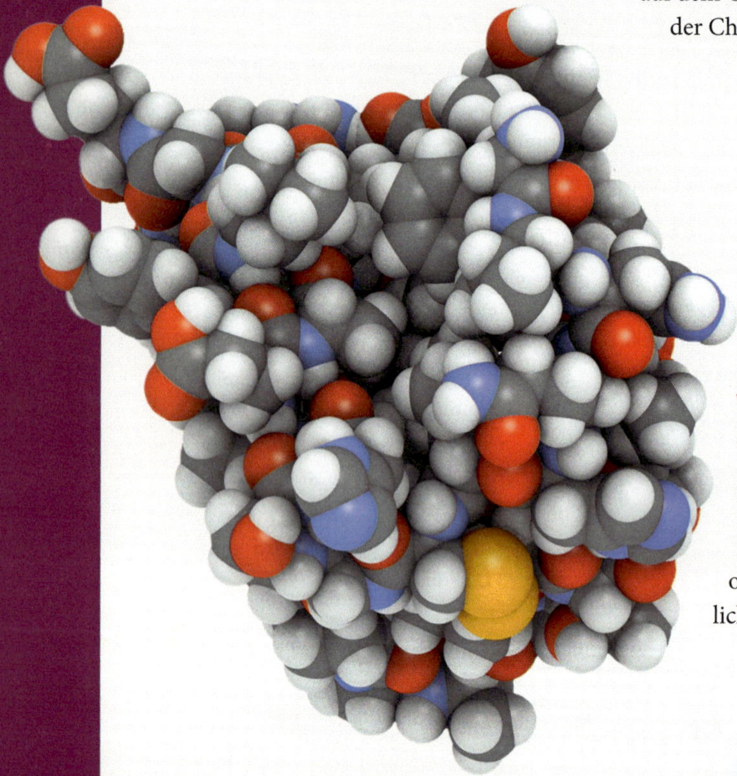

Verwendung von Modellen

Ohne Modelle lassen sich Experimentierergebnisse und Beobachtungen nicht immer deuten. Nicht wahrnehmbare oder komplexe Vorgänge können erst mithilfe von Modellen beschrieben, vereinfacht oder gedeutet werden. Modelle geben aber die Wirklichkeit nie vollständig wieder.

Experimentieren für neue Erkenntnisse

Nur durch genaues Beobachten und Experimentieren werden in der Chemie neue Erkenntnisse gewonnen und Zusammenhänge in der Natur entdeckt. Experimente sind immer Fragen an die Natur. Sie erfordern in der Chemie häufig besondere Geräte und Einrichtungen. Für ein gefahrloses Arbeiten werden Schutzbrillen, Schutzscheiben sowie Abzugseinrichtungen benötigt.

Regeln beim Experimentieren

Experimente im Chemieunterricht haben eine ähnliche Bedeutung wie in der Forschung. Deshalb muss jedes Experiment gründlich vorbereitet, sorgfältig durchgeführt und ausgewertet werden. Beachte dabei die folgenden Regeln:

Wichtige Grundregeln

1. Setze beim Experimentieren immer eine Schutzbrille auf und arbeite im Stehen.
2. Räume deinen Arbeitsplatz frei und verstaue deine Tasche unter dem Tisch.
3. Binde langes Haar mit einem Band zusammen und lege Bekleidungsstücke, die beim Experimentieren stören, ab (Schal, Halstuch, Pullover mit weiten Ärmeln).
4. Verlasse bei laufendem Experiment nie deinen Platz.
5. Erhitze Flüssigkeiten im Reagenzglas äußerst vorsichtig und halte es dabei leicht schräg. Bewege das Reagenzglas beim Erwärmen. Es kann zum plötzlichen Herausspritzen von Flüssigkeit kommen (Siedeverzug).
6. Richte die Öffnung des Reagenzglases dabei nie auf andere Mitschüler. Schaue nie in ein offenes Reaktionsgefäß.
7. Fächle bei Geruchsproben Gase oder Dämpfe mit der Hand zur Nase. Führe Geruchsproben nur nach Aufforderung durch.

1 Erhitzen einer Flüssigkeit

2 Geruchsprobe

Während des Experimentierens

1. Lies die gesamte Versuchsanleitung und informiere dich über mögliche Gefahren und notwendige Sicherheitsmaßnahmen.
2. Stelle die erforderlichen Geräte und Chemikalien bereit.
3. Beginne erst, wenn es die Lehrkraft erlaubt.
4. Halte dich genau an die Durchführungsschritte.
5. Beobachte während des Experimentierens genau und notiere alle Wahrnehmungen (Sichtbares, Hörbares, Fühlbares, Riechbares) und Messwerte.
6. Schließe gebrauchte Gas- und Wasserhähne, wenn du fertig experimentiert hast.
7. Entsorge alle Chemikalienreste in die gekennzeichneten Behälter.
8. Baue die Versuchsapparatur sorgfältig ab, säubere die Geräte und räume sie weg.
9. Melde Beschädigungen an den Geräten der Lehrkraft.
10. Werte die Beobachtungen aus und formuliere das Ergebnis. Fertige, wenn gefordert, ein Protokoll an.

Zahlreiche Einrichtungen im Fachraum Chemie dienen der Sicherheit beim Experimentieren. Jeder, der den Fachraum betritt, sollte den Standort und die Bedienung dieser Einrichtungen kennen.

NOT-AUS-Schalter
Feuerlöschmittel: Löschsand, Feuerlöschdecke, Feuerlöscher, Wasserdusche
Erste-Hilfe-Einrichtungen: Verbandskasten, Augendusche, Trage
Telefon-Notruf: 110 Polizei, 112 Feuerwehr

Aus Sicherheitsgründen wird der Chemieraum nur mit einer Lehrkraft betreten. Essen und Trinken sind im Chemieraum verboten.

Methode

Experimentelles naturwissenschaftliches Arbeiten

In den Naturwissenschaften lassen sich durch geschickte Wahl von Experimenten Lösungen zu vielen Problemen und Fragen finden.

Honigspiralen werden im Teefachhandel aus Holz, Porzellan, Kunststoff oder Metall angeboten. Die Spiralen werden mit Honig umwickelt und in ein Teeglas gestellt, sodass sich der Honig langsam im heißen Tee lösen kann. Danach sollte noch einmal umgerührt werden. Jedoch lassen sich nicht alle Spiralen nach fünf Minuten noch problemlos anfassen.

1 Wird schnell heiß – Honigspirale aus Metall.

1 Beschreibe die vorliegende Problemstellung kurz und verständlich.
Es gibt Honigspiralen aus den Materialien Holz, Porzellan, Kunststoff und Metall. Diese erwärmen sich unterschiedlich durch den Tee, in dem sie stehen.
Problem: Aus welchem Material sollten Honigspiralen gefertigt werden, damit man sich nicht verbrennt?

2 Leite Vermutungen zur Problemlösung ab, indem du auf Vorwissen zurückgreifst oder vorliegende Informationen auswertest.
Kochgegenstände wie Töpfe oder Pfannen sind häufig aus Metall, sie scheinen schnell warm zu werden. Die Griffe sind häufig aus Kunststoff oder Holz, sie bleiben kühl. Kaffeetassen fühlen sich mit heißen Getränken auch von außen warm an.
Vermutungen: Die Metallspirale wird schnell zu heiß zum Anfassen. Kunststoff- und Holzspiralen wahrscheinlich nicht.

3 Überlege, wie du deine Vermutungen überprüfen kannst.
In den Naturwissenschaften werden Vermutungen durch Experimente überprüft und neue Erkenntnisse gewonnen. Im Unterricht sind zwei Vorgehensweisen möglich.
Eigenständige Planung des Versuchs: Geräte, Chemikalien und Versuchsdurchführung müssen eigenständig geplant werden.
Planung auf Grundlage einer vorhandenen Versuchsvorschrift im Buch: Im Buch existiert ein Versuch, der die Problemstellung untersucht.

4 Überprüfe deine Vermutung im Experiment.
Alle Materialien müssen in ein heißes Wasserbad gestellt und die Wärmeleitfähigkeit verglichen werden. Anstelle von Honigspiralen können Löffel verwendet werden. Entweder wird auf alle Löffel ein leicht schmelzbarer Stoff aufgetragen oder ein Messgerät verwendet.

5 Dokumentiere deine Beobachtungen in einem Protokoll und deute sie.
Der schmelzbare Stoff läuft zuerst am Gegenstand aus Metall herunter. Bei Porzellan dauert es länger und bei Holz bzw. Kunststoff ist kein Herunterlaufen feststellbar. Metall leitet daher die Wärme sehr gut, Porzellan ein wenig. Holz und Kunststoff sind schlechte Wärmeleiter.

6 Formuliere ein Ergebnis und beziehe dich dabei auf die zuvor formulierte Vermutung.
Honigspiralen sollten aus Holz oder Kunststoff gefertigt sein. Sie können unbedenklich im Tee stehen gelassen werden. Gegenstände aus Metall werden sehr schnell heiß. Es besteht Verbrennungsgefahr. Die zuvor formulierten Vermutungen wurden somit bestätigt.

Protokollieren von Experimenten

Zum chemischen Experimentieren gehört auch die Anfertigung eines Versuchsprotokolls. Es dient dazu, alle Versuchsschritte zu dokumentieren. Nur so ist es möglich, das Experiment unter gleichen Bedingungen wiederholen und die ermittelten Ergebnisse überprüfen zu können.

Bestandteile eines Protokolls

1 Formuliere die Aufgabe bzw. Problemstellung des Versuchs.

2 Notiere alle für das Experiment benötigten Materialien (Geräte, Chemikalien).

3 Fertige eine schematische und beschriftete Skizze des Versuchsaufbaus an, die alle Geräte und Chemikalien sicher angeordnet zeigt.

4 Schreibe alle Tätigkeiten und Handgriffe auf, die für die Durchführung des Experiments notwendig sind.

5 Führe Sicherheitsmaßnahmen bezüglich verwendeter Stoffe auf.

6 Notiere alle Beobachtungen und ihre Deutung. Lege dazu am besten eine Tabelle an, in der jeder einzelnen Beobachtung eine Deutung zugeordnet werden kann.

7 Formuliere die Auswertung. Vergleiche, deute, erkläre, leite Schlussfolgerungen entsprechend der Aufgabenstellung ab.

Name: Klasse: Datum:

Wärmeleitfähigkeit verschiedener Stoffe

1 Aufgabe/Problemstellung:
Es gibt Honigspiralen aus vier Materialien: Holz, Porzellan, Kunststoff und Metall. Welche Materialien erwärmen sich besonders schnell, welche nicht?

2 Materialien:
Becherglas, Aluminiumfolie, Butter oder Wachs als schmelzbaren Stoff, heißes Wasser, Honigspiralen oder Löffel gleicher Körperform aus Holz, Porzellan, Kunststoff und Metall

3 Versuchsaufbau:

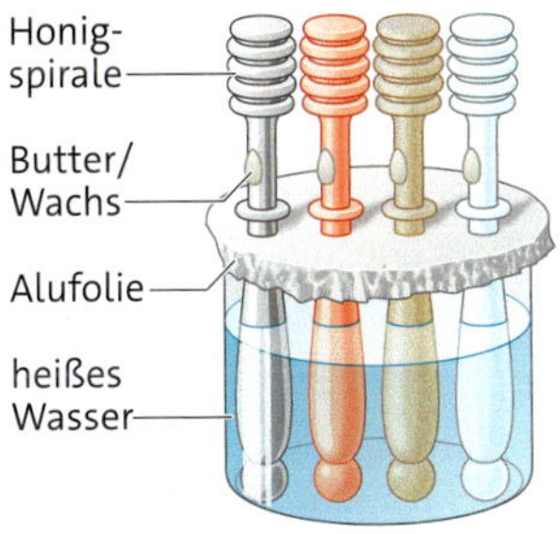

4 Durchführung:
Auf die vier Honigspiralen (Löffel) wird in gleicher Höhe etwas Butter gestrichen. In ein Becherglas wird heißes Wasser gefüllt und mit der Aluminiumfolie verschlossen. Die vier Honigspiralen (Löffel) werden gleichzeitig durch die Folie gesteckt, sodass sie ungefähr gleichweit in das Glas hineinragen.

5 Sicherheitsmaßnahmen:
Vorsicht! Gefahr des Verbrühens beim heißen Wasserbad!

6 Beobachtungen und ihre Deutung:

Beobachtung	Deutung
Die Butter am Metall läuft nach etwa einer Minute herunter.	Metall leitet die Wärme sehr gut.
Die Butter am Porzellan läuft nach etwa vier Minuten herunter.	Porzellan leitet die Wärme auch, aber nicht so gut wie Metall.
Die Butter am Kunststoff und am Holz bewegt sich nicht.	Holz und Kunststoff leiten die Wärme nicht.

7 Auswertung:
Butter schmilzt bei Erwärmung. Die Honigspirale aus Metall wird sehr schnell heiß, bei Verwendung besteht die Gefahr des Verbrennens. Auch eine Honigspirale aus Glas leitet die Wärme. Die Honigspiralen aus Holz und Kunststoff können unbedenklich im Tee stehen gelassen werden, sie leiten die Wärme nicht.

Methode

Umgang mit dem Brenner

Ein unentbehrliches Arbeitsgerät beim Experimentieren ist der Brenner. Er wird zum Erhitzen von Stoffen benötigt. Der nach seinem Konstrukteur benannte **Bunsenbrenner** ist der Grundtyp aller Brenner. Im Chemieunterricht wird häufig der **Teclu-** oder der **Kartuschenbrenner** verwendet. Das Arbeiten mit dem Brenner ist nicht ungefährlich. Unverbranntes Gas darf nicht entweichen, da es mit Luft explosive Gemische bilden kann. Häufig ist die Flamme schwer zu erkennen, sodass du dich verbrennen kannst. Bei einem unachtsamen Umgang mit dem Brenner besteht die Gefahr von Bränden.

Der Brenner steht auf einem Brennerfuß, an dem sich Stellschrauben zur Regulierung der Gas- und Luftzufuhr befinden. Das Gas strömt durch eine Düse in das Brennerrohr, wird mit Luft gemischt und am oberen Rohrende entzündet (▸1). Durch Verstellen der Stellschraube für die Luftzufuhr können verschiedene Flammen eingestellt werden. Ist die Luftzufuhr geschlossen, bildet sich eine **leuchtende Flamme** mit einer Temperatur bis etwa 1 000 °C. Wird die Luftzufuhr wenig geöffnet, entfärbt sich die Flamme. Das Gas-Luft-Gemisch verbrennt mit **nicht leuchtender Flamme**. Hauptsächlich wird mit dieser Flamme gearbeitet. Wird die Luftzufuhr weit geöffnet, ist in der Flamme ein heller blauer Innenkegel erkennbar, und sie beginnt zu rauschen.

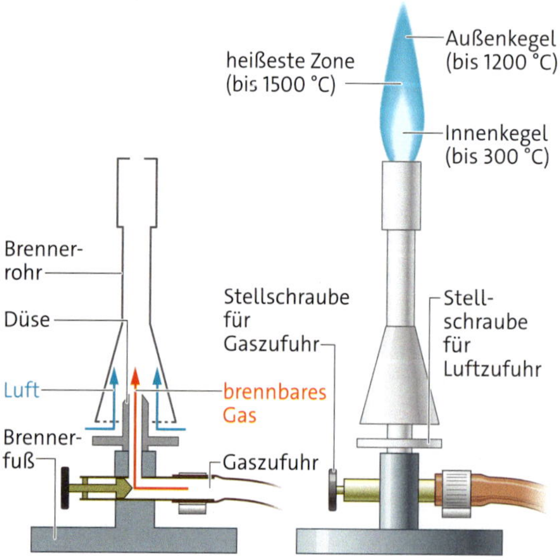

1 Teclubrenner und Temperaturen in der rauschenden Flamme

2 Leuchtende, nicht leuchtende und rauschende Flamme

In der **rauschenden Flamme** herrscht eine Temperatur bis zu 1 500 °C. Ist die Luftzufuhr zu groß oder die Gaszufuhr zu gering, kann die Flamme „zurückschlagen". Dabei brennt sie im Innern des Brennerrohrs. Die Gaszufuhr muss dann sofort geschlossen werden.

Das **Bedienen des Brenners** erfolgt in einer bestimmten Reihenfolge:

Entzünden des Brenners

1. Setze vor dem Bedienen des Brenners die Schutzbrille auf.
2. Schließe die Luft- und Gaszufuhr.
3. Öffne den Gashahn am Tisch und dann am Brenner.
4. Entzünde das ausströmende Gas sofort an der Brennermündung.
5. Reguliere die Flammengröße.
6. Öffne die Luftzufuhr nach Bedarf.

Regulieren der Flamme

1. Reduziere die Luftzufuhr des Brenners.
2. Drossle die Gaszufuhr.

Löschen des Brenners

1. Schließe die Luft- und Gaszufuhr am Brenner.
2. Schließe den Gashahn am Tisch.
3. Stelle den Brenner erst nach dem Abkühlen weg.

Aufgaben richtig verstehen – Umgang mit Operatoren

Im Chemieunterricht wirst du häufig aufgefordert, bestimmte Tätigkeiten durchzuführen. Die Begriffe für solche Tätigkeiten werden als **Operatoren** bezeichnet, z. B.: beschreibe, erläutere, interpretiere.

Was musst du tun, wenn durch einen Operator verlangt wird, dass du eine bestimmte Tätigkeit durchführen sollst? Eine kleine Auswahl an Operatoren soll dir das zeigen.

1 Aufgabenstellung im Chemieunterricht

Operator	Was wird verlangt?
Beschreiben	Gib Merkmale von chemischen Objekten, Sachverhalten oder Vorgängen zusammenhängend und fachsprachlich richtig in eigenen Worten wieder.
Nennen/Angeben	Gib Fakten, Daten, Begriffe oder Sachverhalte ohne Erläuterung und Wertung wieder.
Planen eines Experiments	Überlege erforderliche Geräte und Chemikalien zur Lösung eines experimentellen Problems und entwickle („erfinde“) eine Geräteanordnung oder eine Versuchsvorschrift.
Vergleichen	Ermittle Gemeinsamkeiten, Ähnlichkeiten und Unterschiede von chemischen Objekten, Sachverhalten oder Vorgängen.
Erläutern	Veranschauliche einen Sachverhalt unter Nutzung von zusätzlichen Informationen und Beispielen.
Erklären	Stelle Ursachen, Gesetzmäßigkeiten, Regeln und Zusammenhänge dar, die das Auftreten einer Erscheinung oder eines Sachverhalts verständlich machen.
Interpretieren/Deuten	Stelle die inhaltliche Bedeutung von Aussagen, chemischen Zeichen oder grafischen Darstellungen heraus und gib sie wieder.
Diskutieren/Erörtern	Stelle Aussagen mit unterschiedlichen Positionen zu Sachverhalten und Zusammenhängen einander gegenüber. Entwickle Pro- und Kontra-Argumente und wäge sie gegenseitig ab.
Begründen	Führe Sachverhalte auf Regeln, Gesetzmäßigkeiten bzw. Zusammenhänge zurück.
Stellung nehmen	Gib zu einer an sich nicht eindeutigen Aussage nach Prüfung und Abwägung der Argumente ein begründetes Urteil ab.

2 Ausgewählte Operatoren und ihre Bedeutung

Stoffen auf der Spur

Im Alltag begegnen wir einer Vielzahl von Stoffen mit ganz unterschiedlichen Eigenschaften. Wer kennt z. B. nicht das Gefühl beim Eintauchen ins Wasser nach dem Reinspringen. Die Oberfläche fühlt sich hart an und wir werden stark abgebremst. Als Dampf, Flüssigkeit und Eis ist Wasser zeitgleich in Island zu bestaunen.
Aus anderen Stoffen werden Gegenstände, Bau- oder Kunstwerke hergestellt, z. B. eine täuschend ähnlich aussehende Kopie eines Menschen als Figur aus Wachs.
All das hat mit Chemie zu tun. Finde es heraus.

Eigenschaften von Stoffen

Exp. 1 Oberflächenbeschaffenheit und Form

Bestimme Farbe, Glanz, Form und Geruch verschiedener Stoffe, z. B. von Eisen, Speiseessig, Holzkohle, Kreide, Kupfer, Kochsalz, Zucker. Betrachte die festen Stoffe mit einer Lupe. Poliere die Oberfläche von Eisen und Kupfer.
Vergleiche die Stoffe. Stelle die Ergebnisse in einer Tabelle zusammen. Beschreibe das Aussehen der Stoffe. Zeichne, was du siehst.
Entsorgung: Stoffe getrennt einsammeln.

	Eisen	Kochsalz	Kreide	...
Farbe				
Glanz				
Form				
...				

Exp. 2 Magnet als Hilfsmittel

Halte einen Magneten an verschiedene Stoffe, z. B. Holz, Papier, Glas, Eisen, Kupfer, Messing, Aluminium, Zink und Magnesium.
Notiere das Verhalten der Stoffe gegenüber dem Magneten. Fertige ein Protokoll an.
Entsorgung: Stoffe getrennt einsammeln.

Exp. 3 Härte von Stoffen

Versuche mit dem Fingernagel, mit einem Stück Aluminiumblech, mit einer Glasscherbe sowie mit einem Stahlnagel folgende Stoffe zu ritzen: Holz, Eisen, Gips, Kupfer, Wachs, Speckstein, Porzellan, Zink.
Vergleiche die Stoffe hinsichtlich ihrer Härte. Ordne die Stoffe nach ihrer Härte.
Entsorgung: Stoffe getrennt einsammeln.

Exp. 4 Elektrische Leitfähigkeit fester Stoffe

Baue die Versuchsapparatur nach der Experimentieranordnung auf. Prüfe Kupfer, Styropor, Kreide, Stahl, Holz, Graphit, Aluminium, Zink, Zinn nacheinander auf elektrische Leitfähigkeit.

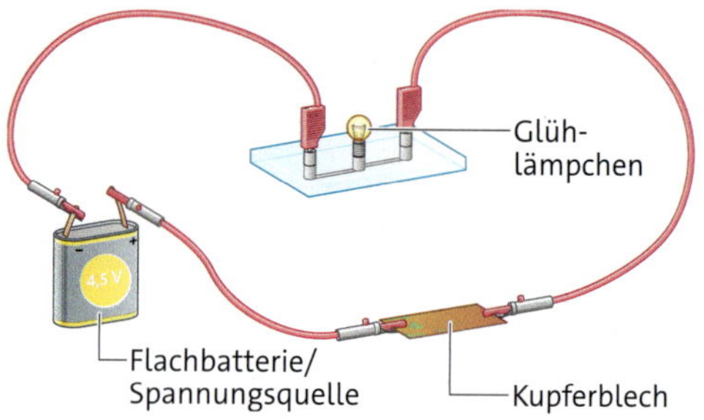

Gib in einer Tabelle an, welche Stoffe den elektrischen Strom leiten und welche nicht.
Entsorgung: Stoffe getrennt einsammeln.

Exp. 5 Wärmeleitfähigkeit von Stoffen

Befestige etwa gleich große Tropfen Kerzenwachs jeweils am Ende eines etwa 5 cm langen Stückes von Aluminium, Eisen, Kupfer und Glas. Halte das andere Ende des Gegenstands mithilfe einer Tiegelzange in eine kleine Brennerflamme und ermittle die Zeit bis zum Schmelzen des Wachses.

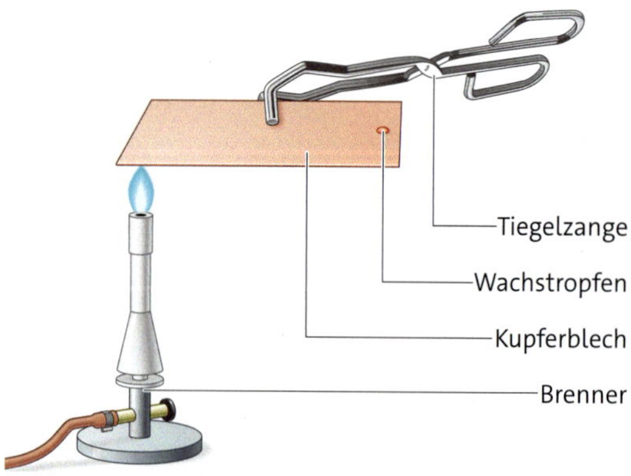

Notiere Gemeinsamkeiten und Unterschiede.
Entsorgung: Stoffe einsammeln.

Exp. 6 Geruch von Stoffen

Führe mit allen bereitgestellten Stoffen, z. B. Speiseessig, Holzkohle, Wasser, Eisen, Kupfer, Holz und Wachs, eine Geruchsprobe durch.

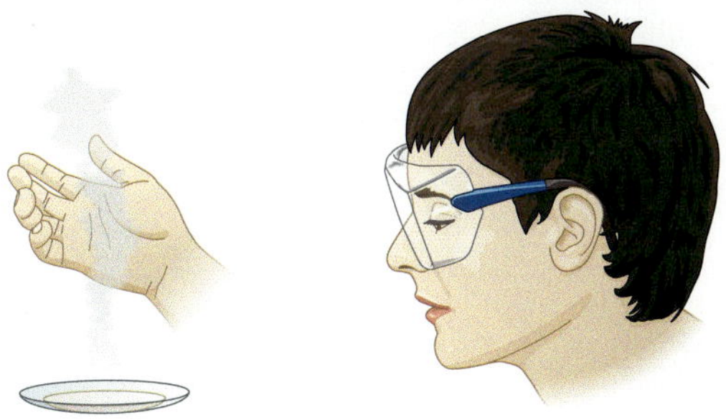

Beschreibe den jeweiligen Geruch des Stoffes und vergleiche die Ergebnisse.
Entsorgung: Stoffe getrennt einsammeln.

Exp. 7 Eigenschaften von Zucker, Kochsalz und Zitronensäure

A: Gib einige Kristalle von Zucker, Kochsalz und Zitronensäure (GHS05|07) getrennt auf jeweils drei Uhrgläser. Untersuche die Stoffe auf ihre Farbe, ihren Geruch und ihren Geschmack.
Vorsicht! Die Geschmacksprobe nur durchführen, wenn die drei Stoffe aus frisch geöffneten Verpackungen (z. B. aus dem Supermarkt) stammen.
B: Befülle drei Reagenzgläser etwa 2 cm hoch mit Wasser und gib je eine Spatelspitze der Stoffe in eines der Reagenzgläser. Verschließe die Reagenzgläser mit einem Stopfen und schüttle sie vorsichtig.
Gib anschließend den Inhalt der Reagenzgläser auf jeweils eine Petrischale und stelle sie an einen warmen Ort. Betrachte das Aussehen der Stoffe nach dem Verdunsten des Wassers mit der Lupe.
C: Befülle je ein Reagenzglas etwa 1 cm hoch mit einer Portion der Stoffe und erwärme sie langsam über der rauschenden Flamme des Bunsenbrenners. Schwenke das Reagenzglas dabei vorsichtig hin und her.
Notiere deine Beobachtungen in Form einer Tabelle und vergleiche die drei Stoffe miteinander. Erkläre, wie du die Stoffe voneinander unterscheiden kannst.
Entsorgung: Reste in den Hausmüll, Flüssigkeiten in das Abwasser geben.

Exp. 8 Verhalten von Stoffen beim Erhitzen

Vorsicht! Feuerfeste Unterlage verwenden! Halte nacheinander über einer feuerfesten Unterlage ein Magnesiastäbchen und eine Porzellanscherbe mit einer Tiegelzange in die Brennerflamme. Halte danach ein Glasrohr in die Brennerflamme. Erhitze es möglichst stark. Gib jeweils eine Probe von Mehl und Kreidepulver in ein Reagenzglas. Erhitze erst vorsichtig, dann kräftig.

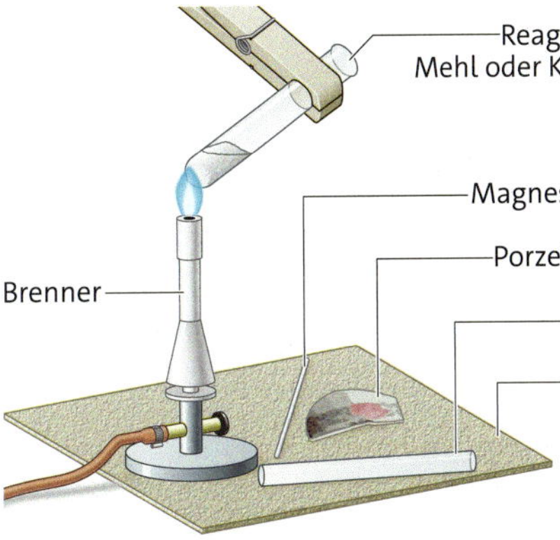

Spanne den Brenner mithilfe von Stativmaterial schräg ein, damit die Stoffe nicht in die Öffnung des Brenners fallen können. Halte mit einer Tiegelzange kleine Stücke folgender Stoffe in die nicht leuchtende Brennerflamme: Alufolie, Styropor, Holz, Eisen und Kupfer. Gib dann etwas Kerzenwachs in einen Verbrennungslöffel und halte ihn in die Flamme.

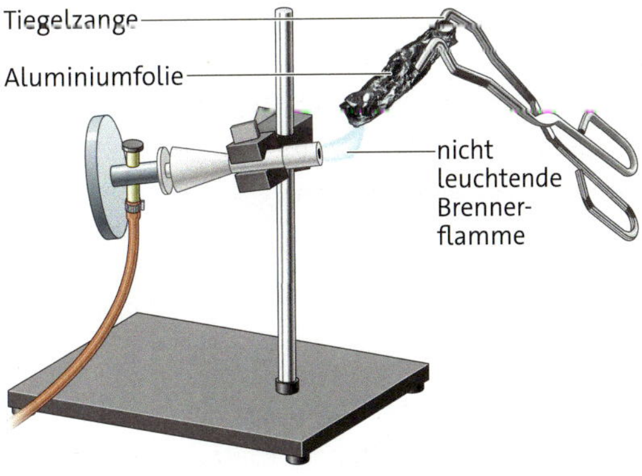

Notiere deine Beobachtungen und vergleiche.
Entsorgung: Porzellanscherbe und Magnesiastäbchen getrennt einsammeln. Die übrigen Stoffe nach dem Abkühlen in den Hausmüll geben.

Eigenschaften von Stoffen ermitteln

Das Foto zeigt Stoffportionen von drei verschiedenen weißen, festen Stoffen aus dem Alltag, die auf den ersten Blick nicht so einfach auseinanderzuhalten sind: Kochsalz, Haushaltszucker und Zitronensäure.

1 Kochsalz, Zucker, Zitronensäure oder Zucker, Kochsalz, Zitronensäure ...?

2 Kupfer – ein fester, rot glänzender Stoff

3 Kupferrohre – Körper aus Kupfer

4 Fahrräder bestehen aus vielen Stoffen.

Gegenstände bestehen aus Stoffen In unserer Umwelt finden wir eine Vielzahl von Gegenständen, **Körper** genannt (▸**3**, **4**), die aus unterschiedlichen oder dem gleichen **Stoff** (▸**2**) bestehen können. Damit man einen Stoff sinnvoll nutzen kann, ist es wichtig, seine Eigenschaften zu kennen. Jeder Stoff hat charakteristische, immer gleichbleibende Eigenschaften, die ihn kennzeichnen. Sie sind unabhängig von Form und Größe der Körper, die aus diesem Stoff hergestellt wurden.

Mit den Sinnen erfassbare Stoffeigenschaften Bei vielen Stoffen kann man bestimmte Stoffeigenschaften bereits mit den Sinnesorganen leicht erfassen. Dazu gehören z. B. Farbe, Geruch, Glanz, Form der Kristalle, Klang, Geschmack, Verformbarkeit, Wärmeleitfähigkeit oder der Aggregatzustand (▸Exp. 1, 5, 6; S. 22 f.).
Einige Stoffe lassen sich so jedoch kaum voneinander unterscheiden, z. B. Zucker, Kochsalz und Zitronensäure (▸**1**).
Alle drei Stoffe haben eine weiße Farbe und bilden Kristalle, deren Form nur mit einer starken Lupe zu unterscheiden ist. Unsere Augen reichen also nicht immer aus, um einen Stoff eindeutig zu bestimmen. Auch im Geruch unterscheiden sich Zucker, Salz und Zitronensäure nicht, denn sie sind geruchlos. Sie unterscheiden sich in ihrem Geschmack. Zucker schmeckt süß, Kochsalz salzig und Zitronensäure sauer (▸Exp. 7, S. 23).
Achtung! Eine Geruchs- bzw. Geschmacksprobe darf im Chemieunterricht nur nach ausdrücklicher Genehmigung durch die Lehrkraft vorgenommen werden.

Farbe, Glanz, Kristallform, Klang, Geruch und Geschmack sind einige Stoffeigenschaften, die mit den Sinnesorganen erfasst werden können.

Ermitteln von Stoffeigenschaften mit einfachen Hilfsmitteln Es gibt weitere Stoffeigenschaften, die mit einfachen Hilfsmitteln untersucht werden können. Dazu gehören u.a. die Magnetisierbarkeit, die Härte, das Verhalten beim Erhitzen bzw. die Brennbarkeit sowie die elektrische Leitfähigkeit.
Zucker, Kochsalz und Zitronensäure unterscheiden sich z.B. auch in ihrem **Verhalten beim Erhitzen**. Beim Erhitzen von Zucker über einem Bunsenbrenner wird dieser zuerst braun, zähflüssig und riecht nach Karamell. Schließlich bildet sich ein schwarzer, poröser Stoff. Kochsalz zeigt beim Erhitzen mit dem Brenner keine Veränderungen. Erhitzt man Zitronensäure, so schmilzt sie zunächst und bildet eine gelbliche Flüssigkeit. Bei weiterem Erhitzen zersetzt sie sich (▸Exp. 7, S. 23).

Eigenschaft	Kochsalz	Haushaltszucker	Zitronensäure
Farbe	weiß	weiß	weiß
Kristallform	würfelförmig	quaderförmig	stäbchenförmig
Geruch	geruchlos	geruchlos	geruchlos
Geschmack	salzig	süß	sauer
Verhalten beim Erhitzen	knistern, sonst keine Veränderung	karamellisiert	schmilzt, später zersetzt sie sich

6 Vergleich von Zucker, Salz und Zitronensäure

Durch Sinnesorgane	
Augen	Aussehen
Nase	Geruch
Zunge	Geschmack
Ohren	Klang
Haut	Oberfläche, Wärmeleitfähigkeit
Durch einfache Hilfsmittel	
Magnet	Magnetisierbarkeit
Elektrischer Strom	Elektrische Leitfähigkeit
Brenner	Brennbarkeit, Verhalten beim Erhitzen
Nagel	Härte

5 Ermittlung von Stoffeigenschaften

Mit einem Magneten kann man Stoffe auf ihre **Magnetisierbarkeit** prüfen. Nur Gegenstände, die aus Eisen, Nickel oder Cobalt bestehen oder diese Stoffe enthalten, sind magnetisierbar (▸Exp. 2, S. 22).
Durch Ritzen der Oberfläche können Stoffe auf ihre **Härte** untersucht werden. Mit dem Fingernagel lassen sich schon Speckstein, Ton und Wachs ritzen. Es sind weiche Stoffe. Glas und Werkzeugstahl sind hart und lassen sich nur durch härtere Stoffe ritzen (▸Exp. 3, S. 22).
Die **elektrische Leitfähigkeit** ist ein wichtiges Merkmal, um Stoffe zu unterscheiden: Zink, Eisen, Graphit und viele andere Stoffe leiten den elektrischen Strom. Glas, Porzellan und die meisten Kunststoffe leiten ihn nicht, sie isolieren (▸Exp. 4, S. 22).
Wichtig ist auch die Prüfung der Stoffe auf ihre **Brennbarkeit**. Die Farbe der Flamme, Rußbildung oder ein auffälliger Geruch helfen, einen brennbaren Stoff zu identifizieren (▸Exp. 8, S. 23; ▸Exp. 9).

Exp. 9 | L

Brennbarkeit von Stoffen

Vorsicht! Feuerfeste Unterlage!
Brennspiritus (GHS02) und Petroleumbenzin (GHS02|08|07|09) werden auf ihre Brennbarkeit untersucht.

Aufgaben

1 Erkläre, weshalb Geruchs- und Geschmacksproben im Chemieunterricht nur nach ausdrücklicher Aufforderung durch die Lehrkraft durchgeführt werden dürfen.

2 Nenne mögliche Stoffe, aus denen ein Füllfederhalter besteht. Begründe.

3 Gib jeweils vier Stoffe an, die brennbar sind, die weiß und geruchlos sind, den elektrischen Strom leiten oder sauer schmecken.

4 Vergleiche die Stoffeigenschaften von Mehl und Puderzucker. Erläutere verschiedene Unterscheidungsmöglichkeiten.

Messbare Stoffeigenschaften

Exp. 10 Dichte von Eisen

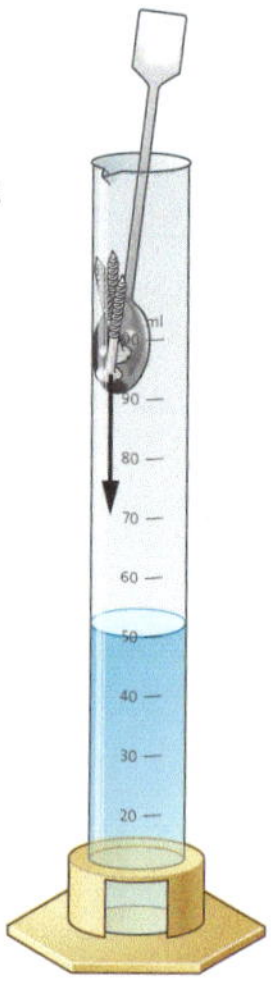

Wiege einige Eisenschrauben und notiere ihre Masse. Fülle einen Messzylinder mit genau 50 ml Wasser. Gib die abgewogenen Eisenschrauben vorsichtig in den Messzylinder. Notiere den Wasserstand. Fertige ein Protokoll an. Ermittle das Volumen der Stoffportion Eisen. Berechne die Dichte von Eisen und vergleiche das Ergebnis mit dem Tabellenwert (▸ Tabellenwerk). Nenne mögliche Fehlerquellen.
Entsorgung: Eisenschrauben einsammeln.

Exp. 11 Aggregatzustandsänderungen von Kerzenwachs

Gib in ein Reagenzglas etwas Kerzenwachs und erhitze es mit kleiner Flamme, bis sich der Aggregatzustand geändert hat. Gieße es zum Abkühlen vorsichtig in eine mit kaltem Wasser gefüllte Abdampfschale.
Beschreibe deine Beobachtungen. Erläutere die Begriffe „Schmelzen" und „Erstarren".
Entsorgung: Kerzenreste in den Hausmüll geben.

Exp. 12 Temperaturverlauf beim Erhitzen von Wasser

Vorsicht! Spritzgefahr! Erhitze etwa 250 ml Wasser mit einem Brenner. Notiere nach jeder Minute die Temperatur. Setze deine Beobachtungen auch noch etwa drei Minuten nach Eintreten des Siedens fort.
Fertige ein Protokoll an. Beschreibe deine Beobachtungen. Zeichne ein Temperatur-Zeit-Diagramm.
Entsorgung: Wasser in das Abwasser geben.

Exp. 13 Zustandsänderung von Iod

Vorsicht! Abzug! Gib einige wenige Iodkristalle (GHS07|09) in ein Becherglas und decke es mit einer Uhrglasschale ab. Erwärme das Becherglas vorsichtig in einem zuvor bereitgestellten Wasserbad.

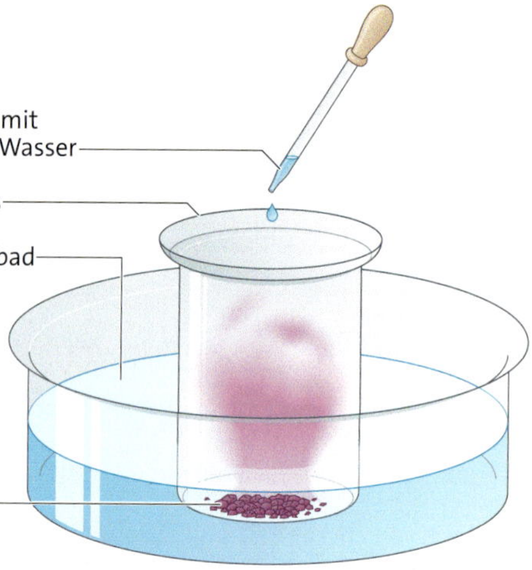

Notiere deine Beobachtungen.
Tropfe auf das Uhrglas mit einer Pipette kaltes Wasser. Beschreibe deine Beobachtungen. Erläutere die Begriffe „Sublimation" und „Resublimation".
Entsorgung: Iod resublimieren und einsammeln.

Exp. 14 Dichte von Brennspiritus

Wiege einen leeren Messkolben und notiere seine Masse. Fülle den Messkolben vorsichtig bis zur Eichmarke mit Brennspiritus (GHS02). Wiege den Kolben erneut und notiere seine Masse. Ermittle die Masse der Brennspiritusportion aus den beiden Wägungen. Berechne die Dichte von Brennspiritus. Fülle 50 ml Brennspiritus in einen Messzylinder. Tauche in die Flüssigkeit eine Senkspindel. Lies an der Flüssigkeitsoberfläche mithilfe der Skala die Dichte ab. Vergleiche mit Tabellenwerten für Alkohol. Diskutiere Abweichungen.
Entsorgung: Brennspiritusreste in den Behälter für halogenfreie organische Abfälle geben.

Aggregatzustandsänderungen von Stoffen

Veränderungen der Stoffe beim Erhitzen Stoffe verhalten sich beim Erhitzen unterschiedlich (▸ Exp. 8, S. 23). So zerspringen Kochsalzkristalle unter knisterndem Geräusch, aber nach dem Erhitzen liegt noch immer das weiße Kochsalz vor. Porzellan glüht bei sehr hohen Temperaturen. Sobald die Flamme entfernt wird, hört das Glühen schnell auf. Nach dem Abkühlen ist zu erkennen, dass sich das Porzellan nicht verändert hat.

Wird versehentlich ein Kunststoffgefäß auf eine heiße Herdplatte gestellt, kann der Kunststoff durch die Hitze verformt werden. Er kann sich sogar bei hoher Temperatur zersetzen. Solche Veränderungen sind nicht mehr rückgängig zu machen (▸ **2**). Glas glüht zunächst beim Erhitzen. Bei sehr hoher Temperatur wird es weich und verformbar. Nach dem Abkühlen liegt wieder festes Glas vor. Blei und Eisen werden bei hoher Temperatur flüssig und können in Form gegossen werden.

! Stoffe können beim Erhitzen ihre Eigenschaften vorübergehend oder bleibend verändern.

Aggregatzustandsänderungen Festes Eis, flüssiges Wasser oder gasförmiger Wasserdampf – in welchem Aggregatzustand ein Stoff vorliegt, hängt von der Temperatur und dem Druck ab.
Wird Kerzenwachs erhitzt, schmilzt es. Es geht vom festen in den flüssigen Aggregatzustand über. Beim Abkühlen geht das Kerzenwachs vom flüssigen in den festen Aggregatzustand über. Es erstarrt (▸ Exp. 11, S. 26).

Wird festes Iod erhitzt, entsteht sofort violetter Ioddampf. Iod geht direkt in den gasförmigen Aggregatzustand über, ohne flüssig zu werden. Dieser Vorgang heißt **Sublimation**. Beim Abkühlen geht Ioddampf direkt vom gasförmigen in den festen Aggregatzustand über. Dieser Vorgang heißt **Resublimation** (▸ Exp. 13, S. 26).
Resublimation kann an kalten Tagen auch bei Wasser beobachtet werden. Eisblumen an Glasscheiben entstehen dadurch, dass der in der Luft enthaltene Wasserdampf direkt zu Eis wird.

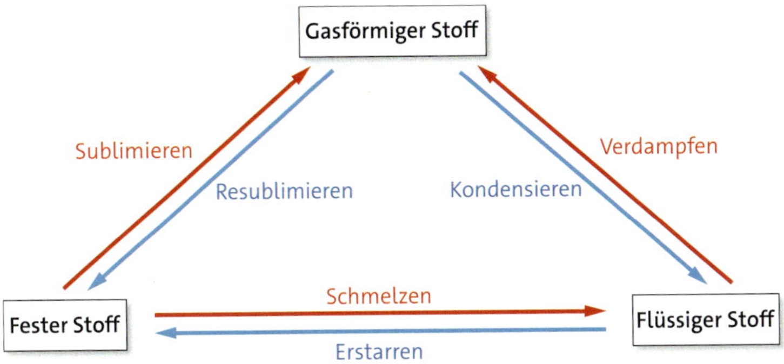

3 Aggregatzustände und Aggregatzustandsänderungen von Stoffen

1 Raureif an Hagebutten – ein Beispiel für Resublimation

2 Erhitzen eines Kunststoffgefäßes

Noch gewusst?
Die Aggregatzustände für Stoffe:
- fest
- flüssig
- gasförmig

Aufgaben

1 Entscheide, bei welchen Vorgängen nur vorübergehende Veränderungen der Eigenschaften auftreten: Joghurtbecher verkohlt, Stahldraht dehnt sich aus, Plexiglasstab wird erhitzt, Eisen wird in Formen gegossen.

2 Raureif entsteht durch Resublimation (▸ **1**). Erkläre.

3 Wachs kann mit einem Bügeleisen und einem Löschblatt aus dem Gewebe entfernt werden. Erkläre.

Stoffe mit Messinstrumenten unterscheiden

Das Wasser bei 100 °C siedet, weiß jeder. Aber lässt sich Blei wirklich mit einer Kerzenflamme verflüssigen?

1 Während Blei bei 327 °C schmilzt, siedet Wasser schon bei 100 °C.

Eigenschaften, die messbar sind, eigen sich besonders gut zur Stoffunterscheidung, da sie eindeutige Zahlenwerte liefern. Schmelz- und Siedetemperatur sowie die Dichte helfen, einen Stoff zu identifizieren.

Schmelztemperatur Die Temperatur, bei der ein fester Stoff unter Zufuhr von Wärme flüssig wird, ist die **Schmelztemperatur.** So schmilzt Eis bekanntlich bei 0 °C. Die Schmelztemperatur von Kerzenwachs kann experimentell ermittelt werden. Dabei beobachtet man, dass während des Schmelzvorgangs die Temperatur unverändert bleibt. Erst wenn das Wachs vollständig geschmolzen ist, steigt die Temperatur weiter an.
Die Temperatur, bei der ein flüssiger Stoff wieder in den festen Zustand übergeht, wird als **Erstarrungstemperatur** bezeichnet. Schmelz- und Erstarrungstemperatur eines Stoffes stimmen überein.

Siedetemperatur Wird einem flüssigen Stoff Wärme zugeführt, so erhöht sich seine Temperatur. Irgendwann bilden sich Gasblasen in der Flüssigkeit. Sie steigen nach oben. Die Flüssigkeit siedet. Die dazu erforderliche Temperatur heißt **Siedetemperatur**. Während des Siedens ändert sich die Temperatur der Flüssigkeit nicht (▸ Exp. 12, S. 26).

Schmelz- und Siedetemperatur sind für die meisten Stoffe charakteristisch (▸ 1). Sie hängen aber vom Luftdruck ab. Um diese Temperaturen verschiedener Stoffe vergleichen zu können, werden sie bei einheitlichem Druck (Normdruck p_n = 1 013 hPa) angegeben.
Einige Stoffe haben bei Normdruck keine Schmelz- oder Siedetemperatur. Sie zersetzen sich beim Erwärmen.

Schmelztemperatur und Siedetemperatur sind messbare Eigenschaften, an denen die Stoffe erkannt werden können.

Stoff	Schmelztemperatur in °C	Siedetemperatur in °C
Brennspiritus	−114	78
Eisen	1 540	3 000
Kochsalz	800	1 465
Blei	327	1 740
Kupfer	1 085	2 927
Sauerstoff	−219	−183
Schwefel	119	445
Stearinsäure (Kerzenwachs)	69	291
Traubenzucker	146	Zersetzung ab 200
Wasser	0	100

2 Schmelz- und Siedetemperatur einiger Stoffe bei Normdruck

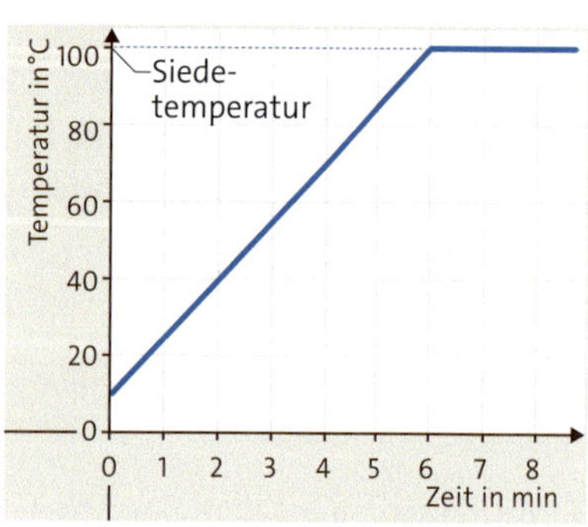

3 Temperaturverlauf beim Erhitzen von Wasser

Dichte Fest steht, dass 1 kg Kupfer genauso schwer ist wie 1 kg Schaumstoff. Gegenstände mit gleicher Masse können aber ein unterschiedliches Volumen haben (▸ **5**). Um die Masse von Stoffen miteinander vergleichen zu können, muss man sich auf dasselbe Volumen beziehen. Ein Würfel aus Gold mit einem Volumen von 1 cm^3 hat eine Masse von 19,32 g. Ein Kupferwürfel mit demselben Volumen wiegt hingegen nur 8,9 g.

Zwei Goldwürfel haben auch die zweifache Masse und das zweifache Volumen wie ein Goldwürfel. Die Masse von Körpern, die aus demselben Stoff bestehen, vergrößert sich in gleicher Weise wie sein Volumen. Die Masse eines Körpers ist deshalb proportional zu seinem Volumen.
Das Verhältnis aus der Masse und dem Volumen ist die **Dichte** des Stoffes. Sie ist daher immer unabhängig von Masse und Volumen der Stoffportion.

4 Gewichtheben – einmal anders

Dichte $= \frac{\text{Masse}}{\text{Volumen}}$ $\qquad \varrho = \frac{m}{V} \qquad$ **Einheit:** $1\ \frac{\text{g}}{\text{cm}^3}$

Die Dichte ist für jeden Stoff charakteristisch (▸ **6**). Sie ist aber von der Temperatur und bei Gasen außerdem vom Druck abhängig. Die Dichte von festen Stoffen, wie Eisen, lässt sich experimentell bestimmen. Dazu muss jeweils die Masse und das Volumen der Stoffportion ermittelt werden (▸ Exp. 10, S. 26). Die Dichte von Flüssigkeiten lässt sich direkt mit einer Senkspindel (Aräometer) bestimmen (▸ Exp. 14, S. 26).
Das Ergebnis in Bild **4** verwundert nicht mehr, wenn man weiß, dass die Dichte vom kleineren Stein (Quarz) mit 2,65 g/cm^3 ungefähr 165-mal so groß ist wie die Dichte von Schaumstoff (ϱ = 0,016 g/cm^3).

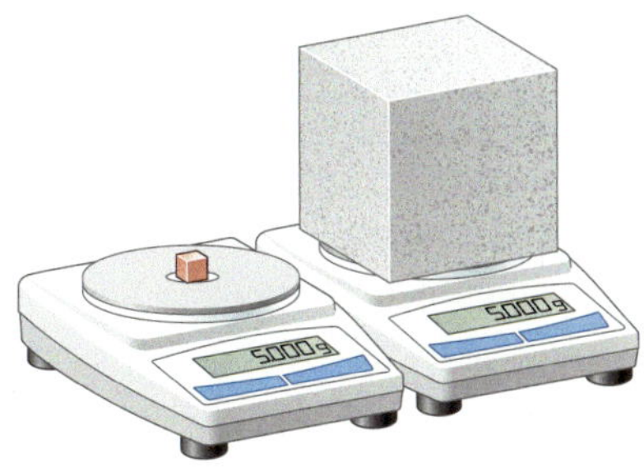

5 Die Dichte von Kupfer ist größer als von Schaumstoff.

Die Dichte ist eine messbare Eigenschaft, an der Stoffe erkannt werden. Sie wird bei einer Temperatur von 20 °C und bei einem Luftdruck von 1013 hPa angegeben.

Stoff	Eisen	Gold	Kupfer	Ethanol	Aluminium
Dichte in g/cm^3	7,86	19,32	8,9	0,79	2,7

6 Dichte unterschiedlicher Stoffe unter Normbedingungen

Masse = Dichte · Volumen

$m = \varrho \cdot V$

Volumen $= \frac{\text{Masse}}{\text{Dichte}}$

$V = \frac{m}{\varrho}$

7 Berechnungen mithilfe der Dichte

Aufgaben

1 Wasser siedet im Schnellkochtopf erst bei 120 °C. Begründe. Leite daraus Auswirkungen für das Garen von Lebensmitteln ab.

2 Die Erstarrungstemperatur eines Stoffes entspricht seiner Schmelztemperatur. Erläutere diese Feststellung. Nenne Beispiele.

3 Berechne das Volumen von 1 kg Luft.

4 Du möchtest die Dichte von Salzwasser bestimmen. Begründe, welchen Dichtewert du erwartest, wenn man das Gefäß mit dem Salzwasser einige Tage in der Sonne stehen lässt.

5 Beurteile, ob „Hans im Glück“ aus dem gleichnamigen Märchen wirklich den Goldklumpen, der so groß wie sein Kopf ist ($V \approx 1800$ cm^3), mit seinen bloßen Händen nach Hause tragen konnte.

Ordnen von Stoffen

Weit über 10 Millionen Stoffe können Chemikerinnen und Chemiker bis heute benennen. Der Gedanke liegt nahe, Stoffe mit ähnlichen oder gemeinsamen Eigenschaften danach einzuteilen.

a Gold, ein Metall

b Diamant, ein diamantartiger Stoff

c Halit, ein Salz

d Brom, ein flüchtiger Stoff

1 Vier Stoffe, vier Stoffklassen

Eisen

Farbe: silbergrau
Glanz: mattglänzend
Aggregatzustand bei Raumtemperatur: fest
Wärmeleitfähigkeit: gut
Elektrische Leitfähigkeit: gut
Magnetisches Verhalten: wird vom Magneten angezogen
Löslichkeit in Wasser: unlöslich

Kupfer

Farbe: rötlich bis gelbrot
Glanz: glänzend
Aggregatzustand bei Raumtemperatur: fest
Wärmeleitfähigkeit: sehr gut
Elektrische Leitfähigkeit: sehr gut
Löslichkeit in Wasser: unlöslich

2 Eisen und Kupfer ähneln sich sehr in ihren Eigenschaften.

Stoffe identifizieren Nicht nur bei der Polizei müssen Gegenstände oder Personen beschrieben werden. Auch die Chemie benötigt genaue Angaben über Stoffe, um diese verwechslungsfrei zu erkennen. Für die eindeutige Beschreibung eines Stoffes sind mehrere seiner typischen Eigenschaften anzugeben. Sie müssen unabhängig von Form und Größe der Stoffportion sein. Jeder Stoff hat eine ihn kennzeichnende **Eigenschaftskombination**, die sich zu einem **Steckbrief** zusammenfassen lässt.

Jeder Stoff besitzt eine für ihn typische Eigenschaftskombination. Stoffe erkennt man durch den Vergleich ihrer Eigenschaften.

Stoffklassen Der Vergleich der Steckbriefe zeigt: Die Stoffe Eisen und Kupfer besitzen teilweise gemeinsame Eigenschaften, unterscheiden sich aber auch (▸**2**). Diese Stoffe stimmen in mehreren charakteristischen Eigenschaften überein. Sie bilden eine gemeinsame **Stoffklasse**.

Weitere Stoffklassen sind z. B. die **salzartigen Stoffe** (**Salze**) und die **flüchtigen Stoffe**. Bei Kochsalz und Kupfersulfat lassen sich auch Gemeinsamkeiten feststellen. Beide Stoffe sind kristallin, relativ hart, haben hohe Schmelztemperaturen und leiten im festen Zustand den elektrischen Strom nicht. Beide Stoffe gehören deshalb zur Stoffklasse der salzartigen Stoffe. Flüchtige Stoffe, z. B. Brom, Wasser oder Kohlenstoffdioxid, haben vergleichsweise niedrige Siedetemperaturen, sind bei Raumtemperatur flüssig oder gasförmig und leiten den elektrischen Strom nicht.

Ähnliche Stoffe mit gemeinsamen charakteristischen Eigenschaften werden zu Stoffklassen zusammengefasst.

Aufgabe

1 Nenne Möglichkeiten, Kochsalz, Gold und Wasser zu unterscheiden. Erstelle dazu Steckbriefe dieser Stoffe.

Metalle – eine Stoffklasse Metalle bilden eine wichtige Gruppe von Stoffen, die von Menschen schon seit mehreren Tausend Jahren für Gebrauchs- und Schmuckgegenstände verwendet wird.
Bis auf wenige Ausnahmen müssen die Metalle aus ihren Erzen gewonnen werden. Die dazu erforderlichen Arbeitstechniken mussten von den Menschen über viele Jahrtausende erst erlernt werden. Gold und Silber gehören zu den wenigen Metallen, die gediegen, d.h. in metallischer Form vorkommen. Aluminium, das schwierig herzustellen ist, kennt man deshalb auch erst seit etwa hundert Jahren.
Alle Metalle haben gemeinsame Eigenschaften, an denen sie erkannt werden können (▸**4**). Sie haben einen typisch metallischen Glanz, lassen sich durch Schmieden, Walzen und Ziehen verformen und sind gute Leiter für den elektrischen Strom und für Wärme.

Metall	Eigenschaften
Eisen	silberweiß glänzend, relativ weich und dehnbar, an feuchter Luft bildet sich schnell eine Schicht aus rotbraunem Rost, leitet die Wärme und den elektrischen Strom
Kupfer	rötlich bis gelbrot glänzend, sehr weich und gut verformbar, leitet die Wärme und den elektrischen Strom sehr gut
Aluminium	silberweiß glänzend, geringe Dichte, leitet die Wärme und den elektrischen Strom gut, läuft an der Luft leicht an
Silber	weiß glänzend, weich und leicht verformbar, leitet die Wärme und den elektrischen Strom sehr gut

4 Eigenschaften von Metallen

Einige Metalle zeichnen sich durch besondere Eigenschaften aus. So ist das Quecksilber als einziges Metall bei Zimmertemperatur flüssig und Wolfram hat den höchsten Schmelzpunkt aller Metalle.

Metalle sind Stoffe, die Wärme und elektrischen Strom leiten. Sie zeichnen sich durch ihren metallischen Glanz und ihre gute Verformbarkeit aus.

Exp. 15 **Metalle auf dem Prüfstand**

Schmirgle mit Sandpapier Stücke von Kupfer, Aluminium, Zink und Zinn ab. Schlage mehrmals mit einem Hammer auf die Metallstücke. Ritze mit einem Stahlnagel die Metallstücke.
Erhitze nacheinander kleine Stücke von Kupfer, Aluminium, Zink und Zinn in einem Schmelztiegel über der Brennerflamme. Gieße ein eventuell flüssig gewordenes Metall in ein Becherglas mit Wasser.
Notiere deine Beobachtungen. Ziehe Schlüsse auf die mögliche Verwendung der Metalle.
Entsorgung: Metalle einsammeln, werden wieder verwendet.

3 Metallischer Glanz im Sport

Schon gewusst?
Elektronikschrott aus Fernsehern, Videorecordern und Computern ist reich an Metallen. Eine Tonne Elektronikschrott enthält durchschnittlich 20 kg Kupfer, Nickel, Zinn und Blei, etwa 12 kg Aluminium, 6 kg Silber und 1 kg Gold.

5 Elektronikschrott

Aufgaben

1 Erstelle Steckbriefe von Blei, Zinn und Silber. Begründe die Zuordnung dieser Stoffe zur Stoffklasse der Metalle.

2 Begründe, warum es sinnvoll ist, Elektronikschrott zu verwerten.

3 Stelle mithilfe eines Tabellenwerks für mindestens sechs Metalle die Schmelz- und Siedetemperaturen tabellarisch zusammen. Leite aus dem Ergebnis eine allgemeine Aussage ab.

Wasser als Lösemittel

Exp. 16 Verhalten von Stoffen in Wasser

Fülle vier Reagenzgläser etwa zur Hälfte mit Wasser. Gib in je ein Reagenzglas einige Körnchen Zucker, Kochsalz, Gips bzw. blaues Kupfersulfat (GHS07|09). Schüttle und beobachte.
Fülle drei Reagenzgläser zu etwa einem Drittel mit Wasser. Gib in je ein Reagenzglas drei Tropfen Speiseessig, Speiseöl bzw. Brennspiritus (GHS02). Schüttle und beobachte.
Notiere deine Beobachtungen. Entscheide, welche Stoffe sich lösen und welche nicht. Nenne Möglichkeiten, wie sich die Gemische wieder trennen lassen.
Entsorgung: Kupfersulfatlösung in den Behälter für giftige anorganische Abfälle, andere Flüssigkeiten in das Abwasser geben.

Exp. 17 Löslichkeit von Kochsalz in Wasser

Wiege genau 10 g Kochsalz ab und löse es in 100 ml Wasser. Gib weitere 10-g-Kochsalzportionen zu der Lösung.
Notiere deine Beobachtungen. Ermittle experimentell, wie viel Kochsalz sich in 100 ml Wasser lösen, und vergleiche mit Literaturwerten.
Entsorgung: Flüssigkeiten in das Abwasser geben.

Exp. 18 Einfluss der Temperatur auf die Löslichkeit fester Stoffe

Gib in zwei mit je 5 ml destilliertem Wasser gefüllte Reagenzgläser jeweils eine Spatelspitze Natriumchlorid und Kaliumnitrat (GHS03). Verschließe die Reagenzgläser mit einem Stopfen und schüttle sie kräftig. Wiederhole den Vorgang so lange, bis ein Bodensatz zurückbleibt. Erwärme die Lösungen mit dem Bodensatz in einem Wasserbad auf 70 °C.
Notiere deine Beobachtungen und deute sie.
Entsorgung: Wässrige Lösungen in das Abwasser geben.

Exp. 19 Löslichkeit von Kohlenstoffdioxid in Wasser

Tauche einen blasenfrei mit Wasser gefüllten Standzylinder (500 ml oder größer) mit der Öffnung nach unten in eine zur Hälfte mit Wasser gefüllten pneumatischen Wanne. Gib anschließend mithilfe einer Tiegelzange eine Brausetablette unter die Öffnung des Standzylinders und markiere nach Ende der Reaktion mit einem Filzstift den Wasserstand im Zylinder. Wiederhole den Versuch mit einer zweiten und dritten Brausetablette.

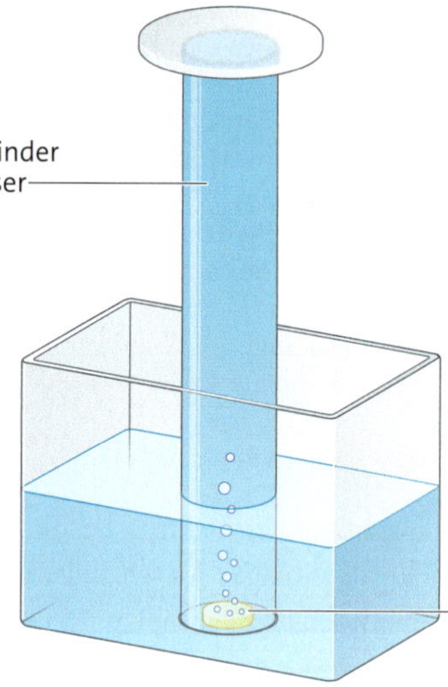

Deute deine Beobachtungen.
Entsorgung: Flüssigkeiten in das Abwasser geben.

Exp. 20 Einfluss der Temperatur auf die Löslichkeit von Kohlenstoffdioxid

Fülle zwei 0,5 -l-PET-Flaschen zu zwei Dritteln mit heißem bzw. kaltem Wasser. Beachte, dass beide Flaschen gleich gefüllt sind. Gib anschließend in den verbleibenden Gasraum über dem Wasser etwas Kohlenstoffdioxid. Verschließe beide Flaschen und schüttle sie.
Notiere deine Beobachtungen und deute sie.
Entsorgung: Flüssigkeiten in das Abwasser geben.

Exp. 21 Untersuchung von Haushaltsmitteln mit Universalindikator- und Lackmuslösung

Gib in sechs Reagenzgläser jeweils 1 ml Wasser und dann einige Tropfen Tee, Zitronensaft, Milch, Honig, Essig, Seifenwasser und Joghurt. Versetze jede Probe mit vier Tropfen Universalindikatorlösung.
Notiere deine Beobachtungen.
Gib in ein Reagenzglas etwa 2 ml Wasser. Versetze es mit fünf Tropfen Lackmuslösung. Betrachte die Lösung, beschreibe die Farbe. Prüfe danach die oben genannten Stoffe mit Lackmuslösung.
Deute dein Ergebnis.
Entsorgung: Lösungen in das Abwasser geben.

Exp. 22 Untersuchung verschiedener Lösungen mit Universalindikatorpapier

Löse einen sauren Bonbon in wenig Wasser auf.
Gib eine Spatelspitze Kalkentferner (GHS05) zu 5 ml Wasser. Gib jeweils mit einem Glasstab einen Tropfen der Lösungen auf einen kurzen Streifen Universalindikatorpapier.
Fertige ein Protokoll an. Klebe den getrockneten Streifen dort ein.
Entsorgung: Lösungen in das Abwasser geben.

Exp. 23 Wirkung von Rotkohlsaft auf wässrige Lösungen

Schneide ein Rotkohlblatt in kleine Stückchen. Gib in einem Becherglas zum Rotkohl so viel Wasser, dass die Blätter gerade bedeckt sind. Erhitze und lass etwa 3 Minuten sieden. Dekantiere den entstandenen Saft nach dem Abkühlen ab.
Gib in vier Reagenzgläser jeweils 2 ml Essig, 2 ml Zitronensaft, 2 ml Seifenwasser und 2 ml 1%ige Natronlauge (GHS05). Versetze die Lösungen mit einigen Tropfen Rotkohlsaft.
Notiere deine Beobachtungen.
Entsorgung: Natronlauge in den Behälter für saure und alkalische Lösungen, übrige Lösungen in das Abwasser geben.

Exp. 24 Untersuchung von schwarzem Tee und blauem Wassereis mit Zitronensaft und Seifenwasser

Gib in zwei Reagenzgläser jeweils 5 ml schwarzen Tee. Gib in das erste Reagenzglas einige Tropfen Zitronensaft und in das zweite einige Tropfen Seifenwasser.
Notiere deine Beobachtungen.
Wiederhole die Durchführung mit dem blauen Wassereis.
Notiere deine Beobachtungen und vergleiche sie.
Entsorgung: Lösungen in das Abwasser geben.

Exp. 25 Untersuchung von Reinigungsmitteln mit Universalindikator

Lass dir von deiner Lehrerin bzw. deinem Lehrer Proben von Reinigungsmitteln wie Backofenreiniger, Rohrreiniger, Scheuermilch, Kernseife und Glasreiniger geben. Beachte beim Umgang mit den Stoffen die Gefahrenhinweise und Gefahrensymbole!
Gib von Proben flüssiger Stoffe jeweils einen Tropfen auf Universalindikatorpapier. Versetze feste Stoffe mit destilliertem Wasser und schüttle. Entnimm Flüssigkeitsproben und versetze jeweils etwa 2 ml mit drei Tropfen Universalindikatorlösung.
Notiere deine Beobachtungen.
Entsorgung: Lösungen in das Abwasser geben.

Exp. 26 Prüfung von Natronlauge mit Universalindikator, Lackmus und Phenolphthalein

Gib in drei Reagenzgläser jeweils etwa 2 ml 1%ige Natronlauge (GHS05). Füge jeweils drei Tropfen Universalindikatorlösung, Lackmuslösung und Phenolphthalein-Indikatorlösung in je eines der Reagenzgläser hinzu.
Notiere deine Beobachtungen.
Entsorgung: Lösungen in den Behälter für saure und alkalische Lösungen geben.

Lösemittel Wasser

Ein gläserner Aufzug fährt durch die exotische Unterwasserwelt des Berliner AquaDoms, ein in seiner Art weltweit einzigartiges Meerwasseraquarium. Das gewaltige Becken ist 25 Meter hoch und fasst rund 1 Million Liter Wasser. Darin ist die unvorstellbare Masse von 30 Tonnen Salz gelöst.

1 AquaDom im Foyer eines Berliner Hotels

Schon gewusst?
Das wohl salzigste Gewässer der Erde ist der Assalsee mit einem Salzgehalt von 34,8 %. In einem entlegenen Wüstengebiet Ostafrikas bedeckt er eine Fläche von 54 km². An seinen Ufern verkrusten Salzkristalle zu meterdicken Platten.

2 Ufer des Assalsees

Stoff	Löslichkeit in g
Zucker	203,9
Kochsalz	35,88
Soda	21,66
Gips	0,2036
Kalkstein	0,0015

3 Löslichkeit für ausgewählte Stoffe (in 100 g Wasser bei 20 °C und 1013 hPa)

Wasser löst Stoffe Einige feste und flüssige Stoffe lösen sich in Wasser, andere hingegen nicht. Die **Löslichkeit** in Wasser oder in anderen Flüssigkeiten ist eine weitere Eigenschaft vieler Stoffe. Zucker, der in den Tee gegeben wird, verschwindet nicht. Er ist noch vorhanden, denn der Tee schmeckt süß. Der Zucker hat sich gelöst und eine **Lösung** ist entstanden. In diesem Beispiel ist der Zucker der zu lösende Stoff und das Wasser des Tees das **Lösemittel**. Zucker ist löslich in Wasser. Fett oder Speiseöl sind dagegen in Wasser nahezu unlöslich.

Beim Erwärmen von Mineralwasser und frischem Leitungswasser steigen Gasblasen auf. Im Wasser sind Gase gelöst. Das kann man auch feststellen, wenn man eine Mineralwasserflasche öffnet. In kaltem Wasser und unter Druck lösen sich Gase besonders gut (► Exp. 19, 20; S. 32). Die Lebewesen im Wasser nutzen den im Wasser gelösten Sauerstoff zur Atmung. Im Sommer kann eine starke Erwärmung der Gewässer zu einem Mangel an Sauerstoff führen.

Löslichkeit Stoffe wie Zucker und Kochsalz sind gut in Wasser löslich, andere Stoffe wie Gips sind dagegen schwer löslich (► Exp. 16, S. 32). Aber auch die gut löslichen Stoffe können von einer Lösemittelportion nur in einer bestimmten Masse gelöst werden. Ist diese Masse überschritten, setzt sich jede weitere zugegebene Stoffportion als Bodenkörper ab (► Exp. 17, S. 32). Die Lösung über dem Bodenkörper wird als **gesättigte Lösung** bezeichnet.

Wasser ist ein gutes Lösemittel für viele feste, flüssige und gasförmige Stoffe. Eine Lösung wird als gesättigt bezeichnet, wenn sich ein Bodenkörper gebildet hat.

In einer bestimmten Masse eines Lösemittels löst sich nur eine bestimmte Masse eines Stoffes. Diese Größe wird als **Löslichkeit** l bezeichnet. Sie ist abhängig von Druck und Temperatur (▸ Exp. 18, 20; S. 32).
Dabei wird angegeben, welche Masse des Stoffes bei bestimmter Temperatur und bestimmtem Druck in 100 g eines Lösemittels höchstens gelöst werden kann. Man spricht dann von einer **konzentrierten Lösung.**
So können 100 g Wasser bei einer Temperatur von 20 °C und bei einem Druck von 1 013 hPa höchstens 203,9 g Zucker oder höchstens 35,88 g Kochsalz lösen (▸ **3**).

Die Löslichkeit von Kaliumnitrat in Wasser steigt stark mit der Temperatur an. Zum Messen der Löslichkeit wird so lange Kaliumnitrat einer Lösung hinzugefügt, bis sich ein Bodenkörper bildet. Die Ergebnisse lassen sich besonders anschaulich in Löslichkeitskurven darstellen. So können die Löslichkeiten verschiedener Stoffe leicht miteinander verglichen werden (▸ **6**). Die Löslichkeit von Gasen sinkt hingegen mit steigender Temperatur (▸ **4**).

Temperatur in °C	Löslichkeit in mg/l	
	Sauerstoff	Kohlenstoffdioxid
0	69,9	3 386
10	54,3	2 367
20	44,1	1 735
30	37,5	1 314
40	33,0	1 046
50	29,7	854

4 Die Löslichkeit von Gasen in Wasser wird in mg/l bei 1 013 hPa angegeben.

5 In 0,1 l Wasser lösen sich verschiedene Massen Kupfersulfat.

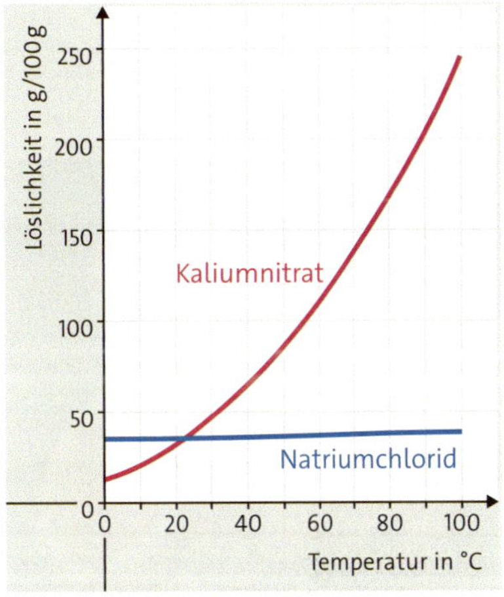

6 Löslichkeitskurven zweier Feststoffe in Wasser

Die Löslichkeit *l* gibt an, welche Masse eines Stoffes unter Normbedingungen (20 °C, 1 013 hPa) von 100 g eines Lösemittels höchstens gelöst werden kann.

Massenanteil Im Labor arbeitet man fast nie mit konzentrierten Lösungen. Gibt man zu einer konzentrierten Lösung Wasser hinzu, entsteht eine **verdünnte Lösung.** Da es oft notwendig ist zu wissen, wie viel des gelösten Stoffes in einer Lösung enthalten ist, gibt man den **Massenanteil** einer Lösung an. Er wird berechnet, indem man den Quotienten aus der Masse des gelösten Stoffes in Gramm und der Masse der Lösung selbst bildet (▸ **7**).

$$w = \frac{m(\text{gelöster Stoffe})}{m(\text{Lösung})}$$

7 Massenanteil des gelösten Stoffes in einer Lösung

Aufgaben

1 Vergleiche die Löslichkeit von Kaliumnitrat und Natriumchlorid in Wasser bei 30 °C, 50 °C und 70 °C (▸ **6**).

2 Erstelle ein Löslichkeitsdiagramm für Sauerstoff und Kohlenstoffdioxid (▸ **4**). Vergleiche die Kurven miteinander.

3 Erläutere, weshalb man an einem warmen Sommertag Fische dabei beobachten kann, wie sie an der Wasseroberfläche nach Luft schnappen.

4 Vergleiche die Vorgänge „Lösen“ und „Schmelzen“ miteinander. Gib jeweils vier Beispiele aus dem Alltag an.

Saure und alkalische Lösungen

Bei der Bezeichnung der leckeren Bratenbeilage kann es immer wieder zu Diskussionen kommen. Ein und dasselbe Gemüse wird im Süden Deutschlands als Blaukraut, im Norden hingegen als Rotkohl bezeichnet. Dabei wird es in den unterschiedlichen Regionen nur anders zubereitet.

1 Blaukraut oder Rotkohl?

2 Sauer schmeckender Fruchtsaft

Schon gewusst?
Das Wasser aus ägyptischen Salzseen und die durch Auslaugen von Pflanzenasche entstandenen Lösungen wurden schon im Altertum zum Waschen und wegen ihrer ätzenden Wirkung zum Gerben von Tierhäuten genutzt. Solche Stoffe wurden mit dem arabischen Wort „al calia" bezeichnet. Daraus entwickelte sich die Bezeichnung alkalische Lösung.

Saure und alkalische Lösungen Beim Trinken verschiedener Fruchtsäfte ist dir sicher schon aufgefallen, dass sich deine Mundwinkel manchmal etwas zusammenziehen. Zitronensaft, Orangensaft, Sauerkirschsaft und auch Essig haben eine Gemeinsamkeit: Sie schmecken sauer. Bei all diesen Flüssigkeiten handelt es sich um wässrige Lösungen, die als **saure Lösungen** bezeichnet werden.

Wässrige Lösungen von Abflussreiniger, Backofenreiniger, aber auch Seifenwasser und Natronlauge fühlen sich dagegen seifig, schmierig an. Diese Lösungen werden als **alkalische Lösungen** bezeichnet.
Viele saure und alkalische Lösungen wirken stark ätzend. Eine Geschmacksprobe kann zu schweren gesundheitlichen Schäden führen.

Nachweis saurer und alkalischer Lösungen Schon im Altertum wussten die Menschen, dass manche Stoffe, die zum Färben von Textilien eingesetzt wurden, in sauren Lösungen ihre Farbe ändern. Solche Farbstoffe können zum Nachweis saurer Lösungen benutzt werden. Sie werden **Indikatoren** (lat. *indicator*: Anzeiger) genannt. Es gibt zahlreiche Stoffe, die als Indikatoren verwendet werden können und auch für das Erkennen von alkalischen Lösungen geeignet sind. Jeder Indikator zeigt eine typische Farbänderung.

Auch Farbstoffe aus Rotkohl, roten Beten, Radieschen, blauem Wassereis oder schwarzem Tee ändern bei Zugabe von sauren bzw. alkalischen Lösungen die Farbe (► Exp. 23, 24; S. 33). So färbt sich Rotkohl rot, wenn er zusammen mit etwas Essig und einem sauren Apfel gekocht wird.

Saure und alkalische Lösungen sind wässrige Lösungen. Sie bewirken bei Indikatoren eine charakteristische Farbänderung.

Der pH-Wert Bisher können wir von einer Lösung nur sagen, ob sie sauer oder alkalisch ist. Wir können jedoch keine Aussage darüber machen, wie sauer oder wie alkalisch sie ist.
Der **pH-Wert** ist eine Zahlenangabe zur genauen Kennzeichnung des sauren oder alkalischen Verhaltens einer Lösung. Er kann mit dem Universalindikator bestimmt werden.
Der Universalindikator besteht nicht nur aus einem Farbstoff, sondern ist ein Gemisch aus verschiedenen Farbstoffen. Er zeigt durch unterschiedliche Farbänderungen den pH-Wert an (▸ Exp. 21, 22, 24; S. 33; ▸ **4**). Über den Vergleich mit einer Farbskala lässt sich der Zahlenwert zuordnen (▸ **3**). Es gibt auch Papierstreifen, die mit der Indikatorlösung getränkt und getrocknet worden sind. Diese Indikatorpapiere müssen vor ihrer Verwendung angefeuchtet werden.

Der ermittelte Zahlenwert drückt aus, wie stark oder schwach sauer bzw. alkalisch eine Lösung ist.
Die pH-Skala umfasst den Bereich von pH = 0 bis pH = 14. Der pH-Wert einer sauren Lösung ist kleiner als 7. Lösungen mit einem pH-Wert größer als 7 sind alkalisch. Lösungen, die weder sauer noch alkalisch sind, werden als **neutrale Lösungen** (lat. *neutrum:* keins von beiden) bezeichnet. Ihr pH-Wert ist 7.

! Der pH-Wert ist eine Zahlenangabe zur Kennzeichnung von sauren, alkalischen und neutralen Lösungen.

3 Universalindikator-Farbskala für den Bereich pH = 1 bis pH = 10

4 Saure, neutrale und alkalische Lösungen mit Universalindikator

Indikator	Saure Lösung	Neutrale Lösung	Alkalische Lösung
Lackmus	rot	violett	blau
Universalindikator	rot bis gelb	grün	blau
Phenolphthalein	farblos	farblos	rosa

5 Farbveränderung wichtiger Indikatoren aus dem Chemieunterricht (▸ Exp. 21, 24, 25; S. 33)

Aufgaben

1 Nenne Gründe, warum im Chemieunterricht der mögliche saure Geschmack einer Lösung nicht geprüft werden darf.

2 Nenne weitere saure Lösungen, die dir im Alltag schon begegnet sind.

3 Erläutere die Vorteile, die der Universalindikator gegenüber den Indikatoren Lackmus und Phenolphthalein hat (▸ **5**).

4 Erläutere, wozu Indikatoren dienen.

5 Weise verschiedenen pH-Werten die Begriffe schwach sauer, sauer, alkalisch, stark alkalisch zu.

6 Erläutere, wie es zu den verschiedenen Bezeichnungen für Rotkohl bzw. Blaukraut kommen kann.

Das Teilchenmodell

Exp. 27 Lösen von Kaliumpermanganat in Wasser

Fülle je eine Petrischale mit warmem und mit kaltem Wasser. Warte, bis sich das Wasser nicht mehr bewegt. Gib mit einer Pinzette jeweils einen Kaliumpermanganatkristall (GHS03|07|09) in eine Petrischale. Beobachte die beiden Kristalle einige Minuten lang. Notiere deine Beobachtungen und deute sie.
Entsorgung: Kaliumpermanganatlösung in das Abwasser geben.

Exp. 28 Modellexperiment zur Teilchenbewegung

Gib mit der Pipette einen Tropfen einer Tuschesuspension (aufgerührte Wasserfarbe) auf die Mitte eines Objektträgers und lege ihn unter ein Mikroskop. Betrachte die Tuschesuspension zunächst bei einer kleinen, dann bei einer 400- bis 500-fachen Vergrößerung.
Beschreibe deine Beobachtungen und vergleiche zwischen den unterschiedlichen Vergrößerungsstufen.
Entsorgung: Tuschesuspension in das Abwasser geben.

Exp. 29 Erwärmen von Aceton im geschlossenen System

Drücke aus einer leeren Nachfüllpackung (z. B. für Seife oder Duschgel) die Luft. Fülle in die Nachfüllpackung 5 ml Aceton (GHS02|07) oder acetonhaltigen Nagellackentferner und verschließe sie wieder. Lege die Packung in eine Glaswanne mit heißem Wasser. Warte einige Zeit. Lege die Packung dann in eine Wanne mit kaltem Wasser.
Notiere deine Beobachtungen und deute sie.
Entsorgung: Reste in den Behälter für halogenfreie organische Abfälle geben.

Exp. 30 „Sieben“ von Farbstofflösungen

Fülle ein Rollrandglas zur Hälfte mit einer Lösung von Methylenblau (GHS07), ein anderes zur Hälfte mit Iod-Kaliumiodidlösung (GHS07). Verschließe die Rollrandgläser mithilfe einer Einmachhaut und sichere jeweils mit einem Gummiring ab. Fülle ein breites Becherglas zu etwa zwei Dritteln mit Wasser. Befestige die beiden Rollrandgläser mithilfe von Stativmaterial so, dass sie mit der verschlossenen Öffnung ungefähr 2 cm tief in das Wasser eintauchen. Beobachte etwa 10 Minuten lang die Vorgänge an den Öffnungen der Rollrandgläser.
Notiere deine Beobachtungen und deute sie auf der Teilchenebene.
Entsorgung: Farbstoffreste in das Abwasser geben.

Exp. 31 Diffusion

Spanne ein langes Glasrohr (Reaktionsrohr) waagerecht in ein Stativ ein.
Vorsicht! Nur von der Lehrkraft durchführen! Lass dir von der Lehrkraft ein mit konzentrierter Salzsäure (GHS05|07) getränktes Stück Watte am Ende des Glasrohrs platzieren, an das andere Ende einen Wattebausch mit Ammoniakwasser (GHS05).
Verschließe die Öffnungen des Glasrohrs mit Stopfen.
Warte einige Minuten.

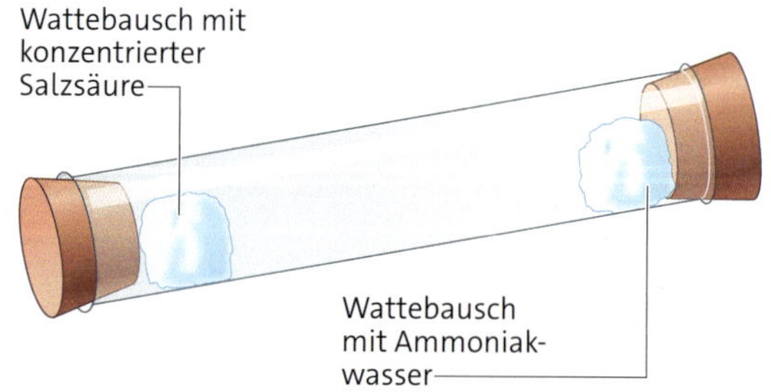

Notiere deine Beobachtungen und deute sie auf der Stoff- und auf der Teilchenebene.
Entsorgung: Reste in den Behälter für saure und alkalische Abfälle geben.

Bau der Stoffe aus Teilchen

1 Zucker in unterschiedlichen Formen

Zucker „versüßt" unser Leben. Aber ganz gleich, ob er kristallin oder puderförmig vorliegt – es lassen sich immer kleine Zuckerkristalle erkennen. Die Frage, ob sich eine Stoffportion endlos teilen lässt, beschäftigte daher die Wissenschaftler schon viele Jahrhunderte.

Teilbarkeit von Stoffen Bei allen Sorten von Zucker lassen sich mithilfe einer Lupe oder eines Mikroskops noch Zuckerkristalle erkennen. Aber es ist eine noch kleinere Zerteilung möglich. In Zuckerwasser ist der Zucker selbst mit dem Mikroskop nicht mehr zu sehen. Zucker ist aber noch vorhanden und am süßen Geschmack zu erkennen. Lässt man das Wasser verdunsten, bilden sich wieder kleine Zuckerkristalle, die man mit bloßem Auge erkennen kann.

Nach einer heutigen Vorstellung bestehen Stoffe aus **kleinsten Teilchen**, die sich mit einfachen Mitteln nicht weiter zerteilen lassen. Diese Teilchen können nur mit Elektronenmikroskopen sichtbar gemacht werden (▸**2**). Mit dem Auge erkennbar sind nur die aus vielen Teilchen gebildeten deutlich größeren Stoffportionen, z. B. ein Zuckerkristall (▸**1**). Die kleinsten Zuckerteilchen im Zuckerwasser ordnen sich wieder zu sichtbaren Zuckerkristallen an, wenn das Wasser verdunstet.

! Die Vorstellung vom Bau der Stoffe besagt: Stoffe bestehen aus kleinsten, unteilbaren Teilchen.

2 Elektronenmikroskop

Exp. 32 **Ausbreitung eines Duftstoffs**

Schließe alle Türen und Fenster. Fülle einige Tropfen Parfüm in eine Petrischale. Prüfe den Geruch im Raum nach 2, 4 und 6 Minuten in verschiedenen Abständen zur Petrischale.
Beschreibe und deute deine Beobachtungen.
Entsorgung: Parfümreste in das Abwasser geben.

3 Kandiszucker unter dem Mikroskop

> **!** **Modelle und ihre Grenzen**
>
> Ein Modell stimmt niemals vollständig mit der Wirklichkeit überein.
>
> Das Teilchenmodell erlaubt zwar eine Darstellung, wie sich die kleinsten Teilchen bewegen. Es kann aber nicht gezeigt werden, wie die kleinsten Teilchen in Wirklichkeit aussehen, welche Form, Größe und Masse sie besitzen.
>
> Ein Modell ist nicht wahr oder falsch, sondern brauchbar oder unbrauchbar.
>
> Jedes Modell hat Grenzen. Sind die Möglichkeiten eines Modells ausgeschöpft, so muss es entweder erweitert oder durch ein neues Modell ersetzt werden.

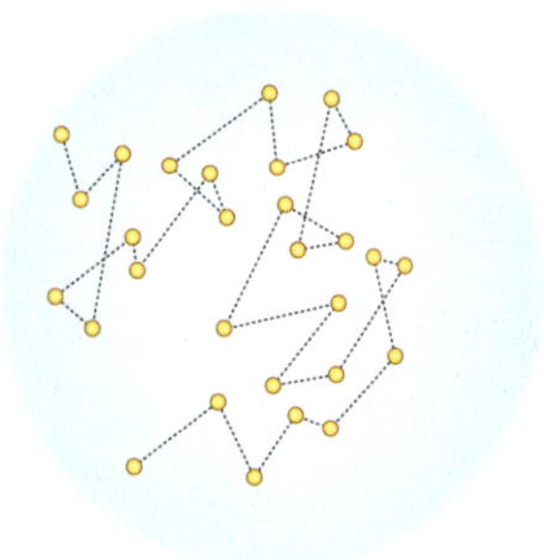

1 Brown'sche Bewegung – Bewegung eines Pollenkorns aufgrund der Stöße nicht sichtbarer Wasserteilchen

2 Diffusion von Bromdampf in Luft

Das Teilchenmodell Um die Vorstellung vom Bau der Stoffe aus kleinsten Teilchen zu veranschaulichen, wurden **Modelle** entwickelt. Das Modell der kleinsten Teilchen unterscheidet sich von anderen Modellen, da die kleinsten Teilchen ohne Hilfsmittel nicht sichtbar sind. Ihre Existenz kann deshalb nur aus den Eigenschaften der Stoffe abgeleitet werden. Dieses Modell ist daher eine Denkhilfe. Es ist ein Gedankenmodell über den möglichen Bau der Stoffe.
Nach dem Teilchenmodell sind Teilchen ein und desselben Stoffes einander gleich. So besteht Zucker aus Zuckerteilchen, die alle die gleiche Masse und Größe haben. Die kleinsten Teilchen verschiedener Stoffe unterscheiden sich in ihrer Größe (▸ Exp. 30, S. 38) und Masse. Zwischen den Teilchen stellt man sich leeren Raum vor (▸ Exp. 29, S. 38).

Häufig werden die kleinsten Teilchen modellhaft als Kugeln dargestellt. Aber auch eine Darstellung durch andere Formen, z. B. durch kleine Würfel, wäre möglich. Da die kleinsten Teilchen ohne Weiteres nicht zu sehen sind, ist es schwierig, ihre wirkliche Form und Größe zu beschreiben. Die Eigenschaften eines Stoffes, z. B. die Farbe, kann man den Teilchen nicht zuordnen. Die Eigenschaften eines Stoffes ergeben sich erst, wenn sich die kleinsten Teilchen zusammenlagern.

Teilchenbewegung Es wird angenommen, dass sich die Teilchen in ständiger, ungeordneter Bewegung befinden. Dabei stoßen sie sehr oft aneinander. Die dadurch verursachte Bewegung kleinster sichtbarer Partikel in Gasen und Flüssigkeiten heißt nach ihrem Entdecker **Brown'sche Bewegung** (▸ Exp. 28, S. 38; ▸ **1**). So verteilen sich z. B. die Teilchen des Kaliumpermanganats in der gesamten Flüssigkeit ohne äußere Beeinflussung (▸ Exp. 27, S. 38). Auch der Duft eines Parfüms breitet sich in einem Raum recht schnell aus (▸ Exp. 32, S. 39). Hier liegt jedoch die Vermutung nahe, dass Luftströmungen die Geruchsstoffe im Raum verteilen. Es breiten sich aber auch Bromdämpfe in einem geschlossenen Standzylinder ohne Luftströmung vom Boden her nach oben aus, obwohl Bromdampf eine größere Dichte als Luft hat (▸ **2**).

Diffusion Die Beispiele zeigen, dass sich verschiedene Stoffe ohne äußere Einwirkung durchmischen können. Dieser Vorgang heißt **Diffusion** (lat. *diffundere:* ausgießen, ausbreiten). Die Diffusion lässt sich mithilfe des Teilchenmodells erklären: Die Bromteilchen und die Teilchen der Luft bewegen sich ständig hin und her. Sie stoßen dabei häufig zusammen. Entgegen der Schwerkraft bewegen sich die Bromteilchen auch nach oben in die Räume zwischen den Teilchen der Luft. Umgekehrt bewegen sich die Teilchen der Luft auch nach unten in die Räume zwischen den Bromteilchen. Allmählich vermischen sich so die Teilchen der Stoffe.

> **Diffusion ist das selbstständige Durchmischen zweier Stoffe. Diese Durchmischung erfolgt durch die ständige, regellose Bewegung der Teilchen der Stoffe.**

Teilchenmodell und Aggregatzustände Wir können uns im flüssigen Wasser bewegen, sind aber viel langsamer. Wasserdampf kann hingegen problemlos durchdrungen werden. Aus festem Eis lassen sich sogar Skulpturen herstellen (▸ **3**).

In **festen Stoffen** sind die Teilchen dicht nebeneinander und regelmäßig angeordnet. Sie führen nur kleine Schwingungen an ihren Plätzen aus. Zwischen den Teilchen wirken starke Anziehungskräfte. Die Teilchen lassen sich nur schwer voneinander trennen und gegeneinander verschieben. Im festen Aggregatzustand hat deshalb eine Stoffportion eine bestimmte Form.

In **flüssigen Stoffen** sind die Teilchen nicht so regelmäßig angeordnet. Die zwischen ihnen wirkenden Anziehungskräfte sind kleiner als in den festen Stoffen. Die Teilchen in flüssigen Stoffen bewegen sich hin und her und sind leicht gegeneinander verschiebbar. Im flüssigen Aggregatzustand kann sich deshalb die Stoffportion jeder Gefäßform anpassen.

In **gasförmigen Stoffen** sind die Abstände zwischen den Teilchen sehr groß und die Anziehungskräfte vollständig überwunden. Die Teilchen bewegen sich frei und ungeordnet. Eine Stoffportion im gasförmigen Aggregatzustand kann daher leicht zusammengedrückt werden.

Teilchenbewegung und Aggregatzustandsänderung Wird ein fester Stoff erwärmt, schwingen die Teilchen immer heftiger und beanspruchen mehr Platz. Werden die Schwingungen so stark, dass Teilchen ihre Plätze verlassen können, existiert ihre regelmäßige Anordnung nicht mehr: Der Stoff schmilzt, er wird flüssig.

Bei weiterer Wärmezufuhr bewegen sich die Teilchen immer schneller. Die Stöße zwischen ihnen werden immer heftiger und die Abstände größer. Beim Erreichen der Siedetemperatur entfernen sich die Teilchen sehr weit voneinander. Der Stoff verdampft.

Ein einzelnes Teilchen kann nicht fest, flüssig oder gasförmig sein. Nur Stoffportionen aus sehr vielen Teilchen haben einen Aggregatzustand.

Mit dem Teilchenmodell lassen sich Erscheinungen wie Aggregatzustände eines Stoffes und Vorgänge wie Diffusion und Aggregatzustandsänderungen deuten und beschreiben.

3 Eisskulptur – Wasser im festen Aggregatzustand

Aufgaben

1 Beschreibe den Aufbau eines festen Stoffes mithilfe des Teilchenmodells (▸ **4**).

2 Beschreibe den Vorgang der Diffusion anhand eines selbst gewählten Beispiels.

3 Kennzeichne den Unterschied zwischen einem kleinen Zuckerkristall und einem Zuckerteilchen.

4 Beschreibe die in ▸ **4** dargestellten Vorgänge mithilfe des Teilchenmodells.

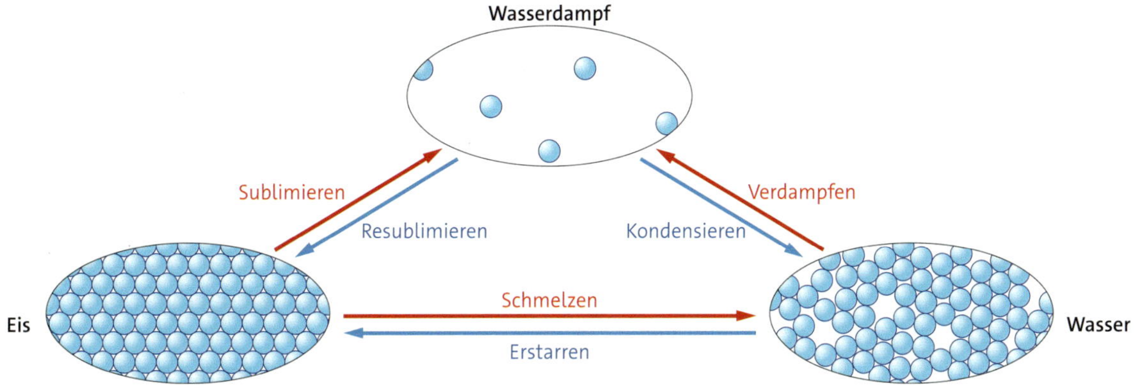

4 Teilchenmodell für die Aggregatzustandsänderungen des Wassers

Stoffen auf der Spur

Stoffe

Alle Gegenstände bestehen aus Stoffen. Stoffe erkennt man an ihren Eigenschaften.

Eigenschaften von Stoffen

Die Eigenschaften der Stoffe lassen sich mithilfe der Sinnesorgane sowie mit Hilfsmitteln und Messgeräten ermitteln. Jeder Stoff besitzt eine für ihn typische Eigenschaftskombination.

Bau der Stoffe aus Teilchen

Der Bau der Stoffe lässt sich mithilfe des Teilchenmodells veranschaulichen. Man stellt sich vor, dass die Stoffe aus kleinsten, unteilbaren Teilchen bestehen, die in ständiger Bewegung sind. Zwischen den Teilchen wirken Kräfte. Mit dem Teilchenmodell können Erscheinungen und Vorgänge gedeutet werden.

Aggregatzustände der Stoffe	fest	flüssig	gasförmig
Darstellung im Teilchenmodell	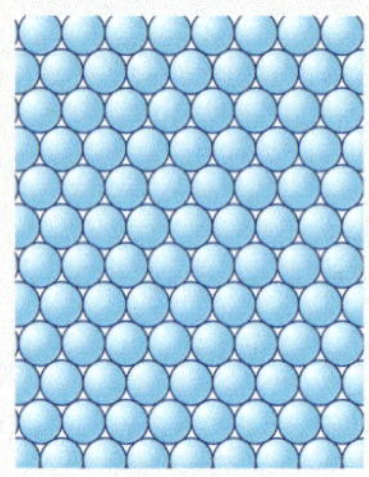	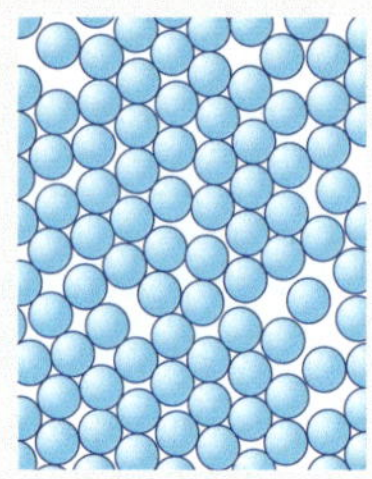	
Anordnung der Teilchen	regelmäßig	unregelmäßig	ungeordnet
Abstand zwischen den Teilchen	sehr klein	sehr klein	sehr groß
Bewegung der Teilchen	schwingen	gleiten	frei beweglich
Anziehungskräfte zwischen den Teilchen	sehr groß	groß	überwunden

Diffusion

Vorgang der selbstständigen Durchmischung zweier Stoffe. Diese Durchmischung erfolgt durch die ständige, regellose Bewegung der Teilchen der Stoffe.

Löslichkeit

Die Löslichkeit gibt an, welche Masse eines festen Stoffes unter Normbedingungen (20 °C, 1 013 hPa) in 100 g eines Lösemittels höchstens gelöst werden. Bei der Löslichkeit von Gasen wird angegeben, welche Masse eines Gases sich in 1 Liter Lösemittel höchstens löst.

Indikatoren

Farbstoffe, die in sauren oder alkalischen Lösungen eine typische Farbänderung zeigen

pH-Wert

Wässrige Lösungen können sauer, neutral oder alkalisch sein. Der pH-Wert ist eine Zahlenangabe zur genauen Kennzeichnung des sauren, neutralen oder alkalischen Verhaltens einer Lösung:

sauer: $0 \leq$ pH-Wert < 7, neutral: pH-Wert $= 7$, alkalisch: $7 <$ pH-Wert ≤ 14

Aufgaben

1 Nenne wesentliche Eigenschaften, die einen Stoff charakterisieren.

2 Vorratsgefäße für Chemikalien sind ordnungsgemäß zu beschriften. Grundsätzlich dürfen Chemikalien nicht in Gefäße für Lebensmittel abgefüllt werden. Begründe diese Forderungen.

3 Bereits vor 2 500 Jahren entwickelten griechische Philosophen Ideen, dass jeder Stoff aus kleinsten Teilchen besteht, die sich durch Haken und Ösen miteinander verbinden können:

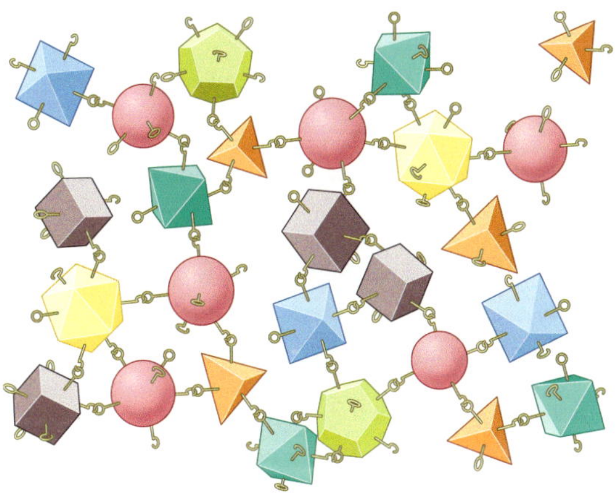

Erläutere, welche der damaligen Teilchenvorstellungen auch heute noch Gültigkeit besitzen und welche nicht.

4 Die Griffe von Pfannen bestehen häufig aus anderen Stoffen als die Pfanne selbst. Nenne Stoffe, aus denen Pfannen und Griffe bestehen können, und begründe deine Aussagen.

5 30 ml Olivenöl wiegen 27,6 g. Berechne die Dichte von Olivenöl.

6 Aggregatzustandsänderungen von Stoffen finden im Alltag häufig Anwendung. Gib dafür mindestens drei Beispiele an.

7 Erläutere die Übergänge von Eis zu Wasser und von Wasser zu Wasserdampf mithilfe des Teilchenmodells vom Bau der Stoffe.

8 Bei der Zubereitung einer Salatsoße breitet sich schnell ein Essiggeruch in der Küche aus. Erkläre diese Beobachtung.

9 Erstelle einen Steckbrief zum Stoff Wasser. Ordne Wasser einer der drei Stoffklassen (Salze, Metalle und flüchtige Stoffe) zu. Begründe deine Zuordnung.

10 Es liegen eine saure, alkalische und neutrale Lösung vor.
- **a** Beschreibe eine Möglichkeit, experimentell zu ermitteln, welche der Lösungen neutral ist.
- **b** Formuliere Voraussagen über zu erwartende Beobachtungen bei deinem Vorgehen.

11 Experimentell wurde ermittelt, dass Seifenlösung einen pH-Wert von 9, Apfelsaft von 4 und destilliertes Wasser von 7 besitzt.
- **a** Gib an, welche Lösung sauer, alkalisch bzw. neutral ist, und begründe deine Angabe.
- **b** Erläutere, was unter dem pH-Wert verstanden wird.

12 Vergleiche die Löslichkeiten von Sauerstoff und Kochsalz in Wasser.

	Löslichkeit in Wasser bei 1 013 hPa	
Temperatur in °C	Sauerstoff: Löslichkeit in mg/l	Kochsalz: Löslichkeit in g/kg
0	69,9	336
20	44,1	359
40	33,0	364

Hilfe zu den Aufgaben findest du auf den Seiten ...

1	24 f., 28 f.	7	41
2	12 f., 24	8	40
3	39 ff.	9	30
4	31	10	36 f.
5	29	11	36 f.
6	27	12	35

▶ Die Lösungen findest du im Anhang.

Weitergedacht

Material A: Warum kühlt ein Erfrischungstuch?

An einem heißen Sommertag kommt man schnell ins Schwitzen. Erfrischungstücher können in solchen Fällen die ersehnte Abkühlung bringen.

Ein Erfrischungstuch besteht aus einem Vlies, das mit einem Erfrischungswasser getränkt ist. Wenn man es auf der Haut verreibt, spürt man deutlich seine kühlende Wirkung.

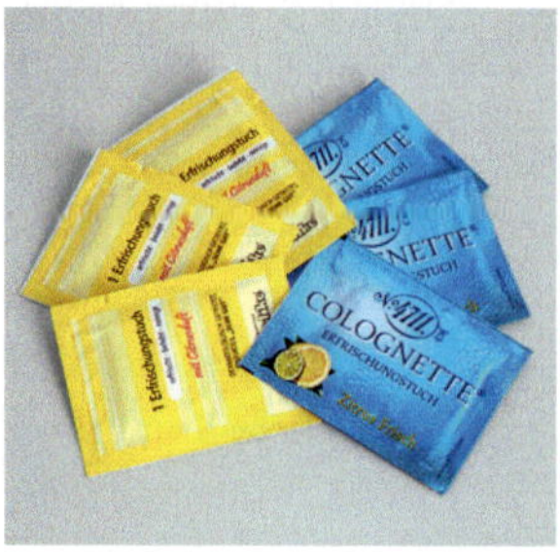

Untersuchung von Erfrischungswasser
Durchführung: Auf einen Wattebausch wurden 2 ml „normales" Wasser, auf einen anderen, gleich großen Wattebausch 2 ml Erfrischungswasser gegeben. Ein dritter Wattebausch blieb trocken.
Nun wurde 5 Minuten lang die Temperatur in den drei Wattebäuschen gemessen.
Beobachtungen: Der Wattebausch mit dem Erfrischungswasser trocknete schneller als der mit Wasser getränkte Wattebausch.

A1 Ausschnitt aus einem Schülerprotokoll

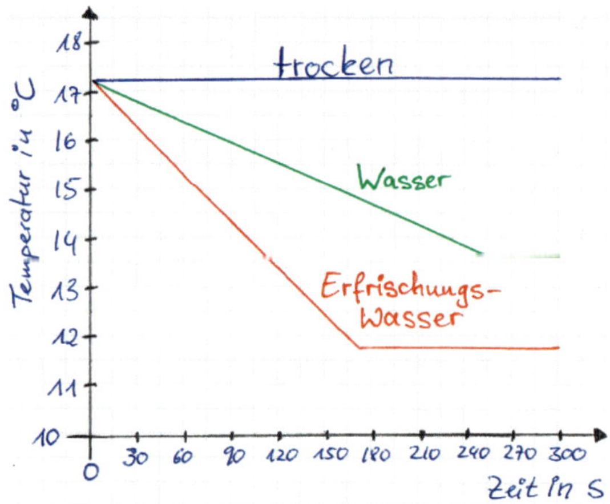

A2 Messdiagramm der Temperaturkurven der drei Wattebäusche aus dem Protokoll

1 Fasse die wesentlichen Aussagen des Diagramms zusammen (▸ **A2**).

2 Deute die Beobachtungen mithilfe deines Wissens über die Aggregatzustände und die Übergänge zwischen ihnen (▸ **A1**, **A2**).

3 Skizziere jeweils den Zustand der Wattebäusche nach 2 Minuten im Teilchenmodell (▸ **A2**).

4 Erläutere die kühlende Wirkung von Erfrischungswasser im Zusammenhang.

Material B: Flüssiggas = flüssiges Gas?

Feuerzeuge enthalten flüssiges Butan als brennbaren Stoff. Drückt man das Ventil, so strömt gasförmiges Butan aus, das durch einen Funken entzündet wird. Eine Flamme entsteht.

Butan ist ein sogenanntes Flüssiggas. Flüssiggas ist ein Begriff aus der Technik. Flüssiggase lassen sich durch geringen Druck in den flüssigen Zustand überführen. Dann ist ihr Volumen etwa 250-mal geringer als im gasförmigen Zustand. Das nutzt man auch zum Befüllen von Feuerzeugen aus.

1 Erläutere, welcher Widerspruch sich in dem technischen Begriff „Flüssiggas" verbirgt.

2 Erkläre, weshalb Feuerzeuggas beim Betätigen des Feuerzeugventils gasförmig wird.

3 Zeichne eine Serie aus drei aufeinanderfolgenden Bildern im Teilchenmodell, welche die Herstellung von flüssigem Feuerzeuggas durch Druckeinwirkung verdeutlicht. Begründe deine Darstellung.

4 Berechne, wie groß das Volumen eines Behälters sein muss, um 780 ml gasförmiges Butan in verflüssigter Form (als Flüssiggas) zu speichern.

Material C: Klassenarbeit zum Teilchenmodell

Aus einer Klassenarbeit zum Thema „Teilchenmodell“ fanden sich verschiedene Lösungen und Antworten zu zwei unterschiedlichen Aufgaben.

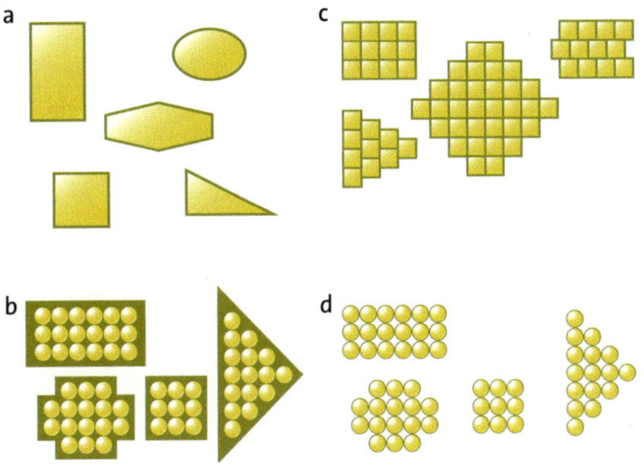

C1 Vier Schülerlösungen zur Darstellung von Schwefelpulver im Teilchenmodell

a Mit steigender Temperatur erwärmen sich die Wasserteilchen. Die Wasserteilchen beginnen bei 0 °C zu schmelzen.

b Mit zunehmender Temperatur bewegen sich auch die Wasserteilchen schneller. Dadurch nehmen die Anziehungskräfte zwischen den Teilchen ab. Die Wasserteilchen können ihre festen Positionen verlassen. Der Eiswürfel beginnt zu schmelzen.

c Wenn der –15 °C kalte Eiswürfel aus dem Gefrierschrank genommen wird, haben die Wasserteilchen eine Temperatur von –15 °C und erwärmen sich allmählich auf 0 °C.

d Bei 0 °C beginnt der Eiswürfel zu schmelzen. Dabei lösen sich die Wasserteilchen, aus denen der Eiswürfel besteht, nach und nach auf.

C2 Vier Schüleraussagen zur Erklärung, warum sich ein Eiswürfel aus dem Gefrierschrank (–15 °C) auf 0 °C erwärmt und schließlich schmilzt

1 Erläutere, was man unter dem Begriff eines „kleinsten Teilchen“ versteht.

2 Beurteile, welche Abbildungen nach dem Teilchenmodell richtig bzw. falsch sind. Begründe deine Meinung (▸ **C1**).

3 Entscheide, welche der Aussagen in ▸ **C2** richtig oder falsch sind. Begründe jeweils deine Meinung.

Material D: Quecksilber – ein flüssiges Metall

Quecksilber ist das einzige Metall, das bei Zimmertemperatur flüssig ist. Es schmilzt bereits bei –39 °C. Wie jedes andere Metall auch besitzt Quecksilber einen typisch metallischen Glanz und leitet den elektrischen Strom, wenn auch nur schlecht. Quecksilber ist die schwerste aller Flüssigkeiten. 1 Liter Quecksilber wiegt 13,55 Kilogramm. Ein Stückchen Eisen kann daher problemlos auf dem flüssigen Quecksilber schwimmen.
Die größte Gesundheitsgefahr geht von Quecksilberdämpfen aus, da Quecksilber trotz einer Siedetemperatur von 357 °C bereits bei Zimmertemperatur verdunstet. Quecksilberdämpfe können sehr schwere Vergiftungen hervorrufen.

D1 Aus einem Lexikon der Chemie …

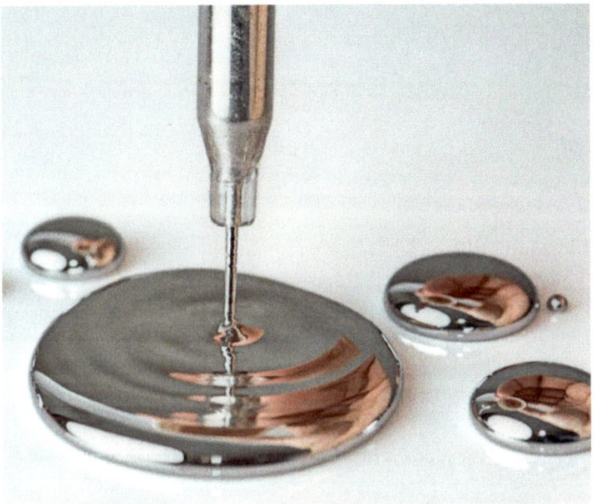

D2 Mit einem Besen kann Quecksilber nicht zusammengefegt werden, da es kleine, leicht zerteilbare Kugeln bildet.

1 Erstelle anhand aller Informationen einen Steckbrief über den Stoff Quecksilber (▸ **D1**, **D2**).

2 Entwickle eine Versuchsvorschrift zur Ermittlung der Dichte von Quecksilber (▸ **D1**).

3 Berechne die Masse einer Quecksilberkugel mit einem Volumen von 1,6 cm^3 (▸ **D1**).

4 Erkläre auch auf der Teilchenebene, weshalb Quecksilber bereits bei Zimmertemperatur verdunsten kann.

Stoffgemische

Aus wohlriechenden Blumen gewinnen Parfümeure wertvolle Duftstoffe und kreieren daraus Parfüme. Es sind Gemische aus vielen Stoffen.

Auch Müll ist ein Gemisch. Er besteht aus Lebensmittelresten, Kunststoffverpackungen, metallenen Dosen, Papier und vielem mehr. Erst durch Trennverfahren ist es möglich, viele dieser Stoffe wieder zu verwenden.

Nicht jedes Gemisch ist so einfach als solches zu erkennen. Das im Meerwasser gelöste Salz wird erst sichtbar, wenn es sich an den Ufern ablagern kann.

Mischen und Trennen

Exp. 1 Mischbarkeit von Stoffen

Mische im Reagenzglas etwas Schwefelpulver (GHS07) mit Eisenfeilspänen. Bewege dann einen Magneten an der Reagenzglaswand auf und ab. Schüttle das Gemisch danach mit Wasser.

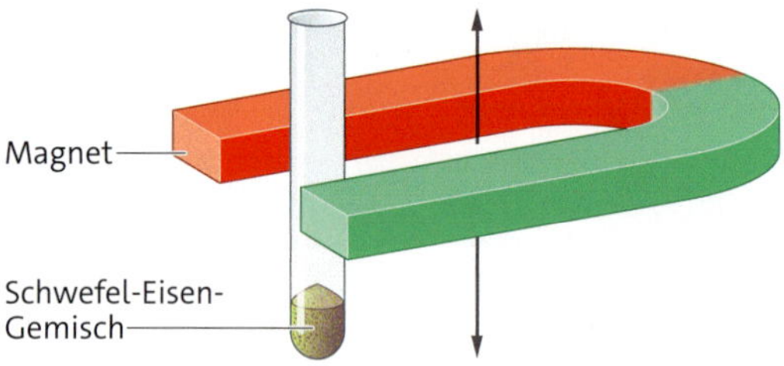

Notiere deine Beobachtungen. Vergleiche die Eigenschaften der Stoffe vor und nach dem Mischen.
Entsorgung: Gemische einsammeln und trennen, Flüssigkeiten in das Abwasser geben.

Exp. 2 Brausepulver unter der Lupe

Gib etwas Brausepulver auf eine Uhrglasschale und betrachte es mit der Lupe. Betrachte danach zum Vergleich eine Stoffportion Zucker mit der Lupe. Zeichne, was du siehst. Beschreibe deine Beobachtungen. Deute das Ergebnis.
Entsorgung: Stoffe getrennt einsammeln.

Exp. 3 Verschiedene Stoffgemische

Gib jeweils kleine Stoffportionen folgender Stoffe in Wasser: Zucker, Sand, Speiseöl, Kreidepulver, Brennspiritus (GHS02), Holzkohlepulver, Kochsalz. Verschließe die Reagenzgläser mit einem Stopfen. Schüttle kräftig und lass die Gläser dann einige Minuten im Reagenzglasständer stehen.
Beschreibe deine Beobachtungen. Überlege dir Kriterien zur Einteilung der Stoffgemische und fasse diese in einer Tabelle zusammen.
Entsorgung: Feststoffe abtrennen und in den Hausmüll geben. Flüssigkeiten in das Abwasser geben.

Exp. 4 Brennspiritus-Wasser-Gemisch

Fülle einen Messzylinder genau mit 50 ml Brennspiritus (GHS02) und einen zweiten mit 50 ml Wasser. Gieße dann langsam den Brennspiritus in den mit Wasser gefüllten Standzylinder. Betrachte die Flüssigkeit im durchscheinenden Licht und lies das Volumen ab. Vermische dann die Flüssigkeit mit einem Glasstab. Achte darauf, dass keine Flüssigkeit herausspritzt. Warte kurze Zeit und lies erneut das Volumen ab. Vergleiche die Ergebnisse. Versuche, die beobachtete Erscheinung zu erklären. Nutze dazu die Vorstellungen vom Teilchenmodell.
Entsorgung: Flüssigkeiten in das Abwasser geben.

Exp. 5 Trennung einer Aufschlämmung

Stelle eine Aufschlämmung von Kohlenstoffpulver und Wasser her. Lass das Gemisch kurze Zeit ruhig stehen. Trenne danach das Gemisch durch vorsichtiges Abgießen des Wassers.

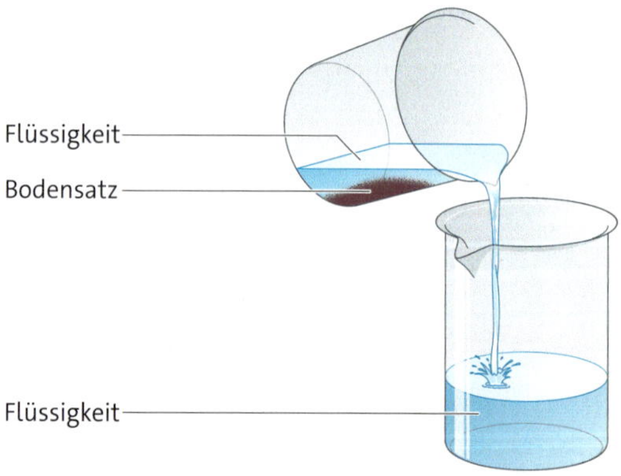

Beschreibe deine Beobachtungen. Nenne die Eigenschaften der Stoffe, die zur Trennung genutzt werden.
Entsorgung: Kohlenstoffpulver in den Hausmüll geben, Flüssigkeiten in das Abwasser geben.

Exp. 6 Filtration eines Kaffeeaufgusses

Gib etwas gemahlenen Kaffee in ein Becherglas. Erhitze Wasser bis zum Sieden. Gieße vorsichtig das heiße Wasser auf den Kaffee und rühre um. Filtriere den Aufguss.
Beschreibe deine Beobachtungen. Gib an, welche Eigenschaften der Stoffe zur Trennung genutzt werden. Nenne ein weiteres mögliches Verfahren, mit dem sich das Stoffgemisch trennen lässt. Nenne Vor- und Nachteile dieser Verfahren.
Entsorgung: Feststoffe in den Hausmüll, Flüssigkeiten in das Abwasser geben.

Exp. 7 Kochsalzgewinnung aus Steinsalz

Gib einen gestrichenen Teelöffel feinkörniges Steinsalz in eine Reibschale und zerreibe das Salz gründlich. Vermische nun das zermahlene Steinsalz mit 50 ml Wasser in einem Becherglas. Rühre so lange um, bis sich das Salz gelöst hat. Stelle einen Trichter auf einen Erlenmeyerkolben. Falte ein Filterpapier zu einem Rundfilter und lege ihn in den Trichter. Gieße die Salzlösung langsam durch den Filter in den Erlenmeyerkolben.
Gieße etwa zwei Drittel der filtrierten Salzlösung in eine Abdampfschale und stelle sie auf einen Dreifuß mit Keramikdrahtnetz. Erhitze die Lösung mit dem Brenner. Stülpe ein großes Becherglas über die Abdampfschale, wenn sich kaum noch Flüssigkeit darin befindet, sodass nichts herausspritzen kann.

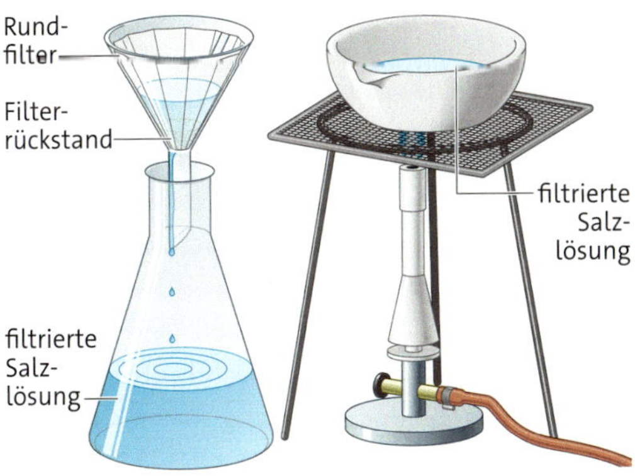

Beschreibe und deute deine Beobachtungen.
Entsorgung: Flüssigkeiten in das Abwasser, übrige feste Stoffe in den Hausmüll geben.

Exp. 8 Destillation einer Farbstofflösung

Stelle eine Farbstofflösung her, indem du Wasser mit Tinte versetzt. Baue die Versuchsapparatur wie in der Abbildung auf. Entzünde den Brenner. Erhitze die Farbstofflösung im Reagenzglas, bis das Wasser vom Tintenfarbstoff getrennt ist.

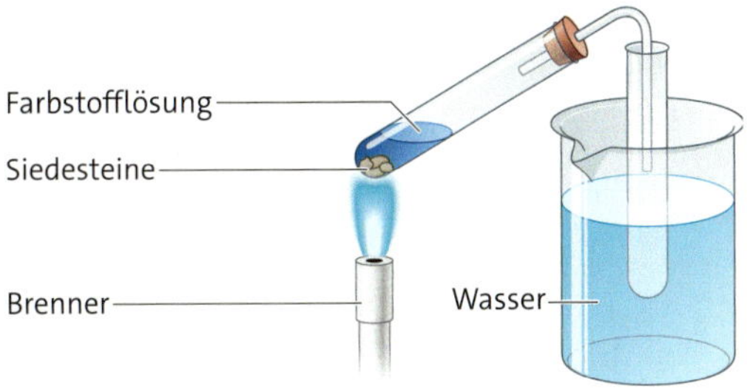

Notiere deine Beobachtungen. Deute das Ergebnis.
Entsorgung: Flüssigkeiten in das Abwasser geben.

Exp. 9 Entfernung feiner Verunreinigungen

Schüttle im Reagenzglas jeweils Aktivkohle mit stark verdünnter Tinte und mit Parfümwasser. Filtriere anschließend jede Probe.
Beschreibe deine Beobachtungen. Deute das Ergebnis.
Entsorgung: Aktivkohle einsammeln. Flüssigkeiten in das Abwasser geben.

Exp. 10 Extraktion von Duftstoffen aus Orangenschalen

Schneide mit einem Schälmesser die Orangenschale einer Orange so ein, dass sie sich in Streifen von der Orange lösen lässt. Gib die Stücke der Orangenschale in einen Mörser und zerreibe sie vorsichtig mit einem Pistill. Führe eine Geruchsprobe durch. Gib nun etwas Wasser zu der zerriebenen Orangenschale im Mörser.
Filtriere den Inhalt des Mörsers langsam durch einen zuvor gefalteten Rundfilter in einen Erlenmeyerkolben und verschließe ihn mit einem Stopfen.
Beschreibe und deute deine Beobachtungen.
Entsorgung: Flüssigkeiten in das Abwasser, übrige feste Stoffe in den Hausmüll geben.

Stoffgemische oder Reinstoffe?

Wer denkt beim Genießen eines Schokoladeneises daran, dass es sich hier um ein Stoffgemisch handelt?
Zur Herstellung werden aber viele verschiedene Stoffe benötigt – die Zutaten.

1 Milch, Sahne, Zucker und Schokolade ergeben ein leckeres Eis.

Einteilung der Stoffe Aus Experimenten ist bekannt, dass sich Stoffe miteinander mischen (▸Exp. 1, 3, 4; S. 48). Werden Milch, Sahne und Zucker miteinander gemischt und unter 0 °C abgekühlt, lassen sich durch die Zugabe von Früchten, Nüssen, Schokolade oder anderen Zutaten die verschiedensten Eissorten herstellen. Es entstehen jeweils **Stoffgemische**. Auch Farben, Kosmetika oder Brausepulver werden durch Mischen von Stoffen hergestellt. In der Natur kommen Stoffe fast nur als Stoffgemische vor, z. B. Granit, Steinsalz und Erdgas.

In einigen Stoffgemischen sind die einzelnen Stoffe noch mehr oder weniger deutlich erkennbar. Beim Brausepulver lassen sich mit der Lupe die verschiedenfarbigen Kristalle gut unterscheiden (▸Exp. 2, S. 48; ▸**2**). Die Stoffe behalten im Stoffgemisch ihre für sie typischen Eigenschaften. In einem Eisen-Schwefel-Gemisch behalten z. B. die Eisenfeilspäne ihren Magnetismus und der Schwefel seine gelbe Farbe (▸Exp. 1, S. 48).

Stoffe werden **Reinstoffe** genannt, wenn sie nur aus einem Stoff aufgebaut sind. Sie haben einheitlich gleichbleibende Eigenschaften (▸Exp. 2, S. 48). Die Herstellung von Reinstoffen ist aufwendig und teuer. Meist enthalten sie noch geringe Anteile an Verunreinigungen.
In der Chemie ist eine Einteilung, bei der zwischen Reinstoffen und Stoffgemischen unterschieden wird, besonders wichtig. Durch Untersuchungen von vielen Stoffen wird diese Einteilung später noch weiter differenziert.

2 Brausepulver unter der Lupe

Beim Mischen von Reinstoffen entstehen Stoffgemische. Die wesentlichen Eigenschaften der einzelnen Reinstoffe bleiben im Stoffgemisch erhalten.

Arten von Stoffgemischen Beim näheren Betrachten von Stoffgemischen fällt auf, dass nur bei einigen von ihnen die einzelnen Reinstoffe noch deutlich sichtbar sind (▸ Exp. 3, S. 48).
Bei Stoffgemischen wie Granit oder Trinkschokolade sind die einzelnen Reinstoffe mit bloßem Auge, mit einer Lupe oder einem Mikroskop nebeneinander erkennbar. Sie werden als **heterogen** (griech. *heteros:* verschieden, anders) bezeichnet. Heterogene Stoffgemische sehen uneinheitlich aus.

Bei einem Schokoladengetränk ist ein fester, unlöslicher Stoff im Wasser fein verteilt. Es handelt sich um eine **Suspension**. Lässt man eine Suspension einige Zeit stehen, setzt sich der feste Stoff wieder am Boden des Gefäßes ab.
Bei der Herstellung eines Salatdressings vermischen sich Essig und Öl nicht ineinander. Erst wenn man das Behältnis kräftig schüttelt, entsteht ein milchiges Gemisch, das **Emulsion** genannt wird. Nach einiger Zeit entmischen sich Essig und Öl wieder (▸ **3a**).

In Limonade oder Salzwasser sind selbst bei stärkster Vergrößerung die einzelnen Reinstoffe nicht erkennbar. Die Gemische sind **homogen** (griech. *homos:* gleich, ähnlich). Sie sehen einheitlich aus. Salzwasser ist ein Gemisch aus Kochsalz und Wasser. Das Kochsalz ist nicht mehr zu erkennen. Es ist eine klare **Lösung** entstanden (▸ **3b**). Auch Lösungen von zwei Flüssigkeiten, z. B. Alkohol und Wasser, oder Lösungen von einer Flüssigkeit und einem Gas (Sprudel) sind homogen.

3 Vor und nach dem Mischen:
a Essig und Öl; **b** Kochsalz und Wasser

Stoffgemische	Heterogene Stoffgemische		Homogene Stoffgemische	
Aggregatzustände der Reinstoffe	**Bezeichnung**	**Beispiel**	**Bezeichnung**	**Beispiel**
fest und fest	Gemenge	Granit, Müll	Legierung	Bronze, Stahl
flüssig und fest	Aufschlämmung (Suspension)	Schmutzwasser	Lösung	Zuckerwasser
gasförmig und fest	Rauch	Rußwolke	–	–
flüssig und flüssig	Emulsion	Milch	Lösung	Wein, Essig
flüssig und gasförmig	Schaum	Sahne	Lösung	Limonade, Sprudel
gasförmig und flüssig	Nebel	Spray, Wolken	–	–
gasförmig und gasförmig	–	–	Gasgemisch	Luft, Erdgas

4 Unterscheidung und Benennung von Stoffgemischen

Aufgaben

1 Ordne nach Reinstoffen und Stoffgemischen: Müll, Kupferdraht, Zahnpasta, Mineralwasser, Schwefel, Zink, Klärschlamm, Leitungswasser. Gib an, welche Stoffgemische heterogen, welche homogen sind. Bezeichne die Stoffgemische.

2 Nenne Beispiele aus dem Alltag für Suspensionen, Emulsionen und Rauch.

3 Dispersionsfarben sind Emulsionen und Suspensionen. Erläutere, weshalb man sie vor dem Anstreichen gut aufrühren muss.

Trennen von Stoffgemischen

Aus dem Saft der Zuckerrübe kann Zucker gewonnen werden. Butterfett lässt sich aus Milch abtrennen. Aus Pflanzensamen kann Öl herausgepresst, aus Pflanzenblüten und Früchten können Duft- und Aromastoffe herausgelöst werden. In Ländern der warmen Klimazone gewinnt man Salz aus dem Meerwasser.

1 Salzgewinnung aus Meerwasser

2 Absetzen einer Aufschlämmung

Sedimentieren und Dekantieren Eine Aufschlämmung aus Kreidepulver und Wasser oder trübes Lehmwasser klärt sich mit der Zeit von selbst. Kreide und Lehm setzen sich langsam am Boden ab, da ihre Dichten größer sind als die des Wassers (▸**2**). Dieser Vorgang heißt **Sedimentieren**. Als **Bodensatz** oder **Sediment** bezeichnet man die Stoffe, die sich am Boden sammeln. Durch **Zentrifugieren** (Schleudern) kann der Vorgang beschleunigt werden und die Trennung gelingt besser.
Das klare Wasser über dem Bodensatz kann vorsichtig abgegossen werden, während der Bodensatz im Gefäß zurückbleibt. Das Trennen von festen und flüssigen Stoffen durch Abgießen wird **Dekantieren** (franz. *décanter:* abgießen) genannt (▸Exp. 5, S. 48).
Die unterschiedliche Dichte von Stoffen wird beim Goldwaschen ausgenutzt. Durch die größere Dichte des Goldes lassen sich kleinste Goldkörner aus goldhaltigem Sand ausschwemmen (▸**3**). Beim Sedimentieren und dem anschließenden Dekantieren werden die einzelnen Stoffe aber meist nur grob getrennt.

3 Goldwäscherin beim Dekantieren

Filtrieren Beim Dekantieren bleibt meist ein wenig Flüssigkeit über dem Bodensatz übrig oder die Flüssigkeit ist nicht frei von Sediment. Erst das **Filtrieren** ermöglicht eine bessere Trennung fester, unlöslicher Stoffe von Flüssigkeiten. Beim Filtrieren wird das Stoffgemisch auf einen Filter gegeben, der feine Poren (griech. *poros:* Durchgang, Öffnung) hat. Durch diese Poren kann die Flüssigkeit ablaufen. Der feste Stoff wird aufgrund seiner Partikelgröße vom Filter zurückgehalten. Er wird **Filterrückstand** genannt. Die durchgelaufene Flüssigkeit bezeichnet man als **Filtrat**. Nach dem Entnehmen des Filters kann der feste Stoff getrocknet werden. Benutzt man zum Filtrieren einen Rundfilter aus Papier, wird dieser zweifach gefaltet (▸**4**).

Bei sehr feinkörnigen festen Stoffen muss ein engporiger Filter verwendet werden. So wird beim Brühen von Filterkaffee der Kaffee mit feinporigen Papierfiltern vom Kaffeesatz getrennt (▸Exp. 6, S. 49).

Extrahieren Beim Aufbrühen von Tee werden durch das heiße Wasser verschiedene Stoffe aus den Teeblättern herausgelöst. Die Stoffe werden extrahiert. Auch Duftstoffe z. B. aus Orangenschalen können mit Wasser extrahiert werden (▸Exp. 10, S. 49). Beim **Extrahieren** (lat. *extrahere:* herausziehen) wird die unterschiedliche Löslichkeit der Reinstoffe im Stoffgemisch genutzt.

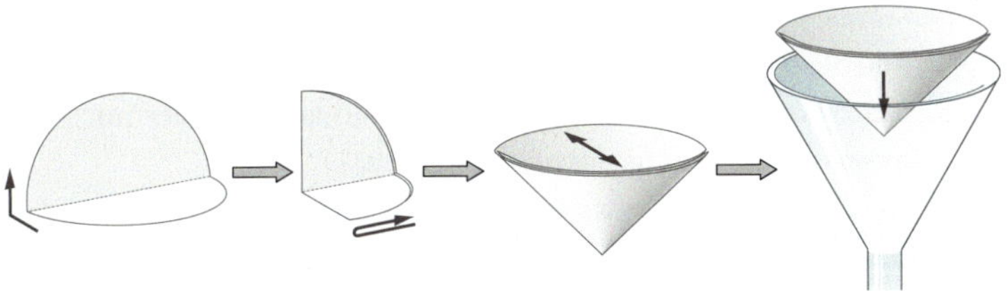

4 Falten, Öffnen und Einlegen eines Rundfilters

Verdunsten und Eindampfen In einem Liter Meerwasser sind ungefähr 35 g Salz enthalten. Um die gelösten festen Stoffe zu gewinnen, lässt man das Meerwasser in einem offenen Gefäß verdunsten. Der feste Stoff bleibt zurück. Er scheidet sich in Form von Kristallen ab. Auch andere feste Stoffe können so aus Lösungen gewonnen werden. Der Vorgang des Verdunstens kann durch Erhitzen der Lösung bis zum Sieden beschleunigt werden. Dabei verdampft zunächst das Lösemittel, da es eine niedrigere Siedetemperatur als der gelöste Stoff hat (▸Exp. 7, S. 49).

Zum Trennen von Stoffgemischen werden die sich unterscheidenden Eigenschaften der Reinstoffe genutzt.

Destillieren Beim Eindampfen einer Farbstofflösung geht das Lösemittel immer verloren. Wie aber lassen sich alle Reinstoffe gewinnen?
Ein Trennverfahren ist das **Destillieren** (lat. *destillare:* herabträufeln). Bei der **Destillation** wird das Stoffgemisch erhitzt, bis die niedrigste Siedetemperatur eines Stoffes, z. B. des Wassers, erreicht ist. Das Wasser verdampft und die gelösten festen Stoffe, z. B. der Tintenfarbstoff, bleiben zurück (▸Exp. 8, S. 49). Der Wasserdampf wird abgekühlt und kondensiert. Das entstehende Wasser, das **Destillat**, wird in einer sogenannten **Vorlage** gesammelt. Es wird als **destilliertes Wasser** bezeichnet, das u. a. für Dampfbügeleisen im Haushalt und zum Herstellen von Lösungen im Chemieunterricht benötigt wird.
Durch Destillation lassen sich Stoffgemische nur dann trennen, wenn die Reinstoffe des Stoffgemischs unterschiedliche Siedetemperaturen haben. Dabei gelingt die Trennung umso vollständiger, je weiter die Siedetemperaturen der einzelnen Reinstoffe auseinanderliegen.

Durch Destillation lassen sich Stoffgemische aufgrund der unterschiedlichen Siedetemperaturen der Reinstoffe trennen.

Schon gewusst?
Die einfachste Form des Trennens von Stoffgemischen ist das Auslesen. Durch Siebe mit unterschiedlicher Maschenweite lassen sich Stoffe nach der Korngröße trennen, z. B. feinster Sand von gröberem Kies.
Es gibt aber auch Siebe, die so „fein" sind, dass sie Stoffgemische nach der Größe ihrer Teilchen, aus denen sie bestehen, trennen können. Diese Siebe sind Stoffe (z. B. Zeolithe), die selbst mikroskopisch kleine Poren haben. Durch diese Poren gelangen nur Teilchen mit einer bestimmten Größe. So lassen sich z. B. Gasgemische oder Lösungen trennen.

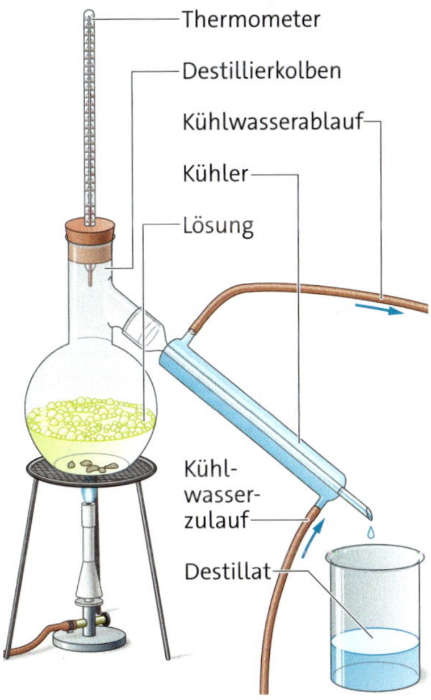

5 Destillationsapparatur aus dem Labor

Aufgaben

1 Erläutere Vor- und Nachteile des Dekantierens.

2 Beschreibe den Aufbau einer Destillationsapparatur (▸**5**).

Trinkwasser und Abwasser

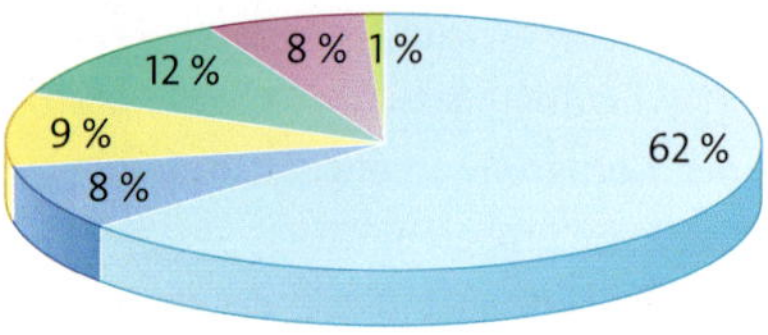

1 Herkunft des Trinkwassers in Deutschland

2 Kennzeichen für ein Wasserschutzgebiet zur Trinkwassergewinnung

Trinkwassergewinnung Unser wichtigstes Lebensmittel ist **Trinkwasser**. Es soll klar, farblos und geruchlos sein. Zudem soll es gut schmecken und keine Krankheitserreger enthalten.
Über zwei Drittel der Erde sind von Wasser bedeckt. Davon sind allerdings nur 2,4 % Süßwasser, das hauptsächlich zur Trinkwassergewinnung verwendet wird. Süßwasser befindet sich vor allem im Eis der Polkappen und Gletscher. Den Rest bilden Grundwasser, Wasser der Bäche, Flüsse und Seen sowie das Wasser in oberen Bodenschichten und in der Atmosphäre. Von all diesen Süßwasservorräten können aber nur 10 % zur Trinkwassergewinnung verwendet werden.
Am besten erfüllen Quellwasser und Grundwasser die Anforderungen an Trinkwasser. Da sie aber nicht überall in ausreichendem Maße zur Verfügung stehen, wird auch Oberflächenwasser verwendet (▸ 1).

Trinkwasseraufbereitung Das Grundwasser wird in Tiefbrunnen gewonnen und in Wasserwerken zu Trinkwasser aufbereitet (▸ 3). In Belüftungstürmen fein versprüht, wird das Wasser zuerst mit Sauerstoff angereichert. Durch die Bildung von schwer löslichen Verbindungen werden in diesem Schritt Eisen und Mangan entfernt. Der Zusatz von Ozon oder die Ultraschallbestrahlung tötet Bakterien und Zooplankton und baut organische Stoffe ab. In Filterschichten aus Kies und Aktivkohle werden Trüb-, Farb- und Schadstoffe zurückgehalten (**Filtration/Adsorption**).

Um das Wasser auf seinem langen Weg in die Haushalte zu schützen, wird noch eine geringe Menge Chlor hinzugefügt, das aber gesundheitlich völlig unbedenklich ist. Alternativ wird das Wasser mit UV-Licht bestrahlt.
Trinkwasser enthält viele mineralische Stoffe und gelöste Gase, z. B. Sauerstoff. Die Qualität des Trinkwassers wird daher ständig kontrolliert. In Deutschland ist Trinkwasser das am häufigsten und am strengsten kontrollierte Lebensmittel.

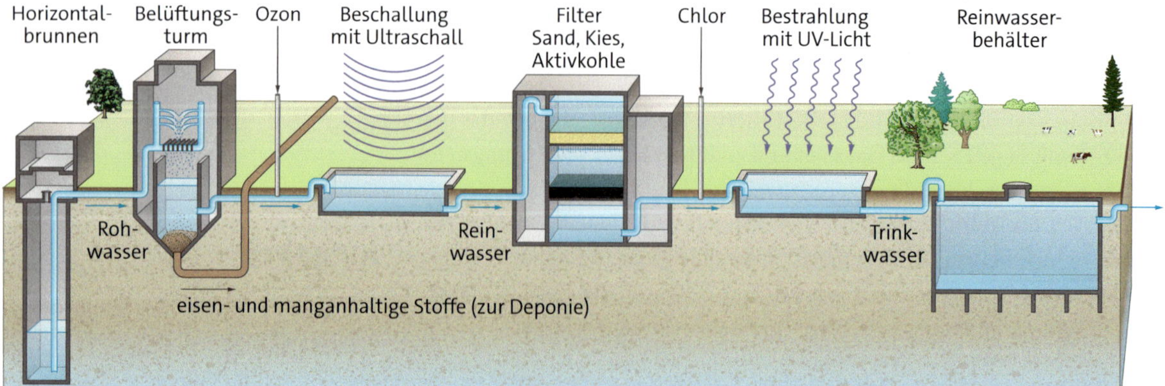

3 Gewinnung von Trinkwasser

Abwasser Das den Haushalt verlassende trübe und schmutzige Wasser wird als **Abwasser** bezeichnet. Es darf nicht sofort in natürliche Gewässer gelangen, da deren Selbstreinigungsvermögen überfordert wäre. Deshalb wird Abwasser in der Kanalisation gesammelt und in Klärwerke weitergeleitet.

Abwasseraufbereitung Die Reinigung des Abwassers erfolgt durch mechanische, biologische und teilweise chemische Reinigungsverfahren (▸ **5**). In der **mechanischen Reinigungsstufe** werden grobe Verunreinigungen bis zu einer Größe von wenigen Millimetern entfernt **(Sieben)**. Feste, feinkörnige Stoffe, z. B. Speisereste und Kot, setzen sich am Boden des Vorklärbeckens als Klärschlamm ab **(Sedimentieren)**.

In der **biologischen Reinigungsstufe** zersetzen Bakterien die organischen Verunreinigungen. Dazu benötigen die Bakterien Sauerstoff. Nach der biologischen Reinigung sind etwa 95 % der Verunreinigungen aus dem Abwasser entfernt. In neueren Kläranlagen werden durch geeignete Mikroorganismen sogar der Nitrat- und Phosphatgehalt stark herabgesetzt.

In einigen Kläranlagen werden in der anschließenden **chemischen Reinigungsstufe** gelöste, das Wasser gefährdende Stoffe abgetrennt. In den Fällungsbecken bilden sich mit einem Flockungsmittel schwer lösliche Stoffe, die durch **Filtration** aus dem Wasser entfernt werden.
Im Anschluss darf das gereinigte Abwasser in Oberflächengewässer eingeleitet werden. Der bei der Abwasserreinigung anfallende Klärschlamm kann zur Herstellung von Faulgas (Biogas) oder zur Düngung von Wiesen verwendet werden.

Trinkwasser wird in Wasserwerken aus Süßwasser gewonnen. In Kläranlagen wird Abwasser durch mechanische, biologische und chemische Verfahren gereinigt.

4 Kläranlage

Aufgaben

1 In verschiedenen Ländern wird aus Salzwasser Trinkwasser gewonnen. Überlege, wie das mit einfachen Mitteln realisiert werden kann.

2 Abwasser muss immer einer Kläranlage zugeführt werden. Begründe die Notwendigkeit dieser Maßnahme.

3 Erläutere die einzelnen Reinigungsstufen eines Klärwerks (▸ **5**). Gehe dabei auf die jeweils genutzten Trennverfahren ein.

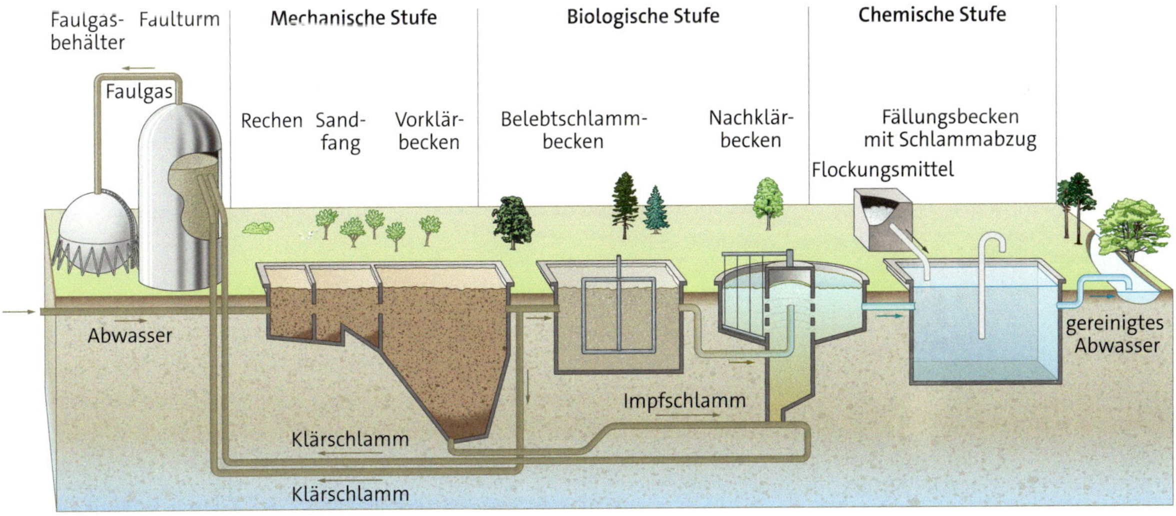

5 Klärwerk

Stoffgemische im Teilchenmodell

In Western-Filmen wurden Goldstücke oft mit einem Biss auf ihre Echtheit geprüft. Reines Gold ist ein sehr weiches Metall. Für die Herstellung von Schmuck werden daher Goldlegierungen mit anderen Metallen verwendet. Sie sind härter als reines Gold und haben oft eine charakteristische Farbe.

1 Zur Nachahmung nicht zu empfehlen: „Prüfung" einer Goldmünze auf ihre Echtheit!

2 Die Legierung Rotgold im Teilchenmodell

Reinstoffe und Stoffgemische im Teilchenmodell Gold ist ein Reinstoff. Nach dem Teilchenmodell ist Gold ausschließlich aus kleinen Goldteilchen aufgebaut (▸1). Auch alle anderen Reinstoffe bestehen nur aus einer einzigen Teilchenart.
Gemische hingegen enthalten immer Teilchen von zwei oder mehr verschiedenen Teilchenarten. In Rotgold, einer Legierung aus Gold und Kupfer, liegen Gold- und Kupferteilchen dicht gepackt nebeneinander vor (▸2). Die Legierung sieht auch bei stärkster Vergrößerung einheitlich aus. Legierungen gehören daher zu den homogenen Stoffgemischen. Sie entstehen durch das Zusammenschmelzen verschiedener Metalle.

Homogene und heterogene Stoffgemische In homogenen Stoffgemischen sind die Teilchen der einzelnen Stoffe so fein verteilt, dass die Stoffportionen selbst mit einem Mikroskop nicht mehr zu erkennen sind. Verschiedene Gase bilden untereinander immer ein homogenes Gemisch. In Luft sind neben Sauerstoff und Stickstoff in kleinen Mengen noch weitere Gase enthalten. Auf Teilchenebene betrachtet sind die Teilchen der verschiedenen Gase im gasförmigen Zustand gleichmäßig verteilt.

In heterogenen Gemischen liegen die Teilchen der Stoffe noch in größeren Teilchenverbänden vor. Die Teilchenverbände können je nach Größe mit dem bloßen Auge oder einer Lupe unterschieden werden. Vermischt man Wasserfarbe und Wasser miteinander, so bildet sich eine Suspension, in der die festen Farbstoffpartikel noch gut zu erkennen sind (▸3).

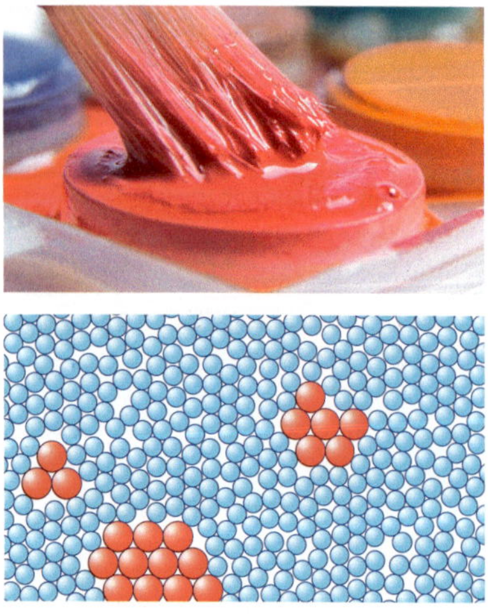

3 Suspension von Wasserfarbe mit Wasser auf der sichtbaren Stoffebene und im Teilchenmodell

! Ein Reinstoff besteht nur aus Teilchen einer Art. Gemische sind aus mindestens zwei Teilchenarten zusammengesetzt.

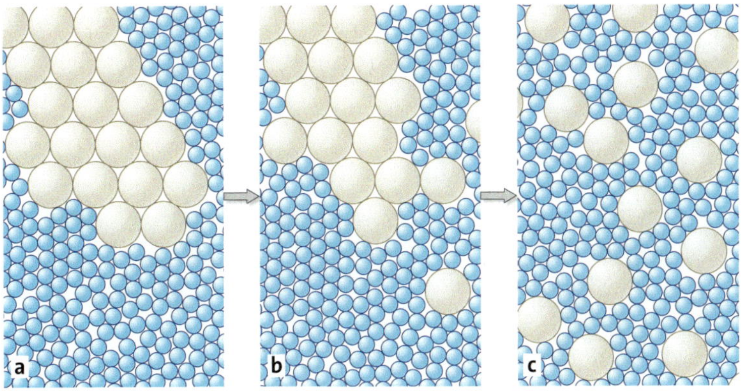

4 Lösen eines Zuckerkristalls im Teilchenmodell

Der Lösevorgang im Teilchenmodell Zucker löst sich gut in Wasser. Es entsteht eine Zuckerlösung, ein homogenes Stoffgemisch. Die Teilchen, die den Zuckerkristall bilden, sind von den kleineren Wasserteilchen umgeben.
Während die Zuckerteilchen dicht gepackt sind und ihren festen Platz im Zuckerkristall haben, sind die Wasserteilchen in ständiger, regeloser Bewegung (▸ **4a**).

Beim Lösen prallen die Wasserteilchen auf die Zuckerteilchen. Manche Wasserteilchen schieben sich dabei zwischen Zuckerteilchen, die sich am Rand des Kristalls befinden. Dabei werden die Anziehungskräfte zwischen den Zuckerteilchen geschwächt und einzelne Teilchen verlieren ihren Zusammenhalt untereinander. Sie werden von Wasserteilchen umgeben und vom Teilchenverband gelöst (▸ **4b**).

Aufgrund der Diffusion verteilen sich die herausgelösten Zuckerteilchen mit der Zeit gleichmäßig unter den Wasserteilchen. Die Wasser- und Zuckerteilchen sind im Zuckerwasser so fein verteilt, dass eine Lösung entsteht (▸ **4c**).

Darstellung von Lösungen im Teilchenmodell Die meisten Stoffgemische lassen sich im Teilchenmodell eindeutig voneinander unterscheiden (▸ S. 58). Eine Ausnahme bilden die verschiedenen Lösungen: Die Darstellung einer Lösung aus festem Zucker in Wasser unterscheidet sich im Teilchenmodell nicht von der Darstellung einer Lösung aus zwei Flüssigkeiten, z. B. Essigsäure und Wasser, oder einer Lösung eines Gases in Wasser, z. B. Sprudelwasser (▸ **5**).

5 Verschiedene Lösungen im Teilchenmodell: **a** Zuckerwasser, **b** Essigessenz, **c** Mineralwasser

Aufgaben

1 Nebel ist ein heterogenes Gemisch. Beschreibe dieses Stoffgemisch auf der Teilchenebene.

2 Erkläre, weshalb sich Zucker in heißem Wasser schneller löst als in kaltem und weshalb sich Kandiszucker langsamer löst als Würfelzucker. Nutze das Teilchenmodell.

3 Erläutere auf der Teilchenebene, weshalb man eine Suspension aus Wasser und Wasserfarbe mit einem sehr feinen Filter voneinander trennen kann, eine Lösung aus Tinte und Wasser hingegen nicht. Begründe unter Zuhilfenahme selbst erstellter Skizzen.

Stoffgemische im Teilchenmodell

Heterogene Stoffgemische

Gemenge,
Feststoffgemisch
(fest/fest)

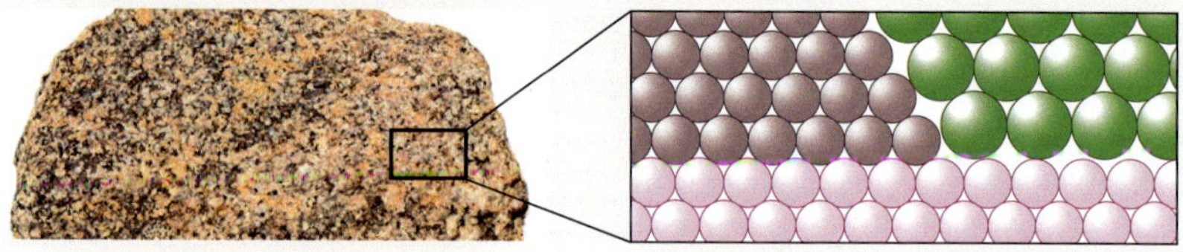

Suspension,
Aufschlämmung
(flüssig/fest)

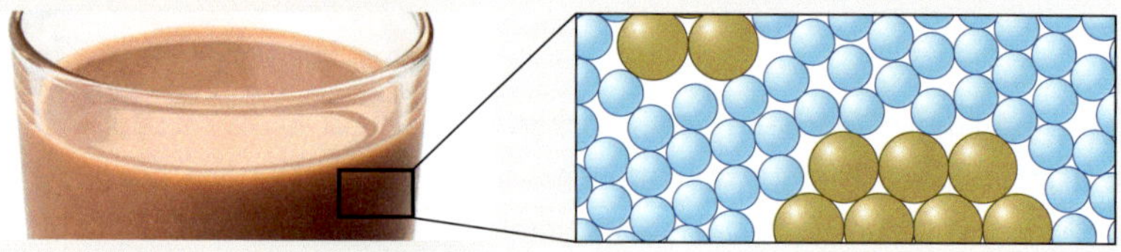

Rauch
(gasförmig/fest)

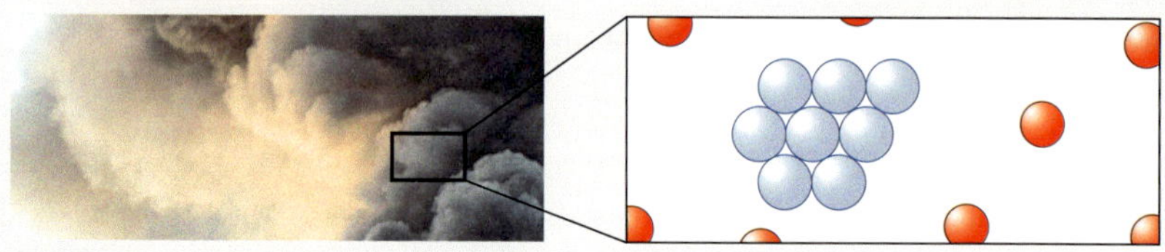

Emulsion
(flüssig/flüssig)

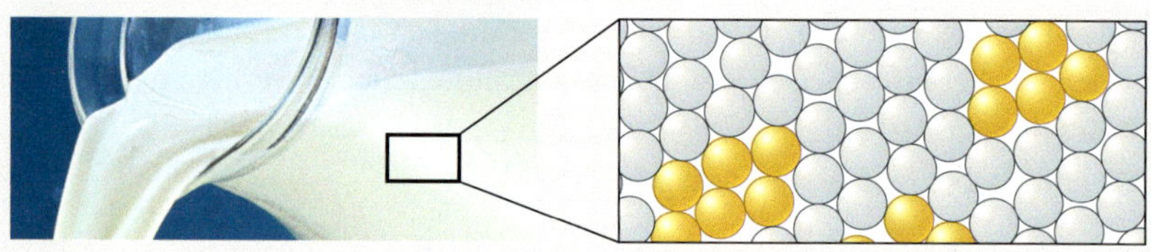

Homogene Stoffgemische

Lösung
(flüssig/gasförmig,
flüssig/flüssig oder
flüssig/fest)

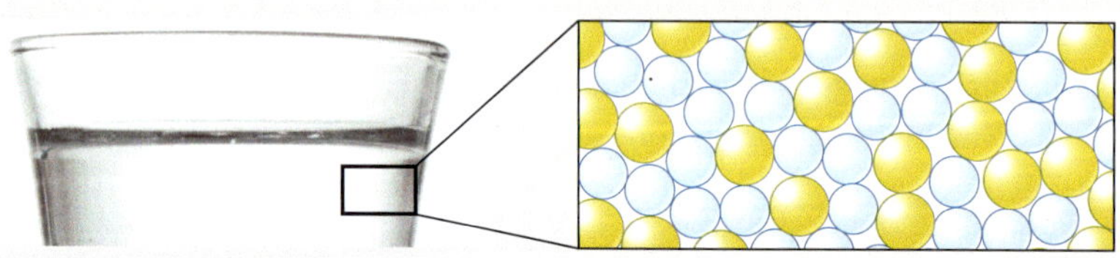

Gasgemisch
(gasförmig/
gasförmig)

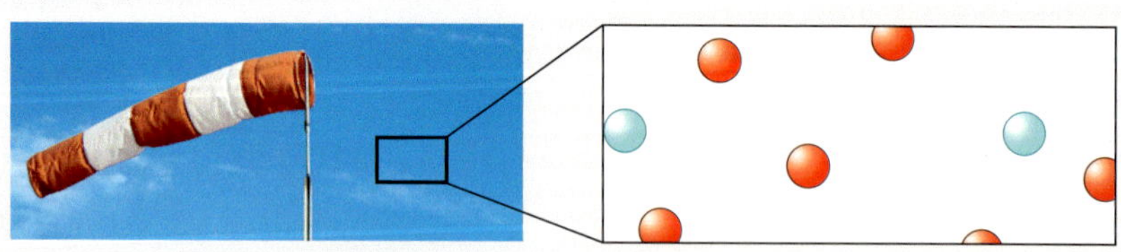

Legierung
(fest/fest)

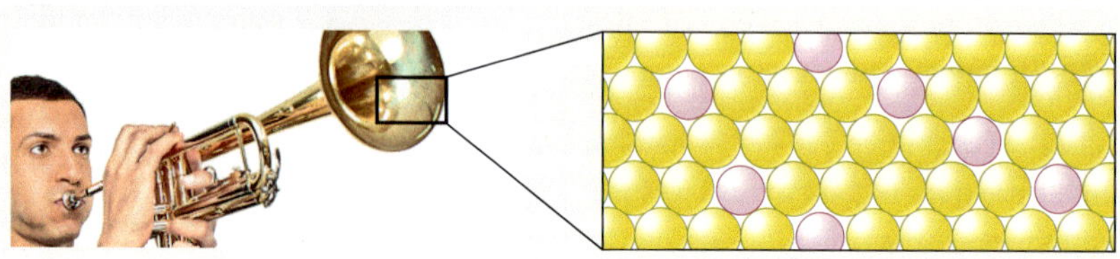

Chromatografie – Stoffen auf der Spur

Das nachträgliche Ändern einer Urkunde oder des Zeugnisses ist eine Urkundenfälschung und kann heutzutage sehr leicht aufgedeckt werden.
In der Kriminaltechnik werden die Tinten mithilfe der **Chromatografie** verglichen. Das Prinzip wird mit der Papierchromatographie deutlich (▸ Exp. 1).

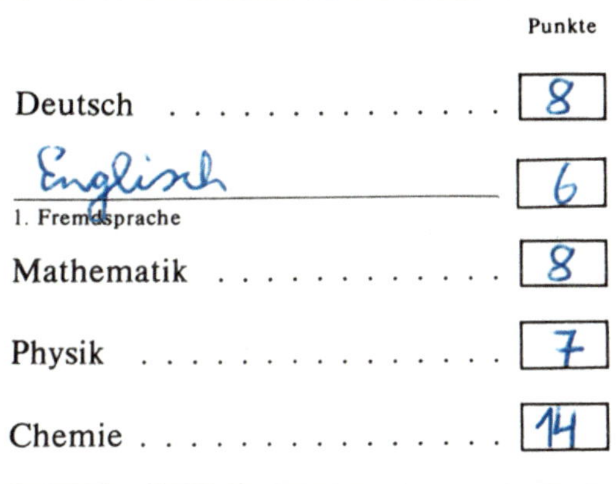

1 14 oder nur 4 Punkte in Chemie?

Exp. 1 **Farbstoffe in Filzstiften**

Male mit verschiedenen Filzstiften (gleiche Farbe, unterschiedliche Hersteller, wasserlöslich) je einen dicken Punkt mitten auf einen Rundfilter. Bohre mit der Bleistiftspitze ein Loch durch den Punkt. Rolle einen Filterpapierstreifen zu einem Docht zusammen und stecke ihn durch das Loch. Lege den Rundfilter auf eine mit Wasser gefüllte Petrischale, sodass der Docht in das Wasser taucht. Fertige ein Protokoll an. Vergleiche die Chromatogramme.
Entsorgung: Feste Stoffe in den Hausmüll, Lösungen in das Abwasser geben.

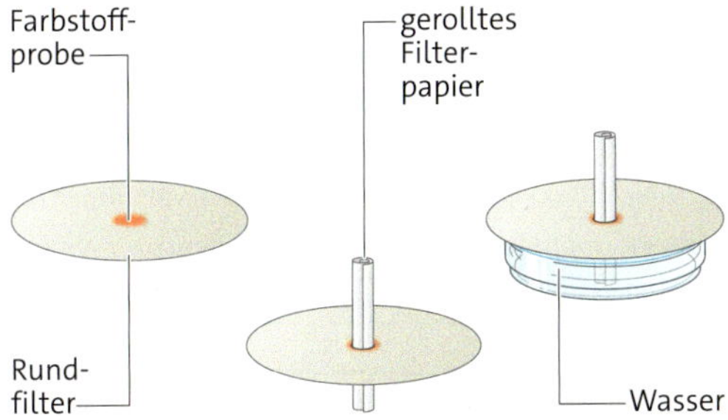

Info 1 **„Runge-Bilder"**

Der deutsche Chemiker FRIEDLIEB FERDINAND RUNGE (1795 bis 1867) entdeckte 1850, dass beim Aufbringen von Farblösungen auf Fließpapier unterschiedliche Farbringe entstehen (▸ **2**). Diese Bilder werden noch heute als „Runge-Bilder" bezeichnet. Obwohl es RUNGE nicht bewusst war, hatte er damit die Grundlage für ein wichtiges Trennverfahren, die Papierchromatografie, geschaffen.

2 Chromatogramme von verschiedenen Farbstiften

Chromatografie Bei der Chromatografie nutzt man die unterschiedliche Adsorbierbarkeit bzw. Löslichkeit der Reinstoffe zur Trennung. Die gelösten Reinstoffe des Stoffgemischs laufen mit dem Lösemittel (z. B. Wasser) an einem geeigneten Adsorptionsmittel (z. B. Papier) entlang. Die Reinstoffe werden dabei unterschiedlich lange vom Adsorptionsmittel gebunden und so voneinander getrennt.
Mithilfe moderner Chromatografieverfahren wie der Gaschromatografie können so selbst winzige Spuren eines Stoffes aus einem Stoffgemisch abgetrennt und anschließend nachgewiesen werden.

Aufgaben

1 Beschreibe das Trennverfahren der Papierchromatografie (▸ Exp. 1) mithilfe geeigneter Fachausdrücke.

2 Beschreibe, wie du vorgehen würdest, um die mögliche Fälschung des Zeugnisses zu entlarven.

3 Recherchiere weitere Chromatografieverfahren und beschreibe ein Verfahren genauer.

Methode

Ermitteln von Daten und Informationen über Stoffe

Nitinol hat besondere Eigenschaften. Ein Gegenstand aus Nitinol kann sich durch Erwärmen an seine Form „erinnern". Vorher verbogen, kann die ursprüngliche Form so wiederhergestellt werden.

Um weitere Informationen über Stoffe wie Nitinol zu ermitteln, bietet sich eine Internetrecherche an. Suchmaschinen helfen, die gewünschten Informationen zu finden und herauszufiltern.

1 Kläre vor der Recherche die wichtigsten Suchbegriffe.
Suche mithilfe der Begriffe: Nitinol, Eigenschaften, Verwendung, Memory-Metall, Formgedächtnislegierung …

2 Nutze eine geeignete Suchmaschine oder spezielle Chemieseiten zur Recherche.
Google, StartPage oder Bing sind Suchmaschinen. Die Internetadressen unter ▸1 bieten die Möglichkeit, gezielt chemische Inhalte zu recherchieren.

3 Trage in die Suchmaske der Seite einen oder mehrere Suchbegriffe ein.
Die Verwendung mehrerer Suchbegriffe, z. B. „Nitinol, Eigenschaften, Verwendung", hilft dabei, die gewünschten Informationen schneller zu finden und die Trefferzahl einzugrenzen. Spezielle Suchen (erweiterte Suche) ermöglichen auch den Ausschluss nicht gewünschter Begriffe.

4 Stelle die Ergebnisse deiner Recherche dar.
Die wichtigsten Fakten über Titan können z. B. in einem Steckbrief dargestellt werden (▸3), aber auch eine Tabelle, eine Übersicht oder ein Poster eignen sich zur Darstellung.

www.chemieunterricht.de
www.seilnacht.com
www.chemie-master.de

1 Hier lassen sich chemische Inhalte recherchieren.

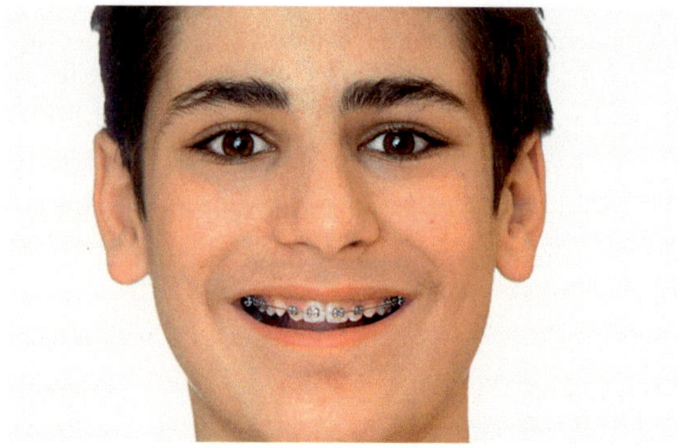

2 Die Zahnspange aus Nitinol richtet die Zähne durch Körperwärme.

Tipp für alle Recherchen

Texte, einzelne Textpassagen oder Bilder aus fremden Quellen dürfen ausschließlich für private Zwecke genutzt werden. Gib stets die Quellen deiner Recherche mit an. Fremde Beiträge und Zitate müssen als solche deutlich gekennzeichnet werden.

Informationen ordnen

In Tabellenwerken sind wichtige Daten und Formeln übersichtlich zusammengestellt. Im Lexikon finden sich unter dem Stichwort verlässliche Informationen zu den Eigenschaften, zur Gewinnung und Verwendung des gesuchten Stoffes.
Die Wikipedia (de.wikipedia.org) ist eine kostenfreie Online-Enzyklopädie.

Nitinol
Schmelztemperatur: 1 240–1 328 °C
Dichte: ca. 6,45 g/cm^3
Elektrische Leitfähigkeit: gut
Stoffart: Legierung
Zusammensetzung: Nickel (ca. 55 %) und Titan (ca. 45 %)
Eigenschaften: bis 650 °C verwendbar, korrosionsbeständig, sehr hart bei gleichzeitiger Verformbarkeit, Memory-Effekt (Formgedächtnis bei Erwärmung)
Verwendung: Stellmotor in Ventilen, Sensoren, Stents (Drahtschlauch) in der Medizin

3 Ein Steckbrief eignet sich zur übersichtlichen Darstellung der wichtigsten Fakten über Nitinol.

Legierungen

Von der Industrie werden reine Metalle nur selten verwendet, da sie für viele Zwecke häufig zu weich sind. Aus den weichen, hochschmelzenden Metallen können durch Legieren härtere, bei niedrigeren Temperaturen schmelzende Legierungen hergestellt werden. Auch andere Eigenschaften, wie ihre Beständigkeit, werden so gezielt verändert.

Nitinol – eine Legierung mit Gedächtnis Erhitzt man eine aus der Legierung Nitinol bestehende Büroklammer, die man zuvor verbogen hat, dann kehrt sie wie von Geisterhand wieder in ihre Büroklammerform zurück (▸1). Der Draht aus Nitinol scheint ein „Erinnerungsvermögen“ an seine Form zu haben, das durch die Wärme „aktiviert“ werden kann. Nitinol ist eine Legierung aus den Metallen Nickel und Titan, die auch als **Memory-Metall** bezeichnet wird. Die Form eines Nitinol-Drahts kann nur geändert werden, wenn er in seiner neuen Form während des Erhitzens fixiert und anschließend ganz schnell abgekühlt wird (abschrecken).

Memory-Metalle heben Gewichte, öffnen und schließen Ventile, entfalten Geflechte aus Draht und richten sogar Zähne: Ein Formgedächtnis-Draht, im kalten Zustand gestreckt, wird an den Zähnen befestigt. Durch die Körperwärme zieht sich der Draht zusammen und schließt langsam die Lücken zwischen den Zähnen.

Messing – eine vielseitige Legierung Messing ist eine Legierung aus etwa zwei Dritteln Kupfer und einem Drittel Zink. Viele Verschraubungen, Türklinken und andere Gebrauchsgegenstände werden daraus hergestellt. Der große Vorteil: Auf Messing vermehren sich keine Krankheitserreger. Daher nutzt man Messinggriffe vor allem in öffentlichen Gebäuden wie Schulen, damit die Türgriffe frei von Bakterien bleiben und das Verbreitungsrisiko von Krankheiten verringert wird.

Da Messing, wenn es blank geputzt ist, aussieht wie Gold, versuchen Menschen immer wieder billige Schmuckimitate aus Messing zu „Goldpreisen“ zu verkaufen.

2 Zwei Gegenstände aus Messing: Saxofon (links), Kompass (rechts)

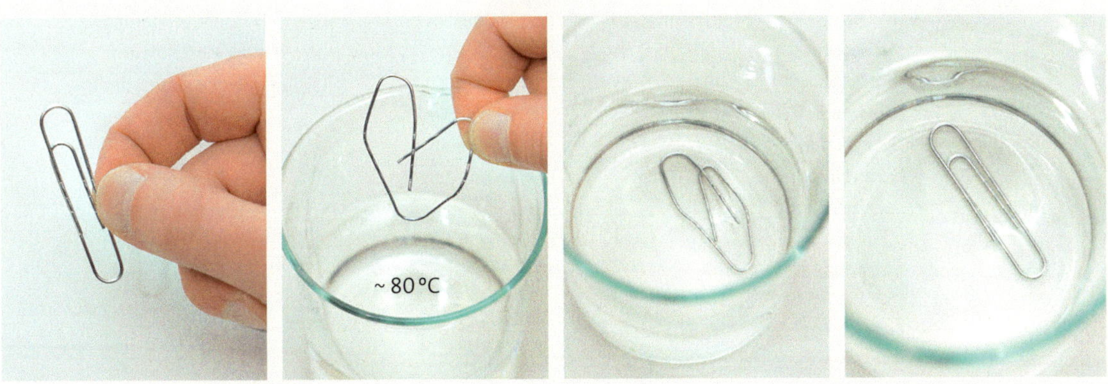

1 Eine Büroklammer mit Gedächtnis – das Glas mit heißem Wasser bringt die ursprüngliche Form zurück.

Stoffgemische

Einteilung der Stoffe

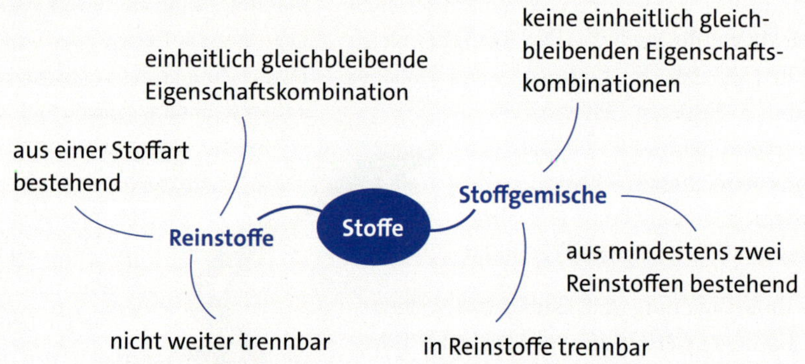

Wasser als Stoffgemisch

Wasser ist ein gutes Lösemittel für viele feste, flüssige und gasförmige Stoffe. Natürliche Wasserarten sind keine Reinstoffe.

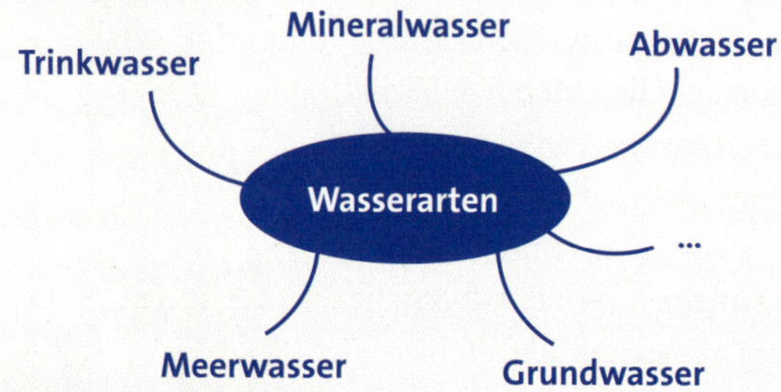

Wasseraufbereitung

Trinkwasser wird aus natürlichen Wasservorkommen gewonnen und in Wasserwerken aufbereitet. Das gebrauchte Wasser (Abwasser) wird in Kläranlagen von Verschmutzungen und schädlichen Stoffen gereinigt und dem natürlichen Wasserkreislauf zugeführt.

Wichtige Trennverfahren

Stoffgemische können durch Trennverfahren in ihre Reinstoffe getrennt werden. Zur Trennung wird eine Stoffeigenschaft genutzt. Die Reinstoffe im Gemisch müssen sich in dieser Stoffeigenschaft unterscheiden.

Verfahren	Eigenschaft	Anwendung
Sieben	Partikelgröße	Feinsandgewinnung
Sedimentieren	Dichte	Abwasserreinigung
Filtrieren	Partikelgröße	Trinkwassergewinnung
Eindampfen	Siedetemperatur	Meersalzgewinnung
Destillieren	Siedetemperatur	Weinbrandherstellung
Extrahieren	Löslichkeit	Olivenölgewinnung
Zentrifugieren	Dichte	Milchentrahmung
Chromatografieren	Löslichkeit	Farbstofftrennung
Adsorbieren	Adsorbierbarkeit	Wasseraufbereitung

Aufgaben

1 Definiere die Begriffe Reinstoff und Stoffgemisch.

2 Gib jeweils drei Beispiele für die folgenden Gemische an:
- **a** Lösung
- **b** Gemenge
- **c** Emulsion
- **d** Suspension
- **e** Legierung

3 Folgende Stoffe liegen vor: Ackerboden, Kupferblech, Luft, Kochsalzlösung, Apfelsaft (klar), Eisenschraube, Orangennektar, Schmuckgold, Schwefelpulver, destilliertes Wasser und Mayonnaise.
- **a** Ordne nach Reinstoffen und Stoffgemischen.
- **b** Erläutere den Unterschied zwischen einem Reinstoff und einem Stoffgemisch jeweils anhand eines dieser Beispiele.
- **c** Benenne für die ermittelten Stoffgemische jeweils die Art des Stoffgemischs.
- **d** Beschreibe den Vorgang der Entstehung einer Kochsalzlösung mithilfe des Teilchenmodells.

4 Überlege, wie du mit den folgenden Materialien eine Anlage zur Reinigung von mit Erde verschmutztem Wasser bauen könntest. Materialien: vier Blumentöpfe, 500-ml-Becherglas, Kaffeefilter, grobe und feine Steine, Sand, Aktivkohle
- **a** Fertige eine Skizze vom Bau der Anlage an und beschrifte sie.
- **b** Nenne die Trennverfahren und die zum Trennen genutzte Eigenschaft.

5 Bei der Untersuchung von Legierungen lassen sich selbst unter dem Mikroskop die einzelnen Metalle, aus der die Legierung besteht, nicht erkennen.
- **a** Erläutere diese Aussage.
- **b** Vergleiche Bronze als Legierung mit einer Lösung aus Zucker auf Teilchenebene.

6 Nenne die drei Reinigungsstufen eines Klärwerks und beschreibe kurz (Stichpunkte) die in ihnen ablaufenden Prozesse.

7 Begründe, weshalb Grundwasser nur sehr wenige Verunreinigungen aufweist.

8 Ein Gemisch aus Eisenfeilspänen, Sand, Kochsalz und Wasser soll getrennt werden. Beschreibe die anzuwendenden Trennverfahren. Skizziere die Versuchsanordnung.

9 Der im Rotwein enthaltene Alkohol kann durch Destillation von den anderen Stoffen im Rotwein getrennt werden.
- **a** Fertige eine Zeichnung einer Destillationsapparatur an und beschrifte sie.
- **b** Erläutere, aufgrund welcher Eigenschaften die Stoffe voneinander getrennt werden können.

10 Jan hat nach dem Fußballspielen mal wieder Grasflecke auf der Hose. Seine Mutter entfernt die Grasflecke durch ein Gemisch aus Alkohol und Spiritus. Erkläre diese Reinigungsmethode unter Angabe des entsprechenden Trennverfahrens.

11 Auf Milchverpackungen findet man oft die Angabe „homogenisiert". Beim Homogenisieren wird Milch unter hohem Druck durch feine Düsen gepresst. Dabei werden die in der Milch vorhandenen Fetttröpfchen in noch kleinere Fetttröpfchen zerteilt, wodurch die Milch als Emulsion stabil bleibt.
- **a** Beurteile, ob es sich bei homogenisierter Milch um ein homogenes Stoffgemisch handelt.
- **b** Skizziere den Prozess des Homogenisierens auf der Teilchenebene anhand eines kurzen Filmstreifens (Bildserie).

Hilfe zu den Aufgaben findest du auf den Seiten ...

1	50 f.	7	54 f.
2	50 f.	8	52 f.
3	50 f., 56 f.	9	52 f.
4	52 f.	10	52 f.
5	51, 56 f.	11	50 f., 56 f.
6	54 f.		

▶ Die Lösungen findest du im Anhang.

Weitergedacht

Material A: Herstellung von löslichem Kaffee

Kaffee wird aus den reifen Früchten des Kaffeestrauchs gewonnen. Nach der Ernte werden die Kaffeebohnen – die Samen der Früchte – getrocknet und anschließend bei einer Temperatur von 200 bis 230 °C geröstet. Im Gegensatz zu Filterkaffee werden die Bohnen für den löslichen Kaffee länger und dunkler geröstet.
Im nächsten Schritt werden die gerösteten Kaffeebohnen gemahlen und mit etwa 190 °C heißem Frischwasser unter hohem Druck vermischt. Zur Qualitätssicherung wird die daraus erhaltene braune, wohlriechende Flüssigkeit, der sogenannte Dünnsaft, sofort wieder gekühlt.

Um feste Verunreinigungen abzutrennen, wird der Dünnsaft zentrifugiert und anschließend zum Dicksaft aufkonzentriert. Dazu lässt man einen Teil des Wassers im Vakuum verdampfen.
Abschließend wird der Dicksaft in Trockentürmen zum löslichen Kaffeepulver verarbeitet. Dazu wird dieser durch enge Düsen versprüht und fein zerstäubt. Die kleinen Tröpfchen werden in einem Strom heißer Luft schonend getrocknet. Dabei verdunstet das restliche Wasser und es entstehen winzige Hohlkügelchen aus löslichem Kaffee.

A1 Löslicher Kaffee wird nur aus Röstkaffee und Wasser hergestellt. Er enthält keine weiteren Zusatzstoffe.

Pflücken der Kaffeefrucht
▼
Trocknen der Kaffeebohnen
▼
…

A2 Ausschnitt aus einem Fließschema

1 Übernimm das begonnene Fließschema (▸ **A2**) in dein Heft und vervollständige es mithilfe von ▸ **A1**.

2 Nenne alle Trennverfahren, die zur Herstellung von löslichem Kaffee ausgehend von der unbehandelten Kaffeebohne durchlaufen werden (▸ **A1**).

3 Erläutere den Begriff Dünnsaft auf der Stoff- und auf der Teilchenebene. Skizziere hierzu eine Teilchendarstellung.

4 Fertige von der Trocknung des Dicksafts eine Serie aus 3 bis 4 aufeinanderfolgenden Bildern im Teilchenmodell an. Erkläre deine Bilderserie.

Material B: Stoffgemische aus dem Alltag

B1 Stoffgemische aus dem Alltag: Messingglocke, Sonnenmilch, Deo und Kirsch-Bananen-Saft

1 Ordne die genannten Beispiele nach homogenen und heterogenen Stoffgemischen (▸ **B1**).

2 Gib für diese Stoffgemische jeweils die Art des Stoffgemischs an und zeichne ein Teilchenmodell.

3 Lösungen kommen im Alltag häufig vor.
a Nenne drei Beispiele für Lösungen, und erläutere den Begriff Lösung.
b Entwickle für deine eigenen Beispiele die Teilchendarstellung und begründe die Darstellung.

Material C: Salzgewinnung aus Meerwasser

Im Meerwasser sind etwa 46 Billiarden Tonnen Feststoffe gelöst – das meiste davon ist Kochsalz.
Das Kochsalz (Meersalz) wird in den warmen Ländern Europas, z. B. Portugal, Italien oder Frankreich, in sogenannten Salzgärten gewonnen.

In großen Sammelbecken setzen sich feste Bestandteile des Meerwassers wie Sand oder abgestorbenes Plankton ab. Durch Erwärmung verdunstet ein Teil des Wassers bereits.
In immer flacher werdenden Becken (kleines Sammelbecken, Verdunstungsbeete) erwärmt sich das Meerwasser zunehmend und verdunstet immer weiter. Zuletzt fließt das Wasser in die 2–3 cm tiefen Salzbeete. Ihr Untergrund ist mit Ton abgedichtet. Hier wird das Salz abgeerntet, indem man die Salzkristalle zu kleinen Haufen zusammenschiebt. Die entstehenden Salzhaufen werden nur noch getrocknet und gemahlen.

C1 Salzgewinnung in den Salzgärten

Station im Salzgarten	Temperatur in °C	Kochsalzgehalt des Wassers in g/l
Meer	18	24
Großes Sammelbecken	22–25	40
Kleines Sammelbecken	28	50
Verdunstungsbeete	32	50–200
Salzbeete	37	300

C2 Temperatur und Kochsalzgehalt des Meerwassers im Salzgarten

1 Erstelle aus den Messwerten ein geeignetes Diagramm (► **C2**).

2 Erläutere jeden Schritt zur Gewinnung von Salz aus Meerwasser auf der Stoffebene unter Angabe der entsprechenden Trennverfahren (► **C1**).

3 Erkläre, weshalb man die Salzkristalle aus den Salzbeeten zusammenschieben kann, obwohl sich noch Wasser in den Becken befindet (► **C1**).

4 Entwickle eine Versuchsvorschrift, mit der die Salzgewinnung aus Meerwasser in einem Experiment nachvollzogen werden kann.

Material D: Lavendelöl – ein Duftstoff

Lavendelöl ist ein ätherisches Öl mit charakteristischem Lavendelgeruch. Es ist ein Gemisch verschiedener Pflanzeninhaltsstoffe. Lavendelöl wird heute vor allem durch Wasserdampfdestillation der frischen Lavendelblüten gewonnen. Durch den Wasserdampf verdampfen die ätherischen Öle, die sich nach Abkühlung wieder vom Wasser trennen.

Lavendelfeld in der Provence (Frankreich)

D1 Lexikoneintrag: Gewinnung von Lavendelöl aus natürlichem Lavendel

1 Erläutere das Verfahren der Wasserdampfdestillation zur Gewinnung des Lavendelöls auf der Stoff- und auf der Teilchenebene.

2 Lavendelöl soll im Labor gewonnen werden.
- **a** Entwickle eine Versuchsanleitung zur Gewinnung von Lavendelöl im Labor (► **D1**).
- **b** Zeichne und beschrifte eine entsprechende Experimentieranordnung.

3 Nenne weitere Trennverfahren, die zur Gewinnung von Lavendelöl geeignet wären. Begründe deine Ansicht.

Chemische Reaktionen

In unserem Alltag beobachten wir ständig Vorgänge, bei denen sich Stoffe dauerhaft verändern: Streichhölzer, die nach Gebrauch verbrannt und schwarz aussehen; eine Fahrradkette, die langsam rostet; ein Tintenklecks, der durch einen Tintenkiller scheinbar zum Verschwinden gebracht werden kann, oder das Reifen von Früchten. Das alles sind chemische Reaktionen.

Umwandeln von Stoffen

Exp. 1 Untersuchung alltäglicher Vorgänge

Gib eine Brausetablette in ein Becherglas mit Wasser. Löse anschließend zum Vergleich ein Stück Würfelzucker in einem Becherglas mit Wasser.
Beobachte und notiere die beobachteten Erscheinungen. Überlege, ob Beobachtungen auf eine Stoffumwandlung hindeuten. Begründe deine Entscheidung.
Entsorgung: Lösungen in das Abwasser geben.

Exp. 2 Quarkherstellung

Koche 50 ml Milch in einem 250-ml-Becherglas unter ständigem Rühren mit einem Glasstab auf. Lass die Milch eine weitere Minute kochen und stelle den Brenner anschließend ab. Gib nun einen Teelöffel Zitronensäure (GHS05) hinzu und rühre gut um. Lass das Becherglas nun 5 Minuten stehen, ohne zu rühren. Filtriere den Inhalt des Becherglases.

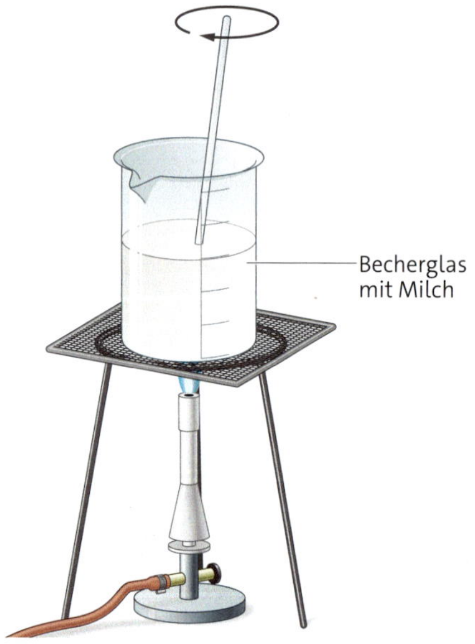

Untersuche den Filterrückstand.
Benenne Unterschiede zwischen Milch und Filterrückstand.
Entsorgung: Filtrat in das Abwasser, Rückstand in den Hausmüll geben.

Exp. 3 Aushärten von Gips

Stelle durch Einrühren von Gipspulver in 30 ml Wasser einen Gipsbrei her. Benutze ein flexibles Plastikgefäß. Streiche einen Teil des Breis zentimeterdick auf einem Zeichenkarton aus. Lass den Rest des Gipsbreis vollständig aushärten. Pulverisiere den ausgehärteten Gips durch Zerreiben im Mörser.
Prüfe, ob sich aus diesem Pulver wieder ein aushärtender Gipsbrei herstellen lässt. Interpretiere das Ergebnis.
Entsorgung: Feste Stoffe in den Hausmüll geben.

Exp. 4 Vorgang des Karamellisierens

Achtung! Keine Geräte aus dem Chemielabor verwenden!
Erhitze unter Rühren etwa drei Esslöffel Zucker mit ganz wenig Wasser in einem Edelstahltopf. Sobald eine stoffliche Veränderung erkennbar ist, lösche die Schmelze mit etwas Wasser ab. Gieße die Schmelze tropfenförmig auf Backpapier aus oder gib sie auf vorbereiteten Vanillepudding in Förmchen. Auch Früchte, wie Ananas- oder Orangenstücke, können zum Aromatisieren in die heiße Schmelze gegeben werden.
Begründe, weshalb dieser Vorgang eine Stoffumwandlung ist.
Entsorgung: Reste in den Hausmüll geben.

Exp. 5 Brennende Wunderkerze

Beschreibe das Aussehen einer Wunderkerze. Entzünde diese an einem Brenner. Notiere deine Beobachtungen beim Abbrennen der Wunderkerze. Prüfe das Aussehen der Wunderkerze nach dem Abbrennen.
Erkunde, worauf die beobachteten Erscheinungen während des Brennens zurückzuführen sind.
Erläutere die Stoffumwandlung.
Entsorgung: Reste der Wunderkerze in den Hausmüll geben.

Exp. 6 Erhitzen von Stoffen

Vorsicht! Auf feuerfester Unterlage arbeiten!
Bringe mit der Tiegelzange ein Stück Holz in die Brennerflamme.

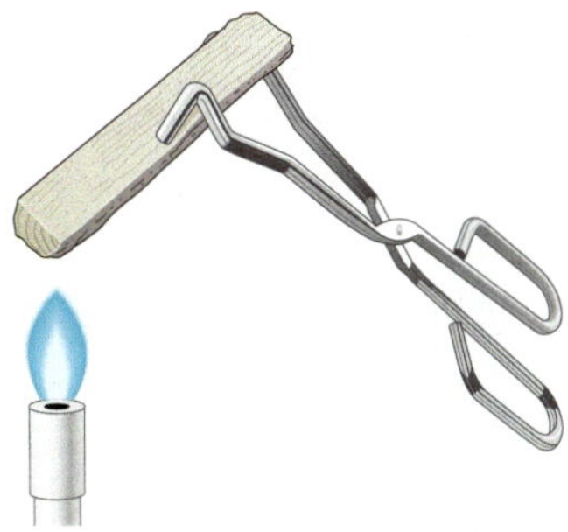

Erhitze ebenso ein kurzes Stück Magnesiumband (GHS02). Halte anschließend ein Reagenzglas mit einem erbsengroßen Stück Kerzenwachs in die Brennerflamme. Entzünde den Docht eines Teelichts. Gib auf eine Magnesiarinne etwas Zinkpulver und erhitze das Metall ebenso in der Brennerflamme.

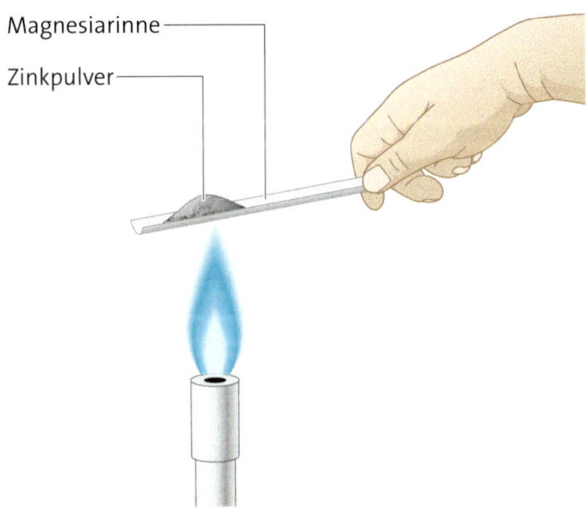

Notiere jeweils deine Beobachtungen und vergleiche die Stoffeigenschaften vor und nach dem Erhitzen. Entscheide, ob eine chemische Reaktion stattfand.
Entsorgung: Reste in den Hausmüll geben.

Exp. 7 Erhitzen von Schwefel und Kupferblech

Vorsicht! Unter dem Abzug arbeiten!
Gib in ein Reagenzglas eine Spatelspitze Schwefelpulver (GHS07). Spanne das Reagenzglas waagerecht am Stativ ein. Knicke ein Kupferblech entlang der Mitte und schiebe es in das Reagenzglas. Verschließe das Reagenzglas locker mit einem Glaswollebausch, Luftballon oder Aktivkohlestopfen. Erhitze den Schwefel mit der Brennerflamme bis zum Sieden, sodass heißer Schwefeldampf entsteht. Erhitze anschließend das Kupferblech bis zum Glühen.

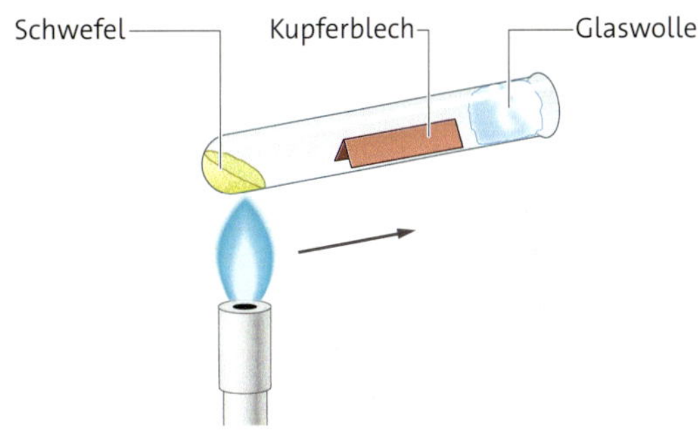

Notiere deine Beobachtungen.
Entnimm das Blech dem erkalteten Reagenzglas und untersuche es in einer Petrischale.
Ergänze deine Beobachtungen.
Entsorgung: Reste in den Hausmüll geben.

Exp. 8 Erhitzen eines Schwefel-Eisen-Gemischs

Vorsicht! Unter dem Abzug arbeiten!
Mische in einem Mörser 3,5 g Eisenpulver (GHS02) mit 2 g Schwefelpulver (GHS07). Gib das Gemisch in ein senkrecht eingespanntes Reagenzglas. Erhitze das Gemisch kräftig mit der rauschenden Flamme des Bunsenbrenners, bis es aufglüht. Stelle dann sofort den Brenner ab.
Beobachte den Vorgang genau.
Vergleiche das Aussehen des Stoffes (GHS09) nach dem Erhitzen mit dem Aussehen des Schwefel-Eisen-Gemischs.
Entsorgung: Reste in den Hausmüll geben.

Stoffumwandlung – chemische Reaktion

Ein Toastbrot schnellt aus dem Toaster hoch. Vorher noch weiß, weich und ziemlich geschmacklos ist es nun dunkelbraun, knusprig und wohlschmeckend. Durch das Erhitzen hat es sich dauerhaft verändert.

1 Weißbrot vor und nach dem Toasten

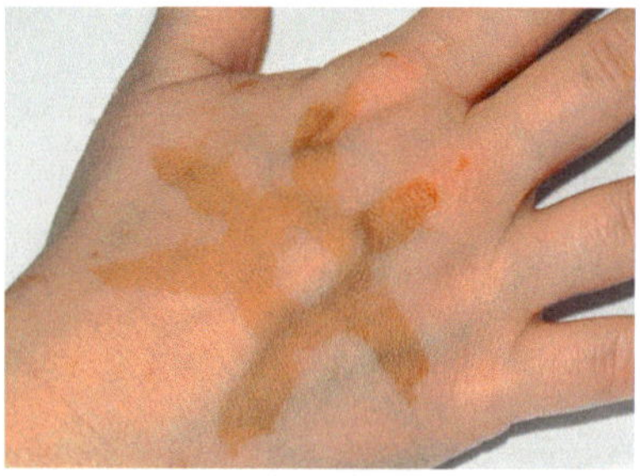

2 Selbstbräuner – Bräune ohne Sonne

Stoffumwandlungen im Alltag Gibt man eine Brausetablette in Wasser, entsteht ein Gas. Aus Milch wird mit etwas Zitronensaft Quark. Gipspulver verändert sich bei Zugabe von Wasser zu einem harten Feststoff. Und eine Wunderkerze ist nach dem Entzünden andersfarbig, porös und lässt sich nicht erneut entzünden (▸ Exp. 1–5, S. 68). Auch Selbstbräunungscreme lässt die Haut über mehrere Stunden hinweg immer brauner werden (▸ **2**).
Bei all diesen Vorgängen beobachtet man bleibende Veränderungen, die auf **Stoffumwandlungen** beruhen. Diese Umwandlungen von Stoffen nennt man **chemische Reaktionen**.

Das Wissen um Stoffumwandlungen war und ist für den Menschen von zentraler Bedeutung. Die Alchemisten waren die Ersten, die sich bewusst mit chemischen Reaktionen beschäftigten. So konnten sie Stoffumwandlungen herbeiführen, vorhersagen und manchmal auch erklären. Ihnen wurden daher magische Kräfte zugeschrieben – sie waren jedoch nur kluge und gute Beobachter.

Heutzutage machen wir uns das Wissen über chemische Reaktionen in vielen Lebensbereichen zunutze. Dazu gehören die Herstellung von Metallen, Kunststoffen, Medikamenten oder aber auch von Nahrungsmitteln (▸ Exp. 4, S. 68). Viele Speisen werden erst verträglich und schmackhaft, wenn sie sich durch chemische Reaktionen verändert haben (▸ **1**).

Schon gewusst?
Die grüne Mamba nutzt zum Beutefang auch ein für den Menschen tödliches Gift und Tintenfische versprühen den schwarzbraunen Farbstoff Sepia, um ihre Jäger zu verwirren. Diese Stoffe werden von den Tieren durch chemische Reaktionen erzeugt.

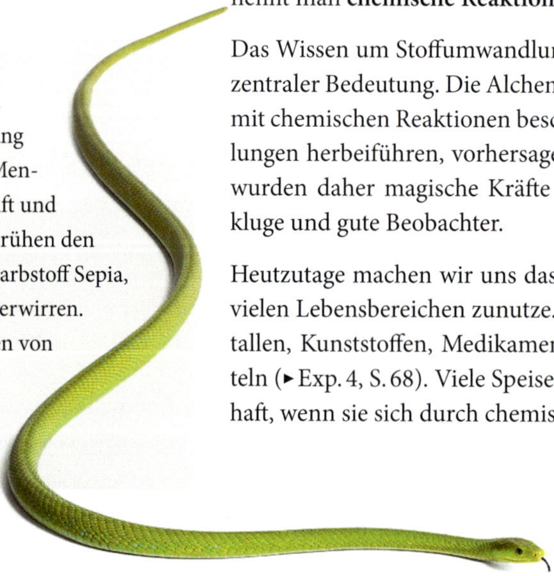

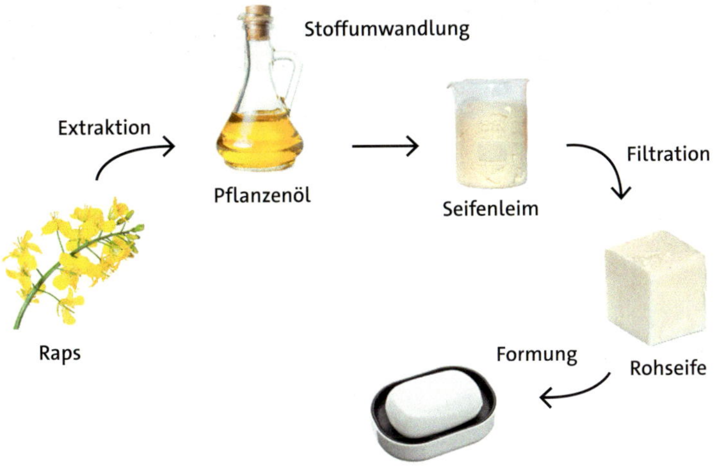

3 Seife aus Pflanzenöl – ein mehrstufiger Herstellungsprozess aus chemischen Reaktionen und physikalischen Vorgängen

Neue Stoffe durch chemische Reaktionen Ein erhitztes Kupferblech glüht im heißen Schwefeldampf auf (▸**5**). Nach der Reaktion ist es schwarz und sehr porös (▸Exp. 7, S. 69). Auch Magnesiumband leuchtet nach Erhitzen an der Luft grell auf und verändert sich zu einem weißen, porösen Stoff (▸Exp. 6, S. 69).
Solche Beobachtungen zeigen, dass nach jeder chemischen Reaktion ein neuer Stoff mit anderen Stoffeigenschaften vorliegt, ein sogenanntes **Reaktionsprodukt**.

In der Industrie sind chemische Reaktionen oft mit physikalischen Vorgängen verbunden wie bei der Produktion von Seife: Das Pflanzenöl zur Herstellung der Seife muss vorher durch Extraktion gewonnen werden. Auch die fertige Seife erhält man erst durch mehrere Reinigungsschritte aus dem durch Stoffumwandlung hergestellten Seifenleim (▸**3**).

Chemische Reaktionen sind Stoffumwandlungen, bei denen aus Ausgangsstoffen neue Stoffe mit anderen Eigenschaften entstehen.

Noch gewusst?
Beim Schmelzen beobachtet man auch eine Veränderung der Eigenschaften, diese sind aber nicht dauerhaft, sondern nur vorübergehend und von der Temperatur abhängig. Aggregatzustandsänderungen sind physikalische Vorgänge, keine Stoffumwandlungen.

4 Die Eigenschaftsänderungen beim Schmelzen sind nicht dauerhaft.

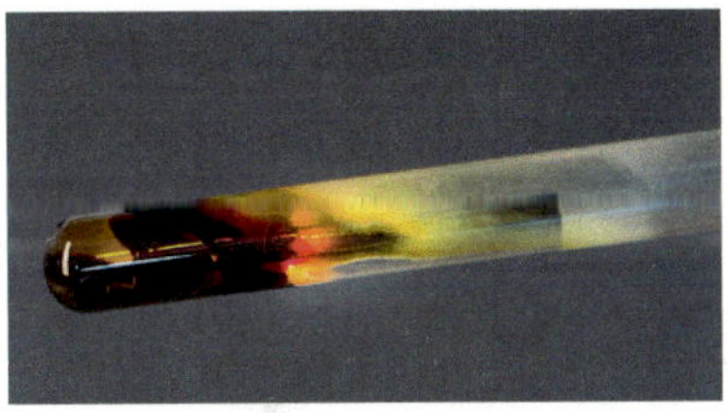

5 Chemische Reaktion von Kupfer mit Schwefel

Aufgaben

1 Nenne Lebensbereiche, in denen chemische Reaktionen für den Menschen wichtig sind.

2 Benenne Prozesse aus der Alltagssprache, die bleibende stoffliche Veränderungen hervorrufen (z. B. braten).

3 Entscheide, ob es sich um chemische Reaktionen handelt, und begründe: Schmelzen von Eis, Grillen von Fleisch, Lösen von Zucker in Wasser, Faulen von Obst, Entzünden und Löschen einer Kerze, Herstellen von Joghurt.

4 Notiere fünf verschiedene Vorgänge aus dem Alltag, von denen du annimmst, dass es sich um chemische Reaktionen handelt. Begründe jeweils.

5 Erläutere, warum es sich bei den genannten Beispielen im Text tatsächlich um chemische Reaktionen handelt.

6 Gusseisen, Glas und Kalkmörtel sind technisch hergestellte Produkte. Ihre Herstellung beruht auf Stoffumwandlungen. Finde heraus, welche Stoffe dazu umgewandelt wurden.

Darstellen von chemischen Reaktionen

Exp. 9 | L

Erhitzen eines Zink-Schwefel-Gemischs

Vorsicht! Abzug!
1 g Zinkpulver (GHS02|09) und 0,5 g Schwefelpulver (GHS07) werden gemischt und auf einer feuerfesten Unterlage angehäuft.
Ein glühender Draht wird in das Gemisch gehalten.

Reaktionsprodukte Zinksulfid, Kupfersulfid oder auch Eisensulfid entstehen jeweils durch die Reaktion zweier Stoffe miteinander (▸Exp. 9; ▸Exp. 7, 8; S. 69). Die drei Reaktionsprodukte sind Reinstoffe mit jeweils anderen Eigenschaften. Sie unterscheiden sich ganz deutlich von den Ausgangsstoffen, aus denen sie gebildet wurden. Die Ausgangsstoffe sind nach der Reaktion nicht mehr vorhanden – sie sind scheinbar vernichtet. Im Gegensatz zu einem Stoffgemisch kann man aus einem Reaktionsprodukt die Ausgangsstoffe auch nicht mehr durch physikalische Trennverfahren zurückgewinnen.

Obwohl sich die Eigenschaften der Ausgangsstoffe nicht in den Reaktionsprodukten wiederfinden lassen, erkennt man diese meist am Namen des entstandenen Stoffes. So findet man z. B. im Namen Eisensulfid sowohl das Eisen als auch den Schwefel (lat. *sulfur*) wieder. Für Eisensulfid gibt es auch noch die Bezeichnung Pyrit.

Die Produkte einer chemischen Reaktion sind Reinstoffe mit einer eigenen Kombination von Stoffeigenschaften. Sie können nicht durch physikalische Trennmethoden zerlegt werden.

Schon gewusst?
Ein in niedersächsischen Gruben und besonders häufig im Harz vorkommendes Mineral aus Eisen und Schwefel sieht Gold zum Verwechseln ähnlich. Eisenkies, Pyrit oder auch Katzengold wird im Englischen auch als Narrengold (fool's gold) bezeichnet, denn Menschen lassen sich bei Funden immer wieder täuschen.

Reaktionsschema Während der Mathematiker zum Beschreiben der mathematischen Zusammenhänge Gleichungen verwendet, nutzt der Chemiker etwas ganz Ähnliches, um chemische Reaktionen darzustellen – das **Reaktionsschema.** Im Unterschied zur Mathematik setzt man in der Chemie aber immer an die Stelle des Gleichheitszeichens einen **Reaktionspfeil!**

$$\text{Ausgangsstoffe (Edukte)} \xrightarrow{\text{chemische Reaktion}} \text{Reaktionsprodukte}$$

In einem Reaktionsschema werden die Namen der Ausgangsstoffe und Reaktionsprodukte notiert. Der Reaktionspfeil wird immer zwischen Ausgangsstoffe und Reaktionsprodukte gesetzt.
Der Aggregatzustand kann in Klammern zusätzlich hinter den Namen der Stoffe angegeben werden. Handelt es sich um einen festen Stoff, notiert man „(s)“ (engl. *solid*), ist der Stoff flüssig „(l)“ (engl. *liquid*), bei einem Gas „(g)“ (engl. *gaseous*).

$$\text{Zink (s)} \quad + \quad \text{Schwefel (s)} \longrightarrow \text{Zinksulfid (s)}$$

Gelesen:
Zink (fest) und Schwefel (fest) reagieren zu Zinksulfid (fest).

Chemische Reaktionen lassen sich durch ein Reaktionsschema darstellen.

Chemische Energie im Experiment

Exp. 10 Reaktion von Calciumoxid mit Wasser

Versetze 5 ml Wasser mit zwei Spatelspitzen Calciumoxid (GHS05).
Ermittle die Temperaturänderung bei Zugabe des Calciumoxids mit einem Thermometer.
Entsorgung: Lösung in das Abwasser geben.

Exp. 11 Blaues und weißes Kupfersulfat

Erhitze blaues Kupfersulfat (GHS07|09) in einem Reagenzglas mit der Brennerflamme, bis sich deutlich stoffliche Veränderungen zeigen. Gib den festen Stoff zum Abkühlen und Trocknen in eine Abdampfschale. Träufle auf den getrockneten Stoff mit einer Pipette wenig Wasser, sodass sich die Farbe des Stoffes wieder verändert. Miss dabei die Temperaturänderung.

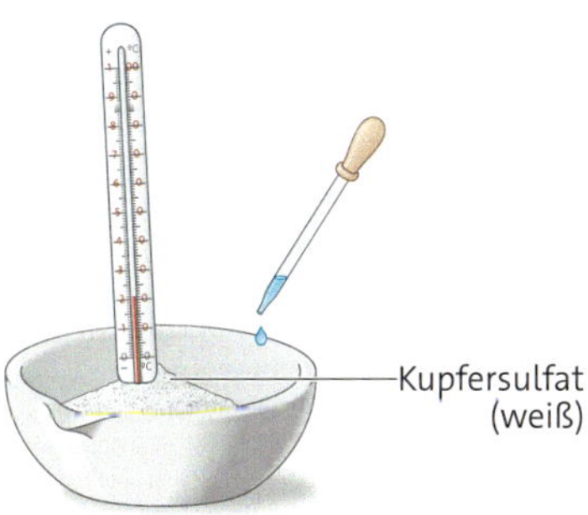

Beschreibe deine Beobachtungen. Notiere die Messwerte.
Entsorgung: Feste Stoffe einsammeln.

Exp. 12 Reaktion von Zink mit Iod

Gib in ein mit drei Spatelspitzen Zinkpulver und 5 ml Wasser gefülltes Reagenzglas einige Kristalle Iod (GHS07|09). Ermittle vor und nach Zugabe des Iods die Temperatur im Reagenzglas.
Entsorgung: Reagenzgläser nach dem Experiment am Lehrertisch abstellen.

Exp. 13 Energetischer Vergleich zweier Reaktionen

Gib nebeneinander je einen Spatel Kupfersulfat (GHS07|09) und einen Spatel Zinkpulver (GHS09) in ein Porzellanschälchen.
Verrühre anschließend die beiden Pulver. Hebe das Schälchen an und fühle, ob sich seine Temperatur verändert hat.

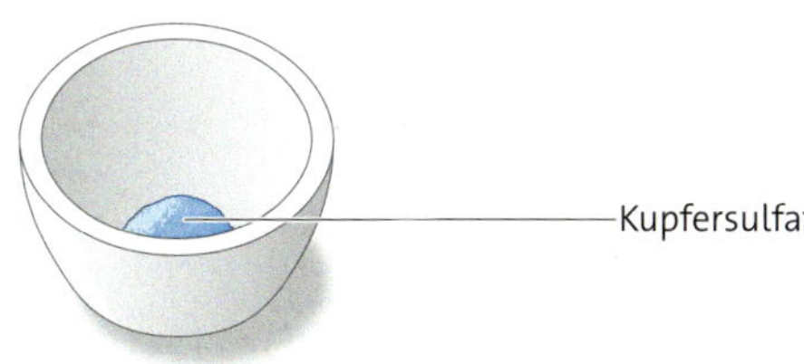

Gib 5 g Kaliumchlorid und 11 g wasserhaltiges Natriumsulfat in jeweils ein Becherglas und ermittle für beide Stoffe die Temperatur. Gib das Kaliumchlorid zum Natriumsulfat und rühre mit einem Glasstab kräftig um. Miss dabei die Temperatur.

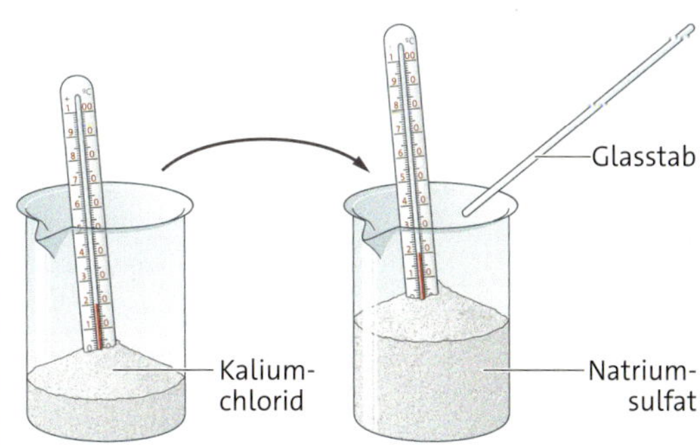

Vergleiche die Messwerte. Fertige jeweils ein Energiediagramm der Reaktionen an.
Entsorgung: Stoffe mit Wasser verdünnen und anschließend in das Abwasser geben.

Energie bei chemischen Reaktionen

Ein Zischen ist zu hören. Mit großer Geschwindigkeit steigen mehrere Feuerwerksraketen nebeneinander in die Luft. Heller Feuerschein, Funkensprühen und weit hörbarer Lärm begleiten das Abbrennen des Feuerwerks.

1 Chemische Reaktionen bei Silvesterraketen

Exp. 14 | L

Reaktion von Kaliumpermanganat mit Glycerin

Fünf Spatel Kaliumpermanganat (GHS03|07|09) werden in einem Mörser fein pulverisiert, in einer Porzellanschale zu einem Kegel aufgehäuft und dessen Spitze etwas eingedrückt. Mit einer Pipette gibt man ca. 10 Tropfen Glycerin in die Vertiefung der Kegelspitze.

Exotherme und endotherme Reaktionen Feuerwerk ist sehr schön anzusehen, aber nicht ganz ungefährlich. Schon beim Anzünden muss man vorsichtig sein, damit man sich nicht die Finger verbrennt, weil beim Abbrennen der Lunte viel Wärme frei wird.
Auch bei den Reaktionen von Kaliumpermanganat mit Glycerin lässt sich eine starke Licht- und Wärmeentwicklung wahrnehmen (▸Exp. 14). Mit einem Thermometer kann sie gemessen werden. So ist bei der Reaktion von Calciumoxid (▸Exp. 10, S. 73) oder weißem Kupfersulfat (▸Exp. 11, S. 73) mit Wasser ein Temperaturanstieg feststellbar.
Alle chemischen Reaktionen, bei denen Wärme und oft auch Licht abgegeben werden, bezeichnet man als **exotherme Reaktionen** (griech. *exo:* außen, griech. *thermos:* warm).

Dagegen gibt es auch chemische Reaktionen, die nur unter anhaltender Wärmezufuhr ablaufen können.
Zucker karamellisiert nur, wenn man die ganze Zeit mit dem Brenner erhitzt. Die Stoffumwandlung endet sofort, sobald man damit aufhört. Ebenso ist es, wenn man aus blauem Kupfersulfat wieder weißes herstellen möchte (▸Exp. 11, S. 73). Die Reaktion von Natriumsulfat mit Kaliumchlorid läuft nur ab, weil die Stoffe der Umgebung (dem Becherglas) Wärme entziehen (▸Exp. 13, S. 73).
Diese chemischen Reaktionen werden **endotherme Reaktionen** (griech. *endo:* innen, innerhalb) genannt.

Ob eine chemische Reaktion exotherm oder endotherm abläuft, kann in der Reaktionsgleichung angegeben werden:

Eisen + Schwefel ⟶ Eisensulfid | exotherm
blaues Kupfersulfat ⟶ weißes Kupfersulfat + Wasser | endotherm

Energieumwandlungen Bei chemischen Reaktionen abgegebene Wärme, ausgestrahltes Licht, erzeugte Bewegung oder elektrischer Strom sind Wirkungen von **Energieumwandlungen**. Alle Stoffe besitzen **innere Energie**. Unter innerer Energie versteht man den Gesamtenergiegehalt eines Stoffes. Sie setzt sich aus mehreren einzelnen Energieformen, z. B. thermischer und **chemischer Energie** sowie Kernenergie, zusammen. Bei chemischen Reaktionen ändert sich immer der Gehalt der chemischen Energie. Chemische Energie wird in andere Energieformen umgewandelt oder andere Energieformen in chemische Energie. Bei Knicklichtern wird z. B. ein Teil der chemischen Energie in Lichtenergie umgewandelt. Der Vergleich der Reaktionen verschiedener Metalle mit Schwefel zeigt, dass die Licht- und Wärmeerscheinungen unterschiedlich stark ausfallen. Kupfer und Schwefel reagieren nur schwach exotherm, Zink und Schwefel dagegen stark exotherm.

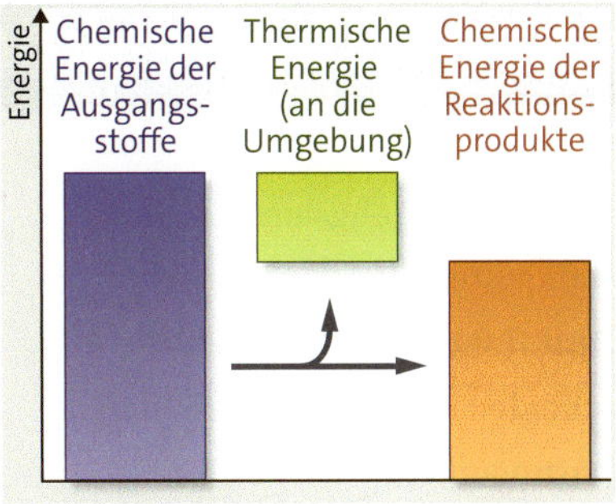

2 Exotherme Reaktion

Viele der im Alltag und in der Technik genutzten chemischen Reaktionen zielen nicht auf die Herstellung von neuen Stoffen oder Produkten ab, sondern nur auf das Nutzbarmachen von Energie für den Menschen.

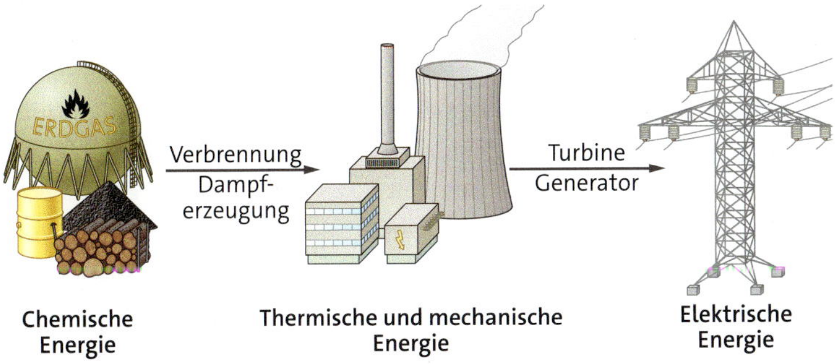

3 2011 wurden in Deutschland allein durch chemische Reaktion 421,5 Mrd. kWh elektrische Energie erzeugt.

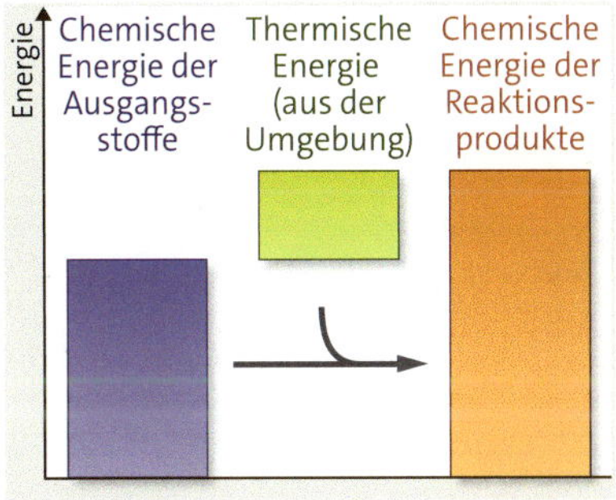

4 Endotherme Reaktion

! Chemische Reaktionen sind immer auch durch Energieumwandlungen gekennzeichnet.

Aktivierung Oft ist es notwendig, eine exotherme Reaktion, z. B. durch kurzes Erhitzen, auszulösen. Die Ausgangsstoffe müssen eine bestimmte Energie haben, um reaktionsbereit zu sein. Dieses Auslösen oder „Anstoßen" einer chemischen Reaktion heißt **Aktivierung**.
Exotherme Reaktionen können auf verschiedene Arten aktiviert werden, z. B. durch Licht, Stoß, Reibung, durch punktuelles Erhitzen mit einem glühenden Stab oder durch Erhitzen mit dem Brenner.

5 Aktivierung durch Reiben

Aufgaben

1 Entscheide, welche der selbst untersuchten chemischen Reaktionen exotherm und welche endotherm sind. Benenne für die exothermen Reaktionen auch die Form der Aktivierung.

2 „Nicht jede Energieumwandlung ist eine chemische Reaktion." Nimm Stellung zu dieser Aussage und beziehe dich dabei auch auf ▸ **3**.

3 Nenne Formen der Aktivierung für eine Knallerbse.

Chemische Reaktion und Zeit

Unmerklich langsam verwittert Kalkgestein durch chemische Reaktionen. Ganz allmählich scheiden sich aus den gebildeten Lösungen Tropfsteine ab. Augenblicklich entstehen dagegen nach heftiger Explosion große Staubwolken – ausgelöst durch die schnelle Reaktion der Sprengmittel.

1 Langsame und schnelle Reaktion

Lebensmittel	Zeit
Brot	2 h
Milch	2 h
Nudeln	3 h
Pilze	7 h
Apfel	2 h
Pommes frites	6 h
Pudding	2,5 h
Reis	1 h
Spinat	1,5 h

2 Verdauungszeiten von Lebensmitteln

Schnell oder langsam verlaufende chemische Reaktionen Im Alltag gibt es viele chemische Reaktionen, bei denen Zeit entscheidend ist, z. B. das Sauerwerden von Milch, das Vergären von Obstsäften, das Faulen von Früchten, die Verdauung von Lebensmitteln (▸**2**), das Aufnehmen von Wirkstoffen aus Medikamenten im Körper, aber auch das Rosten von Eisen und das Altern von Gummi.
Bei anderen Reaktionen bilden sich die Reaktionsprodukte sekundenschnell, z. B. bei einem aktivierten Zink-Schwefel-Gemisch oder beim Abbrennen eines Feuerwerks. Eisen- und Magnesiumspäne reagieren jeweils mit Salzsäure. Die Reaktion von Eisen mit Salzsäure ist jedoch viel langsamer als die von Magnesium (▸Exp. 16). An der Entfärbung einer violetten Kaliumpermanganatlösung wird deutlich sichtbar, dass die Bildung neuer Stoffe eine bestimmte Zeit beansprucht (▸Exp. 15).

Exp. 15 **L**

Zeitlicher Verlauf der Entfärbung eines Reaktionsgemischs

10 ml einer 1%igen Kaliumpermanganatlösung (GHS03|07|09) werden mit einem frisch bereiteten Gemisch aus 15 ml 6%iger Oxalsäurelösung (GHS07) und 25 ml 25%iger Schwefelsäure (GHS05) versetzt.

Exp. 16

Zeitlicher Verlauf chemischer Reaktionen

Fülle in jeweils ein Reagenzglas eine Spatelspitze Eisenspäne (GHS02) bzw. Magnesiumgrieß (GHS02). Tropfe anschließend jeweils 3 ml 10%ige Salzsäure (GHS05|07) auf die Stoffe. Beobachte die auftretenden Erscheinungen.
Stelle das Reagenzglas mit dem Magnesiumgrieß in ein Warmwasserbad und beobachte erneut.
Vergleiche den zeitlichen Verlauf der chemischen Reaktionen.
Entsorgung: Lösungen in den Behälter für saure und alkalische Abfälle geben.

Temperatureinfluss auf chemische Reaktionen Vorgänge im Alltag deuten darauf hin, dass die Temperatur einen Einfluss auf den zeitlichen Verlauf chemischer Reaktionen hat: Bei warmem Wetter verrotten Pflanzenreste auf dem Komposthaufen des Gartens schneller und auch warmer Essig reagiert schneller mit Kalk als kalter. Lebensmittel werden im Kühlschrank aufbewahrt, damit sie länger genießbar bleiben.

! Eine Erhöhung der Temperatur der Ausgangsstoffe beschleunigt die meisten chemischen Reaktionen.

Katalysatoren Damit chemische Reaktionen ablaufen, müssen diese durch Energiezufuhr aktiviert werden. Der Energiebetrag, der dazu nötig ist, wird **Aktivierungsenergie** genannt. In einem Verbrennungsmotor (► S. 79) entstehen bei der Verbrennung von Benzin auch giftige und umweltgefährdende Reaktionsprodukte. Die chemischen Reaktionen zum Abbau der Schadstoffe haben eine so hohe Aktivierungsenergie, dass nicht einmal die Wärme der Abgase ausreicht, um sie ablaufen zu lassen. Erst durch den Einsatz von Abgaskatalysatoren kann verhindert werden, dass der Großteil dieser Stoffe in die Umwelt gelangt. Der **Katalysator** bewirkt, dass die benötigte Aktivierungsenergie geringer wird.

Ein Zuckerwürfel lässt sich nicht einfach entzünden. Erst nach dem man etwas Asche über den Zucker gestreut hat, brennt er (► Exp. 17). Die Asche hat die Aktivierungsenergie herabgesetzt, Asche ist der Katalysator für diese Reaktion.
Wasserstoff ist ein leicht brennbares Gas, das sich schon an einem Funken entzündet. Lässt man es aber über einen Platinschwamm als Katalysator strömen, entzündet es sich in Gegenwart von Luft sogar selbst (► Exp. 18). Platin wird auch in den Abgaskatalysatoren verwendet.

! Katalysatoren sind Stoffe, die die Aktivierungsenergie einer chemischen Reaktion herabsetzen.

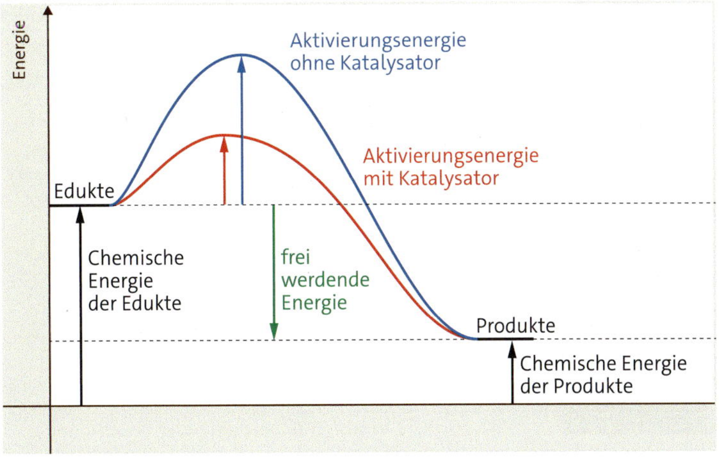

4 Energiediagramm einer exothermen Reaktion mit und ohne Katalysator

Exp. 17 | L

Asche als Katalysator

Vorsicht! Abzug!
Ein Zuckerwürfel und ein mit etwas Papierasche überhäufter Zuckerwürfel werden mit einem brennenden Holzspan auf einer feuerfesten Unterlage entzündet.

Exp. 18 | L

Platin als Katalysator

Am Schlauchende der Wasserstoffflasche (GHS02|04) wird eine Rückschlagsicherung eingerichtet. Der mittelstarke Wasserstoffstrom wird nun auf einen Platinschwamm gerichtet, sodass er ihn umströmt.

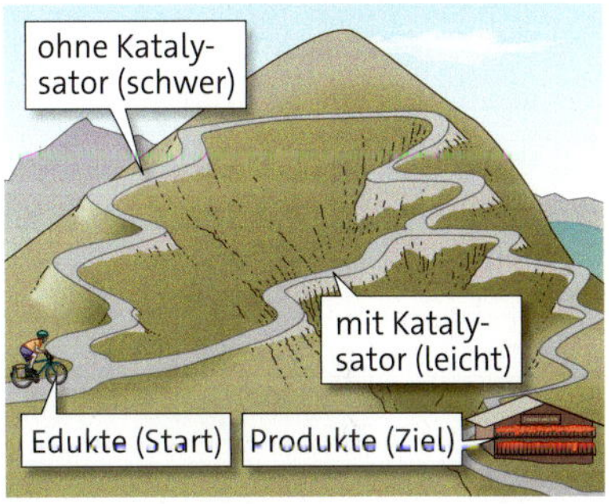

3 Wirkung des Katalysators im Modell

Aufgaben

1 Schon im Altertum wurde Saft aus Trauben vergoren, ohne dass die Menschen etwas von Reaktionsbedingungen wussten. Erläutere.

2 Nenne jeweils sechs Beispiele zu schnellen und zu langsamen chemischen Reaktionen.

3 Informiere dich über den Aufbau und die Wirkungsweise des Abgaskatalysators im Pkw.

Licht, Strom, Bewegung – Begleiter chemischer Reaktionen

Abends noch lange lesen, mit dem Handy telefonieren oder morgens mit dem Schulbus fahren. Im Alltag sind wir auf chemische Reaktionen, vor allem aber auf die durch sie frei werdende Energie, angewiesen. Auch im Tierreich gibt es Exoten, wie den Muschelkrebs oder den Bombardierkäfer, die auf raffinierte Weise chemische Energie für sich nutzen.

Heißes und kaltes Licht Der griechische Philosoph ARISTOTELES beobachtete zum Zeitvertreib Glühwürmchen und stellte fest, dass diese ganz ohne Ausstrahlung von Wärme leuchten. Diese Form von Licht bezeichnete er als kaltes Licht. Heute weiß man, dass diese Insekten das Licht durch eine chemische Reaktion erzeugen. Viele Organismen sind dazu in der Lage, die meisten von ihnen sind Meeresbewohner, z. B. die Quallenart *Aequorea victoria* (▸1). Sie wandelt mithilfe von Sauerstoff bestimmte Stoffe (Luciferine) in einer komplizierten chemischen Reaktion um. Dabei entsteht das blaue Licht.
Im Jahr 2008 erhielten die drei Wissenschaftler SHIMOMURA, CHALFIE und TSIEN den Nobelpreis in Chemie für die Erforschung dieser chemischen Reaktion.

1 Biolumineszenz ist die direkte Umwandlung von chemischer Energie in Lichtenergie.

Der Magnesiumblitz Im 19. Jahrhundert wurde nicht nur der erste Fotoapparat entwickelt, sondern auch das erste Blitzlicht. Zwei britische Wissenschaftler untersuchten die Eigenschaften von Magnesium und erachteten dieses als besonders geeignet, um ein Foto angemessen zu belichten. Nur wenig später wurde die „Standard-Blitz-Lampe für Photographie" entwickelt.

2 Historisches Werbeplakat einer Blitzlichtlampe

Exp. 1 **Kaltes Licht aus Knicklichtern**

Stelle zwei Bechergläser, eines mit warmem, eines mit kaltem Wasser, bereit. Aktiviere nun zwei Knicklichter durch vorsichtiges Knicken und lege sie gleichzeitig in jeweils ein Becherglas. Notiere deine Beobachtungen und deute sie. Formuliere eine begründete Vermutung bezüglich der Leuchtdauer.
Entsorgung: Knicklichter in den Hausmüll geben.

Exp. 2 **Minirakete**

Stelle ein 250-ml-Becherglas standsicher in die Tischmitte. Befülle eine leere Filmdose 1 cm hoch mit Wasser. Viertle eine Brausetablette und gib zwei Stücke in die Dose. Verschließe sofort die Filmdose mit dem Deckel und stelle sie kopfüber in das Becherglas.
Achtung! Die „Rakete" startet nach wenigen Sekunden!
Notiere deine Beobachtungen. Begründe, dass eine chemische Reaktion stattgefunden hat.
Entsorgung: Flüssigkeiten in den Ausguss geben. Filmdose und Becherglas einsammeln.

Info 1 **Der Bombardierkäfer**

In Europa heimisch ist der nur ca. 1 cm große Bombardierkäfer. Obwohl er so klein ist, kann er sich trickreich gegen sehr viel größere Feinde wie Vögel verteidigen.
Fühlt sich der Käfer bedroht oder wird er angegriffen, schießt er mit einem Knall eine ätzende, 100 °C heiße Flüssigkeit aus seinem Hinterleib. Dort befindet sich die sogenannte Explosionskammer, in der zwei Stoffe gemischt und mithilfe eines Katalysators zur Reaktion gebracht werden. Durch die Wärme dieser exothermen Reaktion bildet sich ein so starker Überdruck, dass die Reaktionsprodukte explosionsartig entweichen.

3 Bombardierkäfer

Fortbewegung durch Miniexplosionen Der erste Verbrennungsmotor wurde 1860 von einem französischen Mechaniker gebaut und trieb wenig später die ersten Kutschen an. Ganz ähnliche Motoren befinden sich auch heute noch in modernen Autos. Grundsätzlich funktionieren sie so, dass in einem Zylinder ein Luft-Kraftstoff-Gemisch durch einen Kolben eingesogen und anschließend verdichtet wird. Das Gemisch wird dann meist durch einen elektrischen Funken gezündet. Die Temperatur steigt durch die exotherme Reaktion auf ca. 2 000 °C. Die Reaktionsprodukte dehnen sich aus und drücken den Kolben wieder nach unten. Diese Miniexplosion treibt – ständig wiederholt – das Fahrzeug an. Chemische Energie wird so erst in Wärmeenergie und dann in Bewegungsenergie umgewandelt.

Energie für unterwegs Moderne Batterien – manchmal nur Daumennagel groß – sorgen dafür, dass heutzutage elektrische Geräte überall funktionieren. Handys, MP3-Player oder Spielkonsolen sind dadurch jederzeit einsatzbereit.
Die erste Batterie war noch gar nicht mobil. Sie bestand aus Zink- und Kupferplatten, die abwechselnd auf einander gestapelt wurden. Zwischen den Platten wurden Filzstückchen gelegt, die mit einer elektrisch leitenden Flüssigkeit getränkt waren. Den elektrischen Strom lieferte eine chemische Reaktion zwischen den Metallen, sobald die beiden Enden der Batterie durch ein Kabel miteinander verbunden wurden. Heutige Batterien funktionieren nach demselben Prinzip, auch sie wandeln chemische Energie direkt in elektrische Energie um.

4 Volta-Säule – die erste Batterie

Aufgaben

1 Finde Beispiele für Licht aus Verbrennungsprozessen und Beispiele für kaltes Licht.

2 Erstelle eine Anleitung zum Gebrauch der Blitzlichtlampe.

3 Entwickle eine beschriftete Zeichnung des ersten Verbrennungsmotors. Kennzeichne durch Pfeile, welche Teile beweglich sind.

4 Erläutere, wie die selbst gebaute Minirakete funktioniert.

Umkehrbarkeit chemischer Reaktionen

Silberschmuck verfärbt sich beim Tragen auf der Haut schnell schwarz. Noch schneller kann man diese Veränderung bei einem Silberlöffel beobachten, der mit gekochtem Eigelb in Berührung kommt. Bei einem so wertvollen Metall ist es nicht sinnvoll, diese Schicht abzureiben – die Bildung muss anderweitig rückgängig gemacht werden.

1 Angelaufenes Besteck aus Silber

Exp. 19 | **L**

Bildung und Zerlegung von Silbersulfid

Ein Silberblech wird in eine verdünnte Lösung von Natriumsulfid (GHS06|07|09) getaucht. Anschließend wird das Blech (GHS07) in einem Reagenzglas mit der Brennerflamme erhitzt, bis eine bleibende Veränderung eintritt.

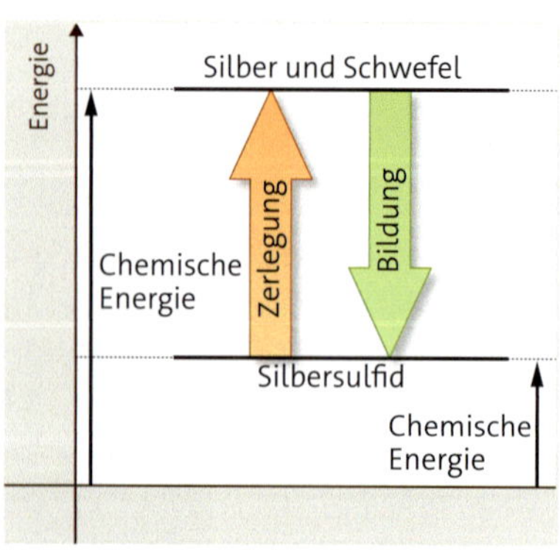

2 Bei einer endothermen Zerlegung wird der gleiche Energiebetrag in chemische Energie umgewandelt, wie bei der exothermen Bildung frei wurde.

Zerlegung von Silbersulfid Angelaufenes Besteck aus Silber oder alter Silberschmuck sieht stumpf und nicht mehr schön aus (▸1). Auf der Oberfläche des Silbers muss sich mit der Zeit ein neuer Stoff gebildet haben. Er entsteht durch die Reaktion von Silber mit schwefelhaltigen Stoffen. Um das zu demonstrieren, kann man ein Silberblech in eine schwefelhaltige Lösung eintauchen (▸Exp. 19). An der Oberfläche entsteht Silbersulfid.

Silber (s) + Schwefel (s) $\longrightarrow$ Silbersulfid (s) | exotherm

In seinen Eigenschaften unterscheidet sich Silbersulfid deutlich von Silber und Schwefel: Aus den Ausgangsstoffen ist ein neuer Reinstoff mit anderen Eigenschaften entstanden.

Wird das schwarze Blech mit dem Silbersulfid über längere Zeit in der Brennerflamme erhitzt, kommt der metallische Glanz wieder zurück. Zudem kann man beobachten, dass sich an der Reagenzglasinnenseite ein gelber Feststoff niederschlägt. Das Erhitzen in der Brennerflamme bewirkt, dass aus Silbersulfid wieder die Stoffe Silber und Schwefel gebildet werden – das Silbersulfid wurde zerlegt.

Silbersulfid (s) $\longrightarrow$ Silber (s) + Schwefel (s) | endotherm

Bildung und **Zerlegung** von Silbersulfid sind Beispiele für die Umkehrbarkeit von chemischen Reaktionen.

Chemische Reaktionen sind umkehrbar.
Bei einer Zerlegung bilden sich aus dem Reaktionsprodukt die Ausgangsstoffe zurück.

Atommodell von Dalton Obwohl die Stoffe Silber und Schwefel nach der Bildung von Silbersulfid nicht mehr existieren, zeigt die mögliche Zerlegung von Silbersulfid, dass bei einer Reaktion auch etwas erhalten bleiben muss.

Schon der griechische Naturphilosoph Demokrit (460 bis 371 v. Chr.) hatte die Vorstellung von kleinsten unteilbaren Teilchen, aus denen alle Stoffe aufgebaut sind. Er nannte diese Teilchen **Atome** (griech. *atomos:* unteilbar). John Dalton entwickelte daraus 1808 sein Atommodell als wichtige Grundlage für unsere heutigen Vorstellungen vom Aufbau der Materie. Nach seiner Vorstellung bestehen alle Stoffe aus kleinen, kugelförmigen Teilchen – den Atomen.

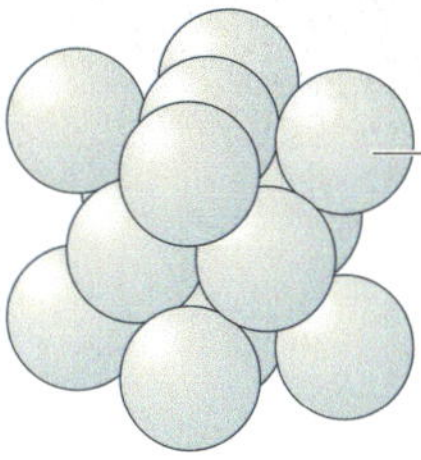

3 Modelldarstellung von Silberatomen im Element Silber

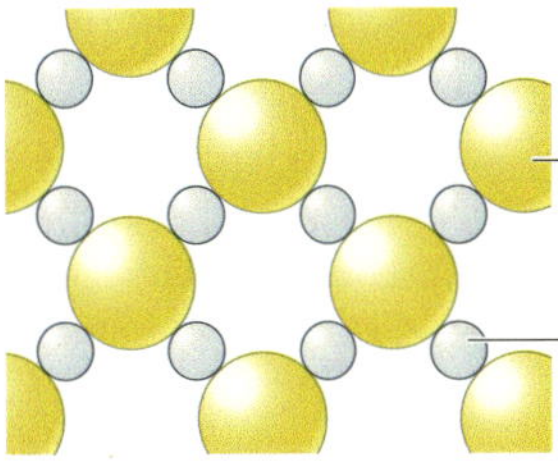

4 Modelldarstellung der Atome in der Verbindung Silbersulfid

! Atommodell nach Dalton

- Jeder Stoff besteht aus kleinsten, chemisch nicht weiter zerlegbaren Teilchen, den Atomen.
- Atome sind kugelförmige Teilchen. Sie haben eine Masse und ein Volumen. Atome sind unvorstellbar klein.
- Atome können nicht neu geschaffen oder zerstört werden. Sie sind unveränderlich.
- Atome bleiben bei chemischen Reaktionen erhalten, sie werden lediglich umgruppiert.

Schon gewusst?
Mithilfe der Rastertunnelmikroskopie können Atome, z. B. Goldatome, sichtbar gemacht werden.

5 Aufnahme einer Goldoberfläche im Rastertunnelmikroskop

Element und Verbindung Nach Dalton können zwei Arten von Reinstoffen unterschieden werden: Eine Stoffportion Silber besteht z. B. nur aus gleichen Atomen – Silberatomen. Auch Schwefel besteht nur aus Schwefelatomen.

Diese Stoffe werden als **chemische Elemente** bezeichnet. Sie bestehen immer nur aus Atomen einer einzigen Art. Atome ein und desselben Elements besitzen die gleiche Größe und Masse. Die Atome verschiedener Elemente unterscheiden sich in ihrer Größe und Masse. Bis heute sind 118 Elemente bekannt. Neben den 94 natürlich vorkommenden gibt es 24 künstlich im Labor erzeugte Elemente.

Der Stoff Silbersulfid hingegen besteht aus Silber- und Schwefelatomen, also aus zwei verschiedenen Atomarten. Silbersulfid ist deshalb eine **chemische Verbindung**. Bei der Zerlegung von Silbersulfid können die Elemente Schwefel und Silber zurückgewonnen werden.

Ein chemisches Element ist ein Stoff, der aus Atomen einer einzigen Atomart besteht. Chemische Verbindungen sind Reinstoffe, die aus Elementen gebildet werden.

6 Modelle verschiedener Metallatome

Aufgaben

1 Beschreibe die Anordnung und die Darstellung der Atome im Gold. Nutze dazu ▸**5** und ▸**6**.

2 Erläutere an einem Beispiel die Umkehrbarkeit von chemischen Reaktionen. Nutze das Atommodell von Dalton.

3 Entscheide und begründe, ob Atome eine Farbe haben (▸**6**).

Stoffebene:
Auf der Stoffebene beschreibt man die Eigenschaften der Ausgangsstoffe, die Eigenschaften der Reaktionsprodukte und die Beobachtungen während der Reaktion.

Teilchenebene:
Auf der nicht sichtbaren Teilchenebene erklärt man die Beobachtungen durch die Anordnung und die Beschaffenheit der Teilchen vor und nach der chemischen Reaktion.

1 Betrachtungsebenen chemischer Reaktionen

3 Modell eines Massenspektrometers: Je schwerer das Atom desto geringer die Ablenkung.

Atomart	Atommasse m_a in u
Wasserstoffatom	1,008
Kohlenstoffatom	12,011
Schwefelatom	32,066
Kupferatom	63,546

4 Masse verschiedener Atomarten

Modellvorstellungen zur chemischen Reaktion An der chemischen Reaktion von Eisen mit Schwefel soll betrachtet werden, was mit den Teilchen der Stoffe geschieht.
In den Ausgangsstoffen Eisen und Schwefel sind die Atome in unvorstellbar großer Anzahl vorhanden und regelmäßig angeordnet. Sie werden durch starke Anziehungskräfte im jeweiligen Atomverband zusammengehalten. Bei der Bildung neuer Stoffe werden die Atome der Ausgangsstoffe nicht zerstört. Die kleinsten Teilchen bleiben erhalten und gruppieren sich während der chemischen Reaktion nur um (▸**2**). Auch die Rückgewinnung des Eisens aus Eisensulfid ist so vorstellbar.

! Bei einer chemischen Reaktion werden die Atome der Ausgangsstoffe umgruppiert.

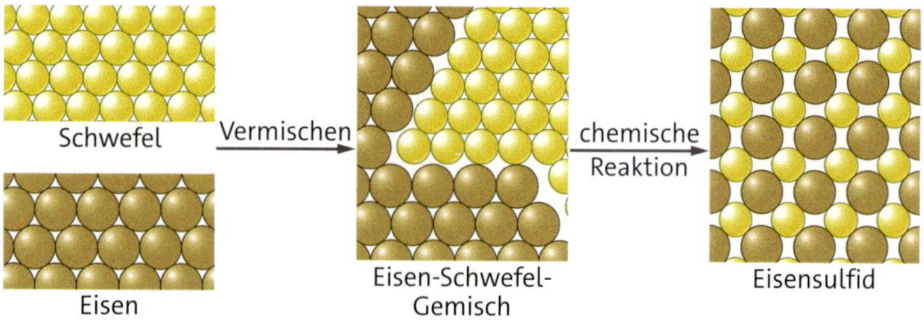

2 Modellbetrachtung der chemischen Reaktion zwischen Eisen und Schwefel zu Eisensulfid auf Teilchenebene

Masse von Atomen Die genaue Masse einzelner Atome lässt sich nicht direkt über eine Waage bestimmen. Nur mithilfe von Massenspektrometer können Atommassen ermittelt werden.

Die Masse einzelner Atome ist unvorstellbar klein. Wasserstoffatome sind die leichtesten aller Atome. Ein Wasserstoffatom hat eine **Masse** von 0,000 000 000 000 000 000 000 001 674 g.
Da solche Zahlen sehr umständlich sind, wurde die **atomare Masseneinheit unit** (Einheitszeichen **u**) eingeführt. 1 u entspricht ungefähr der Masse eines Wasserstoffatoms.

$$1\ \text{u} = 0{,}000\,000\,000\,000\,000\,000\,000\,001\,661\ \text{g} = 1{,}661 \cdot 10^{-24}\ \text{g}$$

! Die Atommasse m_a wird in der atomaren Masseneinheit unit (u) angegeben.

Aufgaben

1 Nimm begründet Stellung zu folgenden Aussagen:
 a Die Atome des Reaktionsprodukts bilden sich bei einer Reaktion aus den Atomen der Ausgangsstoffe.
 b Die Atome vermehren sich bei einer chemischen Reaktion.
 c Die Atome eines Elements sind gleich.

2 Begründe, ob die Anordnung der Atome bei der Bildung von Eisensulfid oder bei der Bildung des Eisen-Schwefel-Gemischs erhalten bleibt.

3 Erläutere, weshalb man in der Chemie zwischen der Stoffebene und der Teilchenebene unterscheidet.

Erkennen chemischer Reaktionen

5 Reaktion von Zink und Schwefel zu Zinksulfid – Schritt für Schritt

Anhand der Bildung von Zinksulfid aus den Stoffen Schwefel und Zink sollen die Merkmale einer chemischen Reaktion verdeutlicht werden.

Stoffumwandlung

Alle chemischen Reaktionen sind durch **Stoffumwandlung** gekennzeichnet. Das weißgraue **Reaktionsprodukt** Zinksulfid hat ganz andere Stoffeigenschaften als die beiden **Ausgangsstoffe** Zink und Schwefel. Es hat weder die Farbe von Schwefel noch von Zink.

Energieumwandlung

Alle chemischen Reaktionen sind durch **Energieumwandlung** gekennzeichnet. Die chemische Reaktion von Zink mit Schwefel ist eine **exotherme Reaktion. Wärme** wird während der Reaktion freigesetzt und eine weiße Flamme ist zu beobachten. Eine Energieumwandlung von chemischer in thermische Energie findet statt. Die Reaktion muss erst durch **Aktivierung** des Stoffgemischs gestartet werden.

Umgruppierung der Teilchen

Alle chemischen Reaktionen sind auf der Teilchenebene durch **Umgruppierung der Teilchen** gekennzeichnet. Die Teilchen der Ausgangsstoffe Zink und Schwefel ordnen sich im Zinksulfid neu an und halten verändert zusammen.

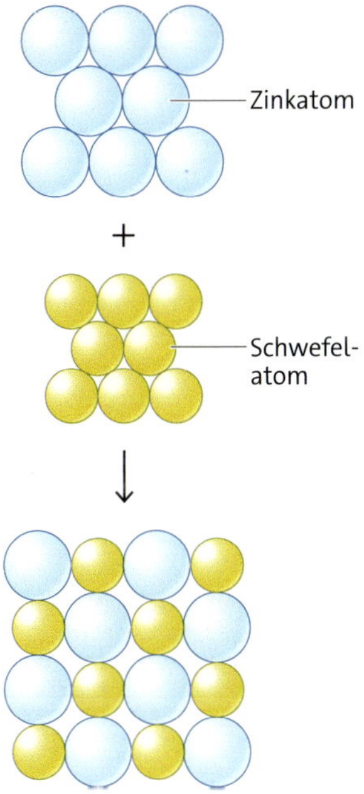

6 Modelldarstellung der Bildung von Zinksulfid auf Teilchenebene

Chemische Reaktionen sind immer gekennzeichnet durch Stoffumwandlung, Energieumwandlung und auf Teilchenebene durch Umgruppierung der Teilchen.

Aufgaben

1 Ordne die Merkmale der chemischen Reaktion den Einzelbildern (▸1) zu und begründe.

2 Erkläre auf Stoff- und Teilchenebene, weshalb es sich bei Zinksulfid um einen neuen Reinstoff handelt.

3 Entscheide und begründe, dass es sich um eine chemische Reaktion handelt:
  a Entzünden von Holz in einem Kamin
  b Vergärung von Fruchtsäften

4 Erläutere, warum auch die Zerlegung von Silbersulfid eine chemische Reaktion ist.

Chemische Reaktionen auf der Waage

1 Erhitzte und nicht erhitzte Eisenwolle auf der Waage

Massen der Reaktionspartner bei chemischen Reaktionen Beim Verbrennen von Eisenwolle und beim Verbrennen von Streichholzkuppen an der Luft und in geschlossenen Gefäßen fanden chemische Reaktionen statt. Das Reaktionsprodukt nach dem Verbrennen der Eisenwolle hat eine größere Masse als vor der Reaktion (▸1). Bei den Resten der Streichholzkuppen war es im offenen Reagenzglas genau umgekehrt. Das Wiegen der geschlossenen Gefäße mit Streichholzkuppen ergab vor und nach dem Erhitzen gleiche Massen (▸Exp. 20).

Um die Frage der ungleichen Massen bei den Experimenten zu beantworten, muss geprüft werden, ob auch die Massen aller Ausgangsstoffe und aller Reaktionsprodukte erfasst wurden. Offensichtlich sind beim Verbrennen der Streichhölzer Gase entstanden, die in den Raum entwichen, also nicht gewogen wurden. Mit einer geschlossenen Experimentieranordnung lassen sich hingegen die Massen aller beteiligten Stoffe vor und nach der Reaktion erfassen. Das Wiegen ergibt dann immer dieselbe Masse.

Das Gesetz von der Erhaltung der Masse Die Ergebnisse der in geschlossenen Gefäßen durchgeführten Experimente deckten ein für alle chemischen Reaktionen gültiges Grundgesetz der Chemie auf. Es wird als **Gesetz von der Erhaltung der Masse** bezeichnet. Das Gesetz besagt, dass bei chemischen Reaktionen die Masse der Ausgangsstoffe gleich der Masse der Reaktionsprodukte ist.
Bei chemischen Reaktionen treten also weder Massenzunahmen noch Massenverluste auf. Stoffe können bei chemischen Reaktionen nicht aus dem „Nichts" entstehen noch können sie spurlos verschwinden.

Bei chemischen Reaktionen ist die Masse der Ausgangsstoffe gleich der Masse der Reaktionsprodukte.
m(Ausgangsstoffe) = m(Reaktionsprodukte)

Exp. 20 **Verbrennen von Zündholzkuppen**

Gib jeweils zehn Streichholzkuppen in zwei Reagenzgläser. Verschließe ein Reagenzglas mit einem Luftballon und wiege beide nacheinander auf einer Analysenwaage. Erhitze die Reagenzgläser über einer Brennerflamme so stark, dass sich die Streichholzkuppen entzünden. Wiege die Reagenzgläser nach dem Erkalten erneut. Vergleiche jeweils die Massen vor und nach dem Verbrennen der Streichholzkuppen.
Entsorgung: Reste in den Hausmüll geben.

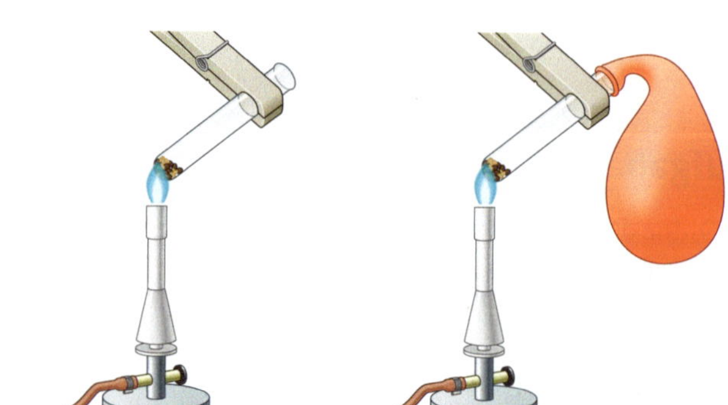

Teilchen der Reaktionspartner bei chemischen Reaktionen Bereits bekannt ist, dass sich bei chemischen Reaktionen die Atome der Ausgangsstoffe umgruppieren und in neuer Anordnung und verändertem Zusammenhalt in den Reaktionsprodukten wiederfinden. Bei einer chemischen Reaktion werden die Atome der Ausgangsstoffe nicht zerstört oder verschwinden einfach. Es bilden sich auch keine neuen Teilchen während einer chemischen Reaktion.

Das Gesetz von der Erhaltung der Masse lässt sich so ganz einfach verstehen. Die Masse der Ausgangsstoffe ergibt sich aus der Summe aller Atommassen der in den Ausgangsstoffen enthaltenen Teilchen. Nach der chemischen Reaktion haben sich die Atome lediglich umgruppiert und in den Reaktionsprodukten neu angeordnet. Ihre Anzahl ist aber erhalten geblieben (▸3). Die Masse der Reaktionsprodukte ist dann immer noch genauso groß wie die Masse der Ausgangsstoffe vor der Reaktion.

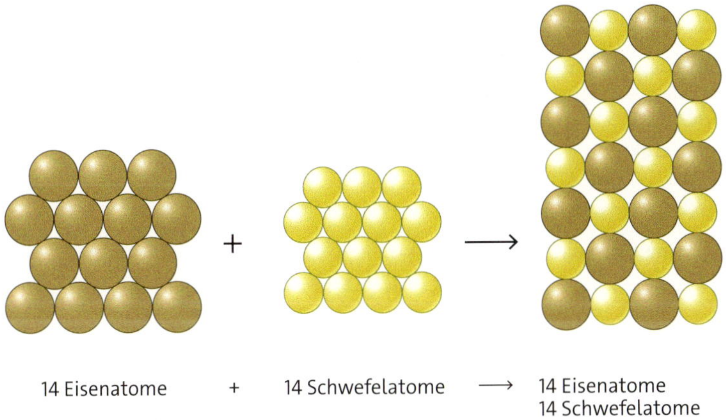

3 Teilchen der Ausgangsstoffe und der Reaktionsprodukte bei der Reaktion von Eisen mit Schwefel

Bei chemischen Reaktionen bleibt die Anzahl der Atome der in den Ausgangsstoffen und in den Reaktionsprodukten enthaltenen Elemente gleich.

Schon gewusst?

Der russische Chemiker MICHAIL WASSILJEWITSCH LOMONOSSOW und der französische Chemiker ANTOINE LAURENT DE LAVOISIER führten unabhängig voneinander Experimente zum Verbrennen von Metallen durch. Sie erhitzten u.a. Blei in einem verschlossenen Gefäß und ermittelten die Masse vor und nach dem Erhitzen. LOMONOSSOW erkannte, dass die Masse vor und nach der Reaktion gleich war. Eine Erklärung dieser Gesetzmäßigkeit fand er noch nicht. Dies gelang erst LAVOISIER.

2 MICHAIL WASSILJEWITSCH LOMONOSSOW (1711 bis 1765)

Aufgaben

1 Ein Kuchen ist leichter als der Kuchenteig vor dem Backen.
Formuliere eine Vermutung, ob beim Kuchenbacken das Gesetz von der Erhaltung der Masse gilt oder nicht gilt.

2 Erläutere den Zusammenhang, der zwischen dem Gesetz von der Erhaltung der Masse und den Teilchen der reagierenden Stoffe besteht anhand von ▸3.

3 Stelle eine Vermutung auf, wieso die verbrannte Eisenwolle schwerer ist als die reine Eisenwolle (▸1).

4 Erläutere an einem selbstgewählten Beispiel das Gesetz von der Erhaltung der Masse.

5 Informiere dich in verschiedenen Quellen, z. B. im Internet, über Leben und Werk von MICHAIL WASSILJEWITSCH LOMONOSSOW und fertige über diese Persönlichkeit ein Poster an.

Chemische Reaktionen

Chemische Reaktion
Vorgang der Stoffumwandlung, begleitet von Energieumwandlungen

Merkmale einer chemischen Reaktion

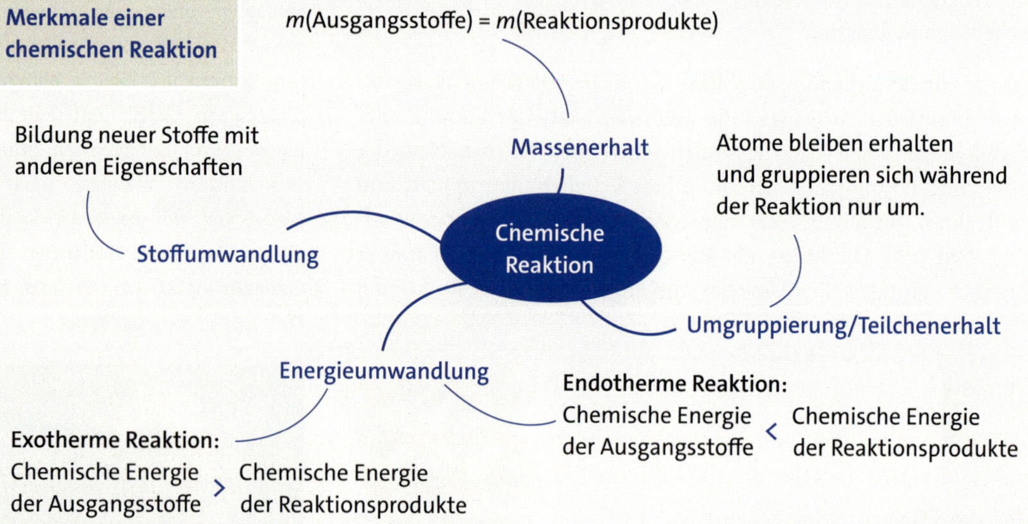

Darstellung einer chemischen Reaktion
Reaktionsschema: Eisen (s) + Schwefel (s) $\longrightarrow$ Eisensulfid (s) | exotherm

Atome
Ein Baustein der Materie. Atome sind unvorstellbar klein und besitzen eine winzige Masse. Im Modell werden sie als Kugeln dargestellt.

Chemisches Element
Stoff, der nur aus Atomen einer einzigen Atomart aufgebaut ist

Chemische Verbindung
Reinstoff, mit einer eigenen charakteristischen Eigenschaftskombination. Sie können durch chemische Reaktion gebildet oder zerlegt werden.

Chemische Energie
Teilbetrag der inneren Energie. Bei chemischen Reaktionen wird chemische Energie in andere Energieformen umgewandelt.

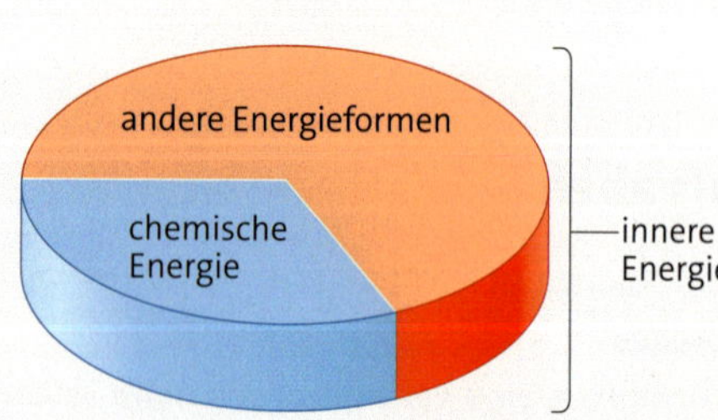

Aktivierungsenergie
Energie, die zum Auslösen einer chemischen Reaktion notwendig ist

Katalysator
Stoff, der die Aktivierungsenergie für eine chemische Reaktion herabsetzt und diese dadurch beschleunigt

Aufgaben

1 Entscheide und begründe, ob eine chemische Reaktion vorliegt:
  a Wasser wird zu Eis.
  b Iod sublimiert.
  c Eisen schmilzt.
  d Zucker karamellisiert.
  e Holz brennt.

2 Grünes Brausepulver wird in etwas Wasser gegeben. Das Wasser färbt sich dabei grün und kühlt leicht ab. Es ist eine sprudelnde Bläschenbildung zu beobachten.
Deute die geschilderten Beobachtungen.

3 Erläutere die Merkmale einer chemischen Reaktion an einem selbst gewählten Beispiel. Stelle das Reaktionsschema auf.

4 Formuliere für die Reaktion zwischen Magnesium und Schwefel das Reaktionsschema. Stelle die Reaktion auch im Teilchenmodell dar.

5 Erläutere die folgenden chemischen Reaktionen hinsichtlich ihres energetischen Verlaufs. Zeichne und beschrifte hierfür Balkendiagramme zu den Energiezuständen.
  a Magnesium und Schwefel reagieren nach kurzem Erhitzen heftig unter grellem Leuchten miteinander.
  b Beim Seifensieden wird über längere Zeit das Pflanzenöl mit einer Lauge zum Seifenleim erhitzt.

6 Zwischen Zink und Schwefel findet eine chemische Reaktion statt.
  a Formuliere das Gesetz von der Erhaltung der Masse für die obige Reaktion.
  b Erläutere den Zusammenhang zwischen dem Massenerhalt und den Vorgängen auf Teilchenebene während der Reaktion.

7 Diskutiere die folgenden fehlerhaften Aussagen:
„Goldatome glänzen gelblich, Magnesiumatome dagegen silbrig.“
„Die Atome vom Gold und vom Magnesium sind Kugeln, zwischen denen sich Luft befindet.“

8 Erläutere die Unterschiede zwischen Eisensulfid und einem Eisen-Schwefel-Gemisch.

9 Chemische Verbindungen können durch chemische Reaktionen in ihre Elemente zerlegt werden.
  a Finde in Form eines Reaktionsschemas ein Beispiel für eine Zerlegung.
  b Skizziere die Anordnung der Atome im Teilchenmodell vor und nach der Reaktion.

10 Interpretiere folgende grafische Darstellung:

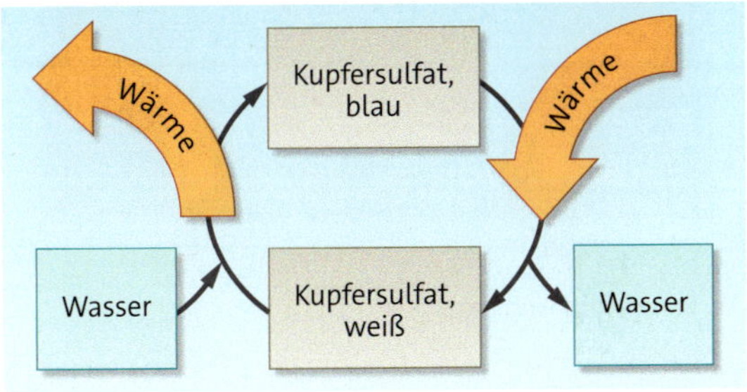

11 Entscheide, ob die folgenden Aussagen zutreffend sind. Begründe deine Entscheidung.
  a Chemische Verbindungen sind Reinstoffe.
  b Chemische Verbindungen können durch Destillation in ihre Bestandteile zerlegt werden.
  c Bei einer chemischen Reaktion bleiben die Teilchen der Ausgangsstoffe erhalten.
  d Bei einer chemischen Reaktion haben die kleinsten Teilchen der Reaktionsprodukte immer mehr chemische Energie als die Teilchen der Ausgangsstoffe.

Hilfe zu den Aufgaben findest du auf den Seiten ...

1	71, 83	7	81
2	71, 74, 83	8	82
3	83	9	72, 82
4	72, 82	10	74 f.
5	75	11	72, 75, 82
6	84 f.		

▶ Die Lösungen findest du im Anhang.

Material A: Die Solfatara

Die Solfatara ist ein Vulkankrater in Pozzuoli (Italien). Die Fumarolen (kleine Austrittslöcher) blasen Schwefeldampf in die heiße Luft. Aus der Römerzeit steht noch eine „Sauna", in der man im Schwefeldampf saunen kann.
Als Besucher wird man darauf hingewiesen, wertvollen Silberschmuck vorher abzulegen, da er sonst eine chemische Reaktion mit dem in der Luft enthaltenen Schwefel eingehen kann.

A1 Schwefeldampfsauna

1 Formuliere ein Reaktionsschema zu dem beschriebenen chemischen Vorgang im Text (▸ **A1**).

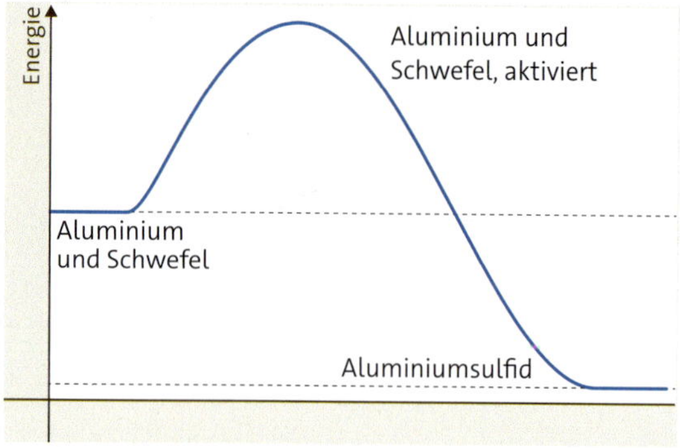

A2 Energiediagramm

2 Mit einem einfachen Experiment könnte man das entstandene Reaktionsprodukt wieder zerlegen. Skizziere einen Versuchsaufbau.

3 Aluminiumdosen von Getränken behalten auch nach Jahren in der Schwefeldampfsauna ihr ursprüngliches Aussehen.
- **a** Erläutere anhand des Energiediagramms (▸ **A2**).
- **b** Übertrage das Diagramm in dein Heft und ergänze die Angaben für die Reaktion von Silber mit Schwefel. Nutze dazu die Hinweise im Text.

Material B: „Hot-Can®" – die selbsterwärmende Dose

Die Werbung verspricht:
„Hot-Can® ist eine revolutionäre, selbsterhitzende Dose für verschiedene Heißgetränke. Durch die patentierte Technologie, das moderne Design und die besonders schonende Herstellung bringt Hot-Can den Verbrauchern eine neue und komfortable Möglichkeit, heiße Getränke an jedem Ort und zu jeder Zeit zu genießen."

B1 Bedienungsanleitung des Herstellers

Die Aluminiumdose besteht aus zwei Kammern: die äußere für das Getränk, die innere für Wasser und weißes Calciumoxid. Die Stoffe sind durch eine dünne Folie voneinander getrennt. Durch Knopfdruck an der Unterseite reißt die Folie, wodurch sich die Chemikalien vermischen. Es entsteht Calciumhydroxid. Dabei wird die Dose und damit das Getränk (Kaffee, Tee …) in weniger als 3 Minuten auf 60 °C erhitzt.

B2 Wie die selbsterwärmende Dose funktioniert …

1 Zeichne anhand der Informationen den Querschnitt durch eine „Hot-Can".

2 Begründe, dass es sich bei den selbsterwärmenden Dosen um die Nutzbarmachung einer chemischen Reaktion handelt.

3 Formuliere das Reaktionsschema der Reaktion.

4 Entwickle für den Vorgang ein entsprechendes Energiediagramm.

Material C: Natürlich blond?

In Deutschland leben viele Menschen mit blonden Haaren, wobei nur ca. 10 % von Natur aus dieses helle Haar haben. Wer dazugehören will, muss mit etwas Chemie nachhelfen.
Der Friseur mischt zunächst ein alkalisches Pulver und eine Flüssigkeit, die den Stoff Wasserstoffperoxid enthält, zu einer Creme. Beim Vermischen kann er eine leichte Erwärmung feststellen. Nach dem Auftragen behandelt er das Haar für 30 Minuten mit einem Wärmestrahler und spült die Creme anschließend aus. Die Haare sind nun deutlich heller und fühlen sich etwas strohig an.

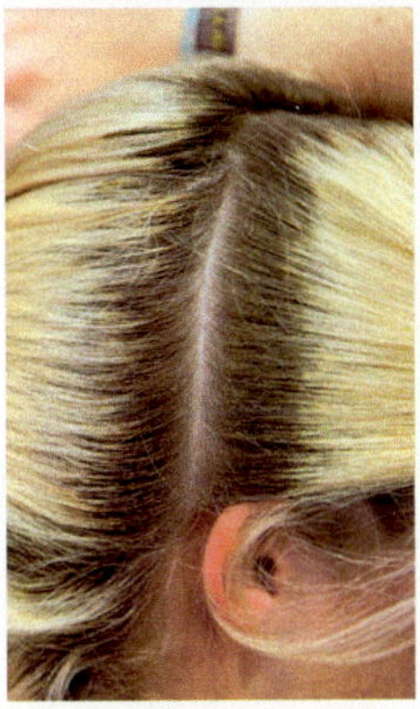

C1 Blondieren

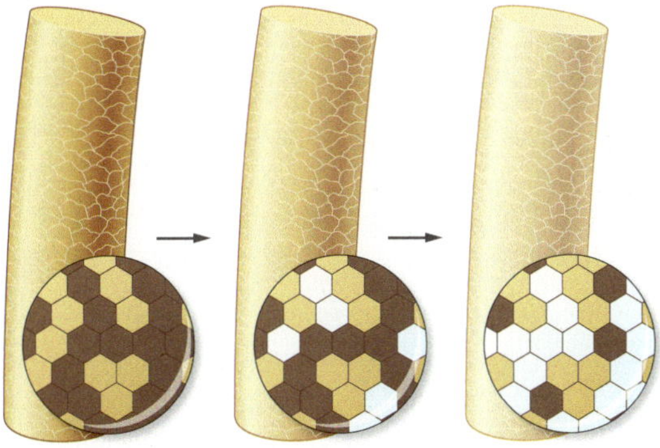

C2 Einzelnes Haar vor, während und nach dem Blondieren im Modell

1 Nenne Merkmale, mit denen man belegen kann, dass es sich beim Blondieren um eine chemische Reaktion handelt (▸ **C1**).

2 Diskutiere die Rolle des Wärmestrahlers. Erläutere anhand der Abbildung, was während des Blondierens geschieht (▸ **C2**).

3 Stelle eine begründete Vermutung darüber auf, wie es bei einer Blondierung auch zu einem rotstichigen Farbton des Haares kommen kann.

Material D: Verbrennen von Kohlenstoff

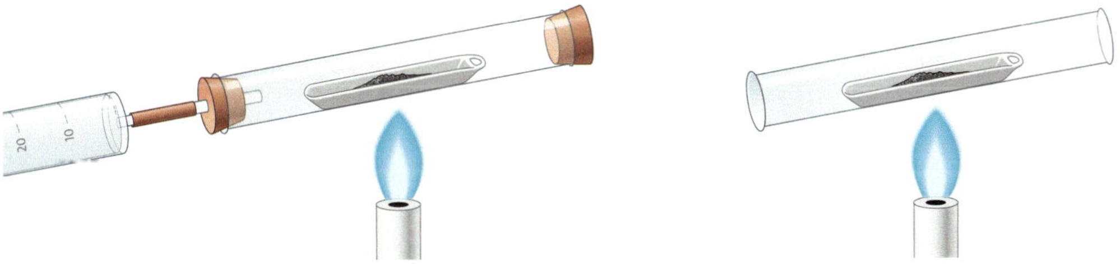

D1 Verbrennen der jeweils gleichen Masse Kohlenstoff im geschlossenen und im offenen Reaktionsrohr

vorher		nachher
m(Exp. 1)		*m*(Exp. 1)
m(Exp. 2)		*m*(Exp. 2)

D2 Masse des Versuchsaufbaus vorher und nachher

1 Beschreibe jeweils den Versuchsaufbau und die Durchführung der beiden Experimentieranordnungen mit eigenen Worten (▸ **D1**).

2 Beide Apparaturen wurden vor und nach der Durchführung gewogen. Übernimm ▸ **D2** in deinen Hefter und gib die Größenbeziehungen unter Verwendung der Zeichen >, < oder = an. Begründe deine Wahl.

3 Gib an, ob für die Durchführung von Exp. 1 und Exp. 2 das Gesetz von der Erhaltung der Masse gilt, und erläutere deine Entscheidung.

Luft und Verbrennung

Schon seit Jahrtausenden nutzen und fürchten die Menschen die Verbrennung. Denn auf der einen Seite wirkt sie zerstörend, doch kontrolliert ablaufend liefert sie auch Licht und Wärme in einer Form, die der Mensch zum Leben braucht. Mal verlaufen Verbrennungen schnell und explosionsartig, mal langsam und schleichend, mal bleiben Rauch, Ruß und Asche zurück, mal aber auch Rost oder bunte Farbpigmente. Auch du hast bestimmt eigene Vorstellungen sowie etwas Vorwissen zum Begriff Verbrennung.

Feuer, Brände, Brandbekämpfung

Feuer nutzen Spuren aus dem Gebiet des heutigen Kenias deuten darauf hin, dass bereits vor 1,5 Millionen Jahren Feuer kontrolliert gebraucht wurde. Feuer bot besonders Schutz vor wilden Tieren, diente zum Erhitzen von Nahrung und machte sie dadurch lagerfähig und leicht verdaulich.

Die Beherrschung des Feuers ist eine der höchsten kulturellen Leistungen des Menschen, sie hat das Leben der Menschen verändert. Dafür mussten sie herausfinden, welche Stoffe für ein Feuer geeignet sind und unter welchen Bedingungen Stoffe brennen.

Exp. 1 **Brennbarkeit fester Stoffe**

Lege ein Stahlblech auf einen Dreifuß. Ordne darauf etwa gleich große Stückchen von Eisenwolle, Holzspan, Holzkohle, Kies, Papier, Kreide, Wolle und Pappe in einem möglichst kleinen Kreis an. Stelle unter die Mitte der Platte einen Brenner mit rauschender Flamme.

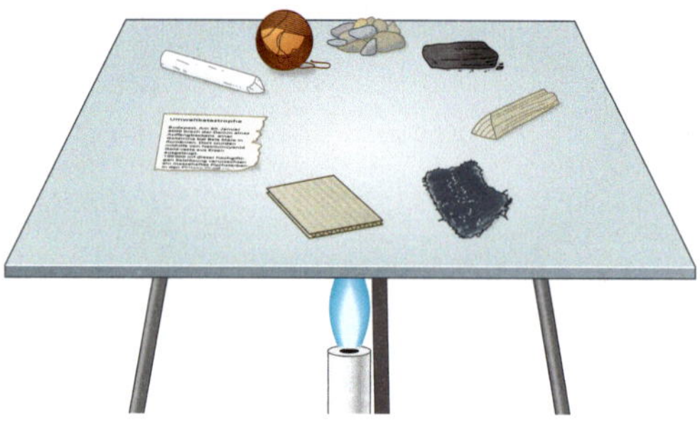

Notiere die Veränderungen der Stoffe während des Erhitzens. Leite aus den Beobachtungen Aussagen über die Brennbarkeit dieser Stoffe ab.
Entsorgung: Reste einsammeln.

Exp. 2 **Brenndauer von Kerzen**

Entzünde vier gleich große Kerzen und stülpe Bechergläser mit unterschiedlichen Volumina (100 ml, 250 ml, 500 ml und 1 000 ml) über sie. Ermittle die Brenndauer der Kerzen und interpretiere das Ergebnis.
Entsorgung: Reste einsammeln.

Zündtemperatur Die Temperatur, auf die ein brennbarer Stoff erwärmt werden muss, damit er ohne Zündquelle nur aufgrund der vorhandenen Erhitzung anfängt zu brennen, wird als **Zündtemperatur** oder als **Entzündungstemperatur** bezeichnet.

Stoff	Zündtemperatur in °C
Papier	185–360
Holz	220–320
Holzkohle	350
Koks	700
Benzin	240–500
Kerzenwachs	250–400
Heizöl	250–350
Alkohol	425
Erdgas	600–650
Baumwolle	450
Kreide	unbestimmt
Eisen	> 1 000

1 Zündtemperaturen verschiedener Stoffe

2 Ohne Feuer bleibt ein Heißluftballon am Boden.

Aufgaben

1 Leite aus den Materialien und den Versuchsergebnissen eine allgemeine Aussage über die Bedingungen für das Entstehen eines Feuers ab.

2 Begründe, warum Holz, Wachs und Papier bei indirekter Erwärmung durch den Brenner brennbar sind, Kreide und Glas hingegen nicht.

Exp. 3 **Entstehung von Flammen**

Gib kleine Holzstückchen in ein Reagenzglas und Wachsstückchen in ein anderes Reagenzglas und erhitze beide Gläser nacheinander. Halte nach einer Minute ein entzündetes Streichholz an die Öffnung der Reagenzgläser und beobachte.
Leite aus dem Experiment ab, wann Flammen bei einem Feuer entstehen.
Entsorgung: Reste in den Hausmüll geben.

Flammpunkt Die Flammen sind sicherlich das Charakteristische an einem Feuer. Woraus bestehen sie aber?
Beim Erhitzen von brennbaren Stoffen beobachtet man, dass erst Dämpfe entstehen und diese dann mit dem Sauerstoff ein entflammbares Gemisch bilden. Bei Flammenbildung brennt also nicht der feste Stoff, sondern immer sein gasförmiger Zustand. Dieses Gasgemisch entflammt z. B. beim Alkohol von selbst bei einer Temperatur von 425 °C. Bei direktem Kontakt mit einer offenen Flamme oder einem Funken entzündet sich das Gasgemisch auch schon unter 21 °C. Diesen Punkt der Fremdentzündung nennt man **Flammpunkt.**
Da die Fremdentzündung in der Realität häufiger auftritt als die Selbstentzündung, teilt die Feuerwehr z. B. brennbare Flüssigkeiten nach ihren Flammpunkten und nicht nach den Entzündungstemperaturen in Gefahrenklassen ein.

Gefahrenklasse	Flammpunkt (FP)	Beispiele
A I	FP < 21 °C	Benzin, Nitrolacke, Nitroverdünnungen, Ether
A II	21 °C ≤ FP ≤ 55 °C	Petroleum, Terpentinöl, viele Lackfarben
A III	FP > 55 °C	Diesel, leichtes Heizöl, Vaselinöle
B	FP < 21 °C (bei 15 °C wasserlösliche Flüssigkeiten)	Ethanol/Brennspiritus, Methanol, Aceton

3 Gefahrenklassen brennbarer Flüssigkeiten

Exp. 4 **Zerteilungsgrad von Holz**

Erhitze ein Stück Holz in der Brennerflamme.
Erhitze anschließend etwas Holzwolle. Streue dann Holzstaub aus einem Salzstreuer in die schräg gestellte Brennerflamme.
Beobachte und interpretiere die Ergebnisse.
Entsorgung: Reste in den Hausmüll geben.

Zerteilungsgrad Um ein Lagerfeuer zu entzünden, kommt es darauf an, das richtige Holz zu verwenden. Holzwolle ist besser geeignet als ein Stück Holz, obwohl es sich um denselben Stoff handelt.
Holz, Holzwolle oder Holzstaub unterscheiden sich nur in ihrem Zerteilungsgrad. Der Zerteilungsgrad beschreibt das Verhältnis der Oberfläche zum Volumen eines Gegenstands. Dabei gilt: Je größer die Oberfläche bei gleichem Volumen, desto größer ist der Zerteilungsgrad (▸4).
Bei einer größeren Oberfläche können mehr Teilchen des brennbaren Stoffes mit den Sauerstoffteilchen in Kontakt treten, um das entzündliche Gasgemisch zu bilden. Zudem verbleibt bei hoher Zerteilung ein größerer Anteil der zugeführten Energie an der Oberfläche. Mehr Teilchen des Stoffes können so gleichzeitig den Aggregatzustand wechseln.

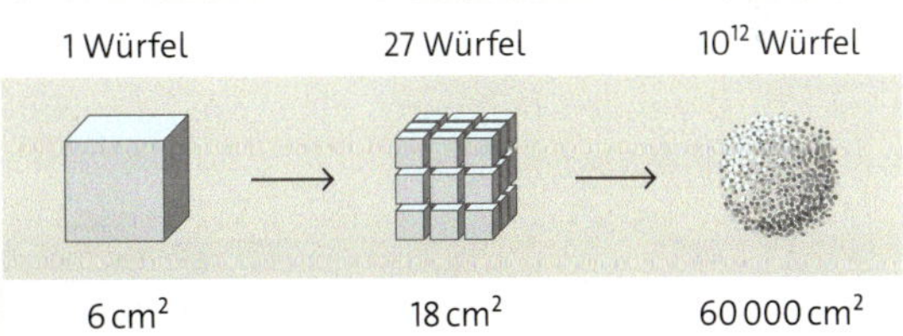

4 Veranschaulichung des Zerteilungsgrads

Aufgaben

1 Erläutere den Begriff Zerteilungsgrad.

2 Spiritus gilt bei Raumtemperatur als gefährlicher Grillanzünder, vor allem wenn man ihn auf schon warme, aber noch nicht glühende Kohlen gießt. Erkläre die Gefahren.

3 Heizöl kann nicht durch einen brennenden Span entzündet werden. Erst nach dem Erhitzen lässt es sich entzünden. Formuliere eine Erklärung.

1 Das Branddreieck verdeutlicht die Bedingungen für die Brandentstehung.

3 Brandschäden in der Herzogin-Anna-Amalia-Bibliothek in Weimar

Bedingungen für das Entstehen von Bränden Einen Brand erkennt man am Auftreten von Rauch, an einer leuchtenden Glut und vor allem an Flammen. Treten keine offenen Flammen auf, bezeichnet man den Brand als Schwelbrand. Schwelbrände werden wegen der fehlenden Feuererscheinungen meist erst sehr spät erkannt.
Doch welche Bedingungen sind zur Entstehung eines Brandes notwendig?
Ohne das Vorhandensein eines **brennbaren Stoffes** und ausreichend **Luft/Sauerstoff** entstehen keine Brände. Zudem muss die **Entzündungstemperatur** bzw. der **Flammpunkt** des Stoffes erreicht werden.

Kontrollierte Verbrennung Wie schnell oder wie heftig ein Brand ausfällt, hängt zum einen vom Sauerstoffgehalt, zum anderen aber auch vom Zerteilungsgrad sowie vom brennbaren Stoff selbst ab. Stäube von Metallen, Mehl oder Kohlenstoff können bei Durchmischung mit Luft durch Flammen oder Funken sogar explodieren.
Deshalb ist es wichtig, die Bedingungen der Verbrennung zu kontrollieren.
So ist z.B. die Öffnung am Bunsenbrennerrohr, an dem das brennbare Gasgemisch austritt, relativ klein. Die Oberfläche und die pro Zeiteinheit zur Verfügung stehende Menge an Brennstoff werden so reguliert. Mit der Stellschraube für die Luftzufuhr kann zudem der Sauerstoffzutritt und damit die Flammengröße und -temperatur kontrolliert werden (►4).

Brandbekämpfung Nicht immer lässt sich ein Feuer kontrollieren. Um Brände zu löschen, gibt es verschiedene Möglichkeiten. Viele Hifsmittel sind dir aus dem Alltag oder dem Chemieraum bekannt, z.B. Löschdecke, Feuerlöscher, Löschsand zum Abdecken des Brandherds oder natürlich Löschwasser. Aber nicht alle Löschmittel sind für jeden Brand oder brennbaren Stoff gleich geeignet. Um einen Brand effektiv bekämpfen zu können, muss man wissen, welcher Stoff brennt und wie die einzelnen Löschmittel genau funktionieren.

2 Erhitztes, fein verteiltes Öl verbrennt explosionsartig in einem Feuerball.

4 Flammengröße und Flammentemperatur werden beim Bunsenbrenner durch die Luftzufuhr kontrolliert.

Allgemein gilt: Ein Brand erlischt, wenn mindestens eine Voraussetzung für sein Entstehen, d.h. ein Bestandteil des Branddreiecks, nicht mehr erfüllt ist.

! **Löschen eines Brandes**

- **Entfernen** aller **brennbaren Stoffe** aus der Nähe des Feuers.
- **Verhindern** des Zutritts von **Luft** bzw. von **Sauerstoff** durch Abdecken des Brandherds.
- **Abkühlen** des brennbaren Stoffes unter seine **Entzündungstemperatur**, z.B. durch den Einsatz von Wasser oder Feuerlöschern.

Häufig werden beim Löschen eines Feuers alle drei Möglichkeiten gemeinsam realisiert.
Bei einem Waldbrand schlägt die Feuerwehr Schneisen in den Wald, d.h., sie holzt Bäume ab und hebt Gräben aus. Brennt eine Grasfläche oder Steppe, werden auch Sandstreifen aufgeschüttet.

Kleinere Brände, z.B. im Chemieraum, werden mit einer Löschdecke erstickt. Die Löschdecke verwendet man auch, wenn sich die Kleidung von Menschen entzündet.

Holzbrände, Brände von Stoffen oder von Kunststoffen werden mit viel kaltem Wasser überschüttet.

Fett- und Metallbrände sowie brennende Elektrogeräte werden mit Speziallöschern gelöscht. Sie setzen einen dichten Schaum frei, der sich auf das Feuer legt. Bei Wasserzugabe kann es zu einer lebensgefährlichen Explosion oder zu einem tödlichen Stromschlag kommen.

5 Ein dichter Schaumteppich verhindert den Luftzutritt zum Brandherd.

Exp. 5 **Ein selbst gebauter Schaumlöscher**

Fülle in einen 500-ml-Erlenmeyerkolben etwa 300 ml gesättigte Natriumhydrogencarbonatlösung und 15 Tropfen Spülmittel. Lass ein kleines Reagenzglas mit 5 ml Essig so in die Flüssigkeit im Erlenmeyerkolben gleiten, dass noch keine Lösung hineinlaufen kann.
Verschließe den Kolben mit einem durchbohrten Stopfen, in dem ein gewinkeltes Glasrohr mit Spritzdüse steckt. Das Glasrohr soll gerade noch in die Lösung eintauchen. Kippe den Kolben und schüttle dabei bis zur Schaumbildung. Entzünde in einer Metallschale 5 ml Brennspiritus (GHS02) mit einem Span.
Halte die Spitze auf die Metallschale, sodass Schaum auf den brennenden Alkohol gelangt. Beobachte.

Erläutere die Funktionsweise deines Feuerlöschers.
Entsorgung: Reste in das Abwasser geben.

Aufgaben

1 Informiere dich noch einmal im Internet oder im Schulbuch über die Temperaturzonen in der leuchtenden und nicht leuchtenden Flamme.

2 Überlege unter Zuhilfenahme des Branddreiecks, wie der Brand von Lampenöl durch den Schaumlöscher gelöscht wird (► Exp. 5).

3 Nenne und begründe die Löschmöglichkeiten, die in den Textbeispielen genutzt wurden.

4 Recherchiere z.B. im Internet, weshalb es beim Löschversuch eines Fett- oder Metallbrands zu einer Explosion kommen kann.

Bestandteile der Luft

Exp. 1 Herstellung von Sauerstoff aus Kaliumpermanganat

Gib in ein Reagenzglas zwei Spatellöffel Kaliumpermanganat (GHS03|07|09). Erhitze das Kaliumpermanganat langsam mit kleiner Brennerflamme und fange das entstehende Gas (GHS03) pneumatisch in zwei Reagenzgläsern auf. Verschließe die Reagenzgläser unter Wasser mit einem Stopfen. *Vorsicht! Vor dem Entfernen der Brennerflamme den Stopfen mit der Gasableitung lösen!*

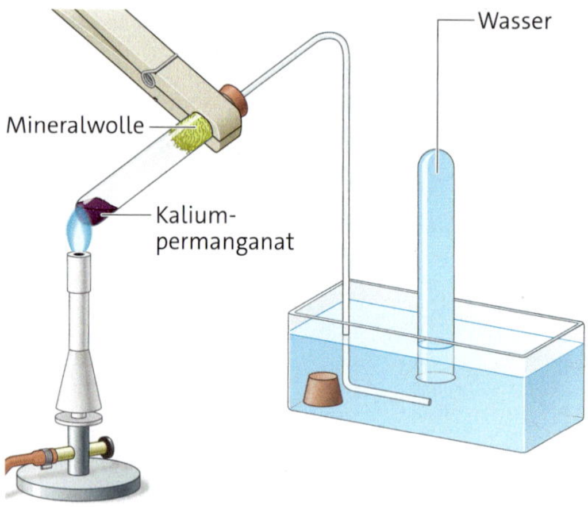

Beobachte die Gasentwicklung, wenn unterschiedlich stark erhitzt wird.
Entsorgung: Kaliumpermanganatreste in den Behälter für giftige anorganische Abfälle geben.

Exp. 2 Herstellung von Sauerstoff aus Oxi-Reiniger

Gib etwa 2 cm hoch Oxi-Reiniger in ein Reagenzglas und verschließe es mit einem durchbohrten Stopfen mit gebogenem Glasrohr. Erhitze das Reagenzglas und fange das entstehende Gas (GHS03) pneumatisch auf.
Beobachte die Gasentwicklung, wenn unterschiedlich stark erhitzt wird.
Entsorgung: Reste von Oxi-Reiniger in den Hausmüll geben.

Exp. 3 Glimmspanprobe

Entzünde einen längeren Holzspan. Warte, bis er richtig brennt. Blase die Flamme aus. Tauche den Span mit der glimmenden Spitze in ein Gefäß mit Sauerstoff (GHS03).

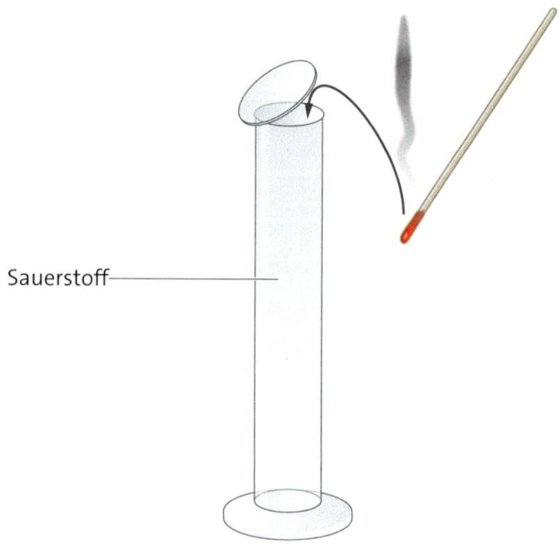

Notiere deine Beobachtungen.
Entsorgung: Holzspäne einsammeln.

Exp. 4 Brennbarkeit von Stickstoff

Tauche einen brennenden Holzspan in einen mit Stickstoff gefüllten Standzylinder.
Notiere deine Beobachtungen.
Entsorgung: Holzspäne einsammeln.

Exp. 5 Dichte von Sauerstoff

Befestige zwei mit Sauerstoff (GHS03) gefüllte, verschlossene Reagenzgläser mit der Öffnung nach oben bzw. nach unten an einem Stativ. Entferne die Stopfen und führe nach 3 Minuten die Glimmspanprobe durch.
Ziehe aus den Beobachtungen Rückschlüsse auf die Dichte von Sauerstoff.
Entsorgung: Holzspäne einsammeln.

Exp. 6 Bestimmung des Sauerstoffanteils in der Luft

Tauche entfettete Eisenwolle in ein Becherglas mit Kochsalzlösung und schiebe sie anschließend in ein großes Reagenzglas. Stelle das Reagenzglas mit der Öffnung nach unten in eine mit Wasser gefüllte Kristallisierschale, sodass das Wasser als Sperrflüssigkeit dient. Ziehe eine Spritze mit Luft auf. Befülle das Reagenzglas in 5-ml-Schritten mit der Luft aus der Spritze. Markiere mit einem Filzstift jeweils den Wasserstand im Reagenzglas.

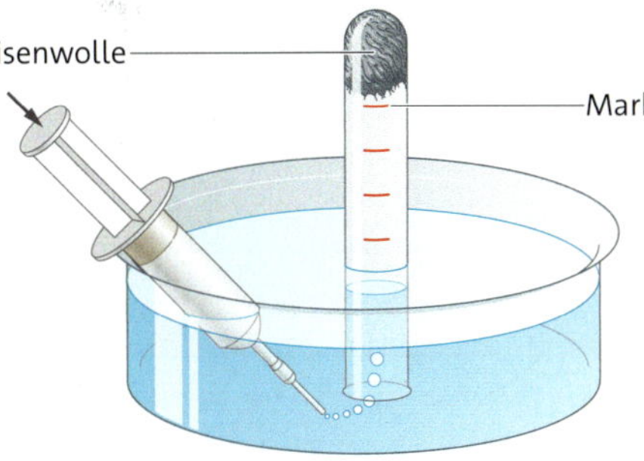

Notiere nach einem Tag den Wasserstand anhand der Markierung. Betrachte auch die Eisenwolle. Bestimme das Volumen an verbrauchtem Gas mithilfe der Markierung. Vergleiche mit dem ursprünglichen Gasvolumen zu Versuchsbeginn.
Entsorgung: Eisenwolle in den Hausmüll, Flüssigkeiten in das Abwasser geben.

Exp. 7 Herstellung von Kohlenstoffdioxid

Gib in ein Reagenzglas eine zerbröselte Brausetablette und tropfe anschließend etwas Wasser dazu. Verschließe das Reagenzglas mit einem durchbohrten Stopfen mit Schlauchansatz. Fange das Gas durch Luftverdrängung auf.
Notiere deine Beobachtungen. Stelle eine Vermutung auf, warum das Gas nicht pneumatisch aufgefangen werden sollte.
Entsorgung: Reste vollständig auflösen und in das Abwasser geben.

Exp. 8 Nachweis von Kohlenstoffdioxid mit Kalkwasser

Tropfe mit einer Pipette einige Milliliter Kalkwasser (GHS05) in ein mit Kohlenstoffdioxidgas gefülltes Reagenzglas (z. B. aus Exp. 7). Verschließe das Reagenzglas mit einem Stopfen und schüttle vorsichtig. Notiere deine Beobachtungen.
Entsorgung: Reste in das Abwasser geben.

Exp. 9 Dichte von Kohlenstoffdioxid

Befestige mithilfe von Blumendraht Kerzen in unterschiedlicher Höhe an einem Holzstück. Entzünde die Kerzen und stelle sie in ein ausreichend großes Becherglas. Gib anschließend in einen gleich großen Erlenmeyerkolben einen vollen Spatel Natron (GHS07) und tropfe vorsichtig 10 ml Speiseessig hinzu. Stelle den Erlenmeyerkolben auf den Tisch und warte etwa 30 Sekunden. Gieße das entstandene Gas wie eine Flüssigkeit in das Becherglas, ohne die Lösung mit auszukippen.

Notiere deine Beobachtungen. Finde eine Erklärung für deine Beobachtungen.
Entsorgung: Kerzentreppe einsammeln. Reste im Erlenmeyerkolben in das Abwasser geben.

Hauptbestandteile der Luft

Einen Luftzug spüren wir auf der Haut, sehen können wir die Luft jedoch nicht. Dabei ist Luft nicht einfach nur durchsichtig, sondern kann verschiedene Stoffe enthalten, z. B. Wasser in Form von Wolken.

1 Polarlichter in der Erdatmosphäre – ohne Luft nicht möglich

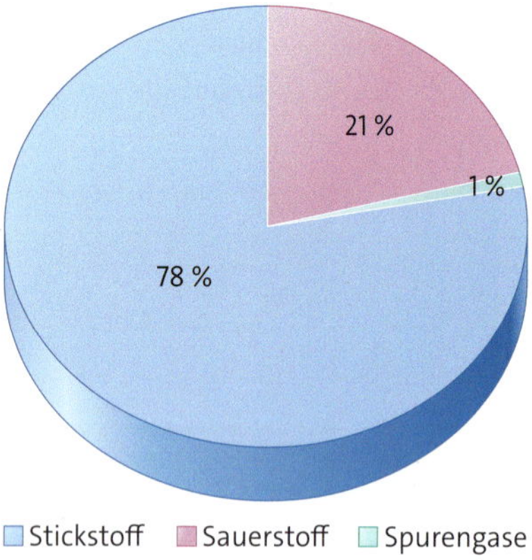

2 Zusammensetzung trockner Luft

Die Lufthülle der Erde Die gesamte Erde ist von einer Lufthülle umgeben – der Atmosphäre. Sie erstreckt sich bis in eine Höhe von über 1 000 km, bevor sie fließend in das Weltall übergeht.
Luft selbst besteht zu fast 21 % aus **Sauerstoff** (▸ Exp. 6, S. 97) und 78 % **Stickstoff** – alle anderen Bestandteile sind nur in geringen Mengen enthalten (▸ **2**, **3**). Ein weiterer Bestandteil zeigt sich durch Tau und Reif auf Pflanzen und Dächern. Diese Erscheinungen sind auf **Wasserdampf** zurückzuführen, der kondensiert bzw. gefriert. Bei einer Temperatur von 20 °C kann ein Kubikmeter Luft maximal 17 g Wasserdampf aufnehmen. Diese relative Luftfeuchtigkeit beträgt dann 100 %. Neben diesen natürlichen Luftbestandteilen enthält die Luft auch Luftschadstoffe wie Stickstoffoxide, Kohlenstoffmonooxid und Ozon.

Luft ist ein Stoffgemisch mit den Hauptbestandteilen Stickstoff und Sauerstoff. Weiterhin enthält die Luft 1 % Spurengase sowie Wasserdampf und Schwebstoffe.

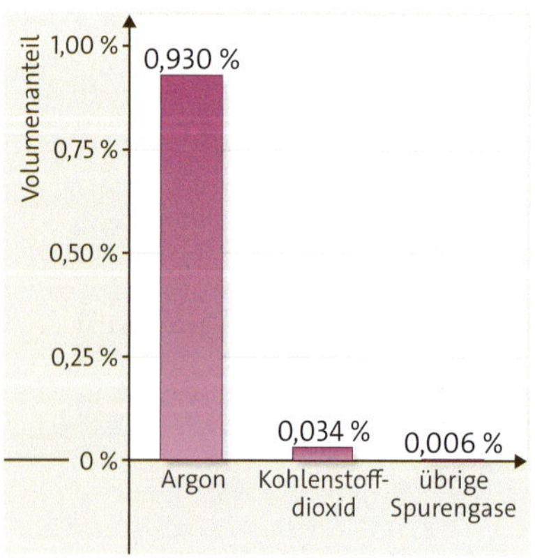

3 Anteil Spurengase in der Luft

Sauerstoff Sauerstoff gehört zu den Nichtmetallen. Er ist ein reaktionsfreudiges Gas mit einer größeren Dichte als Luft (▸ Exp. 5, S. 96). Obwohl Sauerstoff selbst nicht brennt, ist er für die Verbrennung anderer Stoffe notwendig: Er fördert die Verbrennung. Diese Eigenschaft wird zum Nachweis durch die **Glimmspanprobe** genutzt (▸ Exp. 3, S. 96).
Fast alle Lebewesen benötigen Sauerstoff für die Atmung. Sinkt der Anteil des Sauerstoffs von 21 % auf unter 7 %, so kann das beim Menschen zu Bewusstlosigkeit und bei unter 3 % zum Tod durch Ersticken führen. Aber auch in sehr hoher Konzentration ist Sauerstoff auf die Dauer schädlich.

Stickstoff Ebenso wie Sauerstoff ist Stickstoff ein Nichtmetall. Seine Dichte ist geringer als die Dichte der Luft. Im Gegensatz zu Sauerstoff ist Stickstoff nicht so reaktionsfreudig. Er ist nicht brennbar, erstickt sogar die Flamme (► Exp. 4, S. 96). Da auch andere Gase Flammen ersticken, liefert diese Eigenschaft nur einen Hinweis auf das Vorhandensein von Stickstoff. Der eigentliche Nachweis ist sehr aufwendig.

Eigenschaften	Sauerstoff	Stickstoff
Farbe (Gas)	farblos	farblos
Geruch	geruchlos	geruchlos
Schmelztemperatur	−219 °C	−210 °C
Siedetemperatur	−183 °C	−196 °C
Dichte bei 0 °C	1,43 g/l	1,25 g/l
Löslichkeit in Wasser (0 °C / Normdruck)	wenig: 70,2 mg/l	wenig: 29,0 mg/l
Fördert die Verbrennung	ja	nein

4 Eigenschaften von Sauerstoff und Stickstoff

Sauerstoff wird mit der Glimmspanprobe nachgewiesen. Erstickt eine Flamme, ist dies ein Hinweis auf Stickstoff, allerdings noch kein eindeutiger Nachweis.

Aufgaben

1 Auch Gase nehmen einen gewissen Raum ein. Überlege, welche Auswirkungen der Einsatz von Schutzgasen auf Verpackungsgrößen haben könnte.

2 Informiere dich im Internet über weitere Schutzgase und weitere Produkte, die durch Schutzgase konserviert werden.

3 Ein Mensch atmet täglich etwa 10 000 Liter Luft ein. Berechne das Volumen des Sauerstoffs.

Schon gewusst?

Um Lebensmittel zu konservieren, kann man diese nicht nur einfrieren, erhitzen, trocknen, einlegen oder mit Konservierungsstoffen versetzen, sondern auch unter Einsatz eines Schutzgases verpacken.
So werden z. B. Weichverpackungen (Tüten) unter Stickstoff gefüllt (► **5**). Der Stickstoff verdrängt den Sauerstoff in der Luft. Ohne Sauerstoff verderben Lebensmittel nicht so schnell und das Wachstum der aeroben Mikroorganismen wird gehemmt. Stickstoff wird außerdem noch in Taucherflaschen oder als Schutzgas in Apparaturen, die sauerstofffrei arbeiten müssen, verwandt. Im flüssigen Zustand dient Stickstoff als Kühlmittel für Lebensmittel oder in der Medizin zum Schockgefrieren von Gewebeteilen (► **6**).

5 Chipstüte mit dem Schutzgas Stickstoff

Auch Sauerstoff wird beim Verpacken eingesetzt. Es ist in Frischfleischverpackungen enthalten, obwohl doch eine Reduzierung des Sauerstoffanteils angestrebt wird. Beim Fleisch dient es dem Aufröten des Muskelfarbstoffs und hemmt außerdem das Wachstum von anaeroben Mikroorganismen. Somit macht es das Fleisch länger haltbar und lässt es in der Theke besser aussehen. Sauerstoff wird außerdem beim Schweißen und in der Medizin in Beatmungsgeräten eingesetzt. Flüssiger Sauerstoff wird in der Raumfahrt als Raketentreibstoff genutzt.

6 Röhrchen mit gefrorenen Tierembryonen werden aus flüssigem Stickstoff entnommen.

Luftbestandteil Kohlenstoffdioxid

Kohlenstoffdioxid ist nur ein sehr kleiner Bestandteil der Luft. Doch es ist auch der Bestandteil, der sich in den letzten 150 Jahren durch den Einfluss des Menschen stetig erhöht hat. Er ist gefährlich und notwendig zugleich.

1 Kohlenstoffdioxid in Wasser erfrischt, als Abgas verstärkt es den Treibhauseffekt.

Eigenschaften	Kohlenstoffdioxid
Farbe (Gas)	farblos
Geruch	geruchlos
Sublimationstemperatur	−78 °C
Dichte bei 0 °C	1,98 g/l
Löslichkeit in Wasser (0 °C/Normdruck)	gut: 3,4 g/l
Fördert die Verbrennung	nein

2 Eigenschaften von Kohlenstoffdioxid

Schon gewusst?

Am 22. August 1986 gab es ein aufsehenerregendes Unglück in einer Senke am Nyos-See in Kamerun. In der Nacht stiegen riesige Kohlenstoffdioxidblasen unterirdischen Ursprungs an die Wasseroberfläche. Der Gasteppich legte sich in einem Radius von 25 km um den Krater und erstickte mehr als 1 700 am Ufer lagernde Menschen mitsamt ihren über 300 Stück Vieh. 20 000 Menschen überlebten die Katastrophe schwer verletzt.

Eigenschaften Kohlenstoffdioxid ist ein Gas, das ähnlich wie Stickstoff die Verbrennung nicht unterhält. Aufgrund seiner höheren Dichte als Luft eignet es sich als Löschmittel. Es verdrängt den Sauerstoff in Bodennähe und sammelt sich dort. Flammen werden so erstickt (▸ Exp. 9, S. 97). Nachweisen lässt sich Kohlenstoffdioxid durch Einleiten in **Kalkwasser**. Es entsteht eine milchige Trübung (▸ Exp. 8, S. 97). Sie setzt sich nach einiger Zeit als Niederschlag ab. Diese Trübung ist Kalk.

Vorkommen und Verwendung Obwohl Kohlenstoffdioxid nur zu 0,034 % in der Luft enthalten ist, ist es für den Kreislauf der Natur unentbehrlich. Pflanzen benötigen es zur Fotosynthese und einige Meerestiere zum Aufbau ihrer Kalkpanzer. Ohne Kohlenstoffdioxid gäbe es auf der Erde keinen Kalkstein. Trotz dieser natürlichen Kohlenstoffdioxid-Speicher sinkt der prozentuale Anteil in der Luft nicht – er steigt sogar weiter an. Das liegt vor allem am Menschen, der Kohlenstoffdioxid z. B. beim Autofahren, beim Fliegen, beim Grillen oder zur Energiegewinnung in immer größeren Mengen produziert. Auch bei der Atmung entsteht Kohlenstoffdioxid.

Kohlenstoffdioxid ist in gelöster Form in Brausen (▸ Exp. 7, S. 97), Mineralwässern und Sekt enthalten. Es wird als Kühl- und Kältemittel eingesetzt und dient in Sprays als Treibgas. In Lagerräumen unterstützt es das Reifen von Obst. Als Löschmittel ist es z. B. für Elektrobrände oder bei bestimmten Bränden im Labor geeignet.

Aufgaben

1 Erläutere das Nyos-Unglück mithilfe der Eigenschaften von Kohlenstoffdioxid.

2 Erkläre die Eignung von Kohlenstoffdioxid als Löschmittel für Elektrobrände.

Auffangen von Gasen

Um mit Gasen experimentieren zu können, werden Gasportionen benötigt, die frei von anderen Gasen, also auch frei von Luft, sind. Welche Methode zum Auffangen eines Gases verwendet wird, ist von seinen Eigenschaften abhängig.

Auffangen von Gasen durch Luftverdrängung

Gase lassen sich auffangen, indem sie in ein Auffanggefäß eingeleitet werden. Das eingeleitete Gas verdrängt die im Auffanggefäß enthaltene Luft.

1 Richte bei Gasen mit kleinerer Dichte als Luft (ϱ = 1,29 g/l) die Öffnung des Auffanggefäßes nach unten, bei größerer Dichte nach oben.
Ein Gas mit einer kleineren Dichte als Luft ist z. B. Helium. Eine größere Dichte als Luft besitzt z. B. Kohlenstoffdioxid.

2 Leite das Gas genügend lange in das Auffanggefäß.

3 Arbeite bei giftigen Gasen unter dem Abzug!

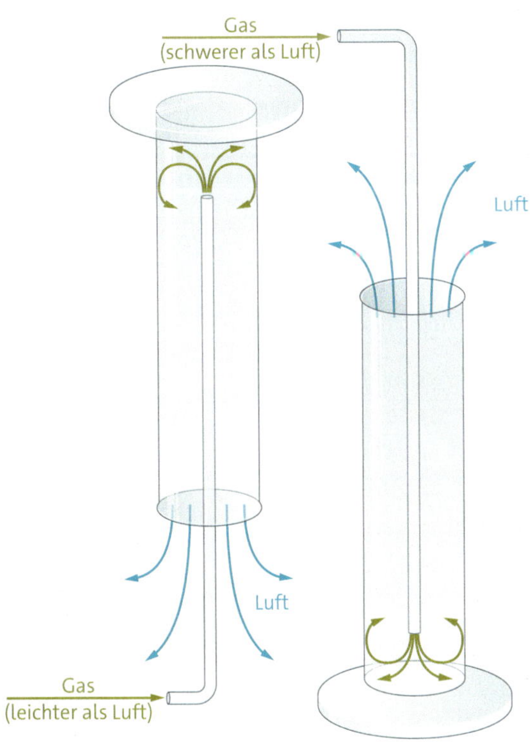

3 Auffangen von Gasen durch Luftverdrängung

Auffangen von Gasen durch Flüssigkeitsverdrängung (pneumatisches Auffangen)

Bei dieser Methode wird ein mit Wasser gefülltes Auffanggefäß mit der Öffnung nach unten in eine mit Wasser gefüllte Wanne gestellt. Das Wasser wird als Sperrflüssigkeit bezeichnet. Das Gas wird in das Auffanggefäß geleitet. Dabei verdrängt es nach und nach das Wasser. Die Methode kann nur angewendet werden, wenn sich das betreffende Gas kaum in der Sperrflüssigkeit löst und nicht mit ihr reagiert.
Mit dieser Methode kann z. B. Sauerstoff aufgefangen werden.

1 Fülle eine pneumatische Wanne etwa zu zwei Dritteln mit Wasser.

2 Lege ein Reagenzglas so unter Wasser, dass die Luft ganz entweicht.

3 Stelle das Gas her.
Um Sauerstoff herzustellen, baue die Apparatur wie in der Abbildung auf. Befestige das Reagenzglas mit Ansatzrohr an einem Stativ. Lass die Wasserstoffperoxidlösung auf die Braunsteintabletten tropfen. Warte einen Moment, bis die Luft aus der Apparatur entwichen ist.

4 Richte das Reagenzglas in der Wanne mit der Öffnung nach unten auf.

5 Fange das Gas auf.
Halte das Reagenzglas so über das Gasableitungsrohr, dass das Gas im Reagenzglas aufsteigen kann.

6 Verschließe nach dem Füllen das Reagenzglas unter Wasser mit dem Stopfen.

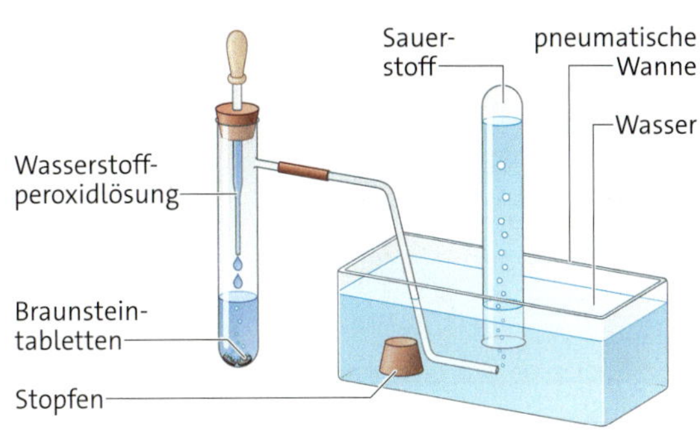

4 Pneumatisches Auffangen von Sauerstoff

Der Treibhauseffekt

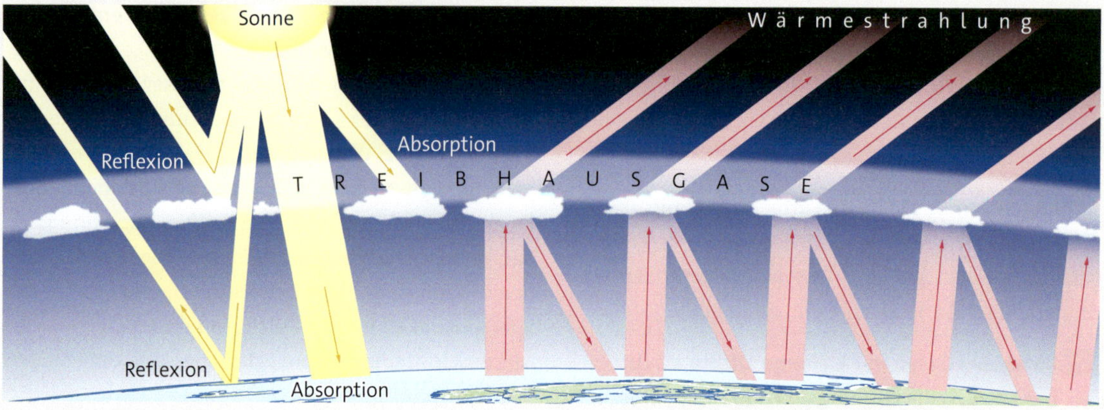

1 Der Treibhauseffekt erwärmt die Erde auf eine Jahresdurchschnittstemperatur von 15 °C.

Die Atmosphäre Vor 4,5 Milliarden Jahren bestand die Atmosphäre nur aus den Gasen Wasserstoff und Helium. Durch die Abkühlung der Erde und den auftretenden Vulkanismus wurden Gase aus dem Erdinnern, z. B. Kohlenstoffdioxid, freigesetzt, doch der Hauptbestandteil war zu 80 % Wasserdampf. Erst vor 500–600 Millionen Jahren zeigten sich die ersten Sauerstoffvorkommen, die die Ausbildung der Ozonschicht auslösten. Produzenten des Sauerstoffs waren frühe Pflanzenarten.
Heute beträgt die Jahresdurchschnittstemperatur auf der Erde 15 °C und die Luft, die wir atmen, besteht aus Stickstoff (78 %), Sauerstoff (21 %) sowie in geringen Anteilen Argon (1 %), Kohlenstoffdioxid (0,04 %) und Wasserdampf.

2 Die Sauerstoffproduktion eines Baumes liegt durchschnittlich bei etwa 3 500 Litern pro Tag.

Treibhauseffekt An einem heiteren Tag spüren wir die Kraft der Sonne. Der Teil der Sonnenstrahlen, der nicht an den Wolken reflektiert oder absorbiert wird, wärmt uns und die Erdoberfläche. Aber auch diese Energie wird in Form von Wärme wieder abgestrahlt. Gase wie Wasserdampf, Kohlenstoffdioxid, Methan und Distickstoffoxid halten einen Großteil dieser Wärme in der Atmosphäre und heizen sie weiter auf. Ohne diesen **natürlichen Treibhauseffekt** betrüge die globale Jahresdurchschnittstemperatur nur −18 °C.

Die Atmosphäre funktioniert wie Glasdach und -wände eines Treibhauses. Das Glas lässt zwar die Sonnenstrahlen passieren, aber nicht die Wärmestrahlung. Sie wird reflektiert und heizt das Treibhaus auf. Diese Funktion von Kohlenstoffdioxid, Methan und Wasserdampf in der Atmosphäre als **Treibhausgase** entdeckte John Tyndall bereits im 19. Jahrhundert.

3 Veranschaulichung des Treibhauseffekts – die Sonnenstrahlung kann Glas passieren, Wärmestrahlung nicht.

Anthropogener Treibhauseffekt Abgesehen von Wasserdampf gilt Kohlenstoffdioxid als Hauptverursacher des Treibhauseffekts. Der Mensch produziert und emittiert bei Verbrennungsprozessen jedes Jahr rund 30 Milliarden Tonnen Kohlenstoffdioxid, mehr davon im Winter als im Sommer. Insgesamt nimmt der Volumenanteil an Kohlenstoffdioxid jährlich um etwa 2 ppm (1 ppm = 0,0001 %) zu (▸**4**). Das klingt nicht viel, dennoch steigt die Jahresdurchschnittstemperatur in den letzten Jahren stetig an.
Im Zusammenhang mit dem Treibhauseffekt fällt deshalb auch immer wieder das Stichwort von der globalen Erwärmung.
Die globale Temperatur war schon immer leichten Schwankungen unterworfen. Größere Ausreißer können heute auf den Einfluss von Naturkatastrophen zurückgeführt werden, doch ein gewisser Zusammenhang zwischen gestiegenem Kohlenstoffdioxidanteil in der Luft und Temperaturanstieg lässt sich in vielen statistischen Erhebungen erkennen (▸**5**).
Diese Verstärkung des natürlichen Treibhauseffekts bezeichnet man als **anthropogenen**, vom Menschen ausgelösten Treibhauseffekt.

Auswirkungen des Treibhauseffekts Seit 1850 (der Beginn der industriellen Revolution) stieg die Jahresdurchschnittstemperatur um 0,6 °C. Das hat direkte Folgen auf unser Ökosystem sowie das Wetter auf der Erde. Schwere Stürme, Dürren, Überschwemmungen sowie ein Abschmelzen der Eismassen an den Polen werden als Folgen der Erderwärmung genannt. Die Erwärmung der Meere und der damit einhergehende Anstieg des Wasserspiegels beeinflussen auch große Meeresströmungen wie den Golfstrom, der für das Klima in Westeuropa von großer Bedeutung ist.

Werden die CO_2-Emissionen nicht gesenkt, kann die Erde sich bis zum Jahr 2100 um weitere 4–6 °C erwärmen. Statt Energie aus Erdöl und Kohle zu gewinnen, müssen regenerative Energien wie Wind und Sonne genutzt werden. Benzin muss durch Biodiesel ersetzt und zum Heizen müssen Holzpellets verwendet werden. Holzpellets setzen nur so viel Kohlenstoffdioxid frei, wie sie zuvor beim Wachstum des Baumes gespeichert haben (▸S. 108). Sie haben deshalb eine neutrale Kohlenstoffdioxidbilanz.

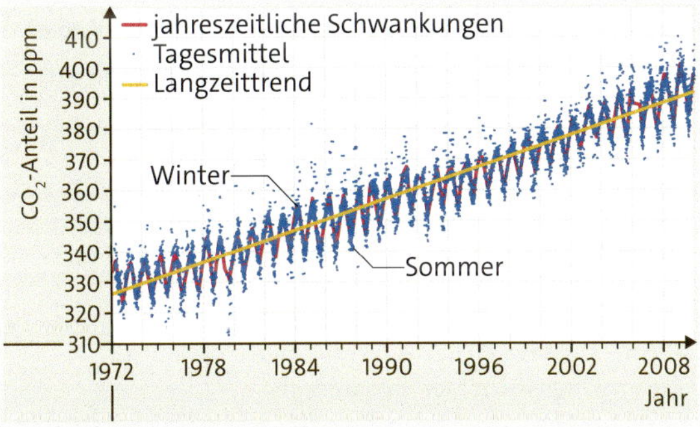

4 Kohlenstoffdioxidanteil der Luft in ppm (parts per million; 1 ppm = 0,000 1 %)

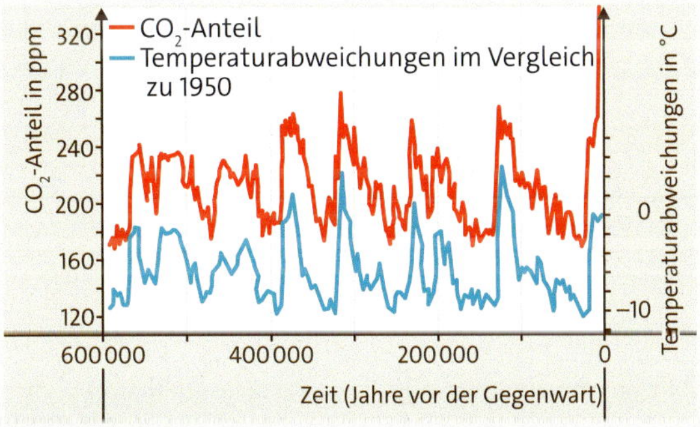

5 Temperaturabweichungen und Veränderung des Kohlenstoffdioxidgehalts in der Atmosphäre

Aufgaben

1 Erläutere, warum man beim Treibhaus von einem Modell für den Treibhauseffekt sprechen kann. Fertige hierzu eine Tabelle an, in der die Bestandteile des Treibhauses den Aspekten des natürlichen Treibhauseffekts zugeordnet werden.

2 Überlege, warum der Kohlenstoffdioxidanteil auf der Nordhalbkugel im Winter höher ist als im Sommer (▸**4**).

3 Bewerte die Aussage, dass Treibhausgase schädlich seien.

4 Informiere dich über weitere mögliche Lösungsansätze zur Verminderung des Kohlenstoffdioxids in der Atmosphäre.
Als Anregung sei hierbei das Erreichen einer vermehrten Algenblüte oder die CCS-Technologie genannt.

Verbrennen von Stoffen

Exp. 10 Untersuchung der Verbrennungsprodukte einer Kerze

A: Stelle ein Teelicht auf eine Waage und notiere die angezeigte Masse. Entzünde das Teelicht und lass es eine Minute brennen. Notiere die Masse.

B: Entzünde ein Teelicht und lass es eine Minute brennen. Halte vorsichtig einen gekühlten Erlenmeyerkolben schräg über die Flamme, ohne dass der Erlenmeyerkolben die Flamme berührt. Beobachte, ob sich Tröpfchen auf der äußeren Seite bilden. Prüfe die Flüssigkeit mit einem mit weißem Kupfersulfat getränkten Wattestäbchen oder mit Watesmopapier.

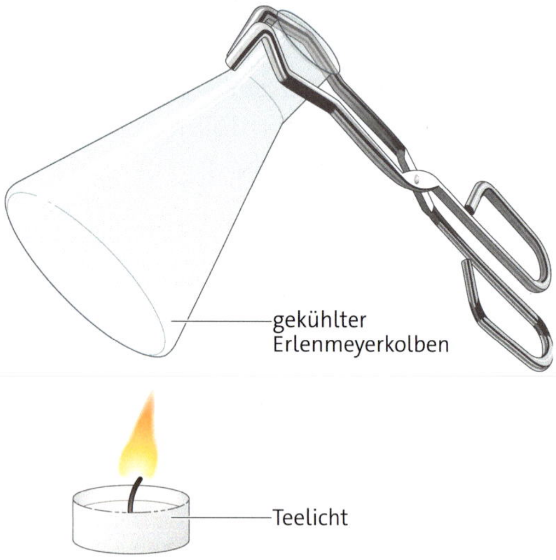

Halte anschließend jeweils für ca. 20 Sekunden zwei Standzylinder senkrecht mit der Öffnung nach unten über die Flamme. Verschließe die Standzylinder mit einem Glasdeckel.
Gib in den einen Standzylinder 1 cm hoch Kalkwasser (GHS05) und schüttle mit geschlossenem Deckel.
Wirf in den anderen Standzylinder einen glimmenden Span und verschließe diesen wieder.
Notiere und deute zu allen Durchführungen deine Beobachtungen.
Erläutere, was mit dem Wachs beim Abbrennen der Kerze passiert.
Entsorgung: Wattestäbchen bzw. Watesmopapier in den Hausmüll, Kalkwasser in das Abwasser geben.

Exp. 11 Untersuchung einer Kerze

A: Entzünde eine Kerze und platziere ein Glasröhrchen dicht über dem schmelzenden Wachs.
Halte nach einer weiteren Minute ein Streichholz an die Öffnung des Glasröhrchens.

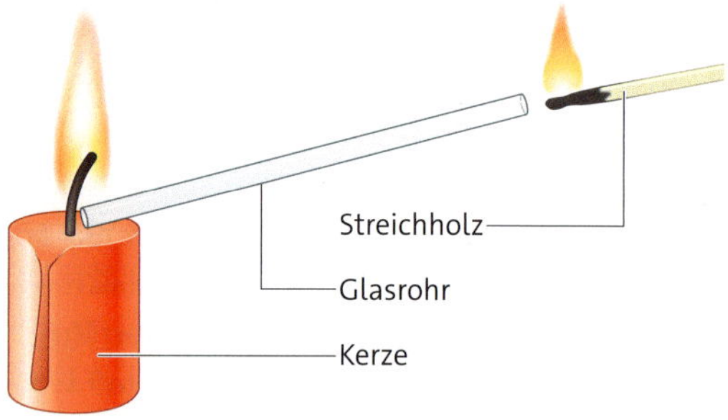

B: Erhitze in einem kleinen Porzellantiegel etwas Kerzenwachs mit dem Brenner, bis es schmilzt. Halte ein Streichholz über den Porzellantiegel. Decke den Tiegel mit einem Deckel ab.

C: Stelle drei Teelichter nebeneinander und ersetze bei zwei von ihnen den Docht durch ein kleines Holzstück bzw. durch einen Streifen dicker Pappe. Achte darauf, dass Docht, Holz und Pappstreifen die gleiche Länge haben. Entzünde alle drei Teelichter.
Vergleiche deine Beobachtungen.
Ermittle aus den Experimenten den Stoff, der an der Luft verbrennt. Erkläre, welche Funktion der Docht bei einer Kerze hat.
Entsorgung: Teelichter einsammeln.

Exp. 12 Verbrennen von Holzkohle in Sauerstoff

Gib auf einen Verbrennungslöffel Holzkohle und erhitze bis zum Glühen. Tauche den Löffel in einen Erlenmeyerkolben mit Sauerstoff (GHS03) und verschließe den Erlenmeyerkolben mit einem Stopfen.
Bringe nach der Reaktion in den Erlenmeyerkolben einen brennenden Span ein.
Beschreibe und deute deine Beobachtungen.
Entsorgung: Geräte unter dem Abzug gut lüften.

Exp. 13 Erhitzen von Metallen an der Luft

Vorsicht! Unter dem Abzug arbeiten! Erhitze mit der Tiegelzange jeweils ein Stück blanken Aluminium-, Kupfer- und Zinndraht sowie Magnesiumband (GHS02) in der Brennerflamme. Gib nach dem Erkalten die Proben (GHS07|09) auf je ein Uhrglas. Vergleiche das Aussehen der erhitzten Proben mit nicht erhitzten Proben der gleichen Metalle sowie korrodierten Gegenständen dieser Metalle.
Notiere deine Beobachtungen und die Ergebnisse der Vergleiche.
Entsorgung: Stoffe einsammeln.

Exp. 14 Erhitzen von Metallpulvern

Vorsicht! Nicht in Flammenrichtung sehen! Bedecke den Experimentiertisch mit Alufolie. Fülle in Porzellanschälchen Pulver der Metalle Aluminium, Kupfer, Zinn und Magnesium (alle GHS02). Spanne einen Brenner leicht schräg in ein Stativ und stelle eine rauschende Brennerflamme ein. Nimm auf einen Spatellöffel jeweils einen halben Löffel eines Metallpulvers. Streue wenig Metallpulver vorsichtig von oben in die Flamme.

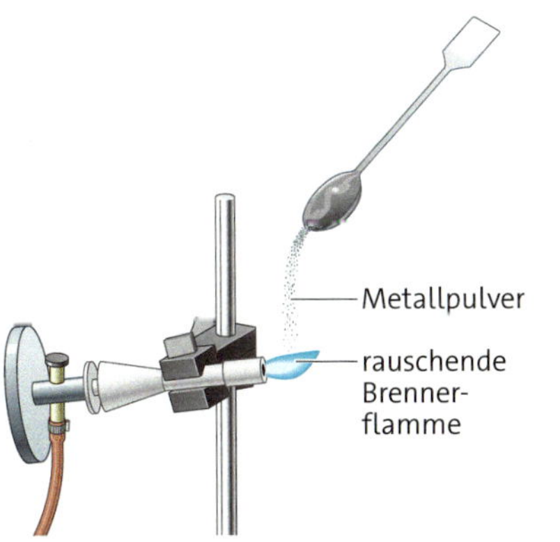

Fege die auf der Alufolie liegenden Reaktionsprodukte (GHS07|09) zusammen und lege sie auf jeweils ein Uhrglas.
Notiere die Beobachtungen. Vergleiche das Aussehen der Reaktionsprodukte mit dem Aussehen der in Experiment 13 entstandenen Stoffe.
Entsorgung: Feststoffe in den Hausmüll geben.

Exp. 15 Untersuchung von Wärmepads

Schneide ein Wärmepad auf, fülle jeweils drei Spritzen 1 cm hoch mit dessen Inhalt und gib kleine angefeuchtete Fetzen von Papiertaschentüchern hinzu. Drücke vorsichtig die Luft aus allen drei Spritzen. Fülle eine weitere Spritze mit Sauerstoff (GHS03) und eine andere mit Stickstoff. Verbinde je eine dieser Spritzen über einen Dreiwegehahn mit einer mit dem Inhalt des Wärmepads gefüllten Spritze und beginne vorsichtig die Gase hin- und herzudrücken.

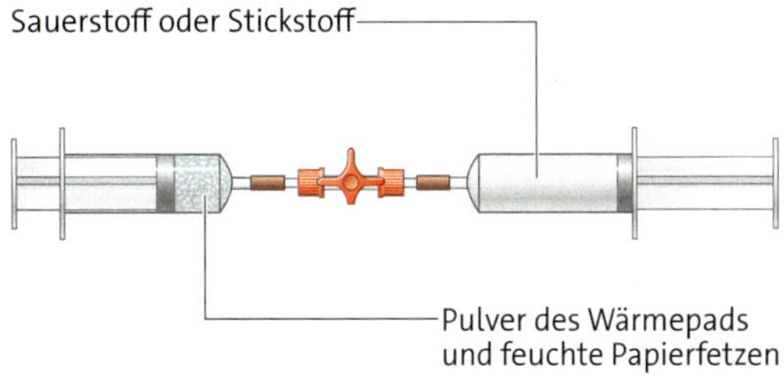

Prüfe die Temperaturentwicklung in den Spritzen und vergleiche den Inhalt der drei Spritzen nach einigen Minuten. Versuche deine Beobachtungen zu deuten und vergleiche diese Reaktion mit dem Verbrennen von Eisenpulver.
Entsorgung: Reste in den Hausmüll geben.

Exp. 16 Modellversuch zur Fotosynthese

Umwickle zwei grüne Blätter jeweils mit Alufolie und schneide ein paar Löcher hinein. Fülle eine 100-ml-Spritze mit Sauerstoff (GHS03), eine andere mit Kohlenstoffdioxid und lege jeweils ein Blatt hinein. Beleuchte die Blätter und prüfe nach einigen Stunden auf Zucker mit einem Teststäbchen.

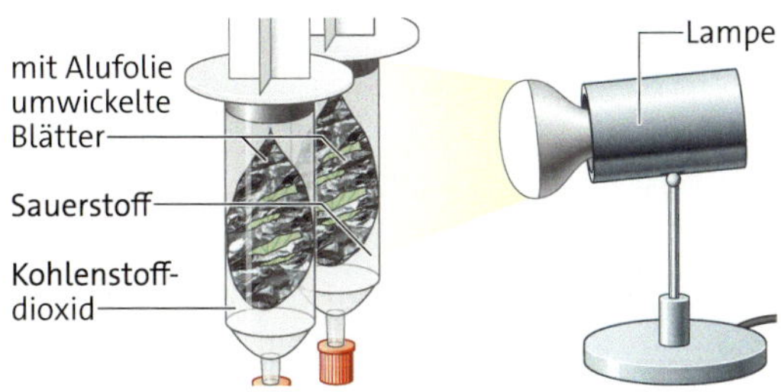

Notiere deine Beobachtungen. Begründe, dass eine chemische Reaktion stattgefunden hat.
Entsorgung: Reste in den Hausmüll geben.

Verbrennungen – eine Stoffvernichtung?

Feuer brennen lichterloh,
verändern viele Stoffe einfach so,
manches verschwindet,
manches bleibt,
das Feuer so seine Späße treibt.
Den Chemiker, den interessiert,
was genau da nun passiert.

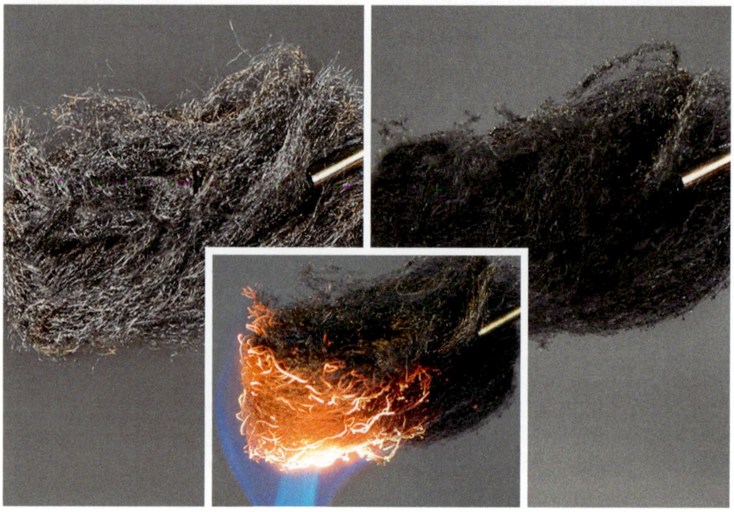

1 Eisenwolle – vor, während und nach dem Erhitzen

Viele Stoffe können nur verbrennen, wenn sie im gasförmigen Zustand vorliegen. Solche flüssigen oder festen Stoffe müssen deshalb erhitzt werden, bis sie verdampfen. Das lässt sich beim Anzünden und Verbrennen einer Kerze beobachten. Der Docht einer Kerze saugt sich mit Kerzenwachs voll und unterstützt das Verdampfen des Wachses. Ohne einen Docht kann eine Kerze nicht brennen.

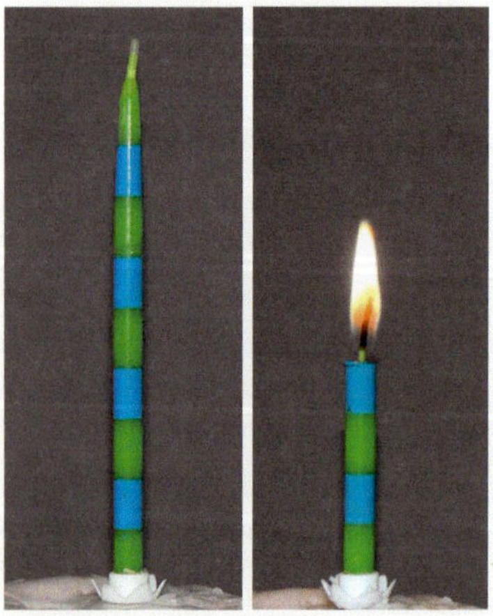

2 Bei einer Kerze verbrennt nicht nur der Docht, sondern vor allem das Kerzenwachs.

Verbrennung – eine chemische Reaktion Im Alltag werden verschiedenste Stoffe verbrannt, z. B. ein Streichholz beim Entzünden einer Kerze, der Müll in einer Müllverbrennungsanlage oder Holz in einem Kamin.
Eine einmal entzündete Kerze wird mit der Zeit immer kürzer und leichter (▸ **2**). Das Kerzenwachs und der Docht verschwinden – sie sind nicht mehr vorhanden. Es entstehen aber auch neue Stoffe. Beim Verbrennen von Kerzenwachs lassen sich Kohlenstoffdioxid und Wasser als Reaktionsprodukte nachweisen (▸ Exp. 10, 11; S. 104).
Neben den stofflichen Veränderungen lassen sich auch energetische Erscheinungen (Flammenbildung, Wärme und Licht) beobachten. Sie alle deuten darauf hin, dass Verbrennungen chemische Reaktionen sind.

! Verbrennungen sind chemische Reaktionen.

Nichtmetalloxide als Verbrennungsprodukte Verbrennt man Holzkohle vollständig in einem verschlossenen, mit Sauerstoff gefüllten Gefäß, entsteht ein Gas, das einen Glimmspan erlöschen lässt (▸ Exp. 12, S. 104). Es handelt sich um Kohlenstoffdioxid, das aus der Reaktion von Kohlenstoff mit Sauerstoff entstanden ist.
Auch beim Verbrennen von Schwefel (▸ **4**) oder Phosphor entstehen Verbindungen mit dem Element Sauerstoff (lat. *oxygenium*). Man nennt die Reaktionsprodukte deshalb allgemein **Nichtmetalloxide**.

Kohlenstoff	+ Sauerstoff	⟶	Kohlenstoffdioxid
Schwefel	+ Sauerstoff	⟶	Schwefeldioxid
Phosphor	+ Sauerstoff	⟶	Phosphoroxid
Nichtmetall	**+ Sauerstoff**	**⟶**	**Nichtmetalloxid**

Metalloxide als Verbrennungsprodukte Werden Metalle wie Magnesium, Kupfer, Zinn und Aluminium an der Luft erhitzt, weisen stoffliche Veränderungen und energetische Erscheinungen auf den Ablauf chemischer Reaktionen hin (▸ Exp. 13, 14; S. 105). Die bei dieser Verbrennung entstanden Reaktionsprodukte werden als **Metalloxide** bezeichnet, da sie alle aus einer Reaktion zwischen einem Metall und dem in der Luft befindlichen Sauerstoff entstanden sind.

Aluminium + Sauerstoff ⟶ Aluminiumoxid
Kupfer + Sauerstoff ⟶ Kupferoxid
Magnesium + Sauerstoff ⟶ Magnesiumoxid
Zinn + Sauerstoff ⟶ Zinnoxid

Metall + Sauerstoff ⟶ Metalloxid

3 Bei einer Wunderkerze werden Aluminium und Eisen verbrannt.

Langsame und schnelle Oxidbildungen Flammen, Funken- oder Lichterscheinungen zeigen, dass alle Verbrennungen exotherm verlaufende chemische Reaktionen sind. Mit dem Brenner oder Streichholz wird lediglich die für die chemische Reaktion notwendige Aktivierungsenergie zugeführt.

Doch auch bei Wärmepads bildet sich aus dem Metall Eisen Eisenoxid, ohne dass eine sichtbare Lichterscheinung auftritt (▸ Exp. 15, S. 105). Stoffe können viel langsamer mit Sauerstoff zu den Oxiden reagieren. Die freigesetzte Energie wird dann lediglich in Form von Wärme spürbar. Auch diese langsame Bildung von Oxiden kann man Verbrennung nennen, da chemisch genau die gleichen Vorgänge ablaufen.
Die geringere Geschwindigkeit dieser Oxidbildungen beruht auf einer schwächeren Aktivierung der Reaktion, da kein Brenner zum Einsatz kommt und nur die Umgebungswärme die Aktivierungsenergie liefern kann.
Die feuchten Papierschnipsel beschleunigen die Reaktion zusätzlich. Das Wasser übernimmt die Funktion eines Katalysators (▸ S. 77).

4 Schwefel verbrennt mit bläulicher Flamme in einer exothermen Reaktion.

Bei Verbrennungen reagieren Nichtmetalle und Metalle mit Sauerstoff zu ihren Nichtmetall- und Metalloxiden.

Aufgaben

1 Weise nach, dass Verbrennungen chemische Reaktionen sind.

2 Vergleiche das Verbrennen von Kohle mit dem Verrosten eines Fahrrads. Gib Unterschiede und Gemeinsamkeiten an.

3 Entwickle das Reaktionsschema für die Verbrennung von Kerzenwachs.

4 Erläutere die Funktion des Dochts bei einer Kerze.

5 Eine Kerze wird beim Brennen immer leichter. Eisenwolle immer schwerer. Erkläre.

6 Zinkoxid und Silberoxid gehören zu den Metalloxiden. Entwickle das jeweilige Reaktionsschema zur Bildung von Zinkoxid und Silberoxid aus den Metallen.

Der Kohlenstoffkreislauf

1 Die Verbrennung fossiler Energieträger wie Kohle, Erdöl und Erdgas setzt jährlich mehrere Milliarden Tonnen Kohlenstoffdioxid frei.

Aufgaben

1 Beschreibe die Abbildung des Kohlenstoffkreislaufs (▸ **2**) mit eigenen Worten.

2 Erkläre, an welchen Stellen der Mensch durch sein Verhalten zum Störfaktor des natürlichen Kohlenstoffkreislaufs werden kann (▸ **1**, **2**).

3 Felix Finkbreiter, ein 13-jähriger Umweltaktivist, startete die Initiative „Pflanzt Bäume!". Erkläre, was er damit bewirken will.

Kohlenstoffdioxidproduzenten Bei der Verbrennung von Holzkohle bildet sich Kohlenstoffdioxid. Es entsteht auch beim Verbrennen von Holz, Erdöl und Erdgas sowie beim Verrotten von Pflanzenresten oder Laub. Selbst der Mensch erzeugt Kohlenstoffdioxid. Er verbrennt Stoffe aus der Nahrung wie Zucker oder Fett, um seinen Energiebedarf zu decken.

Zucker (s) + Sauerstoff (g)
$\longrightarrow$ Kohlenstoffdioxid (g) + Wasser (l) | exotherm

Kohlenstoffdioxidkonsumenten Auf der anderen Seite gibt es auch Vorgänge, die das Kohlenstoffdioxid wieder binden. So lösen sich riesige Mengen von Kohlenstoffdioxid in den Meeren. Kohlenstoffdioxid ist auch an der Gesteinsbildung beteiligt. Auch Pflanzen wandeln durch Fotosynthese Kohlenstoffdioxid unter Lichteinfluss wieder in Zucker und Sauerstoff um (▸ Exp. 16, S. 105).

Kohlenstoffdioxid (g) + Wasser (l)
$\longrightarrow$ Zucker (s) + Sauerstoff (g) | endotherm

Kreislauf des Kohlenstoffs In der Natur laufen überall und ständig chemische Reaktionen ab. Gelingt es, im Laufe von zwei oder mehreren Reaktionen den Ausgangsstoff wieder herzustellen, fasst man diese Reaktionen in einem **Stoffkreislauf** zusammen. Im **Kohlenstoffkreislauf** bilden sich durch Fotosynthese aus Kohlenstoffdioxid organische Verbindungen, die durch die Zellatmung wieder in Kohlenstoffdioxid umgewandelt werden (▸ **2**).

Bei chemischen Reaktionen werden die Atome der Ausgangsstoffe nicht vernichtet. Sie gruppieren sich lediglich zu den Reaktionsprodukten um (▸ S. 82). Die Kohlenstoffatome z. B. finden sich sowohl im Kohlenstoffdioxid als auch im Zucker wieder. Sie durchlaufen den Stoffkreislauf.

! Ein Stoffkreislauf ist eine Abfolge von chemischen Reaktionen, bei der das ursprüngliche Edukt wieder gebildet wird.

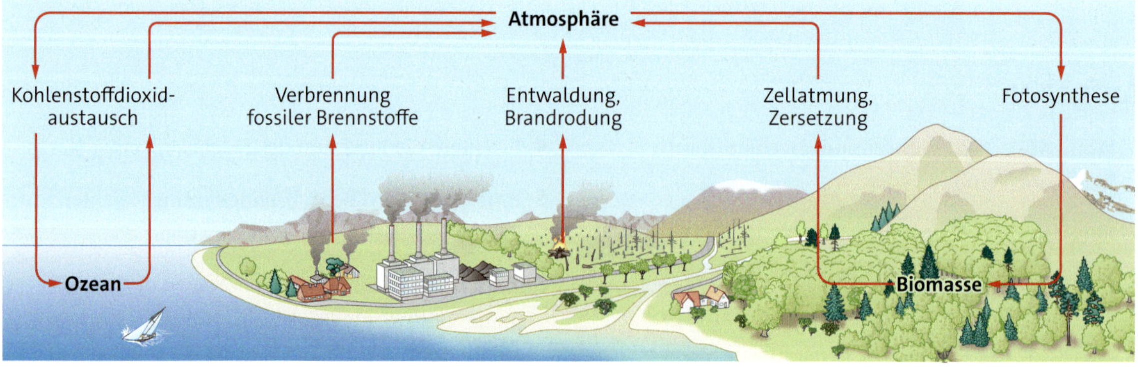

2 Der Kohlenstoffkreislauf

Luft und Verbrennung

Entzünden und Löschen von Feuer	**Bedingungen für das Entstehen von Feuer** Vorhandensein eines brennbaren Stoffes Vorhandensein von Sauerstoff bzw. Luft Erreichen der Zündtemperatur bzw. des Flammpunkts	**Möglichkeiten zum Löschen von Feuer** Entfernen der brennbaren Stoffe Unterbrechen der Luft- bzw. Sauerstoffzufuhr Abkühlen des Brandherds
Luft	Stoffgemisch aus mehreren Gasen. Hauptbestandteile sind Stickstoff (78 %) und Sauerstoff (21 %). Weitere Luftbestandteile sind die Edelgase und Kohlenstoffdioxid. In der Luft enthaltene Luftverunreinigungen wie Schwefeldioxid, Stickstoffoxide, Kohlenstoffmonooxid und Ozon können Pflanzen, Tiere und Menschen schädigen.	
Sauerstoff	Nichtmetall, das in reiner Form durch Destillation verflüssigter Luft hergestellt wird. Sauerstoff ist ein farbloses und geruchloses Gas, das die Verbrennung anderer Stoffe fördert.	
Stickstoff	Nichtmetall, das durch Destillation verflüssigter Luft dargestellt wird. Stickstoff ist ein farbloses, geruchloses und nicht brennbares Gas, das Flammen erstickt.	
Kohlenstoffdioxid	Nichtmetallverbindung, die durch die Verbrennung fossiler Brennstoffe und durch die Atmung entsteht. Als Bestandteil der Luft ist es hauptverantwortlich für den Treibhauseffekt. Kohlenstoffdioxid ist ein farbloses, geruchloses und nicht brennbares Gas.	
Nachweis der Luftbestandteile	**Sauerstoff**	Ein glimmender Holzspan flammt in reinem Sauerstoff auf (Glimmspanprobe).
	Kohlenstoffdioxid	Kalkwasser färbt sich durch das Ausfällen von weißem Kalk trüb (Kalkwasserprobe).
Verbrennung	Exotherme chemische Reaktion, bei der ein Stoff mit Sauerstoff reagiert. Die Reaktionsprodukte heißen Oxide. Im chemischen Sinn ist bei einer Verbrennung keine Flammenerscheinung notwendig. Auch ein Schwelbrand und das Rosten von Eisen sind Verbrennungen.	
Oxide	Reaktionsprodukte der Verbrennung von Metallen und Nichtmetallen. Man unterscheidet daher in Metalloxide und Nichtmetalloxide.	
Stoffkreislauf	Abfolge chemischer Reaktionen, bei der der ursprüngliche Ausgangsstoff wieder gebildet wird. Auf der Teilchenebene bleiben die Atome während der Reaktionen erhalten und durchlaufen den Stoffkreislauf.	

Teste dich

Aufgaben

1 Die Erde ist von einer Lufthülle umgeben. Nenne wichtige Bestandteile der Lufthülle der Erde und gib deren Volumenanteil an.

2 Ein Mitschüler behauptet: Saubere Luft, z. B. über einem Ozean, ist ein reiner Stoff. Beurteile diese Aussage in Bezug auf ihre Richtigkeit.

3 Ein Mensch atmet täglich etwa 700 g (350 l) Kohlenstoffdioxid aus. Berechne das Volumen an Kohlenstoffdioxid, das in 6 h in einem Raum mit 26 Personen ausgeatmet wird.

4 Erläutere, warum Luft neben Wasser eine weitere Grundlage für das Leben auf der Erde bildet.

5 Luft ist nicht nur zum Atmen da. Überlege dir weitere Bedeutungen von Luft aus dem Alltag.

6 Zeige am Beispiel der Luftbestandteile Stickstoff und Sauerstoff die Beziehung zwischen Verwendung und Eigenschaften der Stoffe.

7 Stoffkreisläufe spielen in der Natur eine wichtige Rolle.

a Erläutere, warum man beim Kohlenstoffkreislauf auch von mehreren Stoffkreisläufen sprechen kann.

b Erkläre, warum es besser wäre, vom Kohlenstoffatomkreislauf zu sprechen.

8 Die Schüler einer Klasse sollen Vorschläge zum experimentellen Auffangen von drei verschiedenen Gasen unterbreiten. Bewerte die Vorschläge auf ihre Brauchbarkeit und begründe deine Bewertung.

Vorschlag 1: Alle drei Gase pneumatisch auffangen.

Vorschlag 2: Alle drei Gase durch Luftverdrängung auffangen, die Reagenzgläser dabei mit der Öffnung nach unten einspannen.

Vorschlag 3: Gas A und Gas B pneumatisch, Gas C durch Luftverdrängung auffangen, dabei das Reagenzglas mit der Öffnung nach unten einspannen.

Vorschlag 4: Gas A und Gas B pneumatisch, Gas C durch Luftverdrängung auffangen, dabei das Reagenzglas mit der Öffnung nach oben einspannen.

Eigenschaft	Gas A	Gas B	Gas C
Dichte bei 0 °C	1,25 g/l	1,43 g/l	1,98 g/l
Löslichkeit in Wasser	nahezu unlöslich	sehr gering	gut
Reaktion mit Wasser	keine	keine	findet statt

Eigenschaften der aufzufangenden Gase

9 Man kann Kohlenstoffdioxid als einen natürlichen Bestandteil der Luft, aber auch als Luftschadstoff bezeichnen. Überlege, wann welche Bezeichnung zutreffend ist.

10 Auf einer Chemikalienflasche für Aluminiumpulver steht „leicht entzündlich", auf der Verpackung einer Aluminiumfolie nicht. Erkläre.

11 Bei Gewitter kann es durch die hohe Energie eines Blitzes zur Bildung von Stickstoffoxiden aus der Luft kommen.

a Entwickle das Reaktionsschema für die Bildung von Stickstoffdioxid.

b Ordne die Begriffe Edukt, Produkt, Nichtmetall und Nichtmetalloxid zu.

c Schlussfolgere, ob bei der Bildung von Stickstoffoxiden bei Gewitter Energie benötigt oder freigesetzt wird, und erstelle ein passendes Energiediagramm.

Hilfe zu den Aufgaben findest du auf den Seiten ...

1	98	7	108
2	98	8	101
3	100	9	100
4	99	10	106
5	99	11	106 f.
6	99		

▶ Die Lösungen findest du im Anhang.

Material A: „Das Gas der Pflanzen“

Es ist bekannt, dass Lebewesen in einem luftdicht abgeschlossenen Behälter nur für kurze Zeit überleben können. Befinden sich im Behälter aber zusätzlich Pflanzen, können die Lebewesen, z. B. eine Maus, weiterleben. PRIESTLEY vermutete daher, dass Pflanzen ein Gas produzieren, das die Maus am Leben hält. Um diese Hypothese zu überprüfen, untersuchte er die Luft eines verschlossenen Glasbehälters mit Pflanze. Er stellte dabei fest, dass die Luft nicht nur ein Tier am Leben erhält, sondern auch bei sich „zu einer Besserung im Brustraum“ führte, wenn er die Luft einatmete. Er erkannte als einer der Ersten den Nutzen von Pflanzen:

„Der Schaden, der der Atmosphäre ständig durch die Atmung einer solch großen Zahl von Lebewesen ... und durch die Verwesung pflanzlicher und tierischer Stoffe zugefügt wird, wird, zumindest teilweise, durch das Pflanzenwachstum wiedergutgemacht.“

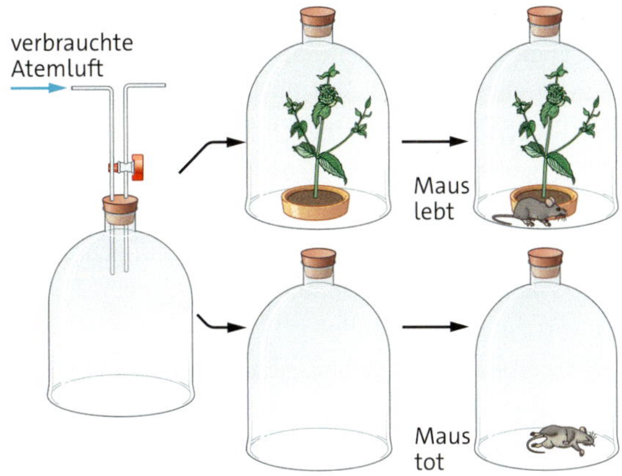

A1 PRIESTLEYS Versuche mit der eigenen Atemluft

1 Beschreibe den Versuch, mit dem PRIESTLEY die Luft unter den Glasbehältern untersuchte (► **A1**).

2 Entwickle, ausgehend von den Beobachtungen, Vermutungen zu den Luftzusammensetzungen unter den beiden Glasbehältern (► **A1**). Plane ein Experiment, um deine Vermutungen zu überprüfen.

3 Erläutere das Zitat von PRIESTLEY. Nutze dazu Reaktionsschemata.

Material B: Mehlstaubexplosion

Drohende Mehlstaubexplosion in Bäckerei

LÜNEBURG – Zu einem Großeinsatz wurde die Feuerwehr am Dienstagabend in eine Bäckerei gerufen. Dort hatte der Lüfter eines Silos, in dem mehrere Tonnen Mehl lagerten, Feuer gefangen. Ursache des Schwelbrands war laut Polizei ein Kurzschluss. Es bestand die akute Gefahr einer Mehlstaubexplosion bei Kontakt des Feuers mit dem gelagerten Mehl.

B1 Zeitungsmeldung

Mehlstaubexplosionen können eine ungeheure Wucht entfalten. So hat z. B. die Explosion eines Lkw mit fünf Tonnen Mehl zur vollständigen Zerstörung des Lkw und zu Stichflammen geführt, die bis in die Wohnungen der ersten Etage eines Hauses drangen und dort immensen Schaden anrichteten.
Wenn Mehl verbrennt, entstehen unter Energiefreisetzung überwiegend Kohlenstoffdioxid und Wasser.

B2 Über die Gefahr von Mehlstaub ...

1 Stelle das Reaktionsschema für die Verbrennung von Mehl auf (► **B2**).

2 Zeichne ein Energiediagramm, aus dem der Energiegehalt der Edukte und Produkte der Verbrennung von Mehl hervorgeht (► **B2**).

3 Erkläre mithilfe des Branddreiecks und des Zerteilungsgrads, weshalb im Silo eine Explosion drohte (► **B1**).

Material C: Der „Sauerstoffabsorber"

Im Handel sind spezielle Säckchen als sogenannte Sauerstoffabsorber erhältlich. Sie sind in der Lage, den Sauerstoffgehalt in einem luftdicht verschweißten Folienbehälter auf unter 0,01 % abzusenken. Dazu enthalten die Säckchen feines Eisenpulver. Sie sind nicht mehrfach einsetzbar. Öffnet man ein gebrauchtes Säckchen, findet man anstelle des grauen Eisenpulvers ein rotbraunes Pulver.
Während der Sauerstoffaufnahme lässt sich eine Erwärmung der Verpackung feststellen (bis ca. 42 °C).

Raumtemperatur in °C	5	10	20
Dauer in Stunden	96	72	48

C1 Zeitdauer zum Absenken des Sauerstoffgehalts auf 0,01 % bei verschiedenen Temperaturen

1 Entnimm dem Text alle wichtigen Informationen zur Arbeitsweise des Sauerstoffabsorbers.

2 Bewerte folgende Aussage: „Der Sauerstoff wird durch das Eisenpulver nur absorbiert, es findet keine chemische Reaktion statt." Nutze für deine Bewertung geeignete Fachsprache.

3 Der Sauerstoffabsorber lässt sich auch energetisch betrachten.
- **a** Stelle in einem Energiediagramm den Energiegehalt eines neuen und eines gebrauchten Säckchens dar.
- **b** Erläutere das Diagramm in Hinsicht auf die im Säckchen ablaufenden Prozesse.

4 Begründe anhand der Temperaturabhängigkeit der Sauerstoffabsorption, ob die im Säckchen ablaufenden Prozesse Aktivierungsenergie benötigen (► **C1**).

Material D: Gefährliches Trockeneis

Im Jahre 2013 kam ein Gastronom beim Transport von Trockeneis in seinem Auto ums Leben. Passanten riefen die Polizei, weil weißer Rauch aus dem Auto drang. Beim Öffnen des Wagens lief die Klimaanlage und die Polizei entdeckte mehrere schlecht abgedichtete Kühlboxen im Fahrzeug. Der Fahrer des Wagens war tot.

D1 Mit Atemmasken untersucht die Feuerwehr den Wagen des Gastronomen. Am rechten Bildrand sind die Kühlboxen mit Trockeneis zu sehen.

Trockeneis (festes Kohlenstoffdioxid)
Form / Farbe: weißer, fester Stoff
Geruch: geruchlos
Sublimationstemperatur: −79 °C (weiße Rauchbildung)
Dichte Trockeneis: ca. 1,56 g/cm³
Dichte Kohlenstoffdioxidgas: 1,98 g/l bei 0 °C
Volumenvergrößerung bei Sublimation: 760-fach
Vorsichtsmaßnahmen: nur mit Handschuhen anfassen, in gut belüfteten Räumen arbeiten
Weitere Eigenschaften: schwerer als Luft (als Gas), nicht brennbar
Anwendung: Kühlmittel, z. B. in der Chemie, zur Vereisung von Warzen, Sensibilitätstest in der Zahnmedizin, Abkühlen von Eisskulpturen

D2 Steckbrief zu Trockeneis

1 Erläutere anhand einer Skizze, was auf der Teilchenebene beim Sublimieren von Trockeneis passiert (► **D2**).

2 Erkläre den Tod des Gastronomen (► **D1**).

3 Diskutiere, ob das Öffnen des Schiebedachs ein ausreichender Schutz gewesen wäre (► **D1, D2**).

Material E: Experimentelle Untersuchung der Atemluft

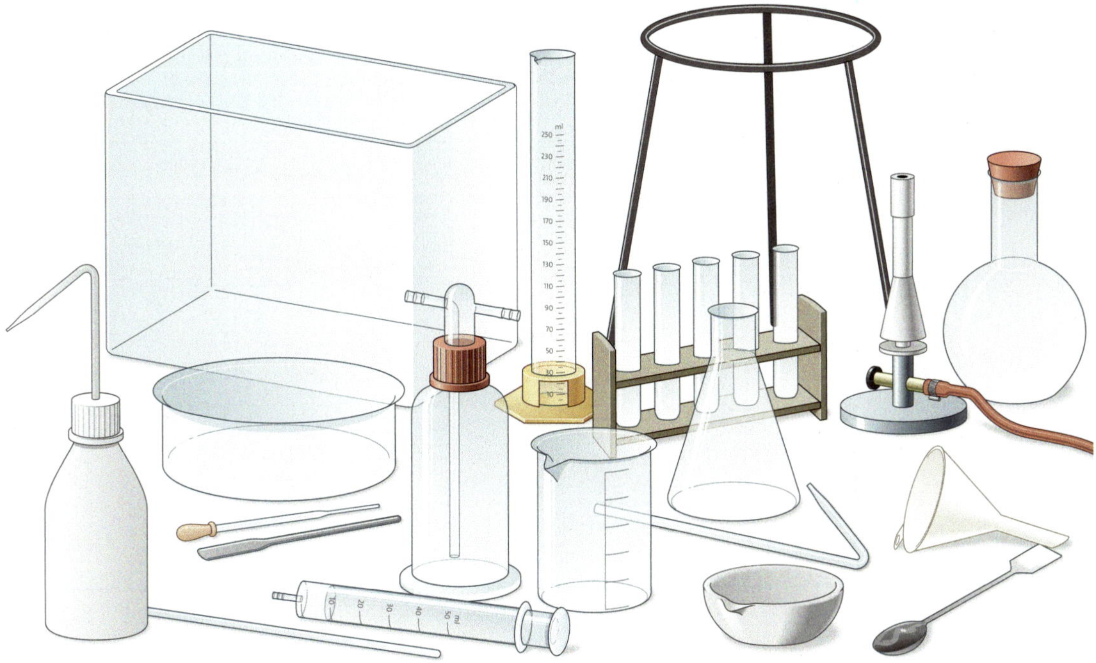

E1 Laborgeräte zum Experimentieren

	Luft	Ausatemluft
Stickstoff	78 %	79 %
Sauerstoff	21 %	16 %
Kohlenstoffdioxid	0,04 %	4 %

E2 Zusammensetzung der Atemluft vor und nach dem Ausatmen in Volumenprozent

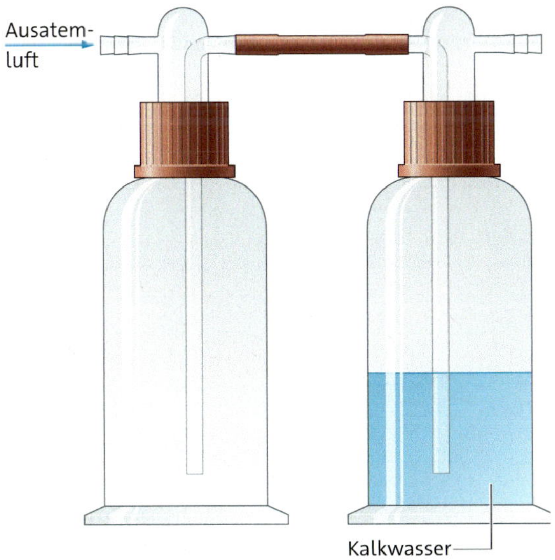

E4 Versuch zur Untersuchung der Ausatemluft

	in Luft	in Ausatemluft
Kerze 1	3 s	2 s
Kerze 2	5 s	4 s

E3 Brenndauer einer Kerze

1 Skizziere eine Experimentieranordnung, mit deren Hilfe die Ausatemluft aufgefangen werden kann. Nutze dazu das Material **E1**.

2 Erläutere die Beobachtungen (▸ **E3**) unter Zuhilfe nahme der Tabelle (▸ **E2**).

3 Berechne die Veränderung des Sauerstoff- und des Kohlenstoffdioxidanteils in der Ausatemluft (▸ **E2**). Gib das Ergebnis als prozentuale Veränderung zum Grundwert (Luft) an.

4 **E4** zeigt einen anderen Versuch zur Untersuchung der Ausatemluft. Zähle die Beobachtungen auf, die gemacht werden können, und deute diese.

5 Zur Brandbekämpfung werden u. a. Feuerlöscher mit Kohlenstoffdioxidfüllung eingesetzt. Erläutere mithilfe von ▸ **E2** und ▸ **E3**, warum Kohlenstoffdioxid als Löschmittel eingesetzt werden kann.

Gewinnung von Metallen

Brücken, Fahrräder, Autos und Schmuck – ständig begegnen uns Gegenstände aus Metall. Zur Herstellung dieser und weiterer Produkte werden jährlich weltweit mehrere Milliarden Tonnen Metalle benötigt. Doch diese gibt es nicht so einfach auf der Erde. Zuerst müssen in riesigen Minen Metallerze abgebaut und die Metalle durch Anwendung chemischer Reaktionen im großtechnischen Maßstab, z. B. im Hochofen, gewonnen werden.

Verhalten von Stoffen beim Erhitzen

Exp. 1 Erhitzen von Metallen

Halte ein Stück Eisenwolle, Magnesiumband (GHS02) und ein schmales, dünnes Kupferblech nacheinander mit der Tiegelzange in die Brennerflamme. Sobald die Stoffe aufglühen, entferne sie aus der Flamme.

Vergleiche die Beobachtungen und formuliere jeweils das Reaktionsschema.
Entsorgung: Kupferblech einsammeln. Reste in den Hausmüll geben.

Exp. 2 Erhitzen von Silberoxid

Gib etwa 1 g Silberoxid (GHS03|05) in ein Reagenzglas und erhitze kräftig mit der Brennerflamme. Führe die Glimmspanprobe durch.
Notiere deine Beobachtungen. Deute das Ergebnis und formuliere das Reaktionsschema.
Entsorgung: Silberrückstände einsammeln.

Exp. 3 Synthese und Analyse von Argentit

Reibe eine Silbermünze oder ein Stück Silberblech mit Schwefel (GHS07) ein und lass den Versuchsaufbau über drei Wochen liegen.
Notiere deine Beobachtungen und deute diese.
Gib ca. 1 g Argentit (Silbersulfid) in ein Reagenzglas und erhitze kräftig mit der Brennerflamme.
Notiere deine Beobachtungen und deute das Ergebnis.
Entsorgung: Silberrückstände einsammeln.

Exp. 4 Erhitzen von Kupfer- und Eisenoxid

Gib jeweils einen Spatel Kupfer(II)-oxid (GHS07|09) bzw. Eisen(II)-oxid in ein Reagenzglas und erhitze die Stoffe kräftig in der rauschenden Brennerflamme. Notiere deine Beobachtungen und vergleiche das Aussehen der Pulver vor und nach dem Erhitzen. Entscheide, ob eine chemische Reaktion stattgefunden hat.
Entsorgung: Stoffe einsammeln.

Exp. 5 Erhitzen von Kupfer(II)-oxid mit Zink

Mische in einem Reagenzglas jeweils eine Spatelspitze Kupfer(II)-oxid (GHS07|09) mit Zinkpulver (GHS09) und erhitze in der Brennerflamme.

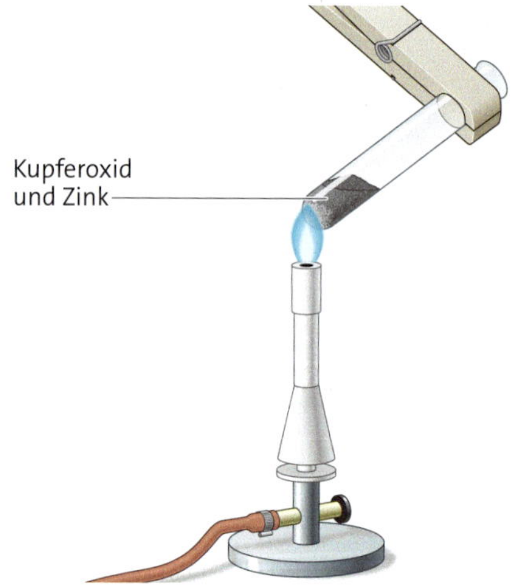

Notiere deine Beobachtungen und deute das Ergebnis. Formuliere das Reaktionsschema.
Entsorgung: Feststoff in den Hausmüll geben.

Exp. 6

Kupfergewinnung aus Malachit

A: Gib etwas gemörsertes Malachit (GHS07) in ein Reagenzglas. Verschließe anschließend das Reagenzglas mit einem durchbohrten Stopfen, durch den ein Gasableitungsrohr führt. Halte das Ende des Gasableitungsrohrs in ein Reagenzglas mit Kalkwasser (GHS05). Erhitze kräftig mit dem Brenner. Entferne den Stopfen sofort nach dem Erhitzen.

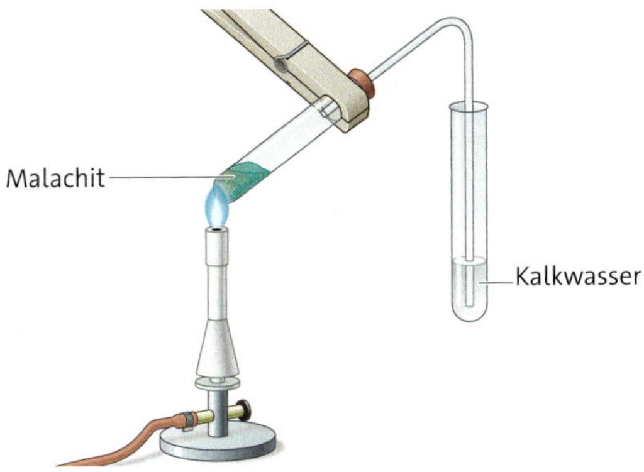

Notiere die Beobachtungen und deute deine Versuchsergebnisse.

B: Verwende die Experimentieranordnung aus der vorhergehenden Durchführung. Gib in das Reagenzglas 2 g des schwarzen Feststoffs aus A bzw. etwas Kupfer(II)-oxid (GHS07|09) und 0,2 g pulverförmige Holzkohle. Erhitze kräftig mit der Brennerflamme, bis das Gemisch aufglüht. Entferne den Stopfen, bevor das Gemisch abkühlt.

Notiere deine Beobachtungen und deute die Versuchsergebnisse.

Entsorgung: Feststoffe in den Hausmüll, Reste vom Kalkwasser in das Abwasser geben.

Exp. 7

Reaktionsverhalten von Magnesiumoxid mit Eisen

Mische eine Spatelspitze Magnesiumoxidpulver mit einer Spatelspitze Eisenpulver (GHS02). Gib das Gemisch in ein Reagenzglas. Erhitze kräftig mit dem Brenner.

Notiere deine Beobachtungen und deute die Versuchsergebnisse.

Entsorgung: Feststoffe in den Hausmüll geben.

Exp. 8

Erhitzen von Rost mit Holzkohle

Mische eine Spatelspitze Rost mit einer Spatelspitze Holzkohlepulver. Gib das Gemisch in einen Verbrennungslöffel und erhitze diesen in der Brennerflamme.

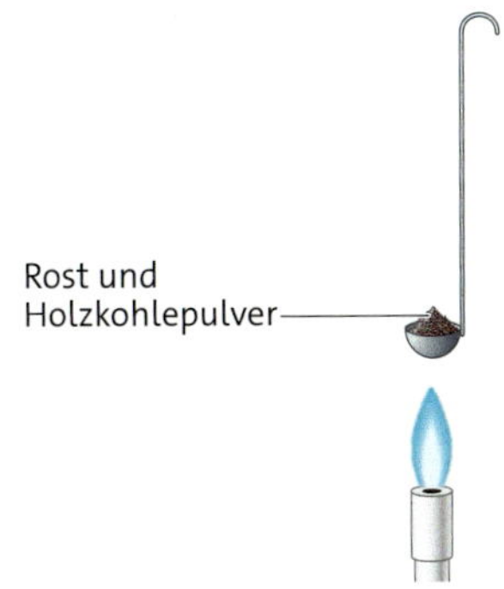

Notiere deine Beobachtungen und deute die Versuchsergebnisse.

Entsorgung: Feststoffe in den Hausmüll geben.

Exp. 9

Reaktionen von Eisen, Kupfer, Aluminium und ihren Oxiden

Stelle jeweils Gemische aus einem Metallpulver, z. B. Kupferpulver (GHS02), und einem anderen Metalloxidpulver (GHS07|09), z. B. Eisen(II)-oxidpulver, her. Stelle so insgesamt sechs verschiedene Gemische her. Gib die Gemische nacheinander in eine Magnesiarinne und erhitze diese in der Brennerflamme.

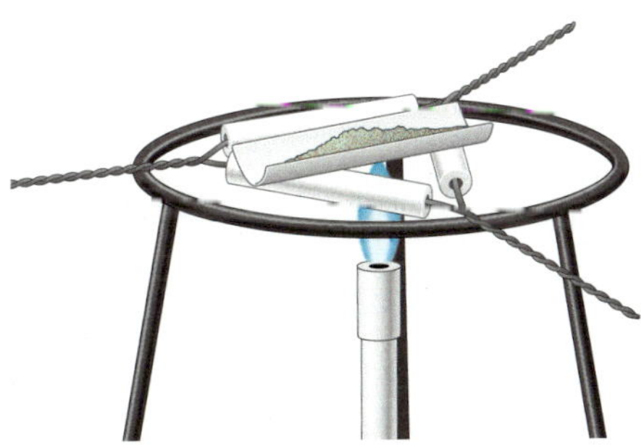

Notiere deine Beobachtungen und stelle das Ergebnis in einer Tabelle dar. Interpretiere das Ergebnis.

Entsorgung: Feststoffe in den Hausmüll geben.

Vom Erz zum Metall

Viele Metalle kommen in der Natur nicht elementar oder wie Kupfer nur in Form kleiner Nuggets vor. Nur weil es möglich ist, aus Metallerzen die Metalle zu gewinnen, können jedes Jahr Milliarden Tonnen metallischer Produkte hergestellt werden.

1 Jährlich werden etwa 15,8 Millionen Tonnen Kupfererze abgebaut.

Name des Minerals	Name der chemischen Verbindung
Zinkblende	Zinksulfid
Magnetit	Eisenoxid
Hämatit	Eisenoxid
Argentit/Akanthit	Silbersulfid
Pyrrit	Eisensulfid
Bauxit	Aluminiumhydroxid
Malachit	basisches Kupfercarbonat

2 Viele chemische Verbindungen haben als Mineralien eigene, klangvolle Namen.

Metalle in der Natur Nur einige Metalle wie Gold, Silber oder Kupfer kann man in geringen Mengen als reines Metall im Gestein finden. Daher waren die ersten Metallgegenstände aus der Frühgeschichte der Menschheit auch überwiegend aus Gold, Silber oder Kupfer und aufgrund der seltenen Funde sehr wertvoll. Zur Herstellung von Waffen und Arbeitsgeräten waren die Metalle nicht gut geeignet. Im Laufe der Zeit wurden sie erst durch die härtere Bronze und später durch Eisen ersetzt. Doch wo kommen diese Metalle her, wenn man sie nicht im Gestein finden kann?

Die meisten Metalle kommen in der Natur nur in ihren Verbindungen vor als sogenannte Mineralien, z. B. als Metalloxide, Metallsulfide oder Metallcarbonate (▸**2**). Zusammen bilden sie mit anderen Stoffen die Gesteine.
Die für die Metallgewinnung relevanten Gesteine nennt man Erze, da sie besonders reichhaltig an den wertvollen Mineralien sind.

Vom Metalloxid zum Metall Beim Erhitzen von Metallen an der Luft bilden sich durch exotherme Reaktion die schon bekannten Oxide (▸Exp. 1, S. 116). Da chemische Reaktionen umkehrbar sind, sollte es auch möglich sein, die Metalle aus ihren Metalloxiden durch Erhitzen wiederzugewinnen (▸S. 80).

3 Aus dem Mineral Hämatit (Eisenoxid) wird Eisen gewonnen.

Erhitzt man z. B. Silberoxid, entstehen ein grausilbriger, fester Stoff und das Gas Sauerstoff. Die Stoffe Silber und Sauerstoff lassen sich also wieder zurückgewinnen. Silberoxid ist in einer endothermen Reaktion zerlegbar (▸Exp. 2, S. 116; ▸**4**).

Silberoxid (s) $\longrightarrow$ Silber (s) + Sauerstoff (g) | endotherm

Synthese und Analyse Auch das Mineral Argentit (Silbersulfid) ist eine Verbindung, die sich durch Erhitzen in Schwefel und Silber zerlegen lässt, aber auch aus diesen Elementen gebildet werden kann (▸ Exp. 3, S. 116).
Grundsätzlich wird die Bildung einer chemischen Verbindung aus ihren Elementen als **Synthese** bezeichnet. Die Zerlegung der Verbindung in ihre Elemente ist die **Analyse**.
Häufig erfolgt die Analyse durch Erhitzen mit dem Brenner, man spricht dann auch von einer **Thermolyse**.

Silber (s) + Schwefel (s) $\xrightarrow{\text{Synthese}}$ Silbersulfid (s) | exotherm

Silbersulfid (s) $\xrightarrow{\text{Analyse}}$ Silber (s) + Schwefel (s) | endotherm

Die Bildung einer chemischen Verbindung aus den Elementen bezeichnet man als Synthese. Die Zerlegung in diese Elemente als Analyse.

Grenzen der thermischen Zerlegung Nur die wenigsten Metalle können durch die Thermolyse ihrer Verbindungen direkt gewonnen werden. Bei Kupferoxid oder Eisenoxid lassen sich auch nach längerem Erhitzen keine stofflichen Veränderungen feststellen (▸ Exp. 4, S. 116). Sie sind viel stabiler als Silberoxid oder Silbersulfid. Da bei ihrer exothermen Synthese viel mehr Energie frei wurde, muss für die endotherme Analyse auch wieder viel mehr Energie zugeführt werden. Nicht immer ist die Temperatur einer Brennerflamme hierfür ausreichend (▸ 5).

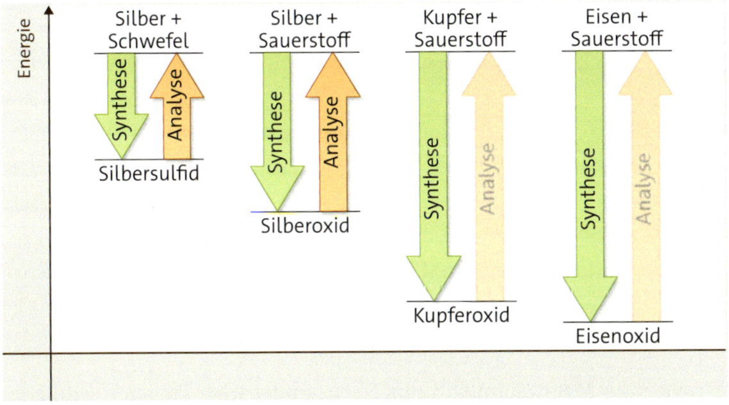

5 Je stärker exotherm die Bildung einer Verbindung verläuft, desto mehr Energie muss auch für ihre Zerlegung wieder zugeführt werden.

4 Erhitzen von Silberoxid

Schon gewusst?
Die Fähigkeit der Menschen, in der Urgeschichte Werkzeuge und Waffen aus bestimmten Metallen fertigen zu können, hatte eine so große Bedeutung, dass bestimmte Epochen nach diesen Metallen benannt wurden.

Mit der Gewinnung von Kupfer aus Erzen begann 4000 v. Chr. die Kupferzeit oder Kupfersteinzeit. Sie wurde von der Bronzezeit (2500–700 v. Chr.) abgelöst. Bronze ist eine Legierung aus Kupfer mit Zinn, die die Herstellung viel härterer Waffen und Werkzeuge ermöglichte. Mit der Verhüttung von Eisen begann die Eisenzeit (ca. 1200–100 v. Chr.), mit der die Urgeschichte der Menschheit endete.

Aufgaben

1 Formuliere für die Synthese und Analyse von Zinksulfid jeweils das Reaktionsschema.

2 Erkläre, warum die Analyse einer chemischen Verbindung immer endotherm verläuft, wenn ihre Synthese zuvor exotherm verlief.

3 Goldoxid kann schon durch schwaches Erhitzen in seine Elemente zerlegt werden.
a Formuliere das Reaktionsschema.
b Versuche Goldoxid in das Schema (▸ 5) einzuordnen und erkläre deine Zuordnung.

1 Reaktion von Kupferoxid mit Zink

Sauerstoffübertragungsreaktionen Beim Erhitzen von Kupferoxid mit Zink bildet sich aus dem silbergrauen Zink ein weißer, fester Stoff: Zinkoxid. Zugleich entsteht ein krümeliger, roter Stoff: Kupfer (▸ Exp. 5, S. 116). Der für die Bildung von Zinkoxid notwendige Sauerstoff wurde dem Kupferoxid entzogen.

Kupferoxid (s) + Zink (s) ⟶ Kupfer (s) + Zinkoxid (s) | exotherm

Auch beim Erhitzen von Kupferoxid mit Kohlenstoff (Holzkohle) findet eine chemische Reaktion statt. Aus dem schwarzen Kupferoxidpulver bildet sich wieder rotes Kupfer. Als weiteres Reaktionsprodukt lässt sich Kohlenstoffdioxid nachweisen (▸ Exp. 6, S. 117).
Bei dieser Reaktion wurde dem Kupferoxid der Sauerstoff entzogen und auf den Kohlenstoff übertragen. Beide Reaktionen sind ein Beispiel für **Sauerstoffübertragungsreaktionen** oder Redoxreaktionen.

Sauerstoffabgabe

Kupferoxid (s) + Kohlenstoff (s) ⟶ Kupfer (s) + Kohlenstoffdioxid (g) | exotherm

Sauerstoffaufnahme

Bei Sauerstoffübertragungsreaktionen laufen **Sauerstoffaufnahme** (Oxidbildung) und **Sauerstoffabgabe** (Oxidzerlegung) gleichzeitig ab. Auch bei der Reaktion von Rost (Eisenoxid) mit Holzkohle (Kohlenstoff) findet eine Sauerstoffübertragungsreaktion statt (▸ Exp. 8, S. 117).

Sauerstoffübertragungsreaktionen sind chemische Reaktionen, bei denen die Bildung eines Oxids und die Zerlegung eines anderen Oxids gleichzeitig ablaufen.

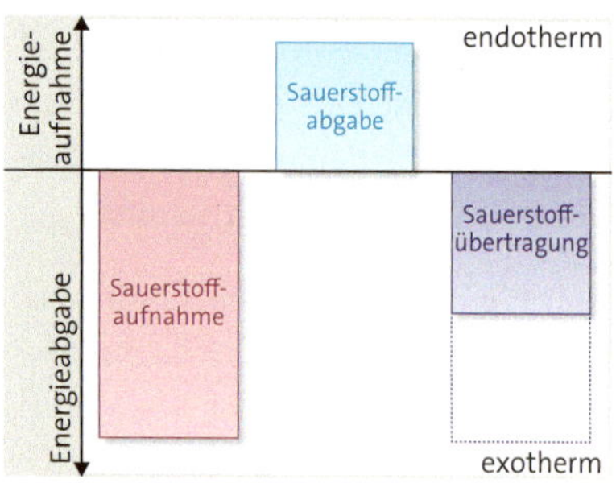

2 Energiebilanz einer Sauerstoffübertragungsreaktion

Energiebilanz von Sauerstoffübertragungsreaktionen Sauerstoffübertragungsreaktionen verlaufen nach Aktivierung exotherm, obwohl z. B. die Zerlegung von Kupferoxid zu Kupfer ein stark endothermer Prozess ist. Die Sauerstoffaufnahme (Bildung des Oxids) ist aber immer eine exotherm verlaufende Reaktion. Ein Teil der freigesetzten Energie liefert so die für die Sauerstoffabgabe notwendige Energie. Die restliche Energie ist in Form von Wärme oder Licht zu beobachten (▸ **2**).

Mischt man Magnesiumoxid mit Eisen, findet trotz längeren Erhitzens keine Reaktion statt (▸ Exp. 7, S. 117). Die für die Zerlegung von Magnesiumoxid notwendige Energie ist viel größer als die bei der Bildung von Eisenoxid freigesetzte Energie. Sie würde nicht ausreichen, um die Zerlegung zu ermöglichen. Eine Sauerstoffübertragungsreaktion kann deshalb nicht stattfinden.

Sauerstoffübertragungsreaktionen können nur stattfinden, wenn die Sauerstoffaufnahme mehr Energie freisetzt, als für die Sauerstoffabgabe notwendig ist.

Aufgaben

1 Formuliere für die Reaktion von Silberoxid mit Aluminium das Reaktionsschema. Kennzeichne Sauerstoffabgabe und -aufnahme.

2 Magnesium lässt sich nicht aus Magnesiumoxid mit Eisen herstellen.
- **a** Erstelle für die theoretische Reaktion eine Energiebilanz (▸ **2**) und erläutere das Diagramm.
- **b** Überlege und begründe, ob sich Eisen aus Eisenoxid mit Magnesium herstellen lässt.

Redoxreaktion – ein Begriff im Wandel

Vom Phlogiston zum Oxygène Die erste umfassende Theorie zur Verbrennung entwickelte GEORG ERNST STAHL 1697. Entgegen seinen damaligen Kollegen sah er in dem Vorgang der Metallgewinnung kein Rausschmelzen des Metalls aus den Erzen, sondern eine chemische Reaktion. Er vermutete, dass die Holzkohle etwas zu dem Metalloxid (damals Metallkalk) hinzufügen würde und so das Metall entstünde. Verbrennt Kohlenstoff, wird nach seiner Theorie Phlogiston freigesetzt und Asche bleibt zurück. Ebenso entsteht bei der Verbrennung von Metall Phlogiston und Metallkalk.

Die Metalle waren für ihn chemische Verbindungen aus dem Element Phlogiston und dem Metalloxid. Reagiert Holzkohle mit Metallkalk, wird das Phlogiston von der Holzkohle zum Metallkalk übertragen.

Phlogistonaufnahme

Kupferkalk + Holzkohle ⟶ Kupfer + Asche

Phlogistonabgabe

Nicht erklären konnte STAHL die Massenzunahme bei der Verbrennung von Metallen an der Luft. Zwischen 1770 und 1772 entdeckten der Schwede CARL WILHELM SCHEELE und der Engländer JOSEPH PRIESTLEY bei der Analyse von bestimmten Metalloxiden den Sauerstoff. Doch erst durch den Chemiker ANTOINE LAURENT DE LAVOISIER wurde er so benannt: „Bei der Verbrennung der Metalle kommt es zur Vereinigung der Metalle mit Lebensluft." Diese Lebensluft bezeichnete er später als Oxygène (franz.: Sauerstoff).

3 Im 18. Jahrhundert wurde angenommen, dass bei der Verbrennung das „Feuerelement" Phlogiston aus allen Stoffen entweicht.

Oxidation – Reduktion – Redoxreaktion Auch noch heute wird die Reaktion eines Stoffes mit dem Element Sauerstoff häufig als **Oxidation** bezeichnet. Die Umkehrung der Oxidbildung (Oxidation) wird als **Reduktion** bezeichnet (lat. *reducere:* zurückführen). Der Begriff leitete sich von der Rückführung des Metalls aus seinen Verbindungen ab.

Die bei einer Sauerstoffübertragungsreaktion ablaufenden Teilprozesse der Sauerstoffaufnahme und -abgabe können deshalb auch als **Oxidation** und **Reduktion** bezeichnet werden. Die Sauerstoffübertragungsreaktion ist ein Beispiel für eine **Redoxreaktion**.

Reduktion

Kupferoxid + Eisen ⟶ Kupfer + Eisenoxid

Oxidation

Kupferoxid ermöglicht die Oxidation des Eisens. Es wird deshalb als **Oxidationsmittel** bezeichnet. Kupferoxid wird selbst reduziert. Eisen ermöglicht die Reduktion des Kupferoxids und wird deshalb als **Reduktionsmittel** bezeichnet. Eisen wird selbst oxidiert.

Auch der Begriff Redoxreaktion wird heutzutage nicht mehr nur auf Sauerstoffübertragungsreaktionen bezogen. Reaktionen zwischen Metallsulfiden mit Metallen oder zwischen Metallen und Halogenen sind auch Redoxreaktionen, bei denen allerdings kein Sauerstoff übertragen wird.

Aufgaben

1 Vergleiche die Reaktion für die Sauerstoffübertragung von Kupferoxid mit Holzkohle (Kohlenstoff) mit der Übertragungsreaktion des Phlogistons. Kennzeichne Sauerstoffaufnahme und -abgabe.

2 Schreibe einen Brief an STAHL, in dem LAVOISIER die Phlogistontheorie mit der Massenzunahme bei der Verbrennung von Eisen an der Luft widerlegt.

Sauerstoffaffinitätsreihe der Metalle

Modeschmuck zeigt zum Teil schon nach kurzer Zeit unschöne Verfärbungen. Der Goldschmuck der ägyptischen Pharaonen sieht dagegen heute noch so aus wie vor tausenden Jahren.

1 Gold glänzt auch noch nach Jahrtausenden.

Abschätzen von Sauerstoffübertragungsreaktionen Metalle lassen sich durch Sauerstoffübertragungsreaktionen aus ihren Metalloxiden gewinnen. Kupfer kann z. B. durch Reaktion mit Eisen oder Aluminium aus Kupferoxid gewonnen werden. Umgekehrt findet aber bei Eisenoxid oder Aluminiumoxid mit Kupfer keine Reaktion statt (▸Exp. 9, S. 117). Der Grund hierfür liegt im unterschiedlichen Bestreben der Metalle, mit Sauerstoff zu reagieren – der **Sauerstoffaffinität**.

Unedle Metalle wie Magnesium und Eisen, aber auch Nichtmetalle wie Kohlenstoff und Wasserstoff haben eine große Affinität zu Sauerstoff. Sie bilden Oxide mit hoher Stabilität.
Edle Metalle wie Gold, Silber und Kupfer reagieren nur sehr langsam oder gar nicht mit Sauerstoff zu ihren jeweiligen Oxiden. Ihre Sauerstoffaffinität ist sehr gering.
Werden die Metalle nach ihrer Sauerstoffaffinität angeordnet, ergibt sich die **Sauerstoffaffinitätsreihe**.

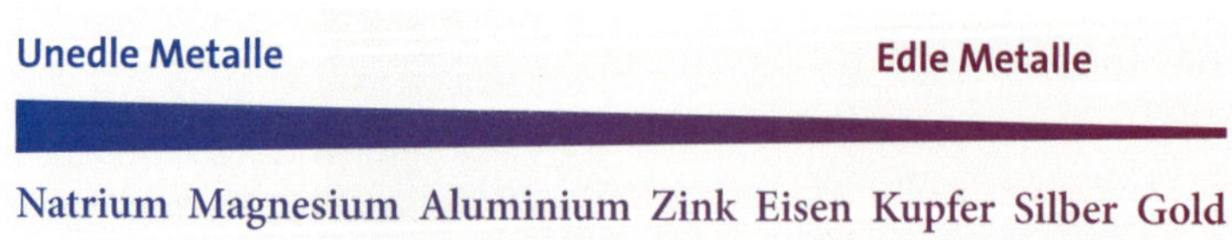

2 Sauerstoffaffinitätsreihe der Metalle

Mithilfe der Sauerstoffaffinitätsreihe können Sauerstoffübertragungsreaktionen abgeschätzt werden: Das Oxid eines Metalls reagiert immer mit dem in der Reihe jeweils weiter links angeordneten unedleren Metall. Je weiter auseinander die Metalle stehen, desto stärker exotherm verläuft die Reaktion.

Aufgaben

1 Entscheide und begründe, ob die Reaktion zwischen diesen Stoffen möglich ist. Formuliere das Reaktionsschema und kennzeichne Sauerstoffaufnahme und -abgabe.
- **a** Zinkoxid und Magnesium
- **b** Silberoxid und Eisen
- **c** Kupferoxid und Gold
- **d** Kupferoxid und Natrium

2 Kohlenstoff reagiert mit Eisenoxid. Magnesium reagiert mit Kohlenstoffdioxid. Ordne Kohlenstoff in die Sauerstoffaffinitätsreihe ein.

3 Erkläre, warum edle Metalle in der Natur elementar, unedle aber nur in Verbindungen auftreten.

Herstellung von Roheisen vor Ort Beim Verlegen von Eisenbahnschienen müssen die einzelnen Enden der Schienenstränge miteinander verschweißt werden. Hierfür wird flüssiges Eisen benötigt, das die Lücke zwischen den Schienenenden ausfüllen kann. Das flüssige Eisen wird vor Ort mithilfe des **aluminothermischen Verfahrens** (Thermitverfahren) hergestellt.

3 Flüssiges Eisen verbindet die Enden zweier Eisbahnschienen.

Aluminothermisches Verfahren Zur Eisengewinnung wird Eisenoxid mit Aluminiumgrieß versetzt und in einem feuerfesten Gefäß gezündet. Aus der Sauerstoffaffinitätsreihe ist ersichtlich, dass Aluminium ein stärkeres Bestreben zu Sauerstoff hat als Eisen. Während der Reaktion entzieht Aluminium dem Eisenoxid den Sauerstoff. Als Reaktionsprodukte entstehen Eisen und Aluminiumoxid (▸Exp. 11).
Bei dieser Reaktion entsteht innerhalb weniger Sekunden eine Temperatur von etwa 2 400 °C. Das noch flüssige Eisen fließt durch eine Öffnung des Reaktionsgefäßes in eine um die Schienen befestigte Form (▸3). Durch die hohen Temperaturen werden die Enden der Schienen dauerhaft miteinander verbunden.

Sauerstoffabgabe (Eisenoxid → Eisen)

Aluminium (s) + Eisenoxid (s) ⟶ Aluminiumoxid (s) + Eisen (s) | exotherm

Sauerstoffaufnahme (Aluminium → Aluminiumoxid)

Beim **aluminothermischen Verfahren** werden Metalle durch die Reaktion ihrer Oxide mit dem unedlen Aluminium gewonnen. Es wird beispielsweise für die Herstellung von Silicium, Mangan (▸Exp. 10) und Chrom verwendet. Als Produkt entsteht ein Gemisch aus dem gewünschten Metall und Aluminiumoxid.
Für die Gewinnung hochreiner Metalle ist es nicht geeignet, so darf der Grad der Verunreinigungen beim Silicium zur Halbleiterproduktion maximal ein milliardstel Prozent betragen.

Exp. 10 | L

Herstellung von Mangan

Vorsicht! Nur im Freien durchführen! Mangan(IV)-oxidpulver (GHS03|07) und Aluminiumgrieß (GHS02) werden gut vermischt und in einen in Sand eingebetteten Faltenfilter gefüllt. Auf das Gemisch wird Magnesiumpulver (GHS02) gegeben und mit einem Magnesiumband (GHS02) gezündet.

Exp. 11 | L

Aluminothermisches Verfahren

Vorsicht! Nur im Freien durchführen!
Ein Blumentopf wird unten mit einer dünnen Blechscheibe, Alufolie oder einem Filterpapier verschlossen und mit einem Thermitgemisch aus Eisenoxid (GHS07) und Aluminiumgrieß (GHS02) im Massenverhältnis 3 : 1 gefüllt. Das Gemisch wird mit einer Wunderkerze oder einem Magnesiumband (GHS02) gezündet.

Aufgaben

1 Begründe, warum das aluminothermische Verfahren besonders zur Herstellung kleiner Stoffportionen geeignet ist.

2 Formuliere das Reaktionsschema für die aluminothermische Gewinnung von Mangan und Chrom aus ihren Oxiden. Kennzeichne Sauerstoffaufnahme und -abgabe.

Industrielle Eisengewinnung

A wie Autokarosserie bis Z wie Zahnspange – Gegenstände aus Eisen begegnen uns ständig im Alltag. Die Anzahl der Verwendungsmöglichkeiten zeigt die große Vielseitigkeit und Bedeutung von Eisen und seinen Legierungen.

1 Bahnschienen – ohne Sauerstoffübertragungsreaktionen nicht möglich.

Eisen – ein wichtiger Rohstoff Abgesehen von eisenhaltigen Meteoriten kommt Eisen aufgrund seiner Reaktionsfreudigkeit in der Natur nur in Verbindungen vor. Es gibt etwa 100 verschiedene Eisenmineralien, von denen nur fünf zur industriellen Eisengewinnung verwendet werden. Hierzu zählen Hämatit, Limonit und Magnetit.
Nach dem bergmännischen Abbau werden die Eisenerze zunächst zerkleinert und vom eisenfreien Begleitgestein getrennt. Im Fall von Magnetit kann diese Trennung sehr leicht über eine Magnetabscheidung geschehen: Aus dem Namen ist ableitbar, dass dieses Eisenmineral magnetisch ist.

2 Abstich des Roheisens am Hochofen

Herstellung von Roheisen im Hochofen Das Eisen muss durch Sauerstoffübertragungsreaktionen aus den im Erz enthaltenen Eisenoxiden gewonnen werden. Die Reaktionen finden in einem **Hochofen** statt. Dieser ist ein bis zu 50 m hoher, auf dem Gegenstromprinzip basierender Gebläseofen. Der aus feuerfesten Steinen gemauerte Innenraum wird von einem Stahlmantel umschlossen. Die heißeren Bereiche des Hochofens werden mit Wasser gekühlt, sodass er einem Dauerbetrieb von zehn Jahren und länger standhält.

Von oben wird der Hochofen schichtweise mit **Koks** und einer Mischung aus **Eisenerzen** und **Zuschlägen** befüllt. Letztere dienen dazu, schwer schmelzbare eisenfreie Bestandteile des Erzes, die Gangart, in leicht schmelzbare Verbindungen, die **Schlacke**, zu überführen. Prinzipiell findet die Sauerstoffübertragungsreaktion mit Kohlenstoff statt, der dabei zu Kohlenstoffdioxid reagiert (▸ Exp. 12). Da das Erz und der Kohlenstoff feste Stoffe sind, ist die Kontaktfläche zwischen ihnen gering, und eine Reaktion kann nur langsam ablaufen.

Ein gasförmiger Stoff kann sich hingegen gut mit dem Erz durchmischen. Daher wird bei der Herstellung von Roheisen Kohlenstoffmonooxid verwendet. Dazu wird am unteren Ende des Hochofens der **Wind**, 900 °C bis 1 300 °C heiße Luft, in den Ofen geblasen. Der Koks reagiert mit dem Sauerstoff im Wind in einer stark exothermen Reaktion zu Kohlenstoffdioxid. Es reagiert mit weiterem Koks zu Kohlenstoffmonooxid, das nach oben steigt und in einer Sauerstoffübertragungsreaktion mit den Eisenoxiden umgesetzt wird. Oben aus dem Ofen tritt das **Gichtgas** aus. Es enthält neben Stickstoff noch Kohlenstoffdioxid, Kohlenstoffmonooxid und Wasserstoff. Das Gichtgas wird zum Vorheizen des Windes und zur Stromerzeugung genutzt.

Das flüssige **Roheisen** sammelt sich am Boden des Hochofens. Es wird mit der Schlacke in bestimmten Zeitabständen abgestochen. Dazu werden die **Abstichlöcher** am unteren Ende des Hochofens aufgebohrt und die flüssigen, etwa 1 500 °C heißen Produkte aufgefangen und getrennt (▸**2**). Im Roheisen sind noch Verunreinigungen von Kohlenstoff, Phosphor und Schwefel enthalten. Daher ist es hart und spröde. Der größte Teil des Roheisens wird zu verschiedenen Stählen weiterverarbeitet (▸S. 127). Nur ein kleiner Teil wird als Gusseisen verwendet.

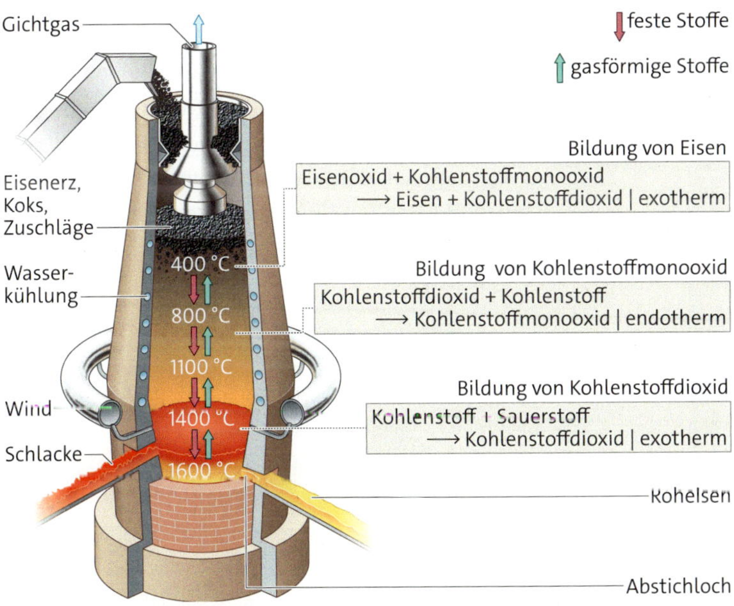

3 Vorgänge im Hochofen

Exp. 12 | L

Modellexperiment zum Hochofenprozess

Abzug! Ein Quarzrohr wird abwechselnd mit Aktivkohle und Eisen(III)-oxid (GHS07) gefüllt. Die unterste Kohleschicht wird mit zwei Gasbrennern zum Glühen gebracht und Sauerstoff (GHS03) in das Reaktionsrohr geleitet. Danach werden das Eisen(III)-oxid und die obersten Schichten erhitzt. Austretendes Kohlenstoffmonooxid (GHS02|06|08) wird entzündet. Wenn beide Kohleschichten glühen, werden die Brenner entfernt und die Sauerstoffzufuhr reduziert.

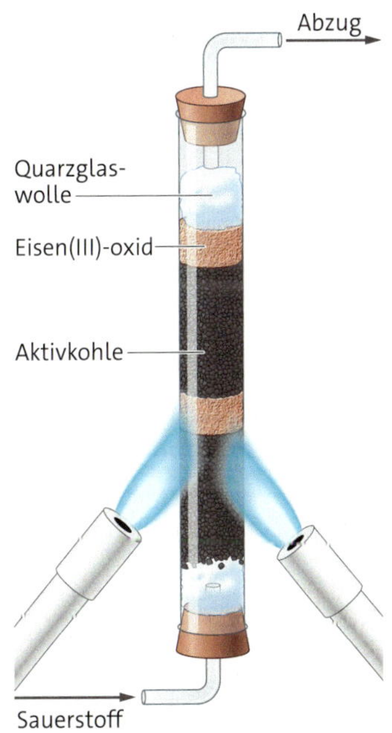

Aufgaben

1 Zeige mithilfe der Reaktionsschemata, dass es sich bei der Eisengewinnung im Hochofen um eine Sauerstoffübertragungsreaktion handelt (▸**3**).

2 Erstelle ein Energiediagramm für die Gewinnung von Eisen aus Eisenoxiden.

3 Erkläre, warum die Schlacke als Schutz des gewonnenen Eisens dient.

4 Informiere dich über Eigenschaften und Verwendung von Gusseisen.

Aus Metallen werden Gebrauchsgegenstände

Zink – die „graue Maus" der Metalle Das Metall Zink stand stets im Schatten anderer Metalle, dennoch ist es nach Eisen, Kupfer und Aluminium das heute am vierthäufigsten produzierte Metall.
So ist z. B. Messing eine Legierung aus den Metallen Kupfer und Zink und wird für Münzen, Musikinstrumente oder Armaturen im Sanitärbereich eingesetzt.

Korrosionsschutz Zink ist unter den Metallen die Nummer eins, wenn es um Korrosionsschutz (Schutz gegen Rost) für Eisen und Stahl geht. Über die Hälfte des in Deutschland verwendeten Zinks werden zur Oberflächenbeschichtung genutzt, die oft nur wenige tausendstel Millimeter dick ist. Das unedle Zink reagiert leicht mit dem Luftsauerstoff und bildet eine dichte, fest haftende Zinkoxidschicht, die das darunterliegende Eisen schützt.

Zink in Batterien Schon in den ersten Batterien wie der Volta-Säule (um 1800) oder dem Daniell-Element (1836) wurde Zink als Elektrodenmaterial genutzt. Zink-Kohle-Batterien waren die ersten im industriellen Maßstab gefertigten Batterien. Heute ist Zink immer noch in den weitverbreiteten Alkali-Mangan-Batterien (Alkaline), in Zink-Luft- oder Zink-Silberoxid-Zellen (z. B. für Hörgeräte) enthalten.

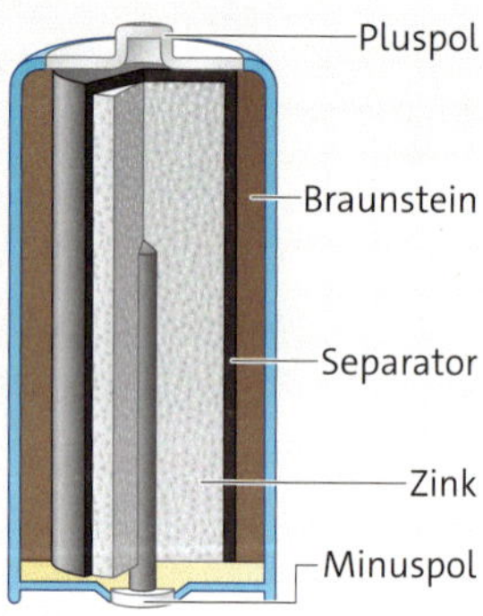

1 Aufbau einer Batterie

Vom Erz zum Zink Zinkerze werden z. B. in Thailand, Brasilien, Australien und Russland abgebaut. Auch in Deutschland gab es Zinkerzlagerstätten, z. B. bei Stolberg im Rheinland, im Harz und im Erzgebirge. Ein Abbau erfolgt heute nicht mehr, die Vorräte sind erschöpft.
Der Rohstoff für die Zinkgewinnung hat also bereits eine weite Reise hinter sich, bevor er in Deutschland zu elementarem Zink verarbeitet wird. In der Nähe der Minen, in denen das Zinkerz, z. B. die Zinkblende, im Tief- oder Tagebau abgebaut wird, stehen Anlagen, in denen der Massenanteil von 5 bis 15 % Zink im Erz auf etwa 55 % im sogenannten Konzentrat angereichert wird. Das abgebaute zinkarme Gestein bleibt so vor Ort.
Das Zinkkonzentrat, der Rohstoff für die Zinkgewinnung, enthält in Verbindungen außer Zink noch etwa 20 % Schwefel sowie immer Eisen, Blei und Silber. Zunächst wird das Konzentrat auf über 900 °C erhitzt, sodass Zinksulfid zu Zinkoxid reagiert. Der Vorgang wird als Rösten bezeichnet. Gleichzeitig verbindet sich der Schwefel mit Sauerstoff zu Schwefeldioxid. Bei der pyrometallurgischen Zinkgewinnung wird das Röstgut unter Zusatz von Kohle aufgeschmolzen.

2 Zinkblende (Zinksulfid), wichtigstes Mineral der Zinkgewinnung

Aufgaben

1 Erstelle ein Poster über die vielfältige Nutzung von Zink. Nutze zur Recherche auch das Internet.

2 Informiere dich über die pyrometallurgische Zinkgewinnung. Beschreibe das Verfahren. Charakterisiere die Reaktionen, die dabei ablaufen, und stelle die Gleichungen auf.

Stahl – ein wichtiger Werkstoff Im Gegensatz zu Stahl lässt sich Roheisen im warmen und im kalten Zustand durch Walzen, Pressen, Ziehen und Schmieden nicht formen. Dies liegt an den Verunreinigungen durch Kohlenstoff sowie Schwefel und Phosphor. In einem Konverter werden die Verunreinigungen durch Reaktion mit Sauerstoff aus dem Roheisen weitgehend entfernt (▸**6**). Bei der Reaktion wird so viel Energie frei, dass die Temperatur der Schmelze um 200 °C ansteigt. Neben Roheisen kann deshalb auch Stahlschrott eingeschmolzen und recycelt werden. Der so gewonnene Stahl hat einen Massenanteil an Kohlenstoff von maximal 1,7 %. Durch die Zugabe verschiedener Legierungselemente, z. B. Chrom, Wolfram und Nickel, können Stähle mit unterschiedlichen Eigenschaften hergestellt werden.

3 Besteck aus Chromnickelstahl (ca. 25 % Chrom, ca. 20 % Nickel; hart, zäh, hitze- und rostbeständig)

Weltstahlproduktion Um ein Kilogramm Roheisen im Hochofen zu produzieren, wird fast ein halbes Kilogramm Kohlenstoff benötigt. Daraus entstehen letztendlich rund 1,8 kg Kohlenstoffdioxid. Stahl wird aber nicht nur aus Roheisen erzeugt. Durch das Recycling von Schrott werden Energie und wertvolle Ressourcen gespart.

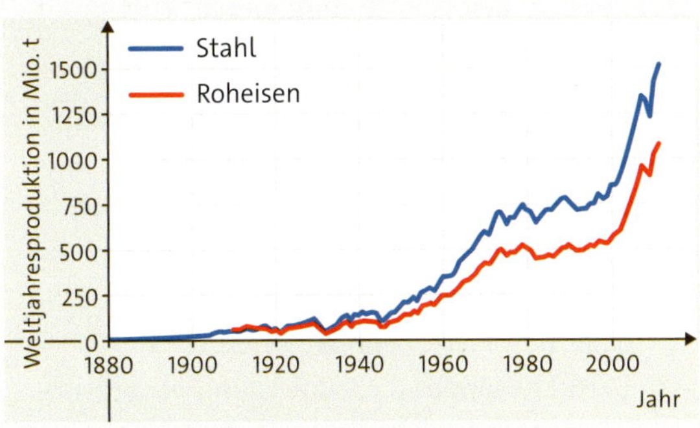

4 Der rasante Anstieg in den letzten zehn Jahren spiegelt auch die Industrialisierung von Schwellenländern wie China und Indien wider.

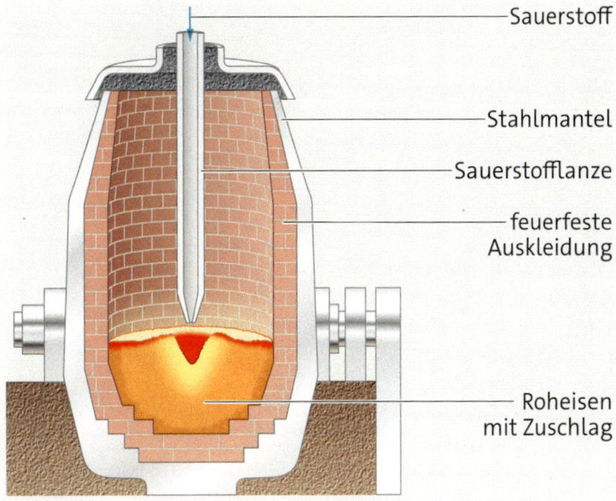

5 Schema eines Konverters

Info 1 **Die Top 7 der Stahlhersteller**

2011 wurden 75 % des Stahls von den „Top 7" der Herstellerländer produziert. Allein China erzeugte über 683 Millionen Tonnen Stahl.

Seit 1990 hat China seine Produktion mehr als verzehnfacht, obwohl es nicht mal 10 % seines Stahls exportiert.

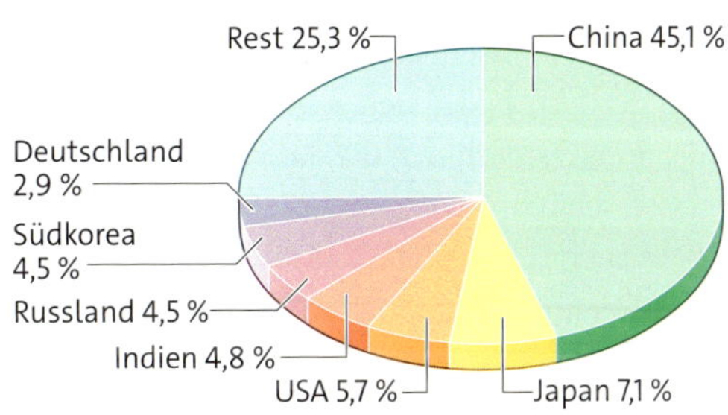

Aufgaben

1 Informiere dich über die Entwicklung der Weltstahlproduktion (▸**4**), z. B. im Internet. Berücksichtige dabei auch Energie- und Umweltaspekte. Stelle die Ergebnisse anschaulich dar.

2 Berechne die Gesamtmasse an Kohlenstoffdioxid, die durch die Roheisenproduktion 2011 entstanden ist. Vergleiche mit der Gesamtemission von Kohlenstoffdioxid für 2011 (30 Billionen Kilogramm).

3 Erkunde, welche Auswirkungen der Zusatz von Chrom, Vanadium und Mangan auf die Eigenschaften von Stahl hat.

1 Einkaufszentrum in Birmingham. Die Fassade ist mit 15 000 Aluminium-Scheiben bedeckt.

Aluminium – ein Leichtmetall Mit einer Dichte von 2,7 g/cm³ gehört Aluminium zu den Leichtmetallen. Aufgrund dieser geringen Dichte und seiner hohen Festigkeit ist das Metall für die Herstellung von Flugzeugen und Fahrzeugen der Straße und Schiene von besonderer Bedeutung. Andere Anwendungsgebiete sind Fenster, Getränkedosen, Verkleidungen oder Verpackungsmaterialien.
Obwohl Aluminium eine höhere Sauerstoffaffinität aufweist als z. B. Eisen, gilt es als korrosionsbeständiger. An der Luft bildet sich sehr schnell eine hauchdünne, feste Oxidschicht, die das restliche Metall vor Sauerstoff schützt. Seine gute elektrische Leitfähigkeit macht es auch für die Elektrotechnik interessant.
Nach Sauerstoff und Silicium ist Aluminium das dritthäufigste Element der Erdkruste, allerdings tritt es nicht in reiner Form auf, sondern wird vor allem aus dem Mineral Bauxit gewonnen. Bauxit besteht zum Großteil aus Aluminiumoxid, das mit Silicium- oder Eisenverbindungen versetzt ist.

2 Bauxit

	Energieaufwand pro kg	Kohlenstoffdioxid-Emission pro kg
Aluminium	69 kWh	16,1 kg
Stahl	6,31 kWh	1,65 kg

3 Vergleich Karosserieproduktion

Aluminiumherstellung 1825 gelang erstmals die Herstellung von Aluminium, das zu jener Zeit wertvoller als Gold war. Charles Martin Hall und Paul Héroult entwickelten im Jahre 1886 das bis heute weitgehend unveränderte Verfahren zur großtechnischen Gewinnung von Aluminium. Gegenwärtig werden mehrere Millionen Tonnen Aluminium pro Monat produziert und der Preis beträgt nicht mal mehr 0,01 % vom Goldpreis.
Nach Aufbereitung des Bauxits wird das Aluminium durch elektrischen Strom gewonnen. Bei dieser Elektrolyse (Analyse durch elektrischen Strom) wird das geschmolzene Aluminiumoxid in die Elemente Sauerstoff und Aluminium zerlegt. Aluminiumoxid ist eine sehr stabile Verbindung, aus der Aluminium nur mit einem hohen Energieaufwand gewonnen werden kann. Für 1 kg Aluminium werden circa 15 kWh elektrische Energie benötigt. Das entspricht ungefähr dem jährlichen Stromverbrauch eines kleinen Fernsehers, der täglich zwei Stunden läuft.

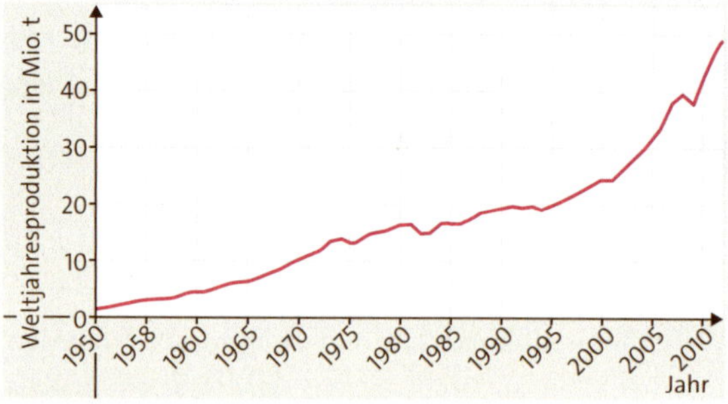

4 Weltjahresproduktion an Aluminium

Aufgaben

1 Erkläre anhand eines Energiediagramms, warum die Gewinnung von Aluminium sehr energieaufwendig ist.

2 Bewerte die Verwendung von Aluminium statt Stahl für den Bau von Autokarosserien.
- **a** Berechne Energieaufwand und Kohlenstoffdioxid-Emission für 100 kg Aluminium bzw. 200 kg Stahl, die jeweils für die Produktion einer Karosserie benötigt werden (▸ 3).
- **b** Berechne jeweils die Laufleistung, ab der sich die Verwendung von Aluminium lohnt, wenn sich pro 100 km 4,2 kWh Energie und 1,2 kg Kohlenstoffdioxid einsparen lassen.

Silicium Nach Sauerstoff ist Silicium der zweithäufigste Bestandteil der Erdkruste. Es kommt überwiegend als Quarzsand (Siliciumdioxid) vor. Silicium zählt zu den Halbmetallen und ist aufgrund seiner guten Dotierbarkeit (Einlagerung von Fremdatomen) das geeignetste Grundmaterial der Mikroelektronik. Durch die Dotierung können die elektronischen Eigenschaften gezielt verändert werden.

Vom Quarzsand zum Mikrochip Silicium wird industriell überwiegend aus Quarzsand und Holzkohle im Schmelzreduktionsofen bei 2000 °C gewonnen. Es enthält noch bis zu 2 % Verunreinigungen.
Grundlage zur Herstellung von Mikrochips bilden sogenannte Wafer. Das sind dünne Scheiben aus Reinstsilicium (99,999 9999 % Reinheit). Je nach Durchmesser befinden sich später über 100 Chips auf dem Wafer (▸ **6**). Die Scheiben werden aus einer Säule gesägt. Sie besteht aus einem einzigen Siliciumkristall. Der Einkristall wird durch das Zonenziehverfahren hergestellt. Hierfür wandert eine Heizspirale langsam von unten nach oben und schmilzt die Säule stückweise auf. Durch das Aufschmelzen werden die noch vorhandenen Verunreinigungen im Silicium gesammelt. Sie verbleiben in der Schmelzzone und wandern mit nach oben, wo sie abgetrennt werden.

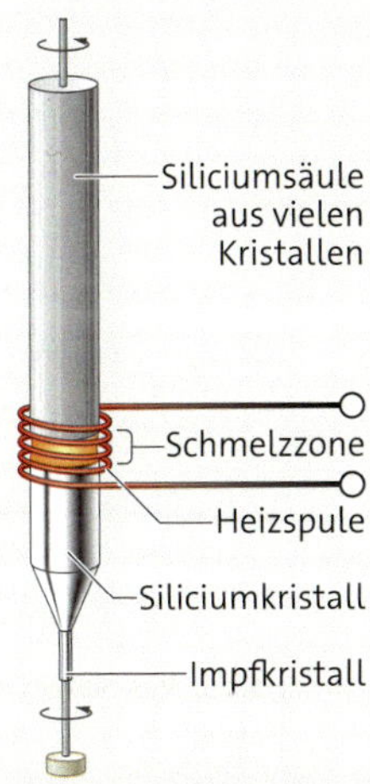

5 Zonenziehverfahren (Schema)

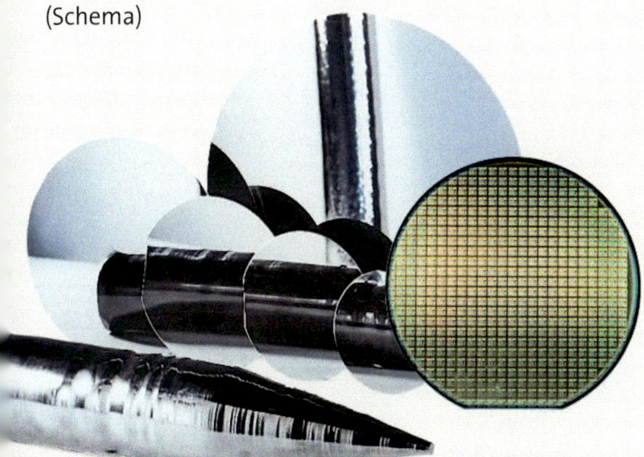

6 Siliciumkristall und Siliciumwafer

7 Quarzsand als Ausgangsstoff für die Siliciumherstellung

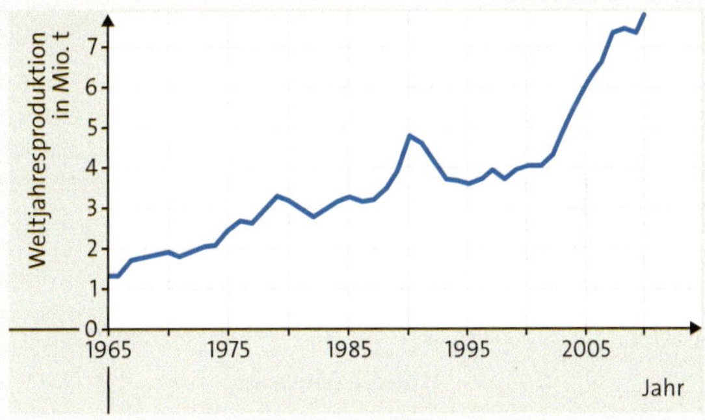

8 Weltjahresproduktion an Silicium – 10 % werden zu Reinstsilicium für Mikrochips weiterverarbeitet.

Weitere Verwendungen In Verbindungen tritt Silicium noch in Glas (Siliciumdioxid mit Natrium- und Calciumoxid gemischt) sowie in Siliconen (lange Ketten aus Silicium- und Sauerstoffatomen) auf. In Form von gemahlenem Quarzsand ist es Bestandteil von Porzellan. Als Reinstoff ist es als Halbleitermaterial in Solarzellen enthalten.

Aufgaben

1 Formuliere das Reaktionsschema zur Herstellung von Silicium aus Quarzsand und Kohlepulver. Bestimme die Reaktionsart.

2 Beschreibe das Diagramm (▸ **8**) und entwickle Erklärungsansätze für den Anstieg der Siliciumproduktion.

3 Stelle Verwendungsmöglichkeiten des Siliciums in einer Mindmap dar. Unterscheide dabei zwischen Silicium und Siliciumverbindungen.

Gewinnung von Metallen

Synthese	Chemische Reaktion, bei der eine chemische Verbindung aus den Elementen gebildet wird
Analyse	Chemische Reaktion, bei der eine chemische Verbindung in ihre Elemente zerlegt wird
Sauerstoffübertragungsreaktion	Chemische Reaktion, bei der eine Sauerstoffübertragung stattfindet. Bei einer Sauerstoffübertragungsreaktionen finden Sauerstoffabgabe und Sauerstoffaufnahme gleichzeitig statt. Sauerstoffübertragungsreaktionen haben große Bedeutung bei technischen Prozessen, z. B. bei der Eisenerzeugung im Hochofenprozess.
Sauerstoffaffinität	Chemisches Bestreben eines Stoffes mit dem Element Sauerstoff zu reagieren. Je größer die Sauerstoffaffinität eines Stoffes ist, desto stabiler ist das Oxid, das sich bei dieser Reaktion bildet.
Sauerstoffaffinitätsreihe der Metalle	Mithilfe der Sauerstoffaffinitätsreihe der Metalle können mögliche Reaktionen mit Sauerstoffübertragung abgeschätzt werden. Je weiter rechts ein Metall steht, desto geringer ist seine Affinität zu Sauerstoff und desto weniger stabil ist das entsprechende Metalloxid. **Unedle Metalle** → **Edle Metalle** Natrium, Magnesium, Aluminium, Zink, Eisen, Kupfer, Silber, Gold
Hochofenprozess	Verfahren zur Herstellung von Roheisen aus Eisenerzen durch Reaktionen mit Sauerstoffübertragung Eisenoxid (s) + Kohlenstoffmonooxid (g) ⟶ Eisen (s) + Kohlenstoffdioxid (g) | exotherm Sauerstoffabgabe: Eisenoxid → Eisen; Sauerstoffaufnahme: Kohlenstoffmonooxid → Kohlenstoffdioxid
Aluminothermisches Verfahren	Verfahren zur Herstellung von Metallen aus ihren Oxiden durch Sauerstoffübertragung mit Aluminium Aluminium (s) + Eisenoxid (s) ⟶ Aluminiumoxid (s) + Eisen (s) | exotherm Sauerstoffabgabe: Eisenoxid → Eisen; Sauerstoffaufnahme: Aluminium → Aluminiumoxid

Aufgaben

1 Erläutere anhand eines selbst gewählten Beispiels, wann eine Sauerstoffübertragungsreaktion vorliegt.

2 Quecksilber kann durch Erhitzen von Quecksilberoxid mit dem Brenner gewonnen werden. Kupfer kann so aber nicht aus Kupferoxid gewonnen werden.
- **a** Erkläre mithilfe eines Energiediagramms.
- **b** Beschreibe eine Möglichkeit, Kupfer aus Kupferoxid herzustellen.

3 Formuliere für die folgenden Reaktionen jeweils das Reaktionsschema. Kennzeichne Sauerstoffaufnahme und Sauerstoffabgabe.
- **a** Silberoxid reagiert mit Magnesium.
- **b** Zinkoxid reagiert mit Aluminium.
- **c** Natrium reagiert mit Kupferoxid.
- **d** Magnesium reagiert mit Kohlenstoffdioxid.

4 Die Analyse von Kohlenstoffdioxid ist eine endotherme chemische Reaktion. Die Sauerstoffübertragungsreaktion von Kohlenstoffdioxid mit Magnesium ist demgegenüber eine exotherme Reaktion. Erkläre dieses Phänomen.

5 Ein Chemielaborant soll aus Aluminiumoxid Aluminium herstellen. Als Reaktionspartner stehen Eisen, Kupfer, Zink und Magnesium zur Auswahl.
Empfiehl dem Laboranten einen geeigneten Reaktionspartner. Begründe deine Wahl. Stelle das Reaktionsschema auf und kennzeichne die Sauerstoffübertragung.

6 Magnesium reagiert mit Schwefeldioxid.
- **a** Formuliere eine Vermutung über die zu erwartenden Beobachtungen.
- **b** Stelle das Reaktionsschema auf und kennzeichne die Sauerstoffübertragung.

7 Bei der Herstellung von Stahl wird neben Roheisen auch eine beachtliche Masse an Eisenschrott eingesetzt.
Erkläre, warum dies notwendig und unter Umweltaspekten günstig ist.

8 In einer Schülerarbeit wird folgende Aussage getroffen: „Um bei Sauerstoffübertragungsreaktionen einen reinen Stoff zu erhalten, muss als Reaktionspartner Kohlenstoff eingesetzt werden. Dadurch dass die Reaktionsprodukte des Kohlenstoffes gasförmig sind, entstehen immer Reinstoffe."
Beurteile diese Aussage.

9 Silicium ist für die Halbleiterindustrie ein wichtiger Ausgangsstoff. Zur Gewinnung wird einfacher Quarzsand zusammen mit Koks auf etwa 2000 °C erhitzt.
- **a** Formuliere das Reaktionsschema für die Herstellung von Silicium mit Koks.
- **b** Bestimme die Reaktionsart und begründe deine Wahl.

10 Der Hochofenprozess ist ein Verfahren zur Herstellung von Roheisen.
- **a** Skizziere und beschrifte eine schematische Darstellung vom Hochofen.
- **b** Beschreibe die Vorgänge im Hochofen auch unter Verwendung von Reaktionsschemata.

11 Erläutere, was man unter dem aluminothermischen Verfahren versteht, und gib ein Beispiel an, bei dem es Verwendung findet.

Hilfe zu den Aufgaben findest du auf den Seiten ...

1	120	7	124 f.
2	119 f.	8	120, 125
3	120	9	120
4	118 ff.	10	124 f.
5	122	11	123
6	120		

▶ Die Lösungen findest du im Anhang.

Material A: Damaszener Stahl

Damaszener Stahl hatte vor allem im Mittelalter große Bedeutung. Er entstand aus einem sehr weichen und einem sehr harten Stahl.
Das Eisen für die Damaszener Klingen wurde schon vor mehr als tausend Jahren in sogenannten Rennöfen hergestellt. Der Rennofen war dabei ein kleiner Ofen – nicht höher als ein Meter –, der feuerfest aus Bruchstein und Lehm gemauert war.

Der Anteil an Kohlenstoff ist für die Eigenschaften von Eisen und Stahl sehr wichtig. Erst ab einem Kohlenstoffanteil von 0,5 % ist Stahl härtbar. Dabei gilt: Je höher der Kohlenstoffanteil im Stahl ist, desto höher ist seine Härte und seine Festigkeit. Gleichzeitig nimmt die Dehnbarkeit und Bearbeitbarkeit ab.

A3 Einfluss des Kohlenstoffanteils auf die Stahleigenschaften

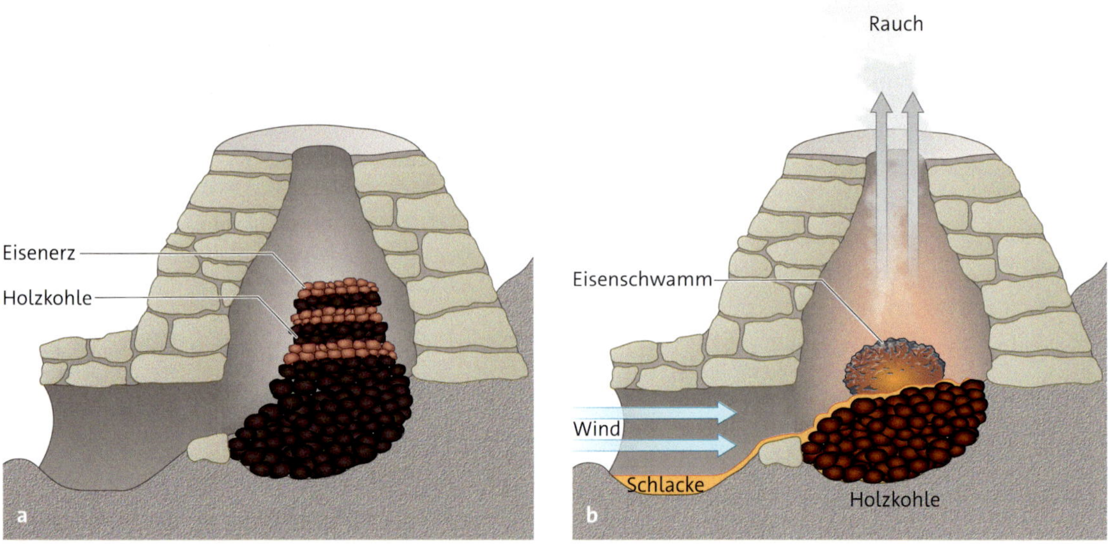

A1 Schema der Eisenherstellung mithilfe des Rennofens: **a** Befüllung mit Kohle und Erz, **b** in Betrieb

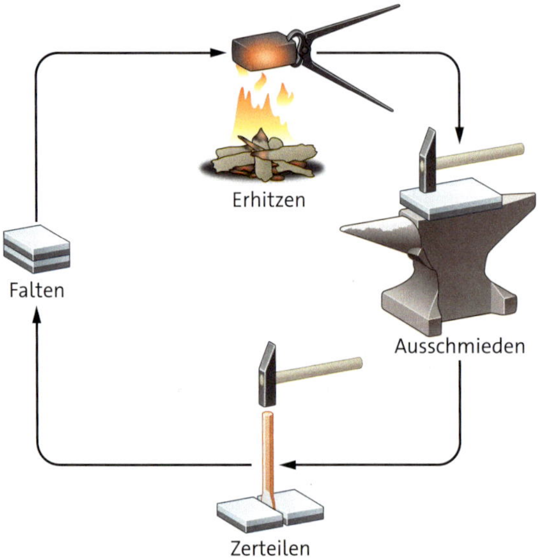

A2 Schema der Herstellung von Damaszener Stahl

1 Beschreibe den Aufbau eines Rennofens und erläutere die darin ablaufenden Vorgänge (▸ **A1**).

2 Vergleiche die historische Herstellung im Rennofen mit einem modernen Hochofen (▸ **A1**).

3 Formuliere das Reaktionsschema für die Vorgänge im Rennofen (▸ **A1**).

4 Damaszener Stahl könnte auch als Verbundstahl bezeichnet werden. Erläutere die Aussage mithilfe des Schemas (▸ **A2**).

5 Stelle den Zusammenhang zwischen dem Kohlenstoffanteil im Stahl und den daraus folgenden Eigenschaften tabellarisch dar. Erläutere daraus, warum vor allem Schwerter aus Damaszener Stahl hergestellt wurden (▸ **A3**).

Material B: Brände und Löschmittel

Nicht jedes Löschmittel ist für jeden Brand geeignet. Die Feuerwehr setzt neben Wasser auch Kohlenstoffdioxid sowie weitere Spezialpulver zum Löschen ein.

B1 Kohlenstoffdioxid: Löschmittel oder Brandbeschleuniger?

Gibt man ein Stück brennendes Magnesium auf festes Kohlenstoffdioxid (▸ **B1**), setzt eine heftige Reaktion ein, bei der am Ende ein weißer Feststoff zurückbleibt. Zum Löschen von Metallbränden werden diese mit Metallbrandpulver, z. B. Kochsalz oder Sand, einfach zugeschüttet.

B2 Öl- bzw. Fettbrand

1 Nenne wesentliche Beobachtungen, die für die Reaktion zwischen Magnesium und Trockeneis gemacht werden können (▸ **B1**).

2 Entwickle für die Reaktion das Reaktionsschema (▸ **B1**).

3 Erläutere, warum Kohlenstoffdioxid zum Löschen von Holz, nicht aber zum Löschen von Metallbränden eingesetzt werden kann.

4 Damit ein Feuer oder ein Brand entsteht, müssen alle drei Bedingungen des Branddreiecks erfüllt sein. Erkläre das Löschen von Metallbränden mit Metallbrandpulver oder Sand (▸ **B1**).

5 Entscheide, ob Sand zum Löschen von Ölbränden geeignet ist (▸ **B2**). Begründe deine Wahl.

Material C: Schrottrecycling

Durch Schrottrecycling kann neuer Stahl für Autos, Dosen oder Schienen hergestellt werden. Eine Tonne aus Schrott produziertem Stahl spart dabei 1,5 Tonnen Eisenerz, 0,65 Tonnen Kohle, 0,3 Tonnen Kalkstein und setzt rund 1 Tonne Kohlenstoffdioxid weniger frei.

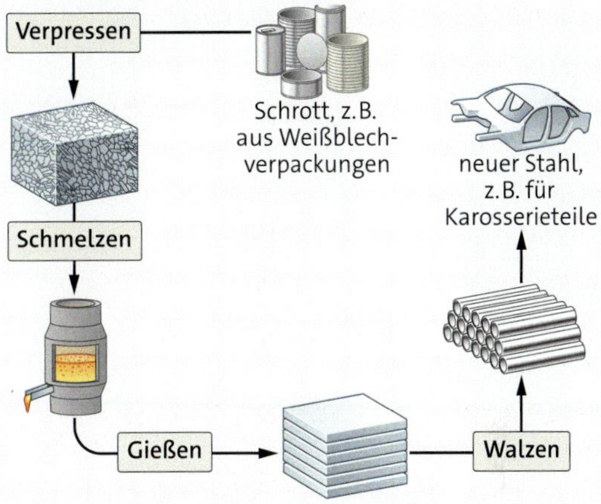

C1 Kreislauf des Schrottrecyclings

Jahr	Rohstahlproduktion in Mio. t	davon Stahlschrottverwendung in Mio. t
2006	47,2	21,2
2007	48,5	21,7
2008	45,8	20,7
2009	32,7	15,2
2010	43,8	19,2
2011	44,3	20,3
2012	42,7	19,7

C2 Stahlproduktion und Schrottverwendung in Deutschland

1 Erläutere anhand von Stahlschrott, was man unter Recycling versteht. Begründe dabei die Notwendigkeit des Recyclings unter ökonomischen und ökologischen Aspekten (▸ **C1**).

2 Bestimme den prozentualen Anteil des aus recyceltem Stahlschrott hergestellten Stahls (Recyclingquote) über die letzten Jahre (▸ **C2**). Stelle Vermutungen auf, warum der Anteil an Schrott bei der Stahlproduktion nicht größer ist.

Wasser

Wasser ist die Grundlage unseres Lebens und nicht nur für uns Menschen unentbehrlich. Für viele Tiere und Pflanzen ist Wasser der einzige Lebensraum. Der größte Vorrat an Süßwasser ist in den Eisbergen der Arktis und Antarktis gespeichert. In trockenen Gebieten wird Wasser von Käfern sogar aus der Luft mithilfe einer netzartigen Struktur gewonnen – ein Verfahren, das der Mensch mit riesigen Netzen zu kopieren versucht.
Aber auch Energie kann mithilfe des Wassers gewonnen werden.

Wasser ist Leben

Wasser ist unentbehrlich Schaut man sich die Zutaten für einen Hamburger an (Weißbrötchen, eine Rinderbulette, ein wenig Tomate, Zwiebeln, Salat und Sauce), so kann man sich kaum vorstellen, dass für die Herstellung aller Zutaten des Hamburgers über 2400 Liter Wasser verbraucht werden. Mit dieser Wassermenge kann man einen Kinderswimmingpool komplett füllen (▸1).

Geht man dabei von reinem Trinkwasser aus, so reicht diese Menge, um den täglichen Wasserbedarf von über 800 Menschen in einigen Regionen der Erde zu decken. Gegenüber diesen lebensnotwendigen 3 Liter Wasser täglich stehen rund 130 Liter, die jeder Bundesbürger am Tag an Trinkwasser verbraucht.

1 Mit 2400 l Wasser lässt sich ein kleiner Swimmingpool füllen oder ein Hamburger herstellen.

2 Durchschnittlicher Wasseranteil am Körpergewicht in Prozent

Wasser ist lebensnotwendig Im menschlichen Körper erfüllt Wasser vier lebenswichtige Aufgaben: Zum einen dient es als Wärmeregulator, zum anderen fungiert es als Löse- und Transportmittel sowie als Baustoff zum Wachstum und zur Zellneubildung.

Ein erwachsener Mensch besteht zu ca. 60 % aus Wasser. Bei Kleinkindern und Säuglingen ist dieser Anteil deutlich höher. Schon ein Wasserverlust von ca. 10 bis 15 % kann bei Säuglingen zum Tod und beim Erwachsenen zu ernsthaften Schädigungen führen. Einige Tiere, wie die Wüstenrennmäuse, können weitaus größere Wasserverluste vertragen. Wahre Überlebenskünstler in diesem Bereich sind z. B. Nacktschnecken, die 60–80 % Wasserverlust über längere Zeit überstehen. Die Spezialisten sind allerdings die Mückenlarven, die bei 99 % Wasserverlust sogar drei Jahre lang überleben können.

Wasser als Rohstoff Kartoffeln besitzen einen Wassergehalt von rund 80 %, d. h., in 1 kg Kartoffeln sind 800 g Wasser enthalten. Aber zur Herstellung dieser 1 000 g Kartoffeln wird viel mehr Wasser gebraucht, denn die Kartoffelpflanzen benötigen allein zum Wachsen schon jede Menge Wasser.
Die tatsächliche Gesamtmenge an Wasser, die zur Herstellung eines Produkts erforderlich ist, bezeichnet man als **virtuelles Wasser**. Das gilt nicht nur für Lebensmittel, sondern für alle Produkte. So werden bei der Herstellung eines Mikrochips im Durchschnitt ca. 32 Liter, für die Herstellung eines Kilogramms Rindfleisch sogar über 16 000 Liter Wasser verbraucht.
In diesem Wert ist z. B. neben dem Trinkwasser für die Tiere auch das Wasser zur Futterproduktion (Bewässerung von Feldern) eingerechnet. In unterschiedlichen Ländern wird auch unterschiedlich viel Wasser für die Herstellung desselben Produkts benötigt (▸5).

Produkt	Durchschnittlicher virtueller Wasserverbrauch
1 kg Kartoffeln	135 l
1 l Milch	700–1 000 l
1 kg Mais	1 000 l
1 kg Reis	2 500–3 500 l
1 kg Käse	5 300 l
1 kg Schweinefleisch	5 500 l
1 Blatt Papier (DIN A4)	10 l
1 Jeans-Hose	6 000–8 500 l

3 Virtueller Wasserverbrauch einiger Produkte

4 Feldbewässerung beim Kartoffelanbau

Virtuelles Wasser Grundsätzlich unterscheidet man zwischen **grünem** virtuellem Wasser (Niederschlag und natürliche Bodenfeuchte), **blauem** virtuellem Wasser (künstliche Bewässerung) und **grauem** virtuellem Wasser. Unter dem grauen virtuellen Wasser versteht man die Wassermenge, die durch die Produktions- und Transportprozesse verunreinigt wird. Berücksichtigt man das auch beim allgemeinen Wasserverbrauch, so fallen nicht nur ca. 130 Liter, sondern ca. 4 500 Liter Wasser pro Bundesbürger und Tag an.

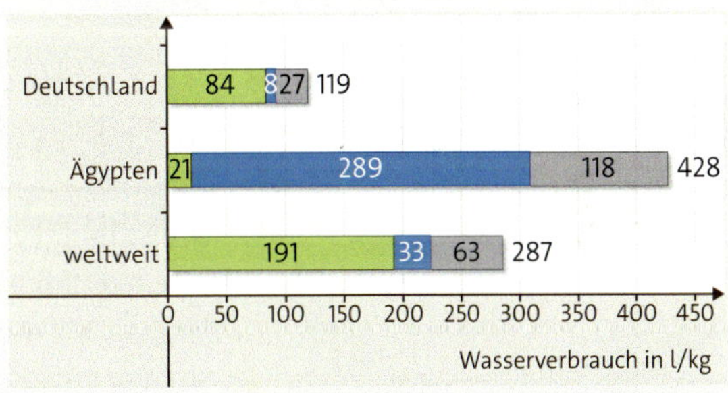

5 Der virtuelle Wasserverbrauch wird in drei Bereiche unterschieden – hier am Beispiel der Kartoffelproduktion.

Aufgaben

1 Finde heraus, wofür die rund 130 Liter Wasser pro Kopf in Deutschland verwendet werden, und gib dies in einem Kreisdiagramm wieder.

2 Informiere dich über die vier Hauptaufgaben, die Wasser im menschlichen Organismus übernimmt.

3 Stelle den Wasserverbrauch für die Kartoffelproduktion von Ägypten und Deutschland gegenüber (▸5) und nenne Gründe für die Unterschiede. Werte dazu auch ▸6 aus.

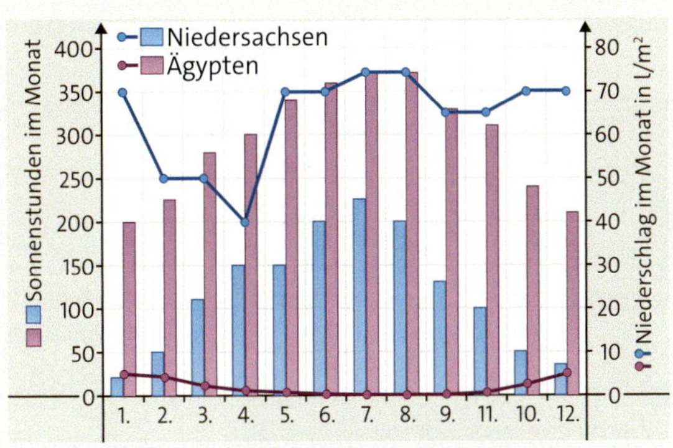

6 Klimadaten von Niedersachsen und Ägypten

Wasser – ein Element?

Magnesiumfackeln werden aufgrund der hohen Lichtstärke als Signal- oder Leuchtmittel verwendet. Mit einer Brenndauer von bis zu 15 Minuten und einer Temperatur von über 2 000 °C kann eine solche Magnesiumfackel sogar von Tauchern unter Wasser benutzt werden.

1 Wie kann eine Fackel unter Wasser brennen?

Eine Magnesiumfackel lässt sich unter Wasser benutzen, obwohl Wasser doch eigentlich zum Löschen von Bränden verwendet wird (▸1). Wie bei jeder Verbrennung benötigt aber auch das Magnesium in der Fackel Sauerstoff, um zu reagieren.

Wasser ist nicht gleich Wasser Trinkwasser wird im Alltag als reines Wasser bezeichnet, weil es keine chemischen oder biologischen Schadstoffe enthält. Da im Trinkwasser lebenswichtige Mineralstoffe vorhanden sind, ist es bekanntlich ein Stoffgemisch. Der reine Stoff Wasser dagegen besteht nur aus Wasserteilchen. Er wird durch Destillation oder Behandlung von Leitungswasser mit bestimmten Ionenaustauschern erhalten und als destilliertes Wasser (dest. Aqua) bezeichnet. Benötigt wird dieses Wasser zur Herstellung von Lösungen genauer Zusammensetzung und bei der Durchführung von Analysen.

Viele Stoffe lösen sich gut in Wasser. Auch Gase wie Sauerstoff lösen sich in geringen Mengen in Wasser. Diese Menge reicht allerdings nicht aus, um das Brennen einer Magnesiumfackel zu unterhalten.

Schon gewusst?

Im Winter frieren Gewässer von oben nach unten zu. Eis hat eine geringere Dichte als Wasser und bildet sich deshalb erst an der Oberfläche des Gewässers. Fische überleben aufgrund dieser Dichteanomalie auch den Winter, da tiefere Wasserschichten eisfrei bleiben.

2 Zugefrorener See im Winter

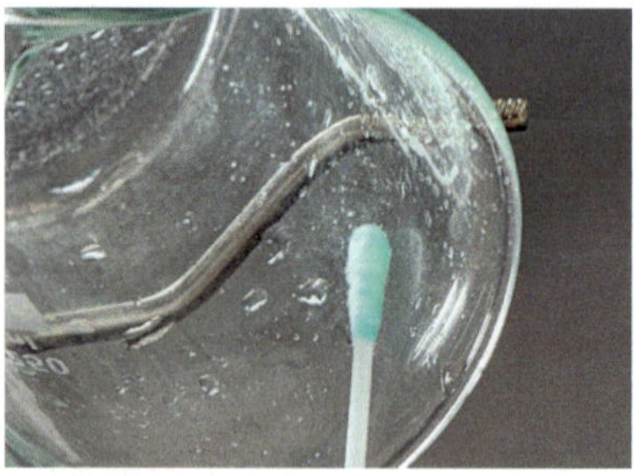

3 Wassernachweis mit Kupfersulfat

Eigenschaften	Wasser
Farbe	farblos
Geruch	geruchlos
Geschmack	geschmacklos
Schmelztemperatur	0 °C
Siedetemperatur	100 °C
Dichte bei 0 °C	0,999 84 g/cm³
Dichte bei 4 °C	1,00 g/cm³

4 Eigenschaften von Wasser

Exp. 1 **Chemische Zerlegung von Wasser**

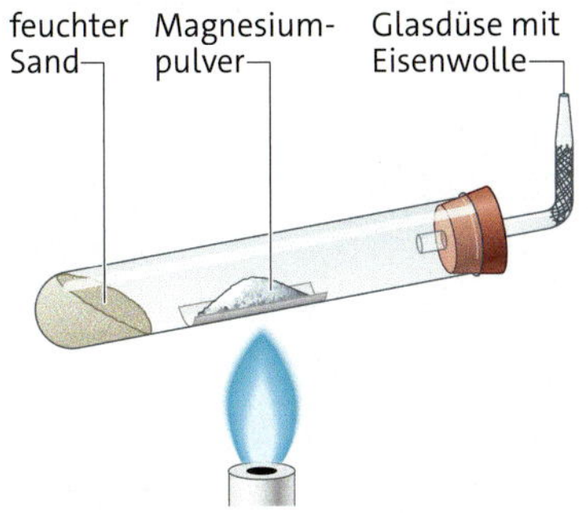

Fülle ein Reagenzglas 2 cm hoch mit Sand und tränke diesen mit Wasser. Spanne anschließend das Reagenzglas waagerecht ein, lege eine halbe Magnesiarinne mit Magnesiumpulver (GHS02) in das Reagenzglas und verschließe es mit einem durchbohrten Stopfen, in dem eine gewinkelte Glasdüse mit Rückschlagsicherung (z. B. Eisenwolle) steckt. Erhitze das Magnesiumpulver bis zum ersten Aufglühen. Erhitze nun vorsichtig den Sand. Entzünde an der Düse das austretende Gas (GHS02).
Beschreibe deine Beobachtungen.
Entsorgung: Magnesiarinne mit einem Spatel auskratzen. Reste in den Hausmüll geben. Magnesiarinne und Sand können wieder verwendet werden.

Untersuchung von Wasser Anstelle der Magnesiumfackel unter Wasser wird im Experiment Wasserdampf über Magnesiumpulver in einer Magnesiarinne geleitet (▸Exp. 1). Bei dieser Reaktion bildet sich ein weißes Pulver: Magnesiumoxid. Der dafür notwendige Sauerstoff kann nur dem Wasser entzogen worden sein. An der Glasdüse lässt sich ein weiteres farbloses Gas entzünden.
Das Reaktionsschema zu dieser Reaktion lautet:

Wasser (g) + Magnesium (s) ⟶ Magnesiumoxid (s) + *brennbares Gas*

Aus diesem Experiment lässt sich ableiten, dass Wasser kein Element, sondern eine chemische Verbindung ist. Sie ist aus dem Element Sauerstoff und einem weiteren bisher unbekannten Element aufgebaut.

Wasser lässt sich auch noch auf anderem Weg zerlegen: Taucht man zwei Elektroden in Wasser und legt eine Spannung an, so entstehen zwei farblose Gase (▸Exp. 2). Die Spannungsquelle liefert die für diese chemische Reaktion notwendige Energie. Die Zerlegung einer chemischen Verbindung durch den elektrischen Strom wird als **Elektrolyse** bezeichnet.

Eines der beiden Gase kann durch die Glimmspanprobe eindeutig als Sauerstoff identifiziert werden. Das andere Gas ist brennbar. Es handelt sich um das gleiche Gas wie bei der chemischen Zerlegung und lässt sich als Wasserstoff identifizieren (▸S. 141).

Wasser ist eine chemische Verbindung, die sich in die Elemente Wasserstoff und Sauerstoff zerlegen lässt.

Exp. 2 **Elektrische Zerlegung von Wasser**

Befestige in ein mit Wasser gefülltes U-Rohr zwei Metall- oder Graphitelektroden. Verbinde anschließend die Elektroden mit einer Gleichspannungsquelle von ca. 20 V. Fange die entstehenden Gase pneumatisch mithilfe von zwei mit Wasser gefüllten Reagenzgläsern auf.

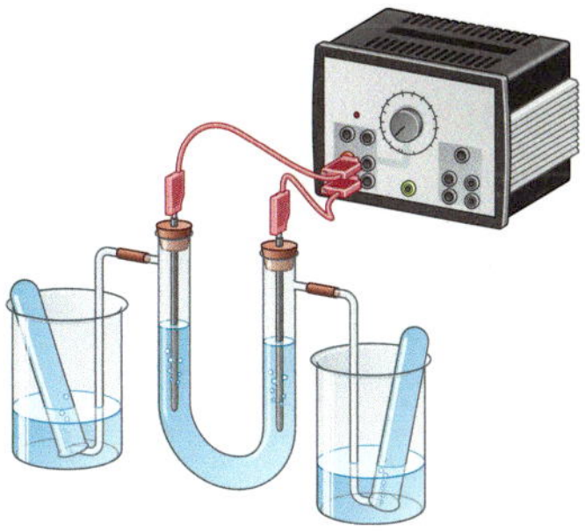

Prüfe beide Gase auf ihre Brennbarkeit und führe die Glimmspanprobe durch.
Entsorgung: Flüssigkeiten in das Abwasser geben.

Aufgaben

1 Formuliere für die Elektrolyse von Wasser das vollständige Reaktionsschema.

2 Bestimme für die chemische Zerlegung von Wasser mit Magnesium die Reaktionsart.

3 Stelle eine Vermutung auf, was bei der Verbrennung von Wasserstoff entsteht. Formuliere ein mögliches Reaktionsschema.

Wasserstoff

Wasserstoff diente in der ersten Hälfte des 20. Jahrhunderts als Traggas auch für Passagierluftschiffe. Das größte Luftschiff, die Hindenburg, benötigte bei einer Länge von 245 m ungefähr 200 000 m³ Wasserstoff. Am 6. Mai 1937 kam es bei der Landung in Lakehurst (New Jersey, USA) zum Unglück, als sich die Wasserstofffüllung entzündete.

1 Die Katastrophe von Lakehurst mit dem Luftschiff Hindenburg

Eigenschaften	Wasserstoff
Schmelztemperatur	−259 °C
Siedetemperatur	−252 °C
Dichte bei 0 °C	0,089 88 g/l
Löslichkeit in Wasser (0 °C / Normdruck)	wenig: 1,98 mg/l
Brennbarkeit	brennbar

2 Eigenschaften von Wasserstoff

Exp. 3 | L

Untersuchung der Brennbarkeit von Wasserstoff

In einen mit Wasserstoff (GHS02) gefüllten Standzylinder wird von unten eine brennende Kerze eingeführt und die Flamme beobachtet.

Eigenschaften Wasserstoff gehört zu den Nichtmetallen. Er ist ein farbloses, geruchloses und ungiftiges Gas. Von allen bekannten Stoffen hat Wasserstoff die geringste Dichte. Ein Liter Wasserstoff besitzt eine ungefähr 14-mal geringere Masse als ein Liter Luft. Wasserstoff lässt sich durch eine brennende Kerze entzünden und brennt mit blauer Flamme. Eine Kerze in reinem Wasserstoff erlischt aber, da er die Verbrennung selbst nicht unterhält.

Vorkommen Wasserstoff kommt auf der Erde fast ausschließlich in gebundener Form vor. Die wichtigste Wasserstoffverbindung ist sein Oxid, das Wasser. Daneben tritt Wasserstoff vor allem im Erdgas, im Erdöl und in Kohlenhydraten gebunden auf. Während elementarer Wasserstoff in der unteren Atmosphäre nur in Spuren vorkommt, z. B. in Vulkangasen, besteht die in einigen 100 km Höhe sehr dünne Atmosphäre fast ausschließlich aus Wasserstoff. Im Weltall ist Wasserstoff das mit Abstand häufigste Element.

Darstellung und Verwendung Wasserstoff wird im Labor in kleinen Mengen durch Reaktion von Salzsäure mit Zink hergestellt. Großtechnisch wird er zu über 90 % aus Erdöl gewonnen. Gelagert wird reiner Wasserstoff in rot angestrichenen Druckgasflaschen.
Aufgrund seiner geringen Dichte wurde Wasserstoff zur Befüllung von Luftschiffen verwendet, bevor er durch das nicht brennbare Helium ersetzt wurde. Heute dient er noch als Traggas für Wetterballons.
Wasserstoff ist neben Stickstoff ein Ausgangsstoff für die Herstellung von Ammoniak, einem wichtigen Grundstoff für die Düngemittelproduktion. Wasserstoff wird auch zur Energiegewinnung eingesetzt, z. B. als Raketentreibstoff und in der Technologie des Wasserstoffautos.

Exp. 4 Nachweis von Wasserstoff

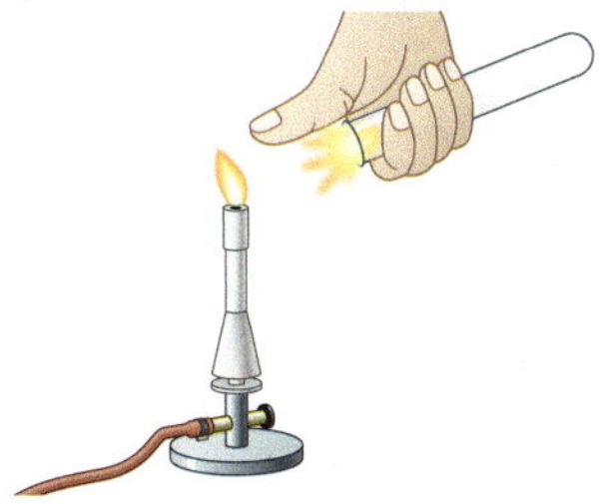

Lass drei Reagenzgläser vom Lehrer mit Wasserstoff (GHS02) füllen. Halte die ersten beiden Reagenzgläser an die kleine Brennerflamme. *Vorsicht! Nicht erschrecken!* Halte das dritte Reagenzglas 10 Sekunden unverschlossen mit der Öffnung nach oben. Führe es danach ebenfalls an die kleine Brennerflamme. Beschreibe deine Beobachtungen.

Siehe dir die Reagenzgläser nach dem Versuch noch einmal genau an. Leite Eigenschaften des Wasserstoffs aus deinen Beobachtungen ab.

Entsorgung: Keine Entsorgung notwendig.

Exp. 5 L Böllerbüchse

Eine mit Wasserstoff (GHS02) gefüllte, nach unten offene Blechdose wird auf einen Dreifuß mit Tondreieck gestellt. Das aus einem Loch (Ø 1–2 mm) im Kopf der Dose ausströmende Gas wird mit einem Holzspan entzündet.

Nachweis Wasserstoff ist ein brennbares Gas. Wird der aus dem Loch einer umgedrehten Blechdose ausströmende Wasserstoff entzündet, so brennt er erst ruhig mit blauer Flamme. Nach kurzer Zeit gibt es einen lauten Knall und die Büchse fliegt davon (▸ Exp. 5). Während der reine Wasserstoff mit blauer Flamme abbrennt, strömt Luft von unten in die Büchse und vermischt sich mit dem restlichen Wasserstoff. Es bildet sich mit dem Sauerstoff der Luft explosives „Knallgas".

Die **Knallgasprobe** liefert daher einen Hinweis, ob ein explosives Gemisch vorliegt (▸ Exp. 4). Ein knallendes, ploppendes oder pfeifendes Geräusch deutet auf ein explosives Gemisch, ein ruhiges Abbrennen mit bläulicher Flamme hingegen auf reinen Wasserstoff.

Das bei der Verbrennung von Wasserstoff entstandene Reaktionsprodukt färbt weißes Kupfersulfat blau (▸ Exp. 6). Es handelt sich um Wasser, das Oxid des Wasserstoffs. Es kondensiert z. B. auch bei der Knallgasprobe in Form winziger Tröpfchen am Glas. Somit kann Wasserstoff auch durch die Bildung von Wasser nachgewiesen werden.

Wasserstoff (g) + Sauerstoff (g) $\longrightarrow$ Wasser (l) | exotherm

Wasserstoff besitzt die geringste Dichte aller Elemente. Reiner Wasserstoff brennt mit blauer Flamme. In Gemischen mit Luft liefert die Knallgasprobe einen Hinweis auf sein Vorhandensein.

Exp. 6 L Verbrennen von Wasserstoff

Wasserstoff (GHS02) wird im Sauerstoffstrom (GHS03) verbrannt. Die kondensierte Flüssigkeit ist mit weißgrauem Kupfersulfat (GHS07|09) zu prüfen.

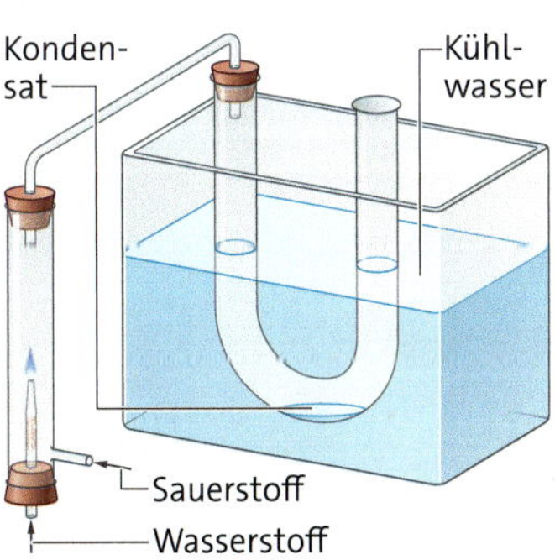

Aufgaben

1 1 m³ Wasserstoff trägt etwa eine Masse von 1,2 kg. Berechne Masse und Volumen an Wasserstoff, das benötigt wird, um die Masse deines Körpers zu tragen. Suche einen Gegenstand oder Raum mit vergleichbarem Volumen.

2 Erkläre, warum man heutzutage anstelle des Wasserstoffs Helium in Luftschiffen verwendet.

3 Begründe den Einsatz von Wasserstoff als Traggas von Wetterballons und als Raketentreibstoff.

Bildung von Wasser unter der Lupe

1 Joseph Louis Gay-Lussac (1778–1850)

Das Volumenverhältnis bei der Wasserbildung Der französische Forscher Gay-Lussac (▸1) fand am Anfang des 19. Jahrhunderts heraus, dass Gase immer nur in ganz bestimmten Volumenverhältnissen miteinander reagieren. Dazu untersuchte er die Wasserbildung aus den Elementen. Er füllte Wasserstoff und Sauerstoff in unterschiedlichen Volumenverhältnissen in ein Eudiometer (ein mit Wasser gefülltes Glas- oder Kunststoffrohr) und zündete das Gasgemisch elektrisch mit einem Zündfunkengeber (▸3).

Die Reaktion findet explosionsartig statt. Nur bei einem Volumenverhältnis von Wasserstoff zu Sauerstoff von genau 2 : 1 werden die Gase vollständig zu Wasser umgesetzt. Bei allen anderen Verhältnissen bleibt neben Wasser immer ein Restgas übrig (▸2).

$$\frac{V(\text{Wasserstoff})}{V(\text{Sauerstoff})} = \frac{2}{1}$$

Volumen Wasserstoff	Volumen Sauerstoff	Restgas
4 ml	4 ml	2 ml
6 ml	6 ml	3 ml
6 ml	3 ml	–
6 ml	2 ml	2 ml
10 ml	4 ml	2 ml

2 Ergebnisse einiger Eudiometerversuche

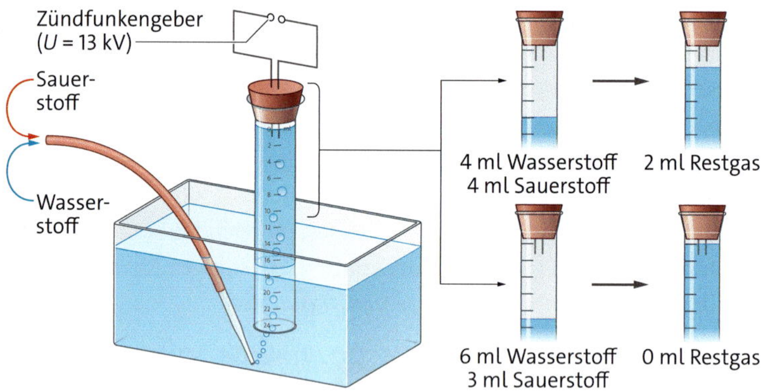

3 Volumenverhältnis bei der Wasserbildung im Eudiometer

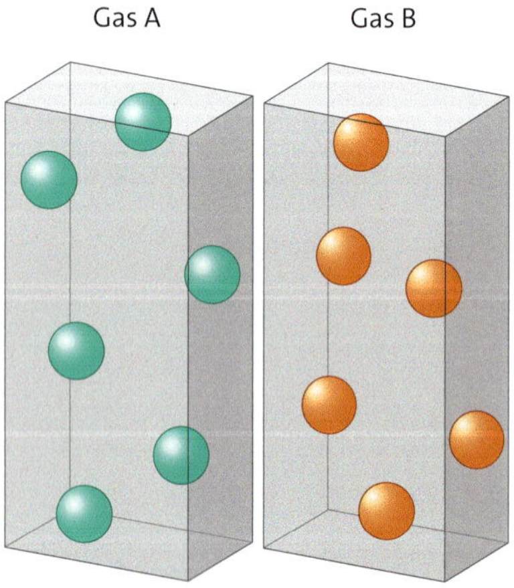

1 l von Gas A und 1 l von Gas B enthalten gleich viele Teilchen.

4 Veranschaulichung des Satzes von Avogadro

Satz von Avogadro Der italienische Physiker Amedeo Avogadro stellte schon im Jahre 1811 die Hypothese auf, dass gleiche Volumina verschiedener Gase bei gleichem Druck und gleicher Temperatur gleich viele Teilchen enthalten (▸4). Das heißt in 1 ml Wasserstoff sind genauso viele Teilchen Wasserstoff enthalten wie Sauerstoffteilchen in 1 ml Sauerstoff enthalten sind. Da das Volumenverhältnis bei der Bildung von Wasser 2 : 1 beträgt, liegt es nahe, dass ein Wasserteilchen aus zwei Wasserstoffatomen und einem Sauerstoffatom aufgebaut ist.

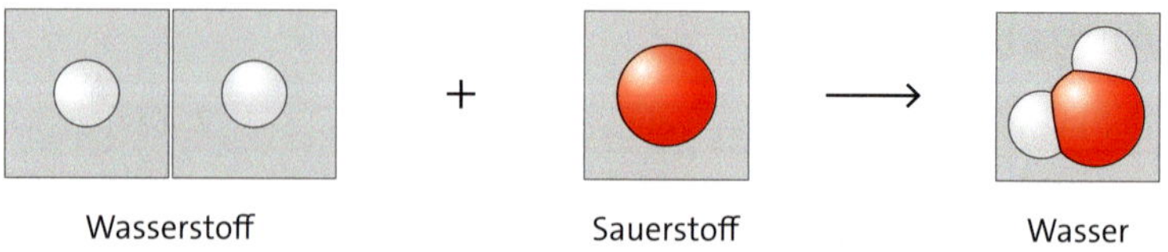

5 Modellvorstellung zur Synthese von Wasser

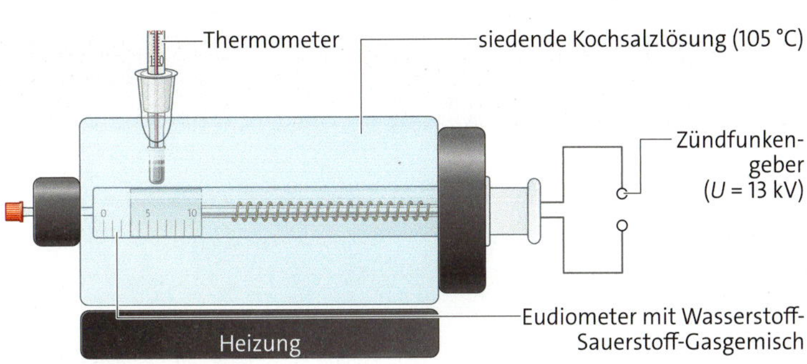

6 Beheiztes Eudiometer

Volumen Wasserstoff	Volumen Sauerstoff	Volumen Wasserdampf
2 ml	1 ml	2 ml
4 ml	2 ml	4 ml
6 ml	3 ml	6 ml
8 ml	4 ml	8 ml
10 ml	5 ml	10 ml

7 Ergebnisse einiger Versuche im beheizten Eudiometer

Der Mathematik getrotzt: 2 + 1 = 2 Das bei den Eudiometerversuchen entstandene Wasser ist immer flüssig. Will man untersuchen, welches Gasvolumen an Wasser bei der Bildung im Eudiometer entsteht, muss man in einem auf über 100 °C beheizten Reaktionsraum arbeiten (▸ **6**). Bei der Bildung von Wasser entsteht immer das doppelte Volumen an Wasserdampf, wie an Sauerstoff eingesetzt wurde, z. B. reagieren 2 ml Wasserstoff und 1 ml Sauerstoff zu 2 ml Wasserdampf (▸ **7**). Das steht im Widerspruch zur bisherigen Teilchenvorstellung von der Wassersynthese, da hier das gleiche Volumen an Wasser entstehen müsste (▸ **5**).

Der Widerspruch lässt sich auflösen, wenn man annimmt, dass auch Wasserstoff und Sauerstoff nicht aus einzelnen Atomen aufgebaut sind, sondern aus Teilchen, die aus jeweils 2 Atomen bestehen (▸ **10**).
Wasser, Wasserstoff und Sauerstoff sind Beispiele für Stoffe, die aus **Molekülen** aufgebaut sind (▸ **8**, **9**, **11**). Die Atome in den Molekülen sind dabei fest miteinander verbunden. In Wassermolekülen sind immer 2 Wasserstoffatome mit 1 Sauerstoffatom fest verbunden.

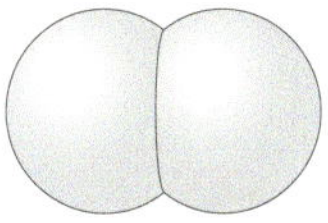

8 Modell eines Wasserstoffmoleküls

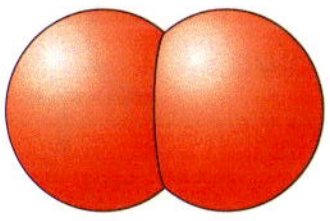

9 Modell eines Sauerstoffmoleküls

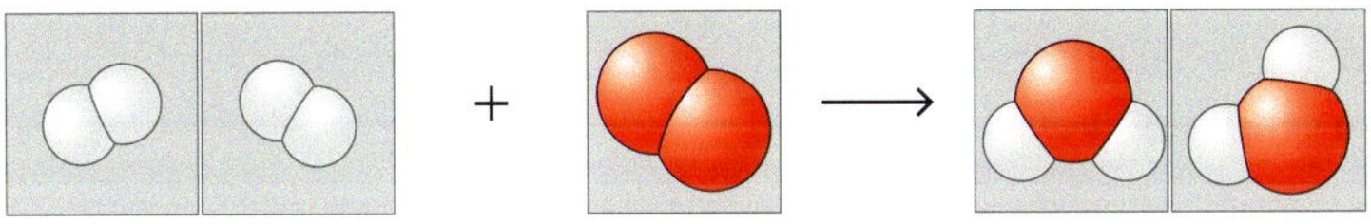

10 Die Modellvorstellung mit molekularem Wasserstoff und Sauerstoff gibt das richtige Volumenverhältnis der Wassersynthese wieder.

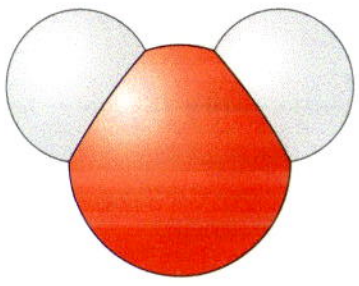

11 Modell eines Wassermoleküls

Moleküle sind Teilchen, die aus zwei oder mehr fest miteinander verbunden Nichtmetallatomen bestehen.

Aufgaben

1 Beschreibe die Funktionsweise eines beheizten Eudiometers.

2 Nenne Gründe, warum Wasserstoff und Sauerstoff aus Molekülen aufgebaut sein müssen.

3 Bestimme jeweils das Volumen:
a an Wasserstoff und Sauerstoff zur Synthese von 3 Liter Wasserdampf
b an Wasserdampf, der maximal aus 10 Liter Wasserstoff hergestellt werden kann

Die Formelsprache der Chemiker

Die Alchemisten verwendeten im Mittelalter die gleichen Planetensymbole wie für die bis dahin bekannten Metalle. Um Verwechslungen zu vermeiden, entwickelten sich über die Jahrhunderte die bis heute international gültigen Elementsymbole.

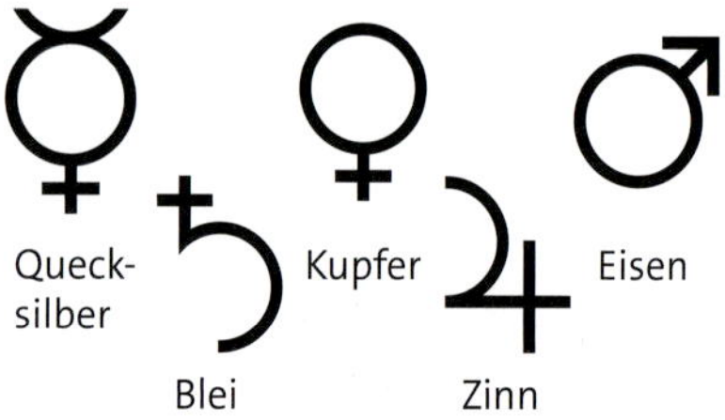

Element	Lateinische Bezeichnung	Symbol
Aluminium	aluminium	Al
Blei	plumbum	Pb
Calcium	calcium	Ca
Eisen	ferrum	Fe
Gold	aurum	Au
Kohlenstoff	carboneum	C
Kupfer	cuprum	Cu
Sauerstoff	oxygenium	O
Stickstoff	nitrogenium	N
Zinn	stannum	Sn

2 Viele chemische Symbole leiten sich aus den lateinischen Bezeichnungen der Elemente ab.

Element	Molekülformel
Wasserstoff	H_2
Stickstoff	N_2
Sauerstoff	O_2
Fluor	F_2
Chlor	Cl_2
Brom	Br_2
Iod	I_2

3 Alle molekularen Elemente mit ihrer Molekülformel

1 Alchemisten entwickelten die ersten Elementsymbole.

Die Symbole der Elemente So wie die Alchemisten im Mittelalter für die damals bekannten Elemente Zeichen gebrauchten, so verwendet man auch heute einheitliche Symbole. Diese beruhen auf dem Vorschlag von JÖNS JAKOB BERZELIUS im Jahr 1814. Er leitet die Zeichen für die Elemente aus deren griechischen oder lateinischen Namen ab (▸**2**). Zum Beispiel erhält Wasserstoff (**H**ydrogenium) das Symbol **H**, Sauerstoff (**O**xygenium) das Symbol **O** und Eisen (**Fe**rrum) das Symbol **Fe**.
Chemische Symbole besitzen eine doppelte Bedeutung. Auf der Stoffebene steht Fe für den Stoff Eisen und auf der Teilchenebene symbolisiert es genau ein Eisenatom.

Ein chemisches Symbol steht für das Element oder für ein Atom dieses Elements. Jedes Element besitzt ein eigenes Symbol.

Molekülformel Sauerstoff ist aus Molekülen aufgebaut. So besteht ein Sauerstoffmolekül aus zwei miteinander verbundenen Sauerstoffatomen. Dies wird durch die **Molekülformel O_2** ausgedrückt. Die Indexzahl hinter dem Elementsymbol gibt die Anzahl der Atome im Molekül wieder. Es gibt insgesamt sieben Elemente, die aus Molekülen aufgebaut sind (▸**3**). Auch für Verbindungen werden Formeln aus den Elementsymbolen gebildet. Die Formel für Wasser lautet H_2O, die von Kohlenstoffdioxid CO_2. Eine ähnliche Verbindung stellt das Kohlenstoffmonooxid dar, dessen Moleküle nur aus einem Sauerstoff- und einem Kohlenstoffatom bestehen. Die Formel lautet deshalb **CO**. Kohlenstoffmonooxid unterscheidet sich stark in den Eigenschaften von Kohlenstoffdioxid.

Durch die Molekülformel wird die Art und die genaue Anzahl der Atome in einem Molekül beschrieben.

Wasser

Wasser

Wasser lässt sich in die Elemente Wasserstoff und Sauerstoff zerlegen und auch daraus wieder bilden. Wasser ist aus Molekülen aufgebaut. Die Molekülformel lautet H_2O.

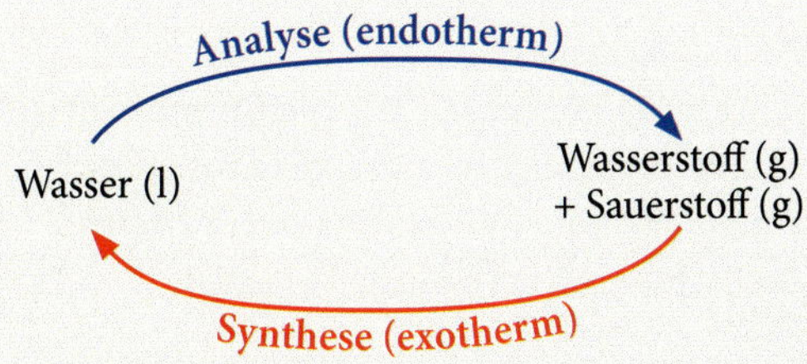

Wasserstoff

Nichtmetall, das die geringste Dichte aller Gase besitzt. Wasserstoff ist aus Molekülen aufgebaut, dabei sind jeweils 2 Wasserstoffatome miteinander verbunden. Die Formel lautet H_2.
Mit Luft oder Sauerstoff bildet Wasserstoff hochexplosive Gemische, die Knallgas genannt werden. Er dient als Energieträger und Grundstoff für viele Produkte der Chemie.

Nachweis von Wasserstoff

Die Knallgasprobe liefert einen Hinweis, ob ein explosives Gemisch vorliegt. Mithilfe der anschließenden Probe auf Wasser (weißes Kupfersulfat) kann Wasserstoff nachgewiesen werden.

Satz von AVOGADRO

Gleiche Volumina aller Gase enthalten bei gleicher Temperatur und gleichem Druck die gleiche Anzahl von Teilchen.

Chemisches Symbol (Elementsymbol)

International einheitliches chemisches Zeichen, das ein Element oder ein Atom dieses Elements kennzeichnet

Element	Helium	Gold	Stickstoff	Chrom	Kalium
Symbol	He	Au	N	Cr	K

Molekül

Teilchen, das aus zwei oder mehr fest miteinander verbundenen Nichtmetallatomen zusammengesetzt ist. Die einfachste Art von Molekülen sind die Elementmoleküle. Sie bestehen aus nur einer Sorte von Atomen, z. B. H_2 oder O_2.

Molekülformel

Kennzeichnet die Zusammensetzung eines Moleküls oder den Stoff selbst.
Die Elementsymbole kennzeichnen die beteiligten Atomarten und die Indexzahl die genaue Anzahl der jeweiligen Atomart innerhalb des Moleküls.

H_2O Wasser

Das Wassermolekül besteht aus 2 Wasserstoffatomen und 1 Sauerstoffatom.

$C_6H_{12}O_6$ Glucose

Das Glucosemolekül besteht aus 6 Kohlenstoffatomen, 12 Wasserstoffatomen und 6 Sauerstoffatomen.

Aufgaben

1 Im Chemieraum stehen drei farblose und geruchlose Flüssigkeiten.
a Beschreibe Möglichkeiten, experimentell zu ermitteln, welche der Flüssigkeiten Wasser ist.
b Formuliere Voraussagen über zu erwartende Beobachtungen bei deinem Vorgehen.

2 Die Verbrennung von Wasserstoff kann für den Antrieb von Raketen genutzt werden.
a Benenne das Reaktionsprodukt und formuliere das Reaktionsschema.
b Nenne Möglichkeiten, die beteiligten Stoffe zu identifizieren.
c Nenne vier Eigenschaften von Wasserstoff.

3 An einen mit Wasserstoff gefüllten, umgedrehten Messzylinder wird ein entzündetes Streichholz gehalten.
a Beschreibe und erkläre die zu erwartenden Beobachtungen.
b Wird nun eine brennende Kerze in den Messzylinder gehalten, so erlischt die Kerze. Erkläre.

4 Ein Versuch zur Analyse von Wasser lässt sich auch mit Zink durchführen.
a Skizziere und beschrifte einen möglichen Versuchsaufbau. Entwickle eine passende Versuchsdurchführung.
b Formuliere die zu erwartende Beobachtung.
c Formuliere das Reaktionsschema.

5 Fertige eine Tabelle mit allen bisher bekannten Nachweismethoden an.

Nachzuweisender Stoff	Nachweismethode	Beobachtung

6 Erkläre an einem Beispiel die Unterschiede zwischen einem Atom und einem Molekül.

7 Der französische Forscher GAY-LUSSAC ermittelte schon Anfang des 19. Jahrhunderts das Volumenverhältnis der Gase zwischen Wasserstoff und Sauerstoff bei der Synthese von Wasser.
a Beschreibe das verwendete Verfahren.
b Gib die Vorteile eines beheizten Eudiometers gegenüber einem unbeheizten Eudiometer an.
c Gib an, welche Restgase in welchen Volumina nach den Reaktionen noch vorhanden sind:
1. 4 ml Wasserstoff und 4 ml Sauerstoff
2. 8 ml Wasserstoff und 2 ml Sauerstoff
3. 10 ml Wasserstoff und 5 ml Sauerstoff
4. 2,5 l Wasserstoff und 1 l Sauerstoff

8 Die Formelsprache der Chemie ist international verständlich.
a Nenne die Angaben, die sich aus einem chemischen Symbol und einer chemischen Formel wie einer Molekülformel ableiten.
b Gib die Symbole folgender Stoffe an: Blei, Calcium, Eisen, Magnesium, Schwefel und Silber.
c Notiere die Stoffnamen, die sich hinter folgenden chemischen Symbolen verbergen: He, C, N, Mn, P, F, Cu, CO_2 und H_2O.
d Begründe, ob eine Formel auch $X_{2,5}$ lauten kann.
e Triff Aussagen über die Zusammensetzung folgender Moleküle anhand der Molekülformeln:
1. N_2O (Lachgas) 2. NH_3 (Ammoniak)
3. C_2H_4 (Ethan) 4. $C_{12}H_{22}O_{11}$ (Rohrzucker)
f Das Symbol Na steht auch für den Stoff Natrium. Entscheide und begründe, ob das auch auf das Symbol H zu trifft.

Hilfe zu den Aufgaben findest du auf den Seiten ...

1	138 f.	**5**	141
2	140 f.	**6**	143
3	140 f.	**7**	142 f.
4	138 f.	**8**	144

▶ Die Lösungen findest du im Anhang.

Material A: Wasserstoffperoxid im Aquarium

Wasserstoffperoxid (H_2O_2) ist ein zweites Oxid des Wasserstoffs. Dieser Stoff ist flüssig, farb- und geruchlos sowie in reiner Form stark ätzend. In wässriger Lösung wird Wasserstoffperoxid z. B. als Bleich- und Desinfektionsmittel und zur Herstellung von Sprengstoffen genutzt.
Aquarianern dient die 6%ige wässrige Lösung dieses Stoffes als Sauerstofflieferant im Wasser, da Wasserstoffperoxid bei Anwesenheit eines Katalysators in Wasser und Sauerstoff zerfällt.

Ein „Oxidator" für Aquarien

A1 Lexikoneintrag

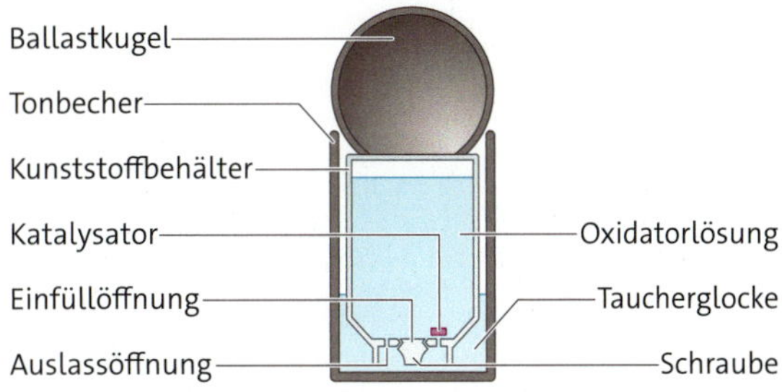

A2 Aufbau eines „Oxidators"

1 Erstelle einen Steckbrief mithilfe der Informationen aus ▸ **A1** über Wasserstoffperoxid.

2 Beschreibe den Aufbau des „Oxidators" für Aquarien (▸ **A2**).

3 Nenne mögliche Beobachtungen, an denen man erkennen kann, dass der „Oxidator" funktioniert.

4 Formuliere das Reaktionsschema für die Zersetzung von Wasserstoffperoxid.

5 Beschreibe die Bedeutung der Ballastkugel.

Material B: Wasseranalyse nach LAVOISIER

1785 entdeckte LAVOISIER mithilfe eines Versuchs, dass Wasser eine Verbindung ist. Dabei erhitzte er in einem Ofen einen eisernen Flintenlauf, der mit eisernen Nägeln gefüllt war. Anschließend leitete er Wasserdampf hindurch.

B1 Apparatur zur Wasserzerlegung von LAVOISIER

1 Zur Auswertung des Versuchs wog LAVOISIER die Eisennägel vor und nach dem Versuch. Beschreibe das zu erwartende Ergebnis beider Messungen und finde eine Erklärung dafür.

2 Das austretende Gas fing LAVOISIER auf und untersuchte es. Entwickle einen Vorschlag zum experimentellen Vorgehen. Begründe das zu erwartende Ergebnis. Formuliere dazu das Reaktionsschema.

3 Entwickle den Aufbau eines Schülerexperiments, mit dem der Versuch von LAVOISIER möglichst einfach durchgeführt werden kann. Plane dabei auch den Nachweis des entstehenden Gases mit ein (▸ **B1**).

Quantitative Betrachtungen

Nicht nur bei der Roheisenherstellung in den Hochöfen von Thyssen-Krupp in Duisburg-Bruckhausen müssen die Reaktionspartner bei allen chemischen Reaktionen in genau bestimmten Verhältnissen miteinander reagieren. Auch im Zylinder eines Autos müssen der Kraftstoff und das Luftgemisch in einem ganz bestimmten Verhältnis stehen, um eine möglichst effiziente Verbrennung zu erreichen. Nicht nur das exakte Abwägen, sondern auch Berechnungen gehören daher zum Alltag von Laborantinnen und Laboranten.

Vom Massenverhältnis zur Formel

250 g Mehl
250 g Zucker
200 g Butter
2 Eier
50 g Schokolade
2 Teelöffel Backpulver

Die Zutaten zu einem Teig verrühren und in einer Form 70 bis 90 Minuten bei 180 °C im Ofen backen.

1 Wer einen Kuchen backen will, sollte sich sehr genau an das Rezept halten.

Kohlenstoffdioxid (CO_2)

$$\frac{m(\text{Kohlenstoff})}{m(\text{Sauerstoff})} = \frac{3\,\text{g}}{8\,\text{g}}$$

Wasser (H_2O)

$$\frac{m(\text{Wasserstoff})}{m(\text{Sauerstoff})} = \frac{1\,\text{g}}{8\,\text{g}}$$

Eisenoxid (FeO)

$$\frac{m(\text{Eisen})}{m(\text{Sauerstoff})} = \frac{7\,\text{g}}{2\,\text{g}}$$

2 Massenverhältnisse der Elemente in einigen Verbindungen

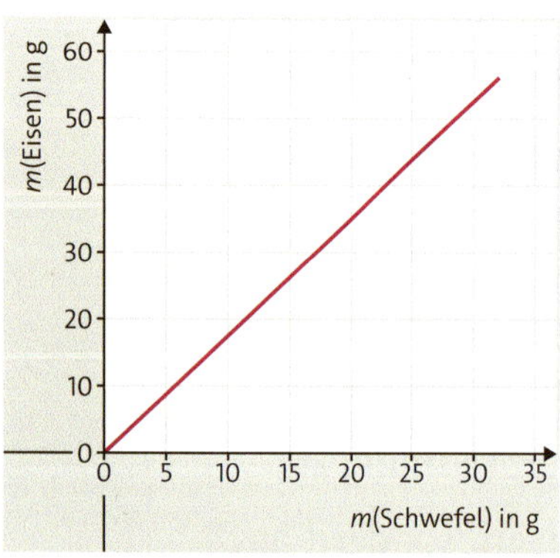

3 Das konstante Massenverhältnis der Elemente im Eisensulfid wird durch die Gerade verdeutlicht.

Gesetz der konstanten Massenverhältnisse Die Versuchsanleitung zu einem Experiment funktioniert ähnlich wie ein Backrezept. Auch hier kommt es auf den Einsatz der exakten Mengen der Edukte an. In einem Versuch reagieren 7 g Eisen und 4 g Schwefel entsprechend der Erwartung zu 11 g Eisensulfid. Lässt man nun 7 g Eisen mit 7 g Schwefel reagieren, entstehen hier auch lediglich 11 g Eisensulfid. Der zu viel eingesetzte Schwefel reagiert nicht zu Eisensulfid, sondern verdampft durch das weitere starke Erhitzen und entweicht. Die Stoffportionen der Elemente Eisen und Schwefel reagieren also nicht in beliebigen, sondern stets nur in bestimmten konstanten Massenverhältnissen miteinander. Bei Eisensulfid beträgt das Verhältnis:

$$\frac{m(\text{Eisen})}{m(\text{Schwefel})} = \frac{7\,\text{g}}{4\,\text{g}}$$

Das Beispiel zeigt eine Gesetzmäßigkeit, die für alle chemischen Verbindungen gilt. Dazu formulierte der Chemiker JOSEPH L. PROUST bereits im Jahr 1797 das **Gesetz der konstanten Massenverhältnisse:**

In jeder chemischen Verbindung haben die in ihr gebundenen Elemente ein bestimmtes konstantes Massenverhältnis.

Nach diesem Gesetz müssen auch 56 g Eisen (die achtfache Masse) mit 32 g Schwefel (auch die achtfache Masse) zu 88 g Eisensulfid reagieren. Diese Proportionalität wird durch die Gerade im Diagramm wiedergegeben (► **3**). Die jeweils miteinander reagierenden Massen können durch Ablesen aus dem Diagramm oder durch Berechnung über das Massenverhältnis ermittelt werden.

Verhältnisformel einer Verbindung Jede Verbindung besteht aus einer unvorstellbar großen Anzahl von Teilchen der Elemente, aus der sie gebildet wurde. Für die **Teilchenanzahl** wird in der Chemie das Zeichen N verwendet. Ist das Massenverhältnis einer Verbindung bekannt, lässt sich daraus das Teilchenanzahlverhältnis der beteiligten Elemente berechnen. Das Teilchenanzahlverhältnis von Eisenatomen zu Schwefelatomen in Eisensulfid erhält man aus dem Vergleich des Massenverhältnisses der Stoffe und dem Atommassenverhältnis. Für Eisen und Schwefel in Eisensulfid ergibt sich:

Atommassenverhältnis	Massenverhältnis
$\frac{m_a(1\,\text{Fe})}{m_a(1\,\text{S})} = \frac{56\,\text{u}}{32\,\text{u}} = \frac{7}{4}$	$\frac{m(\text{Eisen})}{m(\text{Schwefel})} = \frac{7\,\text{g}}{4\,\text{g}} = \frac{7}{4}$

Noch gewusst?

Die Atommasse m_a wird in der Einheit u (unit) angegeben.

$m_a(1\,\text{S}) = 32\,\text{u}$
$m_a(1\,\text{Fe}) = 56\,\text{u}$
$m_a(1\,\text{C}) = 12\,\text{u}$
$m_a(1\,\text{O}) = 16\,\text{u}$
$m_a(1\,\text{Mg}) = 24\,\text{u}$
$m_a(1\,\text{Cu}) = 63{,}5\,\text{u}$
$m_a(1\,\text{Mg}) = 108\,\text{u}$

Da Massen- und Atommassenverhältnis gleich sind (jeweils 7 : 4 bzw. 1,75 : 1), müssen im Eisensulfid Eisen- und Schwefelatome im Verhältnis von $N(\text{Fe}):N(\text{S})$ von 1 : 1 vorliegen (▸4). Es wird zwar die 1,75-fache Masse an Eisen benötigt, allerdings besitzt auch ein Eisenatom die 1,75-fache Masse eines Schwefelatoms.

Um das Teilchenanzahlverhältnis der Atomarten in einer Verbindung anzugeben, verwendet man die **Verhältnisformel**. In der Verhältnisformel werden die Elementsymbole der beteiligten Elemente aufgeschrieben. Beachte, dass die Symbole für Metalle bei Salzen und Metalloxiden an erster Stelle genannt werden. Die Teilchenanzahl der jeweiligen Atomart wird als Indexzahl (tiefgestellte Zahl) hinter das entsprechende Elementsymbol geschrieben. Die daraus resultierende Verhältnisformel für Eisensulfid lautet $\mathbf{Fe_1S_1}$ – vereinfacht FeS.
Eine Verhältnisformel beschreibt immer die kleinstmögliche **Baueinheit** einer Verbindung. Sie gibt im Gegensatz zur Molekülformel (▸S. 144) nicht die genaue Anzahl der Atome, sondern nur das Verhältnis wieder.

Teilchenmodell des Baus von Eisensulfid

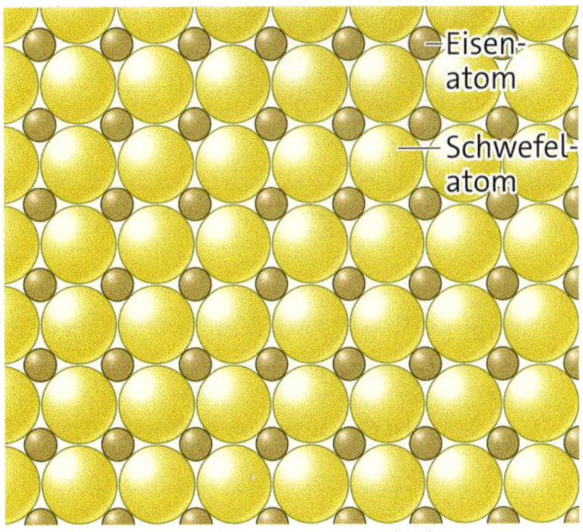

Teilchenanzahlverhältnis in Eisensulfid $\frac{N(\text{Fe})}{N(\text{S})} = \frac{1}{1}$

4 Aus dem Teilchenmodell ist das Teilchenanzahlverhältnis erkennbar.

! Das Teilchenanzahlverhältnis der Atomarten in einer Verbindung wird durch die Verhältnisformel ausgedrückt. Sie gibt die kleinstmögliche Baueinheit einer Verbindung wieder.

Aufgaben

1 Formuliere die Verhältnisformel folgender Oxide:
- **a** 1 Zinkatom verbunden mit 1 Sauerstoffatom
- **b** 2 Aluminiumatome verbunden mit 3 Sauerstoffatomen
- **c** 3 Eisenatome verbunden mit 4 Sauerstoffatomen

2 Bestimme das Massen- und Teilchenanzahlverhältnis in folgenden Verbindungen: Fe_2O_3, PbO_2, Cu_2S, SnO_2, CO.

3 Berechne aus den Massenverhältnissen das jeweilige Teilchenanzahlverhältnis und bestimme die Verhältnisformel der Verbindung:
- **a** $\frac{m(\text{Kohlenstoff})}{m(\text{Sauerstoff})} = \frac{3\,\text{g}}{8\,\text{g}}$
- **b** $\frac{m(\text{Magnesium})}{m(\text{Schwefel})} = \frac{3\,\text{g}}{4\,\text{g}}$

4 Beim Zersetzen von 1,74 g Silberoxid bleiben 1,62 g elementares Silber übrig. Bestimme die Verhältnisformel von Silberoxid.

Methode

Ermitteln der Verhältnisformel einer chemischen Verbindung

Durch ein Experiment wurde ermittelt, dass rund 16 g Kupfer mit 2 g Sauerstoff zu 18 g rotem Kupferoxid reagiert haben. Aus diesem Massenverhältnis lässt sich die Verhältnisformel der Verbindung ermitteln.

1 Kupfer

2 Sauerstoff

3 Kupferoxid

1 Ermittle das Massenverhältnis der in einer Verbindung gebundenen Elemente.
Führe dazu ein quantitatives Experiment durch oder entnimm die Werte aus entsprechenden Tafelwerken. Kürze das Massenverhältnis wenn möglich.

Das Massenverhältnis von Kupfer und Sauerstoff in rotem Kupferoxid beträgt:

$$\frac{m(\text{Kupfer})}{m(\text{Sauerstoff})} = \frac{16\,\text{g}}{2\,\text{g}} = \frac{8}{1}$$

2 Ermittle das Atommassenverhältnis der in einer Verbindung gebundenen Elemente.
Entnimm die Atommassen aus entsprechenden Tafelwerken oder dem Periodensystem der Elemente. Kürze das Atommassenverhältnis wenn möglich.

Das Atommassenverhältnis von Kupfer- und Sauerstoffatom beträgt:

$$\frac{m_a(1\,\text{Cu})}{m_a(1\,\text{O})} = \frac{63{,}5\,\text{u}}{16\,\text{u}} \approx \frac{4}{1}$$

3 Ermittle das Teilchenanzahlverhältnis der Elemente einer Verbindung.
Vergleiche das Massenverhältnis mit dem Atommassenverhältnis der Verbindung. Stimmen die Verhältnisse überein, ist das Teilchenanzahlverhältnis in der Verbindung 1:1.
Stimmen die Verhältnisse nicht überein, muss mit dem Kehrwert des Atommassenverhältnisses multipliziert werden. Das gekürzte Ergebnis ist das Teilchenanzahlverhältnis in der Verbindung.

$$\frac{m(\text{Kupfer})}{m(\text{Sauerstoff})} = \frac{8}{1} \qquad \frac{m_a(1\,\text{Cu})}{m_a(1\,\text{O})} = \frac{4}{1}$$

$$\frac{8}{1} \cdot \frac{1}{4} = \frac{8}{4} = \frac{2}{1} \Rightarrow 2:1$$

Auf zwei Kupferatome kommt ein Sauerstoffatom.

4 Stelle die Verhältnisformel der Verbindung auf.
Schreibe die Symbole der in der Verbindung gebundenen Elemente auf. Beginne mit dem Metall. Gib jeweils hinter dem Symbol die tiefgestellte Zahl aus dem Teilchenanzahlverhältnis wieder.

Die Verhältnisformel für rotes Kupferoxid lautet: Cu_2O_1.
Vereinfacht wird geschrieben: Cu_2O.

Entwickeln einer Reaktionsgleichung

Wird Aluminiumpulver in eine Brennerflamme gebracht, verbrennt Aluminium zu Aluminiumoxid. Entwickle für diese chemische Reaktion die Reaktionsgleichung.

1 Reaktion von Aluminium mit Sauerstoff

1 Formuliere das Reaktionsschema für die Reaktion.

Aluminium + Sauerstoff ⟶ Aluminiumoxid

2 Setze für die an der Reaktion beteiligten Stoffe die chemischen Zeichen (Symbole, Formeln) ein.
Die Formeln für chemische Verbindungen findest du z. B. in Tabellenwerken. Einige Elemente wie Sauerstoff sind aus Molekülen aufgebaut.

$Al + O_2 \longrightarrow Al_2O_3$

3 Ermittle die Faktoren (Stöchiometriezahlen) mithilfe des kleinsten gemeinsamen Vielfachen (k. g. V.).
Die Anzahl der Atome eines Elements muss auf beiden Seiten des Reaktionspfeils gleich sein. Ist das nicht der Fall, müssen entsprechende Faktoren vor die jeweiligen chemischen Zeichen der Stoffe geschrieben werden. Die chemischen Zeichen (Symbole, Formeln) der Stoffe dürfen dabei nicht verändert werden.
Ermittle zuerst die Faktoren zwischen den komplexeren Formeln. Beachte dabei, dass die Faktoren nicht nur für das erste Elementsymbol, sondern für die gesamte Formel gelten und dass schon ergänzte Faktoren beim weiteren Ausgleichen mitgezählt werden.

$... Al + ... O_2 \longrightarrow ... Al_2O_3$

Vergleich der Anzahl der Sauerstoffatome:

$1 \cdot 2 = 2 \qquad 1 \cdot 3 = 3$

k. g. V. von 2 und 3 ist 6, daraus folgt:

$3\ O_2$ und $2\ Al_2O_3$

$... Al + 3\ O_2 \longrightarrow 2\ Al_2O_3$

Vergleich der Anzahl der Aluminiumatome:

$1 \cdot 1 = 1 \qquad 2 \cdot 2 = 4$

k. g. V. von 1 und 4 ist 4, daraus folgt:

$4\ Al$ und $2\ Al_2O_3$

$4\ Al + 3\ O_2 \longrightarrow 2\ Al_2O_3$

4 Notiere die Reaktionsgleichung.
Die Aggregatzustände können jeweils in Klammern hinter den chemischen Zeichen ergänzt werden. Ob eine Reaktion exo- oder endotherm verläuft, kann hinter der Reaktionsgleichung notiert werden.

$4\ Al + 3\ O_2 \longrightarrow 2\ Al_2O_3$

$\mathbf{4\ Al\ (s) + 3\ O_2\ (g) \longrightarrow 2\ Al_2O_3\ (s)}$ **| exotherm**

Von der chemischen Reaktion zur Reaktionsgleichung

Calciumspäne entzünden sich beim Erhitzen an der Luft und reagieren mit dem Sauerstoff zu Calciumoxid. Für diese und alle anderen Reaktionen lassen sich Stoff- und Teilchenumsatz ermitteln und die Reaktionsgleichung aufstellen.

1 Brennende Calciumspäne auf einem Eisenblech

Stoffliche Deutung:
Kohlenstoff und Sauerstoff reagieren zu Kohlenstoffdioxid.

Teilchenmäßige Deutung:
Je 1 Atom Kohlenstoff und 1 Molekül Sauerstoff reagieren zu 1 Molekül Kohlenstoffdioxid.

Bilanz der Teilchen der Elemente:
Die Anzahl der Kohlenstoffatome im Ausgangsstoff Kohlenstoff ist gleich der Anzahl der Kohlenstoffatome im Reaktionsprodukt Kohlenstoffdioxid. Die Anzahl der Sauerstoffatome im Ausgangsstoff Sauerstoff ist gleich der Anzahl der Sauerstoffatome im Reaktionsprodukt Kohlenstoffdioxid.

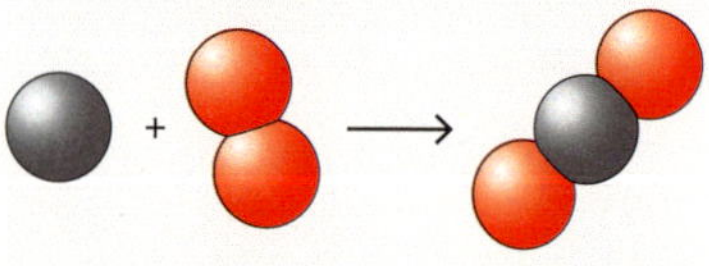

Reaktionsgleichung:
$C\,(s) + O_2\,(g) \longrightarrow CO_2\,(g)$

2 Von der chemischen Reaktion zur Reaktionsgleichung für die Verbrennung von Kohlenstoff

Stoff- und Teilchenumsatz bei chemischen Reaktionen Grundsätzlich findet bei jeder chemischen Reaktion ein Stoff- und Teilchenumsatz statt. Dabei gruppieren sich die Teilchen der Ausgangsstoffe um und bilden so die Reaktionsprodukte. Dieser Verlauf wird durch das Reaktionsschema wiedergegeben. Für die Reaktion von Calcium mit Sauerstoff lautet das Reaktionsschema:

Calcium (s) + Sauerstoff (g) $\longrightarrow$ Calciumoxid (s) | exotherm

Bei dieser chemischen Reaktion gruppieren sich die Teilchen der Edukte Calcium und Sauerstoff zu dem Reaktionsprodukt Calciumoxid um. Das Reaktionsschema gibt allerdings nur den Stoffumsatz an. In der Teilchenbilanz reagieren jeweils zwei Calciumatome mit einem Sauerstoffmolekül zu zwei Baueinheiten Calciumoxid. Die Teilchenbilanz ist aus dem Teilchenmodell der Reaktion ersichtlich (▸3).
Das Verhältnis von Calciumatomen zu Sauerstoffatomen in einer Baueinheit Calciumoxid wird durch die Verhältnisformel wiedergegeben. Sie lautet CaO.

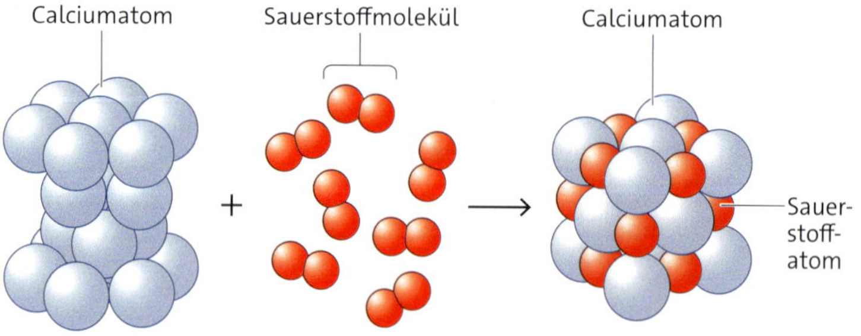

3 Reaktion von Calcium mit Sauerstoff im Teilchenmodell

Reaktionsgleichung Um zu verdeutlichen, welche und wie viele Teilchen der Ausgangsstoffe miteinander reagieren und welche und wie viele Teilchen der Reaktionsprodukte dabei entstehen, verwendet man **Reaktionsgleichungen**. Das Wort „Gleichung" stammt noch aus Zeiten, bei denen man anstelle eines Reaktionspfeils ein Gleichheitszeichen verwendete. Die Reaktionsgleichung wird mithilfe der Formeln und Symbole der an der Reaktion beteiligten Stoffe entwickelt. Allerdings sind beim Aufstellen einer solchen Reaktionsgleichung noch einige Regeln zu beachten (►S. 153).

- **Ersetzen der Stoffnamen** aus dem Reaktionsschema durch die entsprechenden Formeln und Symbole. Diese dürfen beim weiteren Vorgehen nicht wieder verändert werden:

  $Ca + O_2 \longrightarrow CaO$

- **Einsetzen entsprechender Faktoren**, damit die Anzahl der Atome jeder Atomart auf beiden Seiten des Reaktionspfeils gleich ist:

  $2\ Ca + 1\ O_2 \longrightarrow 2\ CaO$

- **Überprüfen der Teilchenanzahlen** jedes Elements auf beiden Seiten des Reaktionspfeils:

  jeweils 2 Calcium- und 2 Sauerstoffatome in den Edukten und 2 Calcium- und 2 Sauerstoffatome in den Produkten

- **Ergänzen der Aggregatzustände** der einzelnen Stoffe und **Kennzeichnen des energetischen Verlaufs:**

  $2\ Ca\ (s) + O_2\ (g) \longrightarrow 2\ CaO\ (s)$ | exotherm

Eine Reaktionsgleichung beschreibt eine chemische Reaktion mithilfe der chemischen Formelsprache. Sie kennzeichnet die Stoffe, die Teilchen der Stoffe und das Zahlenverhältnis, in dem die Teilchen reagieren.

Schon gewusst?

Reaktionsgleichungen sind im Gegensatz zu Wortgleichungen international verständlich. Es werden allerdings weder die Reaktionsbedingungen noch die Eigenschaften der beteiligten Stoffe aus der Reaktionsgleichung ersichtlich.

Wortgleichungen in der Landessprache:

Deutsch:

Calcium + Sauerstoff $\longrightarrow$ Calciumoxid

Englisch:

calcium + oxygen $\longrightarrow$ calcium oxide

Russisch:

кальций + кислород $\longrightarrow$ оксид кальция

Reaktionsgleichung:

$2\ Ca\ (s) + O_2\ (g) \longrightarrow 2\ CaO\ (s)$

4 Eine Reaktionsgleichung ist universell verständlich.

Aufgaben

1 Eine chemische Reaktion kann man durch ein Reaktionsschema oder durch eine Reaktionsgleichung angeben. Nenne Unterschiede hinsichtlich der daraus zu entnehmenden Informationen.

2 Beim Aufstellen von Reaktionsgleichungen ersetzt man die Stoffe durch die entsprechenden Symbole und Formeln. Kennt man die Formel eines Stoffes nicht, so ist es nicht möglich, die Reaktionsgleichung komplett zu formulieren. Erläutere diese Aussage.

3 Ermittle die fehlenden Faktoren und deute die folgenden Reaktionsgleichungen auf der Stoff- und der Teilchenebene:

a $\ldots Mg\ (s) + \ldots O_2\ (g) \longrightarrow \ldots MgO\ (s)$ | exotherm

b $\ldots Na\ (s) + \ldots S\ (s) \longrightarrow \ldots Na_2S\ (s)$ | exotherm

c $\ldots Ag\ (s) + \ldots Br_2\ (l) \longrightarrow \ldots AgBr\ (s)$ | exotherm

d $\ldots Fe\ (s) + \ldots O_2\ (g) \longrightarrow \ldots Fe_3O_4\ (s)$ | exotherm

Stoffmenge und molare Masse

Könnte man alle Sandkörner zählen, aus denen der Strand besteht, würde man eine unvorstellbare große Anzahl erhalten. Ein Sandkorn allein enthält aber trotzdem immer noch mehr Teilchen als der gesamte Strand an Sandkörnern.

1 Unzählige Sandkörner bilden den Sandstrand auf dem Darß (Ostsee).

! **Avogadro-Konstante N_A**

$N_A = 6{,}022 \cdot 10^{23} \frac{1}{\text{mol}}$

Formeln zur Berechnung:

$N = N_A \cdot n \qquad n = \frac{N}{N_A}$

Beispiel:

Berechnung der Teilchenanzahl in 1,5 mol Kupfer

$N(\text{Kupferatome}) = N_A \cdot n(\text{Kupfer})$
$= 6 \cdot 10^{23} \frac{1}{\text{mol}} \cdot 1{,}5\,\text{mol}$
$= 9 \cdot 10^{23}$

2 Zusammenhang zwischen Teilchenanzahl *N* und Stoffmenge *n* einer Stoffportion

Schon gewusst?

Die **Stoffmengenkonzentration** *c* gibt an, wie viele Teilchen eines Stoffes in einem Liter Lösung gelöst sind (► S. 277).

$c = \frac{n}{V}$ Einheit: $1 \frac{\text{mol}}{\text{l}}$

Teilchenanzahl und Stoffmenge Aus der Reaktionsgleichung für die Bildung eines Kupfersulfids (Cu_2S) aus Kupfer und Schwefel lässt sich ableiten, dass jeweils zwei Atome Kupfer und ein Atom Schwefel zu einer Baueinheit Kupfersulfid reagieren.

$2\,Cu\,(s) + S\,(s) \longrightarrow Cu_2S\,(s)$ | exotherm

Im Experiment reagieren aber immer Stoffportionen, z. B. 15,9 g Kupfer mit 4 g Schwefel. Diese Stoffportionen bestehen – genauso wie ein Sandkorn – aus einer unvorstellbar großen Anzahl Teilchen. So bestehen 15,9 g Kupfer aus $1{,}5 \cdot 10^{23}$ Kupferatomen (das sind 150 Trilliarden Kupferatome) und 4 g Schwefel aus $7{,}5 \cdot 10^{22}$ Schwefelatomen (75 Trilliarden Schwefelatome).

Um mit so großen Teilchenanzahlen sinnvoll arbeiten zu können, wurde eine neue Basisgröße eingeführt: die **Stoffmenge *n***. Die Einheit für die Stoffmenge ist das **Mol**, das Zeichen für die Einheit **mol**. Ähnlich wie man 50 kg Getreide zu einem Zentner Getreide zusammenfasst, so fasst man in der Chemie $6 \cdot 10^{23}$ (600 Trilliarden) Teilchen zu einem Mol Teilchen zusammen. Der exakte Wert ergibt sich aus der **Avogadro-Konstante N_A**, mit der man die Teilchenanzahl errechnen kann (► **2**).

Die Stoffmenge ist eine physikalische Größe für alle Teilchenarten. Das können z. B. Atome oder Moleküle, aber auch Protonen oder Elektronen sein. Deshalb muss hinter dem Formelzeichen *n* immer das chemische Zeichen für die Teilchenart angegeben werden.

! Die Stoffmenge *n*(Stoffportion) = 1 mol gibt an, dass diese Stoffportion aus etwa $6 \cdot 10^{23}$ gleichartigen Teilchen besteht.

3 Eine Schnecke wiegt 16 g, fünf 80 g und zehn 162 g.

Statt alle Gummischnecken einzeln zu zählen, kann man diese auch einfach wiegen. Weiß man, was eine Schnecke wiegt, dann kann man ganz leicht bestimmen, was fünf Schnecken wiegen oder wie viele Schnecken 162 g wiegen. Wenn eine Schnecke 16 g wiegt, dann wiegen fünf Schnecken fünfmal so viel, also 80 g. Diese Proportionalität zwischen Anzahl und Masse gilt auch für die Teilchen, aus denen Stoffe bestehen.

Masse und Stoffmenge von Stoffportionen Wird die Masse einer Stoffportion, z. B. von Silber, verdoppelt bzw. halbiert, so verdoppelt bzw. halbiert sich auch deren Stoffmenge (▸4). Aus dem Diagramm ist ableitbar: Zwischen der Masse m und der Stoffmenge n einer Stoffportion besteht eine proportionale Zuordnung $m \sim n$.
Der Proportionalitätsfaktor ergibt sich als Quotient zwischen Masse und Stoffmenge der Stoffportion. Dieser Quotient ist eine Konstante, die **molare Masse**. Das Zeichen für die molare Masse ist M, die Einheit $1\,\frac{g}{mol}$.

$$M(\text{Stoff}) = \frac{m(\text{Stoffportion})}{n(\text{Stoffportion})} \qquad \text{Einheit: } 1\,\frac{g}{mol}$$

Die molare Masse einer Verbindung ist die Summe der molaren Massen der beteiligten Elemente. Sie kann bei Kenntnis der chemischen Formel ermittelt werden (▸6). Bei Elementen entspricht die molare Masse in $\frac{g}{mol}$ der Atommasse m_a in u.
Masse und Stoffmenge einer Stoffportion können einen beliebigen Wert besitzen. Die molare Masse ist dagegen von der Stoffportion unabhängig, sie nimmt für den Stoff einen charakteristischen Wert an.

Die molare Masse eines Stoffes ist der Quotient aus der Masse einer Stoffportion und ihrer Stoffmenge. Die Einheit ist $1\,\frac{g}{mol}$.

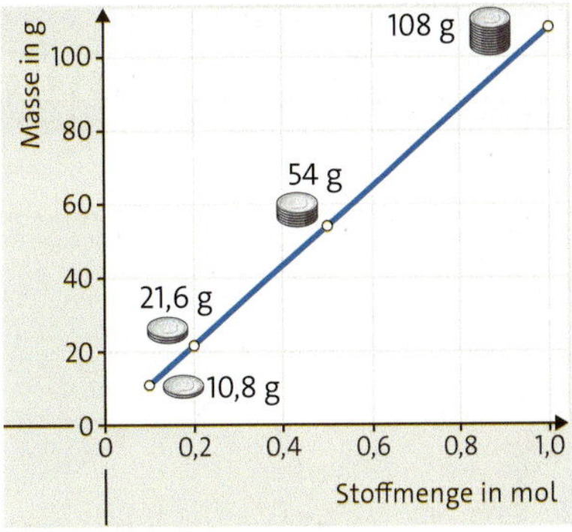

4 Massen und Stoffmengen sind proportional.

Stoff	M in $\frac{g}{mol}$
Eisen	56
Kohlenstoff	12
Kohlenstoffdioxid	44
Sauerstoff (O_2)	32
Sauerstoffatom (1 O)	16
Schwefel	32
Silber	108
Silbersulfid	140
Wasserstoff (H_2)	2
Wasserstoffatom (1 H)	1

5 Molare Masse M einiger Stoffe

Formel Rohrzucker $C_{12}H_{22}O_{11}$

$M(C_{12}H_{22}O_{11}) = 12 \cdot M(1\,C)$
$+ 22 \cdot M(1\,H) + 11 \cdot M(1\,O)$

$M(C_{12}H_{22}O_{11}) = 12 \cdot 12\,\frac{g}{mol}$
$+ 22 \cdot 1\,\frac{g}{mol} + 11 \cdot 16\,\frac{g}{mol}$

$M(C_{12}H_{22}O_{11}) = 342\,\frac{g}{mol}$

6 Berechnung der molaren Masse von Rohrzucker

Aufgaben

1 Bestimme die Stoffmenge aus der Teilchenanzahl:
- **a** $N(Mg) = 1{,}2 \cdot 10^{23}$
- **b** $N(SO_2) = 4{,}5 \cdot 10^{24}$
- **c** $N(Cl_2) = 1{,}5 \cdot 10^{23}$

2 Berechne die Teilchenanzahl aus der Stoffmenge:
- **a** $n(H_2O) = 3\,mol$
- **b** $n(O_2) = 0{,}02\,mol$
- **c** $n(Cu_2S) = 4{,}25\,mmol$

3 Bestimme jeweils die molare Masse:
- **a** Kohlenstoffmonooxid (CO)
- **b** Silberoxid (Ag_2O)
- **c** Eisen(III)-oxid (Fe_2O_3)
- **d** Ethanol (C_2H_6O)

Massenberechnung bei chemischen Reaktionen

1 Einpudern mit Magnesia (Magnesiumoxid)

Quantitative Aussagen aus einer Reaktionsgleichung Aus der Reaktionsgleichung für die Reaktion von Magnesium mit Sauerstoff lassen sich quantitative Aussagen über die kleinstmögliche Anzahl der reagierenden Teilchen und deren Anzahlverhältnis sowie Aussagen über die Stoffmengen aller Stoffe und das Stoffmengenverhältnis der Stoffe untereinander ableiten.

2 Mg (s)	+ O_2 (g)		⟶	2 MgO (s) | exotherm
$2 \cdot 6 \cdot 10^{23}$ Magnesiumatome	+	$1 \cdot 6 \cdot 10^{23}$ Sauerstoffmoleküle	⟶	$2 \cdot 6 \cdot 10^{23}$ Magnesiumoxidbaueinheiten
2 mol Magnesium	+	1 mol Sauerstoff	⟶	2 mol Magnesiumoxid

Teilchenanzahlverhältnis:
$N(\text{Mg}) : N(\text{O}_2) : N(\text{MgO}) = 2 : 1 : 2$

Stoffmengenverhältnis:
$n(\text{Mg}) : n(\text{O}_2) : n(\text{MgO}) = 2 : 1 : 2$

Berechnung der Massen von Reaktionspartnern chemischer Reaktionen Um zu berechnen, welche Masse an Magnesium verbrannt werden müsste, um z. B. 60 g Magnesiumoxid zu erhalten, könnte das Massenverhältnis der reagierenden Stoffe durch Vorversuche experimentell ermittelt werden. Diese Ermittlung ist aber meist sehr aufwendig und ungenau.

Da die Massenverhältnisse der Stoffe bei einer chemischen Reaktion nach dem Gesetz der konstanten Massenverhältnisse stets gleich sind, lassen sich aber bei bekannter Reaktionsgleichung die Massen der einzelnen Stoffe aus den bekannten Größengleichungen berechnen (Schrittfolge Massenberechnung, ▸ S. 159).

Aufgabe: Berechne die Masse an Magnesium, die für die Herstellung von 60 g Magnesiumoxid aus den Elementen benötigt wird.

Gegeben: $m(\text{MgO}) = 60\text{ g}$ **Gesucht:** $m(\text{Mg})$
$M(\text{Mg}) = 24\ \frac{\text{g}}{\text{mol}}$
$M(\text{MgO}) = 40\ \frac{\text{g}}{\text{mol}}$

Reaktionsgleichung: 2 Mg (s) + O_2 (g) ⟶ 2 MgO (s) | exotherm

Lösung: $n(\text{MgO}) = \dfrac{m(\text{MgO})}{M(\text{MgO})} = \dfrac{60\text{ g}}{40\ \frac{\text{g}}{\text{mol}}} = 1{,}5\text{ mol}$

Stoffmengenverhältnis: $n(\text{MgO}) : n(\text{Mg}) = 2 : 2 = 1 : 1$
$n(\text{MgO}) = n(\text{Mg}) = 1{,}5\text{ mol}$
$m(\text{Mg}) = n(\text{Mg}) \cdot M(\text{Mg}) = 1{,}5\text{ mol} \cdot 24\ \frac{\text{g}}{\text{mol}} = 36\text{ g}$

Antwort: Zur Herstellung von 60 g Magnesiumoxid werden 36 g Magnesium benötigt.

Aufgabe

1 Ein Kupferblech mit der Masse 12,7 g wird mit dem Gasbrenner erhitzt. Dabei entsteht rotes Kupferoxid (Cu_2O).
- **a** Formuliere die vollständige Reaktionsgleichung zur Bildung von rotem Kupferoxid aus den Elementen.
- **b** Berechne die Stoffmenge an Kupfer und gib die Anzahl der Kupferatome in der Stoffportion an.
- **c** Berechne die Masse an Kupferoxid, die bei der vollständigen Umsetzung des Kupfers entsteht.

Berechnen von Massen bei chemischen Reaktionen

Die Berechnung von Massen der reagierenden bzw. entstehenden Stoffe bei chemischen Reaktionen kann unter Verwendung von Größengleichungen nach einer Schrittfolge erfolgen.

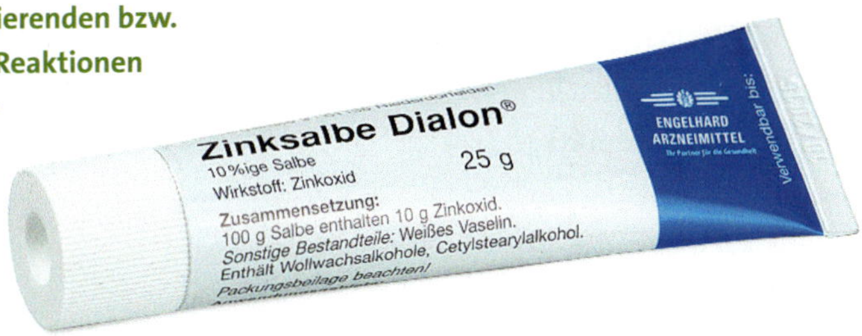

In einer Zinksalbe zur Wundbehandlung sind 10 g Zinkoxid enthalten. Berechne die Masse an Zink, die zur Herstellung der benötigten Masse Zinkoxid erforderlich war.

1 Analysiere die Aufgabenstellung.
Erfasse die gesuchten und gegebenen Größen. Ermittle die benötigten molaren Massen mithilfe eines Tabellenwerks.

Gegeben: $m(ZnO) = 10\,g$
$M(ZnO) = 81\,\frac{g}{mol}$
$M(Zn) = 65\,\frac{g}{mol}$
Gesucht: $m(Zn)$

2 Entwickle die Reaktionsgleichung.

$$2\,Zn\,(s) + O_2\,(g) \longrightarrow 2\,ZnO\,(s)$$

3 Berechne die Stoffmenge der gegebenen Stoffportion mithilfe der entsprechenden Größengleichung.

$$n(\text{Stoffportion}) = \frac{m(\text{Stoffportion})}{M(\text{Stoff})}$$

$$n(ZnO) = \frac{m(ZnO)}{M(ZnO)} = \frac{10\,g}{81\,\frac{g}{mol}}$$

$$n(ZnO) = 0{,}123\,mol$$

4 Ermittle aus dem Stoffmengenverhältnis der Reaktion die Stoffmenge des gesuchten Stoffes.
Mithilfe der stöchiometrischen Faktoren der chemischen Zeichen in einer Reaktionsgleichung kann das Stoffmengenverhältnis zweier Stoffe in einer Reaktion gebildet werden.

$n(ZnO) : n(Zn) = 2 : 2 = 1 : 1$
Daraus folgt:
$n(Zn) - n(ZnO) - 0{,}123\,mol$

5 Berechne die gesuchte Masse mit der entsprechenden Größengleichung und führe eine Einheitenkontrolle durch.
$m(\text{Stoffportion}) = n(\text{Stoffportion}) \cdot M(\text{Stoff})$

$m(Zn) = n(Zn) \cdot M(Zn)$
$m(Zn) = 0{,}123\,mol \cdot 65\,\frac{g}{mol}$
$m(Zn) = 8{,}0\,g$

6 Formuliere einen aussagekräftigen Antwortsatz.

Für die Herstellung von 10 g Zinkoxid ist eine Masse von 8 g Zink erforderlich.

Molares Volumen

Sind bei einer chemischen Reaktion Gase beteiligt, z. B. das Entstehen von Sauerstoff bei der Thermolyse von Silberoxid, können häufig nur quantitative Aussagen über die Reaktion mithilfe der Gasvolumina getroffen werden. Die Masse der Gasportion ist hingegen nur schwer zu bestimmen.

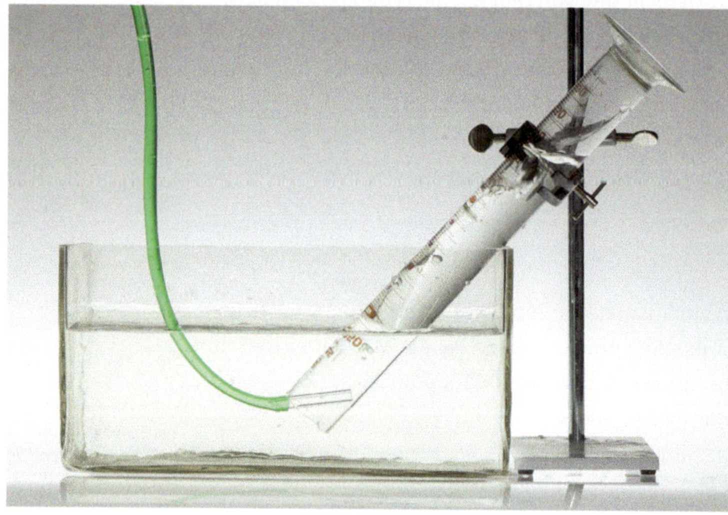

1 Auffangen eines Gases bei einer chemischen Reaktion

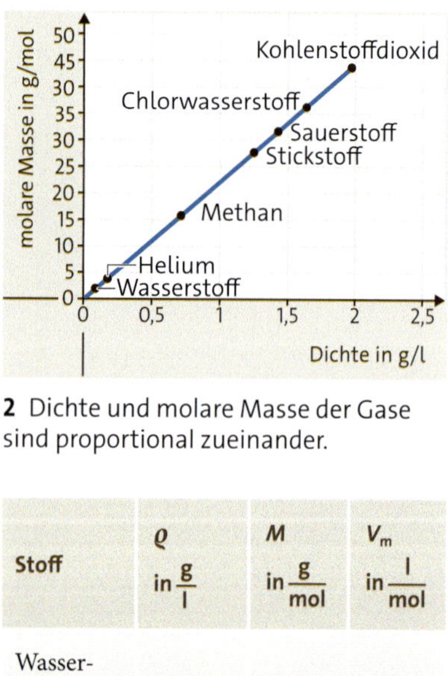

2 Dichte und molare Masse der Gase sind proportional zueinander.

Stoff	ϱ in $\frac{g}{l}$	M in $\frac{g}{mol}$	V_m in $\frac{l}{mol}$
Wasserstoff	0,08988	2,016	22,4
Sauerstoff	1,429	31,998	22,4
Stickstoff	1,251	28,014	22,4
Kohlenstoffdioxid	1,9767	44,008	22,3
Methan	0,716	16,042	22,4
Helium	0,1786	4,003	22,4
Chlorwasserstoff	1,639	36,5	22,3

3 Dichte und molare Masse einiger Gase (Dichte bei 0 °C/1013 hPa)

Dichte und molare Masse von Gasen Im Gegensatz zu Flüssigkeiten oder festen Stoffen nehmen die Teilchen eines Gases einen sehr viel größeren Raum ein. Die Abstände zwischen den Teilchen sind sehr groß. So entstehen aus 100 ml Wasser beim Verdampfen ca. 170 l Wasserdampf. Gase haben deshalb auch eine deutlich geringere Dichte als Flüssigkeiten oder feste Stoffe.

Trägt man die molare Masse einiger Gase über ihrer Dichte ab, kann man zudem feststellen, dass die Punkte alle auf einer gemeinsamen Geraden liegen, die durch den Ursprung verläuft (▸**2**). Die Größen molare Masse und Dichte sind bei Gasen proportional zueinander.

Molares Volumen und Satz von Avogadro Was hat das zu bedeuten? Im Diagramm wurde die molare Masse, d. h. die Masse einer Gasportion mit genau 1 mol Teilchen, gegen die Dichte, d. h. die Masse einer Gasportion mit genau 1 Liter Volumen, aufgetragen. Bildet man daraus den Quotienten, erhält man das Volumen einer Gasportion, die genau 1 mol Teilchen enthält. Er ist für die meisten Gase annähernd gleich und wird **molares Volumen** V_m genannt (▸**3**). Der Wert beträgt für 0 °C und 1013 hPa 22,4 $\frac{l}{mol}$. Man kann daraus ableiten, dass gleiche Volumina verschiedener Gase bei gleichem Druck und gleicher Temperatur gleich viele Teilchen enthalten. Diese Aussage wurde schon Anfang des 19. Jh.s von Amedeo Avogadro aufgestellt und wird **Satz von Avogadro** genannt. Umgekehrt bedeutet dies aber auch, dass gleiche Stoffportionen verschiedener Gase unter gleichen Bedingungen das gleiche Volumen einnehmen.

! Das molare Volumen V_m aller Gase beträgt unter Normbedingungen 22,4 $\frac{l}{mol}$.

Temperaturveränderung und molares Volumen Gasportionen unterschiedlicher Stoffe verhalten sich bei Temperatur- und Druckveränderung alle gleich.
Bei Normbedingungen besitzt 1 mol eines Gases ein Volumen von ca. 22,4 Litern. Erhöht man nun die Temperatur auf 20 °C, so nehmen 1 mol Gasteilchen ein Volumen von ca. 24 Litern ein. Für Reaktionen bei Raumtemperatur verwendet man deshalb $V_m = 24 \frac{l}{mol}$.

Volumenberechnungen bei chemischen Reaktionen Grundsätzlich lässt sich bei Gasen das Volumen leichter bestimmen als deren Masse. Für Berechnungen wird der bestehende Zusammenhang zwischen der Stoffmenge (oft aus der Masse bestimmt) eines Stoffes und dem Volumen eines anderen Stoffes genutzt.

Aus der Reaktionsgleichung der Thermolyse von Silberoxid wird ersichtlich, dass sich bei einer Verdopplung der Stoffmenge des Ausgangstoffs Silberoxid auch die Stoffmenge des erhaltenen Sauerstoffs verdoppelt. So entstehen beim Einsatz von 2 mol Silberoxid 1 mol Sauerstoff und bei 4 mol Silberoxid 2 mol Sauerstoff. Mithilfe des molaren Volumens lässt sich daraus das Volumen des Sauerstoffs ermitteln.

$$2\ Ag_2O \longrightarrow 4\ Ag + O_2 \mid \text{endotherm}$$

Aufgabe: Bei der thermischen Zersetzung von schwarzem Bleioxid (PbO_2) entsteht bei ca. 560 °C rotes Bleioxid (PbO) und elementarer Sauerstoff. Berechne das Volumen an Sauerstoff bei Raumtemperatur, das bei der thermischen Zersetzung von 9,56 kg Bleioxid entsteht.

Gegeben: $m(PbO_2) = 9{,}56\ kg = 9\,560\ g$ **Gesucht:** $V(O_2)$

$M(PbO_2) = 239 \frac{g}{mol}$

$V_m = 24 \frac{l}{mol}$

Lösung:

1. Aufstellen der Reaktionsgleichung:

$$2\ PbO_2\ (s) \longrightarrow 2\ PbO\ (s) + 1\ O_2\ (g) \mid \text{endotherm}$$

2. Ableiten des Stoffmengenverhältnisses aus der Reaktionsgleichung:
Aus 2 mol Bleioxid entstehen 1 mol Sauerstoff, daraus folgt:
$n(O_2) = 1/2 \cdot n(PbO_2)$

3. Berechnen der Stoffmengen:

$$n(PbO_2) = \frac{m(PbO_2)}{M(PbO_2)} = \frac{9\,560\ g}{239 \frac{g}{mol}} = 40\ mol$$

$n(O_2) = 1/2 \cdot n(PbO_2) = 1/2 \cdot 40\ mol = 20\ mol$

4. Berechnen des Volumens an Sauerstoff:

$$V(O_2) = n(O_2) \cdot V_m = 20\ mol \cdot 24 \frac{l}{mol} = 480\ l$$

Antwort: Bei der Thermolyse von 9,56 kg Bleioxid (PbO_2) entstehen 480 Liter elementarer Sauerstoff.

4 AMEDEO AVOGADRO (1776–1856), italienischer Physiker

$$V_m = \frac{V(\text{Stoffportion})}{n(\text{Stoffportion})}$$

$$V(\text{Stoffport.}) = n(\text{Stoffport.}) \cdot V_m$$

$$n(\text{Stoffportion}) = \frac{V(\text{Stoffportion})}{V_m}$$

5 Das molare Volumen von Gasen

Aufgaben

1 Berechne aus der Stoffmenge das jeweilige Volumen und die Masse der Gasportion (unter Normbedingungen):
- **a** $n(NH_3) = 2{,}5\ mol$
- **b** $n(CO_2) = 0{,}2\ mol$
- **c** $n(O_2) - 0{,}6\ mol$

2 Berechne das Volumen oder die Masse der Gasportion (unter Normbedingungen):
- **a** $m(SO_2) = 1{,}28\ kg$
- **b** $V(N_2O_4) = 67{,}2\ l$

3 Ein Kohlenbrikett mit der Masse 24 g wird an der Luft vollständig verbrannt. Berechne das jeweilige Volumen (bei Raumtemperatur):
- **a** an entstandenem Kohlenstoffdioxid
- **b** an benötigtem Sauerstoff

Quantitative Betrachtungen

Gesetz der konstanten Massenverhältnisse	In einer Verbindung sind die Elemente, aus denen sie entstand oder in die sie zerlegt werden kann, stets in einem bestimmten konstanten Massenverhältnis gebunden.
Verhältnisformel	In Metall-Nichtmetall-Verbindungen wird das Anzahlverhältnis der Atomarten durch die Verhältnisformel ausgedrückt. Sie beschreibt die kleinstmögliche Baueinheit einer solchen Verbindung.
Chemische Reaktionsgleichung	Beschreibung einer chemischen Reaktion mithilfe chemischer Zeichen. Sie kennzeichnet die an der Reaktion beteiligten Stoffe, die Teilchen der Stoffe und das Zahlenverhältnis, in dem die Teilchen reagieren. Beispiel: $2\ Mg\ (s) + O_2\ (g) \longrightarrow 2\ MgO\ (s)$ | exotherm
Stoffmenge	Die Stoffmenge $n = 1$ mol gibt an, dass diese Stoffportion aus etwa $6 \cdot 10^{23}$ gleichartigen Teilchen besteht.
Avogadro-Konstante	Dieser Wert gibt an, wie viele Teilchen in einem Mol eines Stoffes enthalten sind. $N_A = 6{,}022\,1367 \cdot 10^{23}\,\frac{1}{\text{mol}}$
Molare Masse	Quotient aus der Masse und der Stoffmenge einer Stoffportion. Die Einheit der molaren Masse ist $1\,\frac{\text{g}}{\text{mol}}$. Sie ist für jeden Stoff charakteristisch. $M = \frac{m}{n}$
Molares Volumen	Quotient aus dem Volumen und der Stoffmenge einer Stoffportion eines Gases $V_m = \frac{V}{n}$ Unter Normbedingungen ($\vartheta = 0\,°C$ und $p = 1\,013\,hPa$) beträgt das molare Volumen $V_m \approx 22{,}4\,\frac{l}{\text{mol}}$. Bei Raumtemperatur ($\vartheta = 20\,°C$ und $p = 1\,013\,hPa$) beträgt das molare Volumen $V_m \approx 24\,\frac{l}{\text{mol}}$.
Quantitative Beziehungen zwischen Größen in der Chemie	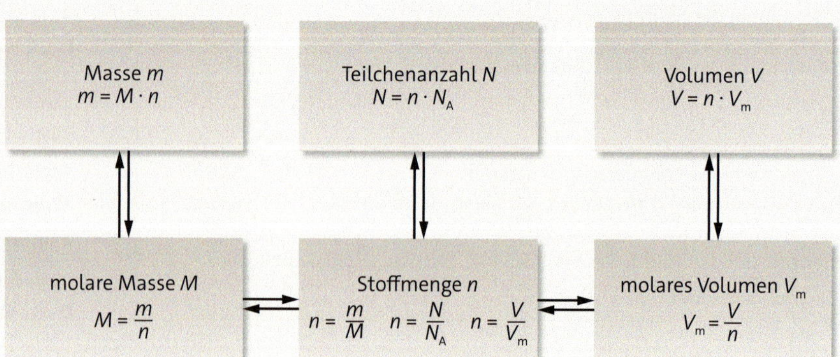

Aufgaben

1 Die Verhältnisformel von Eisenoxid lautet Fe_2O_3.
- **a** Definiere den Begriff Verhältnisformel.
- **b** Triff Aussagen über Eisenoxid, die du aufgrund der Verhältnisformel machen kannst.

2 Calcium verbrennt an der Luft zu Calciumoxid. Dabei entstehen aus 15 g Calcium 21 g Calciumoxid.
- **a** Bestimme das Massenverhältnis von Calcium zu Sauerstoff. Kürze es wenn möglich.
- **b** Ermittle die Verhältnisformel von Calciumoxid [$m_a(1\ \text{Ca}) = 40\,\text{u}$].

3 Berechne aus den Massenverhältnissen das jeweilige Atomanzahlverhältnis und die Verhältnisformel der Verbindung.
- **a** $\frac{m(\text{Silicium})}{m(\text{Sauerstoff})} = \frac{7\,\text{g}}{8\,\text{g}}$
- **b** $\frac{m(\text{Eisen})}{m(\text{Sauerstoff})} = \frac{7\,\text{g}}{3\,\text{g}}$

4 Ermittle die fehlenden Faktoren in folgenden Reaktionsgleichungen:
- **a** $\ldots \text{Li (s)} + \ldots \text{H}_2\text{ (g)} \longrightarrow \ldots \text{LiH (s)}$
- **b** $\ldots \text{K (s)} + \ldots \text{O}_2\text{ (g)} \longrightarrow \ldots \text{K}_2\text{O (s)}$
- **c** $\ldots \text{B (s)} + \ldots \text{Cl}_2\text{ (g)} \longrightarrow \ldots \text{BCl}_3\text{ (s)}$

5 Von einem Mitschüler werden folgende Reaktionsgleichungen an die Tafel geschrieben. Prüfe, ob die Reaktionsgleichungen richtig sind, und korrigiere sie gegebenenfalls.
- **a** $2\ \text{Na (s)} + \text{O}_2\text{ (s)} \longrightarrow \text{Na}_2\text{O (s)}$
- **b** $4\ \text{Al (s)} + 3\ \text{O}_2\text{ (g)} \longrightarrow 2\ \text{Al}_2\text{O}_3\text{ (s)}$
- **c** $\text{Cu (s)} + 2\ \text{S (s)} \longrightarrow \text{Cu}_2\text{S (s)}$
- **d** $\text{N}_2\text{ (g)} + 5\ \text{O (g)} \longrightarrow \text{N}_2\text{O}_5\text{ (g)}$

6 Schwefel reagiert mit Sauerstoff zu Schwefeldioxid nach folgender Reaktionsgleichung:
$\text{S (s)} + \text{O}_2\text{ (g)} \longrightarrow \text{SO}_2\text{ (g)} \mid \text{exotherm}$
Leite aus der Reaktionsgleichung alle möglichen quantitativen Aussagen ab.

7 Bei chemischen Reaktionen ist es interessant, welche Masse an Edukten man einsetzen muss, um eine bestimmte Masse an Produkten zu erhalten, oder welche Masse an Produkten man beim Einsatz einer bestimmten Masse an Edukten erhält. Dazu muss man einige Größen berechnen.
- **a** Bestimme die molaren Massen folgender Verbindungen: Na_2O, Fe_2O_3 und $CaCO_3$.
- **b** Bestimme die Stoffmenge und Teilchenanzahl für folgende Stoffportionen: 12 g Magnesium, 14,4 g Eisenoxid (FeO), 1,068 kg Aluminiumbromid ($AlBr_3$).
- **c** Bestimme die Masse folgender Teilchenportionen: 2 mol Kupferoxid (Cu_2O), 4 mmol Zinkoxid (ZnO), $9 \cdot 10^{23}$ Kupferatome.

8 Der Sportlehrer bittet den Chemielehrer um 2 kg Magnesia (MgO) für den Turnunterricht.
- **a** Formuliere die Reaktionsgleichung zur Bildung von Magnesia aus den Elementen.
- **b** Bestimme die Masse an einzusetzendem Magnesium.

9 Chlorwasserstoffgas (HCl) wird aus Wasserstoff und Chlorgas hergestellt.
- **a** Formuliere die Reaktionsgleichung für die Synthese von Chlorwasserstoff aus den Elementen.
- **b** Bestimme mithilfe des Satzes von AVOGADRO und der Reaktionsgleichung das benötigte Volumen an Wasserstoff und das entstehende Volumen an Chlorwasserstoff bei der vollständigen Umsetzung von 24 ml Chlorgas.
- **c** Berechne die Massen aller beteiligten Stoffe bei der vollständigen Umsetzung von 24 ml Chlorgas unter Normbedingungen.

10 In vielen Produkten wird weißes Titanoxid (TiO_2) als Weißpigment eingesetzt.
Berechne die Masse an Titan, die umgesetzt werden muss, um 2 t Titanoxid zu erhalten.

Hilfe zu den Aufgaben findest du auf den Seiten ...

1	150 ff.	6	158
2	150 ff.	7	156 ff.
3	150 ff.	8	153, 158 f.
4	153 ff.	9	160 f.
5	153 ff.	10	158 f.

▶ Die Lösungen findest du im Anhang.

Material A: Kalkbrennerei

Seit Tausenden von Jahren wird in Deutschland Kalkstein ($CaCO_3$) abgebaut, um daraus den vielseitigen und unverzichtbaren Branntkalk (CaO) zu gewinnen. Die zu brennenden Kalksteine (ca. 500 kg pro Füllung) werden über dem Gewölbe vorsichtig aufeinandergeschichtet und auf 900 bis 1200 °C erhitzt. Die Feuerung erfolgt durch ein Schürloch und dauert mindestens 100 Stunden. Pro Stunde werden dabei rund 60 kg Kohle gebraucht. Der Ofen ist innen mit Steinen aus Kalk gemauert und außen mit Erde umgeben, damit der Ofen dem Druck des Füllmaterials standhält. Bei diesem Vorgang entweicht Kohlenstoffdioxid, wobei Branntkalk entsteht.

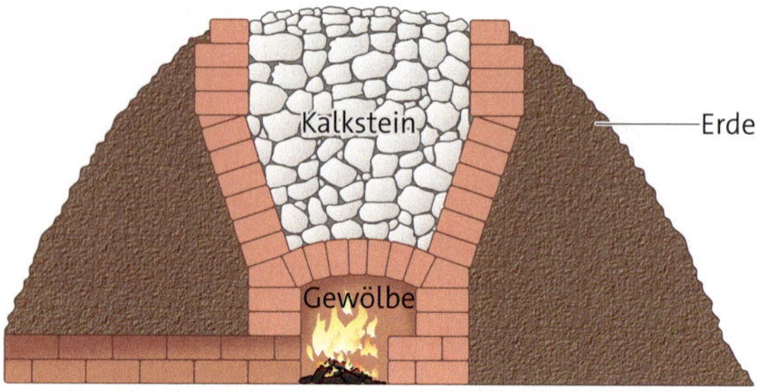

A1 Schema eines historischen Kalkofens

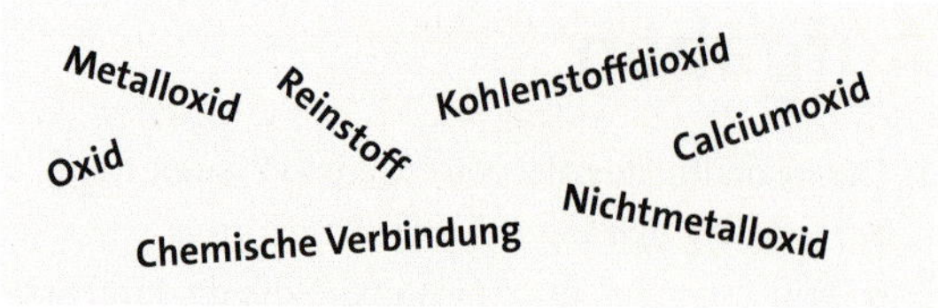

A2 Ein wahres Begriffschaos

1 Im Text und in der Abbildung ist die historische Branntkalkherstellung beschrieben (▸ **A1**).
   a Formuliere die Reaktionsgleichung für die Herstellung von Branntkalk (CaO).
   b Berechne die Masse an Branntkalk (CaO), die bei einem Ofengang entsteht.
   c Berechne die Gesamtmasse und das vollständige Volumen (unter Normbedingungen) an freigesetztem Kohlenstoffdioxid bei einem Ofengang.

2 Nenne jeweils eine Möglichkeit, wie die beiden Produkte auch gebildet werden können. Formuliere dazu jeweils eine Reaktionsgleichung.

3 Ordne das Begriffschaos (▸ **A2**), indem du sinnvolle Beziehungen zwischen den Begriffen herstellst und diese erläuterst.

Material B: Raketentreibstoff

Die Messenger-Sonde, die u. a. zum Planeten Merkur flog, wird über kleine Raketenmotoren gesteuert. Als Treibstoff dienen flüssiges Hydrazin (N_2H_4) und gasförmiges Distickstofftetraoxid (N_2O_4), die bei Kontakt sofort reagieren. Der Treibstoff setzt sich dabei in elementaren Stickstoff und Wasserdampf um. Die gasförmigen Reaktionsprodukte sorgen für den notwendigen Schub.

Bei einer Gesamtmasse von 1 093 kg der Messenger-Sonde entfielen alleine 609 kg auf den mitgeführten Treibstoff.

1 Hydrazin ist sehr giftig. Der Vorteil der guten Lagerfähigkeit macht ihn zurzeit aber noch unentbehrlich.
   a Formuliere die vollständige Reaktionsgleichung mit allen Angaben zur Umsetzung von Hydrazin (N_2H_4) mit Distickstofftetraoxid (N_2O_4).
   b Bestimme das Volumen an Stickstoff (unter Normbedingungen), das bei der Umsetzung von 320 kg Hydrazin entsteht.
   c Ermittle aus dem Stoffmengenverhältnis der Reaktion die Masse an Hydrazin im Treibstoff der Messenger-Sonde.

Material C: Schülermeinungen

Im Chemieunterricht gab es bei der Berechnung von Massen und Stoffmengen ein Streitgespräch, bei dem u. a. folgende Schülermeinungen geäußert wurden:

1 Stoffportionen unterschiedlicher Elemente mit einer Masse von $m = 1\,g$ enthalten bei gleichen Bedingungen immer 1 mol Atome.

2 Stoffportionen unterschiedlicher Elemente mit einer Masse von $m = 1\,g$ enthalten bei gleichen Bedingungen immer die gleiche Anzahl von Atomen.

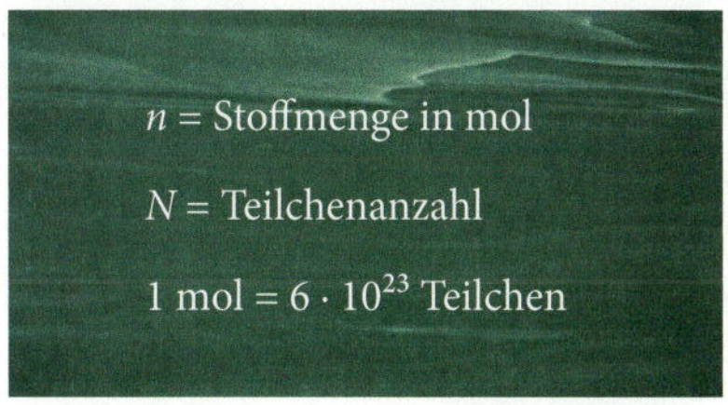

3 Stoffportionen unterschiedlicher Elemente mit einer Stoffmenge von $n = 1\,mol$ enthalten bei gleichen Bedingungen immer die gleiche Anzahl von Atomen.

4 Stoffportionen unterschiedlicher Elemente mit einer Stoffmenge von $n = 1\,mol$ enthalten bei gleichen Bedingungen immer die gleiche Teilchenanzahl wie 12 g Kohlenstoff.

C1 Schülermeinungen zu quantitativen Beziehungen in der Chemie

1 Finde die richtige(n) Meinung(en) heraus und begründe sie (▸ **C1**).

2 Begründe, warum unterschiedliche Stoffproben eines Stoffes, z. B. von Eisen, immer eine unterschiedliche Masse besitzen, aber der Stoff Eisen immer die gleiche molare Masse besitzt.

3 Erläutere die Zusammenhänge zwischen Masse, molarer Masse und Stoffmenge.

Material D: Lachgas

Lachgas (Distickstoffmonooxid, N_2O) wurde früher als Narkosemittel eingesetzt. Heute dient es als Treibgas, z. B. in Sprühflaschen zur Schlagsahneherstellung. Mithilfe von Wertetabellen lässt sich ermitteln, welche Massen an Stickstoff, Sauerstoff und Distickstoffmonooxid bei der Herstellung von Lachgas umgesetzt werden.

$m(N_2)$	7 g	?	28 g	?	?
$m(O_2)$	?	8 g	?	32 g	?
$m(N_2O)$	?	?	?	88 g	176 g

D1 Ermittelte Massen bei der Herstellung von Lachgas aus verschiedenen Experimenten

1 Übertrage die Tabelle (▸ **D1**) in dein Heft und vervollständige sie. Stelle das kleinste ganzzahlige Massenverhältnis fest.
$m(N_2) : m(O_2) : m(N_2O) = \ldots : \ldots : \ldots$

2 Stelle die vollständigen Angaben aus der Tabelle (▸ **D1**) grafisch in einem Koordinatensystem dar [x-Achse: $m(N_2)$; y-Achse: $m(N_2O)$].
a Kennzeichne die zusammengehörigen Paare als Punkte im Koordinatensystem und verbinde die Punkte mit einem Lineal.
b Ermittle mithilfe dieses Koordinatensystems die erforderlichen Massen Stickstoff zur Herstellung von 20 g, 34 g und 50 g Lachgas.

3 Ermittle mithilfe dieses Koordinatensystems die erforderlichen Massen Sauerstoff, die benötigt werden, wenn 4 g, 10 g und 30 g Stickstoff reagieren. Überprüfe die Ergebnisse rechnerisch mithilfe der entsprechenden Größengleichungen.

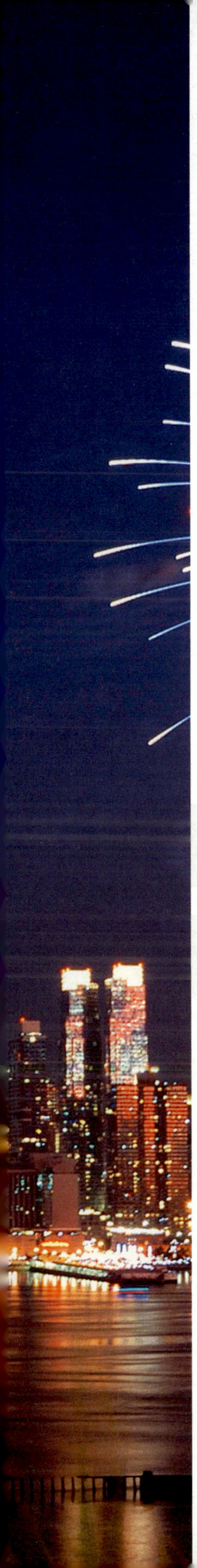

Elementfamilien

Die Elemente unterscheiden sich in vielen ihrer Eigenschaften: Helium wird aufgrund seiner geringen Dichte zur Füllung von Luftballons genutzt, Chlor kommt wegen seiner Reaktivität als Desinfektionsmittel im Schwimmbad zum Einsatz und Magnesium schützt die scharfe Stahlklinge im Bleistiftanspitzer vor Korrosion – auch wird es neben anderen Metallen in Feuerwerkskörpern verwendet.

Und doch gibt es Gemeinsamkeiten, sodass sie zu Elementfamilien zusammengefasst werden.

Eigenschaften von Alkali- und Erdalkalimetallen

Exp. 1 Verhalten von Natriumchlorid (Kochsalz) in der Brennerflamme

Vorsicht! Spritzgefahr! Tauche ein Magnesiastäbchen in 35%ige Salzsäure (GHS05|07). Erhitze es in der nicht leuchtenden Brennerflamme bis zum Glühen. Tauche das Stäbchen anschließend in Natriumchlorid, sodass etwas davon am Stäbchen haftet. Halte das Stäbchen erneut in die nicht leuchtende Brennerflamme.

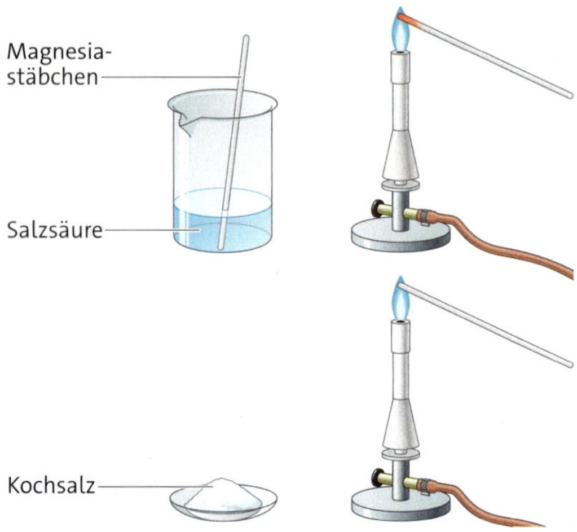

Notiere deine Beobachtungen.
Formuliere einen Auswertungssatz zum Versuch.
Entsorgung: Feststoffe in den Hausmüll, Salzsäurelösung in den Behälter für saure und alkalische Abfälle geben.

Exp. 2 Reaktion von Lithium mit Wasser

Vorsicht! Spritzgefahr! Schneide ein etwa erbsengroßes Stück Lithium (GHS02|05) ab und entrinde es falls nötig. Gib das Stück Lithium in einer Kristallisierschale auf Wasser.
Notiere deine Beobachtungen.
Vergleiche die Beobachtungen mit den Eigenschaften eines anderen Metalls, z. B. Eisen.
Entsorgung: Lösung für Experiment 3 verwenden, Lithiumreste mit Ethanol (GHS02) umsetzen.

Exp. 3 Wässrige Lösung der Reaktion von Lithium mit Wasser

Vorsicht! Spritzgefahr! Nimm 4 ml der Lösung (GHS05) aus Experiment 2. Dampfe auf einem Uhrglas 2 ml dieser Lösung ein.
Notiere deine Beobachtungen.
Gib zu den restlichen 2 ml Lösung zwei Tropfen Phenolphthaleinlösung.

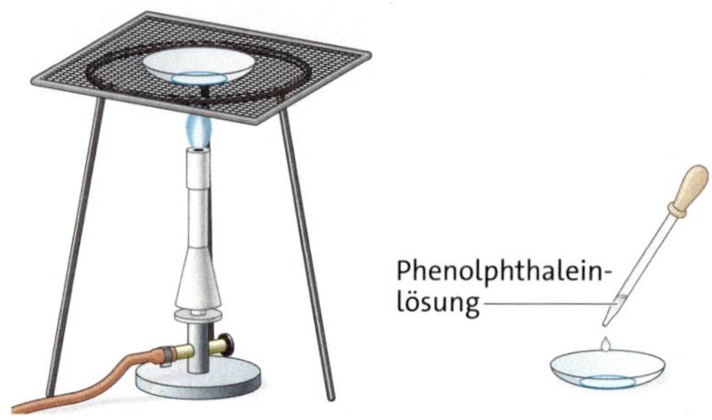

Notiere deine Beobachtungen. Deute die Beobachtungsergebnisse.
Entsorgung: Lösung in das Abwasser geben.

Exp. 4 Verhalten von Lithium-, Kalium-, Rubidium- und Caesiumchlorid in der Brennerflamme

Vorsicht! Spritzgefahr! Tauche ein Magnesiastäbchen in 35%ige Salzsäure (GHS05|07). Erhitze es in der nicht leuchtenden Flamme bis zum Glühen. Tauche das Stäbchen anschließend in Lithiumchlorid (GHS07), sodass etwas davon am Stäbchen haftet. Halte das Stäbchen erneut in die nicht leuchtende Brennerflamme. Wiederhole die Durchführung mit Kalium-, Rubidium- und Caesiumchlorid.
Beobachte die Flamme auch durch ein Cobaltglas.
Notiere deine Beobachtungen.
Vergleiche deine Beobachtungsergebnisse. Vergleiche auch mit den Beobachtungen von Experiment 1.
Entsorgung: Feststoffe in den Hausmüll, Salzsäurelösung in den Behälter für saure und alkalische Abfälle geben.

Exp. 5 Verhalten von Magnesium, Calcium und Barium in Wasser

Fülle in drei Reagenzgläser jeweils etwa 5 ml Wasser. Gib anschließend in ein Reagenzglas einige Späne Magnesium (GHS02), in die anderen Calcium- (GHS02) bzw. Bariumspäne (GHS02). Beobachte. Erhitze nun das Reagenzglas mit den Magnesiumspänen sehr vorsichtig in der Brennerflamme. Versetze die drei entstandenen Lösungen mit jeweils drei Tropfen Phenolphthaleinlösung.
Notiere deine Beobachtungen. Vergleiche das Verhalten der drei Stoffe miteinander.
Entsorgung: Feststoffe in den Hausmüll, Flüssigkeiten in das Abwasser geben.

Exp. 6 Verhalten von Calcium-, Strontium- und Bariumchlorid in der Brennerflamme

Vorsicht! Spritzgefahr! Tauche ein Magnesiastäbchen in 35%ige Salzsäure (GHS05|07). Erhitze es dann in der nicht leuchtenden Brennerflamme bis zum Glühen. Tauche das Stäbchen in Calciumchlorid (GHS07), sodass etwas davon am Stäbchen haftet. Halte das Stäbchen erneut in die nicht leuchtende Brennerflamme. Wiederhole die Durchführung mit Strontium- und Bariumchlorid (GHS06).
Beobachte die Flamme auch durch ein Cobaltglas.
Notiere deine Beobachtungen.
Vergleiche deine Beobachtungsergebnisse.
Entsorgung: Feststoffe in den Hausmüll, Salzsäurelösung in den Behälter für saure und alkalische Abfälle geben.

Exp. 7 Lösen von Calcium- und Magnesiumoxid in Wasser

Gib in je ein Reagenzglas zwei Spatelspitzen Calcium- (GHS05) bzw. Magnesiumoxid zu 3 ml destilliertem Wasser. Beurteile die Löslichkeit und überprüfe mit Indikatorpapier. Notiere deine Beobachtungen.
Vergleiche das Verhalten der beiden Oxide.
Entsorgung: Lösung in das Abwasser geben.

Exp. 8 Wärmeentwicklung bei der Reaktion von Magnesium, Calcium und Barium mit Wasser

Fülle in das Reagenzglas eines Thermoskops 3 ml destilliertes Wasser. Notiere den Wasserstand im Manometerrohr. Gib in das Reagenzglas 200 mg Magnesiumspäne (GHS02). Beobachte den Wasserstand. Untersuche in gleicher Weise Calciumspäne (GHS02) und Bariumspäne (GHS02).

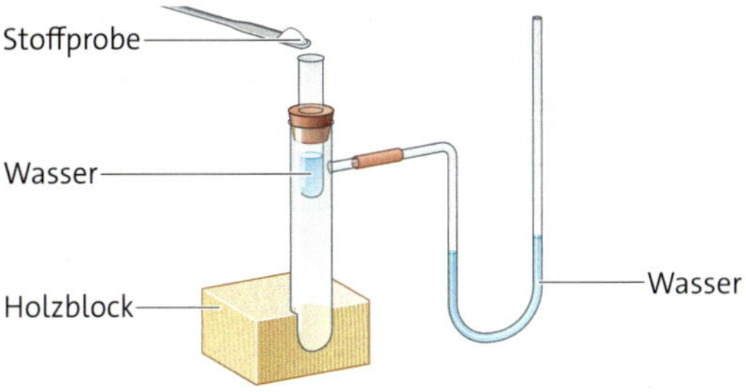

Deute die Veränderung des Wasserstands am Manometerrohr. Vergleiche die Beobachtungsergebnisse.
Entsorgung: Feststoffe in den Hausmüll, Flüssigkeiten in das Abwasser geben.

Exp. 9 Verhalten von Calcium in Wasser

Vorsicht! Entzündungsgefahr! Gib in ein Reagenzglas mit Wasser einige Stückchen Calcium (GHS02). Verschließe es mit einem Stopfen, durch den ein Gasableitungsrohr führt. Fange das entstehende Gas pneumatisch auf und prüfe es mit der Knallgasprobe. Versetze die Lösung im Reagenzglas mit fünf Tropfen Phenolphthaleinlösung.

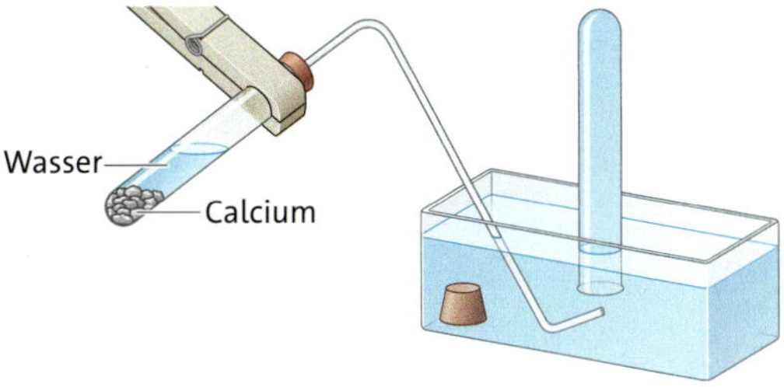

Notiere deine Beobachtungen.
Interpretiere die Versuchsergebnisse.
Entsorgung: Lösung in den Behälter für giftige anorganische Abfälle geben.

Natrium und seine chemischen Reaktionen

Bei der Beleuchtung von Fußgängerüberwegen kommt Natrium zum Einsatz. Eingeschlossen im Glaskolben erzeugt Natriumdampf unter elektrischem Strom ein sehr durchdringendes gelbes Licht, das einen selbst im Nebel Gegenstände aus größerer Entfernung noch erkennen lässt.

1 Bei Nacht und Nebel immer gut sichtbar – Fußgängerüberweg

Exp. 10 | **L**

Schneiden von Natrium

Vorsicht! Schutzbrille! Ein Stück Natrium (GHS02|05) aus der Vorratsflasche wird mit Filterpapier abgetupft. Mit einem Messer wird eine Probe angeschnitten und die Schnittfläche betrachtet.

2 Die silbrig glänzende Schnittfläche von Natrium läuft an der Luft schnell an.

Vorkommen Natrium kommt in der Natur nur in chemisch gebundener Form vor. Eine wichtige Natriumverbindung ist z. B. das Kochsalz (Natriumchlorid, NaCl). Gewaltige Massen lagern als Steinsalz in unterirdischen Salzlagerstätten, die durch das Austrocknen von salzhaltigen Meeren entstanden sind. Darüber hinaus sind in den Ozeanen etwa 50 Billiarden Tonnen Natriumchlorid gelöst. Das elementare Natrium wird aus geschmolzenem Natriumchlorid mithilfe des elektrischen Stroms gewonnen. Jährlich werden so über 400 000 t Natrium produziert.

Verwendung und Bedeutung Die Verwendungsmöglichkeiten des Natriums sind zahlreich. Wegen der guten Lichtausbeute werden z. B. Natriumdampflampen oft im Straßenverkehr eingesetzt (▸1). Die typische Gelbfärbung von Natrium und seinen Verbindungen dient auch als Hinweis auf sein Vorhandsein. Schon geringe Mengen färben die nicht leuchtende Brennerflamme intensiv gelb (▸Exp. 1, S. 168). In der Industrie wird Natrium als Reduktionsmittel bei der Herstellung von Metallen, wie z. B. Titan, verwendet und im Labor findet es Verwendung als Trockungsmittel für bestimmte Lösemittel.
Besonders groß ist die biologische Bedeutung von Natrium. Der menschliche Körper benötigt pro Tag etwa 2 bis 3 g Kochsalz, um die Körperfunktionen aufrechtzuerhalten. Fehlt das im Kochsalz gebundene Natrium, kommt es zu Störungen in der Muskulatur und in den Nerven.

Eigenschaften Natrium gehört aufgrund seiner Eigenschaften zu den Metallen (▸3). Es ist ungewöhnlich weich, sodass es mit einem Messer geschnitten werden kann. Die frischen Schnittflächen von Natrium glänzen silbrig, laufen an der Luft aber schnell wieder an (▸Exp. 10). Daher muss es in Paraffinöl unter Luftabschluss gelagert werden.

Reaktionen von Natrium Wird Natrium an der Luft erhitzt, entzündet es sich und verbrennt mit gelber Flamme zu Natriumoxid. Natriumbrände können nicht mit Wasser, aber mit Kochsalz oder trockenem Zement gelöscht werden.

Natrium + Sauerstoff ⟶ Natriumoxid | exotherm

Wird Natrium in Wasser gegeben, findet eine heftige chemische Reaktion statt (▸Exp. 11). Durch die stark exotherme Reaktion schmilzt das Natrium und bewegt sich lebhaft auf der Wasseroberfläche. Es kann auch zur Flammenbildung kommen (▸3). Wird die bei der chemischen Reaktion entstehende Lösung mit Phenolphthalein untersucht, färbt sich der Indikator violett. Die wässrige Lösung reagiert alkalisch.

Dampft man die Lösung ein, wird ein weißer, fester Stoff erhalten (▸5). Es handelt sich um **Natriumhydroxid**. Der Name weist darauf hin, dass in der Verbindung die Elemente Natrium, Wasserstoff (lat. *hydrogenium*) und Sauerstoff (lat. *oxygenium*) enthalten sind. Beim Umgang mit Natriumhydroxid sind besondere Vorsichtsmaßnahmen nötig, da es beim Kontakt zu Verätzungen von Haut und Augen kommen kann. Natriumhydroxid trägt auch die Bezeichnung Ätznatron.

Eigenschaft	Natrium	Natriumoxid	Natriumhydroxid
Dichte in g/cm^3	0,97	2,27	2,13
Schmelztemperatur in °C	98	1132	322
Siedetemperatur in °C	892	1950	1390
Farbe	silbrig glänzend (frische Schnittfläche)	weiß	weiß
Härte	sehr weich	spröde	spröde
Elektrische Leitfähigkeit	sehr gut	keine	keine

4 Ausgewählte Eigenschaften von Natrium, Natriumoxid und Natriumhydroxid

Exp. 11 **L**

Reaktion von Natrium mit Wasser

Vorsicht! Schutzscheibe! Ein entrindetes, erbsengroßes Stück Natrium (GHS02|05) wird in einer Kristallisierschale auf Wasser gegeben.

3 Flammenbildung bei Einbringen von Natrium in Wasser

5 Natriumhydroxid

Aufgaben

1 Nenne drei typische Eigenschaften, die zeigen, dass Natrium ein Metall ist.

2 Im Labor soll untersucht werden, ob ein unbekanntes Pulver Natriumverbindungen enthält. Beschreibe ein mögliches Untersuchungsverfahren.

3 Erläutere, warum Natriumbrände nicht mit Wasser gelöscht werden dürfen.

4 Erkläre, warum Natrium bei der Reaktion mit Wasser auf der Oberfläche schwimmt.

5 Begründe, warum Natrium mit einer Pinzette und Gummihandschuhen angefasst werden muss.

6 Beschreibe den Bau von Natrium.

7 Berechne die notwendige Masse Natriumchlorid, um jährlich 400 000 t Natrium zu produzieren.

Verhältnisformel von Natriumhydroxid

Exp. 12 | L

Quantitative Untersuchung der Reaktion von Natrium mit Wasser

Ein vollständig entrindetes, erbsengroßes Stück Natrium ($d < 0{,}4\,\text{cm}$; GHS02|05) wird gewogen und in einen Erlenmeyerkolben mit Wasser gegeben, der sofort mit einem durchbohrten Stopfen verschlossen wird. *Achtung! Das Natriumstück darf nicht schwerer als 90 mg sein.* Der Wasserstoff (GHS02) wird in einem Kolbenprober aufgefangen und das Volumen bestimmt.

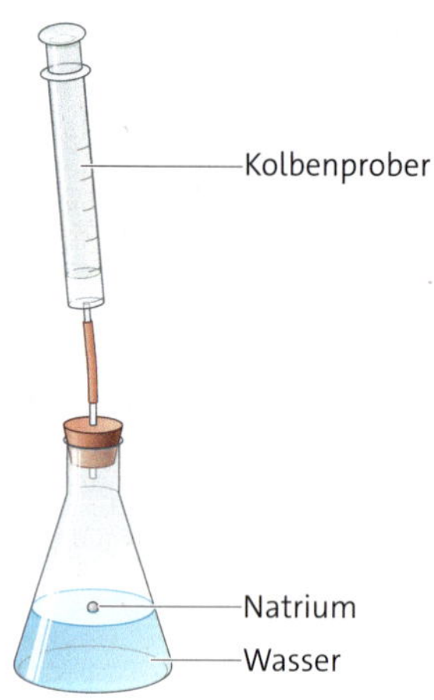

Ermitteln der Verhältnisformel von Natriumhydroxid Um die Frage nach der Verhältnisformel von Natriumhydroxid zu beantworten, muss man die Reaktion von Wasser mit Natrium genauer untersuchen. Drückt man Natrium mit einem Sieblöffel unter Wasser, kann man eine heftige Gasentwicklung beobachten. Das entstandene Gas reagiert positiv auf die Knallgasprobe. Dies deutet darauf hin, dass bei der chemischen Reaktion von Natrium mit Wasser Wasserstoff entsteht.

Natrium + Wasser ⟶ Natriumhydroxid + Wasserstoff | exotherm

Aus dem Reaktionsschema sind zwar alle beteiligten Ausgangsstoffe und die entstehenden Produkte erkennbar, aber noch nicht deren Formeln. Fängt man den entstandenen Wasserstoff auf und bestimmt sein Volumen, das bei der Reaktion einer zuvor abgewogenen Stoffportion Natrium entsteht, kann man daraus das Stoffmengenverhältnis von Natrium zu Wasserstoff bestimmen (▸ Exp. 12). Mit diesem Verhältnis lässt sich eine vermutete Verhältnisformel von Natriumhydroxid über die Reaktionsgleichung bestätigen oder verwerfen.

Behauptung: Die Verhältnisformel von Natriumhydroxid lautet NaOH. Die dazu passende Reaktionsgleichung ist:

$2\,Na + 2\,H_2O \longrightarrow 2\,NaOH + H_2$ | exotherm

Aufgabe: Bei der Reaktion von 0,09 g Natrium wurde ein Volumen von 47 ml Wasserstoff bestimmt. Berechne das Stoffmengenverhältnis von Wasserstoff zu Natrium.

Gegeben: $m(\text{Natrium}) = 0{,}09\,\text{g}$
$V(\text{Wasserstoff}) = 47\,\text{ml}$

Gesucht: $n(\text{Natrium})$
$n(\text{Wasserstoff})$

Lösung:

1. Berechnung der Stoffmenge $n(\text{Natrium})$:

$$M(\text{Natrium}) = \frac{m(\text{Natrium})}{n(\text{Natrium})} \qquad n(\text{Natrium}) = \frac{m(\text{Natrium})}{M(\text{Natrium})}$$

$$n(\text{Natrium}) = \frac{0{,}09\,\text{g}}{23\,\text{g/mol}} = \underline{0{,}0039\,\text{mol}}$$

2. Berechnung der Stoffmenge $n(\text{Wasserstoff})$:

$$n(\text{Wasserstoff}) = \frac{V(\text{Wasserstoff})}{V_m} = \frac{0{,}047\,\text{l}}{24\,\text{l/mol}} = \underline{0{,}001\,96\,\text{mol}}$$

$$n(\text{Natrium}) = 2 \cdot n(\text{Wasserstoff}) \Rightarrow 2:1$$

3. Das Stoffmengenverhältnis der Reaktion ist 2 : 1. Es stimmt mit dem Stoffmengenverhältnis der Reaktionsgleichung überein: Aus 2 mol Natrium entstehen 1 mol Wasserstoff. Die Verhältnisformel lautet daher NaOH.

Aufgaben

1 Berechne die notwendige Masse an Natrium, um einen Ballon mit 1000 l Wasserstoff zu füllen.

2 Bei einem Versuch sind 108 ml Wasserstoff entstanden. Berechne die dafür notwendige Masse an Natrium ($V_m = 24\,\text{l/mol}$).

Feuerwerk

1 Barockes Feuerwerk in Dresden

Schwarzpulver – ein explosiver Stoff Mit der Erfindung des Schwarzpulvers vor mehr als 1 000 Jahren in China beginnt die Geschichte des Feuerwerks.
Nach Europa kam das Wissen um das Schwarzpulver vermutlich gegen Ende des 13. Jahrhunderts durch Seefahrer. Wie im alten China wurden die ersten Feuerwerke verwendet, um Angst zu verbreiten, zur Kommunikation während der Schlacht und als Freudenfeuer nach dem Sieg.
Das erste friedliche Feuerwerk in Europa fand 1379 in Vicenza (Italien) statt. Seine Blütezeit erlebte das Spektakel im Barock und Rokoko. Hier waren Feuerwerke ein Symbol von Reichtum und Macht. Die erste deutsche Fabrik für Feuerwerkskörper wurde im 19. Jahrhundert gegründet.

Professionelles Feuerwerk Während Privatpersonen nur zum Jahreswechsel Feuerwerkskörper kaufen und zünden dürfen, haben professionelle Feuerwerker ganzjährig verschiedene Pyrotechnik (griech. *pyr*: Feuer) in Gebrauch. Die Farben, das Flackern und Blinken oder die Leuchtspuren kommen durch verschiedene Effektpulver sowie deren Pressung und Anordnung in den Feuerwerkskörpern zustande.

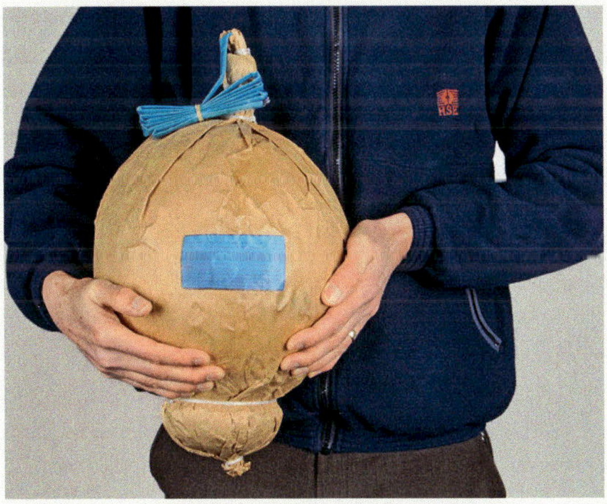

2 Professionelle Kugelbombe

Info 1

Bengalos

Eine weitere Form von Feuerwerk sind bengalische Feuer (Bengalos). Sie werden häufig in Form von Fackeln eingesetzt, z. B. als Notsignale für die Seefahrt. Bei der Verwendung dieser Fackeln ist besondere Vorsicht nötig. Die Temperatur eines Bengalos kann 2 500 °C erreichen. Ein Löschen mit Wasser ist nicht möglich und der entstehende Rauch ist gesundheitsschädlich. Aus diesen Gründen ist z. B. der Gebrauch von bengalischem Feuer in Fußballstadien verboten.

3 Bengalos beim Fußball: gefährlich und verboten!

Aufgaben

1 Informiere dich im Internet, über die Kennzeichnung von in Deutschland zugelassenen Feuerwerksartikeln.

2 Recherchiere über die Gefahren von Feuerwerk. Diskutiere, warum der Umgang mit Feuerwerk in Deutschland stark eingeschränkt ist.

Die Elementfamilie der Alkalimetalle

Holzasche war in früheren Zeiten ein gut bezahltes Abfallprodukt. In sogenannten Pottaschesiedereien wurde daraus in großen Kesseln – dem Pott – durch Auslaugen die bei Glasherstellern ebenso wie bei Seifenproduzenten und Eisenschmelzern beliebte Pottasche hergestellt.

1 Für die Herstellung von Glas ist Pottasche ein wichtiger Ausgangsstoff.

2 Verbrennen von Kalium an der Luft

Exp. 13 | L

Reaktivität der Alkalimetalle

Vorsicht! Schutzscheibe! Entrindete, erbsengroße Stücke Lithium (GHS02|05), Natrium (GHS02|05) und Kalium (GHS02|05) werden in einer Kristallisierschale auf mit Phenolphthaleinlösung versetztes Wasser gegeben.

Kalium Hinter dem Namen Pottasche verbirgt sich die chemische Verbindung Kaliumcarbonat. Wie Natrium kommt auch Kalium in der Natur nicht elementar vor. Erst 1807 gelang es Humphry Davy (1778 bis 1829), das Metall mittels Elektrolyse zu gewinnen.
Während Kaliumcarbonat ein spröder, kristalliner Feststoff ist, ähnelt Kalium in seinen Eigenschaften dem Metall Natrium.

Wie Natrium ist es an der Luft nicht beständig und wird daher unter Paraffin aufbewahrt. Kaliumstücke sind mit einer dicken Kruste von Kaliumoxid überzogen, die es nicht wie ein Metall aussehen lassen. Wird das sehr weiche Kalium aufgeschnitten, glänzen die frischen Schnittflächen nur kurzzeitig, bevor sie matt anlaufen. An der Luft verbrennt es mit einer rotvioletten Flamme (▸ **2**).
Genauso wie Natrium reagiert Kalium mit Wasser unter Bildung einer alkalischen Lösung und Wasserstoff.

Alkalimetalle Auch Lithium ähnelt in seinen Eigenschaften den beiden Metallen Natrium und Kalium. Von den drei Metallen lässt sich Lithium allerdings am schwersten schneiden und auch die Reaktion mit Wasser ist weniger stark, sodass es im Schülerexperiment genutzt werden kann (▸ Exp. 2, 3; S. 168).

Zusammen mit Rubidium, Caesium und dem radioaktiven Element Francium bilden die Metalle aufgrund ihrer sich ähnlichen Eigenschaften die **Elementfamilie (Elementgruppe)** der **Alkalimetalle**. Der Name der Gruppe leitete sich von der Pottasche (arab. *al-qali:* Asche) ab.

Eine Elementfamilie umfasst Elemente mit sehr ähnlichen Eigenschaften und Reaktionen.

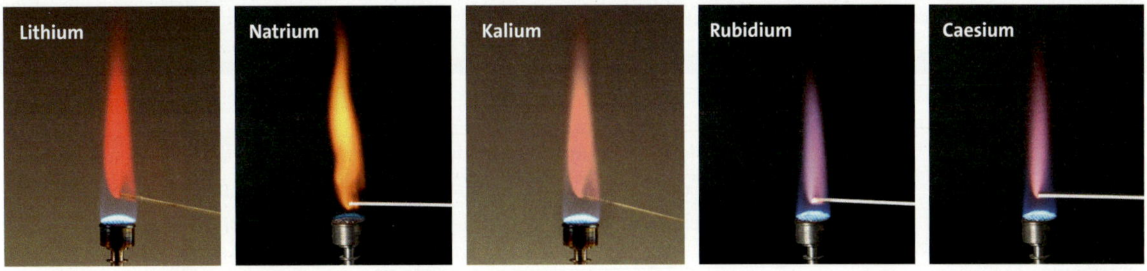

3 An der Flammenfärbung können die Alkalimetalle unterschieden werden.

Name (Symbol des Elements)	Relative Atommasse in u	Schmelz-temperatur in °C	Siedetempe-ratur in °C	Dichte in g/cm³ bei 20 °C	Härte	Flammen-färbung	Reaktivität mit Wasser/Sauerstoff
Lithium (Li)	6,9	180	1 372	0,53		rot	
Natrium (Na)	23	98	892	0,97		gelb	
Kalium (K)	39	64	760	0,86	nimmt ab	rotviolett	nimmt zu
Rubidium (Rb)	85,5	38,9	688	1,53		dunkelrot	
Caesium (Cs)	133	28,4	679	1,88		blauviolett	

4 Eigenschaften der Alkalimetalle

Eigenschaften der Alkalimetalle Alle Vertreter der Elementfamilie sind Leichtmetalle. Die Dichten von Lithium, Natrium und Kalium sind sogar kleiner als 1 g/cm³. Ihre Schmelz- und Siedetemperaturen sind für Metalle vergleichsweise niedrig (▸**4**).
Trotz ihrer Gemeinsamkeiten lassen sich innerhalb der Elementfamilie klare Abstufungen in den Eigenschaften finden: Vergleicht man die Reaktivität der Alkalimetalle mit Wasser (▸Exp. 13; ▸**4**), so ist eine Zunahme von Lithium zu Caesium feststellbar. Auch andere Eigenschaften wie Schmelz- und Siedetemperaturen, Dichte und Härte verändern sich innerhalb der Gruppe (▸**4**). Die Alkalimetalle und ihre Verbindungen zeigen typische Verfärbungen der nicht leuchtenden Brennerflamme (▸Exp. 4, S. 168; ▸**3**).

5 Rubidium (links) und Caesium (rechts) werden luftdicht in Glasampullen aufbewahrt.

Innerhalb einer Elementfamilie ändern sich die Eigenschaften regelmäßig.

Aufgaben

1 Begründe, warum Alkalimetalle in der Natur nur als Verbindungen vorkommen.

2 Nenne die Mitglieder der Elementfamilie der Alkalimetalle. Erläutere, warum sie zu einer Elementfamilie zusammengefasst werden.

3 Formuliere das Reaktionsschema für die chemische Reaktion von Kalium mit Sauerstoff.

4 Die Eigenschaften der Alkalimetalle ändern sich regelmäßig von Lithium bis Caesium. Bestätige diese Aussage anhand zweier Beispiele.

5 Im Gegensatz zum Lithium entzündet sich Kalium bei der Reaktion mit Wasser. Finde eine Erklärung. Erstelle die Reaktionsgleichungen für die Reaktionen von Lithium bzw. Kalium mit Wasser.

Calcium – ein Alkalimetall?

1 Eierschalen bestehen aus gebundenem Calcium in Form von Calciumcarbonat.

Calcium
Farbe: silberweiß
Glanz: glänzend, leicht anlaufend
Schmelztemperatur: 838 °C
Siedetemperatur: 1 490 °C
Verformbarkeit: leicht, weich
Dichte: 1,55 g/cm³
Elektrische Leitfähigkeit: gut
Wärmeleitfähigkeit: gut
Flammenfärbung: orangerot bis ziegelrot

Exp. 14 **L** **Reaktion von Calcium mit Sauerstoff**

Vorsicht! Einige blank gefeilte Calciumspäne (GHS02) werden auf einem Eisenblech bis zu ihrer Entzündung erhitzt.

Aufgabe

1 Berechne die Stoffmenge und das Volumen an Wasserstoff, die bei der Reaktion von 1 g Calcium mit Wasser entstehen.

Vorkommen und Verwendung Calcium ist das dritthäufigste Element auf der Erde. In der Natur kommt es nur in gebundener Form vor. So spielt es in Form von Mineralien eine entscheidende Rolle am Erscheinungsbild der Erde. Große Gebirge wie die Alpen oder die Dolomiten bestehen aus Calciumverbindungen. Insgesamt sind mehr als 700 Calciumminerale bekannt, einige der bekanntesten sind Kalkstein, Marmor, Gips, Kreide und Flussspat. Auch Lebewesen enthalten zahlreiche Calciumverbindungen. Schneckenhäuser, Muschel- und Eierschalen (▸1) bestehen ebenso aus Calciumverbindungen wie Knochen.

Unser Körper muss täglich ausreichend chemisch gebundenes Calcium aufnehmen, sei es für den Bau unserer Knochen, für die Blutgerinnung oder für die Funktionsfähigkeit der Muskeln und Nerven. Bei einem gesunden Menschen sind in 100 ml Blut 10 mg gebundenes Calcium enthalten.
Calcium findet Verwendung bei der Herstellung einiger Metalle wie Uran und als Legierungszusatz in Aluminium- und Magnesiumlegierungen. Calciumverbindungen werden beispielsweise als Düngemittel, bei der Herstellung von Glas und Papier sowie im Bauwesen benötigt.

Eigenschaften Calcium ist ein silberglänzendes Metall, das in vielen Eigenschaften den Alkalimetallen ähnelt: Es ist weich, dehnbar und leitet den elektrischen Strom. Calcium ist an trockener Luft bei Normaltemperatur beständig, überzieht sich aber in Gegenwart von Luftfeuchtigkeit sehr rasch mit einer grauweißen Schicht. Bei höheren Temperaturen entzündet es sich an der Luft und verbrennt mit orange- bis ziegelroter Flamme zu Calciumoxid (▸ Exp. 14). Auch reagiert Calcium mit Wasser zu Wasserstoff und Calciumhydroxid (▸ Exp. 9, S. 169).

Vergleicht man die Reaktionen von Calcium und einem anderen Alkalimetall mit Wasser quantitativ, dann entsteht bei gleicher Stoffmenge von Calcium aber immer das doppelte Volumen an Wasserstoff. So entstehen bei einem Einsatz von 2,5 mmol Calcium nicht 30 ml Wasserstoff, sondern 60 ml. Calcium reagiert nicht in einem Stoffmengenverhältnis von 2 : 1 zu Wasserstoff, sondern in einem Stoffmengenverhältnis von 1 : 1. Aus dem veränderten Stoffmengenverhältnis ist ableitbar, dass in Calciumhydroxid die beteiligten Elemente in einem anderen Teilchenanzahlverhältnis vorliegen. Calciumhydroxid hat die Verhältnisformel $Ca(OH)_2$, d. h., in einer Baueinheit sind doppelt so viele Sauerstoff- und Wasserstoffatome enthalten wie in einer Baueinheit Natriumhydroxid.

$$Ca + 2\,H_2O \longrightarrow Ca(OH)_2 + H_2 \mid \text{exotherm}$$

Calcium ist deshalb trotz ähnlicher Eigenschaften kein Alkalimetall, sondern gehört zur Elementfamilie der **Erdalkalimetalle**.

Die Elementfamilie der Erdalkalimetalle

Erdalkalimetalle In der Natur gibt es eine Reihe weiterer Metalle, die in ihrem Verhalten mit den Alkalimetallen vergleichbar sind. Magnesium, Calcium, Strontium und Barium reagieren in ähnlicher Weise mit Wasser unter Wasserstoffentwicklung zu Hydroxiden wie die Alkalimetalle (▸ Exp. 5, 8, 9; S. 169). Auch an der Luft sind die Metalle nicht beständig und laufen schnell an, sie kommen in der Natur nur in Verbindungen vor. Dennoch werden sie nicht zu den Alkalimetallen gezählt. Sie sind deutlich härter, haben sehr viel höhere Schmelztemperaturen und bilden Oxide und Hydroxide mit einer anderen Zusammensetzung (▸ **2**). Zusammen mit Beryllium (und dem radioaktiven Radium) bilden diese Metalle die Elementfamilie der **Erdalkalimetalle**.

Erdalkalimetalle gehören wegen ihrer geringen Dichte ($\varrho < 5\,g/cm^3$) zu den Leichtmetallen. Genauso wie bei den Alkalimetallen ändern sich auch bei den Erdalkalimetallen die Eigenschaften innerhalb der Gruppe. Schmelz- und Siedetemperaturen sowie Dichte nehmen ab, die Reaktivität mit Wasser und Sauerstoff nimmt zu (▸ **4**).

Calcium, Strontium und Barium sowie ihre Verbindungen zeichnen sich dadurch aus, dass die nicht leuchtende Brennerflamme gefärbt wird (▸ Exp. 6, S. 169; ▸ **3**). Diese Eigenschaft wird als wichtiger Hinweis auf das Vorhandensein dieser Elemente bzw. deren Verbindungen genutzt.

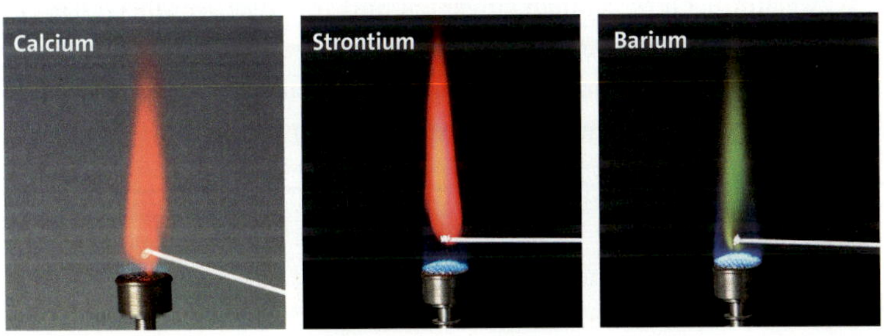

3 Flammenfärbung der Erdalkalimetalle Calcium, Strontium und Barium

Element	Oxid	Hydroxid
Beryllium	BeO	$Be(OH)_2$
Magnesium	MgO	$Mg(OH)_2$
Calcium	CaO	$Ca(OH)_2$
Strontium	SrO	$Sr(OH)_2$
Barium	BaO	$Ba(OH)_2$

2 Verhältnisformel der Erdalkalioxide und Erdalkalihydroxide

Aufgaben

1 Vergleiche die Eigenschaften der Alkalimetalle mit denen der Erdalkalimetalle.

2 Erläutere, warum die Erdalkalimetalle eine eigene Elementfamilie bilden.

3 Formuliere die Reaktionsgleichungen für die Reaktionen von Calcium, Strontium und Barium mit Wasser.

Name (Symbol des Elements)	Relative Atommasse in u	Schmelztemperatur in °C	Siedetemperatur in °C	Dichte in g/cm³ bei 20 °C	Härte	Flammenfärbung	Reaktivität mit Wasser (* heißes Wasser)
Beryllium (Be)	9,0	1278	2970	1,85		keine	nicht
Magnesium (Mg)	24,3	650	1110	1,74		keine	schwach*
Calcium (Ca)	40,1	838	1490	1,55	nimmt ab	orangerot	schwach
Strontium (Sr)	87,6	757	1364	2,58		rot	heftig
Barium (Ba)	137,3	714	1640	3,50		grün	stürmisch

4 Eigenschaften der Erdalkalimetalle

Die Elementfamilie der Halogene

**Damit das Wasser im Schwimmbad immer schön klar erscheint und auch gesundheitlich unbedenklich ist, wird es zum Schutz vor Keimen gechlort.
Chlor wirkt aufgrund seiner Giftigkeit desinfizierend.**

1 Gechlortes Wasser im Schwimmbad brennt in den Augen.

Neben den bisher kennengelernten Metallen gibt es auch unter den Nichtmetallen Elementsubstanzen, die eine enge chemische Verwandtschaft aufweisen.

2 Flutlichtanlage mit Halogenbeleuchtung

Fluor Fluor ist bei 20 °C ein gasförmiges, fast farbloses Nichtmetall. Es ist aus zweiatomigen Molekülen aufgebaut und sehr reaktiv. Mit Wasser reagiert Fluor bereits bei Raumtemperatur. Es ist sehr giftig, der Hautkontakt führt zu starken Verätzungen. Sein Name (lat. *fluor:* Fluss) leitet sich vom Mineral Calciumfluorid (Flussspat) ab.

Chlor Bei 20 °C ist Chlor ein gelbgrünes Gas (griech. *chloros:* gelbgrün) mit stechendem Geruch (▸ **3**). Genauso wie Fluor ist es aus zweiatomigen Molekülen aufgebaut und sehr reaktiv. Chlor ist ein gefährliches Atemgift und in Wasser mäßig löslich.

Brom Als eins von nur zwei Elementen ist Brom bei 20 °C eine dunkelrotbraune Flüssigkeit (▸ **3**). Schon bei dieser Temperatur bilden sich braune Dämpfe, die unangenehm riechen (griech. *bromos:* Gestank) und giftig sind. Auch Brom ist aus zweiatomigen Molekülen aufgebaut. Auf der Haut führt es zu schmerzhaften Verätzungen. Ähnlich wie Chlor ist Brom sehr reaktionsfähig, aber in Wasser nur wenig löslich.

3 Stoffproben von Chlor, Brom und Iod

Iod Iod liegt bei 20 °C in Form von weichen, grauvioletten, metallisch glänzenden Kristallen vor (▸ **3**). Es ist aus zweiatomigen Molekülen aufgebaut. Schon bei leichter Erwärmung bildet Iod violette Dämpfe (griech. *ioeides:* veilchenfarbig), die stark schleimhautreizend wirken. Iod ist im Vergleich zu Fluor, Chlor und Brom am wenigsten reaktiv. In Wasser ist es kaum löslich, dafür aber in Alkohol. Diese braune Lösung wurde früher zur Desinfektion von Wunden verwendet (Iodtinktur).

Halogen	Molekülformel und Molekülmodell	Farbe des Gases	Schmelztemperatur in °C	Siedetemperatur in °C	Löslichkeit in Wasser	Reaktionsfähigkeit
Fluor	F_2 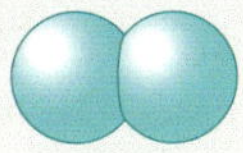	schwach grünlich	−220	−188	reagiert mit Wasser	
Chlor	Cl_2 	grüngelb	−101	−35	mäßig	**nimmt ab**
Brom	Br_2 	dunkelrotbraun	−7	58	gering	
Iod	I_2 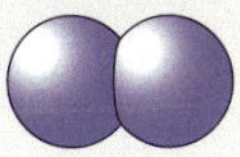	blauviolett	114	183	schlecht	

4 Elementfamilie der Halogene

Halogene Fluor, Chlor, Brom und Iod bilden aufgrund ihrer gemeinsamen Eigenschaften die Elementfamilie der **Halogene** (griech. *hals:* Salz; *gennan:* bilden). Sie weisen einen charakteristischen Geruch auf und sind aus zweiatomigen Molekülen aufgebaut. Obwohl ihre Reaktivität von Fluor zu Iod abnimmt, sind sie sich chemisch sehr ähnlich (▸**4**). So ist nicht nur Chlor in der Lage, organische Farbstoffe zu zerstören (▸Exp. 15, ▸**5**). In der Natur kommen die vier Elemente nur in Form ihrer Verbindungen vor. Mit dem gleichen Reaktionspartner, z. B. Natrium, bilden sie Verbindungen mit vergleichbarer Verhältnisformel. Zu den Halogenen zählt weiterhin das Element Astat (At).

Bedeutung Um Karies vorzubeugen, werden fluorhaltige Verbindungen in geringen Mengen Zahnpasten und Speisesalz zugesetzt. Auch zur Herstellung von Kunststoffen wie Teflon wird Fluor benötigt. Chlor wird zur Desinfektion z. B. in Schwimmbädern eingesetzt. Es ist ein wichtiger Ausgangsstoff für Kunststoffartikel aus Polyvinylchlorid (PVC), Pflanzenschutzmittel, Lösemittel, Medikamente und Farbstoffe. Brom und Bromverbindungen werden in der Medizin und in der anlogen Fotografie benutzt. Iod und seine Verbindungen haben für die Industrie eine weit geringere Bedeutung als die übrigen Halogene. Für den menschlichen Organismus sind sie jedoch sehr wichtig. So werden dem Speisesalz Iodverbindungen zugefügt (▸S. 181).

Exp. 15 | L

Wirkung von Chlor auf Blütenblätter

Vorsicht! Abzug! Ein trockener Standzylinder wird mit Chlor (GHS06|09) gefüllt. Es werden farbige Blütenblätter dazugegeben. Der Standzylinder wird verschlossen.

5 Bleichende Wirkung von Chlor

Aufgaben

1 Erläutere, wie sich die Schmelz- und Siedetemperaturen sowie die Wasserlöslichkeit innerhalb der Elementgruppe der Halogene verändern.

2 Informiere dich, welche chlorhaltigen Stoffe im Haushalt verwendet werden.

3 Vergleiche die Eigenschaften der Halogene mit denen der Alkali- oder Erdalkalimetalle. Gehe dabei besonders auf die Veränderungen innerhalb der Gruppen ein.

Halogenide – die Salze der Halogene

1 Natrium und Chlor nach zwei Tagen im Standzylinder

Exp. 16 | **L**

Chemische Reaktion von Brom mit Aluminium

Vorsicht! Abzug!
Ein trockenes Reagenzglas wird mit Bromdampf (GHS06|05|09) gefüllt. Hierzu werden Aluminiumstücke gegeben. Das Reagenzglas wird mit einem Wattebausch verschlossen. Anschließend wird es so lange in der Brennerflamme erhitzt, bis das Aluminium aufglüht.

Metallhalogenid	Verhältnisformel
Natriumchlorid	$NaCl$
Natriumbromid	$NaBr$
Natriumiodid	NaI
Magnesiumchlorid	$MgCl_2$
Magnesiumbromid	$MgBr_2$
Magnesiumiodid	MgI_2
Aluminiumchlorid	$AlCl_3$
Aluminiumbromid	$AlBr_3$
Aluminiumiodid	AlI_3

3 Verhältnisformeln einiger Metallhalogenide

Natriumchlorid Kommt Chlor mit Natrium in Kontakt, so entstehen nach einiger Zeit weiße Kristalle (▸1). Wird das Metall Natrium erhitzt, verläuft diese Reaktion unter starken Wärme- und Lichterscheinungen sehr rasch (▸2). Es entsteht Natriumchlorid, das im Alltag als Kochsalz oder einfach als Salz bezeichnet wird.

$$\text{Natrium (s)} + \text{Chlor (g)} \longrightarrow \text{Natriumchlorid (s)} \quad | \text{ exotherm}$$
$$2\,Na\,(s) + Cl_2\,(g) \longrightarrow 2\,NaCl\,(s) \quad | \text{ exotherm}$$

2 Reaktion von Natrium mit Chlor im Reaktionsrohr

Metallhalogenide Generell reagieren unedle Metalle mit den Halogenen. Bei der Reaktion z. B. von Brom mit Aluminium entsteht Aluminiumbromid (▸Exp. 16). Die aus solchen Reaktionen entstandenen Fluoride, Chloride, Bromide und Iodide werden zur Stoffgruppe der **Halogenide** zusammengefasst. Sie werden aufgrund ihrer ähnlichen Eigenschaften wie Kochsalz häufig auch als Salze bezeichnet.

! Halogene reagieren mit Metallen zu Metallhalogeniden.

Eigenschaften und Verwendung Die meisten Metallhalogenide sind weiße, feste Stoffe mit vergleichsweise hohen Schmelztemperaturen. Einige von ihnen treten in typischen Kristallformen auf, an denen sie erkennbar sind. Metallhalogenide sind bis auf wenige Ausnahmen gut in Wasser löslich. Die entstandenen Lösungen sind farblos.

Natriumchlorid ist einer der wichtigsten Ausgangsstoffe der chemischen Industrie. Es dient zur Herstellung aller Natriumverbindungen, z. B. des Natriumhydroxids, der Salzsäure und von Chlor. Andere Halogenide, z. B. Fluoride, werden als Konservierungsmittel für Holz und Leder eingesetzt. Bromide finden in der analogen Fotografie als lichtempfindliche Substanz oder Entwicklerzusatz Verwendung.

Aufgaben

1 Formuliere die Reaktionsgleichungen für die Reaktionen:
a Aluminium mit Chlor **b** Magnesium mit Brom
c Natrium mit Iod

2 Bei chemischen Reaktionen werden Stoffe umgewandelt und es entstehen neue Stoffe mit anderen Eigenschaften. Belege diese Aussage anhand der Reaktion von Natrium mit Chlor.

Halogenide – lebensnotwendige Mineralien

Fluor, Chlor und Iod müssen in Form ihrer Verbindungen (Halogenide) regelmäßig mit der Nahrung aufgenommen werden. Sie sind lebensnotwendig, um die Körperfunktionen aufrechtzuerhalten.

Halogen	Zufuhrempfehlung für Jugendliche und Erwachsene pro Tag	Bedeutung für den Körper
Fluor	3,1 – 3,8 mg	Härtung von Zähnen und Knochen
Chlor	3 – 5 g	Regulation des Wasserhaushalts, Bestandteil der Magensäure
Brom	–	unbekannt
Iod	150 µg bis 200 µg	Bildung von Schilddrüsenhormonen

1 Bedarf an Halogenen

Mangelerscheinungen

Werden zu wenig der Halogenverbindungen aufgenommen, kommt es zu Mangelerscheinungen. Iodmangel führt beispielsweise zur Vergrößerung der Schilddrüse. Hierdurch kann es zur Bildung eines Kropfs kommen. Fluormangel führt zur verstärkten Anfälligkeit der Zähne für Karies und zu einem erhöhten Knochenbruchrisiko.
Aber auch eine Überversorgung bietet Risiken; so soll die Überversorgung mit Chlorid eine Ursache für Bluthochdruck sein.

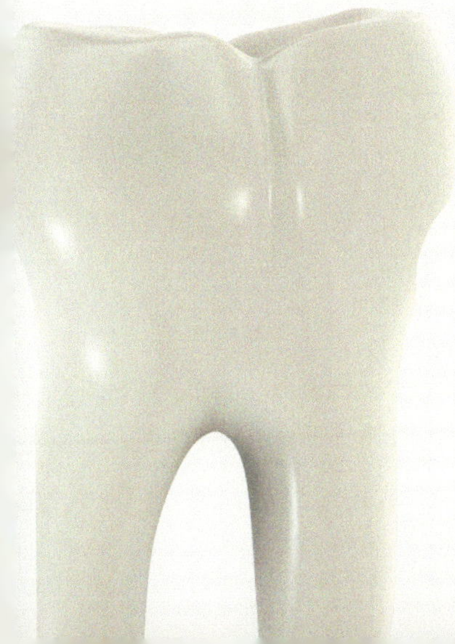

2 Fluorverbindungen sind für die Härtung des Zahnschmelzes wichtig.

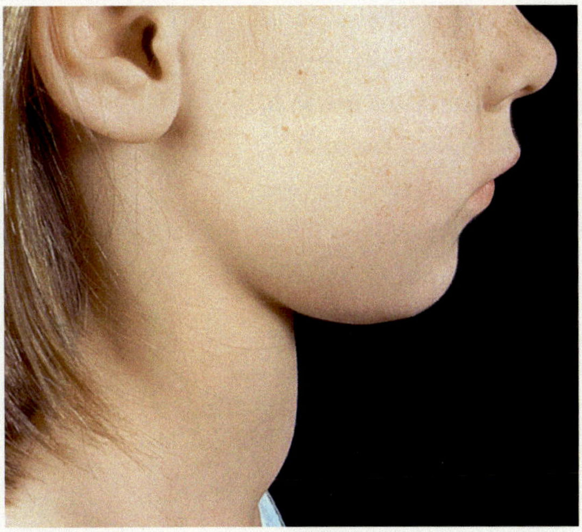

3 Kropfbildung als Folge von Iodmangel

Vorkommen in Lebensmitteln

Chlor in Form der Chloride ist in vielen Lebensmitteln enthalten. Vor allem als Natriumchlorid wird es zum Würzen von Speisen eingesetzt. Mit der Nahrung nehmen wir daher eher zu viel als zu wenig davon auf.
Fluor spielt eine besondere Rolle bei der Härtung von Zähnen, deshalb wird es z. B. Zahnputzcremes hinzugefügt. In manchen Ländern wird auch das Trinkwasser fluoriert, um Mangelerscheinungen vorzubeugen.
Die meisten natürlichen Lebensmittel sind iodarm. Nur Meereslebewesen, z. B. Fische, spielen als natürliche Iodlieferanten eine Rolle in der menschlichen Ernährung. Daher werden Nahrungsmittel mit Iodverbindungen angereichert.

Aufgaben

1 Informiere dich über die Fluoridierung von Trinkwasser. Stelle Vor- und Nachteile gegenüber.

2 Recherchiere Lebensmittel, die besonders reich an Iodverbindungen sind.

3 Durch die überwiegende Nutzung von iodiertem Speisesalz zählt Deutschland nicht mehr zu den Ländern mit Iod-Unterversorgung. Erkläre.

4 Ermittle die Masse an Natriumchlorid, die in den Lebensmitteln enthalten ist, die du gerne isst.

Edelgase – eine Familie für sich

Las Vegas – eine Flut blinkender, farbiger Lichter erhellen die Nacht. Aufmerksamkeit um jeden Preis – das Motto dieser Glitzerstadt. Und viele der ausgedienten Neonreklamen landen nicht im Recyclinghof, sondern auf dem Friedhof der Neonschilder, einem Museum.

1 Las Vegas bei Nacht

Schon gewusst?

Aufgrund seiner Reaktionsträgheit wird Helium in der Lebensmittelindustrie als Schutz- oder Treibgas eingesetzt. Es ist der Lebensmittelzusatzstoff E 939.

Die Elementfamilie der Edelgase In „Neonröhren" werden die Gase Neon und Helium einer Hochspannung ausgesetzt. Hierdurch leuchten sie mit rotem oder gelbem Licht. Auch die Gase Argon und Xenon leuchten beim Anlegen einer Hochspannung. Vergleicht man die Eigenschaften von Neon, Helium, Argon, Krypton und Xenon, lassen sich viele Übereinstimmungen finden. Sie sind z. B. farb- und geruchlose Gase mit sehr niedrigen Siede- und Schmelztemperaturen (▸ 3).

Das auffälligste Merkmal dieser Gase ist aber ihre Reaktionsträgheit; bis 1962 waren gar keine Verbindungen bekannt. Auch sind sie – im Gegensatz zu allen anderen Gasen – nur aus einzelnen Atomen aufgebaut. Zusammen mit dem radioaktiven Element Radon bilden sie die Elementfamilie der **Edelgase**. Im chemischen Sinn sind Stoffe edel, wenn sie nicht oder nur unter besonderen Bedingungen mit anderen Stoffen reagieren wie die Edelmetalle, z. B. Gold, Silber oder Platin.

2 Xenonlampen im Frontscheinwerfer am Automobil

Edelgas	Symbol	Relative Atommasse	Schmelztemperatur (* bei 3 MPa)	Siedetemperatur	Volumenanteil in der Luft in %
Helium	He	4,0 u	−271 °C*	−269 °C	0,000 46
Neon	Ne	20,2 u	−249 °C	−246 °C	0,001 61
Argon	Ar	40,0 u	−189 °C	−186 °C	0,932 7
Krypton	Kr	83,8 u	−157 °C	−153 °C	0,000 108
Xenon	Xe	131,3 u	−112 °C	−108 °C	0,000 008 7

3 Eigenschaften der Edelgase

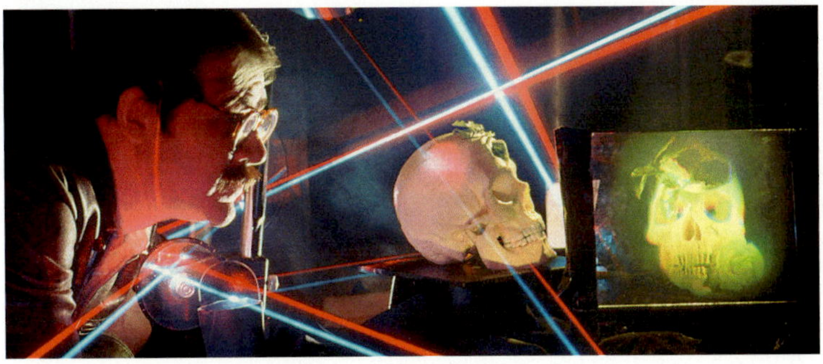

4 Erzeugung eines Hologramms mit einem Argonlaser

Schon gewusst?
Im Vergleich zur Luft bewegt sich Schall in Helium mit der doppelten Geschwindigkeit.
Das erklärt nach dem Einatmen von Helium die Veränderung der Stimme zur „Micky-Maus-Stimme".

Bedeutung und Verwendung Mit fast einem Volumenprozent ist Argon das häufigste Edelgas in der Atmosphäre. Alle anderen Edelgase sind nur in Spuren vorhanden. So wird Helium nicht etwa aus der Luft gewonnen, sondern aus Erdgaslagerstätten, wo es beim radioaktiven Zerfall von Mineralien entsteht.

Aufgrund ihrer Eigenschaften gibt es für die Edelgase viele Verwendungsmöglichkeiten, die z. T. aus dem Alltag bekannt sind oder eine bedeutende Rolle in Medizin und Technik spielen (► 6).

Edelgas	Verwendung
Helium	Schutzgas in der Technik; Traggas für Ballons und Luftschiffe; Atemgas (mit 20 % Sauerstoff) zum Tauchen in großen Tiefen; Kühlmittel für Supraleiter (als Flüssigkeit)
Neon	als aktives Medium in Helium-Neon-Lasern; selten als Leuchtgas in der „Neonröhre"
Argon	Füllgas in Leuchtmitteln; Schutzgas beim Schweißen; in Argonlasern als optisch aktives Medium, z. B. für operative Eingriffe („Augenlaser"); Füllgas zur Wärmeisolation, z. B. in Fenstern
Xenon	Füllgas für leistungsstarke Lampen, wie Filmprojektoren oder Autoscheinwerfer; Narkosemittel (seit 2005)
Radon	zur Behandlung von chronischen Leiden, wie Arthritis und Asthma

6 Bedeutung und Verwendung ausgewählter Edelgase

5 Zeppeline sind mit Helium gefüllt.

7 Argon (grüner Schlauch) verhindert den Luftzutritt beim Schweißen.

Aufgaben

1 Vergleiche die Eigenschaften von Fluor und Argon und begründe, die Zuordnung zu ihren Elementfamilien.

2 Die meisten Edelgase werden aus der Luft gewonnen, indem diese zunächst so lange abgekühlt wird, bis alle Gase flüssig sind. Dann wird langsam erwärmt. Gib die Reihenfolge an, in der die Edelgase aufgefangen werden können.

3 Informiere dich über „Tiefenrausch" und „Taucherkrankheit". Nutze dafür das Internet.

4 Begründe die Verwendungsmöglichkeit von Helium als Traggas und Argon als Schutzgas beim Schweißen.

Elementfamilien

Elementfamilie (Elementgruppe)

Elemente mit ähnlichen Eigenschaften und Reaktionen werden zu Elementfamilien zusammengefasst. Innerhalb der Elementfamilie verändern sich viele Eigenschaften regelmäßig mit zunehmender Atommasse.

Alkalimetalle

Elementfamilie mit den Leichtmetallen Lithium, Natrium, Kalium, Rubidium, Caesium und dem radioaktiven Francium

Alkalimetalle sind sehr reaktionsfreudig.
Alkalimetalle reagieren mit Sauerstoff zu Alkalimetalloxiden.
Alkalimetalle reagieren heftig mit Wasser zu Alkalimetallhydroxiden.
Alkalimetalle zeigen typische Verfärbungen der nicht leuchtenden Brennerflamme.

Lithium	Natrium	Kalium	Rubidium	Caesium

rot	gelb	rotviolett	dunkelrot	blauviolett

Erdalkalimetalle

Elementfamilie mit den Leichtmetallen Beryllium, Magnesium, Calcium, Strontium, Barium und dem radioaktiven Radium

Erdalkalimetalle sind im Vergleich zu den Alkalimetallen nicht so reaktionsfreudig.
Erdalkalimetalle reagieren mit Sauerstoff zu Erdalkalioxiden.
Erdalkalimetalle (bis auf Beryllium) bilden mit Wasser Hydroxide und Wasserstoff.

Halogene

Elementfamilie mit den Nichtmetallen Fluor, Chlor, Brom, Iod und dem radioaktiven Astat

Halogene sind aus zweiatomigen Molekülen aufgebaut.
Halogene sind sehr reaktionsfreudig.
Halogene bilden mit Metallen die Halogenide.

Edelgase

Elementfamilie mit den Nichtmetallen Helium, Neon, Argon, Krypton, Xenon und dem radioaktiven Radon.

Die Edelgase bestehen aus Atomen.
Die Edelgase sind sehr reaktionsträge.

Aufgaben

1 In einem Chemikalienlager sind die Stoffe alphabetisch sortiert. Sie sollen neu geordnet werden, sodass immer Elemente einer Elementfamilie zusammenstehen. Unter anderem sind folgende Elemente vorhanden: Argon, Barium, Beryllium, Brom, Caesium, Calcium, Chlor, Fluor, Helium, Iod, Kalium, Krypton, Lithium, Magnesium, Natrium, Neon, Rubidium, Strontium und Xenon.
- **a** Nenne die Elementfamilien, von denen Elemente vertreten sind.
- **b** Ordne die aufgezählten Elemente den Elementfamilien zu.

2 Nenne typische Eigenschaften der Alkalimetalle und Erdalkalimetalle.

3 Die Bestimmung der Flammenfärbung ist ein wichtiger Hinweis auf das Vorhandensein von Alkali- und Erdalkalimetallen.
- **a** Beschreibe die Durchführung dieser Methode.
- **b** Nenne die auftretenden typischen Farben bei Stoffen, die Verbindungen von Natrium, Lithium, Strontium und Barium enthalten.

4 Die Schnittflächen von Lithium, Natrium und Kalium überziehen sich an feuchter Luft rasch mit einem Belag. An trockener Luft dauert es wesentlich länger, bis sich ein Belag bildet. Erkläre diesen Sachverhalt.

5 In einer Petrischale befindet sich destilliertes Wasser, das mit Phenolphthaleinlösung versetzt ist. Ein kleines Stückchen Kalium wird in das Wasser gegeben.
- **a** Beschreibe die zu erwartenden Beobachtungen und leite daraus entsprechende Schlussfolgerungen ab.
- **b** Formuliere die Reaktionsgleichung für die chemische Reaktion.

6 Nenne typische Eigenschaften der Halogene.

7 Erläutere, warum beim Umgang mit Halogenen besondere Vorsichtsmaßnahmen nötig sind.

8 Erläutere Gemeinsamkeiten der Halogene auf Teilchenebene.

9 Aluminium reagiert mit Brom unter Wärmeentwicklung und Lichterscheinungen.
- **a** Erstelle die Reaktionsgleichung für die chemische Reaktion.
- **b** Benenne das Reaktionsprodukt und die Stoffklasse, zu der es gehört.

10 Entwickle beispielhaft für Magnesiumbromid, Lithiumchlorid, Natriumiodid, Kaliumfluorid, Calciumchlorid oder Bariumiodid das Reaktionsschema für die Synthese aus den Elementen. Sortiere nach Alkalimetall- und Erdalkalimetallhalogeniden.

11 Besonders Sportler müssen auf eine Ernährung achten, die viele Mineralien wie beispielsweise chemisch gebundenes Magnesium, Calcium und Chlor enthält. Erkläre.

12 Im Gegensatz zu den Edelgasen kommen die Alkalimetalle, Erdalkalimetalle und Halogene in der Natur nur in ihren Verbindungen vor. Nenne Gründe für dieses Phänomen.

13 Nenne zwei Eigenschaften von Helium, die die Verwendung dieses Gases als Füllung für Ballons und Luftschiffe begründet.

Hilfe zu den Aufgaben findest du auf den Seiten …

1	174 f., 177 ff., 182 f.	8	179
2	174 f., 177	9	180
3	168, 174 f.	10	180
4	174	11	176, 181
5	174	12	174 f., 177 ff., 182 f.
6	178 f.	13	182 f.
7	178 f.		

▶ Die Lösungen findest du im Anhang.

Material A: Entdeckung der Edelgase

Die Elementfamilie der Edelgase umfasst eine Gruppe von Gasen, die äußerst reaktionsträge sind und im Vergleich zu anderen Elementen erst sehr spät entdeckt wurden.

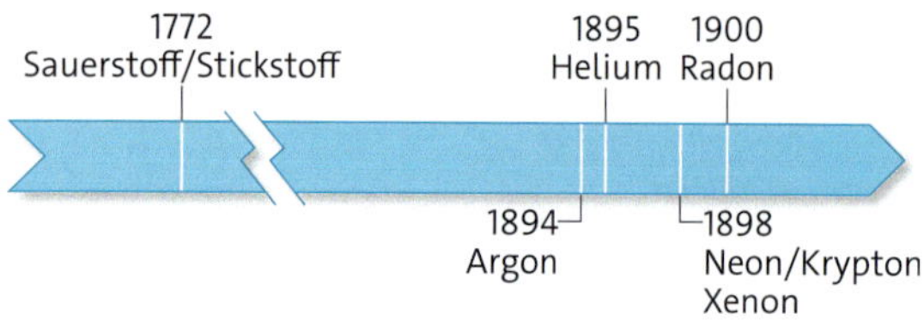

A1 Zeitstrahl zur Entdeckung der Edelgase, die zwei Hauptbestandteile der Luft zum Vergleich

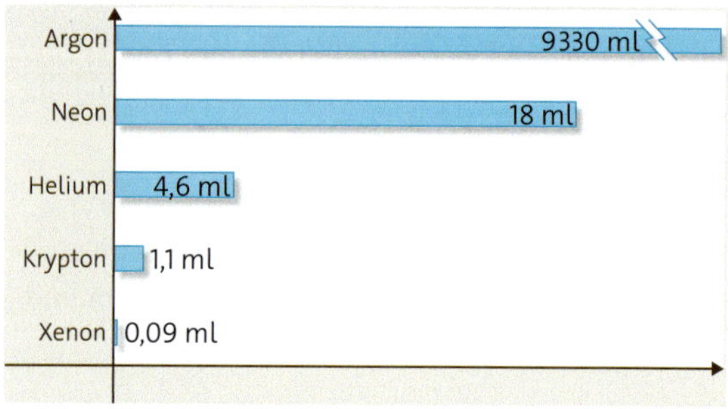

A2 Volumen der Edelgase in 1000 l Luft

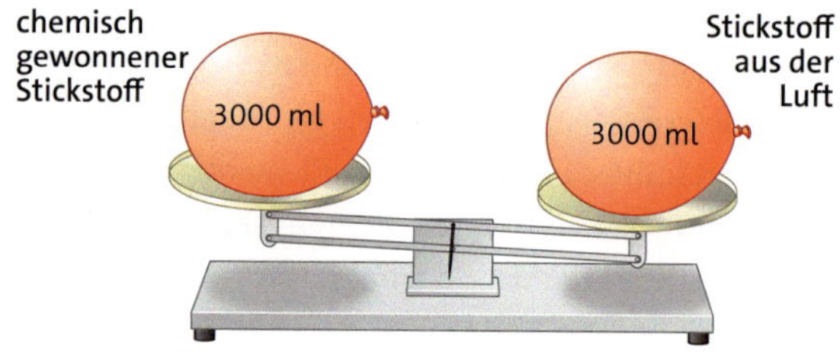

A3 Zwei gleich große Gasportionen Stickstoff – chemisch hergestellt und aus der Luft gewonnen

1 Stelle Vermutungen darüber an, warum die Edelgase im Vergleich zu Sauerstoff und Stickstoff erst so spät entdeckt wurden (► **A1, A2**).

2 Material ► **A3** illustriert eine Beobachtung von RAMSAY, die zur Entdeckung von Argon führte.

a Erläutere die Beobachtung und gib an, welche Schlussfolgerungen daraus gezogen werden können.

b Beschreibe jeweils eine Möglichkeit, die anderen Luftbestandteile Sauerstoff, Wasserdampf und Kohlenstoffdioxid zuvor aus der Luft zu entfernen.

Material B: Feuerwerk

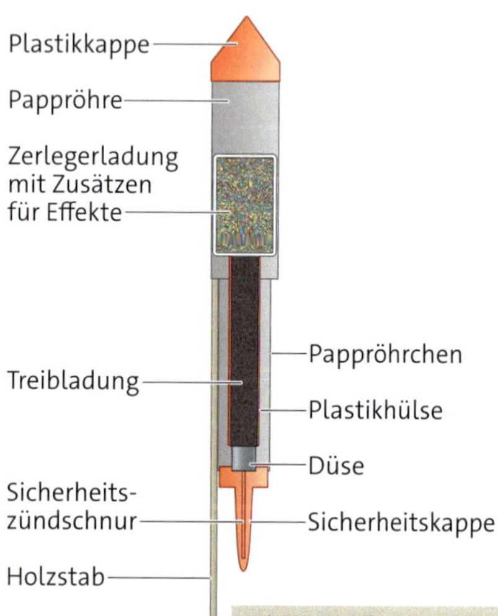

Inhaltsstoffe:
Schwarzpulver
(Kaliumnitrat, Kohlenstoff, Schwefel),
Strontiumchlorid,
Natriumchlorid,
Magnesiumpulver

B1 Aufbau und Inhaltsstoffe einer Silvesterrakete

1 Beschreibe den Aufbau der Silvesterrakete. Erläutere dabei die Funktion der Treib- und Zerlegerladung (► **B1**).

2 In Feuerwerk werden Alkali- und Erdalkalimetallverbindungen verwendet.

a Begründe ihre Verwendung im Feuerwerk. Gib an, in welchen Farben die Leuchteffekte der Rakete erscheinen (► **B1**).

b Gib an, welche Verbindungen in einer Rakete verbaut werden müssen, deren Effekte grün und blau leuchten sollen.

3 In der Rakete wird elementares Magnesium als Pulver verwendet (► **B1**).

a Erläutere die Verwendung des Magnesiums. Gib dazu auch eine Reaktionsgleichung an.

b Begründe, warum elementares Magnesium verwendet werden kann, elementares Natrium aber nicht.

Material C: Halogenlampen

C1 Glühlampe mit Wolframdraht

Glühlampen erzeugen Licht, indem elektrischer Strom durch einen Draht aus Wolfram – der Glühwendel – fließt. Je heißer dabei die Wendel wird, desto heller leuchtet die Lampe. Bei Temperaturen um 3 000 °C sublimiert aber ein Teil des Wolframs, sodass die Glühwendel während des Betriebs immer dünner wird, bis sie bricht.
Mit der Zeit nimmt die Lichtausbeute einer herkömmlichen Glühlampe ab. Durch resublimiertes Wolfram färbt sich die Innenseite des Glaskolbens nach und nach schwarz. Ein Teil des erzeugten Lichts wird dadurch absorbiert.

Mehr Licht durch Halogene
In Glühlampen werden lediglich 5 % der elektrischen Energie zur Lichterzeugung genutzt. Der Rest geht als Wärme verloren. Halogenlampen sind energieeffizienter und halten gegenüber herkömmlichen Glühlampen mit 3 000 Betriebsstunden auch etwa 3-mal so lang.
Im Unterschied zu Glühlampen enthalten sie geringste Mengen eines Halogens, z. B. Iod oder Brom. Hierdurch wird eine höhere Glühtemperatur der Glühwendel ermöglicht, was eine größere Lichtausbeute und weißeres Licht bewirkt. Zudem findet keine Kolbenschwärzung statt. Das Glas bleibt immer klar.

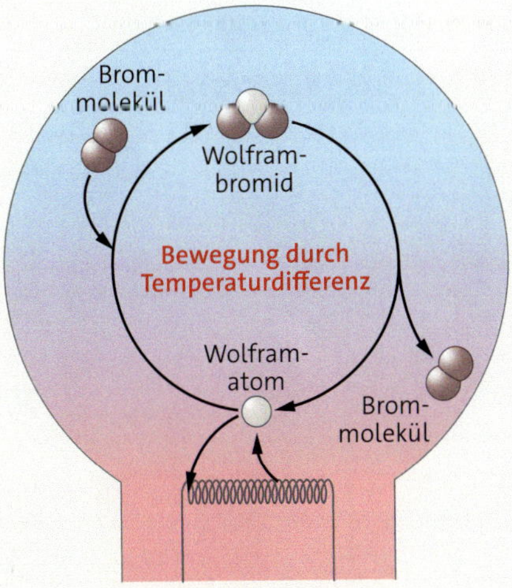

C2 Vorgänge in einer Halogenlampe im Modell

Der Glaskolben einer Glühlampe ist meistens mit einem Gemisch aus Argon und Stickstoff gefüllt. Die Gase verhindern, dass die Glühwendel verbrennt. Gleichzeitig sorgt diese Gasfüllung aber auch für eine gewisse Kühlung, indem die Gasteilchen die Wärme von der heißen Glühwendel zur Wand des Glaskolbens transportieren. Die Glühwendel kühlt ab.
Neben der geringen Menge Halogen in einer Halogenlampe besteht das restliche Füllgas bei ihnen vollständig aus Argon, denn je schwerer die Gasteilchen sind, desto kleiner ist die Wärmeleitfähigkeit des Gases. Der Wärmeverlust ist bei Halogenlampen nicht so groß, sodass weniger elektrische Energie notwendig ist, um die Glühwendel aufzuheizen.

C3 Auf das Füllgas kommt es an …

1 Glühlampen haben im Vergleich zu Halogenlampen einen viel größeren Glaskolben.
- **a** Beschreibe, wie es bei einer Glühlampe nach längerer Betriebsdauer zum Lichtverlust kommt (► **C1**).
- **b** Begründe, warum Glühlampen einen größeren Glaskolben als Halogenlampen besitzen.

2 Bei Halogenlampen findet keine Schwärzung des Kolbens statt, weil sich kein Wolfram an der Innenwand absetzen kann.
- **a** Erläutere mithilfe von ► **C2** die Vermeidung der Kolbenschwärzung.
- **b** Fertige von den chemischen Vorgängen in der Halogenlampe zwei Energiediagramme an und erläutere diese. Stelle dazu passende Reaktionsgleichungen auf.

3 In sehr hochwertigen Halogenlampen wird statt Argon Xenon als Füllgas verwendet.
- **a** Erkläre die Vorteile von Xenon als Füllgas gegenüber Argon (► **C3**).
- **b** Begründe, warum Xenon nur in sehr hochwertigen Lampen zum Einsatz kommt.

4 Gelegentlich werden Halogenlampen als „selbst heilende Lichtquellen“ bezeichnet, da Wolfram sich an der Glühwendel wieder anlagert. Beurteile diese Bezeichnung (► **C2**).

SORTIE

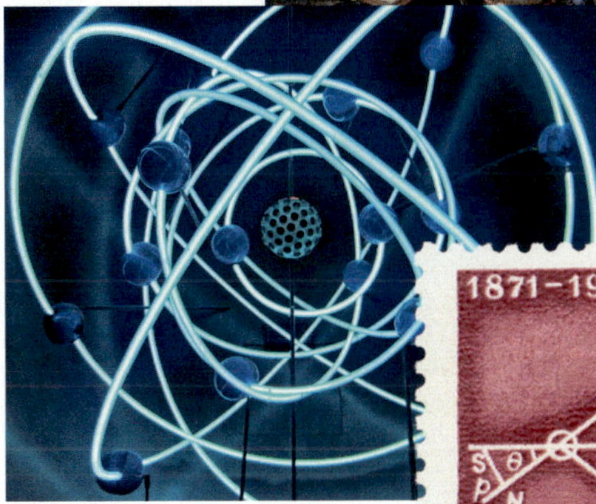

Atombau und Periodensystem der Elemente

Das Atomium – das Wahrzeichen von Brüssel – stellt Eisenatome in 165-millionenfacher Vergrößerung dar. Während die Alchemisten noch glaubten, alles würde aus den vier „Urelementen“ bestehen, sind bis heute über 110 Elemente bekannt. Im heutigen Periodensystem der Elemente sind diese u. a. nach ihren Eigenschaften geordnet. Diese Anordnung der Elemente lässt sich jedoch nur verstehen, wenn man sich die Atome nicht als feste, starre Kugeln vorstellt. Zum Verständnis sind weitergehende Modelle des Atombaus notwendig.

Chemie erlebt

Auf der Suche nach Ordnung

Zu Beginn des 19. Jahrhunderts waren bereits über 50 chemische Elemente bekannt. Ebenso wie wir heute feststellen, erkannten schon damals die Wissenschaftler, dass es Gruppen von Elementen mit ähnlichen Eigenschaften gibt. Es war an der Zeit, die Elemente in eine sinnvolle Ordnung zu bringen.

Die Triaden Döbereiners Johann Wolfgang Döbereiner (1780–1849), Professor der Chemie an der Universität Jena, beschäftigte sich intensiv mit der Ordnung der Elemente. Er fasste die Elemente in Gruppen von je drei sich chemisch ähnelnden Elementen (Triaden) zusammen. Dabei ordnete er die Elemente so, dass das Atomgewicht (heute die Atommasse) des mittleren Elements etwa dem Mittelwert der Atomgewichte der beiden äußeren Elemente entsprach. Seine Triaden veröffentlichte Döbereiner bereits im Jahr 1828.

Element	Atommasse in u	Arithmetisches Mittel der Atommassen
Lithium	6,94	
Natrium	22,99	23,02
Kalium	39,10	

1 Triade Döbereiners

Dieses Ordnungsprinzip gelang u. a. bei den damals bekannten Alkalimetallen (Lithium, Natrium, Kalium).
Problematisch war jedoch z. B. die Einordnung des Elements Fluor, das aufgrund seiner Eigenschaften in die Triade der Salzbildner (Chlor, Brom, Iod) gehört hätte. Döbereiner vermutete, dass Fluor das erste Glied einer neuen Triade bilden würde, deren Elemente noch unentdeckt waren.

Das periodische System nach Julius Lothar Meyer und Dmitri I. Mendelejew Erst etwa 30 Jahre später wurde die Idee, die chemischen Elemente nach ihren Atommassen zu ordnen, fast zeitgleich sowohl von dem deutschen Chemiker Meyer als auch von dem russischen Chemiker Mendelejew aufgegriffen. Meyer verwendete in seinen Vorlesungen ein System, in dem die Elemente nach steigenden Atommassen geordnet waren.

1 Julius Lothar Meyer (1830–1895)

2 Dmitri I. Mendelejew (1830–1895)

Versuche eines Systems der Elemente nach ihren Atomgewichten und chemischen Functionen.

Von

D. Mendeleeff,

Professor an der Universität zu St. Petersburg.

			Ti = 50	Zr = 90	? = 180
			V = 51	Nb = 94	Ta = 182
			Cr = 52	Mo = 96	W = 186
			Mn = 55	Rh = 104,4	Pt = 197,4
			Fe = 56	Ru = 104,4	Ir = 198
			Ni = Co = 59	Pl = 106,6	Os = 199
H = 1			Cu = 63,4	Ag = 108	Hg = 200
	Be = 9,4	Mg = 24	Zn = 65,2	Cd = 112	
	B = 11	Al = 27,4	? = 68	Ur = 116	Au = 197?
	C = 12	Si = 28	? = 70	Sn = 118	
	N = 14	P = 31	As = 75	Sb = 122	Bi = 210?
	O = 16	S = 32	Se = 79,4	Te = 128?	
	F = 19	Cl = 35,5	Br = 80	I = 127	
Li = 7	Na = 23	K = 39	Rb = 85,4	Cs = 133	Tl = 204
		Ca = 40	Sr = 87,6	Ba = 137	Pb = 207
		? = 45	Ce = 92		
		?Er = 56	La = 94		
		?Yt = 60	Di = 95		
		?In = 75,6	Th = 118?		

3 Das erste Periodensystem von Mendelejew

Mendelejews Ordnung der Elemente In seinem Lehrbuch „Grundlagen der Chemie" stellte Mendelejew die Bedeutung der chemischen Verwandtschaften der Elemente heraus. Er begann den ersten Band mit den Halogenen, den zweiten mit den Alkalimetallen. Wie aber sollte die Ordnung vertieft werden?
Mendelejew notierte die Namen der Elemente mit ihren Atommassen auf kleinen Kärtchen und ordnete sie so an, dass chemisch ähnliche Elemente waagerecht nebeneinanderstanden. Er erkannte eine gesetzmäßige Wiederkehr bestimmter Eigenschaften.

Reihen	Gruppe I. — R^2O	Gruppe II. — RO	Gruppe III. — R^2O^3	Gruppe IV. RH^4 RO^2	Gruppe V. RH^3 R^2O^5	Gruppe VI. RH^2 RO^3	Gruppe VII. RH R^2O^7	Gruppe VIII. — RO^4
1	H=1							
2	Li=7	Be=9,4	B=11	C=12	N=14	O=16	F=19	
3	Na=23	Mg=24	Al=27,3	Si=28	P=31	S=32	Cl=35,5	
4	K=39	Ca=40	— =44	Ti=48	V=51	Cr=52	Mn=55	Fe=56, Co=59, Ni=59, Cu=63
5	(Cu=63)	Zn=65	— =68	— =72	As=75	Se=78	Br=80	
6	Rb=85	Sr=87	?Yt=88	Zr=90	Nb=94	Mo=96	— =100	Ru=104, Rh=104, Pd=106, Ag=108
7	(Ag=108)	Cd=112	In=113	Sn=118	Sb=122	Te=125	J=127	
8	Cs=133	Ba=137	?Di=138	?Ce=140	—	—	—	— — — —
9	(—)	—	—	—	—	—	—	
10	—	—	?Er=178	?La=180	Ta=182	W=184	—	Os=195, Ir=197, Pt=198, Au=199
11	(Au=199)	Hg=200	Tl=204	Pb=207	Bi=208	—	—	
12	—	—	—	Th=231	—	U=240	—	— — — —

4 Mendelejews Periodensystem der Elemente aus dem Jahre 1869

Bei den Elementen Iod und Tellur fiel Mendelejew auf, dass die Ordnung nach steigender Atommasse die Ordnung nach ähnlichen Eigenschaften unterbrach, da die Atommasse von Tellur größer ist als die von Iod. Durch Vertauschen der Elemente wurde diese Ordnung wiederhergestellt. Mendelejew erkannte, dass die chemischen Eigenschaften hier das wichtigere Ordnungsprinzip darstellten und die Atommassen evtl. noch korrigiert werden müssten.
Mendelejews System wies noch absichtlich gesetzte „Lücken“ auf. Die Eigenschaften dieser damals noch unbekannten Elemente sagte er erstaunlich genau voraus. So vermisste er z. B. ein zum Element Silicium analoges Element, dem er eine Atommasse von 70 u zuschrieb. Er nannte das fehlende Element Eka-Silizium. Das Element wurde noch zu seinen Lebzeiten im Jahr 1886 von Clemens Winkler (1838 bis 1904) entdeckt und nach Deutschland als Germanium bezeichnet.

Das heutige Periodensystem der Elemente In den folgenden Jahrzehnten haben Mendelejew, Meyer und zahlreiche weitere Wissenschaftler ihre Darstellung des Periodensystems mehrfach verändert und in eine uns heute geläufige Form gebracht. Die wahre Ursache für das periodische Verhalten der Elemente wurde aber erst zu Beginn des 20. Jahrhunderts entdeckt: der Aufbau der Atome.

Aufgaben

1 Recherchiere weitere Triaden von Döbereiner. Prüfe, welche Eigenschaften ähnlich sind und ob die Atommasse des mittleren Elements dem Mittelwert der beiden äußeren entspricht.

2 Erkläre, warum Mendelejew Vorhersagen bezüglich noch unentdeckter Elemente anstellen konnte.

3 Notiere auf 20 Karteikarten die Namen der ersten 20 Elemente im heute gültigen Periodensystem und ihre jeweilige Atommasse.

a Ordne die Karten in einer Reihe hintereinander nach steigender Atommasse an. Welche Gesetzmäßigkeiten lassen sich erkennen?

b Ordne die Karten nun so, dass unter Beibehaltung der steigenden Atommasse die Elemente der dir bereits bekannten Elementfamilien untereinanderstehen. Beurteile das Ergebnis und vergleiche es mit dem heute gültigen Periodensystem.

4 Neben dem Eka-Silizium sagte Mendelejew noch die Existenz weiterer Elemente voraus, so auch die des Eka-Aluminiums. Ermittle, um welches Element es sich tatsächlich handelt. Gib den Namen dieses Elements und fünf seiner charakteristischen Eigenschaften an.

Elektrizität und das Atommodell von Thomson

Stehen dir nach dem Kämmen manchmal die Haare „zu Berge"? Sie stoßen sich gegenseitig voneinander ab, werden aber vom Kamm angezogen. Auch Gummi, Wolle oder Papier können sich durch Reibung elektrisch aufladen.

1 Mädchen mit elektrisch aufgeladenen Haaren

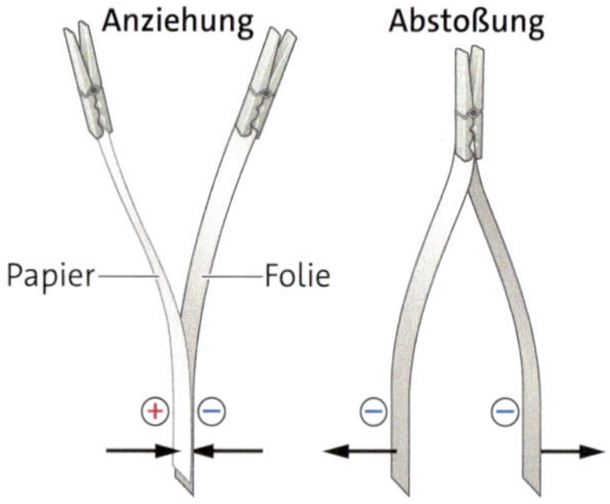

2 Elektrostatische Anziehung und Abstoßung

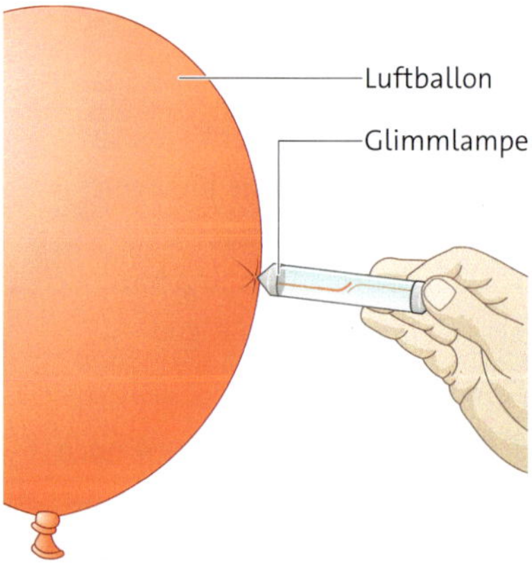

3 Nachweis von elektrischer Ladung durch eine Glimmlampe

Elektrizität durch Reibung Hält man einen Luftballon, den man zuvor an einem Wollpullover gerieben hat, an eine Wand oder an die eigenen Haare, bleibt er daran haften (▸ Exp. 1). Durch das Reiben wurde der Luftballon elektrisch geladen. Berührt mit dem geladenen Luftballon eine Glimmlampe, leuchtet diese kurz auf. Die elektrische Ladung fließt als elektrischer Strom durch die Glimmlampe ab und bringt sie zum Leuchten (▸ 3).

Schon im Jahr 1743 erkannte Benjamin Franklin (1706–1790), dass es zwei Arten von elektrischer Ladung gibt: **positive** und **negative Ladung**. Normalerweise sind alle Stoffe ungeladen, sie sind **elektrisch neutral**. Ein Gegenstand wird als geladen bezeichnet, wenn entweder die positive oder die negative Ladung überwiegt.

Sind zwei Gegenstände gleichnamig geladen, so stoßen sie sich ab. Zwei ungleichnamig geladene Gegenstände ziehen sich hingegen gegenseitig an (▸ 2). Dabei kann es auch zu elektrischen Entladungen kommen, die als Knistern wahrgenommen werden können. **Reibungselektrizität** ist ein häufig im Alltag beobachtetes Phänomen (▸ 1).

Exp. 1 **Verhalten eines geladenen Luftballons**

Reibe einen aufgeblasenen Luftballon fest an einem Wollpullover oder einer Fensterscheibe. Halte ihn anschließend an deine Haare oder gegen die Zimmerdecke. Notiere deine Beobachtungen und deute sie.
Entsorgung: Luftballon einsammeln.

Entdeckung des Elektrons Mithilfe des Atommodells von DALTON lassen sich diese elektrischen Phänomene nicht deuten, denn Atome galten bis dahin als unteilbar und sind zudem elektrisch neutral.
Versuche zur Elektrizität des englischen Physikers JOSEPH J. THOMSON (1856–1940) führten 1897 zur Entdeckung des **Elektrons**. Er wies nach, dass Elektronen elektrisch negativ geladene Teilchen sind. Es sind Ladungsträger, die nur aus den Atomen stammen können. Jedes Elektron ist dabei gleich geladen.

Im Gegensatz zu den Atomen sind Elektronen auch in festen Stoffen leicht beweglich. Durch Reibung, z. B. einer Kunststofffolie an Papier, werden Elektronen von den Atomen des Papiers auf die Folie übertragen. Die Folie wird dadurch negativ geladen, da sie einen Elektronenüberschuss besitzt. Das Papier ist aufgrund des Elektronenmangels positiv geladen (▸ 5). Die Kunststofffolie und das Papier ziehen sich an, wohingegen sich zwei Kunststofffolien voneinander abstoßen (▸ 2).

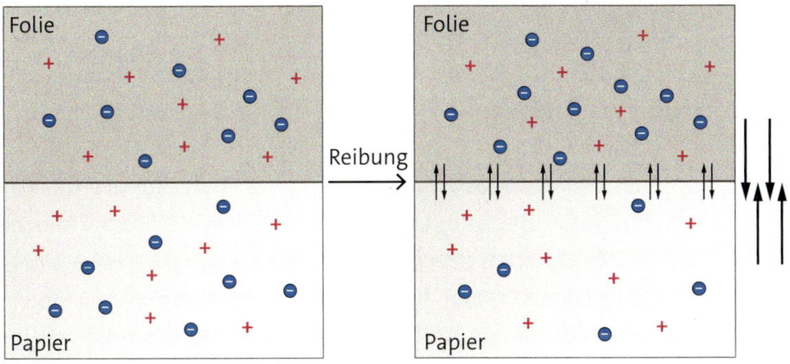

5 Elektrostatische Aufladung im Modell

Noch gewusst?
Nach DALTONS Atommodell sind Atome winzige, kugelförmige, unteilbare Teilchen. Die Atome desselben Elements besitzen die gleiche Masse und Größe.

Schon gewusst?
Bereits in der Antike war bekannt, dass sich Bernstein elektrostatisch auflädt, wenn er an textilen Stoffen wie Wolle gerieben wird. Der Begriff Elektrizität leitet sich ab vom Griechischen für den honiggelben Schmuckstein: Er wurde ēlektron genannt.

4 Bernstein

Rosinenkuchen-Modell von THOMSON Aus der Tatsache, dass Stoffe elektrisch geladen sein können, folgerte THOMSON, dass ein Atom gleichmäßig aus Masse und positiver Ladung sowie negativ geladenen Teilchen, den Elektronen, besteht. Diese gleichen die positive Ladung aus, sodass die Ladung in einem Atom insgesamt ausgeglichen ist. Die Vorstellung von DALTON, dass Atome unteilbar seien, musste daher aufgegeben werden.
Die Elektronen stoßen sich zwar gegenseitig ab, werden aber durch die Anziehungskraft der positiven Ladung festgehalten. Die Elektronen sind in THOMSONS Atommodell verteilt wie Rosinen in einem Kuchen. Man spricht daher auch vom **Rosinenkuchen-Modell des Atoms** (▸ 6).

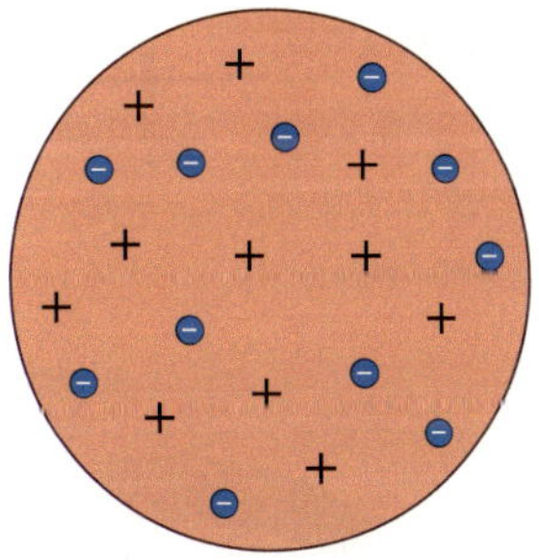

6 Rosinenkuchen-Modell nach THOMSON

Aufgaben

1 Erkläre, weshalb man gelegentlich ein „Knistern" hören kann, wenn ein zuvor geriebener Luftballon in die Nähe von Haaren gebracht wird, die von ihm angezogen werden.

2 a Vergleiche die Atommodelle von DALTON und von THOMSON miteinander. Stelle dabei Gemeinsamkeiten und Unterschiede heraus.
b Erläutere anhand selbst gewählter Beispiele erklärbare und nicht erklärbare Sachverhalte zu den beiden Atommodellen.

Kern-Hülle-Modell nach Rutherford

ERNEST RUTHERFORD (1871–1937), ein Schüler von JOSEPH J. THOMSON, und seine Mitarbeiter führten im Jahre 1909 ihren berühmten Streuversuch durch. Nachdem der österreichisch-ungarische Physiker PHILIPP LENARD (1862–1947) bewiesen hatte, dass Aluminiumatome für Elektronen durchlässig waren, wollte RUTHERFORD Licht ins Dunkel des Atombaus bringen.

1 RUTHERFORDS Laboratorium

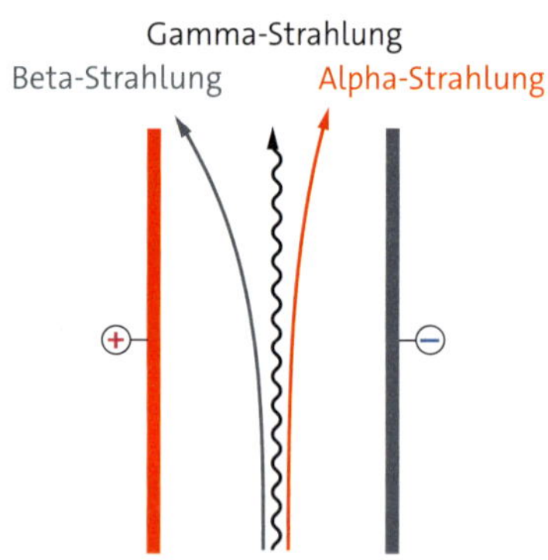

2 Flugbahnen radioaktiver Strahlung im elektrischen Feld

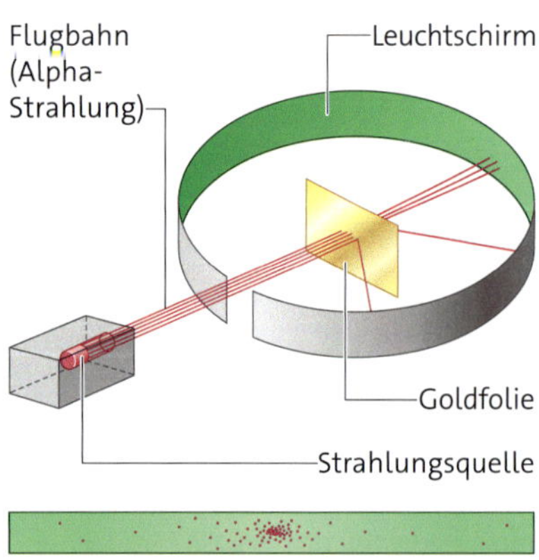

3 Aufbau und Ergebnis des Streuversuchs von RUTHERFORD

Entdeckung der Elektronegativität Im Jahr 1886 entdeckte der französische Physiker HENRI BECQUEREL (1852–1908), dass ein Stück Uranerz in der Lage ist, Fotoplatten zu schwärzen. MARIE CURIE (1867–1934) nannte diese Eigenschaft später **Radioaktivität**. Es ist eine Art energiereicher Strahlung, die aus den Atomen kommt und auch bei anderen Elementen auftreten kann.

Bei Ablenkversuchen im elektrischen Feld mit dem stark radioaktiven Element Radium entdeckten RUTHERFORD und CURIE, dass es drei Arten radioaktiver Strahlung gibt: **Alpha-Strahlung**, die aus positiv geladenen Teilchen, sogenannten Alpha-Teilchen, besteht, **Beta-Strahlung** aus sehr schnellen negativ geladenen Elektronen und **Gamma-Strahlung**, eine elektrisch neutrale sehr energiereiche Strahlung (▸**2**).

Der Versuch von RUTHERFORD Um den Bau der Atome genauer zu untersuchen, bestrahlten RUTHERFORD und seine Mitarbeiter sehr dünne Goldfolien (ca. 1 000 Atomlagen) mit Alpha-Strahlung. Die positiv geladenen Alpha-Teilchen erzeugen auf dem Leuchtschirm einen winzigen Lichtblitz, den RUTHERFORD mithilfe eines Mikroskops beobachten konnte. So konnten erstmals submikroskopische Teilchen indirekt beobachtet und abgezählt werden.

Genau wie bei den Versuchen von LENARD mit Elektronenstrahlen erwartete RUTHERFORD, dass die Alpha-Teilchen ungehindert durch die Goldfolie flogen. Das war zwar tatsächlich für fast alle Teilchen der Fall, aber ein Teil der Strahlung wurde dabei aus seiner Flugbahn abgelenkt und etwa 1 von 100 000 Teilchen wurde zu seiner Überraschung ganz zurückgeworfen (▸**3**).

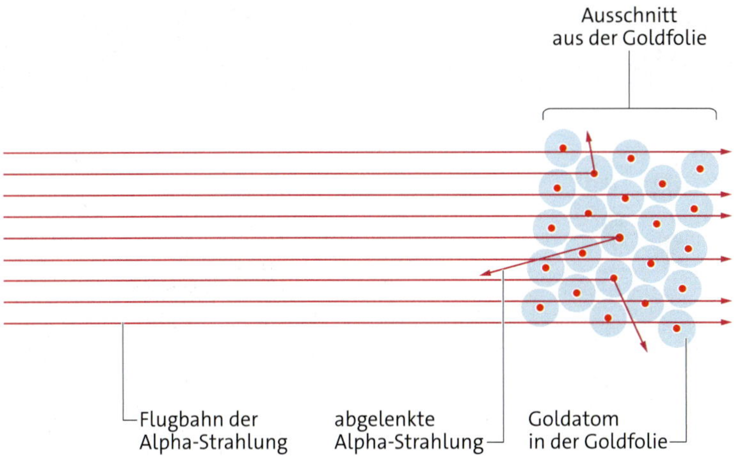

4 Modelldarstellung des Streuversuchs von RUTHERFORD

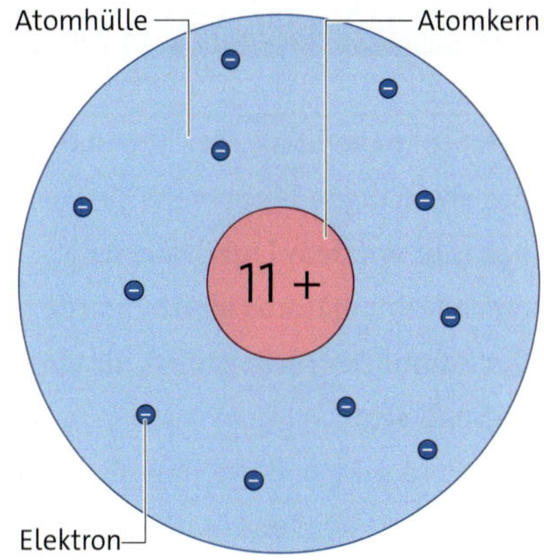

5 Kern-Hülle-Modell des Natriumatoms

Kern-Hülle-Modell RUTHERFORD entwickelte aus den Beobachtungen das **Kern-Hülle-Modell**. Es besagt, dass Atome keine massiven Kugeln sein können. Atome können stattdessen nur einen winzigen, positiv geladenen Kern besitzen, der praktisch die gesamte Atommasse enthält (mehr als 99,9 %). Nur wenn Alpha-Teilchen direkt auf diesen **Atomkern** treffen, werden sie zurückgeworfen. Berühren sie nur den Kern, so werden sie aus ihrer Flugbahn abgelenkt (▸ **4**).

In der im Vergleich zum Atomkern riesigen **Atomhülle** befinden sich die elektrisch negativ geladenen Elektronen. Atome haben einen Durchmesser von ca. 10^{-10} m. Der Durchmesser des Atomkerns selbst ist etwa 10 000-mal kleiner als das Atom (10^{-14} m).
Da Atome nach außen elektrisch neutral sind, muss die Anzahl der Ladungen im Kern (**Kernladungszahl**) genauso groß sein wie die Anzahl der Ladungen in der Hülle. Die Kernladungszahl der Atome eines Elements entspricht dessen Ordnungszahl im Periodensystem der Elemente.

Atome bestehen aus einem sehr kleinen, massereichen und elektrisch positiv geladenen Atomkern und einer Atomhülle mit elektrisch negativ geladenen Elektronen.

DALTON 	Atome sind harte, unteilbare Kugeln, die sich in ihrer Größe und Masse unterscheiden.
THOMSON 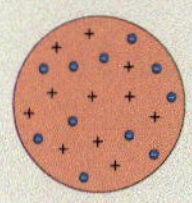	Atome bestehen aus einer positiv geladenen Masse, in der die negativ geladenen Elektronen verteilt sind.
RUTHERFORD 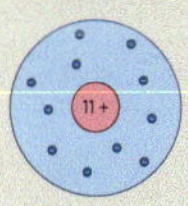	Atome bestehen aus einem sehr kleinen, massereichen, elektrisch positiv geladenen Atomkern und einer Atomhülle mit elektrisch negativ geladenen Elektronen.

6 Atommodelle im Vergleich

Aufgaben

1 Erläutere die Ergebnisse des Streuversuchs mithilfe der Modelldarstellung (▸ **3**).

2 Erkläre, woraus RUTHERFORD schließen konnte, dass Atomkerne positiv geladen sein müssen.

3 Erkläre mit dem Kern-Hülle-Modell, warum Atome elektrisch neutral sind.

4 Zeichne das Kern-Hülle-Modell von Neon (Ordnungszahl 10).

5 Berechne, wie groß ein Atom wäre, wenn der Kern die Größe eines Fußballs hätte (∅ 22 cm).

6 Entwickle analog zu ▸ **4** den möglichen Verlauf der Alpha-Teilchen durch die Goldfolie, wie er nach dem Atommodell von DALTON und dem Rosinenkuchen-Modell des Atoms nach THOMSON zu erwarten wäre. Erkläre jeweils den möglichen Verlauf der Alpha-Strahlung.

Der Atomkern

Setzt man die Länge der Startbahn des ehemaligen Flughafens Tempelhof z. B. mit dem Durchmesser eines Lithiumatoms gleich, würde der Atomkern nicht größer als ein Fußball sein. Das Foto müsste dann über einen Meter breit sein, damit der Fußball zumindest als winziger Punkt dargestellt werden könnte.

1 Ehemaliger Flughafen Berlin-Tempelhof als Bolzplatz. Wo ist der Fußball?

Element	Kernladungszahl	Atommasse in u
Wasserstoff	1	1,008
Helium	2	4,003
Lithium	3	6,941

2 Kernladungszahl und Atommassen der ersten drei Elemente

Elementarteilchen	Symbol und Modell	Masse in u
Proton	p^+	1,0073
Neutron	n	1,0087
Elektron	e^-	0,0005

3 Die drei wichtigsten Elementarteilchen

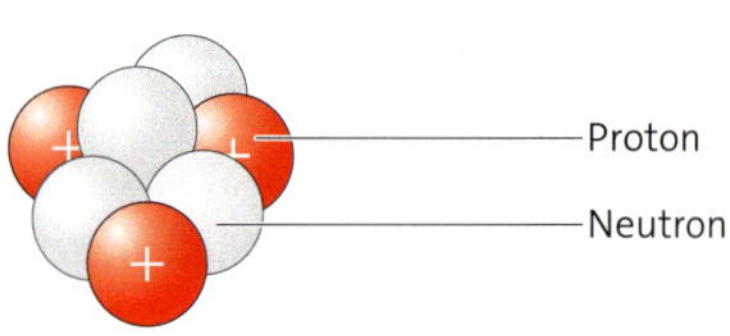

4 Modell eines Lithiumatomkerns

Kernladungszahl und Atommasse Nach dem Kern-Hülle-Modell vereint der Atomkern mehr als 99,9 % der gesamten Atommasse und ist elektrisch positiv geladen.

Betrachtet man die ersten drei Elemente genauer, fällt auf, dass die Atommasse beinahe genauso ganzzahlig ist wie die Kernladungszahl. Sie steigt aber schneller an als die Kernladungszahl. Das leichteste Element Wasserstoff hat die Ordnungszahl 1. Seine Atomkerne sind einfach positiv geladen und die Atommasse beträgt annähernd 1 u. Das Heliumatom mit der Kernladungszahl 2 besitzt jedoch eine Masse von annähernd 4 u. Und ein Lithiumatom mit der Kernladungszahl 3 wird mit einer Atommasse von fast 7 u angegeben (▸ 2). Diese ganzzahligen Sprünge lassen den Schluss zu, dass der Atomkern aus Teilchen aufgebaut sein muss.

Modell des Atomkerns Atomkerne werden von zwei verschiedenen **Elementarteilchen** gebildet. Die positive Ladung des Atomkerns wird von den **Protonen** getragen. Daneben enthalten – bis auf den Kern des Wasserstoffatoms – alle Atomkerne noch **Neutronen**, die zwar annähernd gleich schwer wie Protonen, aber elektrisch ungeladen sind (▸ 3, 4). Beide Teilchen werden auch als **Nukleonen** (lat. *nucleus:* Kern) bezeichnet.

Die Atome der verschiedenen Elemente unterscheiden sich voneinander durch die Anzahl der Protonen in ihrem Kern (Kernladungszahl). Die Anzahl der Neutronen hat keinen Einfluss auf die Kernladung, aber auf die Atommasse. Die Anzahl aller Nukleonen nennt man deshalb **Massenzahl**. Sie gibt die Summe aus der Anzahl der Protonen und der Neutronen im Atomkern an.

Atomkerne bestehen aus Protonen und Neutronen. Alle Atome eines Elements haben die gleiche Anzahl an Protonen im Kern.

Reinelemente Betrachtet man die Atommassen der Elemente, findet man nur wenige Beispiele mit annähernd ganzzahligen Atommassen (▸ **5**). Diese Elemente bestehen nur aus einer einzigen Atomsorte, d. h., alle Atomkerne dieses Elements haben nicht nur die gleiche Anzahl an Protonen, sondern auch die gleiche Anzahl an Neutronen. Solche Elemente werden **Reinelemente** genannt. In der Natur existieren nur 19 stabile Reinelemente.

Isotope Für viele andere Elemente findet man hingegen im Periodensystem gebrochene Atommassen, so hat z. B. Chlor eine Atommasse von 35,45 u und Magnesium eine Atommasse von 24,31 u. Im Kern des Chlor- bzw. Magnesiumatoms können jedoch nur ganze Elementarteilchen enthalten sein. Die Atomkerne eines Elements können sich bei gleicher Protonenanzahl in der Zahl ihrer Neutronen unterscheiden. Solche Atome eines Elements mit unterschiedlicher Neutronenanzahl werden **Isotope** (griech. *iso:* gleich; *topos:* Ort) genannt.

Es gibt zwei Isotope des Chlors, die sich chemisch gleich verhalten. Das Isotop mit der Massenzahl 35 besitzt neben den 17 Protonen weitere 18 Neutronen im Kern. Das zweite Isotop hat 20 Neutronen und damit die Massenzahl 37. Das Element Chlor kommt damit in der Natur als Isotopengemisch vor.
Um die Isotope voneinander zu unterscheiden, werden Massenzahl und Kernladungszahl am Elementsymbol notiert (▸ **6**).

Im Periodensystem ist immer die durchschnittliche Atommasse für das Element angegeben. Diese wird unter Berücksichtigung der relativen Häufigkeit der einzelnen Isotope eines Elements aus den dazugehörigen Atommassen berechnet (▸ **7**).

Obwohl die Atommasse von Wasserstoff 1,008 u beträgt, ist es kein Reinelement. Von Wasserstoff existieren noch zwei weitere Isotope, die aber nur in sehr geringen Anteilen vorkommen. Wegen ihrer Bedeutung haben sie eigene Namen bekommen: Deuterium (^{2}H) und Tritium (^{3}H).

Isotope eines Elements sind Atome, deren Kerne sich bei gleicher Anzahl Protonen durch die Anzahl an Neutronen unterscheiden.

Element	Atommasse in u	Massenzahl
Natrium	22,99	23
Fluor	19,00	19
Aluminium	26,98	27
Phosphor	30,97	31
Iod	126,90	127

5 Einige Reinelemente

Massenzahl
Kernladungszahl

$$^{35}_{17}Cl$$

6 Symbolschreibweise für das Element Chlor

Isotop	Atommasse in u	Häufigkeit in %
^{35}Cl	34,97	75,77
^{37}Cl	36,97	24,23

Berechnung der durchschnittlichen Atommasse

$$m_a(Cl) = 34{,}97\,u \cdot 0{,}7577 + 36{,}97\,u \cdot 0{,}2423$$
$$m_a(Cl) = 35{,}45\,u$$

7 Mithilfe der Atommassen und relativen Häufigkeiten der Isotope kann die Atommasse berechnet werden.

Aufgaben

1 Gib an, welche Informationen sich den folgenden Angaben entnehmen lassen: $^{12}_{6}C$, $^{20}_{10}Ne$, $^{63}_{29}Cu$.

2 Gib in einer Tabelle die Ordnungszahl, die Kernladungszahl, die Massenzahl, die Zahl der einzelnen Elementarteilchen sowie die Symbolschreibweise für die Atome der Elemente der zweiten Periode an.

3 Begründe, warum die Angabe der Kernladungszahl bei der Symbolschreibweise wegelassen werden kann (z. B. ^{35}Cl statt $^{35}_{17}Cl$).

4 Recherchiere, welche Isotope des Urans existieren. Stelle die Angaben (Atommasse, Massenzahl, Kernladungszahl, relative Häufigkeit) tabellarisch dar.

5 Berechne aus den Angaben zu den zwei Bromisotopen die durchschnittliche Atommasse in u: ^{79}Br (50,7 %; 78,9 u) und ^{81}Br (49,3 %; 80,9 u).

6 Recherchiere die Bedeutung und Verwendung von Deuterium und Tritium.

Die Atomhülle

Polarlichter treten vor allem an den Polen der Erde auf. Sie entstehen, wenn der Sonnenwind, ein Strom geladener Teilchen, auf die Erdatmosphäre trifft. Durch die Kollision der bis zu 800 km/s schnellen Elektronen werden die Teilchen der Lufthülle zum Leuchten angeregt.

1 Polarlichter

Schon gewusst?

Ein Laser nutzt aus, dass die Elektronen eines Atoms auf verschiedenen Energiestufen verteilt sind. Das Laserlicht entsteht, wenn Elektronen von einer hohen Energiestufe auf eine niedrigere Stufe zurückfallen. Die Energiedifferenz zwischen beiden Stufen wird als Licht abgestrahlt. Das Besondere am Laser ist dabei, dass man den Zeitpunkt des Zurückfallens der Elektronen durch das Laserlicht „steuern" kann. Der Übergang findet statt, wenn Laserlicht die Elektronen passiert. Das Licht verstärkt sich so zu einem Laserstrahl.

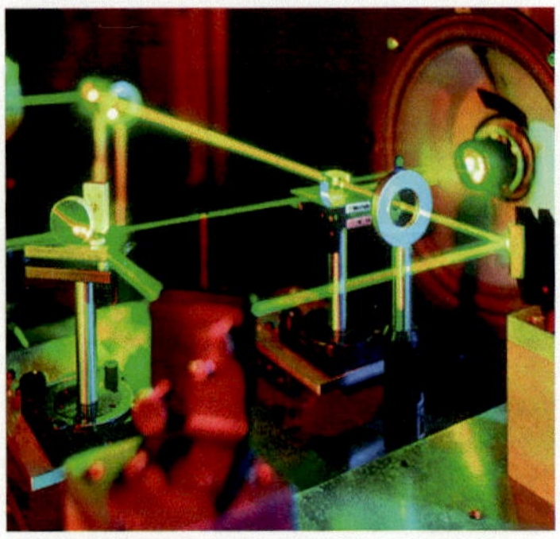

2 Laser in der Forschung

Ionisierungsenergie Aufgrund ihrer gegensätzlichen Ladungen ziehen sich die negativ geladenen Elektronen und der positiv geladene Atomkern an. Die Elektronen werden so in der Atomhülle gehalten.
Für die Abspaltung von Elektronen aus der Hülle muss daher Energie aufgewandt werden. Diese Energie nennt man **Ionisierungsenergie**. Sie dient zur Überwindung der Anziehungskraft zwischen Elektron und Atomkern. Aus dem elektrisch neutralen Atom entsteht ein positiv geladenes Teilchen, das **Ion** genannt wird.

Nach dem Kern-Hülle-Modell von Rutherford müssten sich die Elektronen in der Atomhülle wahllos verteilen. In Experimenten wurde untersucht, wie groß die Ionisierungsenergien für die verschiedenen Elektronen eines Atoms sind, so z. B. für das Chloratom (▸ **3**). Mit jedem Elektron, das aus der Hülle entfernt wird, wächst die Ionisierungsenergie. Auffällig ist dabei aber der sprunghafte Anstieg zwischen dem elften und zehnten Elektron und der noch deutlichere Sprung zwischen dem dritten und zweiten Elektron.

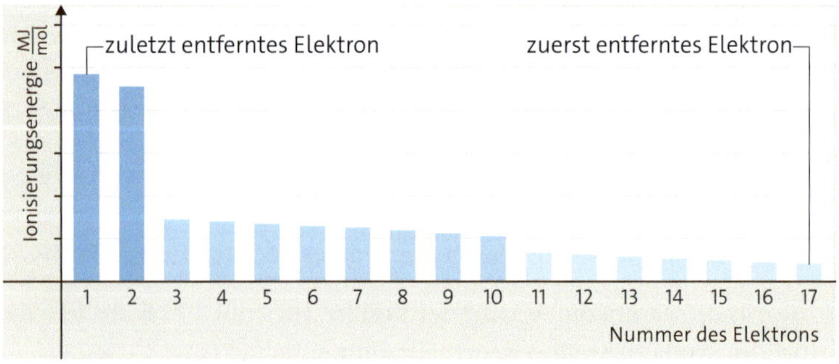

3 Ionisierungsenergie für die 17 Elektronen des Chloratoms

Energiestufenmodell der Atomhülle Das Chloratom enthält in seiner Atomhülle 17 Elektronen. Aus dem Diagramm erkennt man, dass zum Abspalten des ersten Elektrons aus der Hülle die geringste Ionisierungsenergie, zum Abspalten des letzten Elektrons die größte Ionisierungsenergie aufgebracht werden muss (▸**3**). Abgesehen von den größeren Sprüngen nehmen die Werte dazwischen kontinuierlich zu. Dieser grundsätzliche Anstieg der Ionisierungsenergien ist damit zu erklären, dass nach dem Abspalten eines Elektrons aus der Hülle die elektrostatische Anziehungskraft des Atomkerns auf die verbliebenen Elektronen zunimmt. Um ein weiteres Elektron abzuspalten, muss deshalb eine größere Ionisierungsenergie aufgewandt werden.

An zwei Stellen – zwischen dem elften und zehnten sowie zwischen dem dritten und zweiten Elektron – sind größere Sprünge zwischen den Werten der Ionisierungsenergie erkennbar. Grundsätzlich gilt auch hier, dass der Anstieg mit der zunehmenden Anziehungskraft zwischen Atomkern und den verbliebenen Elektronen zusammenhängt. Wieso steigt diese Anziehungskraft aber sprunghaft an?

Erklären lassen sich diese Sprünge, wenn man annimmt, dass sich nicht alle Elektronen im gleichen Abstand zum Atomkern befinden: Je geringer der Abstand zum Atomkern, desto größer ist seine Anziehungskraft auf die Elektronen. Die Elektronen in der Atomhülle mit ähnlicher Ionisierungsenergie werden deshalb zu einer gemeinsamen **Energiestufe** zusammengefasst.
Im Chloratom existieren drei Energiestufen, auf die sich die 17 Elektronen verteilen. Dabei gilt: Je niedriger die Energiestufe, desto geringer ist der Abstand zum Atomkern und desto größer ist die Ionisierungsenergie der sich darauf befindenden Elektronen.

Schalenmodell der Atomhülle Wie lassen sich diese unterschiedlichen Energiestufen mit Modellvorstellungen zum Bau der Atomhülle erklären? Nach dem Kern-Hülle-Modell bewegen sich die Elektronen regellos in der Atomhülle in unterschiedlicher räumlicher Entfernung zum Atomkern. Je naher sich ein Elektron dabei am Atomkern befindet, desto stärker wird es von ihm angezogen und desto größer ist seine Ionisierungsenergie. Energiestufen können mit dem Kern-Hülle-Modell nicht erklärt werden.

Alle Elektronen, die sich auf einer Energiestufe befinden, haben einen ähnlichen Abstand zum Atomkern und bilden jeweils eine gemeinsame **Elektronenschale**, die den Atomkern kugelförmig umgibt. So verteilen sich im Modell des Chloratoms die 17 Elektronen auf drei Elektronenschalen (▸**5**). Dieses erweiterte Modell vom Atom wird als **Schalenmodell der Atomhülle** bezeichnet. Von innen nach außen werden die Schalen mit den Buchstaben K, L, M, N usw. bezeichnet.

Nach dem Schalenmodell werden Elektronen mit ähnlicher Energie (und Abstand zum Atomkern) gemeinsamen Elektronenschalen zugeordnet.

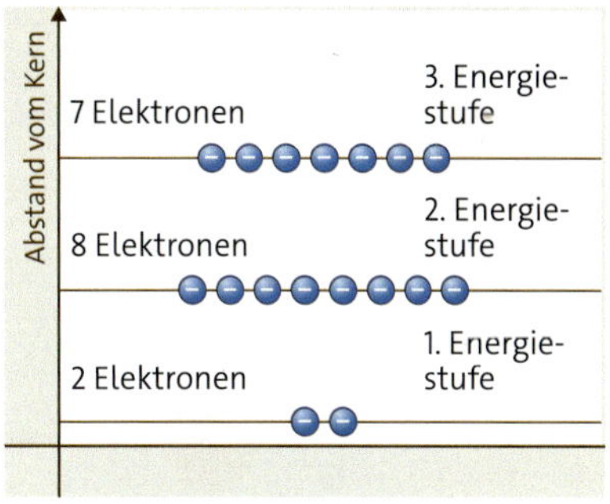

4 Energiestufen des Chloratoms

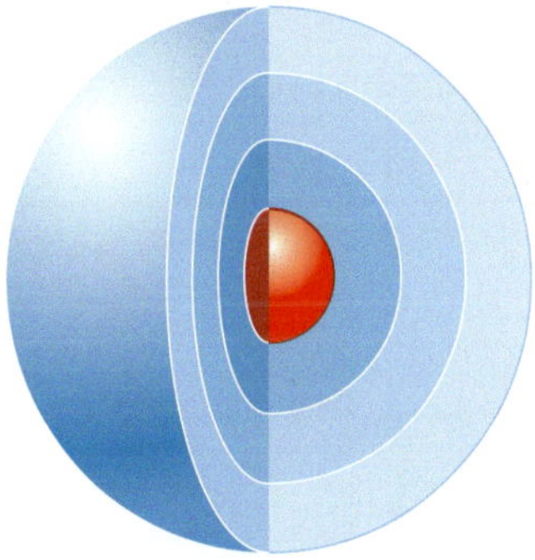

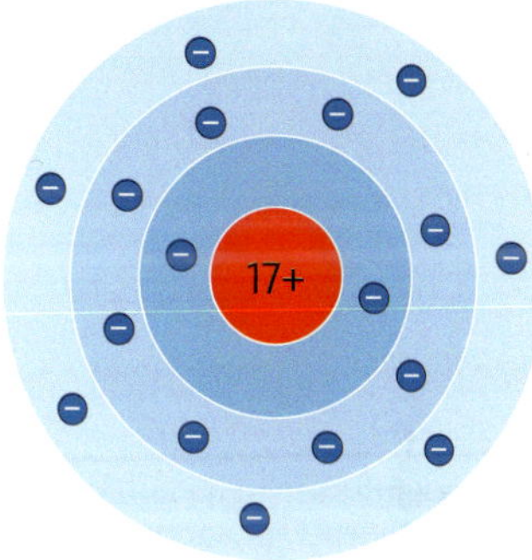

5 Schalenmodell des Chloratoms – räumlich und zweidimensional

Aufgaben

1 Vergleiche die Ionisierungsenergien der Chlorelektronen (▸**3**) mit den Energiestufen (▸**4**).
Erläutere dabei, wie man von der Darstellung der Ionisierungsenergien zu den Energiestufen kommt.

2 Vergleiche das Kern-Hülle-Modell mit dem Schalenmodell der Atomhülle. Erläutere dabei, warum man das Schalenmodell als Erweiterung betrachten kann.

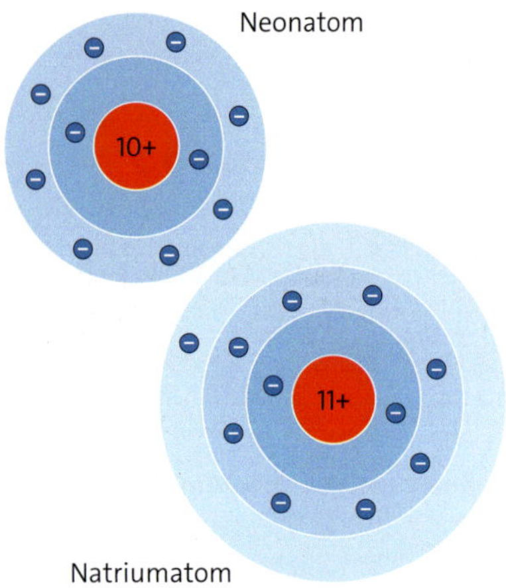

1 Vergleich der Schalenmodelle zweier Elemente

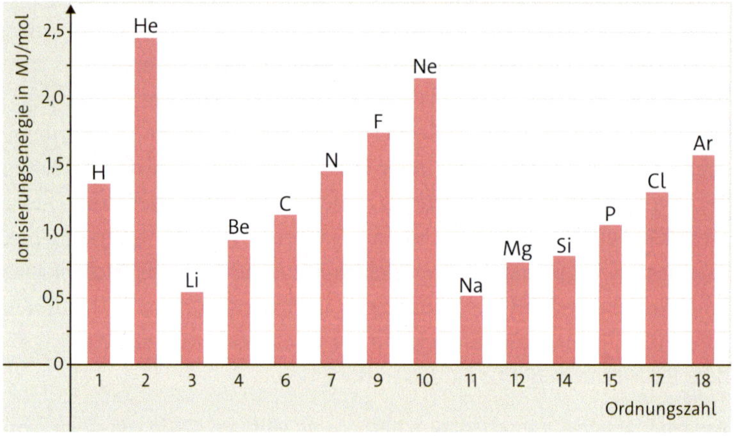

2 Erste Ionisierungsenergie für ausgewählte Elemente

Erste Ionisierungsenergie Um weitere Rückschlüsse zum Atombau zu treffen, kann man statt der verschiedenen Ionisierungsenergien der Elektronen für ein einzelnes Element auch die erste Ionisierungsenergie verschiedener Elemente vergleichen. Die **erste Ionisierungsenergie** ist die Energie, die zum Abspalten des jeweils ersten Elektrons aus der Atomhülle eines Elements aufgebracht werden muss.
Aus dem Diagramm lässt sich ablesen, dass die erste Ionisierungsenergie vom Wasserstoff zum Helium, vom Lithium zum Neon und vom Natrium zum Argon jeweils stetig steigt (▸ **2**).
Die Anziehungskraft des Atomkerns auf die Elektronen wächst in diesen Reihen aufgrund der größer werdenden Kernladungszahl. Zum Abspalten des ersten Elektrons muss deshalb eine immer größer werdende Energie aufgewandt werden.
Der sprunghafte Abfall der ersten Ionisierungsenergie von Helium zu Lithium und von Neon zu Natrium ergibt sich dadurch, dass sich bei den Alkalimetallen Lithium bzw. Natrium das jeweils abgespaltene Elektron auf der nächsthöheren Schale (Energiestufe) befindet (▸ **1**). Hieraus lassen sich Schlussfolgerungen zur Anordnung der Elektronen treffen.

	Elektronenanordnung	
Elektronenschale	**bei Chlor**	**bei maximaler Besetzung**
1 ≙ K	2	2
2 ≙ L	8	8
3 ≙ M	7	18
4 ≙ N	0	32
n		$2n^2$

3 Elektronenanordnung bei Chlor und bei einer nach dem Schalenmodell maximalen Besetzung

Anordnung der Elektronen im Schalenmodell In den einzelnen Elektronenschalen kann sich jeweils nur eine bestimmte Anzahl an Elektronen aufhalten. Die K-Schale – sie ist dem Kern am nächsten und entspricht der 1. Energiestufe – kann maximal zwei Elektronen aufnehmen. Im Wasserstoffatom hält sich dort ein Elektron auf. Im Heliumatom ist die K-Schale mit zwei Elektronen bereits voll besetzt. Kommt ein weiteres Elektron hinzu (Lithiumatom), wird die nächsthöhere Schale (L-Schale) besetzt. Die L-Schale kann maximal acht Elektronen aufnehmen (▸ **3**). Bei den Atomen des Elements Neon sind beide Schalen jeweils vollständig gefüllt. Allgemein gilt, dass die Elektronenschalen der Atome mit steigender Ordnungszahl schrittweise von innen nach außen mit Elektronen aufgefüllt werden.
Nummeriert man die Elektronenschalen von innen nach außen, lässt sich aus der Nummer (n) die theoretisch maximal mögliche Anzahl an Elektronen für die Schale zu $2n^2$ errechnen (▸ **3**).

Aufgaben

1 Gib die jeweilige Elektronenanordnung für ein Lithium-, Fluor- und Neonatom an. Erläutere die Gemeinsamkeiten und Unterschiede.

2 Zeichne das jeweilige Schalenmodell für ein Calcium- und ein Kaliumatom.

3 Erkläre, warum die erste Ionisierungsenergie in der Reihe Helium, Neon und Argon abnimmt (▸ **2**).

Entstehung der Elemente

Mit dem Urknall vor 13,7 Milliarden Jahren entstand unser Universum. Nur wenige Sekunden alt, enthielt das junge Universum noch keine Elemente, sondern nur Elementarteilchen wie Protonen, Neutronen und Elektronen. Die uns heute bekannten Elemente entstanden erst viele Tausend Jahre später.

Elemente aus den Sternen

Anfangs bildete sich aus den vorhandenen Elementarteilchen der Wasserstoff. Noch heute ist das leichteste Element gleichzeitig mit über 90 % das häufigste im Weltall. Schwerere Elemente wie Helium, Lithium oder Eisen konnten erst mit den Sternen entstehen. Sterne bilden sich aus Gaswolken. Durch die Gravitation verdichten sie sich so stark, dass in ihrem Innern durch den hohen Druck bei Temperaturen von mehr als 10 Millionen Grad Celsius die Atomkerne des Wasserstoffs zu schwereren Heliumkernen verschmelzen. Diese Kernfusion setzt unvorstellbare Energiemengen frei. Mit zunehmendem Alter eines Sterns fusionieren auch die Heliumkerne. So können sich nach und nach alle Elemente bis zum Eisen bilden.

1 Aus solchen Gaswolken entstehen in Jahrmillionen neue Sterne.

Aufgabe

1 Viele künstliche Elemente wurden nach wichtigen Persönlichkeiten aus der Wissenschaft oder dem Ort der Ersterzeugung benannt. Recherchiere mit dem PSE (▸ Anhang) nach weiteren künstlichen Elementen und finde mehr über ihre Namen und ihre Entstehung heraus.

Info 1

Supernova

Ist nicht mehr genügend „Kernbrennstoff" im Stern vorhanden, kühlt er ab und kollabiert aufgrund der Gravitation innerhalb von Sekunden in einer Supernova (Sternenexplosion). Dabei entstehen extreme Temperaturen von einigen Milliarden Grad Celsius. Bei diesen Bedingungen können noch schwerere Elemente wie Blei, Bismut oder sogar Uran gebildet werden.

2 Supernova

Elemente aus dem Labor

Roentgenium, Bohrium, Copernicium, Meitnerium, Hassium und Darmstadtium sind die Namen künstlicher Elemente. Sie alle wurden zum ersten Mal in Darmstadt am GSI künstlich erzeugt. Dabei werden z. B. Zink-Ionen im Teilchenbeschleuniger auf hohe Geschwindigkeit gebracht und auf eine Bleifolie geschossen. Bei der Kollision entstehen in seltenen Fällen auch ganz neue, superschwere Elemente. Die Lebensdauer dieser künstlichen Elemente ist jedoch sehr begrenzt. Es vergehen meist nur wenige Millisekunden, bis die instabilen Kerne wieder zerfallen.

3 Schwerionenbeschleuniger UNILAC am GSI in Darmstadt

Vom Atombau zum Periodensystem der Elemente

Gegenwärtig sind mehr als 110 verschiedene Elemente bekannt. Sie alle lassen sich im Periodensystem finden. Die Anordnung ermöglicht es, Rückschlüsse zum Atombau der einzelnen Elemente zu treffen.

Periode	Hauptgruppe I	II	III	IV	V	VI	VII	VIII
1	1 H 1,008 Wasserstoff							2 He 4,003 Helium
2	3 Li 6,94 Lithium	4 Be 9,01 Beryllium	5 B 10,81 Bor	6 C 12,01 Kohlenstoff	7 N 14,007 Stickstoff	8 O 15,999 Sauerstoff	9 F 18,998 Fluor	10 Ne 20,18 Neon
3	11 Na 22,99 Natrium	12 Mg 24,13 Magnesium	13 Al 26,98 Aluminium	14 Si 28,09 Silicium	15 P 30,97 Phosphor	16 S 32,07 Schwefel	17 Cl 35,45 Chlor	18 Ar 39,95 Argon
4	19 K 39,10 Kalium	20 Ca 40,08 Calcium	31 Ga 69,72 Gallium	32 Ge 72,61 Germanium	33 As 74,92 Arsen	34 Se 78,96 Selen	35 Br 79,90 Brom	36 Kr 83,80 Krypton
5	37 Rb 85,47 Rubidium	38 Sr 87,62 Strontium	49 In 114,82 Indium	50 Sn 118,71 Zinn	51 Sb 121,76 Antimon	52 Te 127,60 Tellur	53 I 126,90 Iod	54 Xe 131,29 Xenon
6	55 Cs 132,91 Caesium	56 Ba 137,33 Barium	81 Tl 204,38 Thallium	82 Pb 207,2 Blei	83 Bi 208,98 Bismut	84 Po 209 Polonium	85 At 210 Astat	86 Rn 222 Radon
7	87 Fr 223 Francium	88 Ra 226,03 Radium						

Metalle (blau) Nichtmetalle (gelb)

1 Das Periodensystem der Elemente in seiner heutigen Form

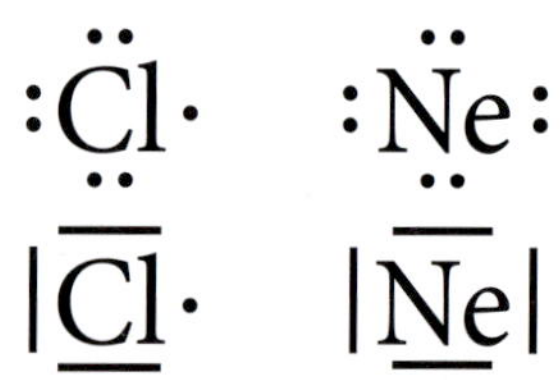

2 Lewis-Formel für die Elemente Chlor und Neon

Element und Symbol	Anzahl der Elektronen in der Elektronenschale					
	1	2	3	4	5	6
Helium (He)	2					
Neon (Ne)	2	**8**				
Argon (Ar)	2	8	**8**			
Krypton (Kr)	2	8	18	**8**		
Xenon (Xe)	2	8	18	32	**8**	
Radon (Rn)	2	8	18	32	18	**8**

3 Elektronenverteilung der Edelgasatome

Außenelektronen Der Atombau hat einen wesentlichen Einfluss auf die Eigenschaften der Elemente: Es sind aber hauptsächlich die Elektronen der äußeren besetzten Schale, der Außenschale, die die Eigenschaften und ihr chemisches Verhalten prägen. Diese Elektronen werden als **Außenelektronen** oder **Valenzelektronen** (lat. *valens:* stark, wirksam) bezeichnet. Es reicht daher meist aus, nur die Valenzschale der Atome zu kennen, um die Eigenschaften eines Elements zu deuten.
Um nicht jedes Mal komplette Schalenmodelle oder Energiestufendiagramme zu zeichnen, wurde von dem Amerikaner GILBERT N. LEWIS (1875–1946) die **Elektronenschreibweise** – auch als **Lewis-Formel** bezeichnet – eingeführt. In der Lewis-Formel werden nur die Valenzelektronen am Symbol des Elements dargestellt. Beim Schreiben der Lewis-Formel geht man wie folgt vor: Jedes Außenelektron wird als Punkt dargestellt und um das Symbol verteilt. Sind mehr als vier Außenelektronen vorhanden, können zwei Elektronen zu einem Elektronenpaar zusammengefasst werden, das als Strich gekennzeichnet wird (▸**2**).

Edelgaskonfiguration Wie schon bekannt, bilden die Edelgase eine gemeinsame Elementfamilie besonders reaktionsträger Gase (▸S. 182). Betrachtet man die Elektronenverteilung der verschiedenen Edelgasatome, fällt auf, dass bis auf das Heliumatom alle übrigen Atome jeweils acht Elektronen auf der äußersten Elektronenschale haben (▸**3**). Die Elektronenverteilung mit acht Elektronen ist besonders stabil und wird als **Elektronenoktett** bezeichnet. Das erkennt man auch daran, dass die erste Ionisierungsenergie für die Edelgasatome besonders hoch ist. Bei den Atomen des Heliums wird dieser stabile Zustand bereits mit zwei Elektronen erreicht. Da diese nur bei den Atomen der Edelgase auftritt, nennt man sie auch **Edelgaskonfiguration**.

Atombau und Anordnung der Elemente im Periodensystem Grundsätzlich sind die chemischen Elemente im Periodensystem nach steigender Kernladungszahl ihrer Atome angeordnet. In den **Perioden** finden sich die Elemente wieder, die die gleiche Anzahl besetzter Elektronenschalen haben. So haben z. B. alle Atome der Elemente der dritten Periode genau drei besetzte Elektronenschalen.
Innerhalb einer Periode wird von links nach rechts die äußerste Elektronenschale mit jedem hinzukommenden Element um ein Elektron aufgefüllt. So hat Natrium nur ein Außenelektron, Silicium vier und das Edelgas Argon bildet mit acht Außenelektronen den Abschluss (▸**2**).

Die Atome der Elemente, die im Periodensystem untereinanderstehen, weisen übereinstimmend mit Ausnahme von Helium die gleiche Anzahl an Außenelektronen auf (▸**2**) und unterscheiden sich nur in der Anzahl voll besetzter Schalen.
In jeder der acht **Hauptgruppen** stehen Elemente, die miteinander chemisch eng verwandt sind und die bekannten Elementfamilien bilden (▸S. 166 f.), wie beispielsweise die Alkalimetalle in der ersten Hauptgruppe, die Halogene in der siebten Hauptgruppe oder die Edelgase in der achten Hauptgruppe. Die Gemeinsamkeiten im Aufbau der Atome erklären ihre sich ähnelnden Eigenschaften und die Einordnung der Elemente im PSE (**Gesetz der Periodizität**).
So kann aus dem Atombau des Aluminiumatoms auf seine Stellung im PSE geschlossen werden (▸**4**) oder aus der Stellung des Elements im Periodensystem Informationen zum Atombau und den daraus resultierenden Eigenschaften abgeleitet werden (▸S. 205).
Weitere Elemente wie Kupfer, Chrom, Zink, Eisen und Gold bilden die Elemente der **Nebengruppen**. Es handelt sich ausnahmslos um Metalle. In den Hüllen ihrer Atome füllen die Elektronen innere Schalen auf.

Die periodisch wiederkehrenden Eigenschaften der Elemente und die Einordnung ins Periodensystem erklären sich aus dem Bau der Atome.

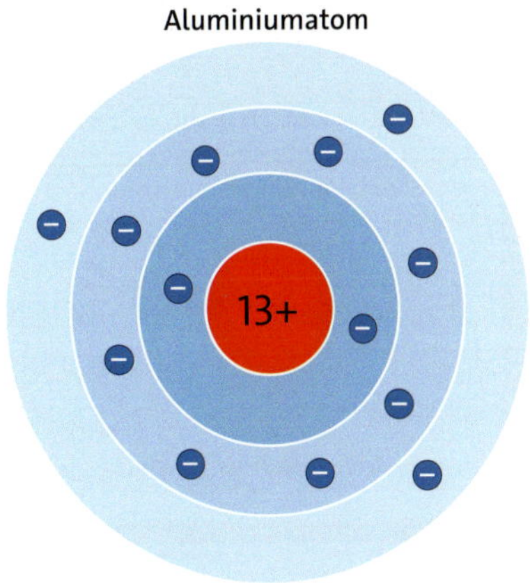

4 Aus dem Bau der Atomhülle ergibt sich die Stellung eines Elements im Periodensystem.

Aufgaben

1 Erläutere die Elektronenverteilung bei Atomen als Ordnungsprinzip des Periodensystems für die Elemente der 2. und 3. Periode.

2 Zeichne ein Schalenmodell der Atomhülle des Elements, das in der V. Hauptgruppe in der 3. Periode steht. Benenne das Element.

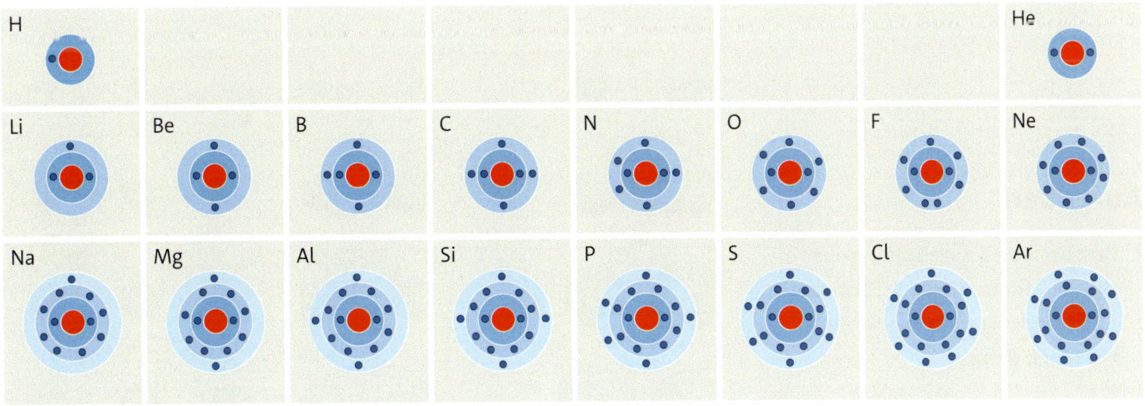

5 Schalenmodelle verschiedener Atome

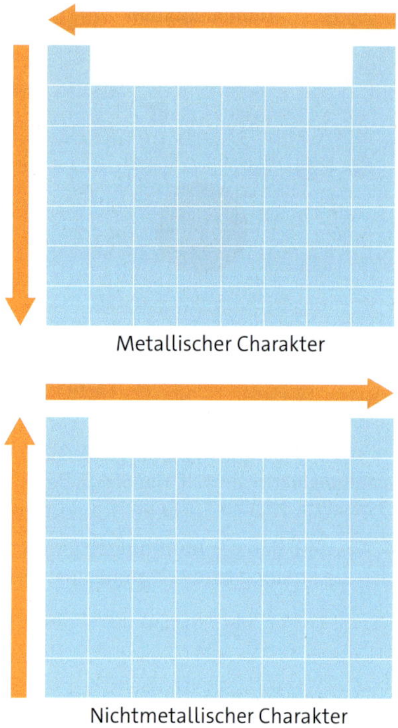

1 Tendenzen im Periodensystem

Metalle im Periodensystem Im Periodensystem überwiegen die Metalle. Sie sind im Periodensystem links einer gedachten Linie von Bor nach Astat zu finden. Ihre Atome besitzen nur wenige Außenelektronen. Diese können leicht abgegeben werden. Sie bewirken als Ladungsträger die elektrische Leitfähigkeit der Metalle. Innerhalb einer Periode nehmen die metallischen Eigenschaften der Elemente nach rechts hin ab (▸1).

Nichtmetalle im Periodensystem Die Elemente der V. bis VII. Hauptgruppe sind vorwiegend Nichtmetalle. Die nicht ganz gefüllte Außenschale bestimmt das besonders reaktionsfreudige Verhalten dieser Salzbildner. Im Gegensatz zu den Metallatomen können sie durch die Aufnahme weiterer Elektronen in die Valenzschale, z. B. eines Elektrons bei den Elementen der VII. Hauptgruppe, die stabile Edelgaskonfiguration erreichen.

Atomradien Ebenfalls periodisch ändern sich die Atomradien der Elemente. Innerhalb einer Gruppe nimmt mit jeder neuen Schale, die mit Elektronen besetzt wird, der Radius zu. Je mehr Elektronenschalen besetzt sind, desto größer ist das Atom. Innerhalb einer Periode nimmt dagegen der Radius mit zunehmender Ordnungszahl ab. Ursache dafür ist die mit steigender Kernladung zunehmende Anziehungskraft der Protonen des Kerns auf die Elektronen der Atomhülle. Diese überwiegt, obwohl die Zahl der Elektronen stetig zunimmt.

I. Hauptgruppe Mithilfe des Atombaus lässt sich auch erklären, dass die Elemente der Alkalimetalle ein ähnliches Reaktionsverhalten zeigen, z. B. bilden sie Halogenide mit derselben Verhältnisformel.
Die Atome der Alkalimetalle besitzen jeweils ein Außenelektron. Durch die Abgabe dieses Elektrons können sie eine stabile Edelgaskonfiguration erreichen. Dabei gilt: Je größer der Atomradius des Alkalimetallatoms, desto leichter wird das Valenzelektron abgegeben. Dies erklärt die zunehmende Reaktivität innerhalb der Elementfamilie.

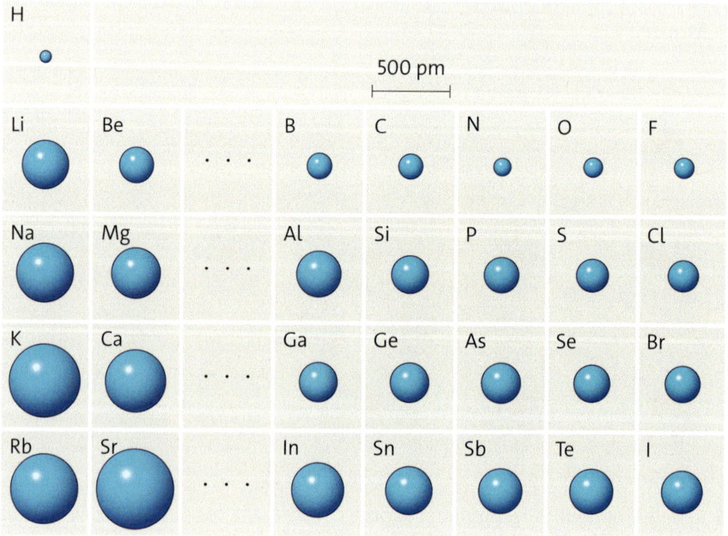

2 Atomradien der Hauptgruppenelemente der ersten fünf Perioden

Aufgaben

1 Beschreibe ▸2. Gib Tendenzen für die Atomradien der Elemente im Periodensystem an. Nenne Ursachen dafür.

2 Alkalimetalle reagieren heftig mit Sauerstoff. Begründe mit dem Atombau.

Ableiten von Aussagen über Elemente aus dem Periodensystem

Aus dem Periodensystem der Elemente lässt sich der Atombau eines Elements ableiten. Mit seiner Hilfe können die Eigenschaften eines Elements abgeschätzt und dessen chemisches Verhalten vorhergesagt werden. Ein Vorgehen nach einer bestimmten Schrittfolge ist dabei sinnvoll.

Leite aus dem Periodensystem Aussagen über das Element Schwefel ab.

1 Suche das Element im Periodensystem.
Schwefel hat das Elementsymbol S. Nutze dir bekannte Eigenschaften, um mit der Suche an der richtigen Stelle im Periodensystem zu beginnen.

2 Ermittle von dem Element Ordnungszahl, Hauptgruppe und Periode.
Schwefel hat die Ordnungszahl 16. Er steht in der VI. Hauptgruppe in der 3. Periode.

3 Leite Aussagen zum Atombau des Elements ab. Ermittle die Zahl der Elektronenschalen und die Zahl der Valenzelektronen seiner Atome.
Bau des Schwefelatoms:
- 16 Protonen im Atomkern
- 16 Elektronen in der Atomhülle
- 3 Elektronenschalen
- 6 Valenzelektronen in der Außenschale

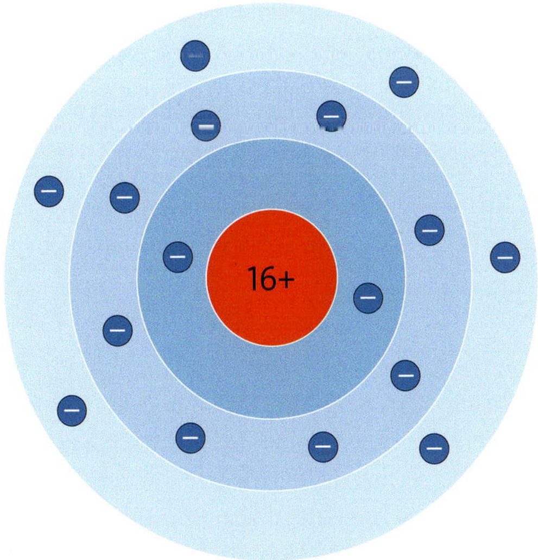

3 Das Schalenmodell des Schwefelatoms veranschaulicht seinen Bau.

4 Schätze den Atomradius ab. Als Grundlage dienen dabei die Tendenzen im Periodensystem.
Innerhalb der Hauptgruppe nimmt der Atomradius von oben nach unten zu. Innerhalb der Periode nimmt er von links nach rechts ab. Schwefelatome besitzen daher z. B. im Vergleich zu Sauerstoffatomen einen größeren Atomradius und im Vergleich zu Phosphoratomen einen kleineren.

5 Schätze die Neigung der Atome des Elements zur Aufnahme bzw. Abgabe von Elektronen ab.
Um die Edelgaskonfiguration zu erreichen, müssten Schwefelatome entweder zwei Elektronen aufnehmen oder sechs Elektronen abgeben. Aufgrund des Energieaufwands bei der Elektronenabgabe ist vermutlich die Neigung zur Elektronenaufnahme stärker.

6 Ermittle aus seiner Stellung im Periodensystem, ob das Element ein Metall, ein Halbmetall oder ein Nichtmetall ist. Leite daraus Vermutungen über weitere Eigenschaften ab.
Schwefel steht im Periodensystem rechts einer gedachten Linie von Bor nach Astat und ist daher ein Nichtmetall. Schwefel ist ebenso wie Phosphor bei Zimmertemperatur fest, dürfte aber eine relativ niedrige Schmelz- und Siedetemperatur aufweisen. Vermutlich leitet Schwefel als Nichtmetall den elektrischen Strom nicht.

7 Stelle Vermutungen darüber an, ob das Element eher mit Metallen oder mit Nichtmetallen reagieren könnte.
Es ist zu vermuten, dass Schwefel als Nichtmetall mit Metallen und auch mit Sauerstoff reagiert.

Entwicklung von Atommodellen

Atommodell	Aussagen des Modells
DALTONS Atommodell (1803) 	• Alle Stoffe bestehen aus kleinsten, unteilbaren Teilchen, den Atomen. • Die Atome eines Elements besitzen die gleiche Masse und die gleiche Größe. Atome verschiedener Elemente unterscheiden sich durch ihre Masse und ihre Größe voneinander. • Die Anzahl unterschiedlicher Atomarten entspricht der Anzahl der vorhandenen Elemente. • Bei chemischen Reaktionen ordnen sich die Atome der Ausgangsstoffe neu.
Rosinenkuchen-Modell (1903) 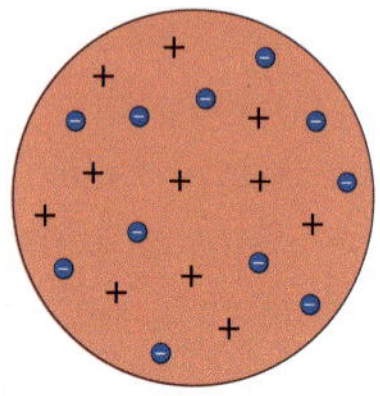	• Atome besitzen eine innere Struktur. • In einer positiv geladenen Masse verteilen sich elektrisch negativ geladene Elektronen gleichmäßig, wie die Rosinen in einem Kuchenteig. • Elektronen können aus dem Atom entfernt werden oder dazukommen. Dadurch werden Ionen gebildet.
Kern-Hülle-Modell (1911) 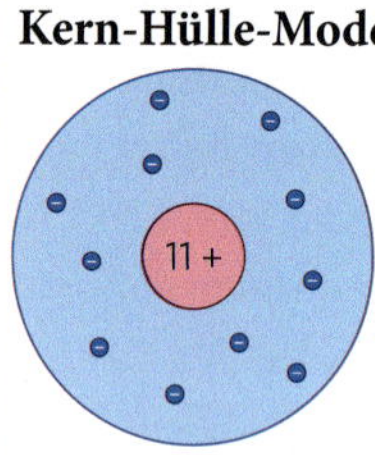	• Atome bestehen aus einem winzigen Atomkern, in dem sich fast die gesamte Masse des Atoms konzentriert, und einer im Vergleich riesigen Atomhülle. • Im Atomkern befinden sich elektrisch positiv geladene Protonen. • In der Atomhülle bewegen sich elektrisch negativ geladene Elektronen um den Atomkern.
Schalenmodell der Atomhülle (1913) 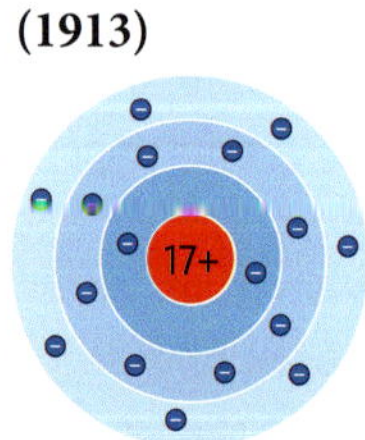	• In der Atomhülle bewegen sich Elektronen auf ganz bestimmten Kreisbahnen um den Atomkern. • Die Anzahl der Kreisbahnen, die als Elektronenschalen bezeichnet werden, ist begrenzt. • Durch Energiezufuhr können die Elektronen auf Schalen höherer Energie wechseln. Kehren sie wieder in ihre ursprüngliche Schale zurück, wird Energie beispielsweise in Form von Licht abgegeben.

Modelle sind vereinfachte Darstellungen der Wirklichkeit. Sie spiegeln daher nur bestimmte Aspekte der Wirklichkeit wider. Steht ein Modell im Widerspruch zu neuen wissenschaftlichen Erkenntnissen, muss das alte Modell erweitert bzw. ein neues Modell entwickelt werden. Am Beispiel der Entwicklung der Atommodelle lässt sich das gut nachverfolgen.

Bis heute sind zahlreiche Atommodelle entwickelt worden. Mit jedem Atommodell lassen sich bestimmte chemische Sachverhalte erklären, andere dagegen nicht. Neue wissenschaftliche Erkenntnisse führen dazu, dass bestehende Atommodelle weiterentwickelt oder verworfen werden, um neue, geeignetere Modelle zu entwickeln.

Erklärbare Sachverhalte	Nicht erklärbare Sachverhalte
• Aggregatzustände • Lösevorgänge von Stoffen • Unterscheidung von Stoffen und Stoffgemischen • Gesetz von der Erhaltung der Masse • Gesetz der konstanten Massenverhältnisse	• Elektrische Leitfähigkeit von Lösungen • Bildung von Ionen • Stabilität von Atomen • Zusammenhalt zwischen Teilchen
• Elektrisch neutrale Atome • Elektrische Leitfähigkeit von Lösungen • Bildung von Ionen	• Stabilität von Atomen • Zusammenhalt zwischen Teilchen • Chemische Reaktivität (z. B. Alkalimetalle und Halogene) • Isotope eines Elements mit unterschiedlichen Massen
• Zusammenhalt zwischen Teilchen • Reihenfolge der Elemente im Periodensystem	• Stabilität von Atomen • Aufnahme oder Abgabe von Energie bei chemischen Reaktionen • Flammenfärbungen von Alkalimetall- und Erdalkalimetallverbindungen
• Stabilität von Atomen und chemische Reaktivität • Aufnahme oder Abgabe von Energie bei chemischen Reaktionen • Ordnungsprinzipien der Elemente im Periodensystem • Berechnung von Ionisierungsenergien und Atomradien • Isotope eines Elements mit unterschiedlichen Massen	• Stabilität der Edelgaskonfiguration (Elektronenoktett) • Räumliche Anordnung von Atomen und chemische Bindung in Molekülen

Aufgaben

1 Nenne wissenschaftliche Erkenntnisse, die die Entwicklung der einzelnen Atommodelle notwendig machten.

2 Erläutere anhand selbst gewählter Beispiele erklärbare und nicht erklärbare Sachverhalte zu den einzelnen Atommodellen.

3 Zwischen Protonen und Elektronen als elektrisch geladenen Teilchen wirken Kräfte. Prüfe, ob dies im Kern-Hülle-Modell und im Schalenmodell der Atomhülle berücksichtigt wird.

4 Erstelle ein Begriffsnetz (Concept-Map) zur Entwicklung der Atommodelle.

Auf einen Blick

Atombau und Periodensystem der Elemente

Aufbau des Atoms

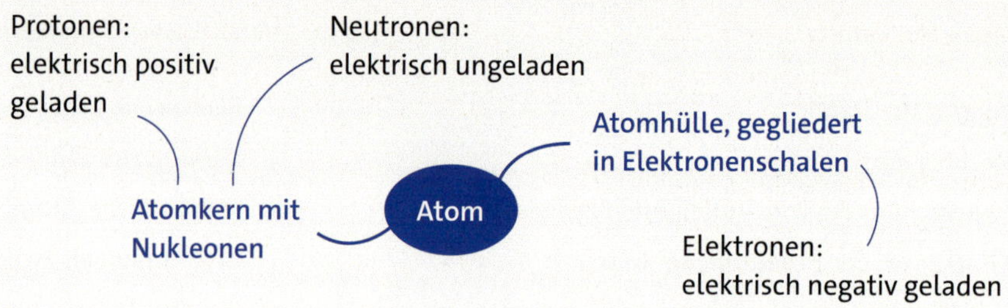

Kernladungszahl

Anzahl der Protonen im Atomkern, entspricht der Ordnungszahl des Elements im Periodensystem

Massenzahl

Anzahl der Nukleonen im Atomkern, entspricht der Summe der Anzahl der Protonen und Neutronen

Isotope eines Elements

Atome mit gleicher Anzahl an Protonen, aber unterschiedlicher Anzahl an Neutronen und damit unterschiedlicher Atommasse

Schalenmodell der Atomhülle

Die Atomhülle ist in Elektronenschalen gegliedert. Elektronen mit annähernd gleicher Energie befinden sich in einer Schale. Die maximal mögliche Elektronenanzahl auf einer Schale ergibt sich aus der Nummer n der Elektronenschale zu $2\,n^2$.

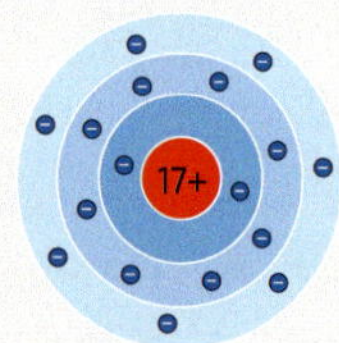

Atombau und Periodensystem

Bau der Atome		Angabe im Periodensystem
Anzahl der Protonen	≙	Ordnungszahl
Anzahl der Außenelektronen	≙	Nummer der Hauptgruppe
Anzahl der Elektronenschalen	≙	Nummer der Periode

Periodensystem der Elemente

Im Periodensystem der Elemente sind alle bekannten Elemente nach steigender Ordnungszahl (Kernladungszahl) in Gruppen und Perioden geordnet.

Edelgaskonfiguration

besonders stabile Elektronenkonfiguration mit 8 Elektronen auf der Außenschale (Elektronenoktett)

Aufgaben

1 Beschreibe den Streuversuch von RUTHERFORD und erläutere die gemachten Beobachtungen.

2 Gib in einer Tabelle die Anzahl der Protonen, Elektronen und Neutronen sowie die Ordnungszahl für folgende Atome an: $^{3}_{2}He$, $^{4}_{2}He$, $^{54}_{26}Fe$, $^{56}_{26}Fe$, $^{37}_{17}Cl$.

3 Vom Element Kupfer existieren zwei natürlich vorkommende Isotope.

Angaben zu den Kupferisotopen	^{63}Cu	^{65}Cu
Kernladungszahl *Z*	29	29
Neutronenzahl *N*	34	36
Massenzahl *A*	63	65
Atommasse in u	62,93	64,93
rel. Häufigkeit in %	69,2	30,8

a Interpretiere die Angaben der Tabelle.
b Ermittle die durchschnittliche Atommasse in u für Kupfer aus den beiden Isotopen.

4 Vergleiche das Atommodell von THOMSON (Rosinenkuchen-Modell) mit dem Atommodell von RUTHERFORD (Kern-Hülle-Modell).

5 Ordne in einer Tabelle die folgenden Elemente Elementfamilien und Hauptgruppen zu: Brom, Beryllium, Krypton, Strontium, Caesium, Xenon, Rubidium, Fluor, Kalium, Iod, Helium, Barium.

6 Zeichne das Energiestufendiagramm für die 16 Elektronen des Schwefelatoms.

7 Erläutere mithilfe des Energiestufendiagramms am Beispiel des Schwefelatoms, warum die Erforschung der Ionisierungsenergien zu einer Weiterentwicklung des Kern-Hülle-Modells der Atome führte.

8 Beschreibe das Schalenmodell der Atomhülle anhand eines selbst gewählten Beispiels.

9 Zeichne die Schalenmodelle der Atome für die Elemente Silicium und Fluor.

10 Notiere die Symbole folgender Elemente in der Elektronenschreibweise nach LEWIS: Lithium, Krypton, Calcium, Brom, Stickstoff.

11 Begründe die Stellung des Elements Wasserstoff im Periodensystem der Elemente.

12 Das Element Helium könnte auch an einer anderen Stelle im Periodensystem stehen.
a Benenne diese Stelle und begründe deine Wahl.
b Begründe, warum Helium in der VIII. Hauptgruppe zu finden ist.

13 Erläutere den Zusammenhang zwischen dem Atombau und der Stellung von Elementen im Periodensystem am Beispiel der Elemente Aluminium, Phosphor und Neon.

14 Das Periodensystem der Elemente kann zum Ableiten von Angaben über chemische Elemente genutzt werden.
a Leite Angaben über den Atombau des Elements mit der Ordnungszahl 38 ab.
b Stelle begründete Vermutungen über Eigenschaften des zugehörigen Stoffes an.

15 Erläutere am Beispiel der Erdalkalimetalle das Gesetz der Periodizität.

16 Auch Kohlenstoff ist kein Reinstoff. Berechne aus der Atommasse von 12,01 u die Isotopenverteilung von ^{12}C (12,00 u) und ^{13}C (13,00 u).

Hilfe zu den Aufgaben findest du auf den Seiten ...

1	194 f.	9	202 f.
2	196 f.	10	202
3	197	11	202 ff.
4	192 ff.	12	202 ff.
5	202 ff.	13	202 ff.
6	199	14	202 ff.
7	198 ff.	15	203
8	200	16	197

▶ Die Lösungen findest du im Anhang.

Weitergedacht

Material A: Das PSE von Julius Lothar Meyer

Der deutsche Chemiker Meyer vertrat bereits 1864 die Anordnung der Elemente in Gruppen.
In den Folgejahren arbeitete er daran, ein allgemeines Ordnungssystem der Elemente zu entwickeln. Er gab an, dass ihn eine Rede über das Atom- und Molekulargewicht von 1860 und die Arbeiten von John A. R. Newlands (1837–1898) bei seiner Arbeit maßgeblich beeinflusst haben. Im Jahre 1869 stellte er fast zeitgleich mit Mendelejew sein Ordnungssystem der Elemente vor.

I.	II.	III.	IV.	V.	VI.	VII.	VIII.	IX.
B=11,0	Al=27,3	--			?In=113,4	Tl=202,7		
	C=11,97	Si=28		--		Sn=117,8		Pb=206,4
			Ti=48		Zr=89,7		--	
	N=14,01	P=30,9		As=74,9		Sb=122,1		Bi=207,5
			V=51,2		Nb=93,7		Ta=182,2	
	O=15,96	31,98		Se=78		Te=128?		--
			Cr=52,4		Mo=95,6		W=183,5	
--	F=19,1	Cl=35,38		Br=79,75		J=126,5		--
			Mn=54,8		Ru=103,5		Os=198,6?	
			Fe=55,9		Rh=104,1		Ir=196,7	
			Co=Ni=58,6		Pd=106,2		Pr=196,7	
Li=7,01	Na=22,9	K=39,04		Rb=85,2		Cs=132,7		--
			Cu=63,3		Ag=107,66		Au=196,2	
?Be=9,3	Mg=23,9	Ca=39,9		Sr=87,0		Ba=136,8		--
			Zn=64,9		Cd=111,6		Hg=199,8	

A1 Periodensystem der Elemente nach Meyer (1870)

1 Beschreibe den Aufbau des Periodensystems von Meyer und vergleiche es mit dem Periodensystem von Mendelejew und dem heute gültigen Periodensystem der Elemente.

2 1869 fand Meyer heraus, dass gleichartige Elemente ein gleichartiges Atomvolumen im Vergleich zu anderen Elementen haben. „Alkinische Elemente“ (heute: Alkalimetalle) haben z. B. ein sehr großes Atomvolumen. Erkläre diesen Sachverhalt aus heutiger Sicht.

3 Der englische Chemiker Newlands fand heraus, dass sich bei einer Ordnung der Elemente nach steigender Atommasse die chemischen Eigenschaften in jeder achten Position wiederholen. Dies verglich er mit den Oktaven aus der Musik. Sein Vergleich wurde anfangs als unwissenschaftlich abgelehnt. Beurteile diese Haltung mit dem heutigen Wissen.

Material B: Mendelejews Voraussagen

Dmitri I. Mendelejew sagte die Eigenschaften mehrerer bis dahin unbekannter Elemente erstaunlich genau voraus. In seinem Periodensystem ließ er einfach an der entsprechenden Stelle eine Lücke.

Atommasse: 72
Schmelztemperatur: hoch
Farbe: dunkelgrau
Weitere Eigenschaften: beständig gegen Säuren und Laugen, Oxid mit hoher Schmelztemperatur, Herstellung aus seinem Oxid

B1 Mendelejews Voraussagen für das Eka-Silizium

1 Erläutere den Atombau für das Element Germanium. Formuliere die Reaktionsgleichung zur Darstellung von reinem Germanium (▸ **B2**).

Germanium (1886 Clemens Winkler)
Ordnungszahl: 32
Hauptgruppe: IV
Periode: IV
Atommasse: 72,61 u
Schmelzpunkt: 938,3 °C
Siedepunkt: 2 833 °C
Oxid: GeO_2 (Schmelzpunkt > 1 000 °C)
Gewinnung: Reaktion von Germaniumoxid mit Kohlenstoff oder Wasserstoff

B2 Aussagen über Germanium

2 Vergleiche die Eigenschaften des 15 Jahre später entdeckten Germaniums mit Mendelejews Voraussagen und beurteile seine Bemerkung, „Eka-Silizium“ sei ein Musterbeispiel für die Leistungsfähigkeit seines Periodensystems (▸ **B1, B2**).

Material C: Aluminium – ein besonderes Leichtmetall

Aluminium – ein echtes „Leichtgewicht"

Aluminium ist nach Sauerstoff und Silicium das dritthäufigste chemische Element auf der Erde. Mit einem Massenanteil von 8 % an der Erdkruste ist es das häufigste Metall überhaupt.

Aluminium findet aufgrund seiner Eigenschaften in unserem Alltag eine breite Verwendung. Bauteile aus Aluminium sind etwa zu zwei Dritteln leichter als vergleichbare Bauteile aus Eisen. Weiterhin sind Gegenstände aus Aluminium sehr beständig, da sie sich an der Luft mit einer dünnen Schicht aus Aluminiumoxid überziehen. Selbst wenn Aluminium oft nass wird, korrodiert es nicht wie Eisen.

Diese physikalischen und chemischen Eigenschaften lassen sich auch durch den Aufbau der Aluminiumatome erklären.

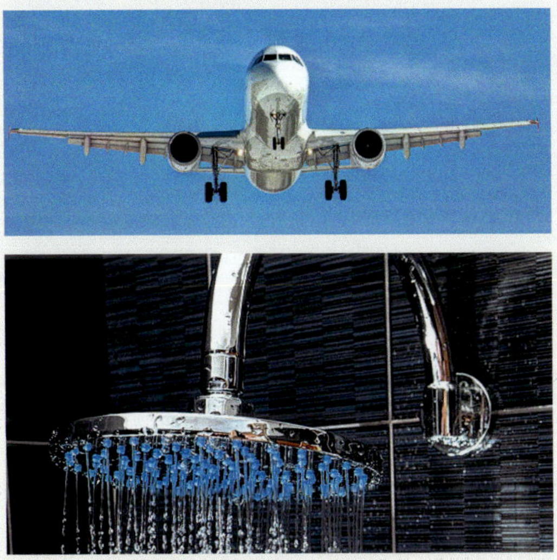

Für Aluminium gibt es zahlreiche Verwendungsmöglichkeiten.

C1 Informationen zum Element Aluminium

Eisenisotop	Atommasse in u	Relative Häufigkeit in %
^{54}Fe	53,94	5,8
^{56}Fe	55,94	91,72
^{57}Fe	56,94	2,2
^{58}Fe	57,93	0,28

C2 Stabile Eisenisotope

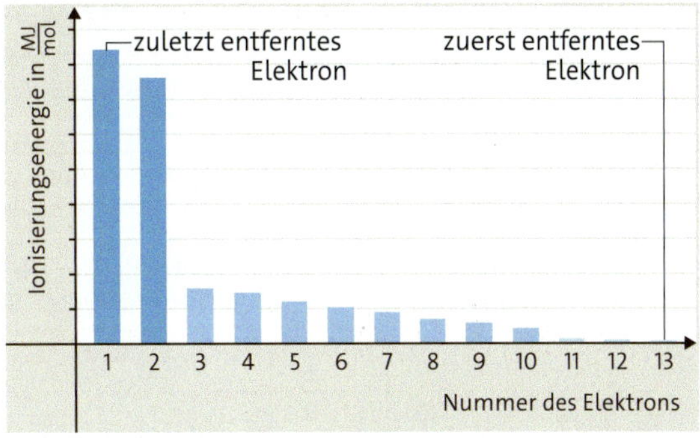

C3 Ionisierungsenergie zur Abspaltung der Elektronen beim Aluminiumatom

1 Begründe die in ► **C1** dargestellten Verwendungsmöglichkeiten mit den Eigenschaften von Aluminium.

2 Aus den Ionisierungsenergien in ► **C3** lassen sich Aussagen zum Bau von Aluminiumatomen ableiten.
- **a** Erläutere den energetischen Verlauf zur Abspaltung der Elektronen beim Aluminiumatom.
- **b** Entwickle aus dem energetischen Verlauf ein Energiestufenmodell für das Aluminiumatom und skizziere ein mögliches Schalenmodell.

3 Die Stabilität von Aluminiumoxid begründet sich auch darauf, dass in der Verbindung das Aluminium als Ion vorliegt.
- **a** Begründe mithilfe der Oktettregel, in welcher Elektronenanordnung die Aluminium-Ionen im Aluminiumoxid am ehesten vorliegen. Skizziere dazu ein passendes Schalen- oder Energiestufenmodell.
- **b** Benenne das Element, das die gleiche Elektronenanordnung wie diese Aluminium-Ionen besitzt. Gib seine Position im Periodensystem an.

4 Im Gegensatz zum Aluminium ist Eisen kein Reinelement. Vom Eisen sind vier stabile Isotope bekannt (► **C2**).
- **a** Erläutere anhand des Elements Eisen den Begriff Isotop.
- **b** Berechne mithilfe von ► **C2** die mittlere Atommasse von Eisen in u.

5 Entwickle eine Hypothese zur Erklärung der geringen Dichte von Aluminium im Vergleich zum Eisen.

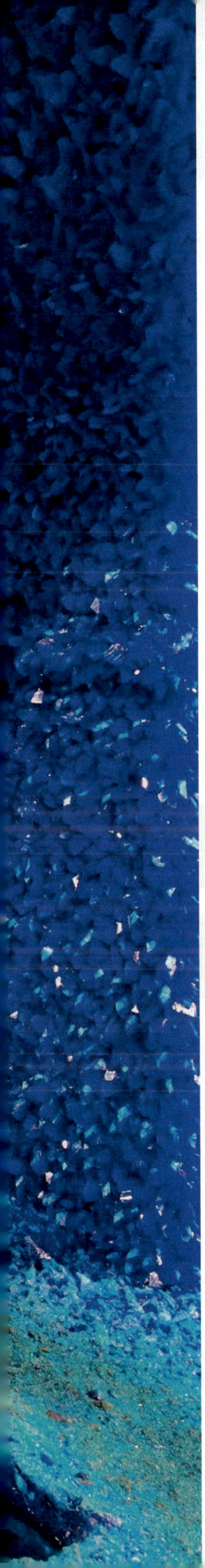

Salze und Metalle – Elektronenübertragung

Wände, Decken, Böden sind in dieser zu einer Kunstinstallation gewordenen Wohnung von blauen Salzkristallen bedeckt. Dieses blaue Kupfersulfat hat auf den ersten Blick wenig gemeinsam mit dem rot glänzenden Kupfer. Jedoch lässt sich Kupfer aus Kupfersulfat gewinnen, ebenso umgekehrt.

Salzbildungen, verchromte Oberflächen und Strom aus Früchten haben eines gemeinsam: Sie beruhen auf Elektronenübertragungen zwischen Teilchen.

Eigenschaften von Salzen und Salzlösungen

Exp. 1 Elektrische Leitfähigkeit von Natriumchlorid

Gib in ein Becherglas etwa 10 g trockenes, festes Natriumchlorid, in ein anderes Becherglas einen großen, trockenen Natriumchloridkristall und in ein drittes Becherglas 100 ml destilliertes Wasser. Prüfe zunächst die elektrische Leitfähigkeit des festen Natriumchlorids und des destillierten Wassers. Verrühre die 10 g Natriumchlorid mit dem destillierten Wasser, bis eine klare Lösung entstanden ist. Prüfe die Lösung auf elektrische Leitfähigkeit. Vergleiche die Ergebnisse miteinander.
Entsorgung: Natriumchloridkristall einsammeln. Lösungen in das Abwasser geben.

Exp. 2 Elektrische Leitfähigkeit wässriger Lösungen

Prüfe die elektrische Leitfähigkeit von entmineralisiertem Wasser. Lege dabei eine Wechselspannung von etwa 5 V an. Prüfe anschließend Leitungswasser, Mineralwasser, eine 10%ige Zinkchloridlösung (GHS07) und eine 25%ige Lösung von blauem Kupfersulfat (GHS07|09) auf ihre Leitfähigkeit. Notiere deine Beobachtungen und deute sie.
Entsorgung: Zinkchlorid- und Kupfersulfatlösung in den Behälter für giftige anorganische Abfälle, restliche Lösungen in das Abwasser geben.

Exp. 3 Elektrische Leitfähigkeit einer Schmelze

Vorsicht! Spritzgefahr! Nur unter Aufsicht arbeiten!
Erhitze Zinkchlorid (GHS05|07|09) in einem Porzellantiegel bis zum Schmelzen. Prüfe die Schmelze auf elektrische Leitfähigkeit. Untersuche die erstarrte Schmelze erneut auf elektrische Leitfähigkeit. Erkläre deine Beobachtungen.
Entsorgung: Reste in den Behälter für giftige anorganische Abfälle geben.

Exp. 4 Ionenwanderung

Bereite eine 10%ige Lösung von Kaliumnitrat (GHS03), eine 15%ige Lösung von Kaliumpermanganat (GHS03|07|09) und eine 25%ige Lösung von blauem Kupfersulfat (GHS07|09). Gib zu der Kupfersulfatlösung so lange Ammoniakwasser (GHS05), bis sich die hellblaue Trübung löst und die Lösung tiefblau wird. Fülle in eine Petrischale ($d = 9\,cm$) ca. 30 ml der Kaliumnitratlösung. Markiere auf einem Blatt Papier eine ca. 10 cm lange Linie. Stelle die Schale auf das Blatt, sodass die Linie mittig durch die Schale verläuft. Tauche in die Lösung zwei Kohlestabelektroden und befestige sie links und rechts der Mittellinie mit Krokodilklemmen am Glasrand. Lege eine Gleichspannung von $U = 5\,V$ an. Gib drei Tropfen der blauen Lösung auf die Mittellinie und mit kleinem Abstand darunter einen Tropfen der violetten Lösung. Beobachte die Ausbreitung der Tropfen fünf Minuten lang.

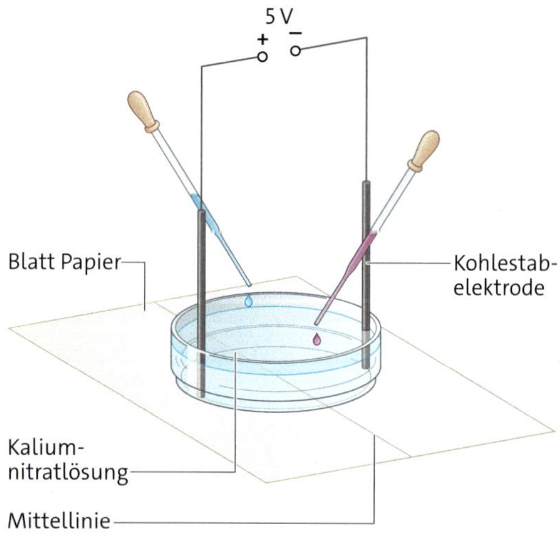

Fertige eine Zeichnung an. Deute das Ergebnis.
Hinweis: Die violette Farbe der Kaliumpermanganatlösung beruht auf negativ geladenen Ionen, die blaue Farbe der Kupfersulfatlösung auf positiv geladenen Ionen dieser Verbindungen.
Entsorgung: Lösungen in den Behälter für giftige anorganische Abfälle geben.

Exp. 5 Verbrennen von Magnesium

Nicht direkt in die Flamme schauen!
Halte ein etwa 5 cm langes Stück Magnesiumband (GHS02) mit der Tiegelzange in die Brennerflamme, bis es sich entzündet. Lass es dann über einer schwarzen Abdampfschale abbrennen.
Notiere diene Beobachtungen, deute das Versuchsergebnis und formuliere die Reaktionsgleichung.
Entsorgung: Feststoffe in den Hausmüll geben.

Exp. 6 Verhalten von Metallen gegenüber Metallsalzlösungen

Stelle folgende vier Lösungen viermal bereit: 5%ige Lösungen von Zinkchlorid (GHS05|07|09), Eisensulfat (GHS07), Kupfersulfat (GHS07|09) und Silbernitrat (GHS03|05|09). Tauche in die erste Reihe jeweils einen gut gereinigten Eisennagel, jeweils gut gereinigte Blechstreifen von Kupfer in die zweite Reihe, von Zink in die dritte Reihe und von Silber in die vierte Reihe.

Beobachte einige Minuten. Fertige eine Tabelle an, aus der ersichtlich ist, welche Metalle und welche Lösungen miteinander reagieren und welche nicht.
Deute die Beobachtungsergebnisse.
Entsorgung: Lösungen in den Behälter für giftige anorganische Abfälle geben. Metalle einsammeln.

Exp. 7 Elektrolyse einer Zinkiodidlösung

Fülle ein U-Rohr mit 10%iger Zinkiodidlösung (GHS07). Tauche in jeden Schenkel des U-Rohrs eine Kohlestabelektrode. Verbinde sie jeweils mit einer Gleichspannungsquelle. Lege an die Elektroden eine elektrische Gleichspannung von $U = 4$ bis 6 V an.
Notiere deine Beobachtungen und deute die Versuchsergebnisse.
Entsorgung: Lösungen in den Behälter für giftige anorganische Abfälle geben.

Exp. 8 Verzinken eines Eisennagels

Mische in einem Becherglas 50 ml 15%ige Zinksulfatlösung (GHS05|07|09) und 5 ml verdünnte Essigsäure ($w = 5\,\%$). Tauche in die Lösung einen blank geschmirgelten, großen Eisennagel auf der einen Seite und eine Kohlestabelektrode auf der gegenüberliegenden Seite und befestige sie jeweils mit einer Krokodilklemme an der Glaswand. Verbinde den Eisennagel mit dem Minuspol und die Kohlestabelektrode mit dem Pluspol einer Spannungsquelle. Lege für ca. drei Minuten eine Gleichspannung von $U = 4$ V an.
Notiere deine Beobachtungen und deute die Versuchsergebnisse.
Entsorgung: Nägel einsammeln, Lösung in den Behälter für giftige anorganische Abfälle geben.

Exp. 9 Verkupfern einer Münze

Mische in einem Becherglas 60 ml 25%ige Kupfersulfatlösung (GHS07|09) und 10 ml 10%ige Schwefelsäure (GHS07). Tauche in die Lösung ein 10-Cent-Stück auf der einen Seite und eine Kohlestabelektrode auf der gegenüberliegenden Seite. Verbinde die Münze mit dem Minuspol und die Kohlestabelektrode mit dem Pluspol einer Spannungsquelle. Lege für ca. drei Minuten eine Gleichspannung von $U = 4$ V an.
Notiere deine Beobachtungen und deute die Versuchsergebnisse.
Entsorgung: Münze einsammeln, Lösung in den Behälter für giftige anorganische Abfälle geben.

Elektrische Leitfähigkeit von Salzen

Auch wenn die Wellen besonders hoch sind, bei einem herannahenden Gewitter sollte man besser nicht ins Wasser gehen. Im Wasser muss einen der Blitz nicht direkt treffen, um eine Gefahr für Leib und Leben darzustellen.

1 Surfen bei Gewitter – ein gefährliches Wagnis

Noch gewusst?
Voraussetzung für die elektrische Leitfähigkeit ist das Vorhandensein von frei beweglichen, elektrisch geladenen Teilchen.

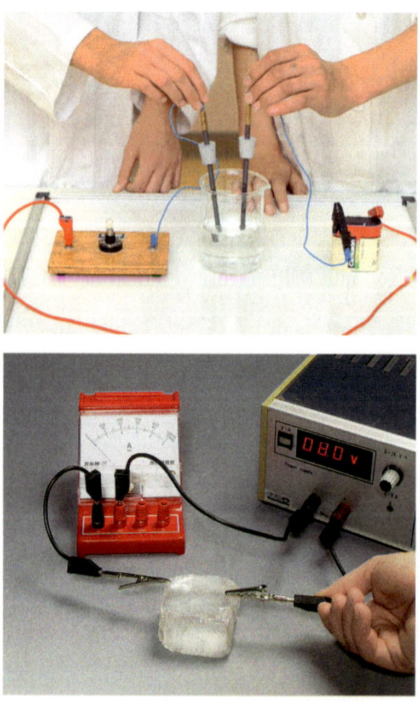

2 Eine Lösung von Natriumchlorid leitet den elektrischen Strom – festes Natriumchlorid nicht.

Elektrische Leitfähigkeit von Salzen und Salzlösungen Im Gegensatz zu den Metallen zeigen Salze beim Anlegen einer elektrischen Spannung kein einheitliches Verhalten.
Im festen Zustand leiten Natriumchlorid und Zinkchlorid den elektrischen Strom nicht. Geschmolzenes Zinkchlorid hingegen ist elektrisch leitfähig. Auch durch die wässrigen Lösungen der Salze fließt beim Anlegen einer Spannung ein elektrischer Strom, während das reine Lösemittel Wasser den elektrische Strom nicht leitet (▸Exp. 1, 2, 3; S. 214; ▸**2**). Daraus kann geschlossen werden, dass die Teilchen des Salzes Ursache für die elektrische Leitfähigkeit der Lösungen und der Schmelze sind.

Salze leiten nur als Schmelze und in wässriger Lösung den elektrischen Strom.

Ionenwanderung Im Modell stellt man sich die Teilchen in einem festen Stoff, z. B. die Teilchen in einem Salzkristall, dicht nebeneinandergepackt und regelmäßig angeordnet vor. Die Teilchen können nur kleine Schwingungen an ihrem Platz durchführen. Eine gerichtete Bewegung beim Anlegen einer Spannung ist nicht möglich. Daher leiten feste Salze den elektrischen Strom nicht.

In einer Schmelze oder in einer wässrigen Lösung sind die Teilchen dagegen frei beweglich. Diese Teilchen müssen elektrisch geladen sein. Beim Anlegen einer Spannung fließt durch die gerichtete Bewegung dieser Teilchen ein elektrischer Strom. Salze müssen dabei sowohl aus negativ geladenen Teilchen als auch aus positiv geladenen Teilchen aufgebaut sein, die sich in ihrer Ladung gegenseitig ausgleichen. Denn die Schmelze oder die Lösung selbst ist elektrisch neutral.

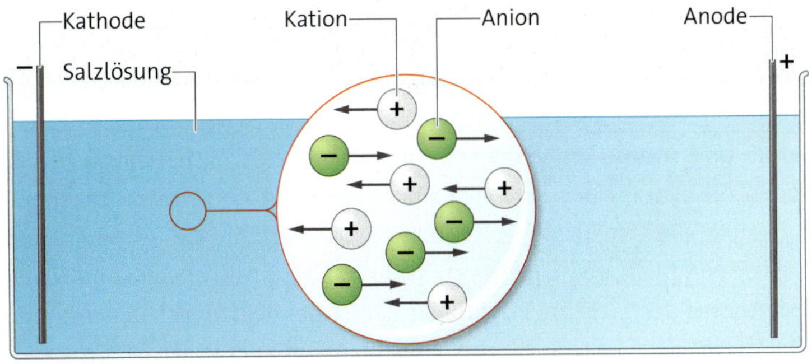

3 Modell der Ionenwanderung in einer Salzlösung

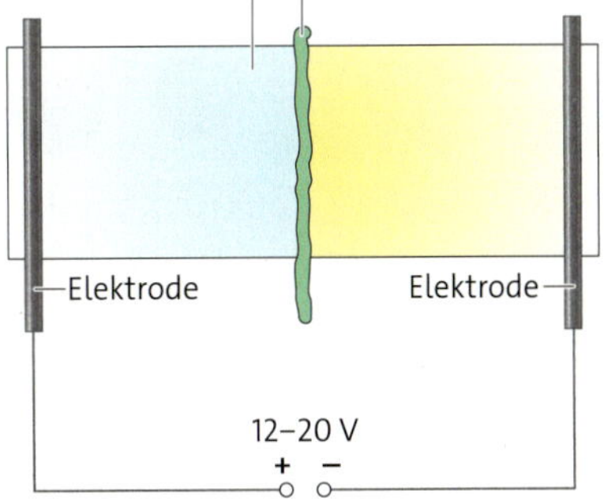

4 Ionenwanderung – sichtbar gemacht: Die blaue Färbung beruht auf positiv geladenen Kupfer-Ionen, die gelbe auf negativ geladenen Chromat-Ionen.

Ionen Experimentell kann die gerichtete Bewegung der elektrisch geladenen Teilchen nachgewiesen werden. Beim Anlegen einer Gleichspannung an ein Gemisch von Lösungen der Salze Kaliumpermanganat (violett) und Kupfersulfat (blau) breitet sich die violette Lösung allmählich in Richtung des Pluspols aus, während sich die blaue Lösung Richtung Minuspol ausdehnt (▸ Exp. 4, S. 214).

Unter dem Einfluss der angelegten Spannung kommt es zur Wanderung der geladenen Teilchen. Diese Teilchen werden deshalb **Ionen** (griech. *ion:* wandernd) genannt.
Die negativ geladenen Permanganat-Ionen, erkennbar an der violetten Färbung, wandern zur **Anode**, der Elektrode, die mit dem Pluspol der Spannungsquelle verbunden ist. Die positiv geladenen Kupfer-Ionen, erkennbar an der blauen Färbung, wandern zur **Kathode**, der Elektrode, die mit dem Minuspol verbunden ist.
Der Name „Ion" ist auf diese entgegengesetzt gerichtete Bewegung von Ionen in Lösungen und Schmelzen zurückzuführen.

Negativ elektrisch geladene Ionen werden als **Anionen** bezeichnet, die positiv elektrisch geladenen Ionen sind **Kationen**. Salze sind stets aus Anionen und Kationen aufgebaut, da die Stoffe selbst elektrisch neutral sind.

Ion	Elektrische Ladung
Anion	negativ (−)
Kation	positiv (+)

5 Unterscheidung von Ionen nach ihrer elektrischen Ladung

Salze sind aus Ionen aufgebaut. Ionen sind positiv oder negativ elektrisch geladene Teilchen in der Größenordnung von Atomen.

Aufgaben

1 Begründe die elektrische Leitfähigkeit von Salzschmelzen und Salzlösungen.

2 Erkläre, warum man bei herannahendem Gewitter ein Gewässer sofort verlassen sollte.

3 Nenne jeweils die Anionen und Kationen, aus denen die folgenden Salze bestehen:
a Kaliumnitrat **b** Natriumsulfat
c Kupferchlorid **d** Lithiumbromid
e Kupfersulfat **f** Kaliumchromat

4 Formuliere einen Merksatz hinsichtlich der Bewegungsrichtung der Anionen und Kationen.

5 Beschreibe unter Verwendung von Fachbegriffen die Ionenwanderung in ▸ **3**.

6 In eine Lösung, die Permanganat-Ionen und positiv geladene Nickel-Ionen (erkennbar an der grünen Färbung) enthält, werden zwei Elektroden eingetaucht und Spannung angelegt. Beschreibe die Vorgänge, die beobachtet werden können.

Vom Atom zum Ion

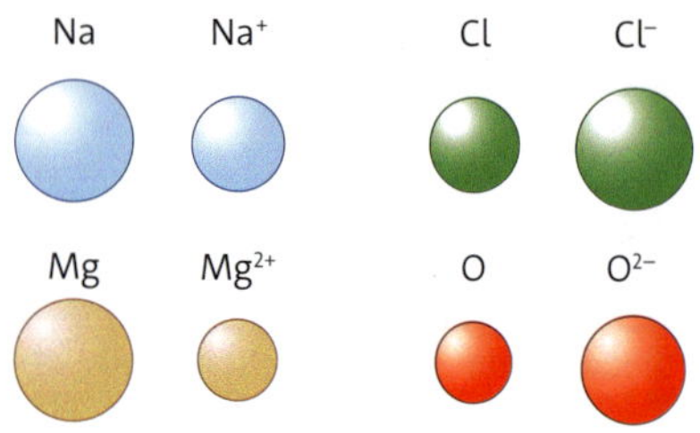

1 Atome und Ionen im Größenvergleich

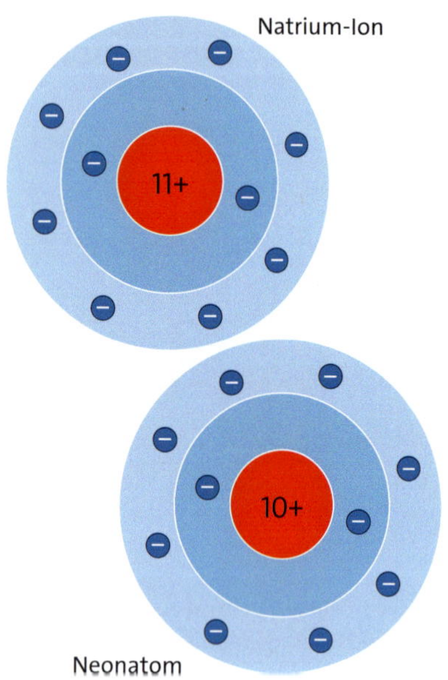

2 Schalenmodell eines Natrium-Ions und eines Neonatoms im Vergleich

Sulfid-Ion: $S + 2\,e^- \longrightarrow S^{2-}$

Iodid-Ion: $I + e^- \longrightarrow I^-$

Lithium-Ion: $Li \longrightarrow Li^+ + e^-$

Calcium-Ion: $Ca \longrightarrow Ca^{2+} + 2\,e^-$

3 Bildungsgleichung einfacher Ionen

Ionen und Atome im Vergleich Atome sind elektrisch neutral, da in ihnen die Anzahl der Protonen und Neutronen übereinstimmt. Ionen hingegen sind elektrisch geladen, weil die Anzahl der Protonen und Elektronen nicht übereinstimmt. Während bei positiv geladenen Ionen die Anzahl der Elektronen geringer ist, ist bei negativ geladenen Ionen die Anzahl der Elektronen größer als die Anzahl der Protonen.
Ist die Anzahl der Elektronen z. B. um eins geringer als die Anzahl der Protonen, ist das Ion einfach positiv geladen. Bei einem zweifach positiv geladenen Ion sind zwei Elektronen weniger vorhanden.

Ionen unterscheiden sich auch in der Größe von den Atomen, aus denen sie gebildet wurden: Bei der Aufnahme eines Elektrons vergrößert sich die Atomhülle aufgrund der Abstoßung der Elektronen. Umgekehrt verkleinert sich die Atomhülle bei der Abgabe von Elektronen (▸1).

Bildung von Ionen aus Atomen Ein Chloratom besitzt in seiner Außenschale sieben Elektronen. Durch Aufnahme eines weiteren Elektrons bildet sich aus dem Chloratom ein einfach negativ geladenes Chlorid-Ion. Die Elektronenkonfiguration eines Chlorid-Ions entspricht damit der des Edelgases Argon.

Die Außenschale eines Natriumatoms ist nur mit einem Elektron besetzt. Durch Abgabe dieses Elektrons bildet sich aus einem Natriumatom ein einfach positiv geladenes Natrium-Ion. Ein Natrium-Ion hat damit eine Elektronenkonfiguration, die der des Edelgases Neon entspricht (▸2).

Natrium- und Chlorid-Ionen besitzen mit acht Außenelektronen voll besetzte Außenschalen. Auch bei anderen Ionen liegen die besonders stabilen Elektronenanordnungen wie bei den Edelgasen (außer Helium) vor. Man sagt, die Ionen haben eine Edelgaskonfiguration. Diese Erkenntnis ist auch als **Edelgasregel** oder **Oktettregel** bekannt.

Ionen bilden sich aus Atomen durch Aufnahme oder Abgabe von Elektronen. Sie besitzen eine stabile Edelgaskonfiguration.

Teilchen	Natriumatom	Natrium-Ion	Chloratom	Chlorid-Ion
Protonenanzahl	11	11	17	17
Elektronenanzahl	11	10	17	18
Elektrische Ladung des Teilchens	keine	einfach positiv	kein	einfach negativ
Symbol	Na	Na^+	Cl	Cl^-

4 Vergleich zwischen Atom und Ion für Natrium und Chlor

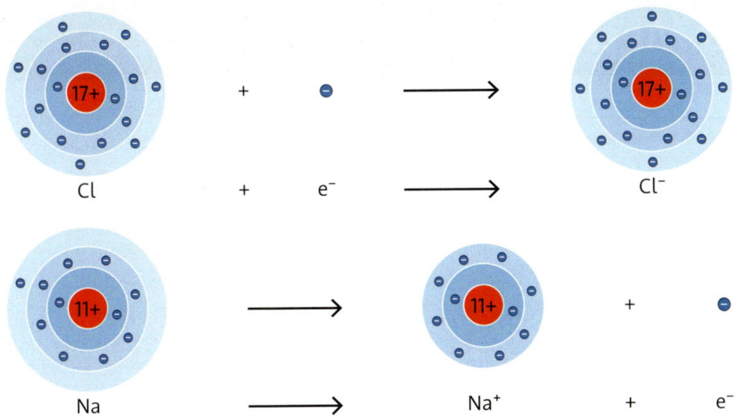

5 Bildung eines Chlorid-Ions und eines Natrium-Ions im Modell und als Reaktionsgleichung

Ladung von Ionen Art und Anzahl der Ladungen von Ionen lassen sich aus der Stellung der Elemente im Periodensystem ableiten. Die Elemente der I. Hauptgruppe (Alkalimentalle) bilden stets einfach positiv geladene Ionen. Die Elemente der II. Hauptgruppe (Erdalkalimetalle) bilden stets zweifach positiv geladene Ionen.
Durch Abgabe ihrer Außenelektronen erreichen die Atome dieser Elemente die Edelgaskonfiguration. Auch alle übrigen Metalle bilden positiv geladene Ionen (▸ **6**). Metalle der Nebengruppen bilden oft verschiedene Arten von Kationen. So gibt es sowohl zweifach als auch dreifach positiv geladene Eisen-Ionen (▸ **7**).

Nichtmetallatome besitzen im Vergleich zu den Metallatomen viele Valenzelektronen. Die meisten Nichtmetalle bilden daher negativ geladene Ionen. Durch Aufnahme von Elektronen zum Auffüllen ihrer Außenschalen bis auf acht Außenelektronen erreichen die Atome dieser Elemente die Edelgaskonfiguration. So bilden die Elemente der VI. Hauptgruppe zweifach negativ geladene Ionen und die der VII. Hauptgruppe (Halogene) einfach negativ geladene Ionen (▸ **6**).
Die Art der elektrischen Ladung eines Ions wird rechts oben am Symbol des Ions angegeben. Die Anzahl der elektrischen Ladungen wird als Ziffer vor dem Plus- oder Minuszeichen eingefügt, wenn das Ion mehr als einfach elektrisch geladen ist (▸ **6**).

Name des Ions	Chemisches Zeichen und Ladung		Hauptgruppe
Natrium-Ion	Na^{+}	+1	I
Kalium-Ion	K^{+}	+1	I
Calcium-Ion	Ca^{2+}	+2	II
Aluminium-Ion	Al^{3+}	+3	III
Gallium-Ion	Ga^{3+}	+3	III
Nitrid-Ion	N^{3-}	−3	V
Oxid-Ion	O^{2-}	−2	VI
Sulfid-Ion	S^{2-}	−2	VI
Chlorid-Ion	Cl^{-}	−1	VII
Bromid-Ion	Br^{-}	−1	VII

6 Einfache Ionen und ihre Ladung

Name des Ions	Chemisches Zeichen und Ladung	
Eisen(II)-Ion	Fe^{2+}	+2
Eisen(III)-Ion	Fe^{3+}	+3
Kupfer(I)-Ion	Cu^{+}	+1
Kupfer(II)-Ion	Cu^{2+}	+2
Blei(II)-Ion	Pb^{2+}	+2
Blei(IV)-Ion	Pb^{4+}	+4

7 Bei Metall-Ionen der Nebengruppenelemente kann zur Unterscheidung die Ladung als römische Ziffer in Klammern im Namen angegeben werden.

Aufgaben

1 Vergleiche in einer Tabelle die Anzahl der Protonen und Elektronen sowie die elektrische Ladung von:
a Kaliumatomen und Kalium-Ionen
b Bromatomen und Bromid-Ionen

2 Erläutere, warum bestimmte Atomsorten nur positiv geladene Ionen, andere nur negativ geladene Ionen bilden.

3 Erläutere die Bildung der folgenden Ionen und ermittle die Edelgase, deren Elektronenkonfiguration durch die Ionenbildung erreicht wurde:
a Barium-Ion **b** Fluorid-Ion **c** Nitrid-Ion

4 Erläutere, warum ein Magnesium-Ion kleiner bzw. ein Sauerstoff-Ion größer als das entsprechende Atom ist.

Redoxreaktionen von Metallen mit Nichtmetallen

1 Reaktion von Magnesium mit Chlor

Exp. 10 | L

Reaktion von Natrium mit Chlor

Vorsicht! Abzug! In einem Reagenzglas mit einem aufgeschmolzenen Loch in der Seitenwand wird ein erbsengroßes Stück Natrium (GHS02|05) bis zum Glühen erhitzt. Das Reagenzglas wird in einen mit Chlor (GHS06|09) gefüllten Standzylinder eingebracht. Den Standzylinder anschließend sofort mit einer Glasplatte abdecken.

Exp. 11 | L

Reaktion von Magnesium mit Chlor

Vorsicht! Abzug! Ein etwa 10 cm langes Stück Magnesiumband (GHS02) wird in der Brennerflamme entzündet und in einen mit Chlor (GHS06|09) gefüllten Standzylinder gegeben. Das Reaktionsprodukt wird anschließend in wenig Wasser gelöst und die Lösung auf elektrische Leitfähigkeit geprüft.

Elektronenübertragung bei chemischen Reaktionen Reagieren Metalle mit Nichtmetallen, entstehen feste, spröde Stoffe, die in Wasser gelöst den elektrischen Strom leiten. Es sind Ionenverbindungen, z. B. Metallhalogenide wie Natriumchlorid und Magnesiumchlorid (▸ Exp. 10, 11), Metallsulfide sowie Metalloxide (▸ Exp. 5, S. 215). In den Ausgangsstoffen liegen jedoch immer Atome bzw. Moleküle vor.

Es ist bekannt, dass sich Ionen durch Elektronenaufnahme oder Elektronenabgabe aus Atomen bilden (▸ S. 218 f.). Bei der Reaktion von Natrium mit Chlor geben die Natriumatome je ein Elektron ab. Die Natriumatome wirken als **Elektronendonatoren**. Es entstehen einfach positiv geladene Natrium-Ionen mit Edelgaskonfiguration.

Elektronenabgabe: $Na \longrightarrow Na^+ + e^-$

Gleichzeitig werden die Chlormoleküle in Chloratome gespalten. Jedes Chloratom nimmt dabei ein Elektron auf. Chloratome sind **Elektronenakzeptoren**. Aus einem Chlormolekül entstehen so zwei einfach negativ geladene Chlorid-Ionen mit Edelgaskonfiguration.

Elektronenaufnahme: $Cl_2 + 2\,e^- \longrightarrow 2\,Cl^-$

Elektronenaufnahme und -abgabe laufen immer gleichzeitig ab, deshalb findet bei dieser Reaktion zwischen den Teilchen der Ausgangsstoffe eine **Elektronenübertragung** statt. Die Anzahl der abgegebenen und aufgenommenen Elektronen muss dabei stets gleich sein, sodass immer zwei Natriumatome mit einem Chlormolekül zu einer Baueinheit Natriumchlorid reagieren.

Elektronenübertragung:
$2\,Na + Cl_2 \longrightarrow 2\,Na^+ + 2\,Cl^-$ (Ionengleichung)
$2\,Na + Cl_2 \longrightarrow 2\,NaCl$ (Stoffgleichung)

Bei der Reaktion von Magnesium mit Chlor zu Magnesiumchlorid werden ebenfalls Ionen durch Elektronenübertragung gebildet. Da die Anzahl der abgegebenen und aufgenommenen Elektronen stets gleich ist, reagiert ein Magnesiumatom immer mit einem Chlormolekül, das aus zwei Chloratomen aufgebaut ist.

Elektronenabgabe: $Mg \longrightarrow Mg^{2+} + 2\,e^-$
Elektronenaufnahme: $Cl_2 + 2\,e^- \longrightarrow 2\,Cl^-$

Elektronenübertragung: $Mg + Cl_2 \longrightarrow Mg^{2+} + 2\,Cl^-$
$Mg + Cl_2 \longrightarrow MgCl_2$

2 Elektronenübertragung bei der Reaktion von Magnesium mit Chlor

Reagieren Metalle mit Nichtmetallen, findet zwischen den Teilchen der reagierenden Stoffe eine Elektronenübertragung statt.

Sauerstoffübertragungsreaktion als Redoxreaktion Der französische Chemiker A. L. DE LAVOISIER bezeichnete am Ende des 18. Jahrhunderts eine Reaktion, bei der ein Stoff Sauerstoff aufnimmt und ein Oxid entsteht, als **Oxidation**. Die Sauerstoffabgabe bei der Rückführung des Metalls nannte er **Reduktion** (lat. *reducere:* zurückführen). Die bei einer Sauerstoffübertragungsreaktion ablaufenden Teilprozesse der Sauerstoffaufnahme und -abgabe können deshalb auch als **Oxidation** und **Reduktion** bezeichnet werden. Die Sauerstoffübertragungsreaktion ist ein Beispiel für eine **Redoxreaktion** (▸5).

Elektronenübertragung – Redoxreaktionen Auch bei der Reaktion von Magnesium mit Sauerstoff zu Magnesiumoxid findet zwischen den reagierenden Teilchen eine Elektronenübertragung statt. Aus Magnesiumatomen entstehen durch Elektronenabgabe zweifach positiv geladene Magnesium-Ionen. Gleichzeitig nehmen Sauerstoffatome je zwei Elektronen auf und werden zu zweifach negativ geladenen Oxid-Ionen. Die Reaktionen von Magnesium mit Chlor bzw. mit Sauerstoff sind also auf der Ebene der Teilchen vergleichbar. Die Vergleichbarkeit solcher Reaktionen führte dazu, dass die historischen Begriffe Oxidation und Reduktion erweitert wurden. Die Oxidation ist demnach die Teilreaktion der Redoxreaktion, bei der eine Elektronenabgabe stattfindet. Die Reduktion ist die Teilreaktion der Redoxreaktion, bei der eine Elektronenaufnahme stattfindet. Redoxreaktionen sind Reaktionen mit Elektronenübertragungen.

Elektronenabgabe/Oxidation: $2\,Mg \longrightarrow 2\,Mg^{2+} + 4\,e^-$

Elektronenaufnahme/Reduktion: $O_2 + 4\,e^- \longrightarrow 2\,O^{2-}$

Elektronenübertragung/Redoxreaktion: $2\,Mg + O_2 \longrightarrow 2\,MgO$

4 Redoxreaktion von Magnesium mit Sauerstoff

Redoxreaktionen sind Reaktionen mit Elektronenübertragung. Bei der Oxidation werden Elektronen abgegeben, gleichzeitig werden bei der Reduktion Elektronen aufgenommen.

Betrachtung als Sauerstoffübertragungsreaktion auf Stoffebene	Betrachtung als Elektronenübertragungsreaktion auf Teilchenebene
Oxidation ist die Aufnahme von Sauerstoff. $2\,Mg + O_2 \longrightarrow 2\,MgO$	Oxidation ist die Abgabe von Elektronen. $Mg \longrightarrow Mg^{2+} + 2\,e^-$
Reduktion ist die Abgabe von Sauerstoff. $2\,MgO \longrightarrow 2\,Mg + O_2$	Reduktion ist die Aufnahme von Elektronen. $O_2 + 2\,e^- \longrightarrow O^{2-}$
Redoxreaktionen sind Reaktionen mit Sauerstoffübertragung. $CO_2 + 2\,Mg \longrightarrow C + 2\,MgO$	Redoxreaktionen sind Reaktionen mit Elektronenübertragung. $2\,Mg + O_2 \longrightarrow 2\,MgO$

6 Definitionen von Redoxreaktionen im Vergleich

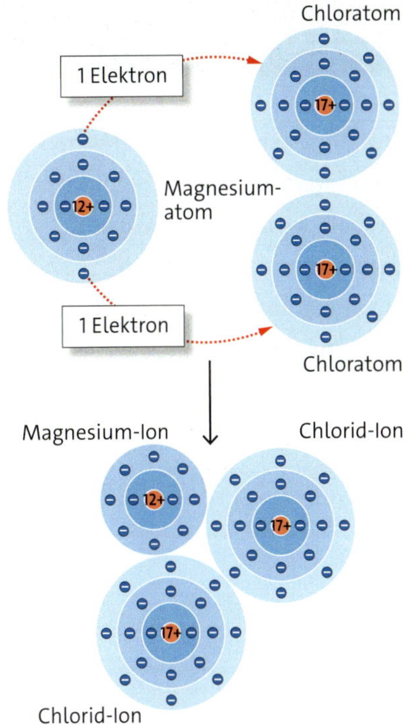

3 Elektronenübertragung bei der Bildung von Magnesiumchlorid

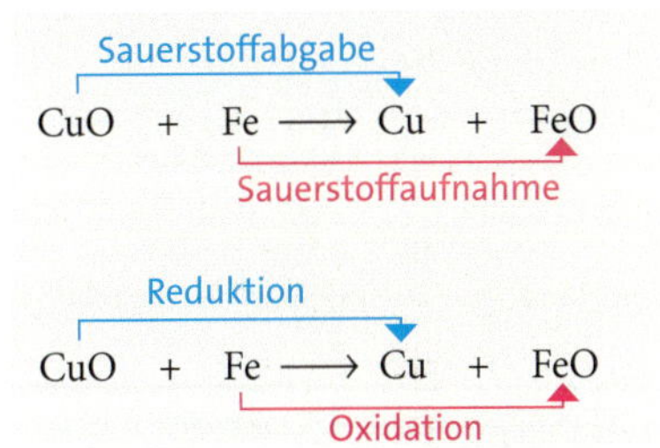

5 Vergleich Sauerstoffübertragungsreaktion und Redoxreaktion

Aufgaben

1 Aluminium reagiert mit Brom zu Aluminiumbromid. Formuliere die Ionengleichungen für die Elektronenabgabe und Elektronenaufnahme sowie die Reaktionsgleichung für die Elektronenübertragung.

2 Silber reagiert mit Sauerstoff zu Silberoxid und mit Chlor zu Silberchlorid.
Stelle beide Reaktionen als Redoxreaktionen dar und vergleiche sie.

Elektrolysen

Ein Brausekopf aus Metall wäre viel zu schwer und damit unhandlich, deshalb wird er aus Kunststoff gefertigt und erhält durch Beschichtung mit Nickel, Kupfer und Chrom seine pflegeleichte, glänzende Oberfläche.

1 Halterungen mit Rohlingen von Brauseköpfen

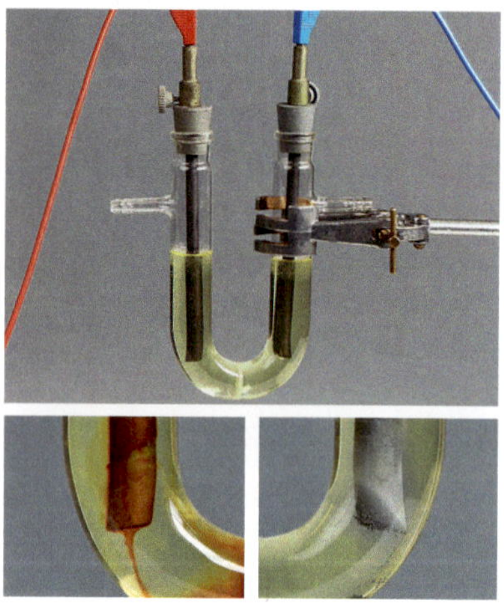

2 Elektrolyse einer Zinkiodidlösung: vor (o.) und während der Reaktion (u.)

Elektrische Zerlegung von Zinkiodidlösung Taucht man zwei Elektroden, an denen eine elektrische Gleichspannung anliegt, in eine Zinkiodidlösung, scheidet sich nach kurzer Zeit an der **Kathode** ein grauer Belag ab. An der **Anode** bilden sich braune Schlieren (▸Exp. 7, S. 215). Der elektrische Strom hat eine chemische Reaktion bewirkt, bei der Zinkiodid in die Elemente Iod und Zink zerlegt wurde (▸**2**).

Die Ionen in der Lösung wandern beim Anlegen einer Spannung zu den entgegengesetzt geladenen Elektroden. Beim Erreichen der Elektroden werden sie entladen. Die zweifach positiv geladenen Zink-Ionen nehmen an der Kathode zwei Elektronen auf und werden zu Zinkatomen. Die einfach negativ geladenen Iodid-Ionen werden an der Anode durch Abgabe eines Elektrons zu Iodatomen entladen, die sich anschließend zu Iodmolekülen verbinden. Über die Spannungsquelle erfolgt also eine Elektronenübertragung von den Iodid-Ionen zu den Zink-Ionen (▸**3**).

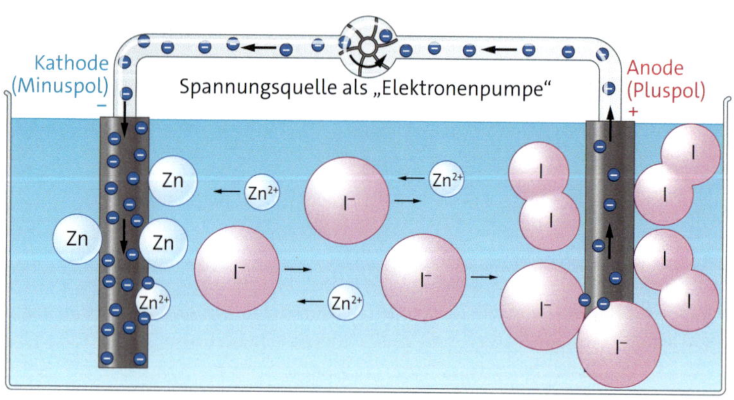

3 Vorgänge bei der Elektrolyse einer Zinkiodidlösung im Modell

Schon gewusst?

Unedle Metalle wie Natrium, Magnesium, Aluminium, aber auch Nichtmetalle wie Chlor und Wasserstoff oder Grundchemikalien wie Natronlauge werden von der chemischen Industrie durch Elektrolyse hergestellt. Natrium und Aluminium werden aber nicht aus einer Salzlösung, sondern aus einer Salzschmelze abgeschieden.

Elektronenabgabe/Oxidation: $2\,I^- \longrightarrow I_2 + 2\,e^-$
Elektronenaufnahme/Reduktion: $Zn^{2+} + 2\,e^- \longrightarrow Zn$

Elektronenübertragung/Redoxreaktion: $Zn^{2+} + 2\,I^- \longrightarrow Zn + I_2$

4 Elektronenübertragung bei der Elektrolyse einer Zinkiodidlösung

Elektrolysen als Redoxreaktionen Die Zerlegung einer Verbindung durch elektrischen Strom wird als **Elektrolyse** bezeichnet. Bei einer Elektrolyse wandern die Anionen stets zur Anode, dem Pluspol, und die Kationen zur Kathode, dem Minuspol. An den Elektroden werden die Ionen durch Elektronenübertragungen entladen (▸3). Da die Anionen an der Anode Elektronen abgeben, werden sie oxidiert. Umgekehrt werden die Kationen an der Kathode reduziert, da sie Elektronen aufnehmen. Elektrolysen sind also Redoxreaktionen, bei denen Oxidation und Reduktion räumlich voneinander getrennt an den Elektroden ablaufen.

Elektrolysen sind Redoxreaktionen. Die Anionen in einer Lösung oder Schmelze werden an der Anode oxidiert. Die Kationen werden an der Kathode reduziert.

Energieumwandlung bei Elektrolysen Bei einer Elektrolyse finden die Elektronenübertragungen an den Elektroden nur dann statt, wenn elektrischer Strom durch die Elektrolytlösung oder Salzschmelze fließt. Wird der Stromfluss unterbrochen, ist die Reaktion sofort beendet. Die Elektrolyse läuft also nicht freiwillig ab, sondern wird erzwungen. Da zur Aufrechterhaltung der Reaktion beständig elektrische Energie zugeführt werden muss, sind Elektrolysen stets endotherm. Die elektrische Energie wird dabei in chemische Energie umgewandelt.

Bei einer Elektrolyse werden Elektronenübertragungen erzwungen. Elektrolysen verlaufen immer endotherm.

Galvanisieren Die Abscheidung von Metallen aus Metallsalzlösungen mithilfe des elektrischen Stroms kann genutzt werden, um Gegenstände mit dünnen Schichten von Metallen zu überziehen (▸Exp. 8, 9; S. 215). Die Herstellung solcher Metallüberzüge durch Elektrolyse nennt man **Galvanisieren**. Der Metallüberzug schützt den darunterliegenden Gegenstand vor Korrosion oder lässt diesen besonders wertvoll erscheinen.

Schon gewusst?

Aluminium ist zwar ein unedles Metall, aber durch Passivierung vor Korrosion geschützt. Durch das Eloxalverfahren (elektrolytisch oxidiertes Aluminium) wird die schützende Oxidschicht noch verstärkt. Dabei wird der Aluminiumgegenstand als Anode geschaltet. Dort bildet sich durch Oxidation eine dünne, fest haftende Schicht aus Aluminiumoxid. In die Poren der Oxidschicht lassen sich zudem auch Farbstoffe einlagern.

5 Becher mit farbiger Schutzschicht aus eloxiertem Aluminium

6 Versilberte Trompete

Aufgaben

1 Beschreibe die Beobachtungen, die bei der Elektrolyse einer Kupferchloridlösung festgestellt werden können.

2 Erläutere die Reaktionen an den Elektroden beim Herstellen eines Silberüberzugs und begründe das Vorliegen einer Redoxreaktion.

3 Formuliere für die Elektrolyse einer Natriumchloridschmelze die Ionengleichungen für die Teilreaktionen an Kathode und Anode sowie die Reaktionsgleichung für die Elektronenübertragung.

4 Erkläre, warum Elektrolysen stets endotherme Reaktionen sind.

Reaktionen von Metallen mit Salzlösungen

Metallteile aus Eisen werden vom Meerwasser angegriffen. Versunkene Gegenstände aus Gold lassen sich hingegen auch noch nach langer Zeit unversehrt bergen.

1 Schiffswrack – ob hier ein versunkener Schatz liegt?

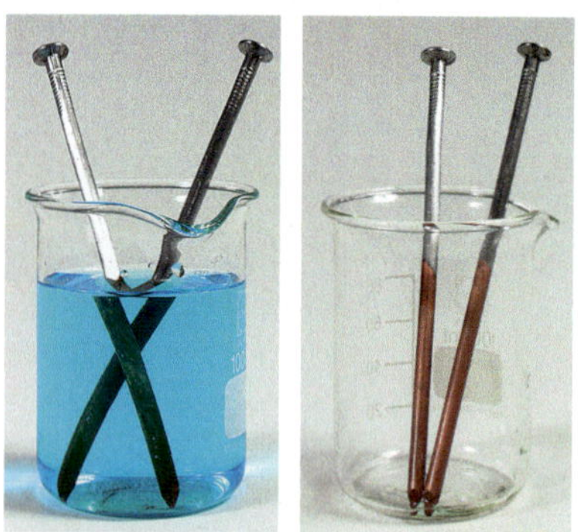

2 Eisennägel tauchen in eine Kupfersulfatlösung.

Metallüberzüge auf Metallen Ein Eisennagel, der in eine blaue Kupfersulfatlösung getaucht wird, überzieht sich mit einer Schicht aus rotbraunem Kupfer (▸2). Dabei verfärbt sich die blaue Lösung allmählich in ockergelb (▸Exp. 6, S. 215).
Es handelt sich bei dieser Reaktion um eine Reaktion mit Elektronenübertragung. Die für die Blaufärbung der Lösung verantwortlichen Kupfer-Ionen werden zu Kupferatomen reduziert, sodass die langsame Abnahme der Blaufärbung zu beobachten ist.

Bei den Teilchen an der Oberfläche des Nagels findet eine Elektronenübertragung statt. Die zweifach positiv geladenen Kupfer-Ionen der Lösung wirken als Elektronenakzeptoren. Sie werden durch die Aufnahme von je zwei Elektronen zu Kupferatomen reduziert, die sich als rotbrauner Kupferbelag abscheiden. Die Eisenatome im Nagel sind die Elektronendonatoren. Sie geben jeweils zwei Elektronen ab und lösen sich als zweifach positiv geladene Eisen-Ionen, die die Lösung gelb färben (▸4).

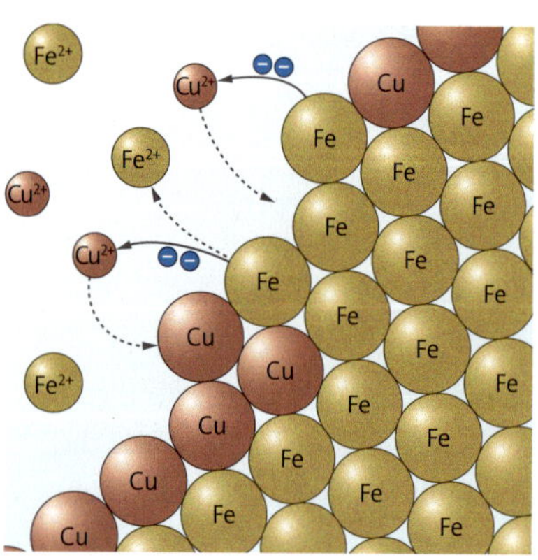

4 Eintauchen eines Eisennagels in Kupfersulfatlösung im Modell

Elektronenabgabe/Oxidation:	$Fe \longrightarrow Fe^{2+} + 2\,e^-$
Elektronenaufnahme/Reduktion:	$Cu^{2+} + 2\,e^- \longrightarrow Cu$
Elektronenübertragung/Redoxreaktion:	$Fe + Cu^{2+} \longrightarrow Fe^{2+} + Cu$

3 Redoxreaktion zwischen Kupfer-Ionen und Eisenatomen

Weitere Redoxreaktionen Taucht man ein Kupferblech in Silbernitratlösung, scheidet sich darauf Silber ab. Dagegen lässt sich beim Eintauchen eines Kupferblechs in eine Eisensulfatlösung keine Veränderung beobachten (▸Exp. 6, S. 215). Die Silber-Ionen reagieren mit den Kupferatomen zu Silberatomen und Kupfer-Ionen. Es bilden sich jedoch keine

Kupfer-Ionen bei Einwirkung von Eisen-Ionen auf Kupferatome. Der Grund für das unterschiedliche Verhalten der Metalle liegt in dem verschieden starken Bestreben der Metallatome, ihre Außenelektronen abzugeben und Ionen zu bilden. Eine Reaktion findet nur dann statt, wenn ein Metall in eine Salzlösung taucht, die Ionen eines edleren Metalls enthält.

5 Versilberte Kupfermünze

Elektronenabgabe/Oxidation: $Cu \longrightarrow Cu^{2+} + 2\,e^-$
Elektronenaufnahme/Reduktion: $2\,Ag^+ + 2\,e^- \longrightarrow 2\,Ag$

Elektronenübertragung/Redoxreaktion: $Cu + 2\,Ag^+ \longrightarrow Cu^{2+} + 2\,Ag$

6 Redoxreaktion zwischen Silber-Ionen und Kupferatomen

Redoxreihe der Metalle Ordnet man die Metalle anhand der Experimente (▸ Exp. 6, S. 215) nach ihrem Bestreben zur Elektronenabgabe, so stellt man fest, dass sich die gleiche Reihenfolge wie bei der Redoxreihe der Metalle ergibt (▸ **7**).

Die Atome unedler Metalle geben leicht Elektronen ab, sie sind gute **Reduktionsmittel**. Atome edler Metalle neigen kaum zur Elektronenabgabe. Ihre Ionen hingegen sind bestrebt, Elektronen aufzunehmen. Sie sind gute **Oxidationsmittel**. Mithilfe dieser Reihe können mögliche Redoxreaktionen vorausgesagt werden.
Das geringe Bestreben der Edelmetalle Gold, Silber oder Platin, Elektronen abzugeben, sowie ihre geringe Reaktivität gegenüber Sauerstoff sind Eigenschaften, die sie schon seit Jahrtausenden zu äußerst begehrten Stoffen machen.

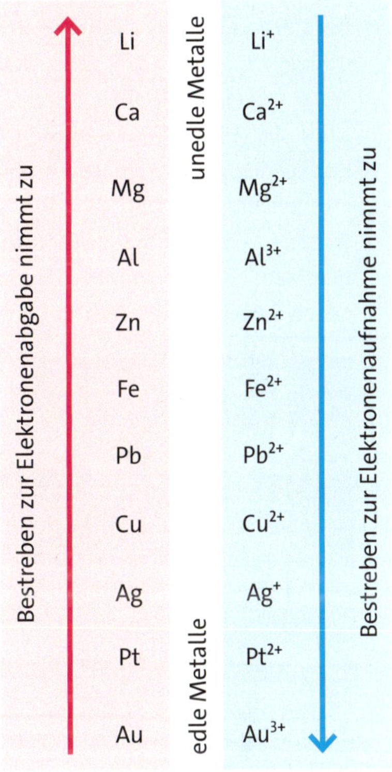

7 Redoxreihe der Metalle

Atome unedler Metalle geben ihre Elektronen leichter ab als die Atome edler Metalle. Ionen der edlen Metalle nehmen Elektronen leichter auf als Ionen unedler Metalle.

Aufgaben

1 Beschreibe die Vorgänge, die beim Eintauchen eines Zinkstabs in eine Kupfersulfatlösung bzw. in eine Magnesiumsulfatlösung ablaufen.

2 Ein Eisennagel taucht in eine Silbernitratlösung. Formuliere für die chemische Reaktion die Reaktionsgleichung und kennzeichne Oxidations- und Reduktionsmittel.

3 Nenne die Metall-Ionen, an denen Kupferatome Elektronen abgeben können. Begründe.

4 Entwickle eine Möglichkeit, wie man nachweisen kann, dass beim Experiment 6 die Chlorid-Ionen, die Sulfat-Ionen und die Nitrat-Ionen an den Elektronenübertragungen nicht beteiligt waren.

5 Formuliere Voraussagen darüber, welche Metallatome von Magnesium-Ionen oxidiert werden können und welche Metall-Ionen Magnesiumatome oxidieren können. Begründe.

6 Erläutere, warum man Kupfermünzen versilbern kann.

7 Es stehen $m = 24\,g$ Magnesium zur Verfügung. Berechne die Masse Kupfer, die damit aus einer Kupfersulfatlösung abgeschieden werden kann.

8 Aluminium ist unedler als Blei. Formuliere Ionengleichungen für die Teilreaktionen und die Gesamtreaktion zwischen metallischem Aluminium und Blei-Ionen.

Kommunikation

Drahtlose Kommunikation Unsere moderne Welt ist ohne drahtlos arbeitende Kommunikationsgeräte nicht vorstellbar. Die Geschichte der drahtlosen Kommunikation, dem Funk, begann am Ende des 19. Jahrhunderts mit der ersten Übertragung elektromagnetischer Wellen durch HEINRICH HERTZ (1857 bis 1894). Die erste drahtlose Telegrafieübertragung gelang im Jahr 1895 dem Italiener GUGLIELMO MARCONI (1874–1937).

Ende der 1940er Jahre wurden die ersten mobilen Funkgeräte entwickelt. Die mobile Kommunikation ermöglichte eine vom Standort unabhängige Übertragung von Informationen über große Distanzen. Die zum Betrieb nötige Stromversorgung erfolgt durch **Batterien** oder **Akkumulatoren**.

1 GUGLIELMO MARCONI mit dem von ihm entwickelten Telegrafen

Mobile Energieversorgung Für die Energieversorgung mobiler elektrischer Geräte kommen Batterien oder Akkumulatoren zum Einsatz. Batterien und Akkumulatoren sind sogenannte **galvanische Elemente**. In ihnen finden chemische Reaktionen mit Elektronenübertragungen, also Redoxreaktionen, statt, in denen ein Teil der chemischen Energie der Ausgangsstoffe in elektrische Energie umgewandelt wird. Batterien sind nicht wiederaufladbar, sie werden daher auch als **Primärelemente** bezeichnet. Im Gegensatz dazu können Akkumulatoren wieder aufgeladen werden. Es sind **Sekundärelemente**.

2 Drahtlose Kommunikation im Alltag

Galvanische Elemente Die Italiener LUIGI GALVANI (1737–1798) und ALESSANDRO VOLTA (1745–1827) haben als Erste die Umwandlung chemischer in elektrische Energie untersucht.

GALVANI entdeckte, dass sich Muskeln zusammenzogen, wenn sie von einem Drahtbügel berührt wurden. Für seine Experimente war es wichtig, einen Drahtbügel aus zwei verschiedenen Metallen zu verwenden. Er berührte den feuchten, zuvor freigelegten Nerv eines Froschbeins mit dem einen Ende des Bügels aus Kupfer, während das andere Ende aus Eisen mit dem Schenkel in Kontakt war. Das Froschbein zuckte dann stark zusammen. Eine Anordnung, in der chemische in elektrische Energie umgewandelt werden kann, wird zu Ehren GALVANIS galvanisches Element (galvanische Zelle) genannt.

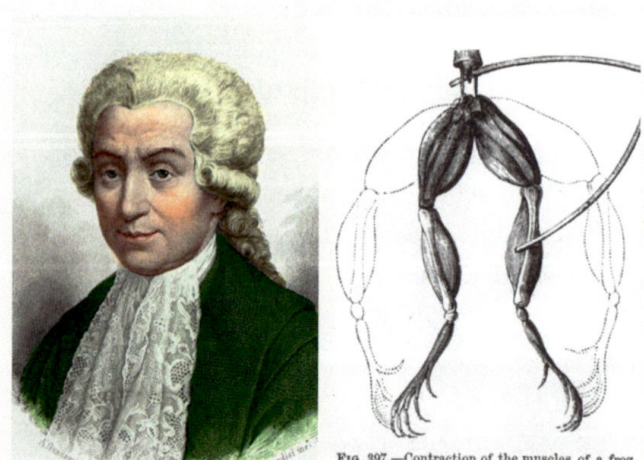

3 LUIGI GALVANI führte als Erster elektrochemische Experimente mit Froschschenkeln durch.

Daniell-Element Der englische Chemiker JOHN F. DANIELL (1790–1845) forschte 1835 auf der Grundlage der Erkenntnisse GALVANIS und VOLTAS weiter an der Ursache der Elektrizität. Die nach ihm benannte galvanische Zelle, das **Daniell-Element**, liefert eine konstante elektrische Gleichspannung.

Hierbei werden zwei **Halbzellen** elektrisch leitend miteinander verbunden. Die eine Halbzelle besteht aus einer Zinkelektrode, die in eine Zinksalzlösung taucht. Die andere Halbzelle bildet eine Kupferelektrode in einer Kupfersalzlösung. Beide Halbzellen sind durch eine poröse Wand voneinander getrennt. Sie lässt Ionen hindurch, verhindert aber eine rasche Durchmischung der Salzlösungen. Wird die Zinkelektrode z. B. über ein Lämpchen elektrisch leitend mit der Kupferelektrode verbunden, läuft freiwillig eine Redoxreaktion ab (▸5).

Entsprechend der Stellung von Zink und Kupfer in der Redoxreihe der Metalle geben die Zinkatome an der Zinkelektrode Elektronen ab. Die Zinkelektrode bildet daher den Minuspol. Die bei der Oxidation gebildeten Zink-Ionen gehen in Lösung, die Elektronen fließen durch den Draht zur Kupferelektrode, die den Pluspol bildet. Hier nehmen Kupfer-Ionen aus der Lösung die Elektronen auf. Sie werden zu Kupferatomen reduziert, die sich als Kupferbelag abscheiden. Gleichzeitig wandern zum Ladungsausgleich Sulfat-Ionen (SO_4^{2-}) durch die poröse Wand (▸Exp. 1).

Zinkelektrode (Minuspol):

$Zn \longrightarrow Zn^{2+} + 2\,e^-$ Oxidation

Kupferelektrode (Pluspol):

$Cu^{2+} + 2\,e^- \longrightarrow Cu$ Reduktion

$Cu^{2+} + Zn \longrightarrow Cu + Zn^{2+}$ Redoxreaktion

4 Reaktionen im Daniell-Element

Die Halbzellen sind durch eine poröse Wand voneinander getrennt. Dadurch müssen die Elektronen durch einen äußeren Leiter wandern und werden nicht direkt zwischen den Atomen und den Ionen ausgetauscht. So kann der Elektronenfluss als Strom nutzbar gemacht werden.

In einer Elektrolysezelle ist die Anode der Pluspol und die Kathode der Minuspol. In einer galvanischen Zelle, der Umkehrung der Elektrolyse, ist dagegen die Anode der Minuspol und die Kathode der Pluspol.

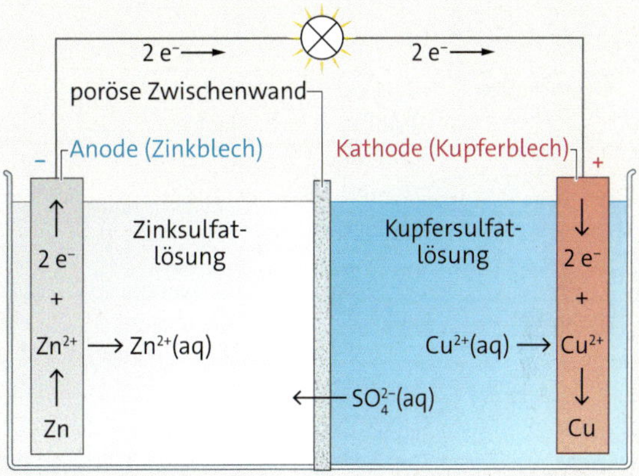

5 Modelldarstellung der Vorgänge in einem Daniell-Element

Aufgaben

1 Erläutere anhand von ▸4 und ▸5 die im Daniell-Element ablaufenden chemischen Reaktionen. Gehe dabei auch darauf ein, weshalb die Elektronen stets vom Zink zum Kupfer fließen, weshalb die Masse der Zinkelektrode abnimmt und wie lange der Stromfluss im Daniell-Element anhält.

2 Begründe, weshalb es beim Experiment von LUIGI GALVANI mit dem Froschbein zur Entstehung eines Stromflusses gekommen ist.

Exp. 1 **Daniell-Element**

Tauche eine Zinkelektrode in ein Becherglas mit 10%iger Zinksulfatlösung (GHS05|07|09) und eine Kupferelektrode in einem anderen Becherglas in 10%ige Kupfersulfatlösung (GHS07|09). Stelle beide Bechergläser dicht nebeneinander und lege einen in 30%ige Kaliumchloridlösung getränkten Filterpapierstreifen so über die Ränder beider Bechergläser, dass die Enden in jeweils eine Lösung tauchen. Ermittle die elektrische Spannung zwischen den Elektroden. Installiere eine Glühlampe zwischen den Elektroden. Notiere deine Beobachtungen.

Entsorgung: Elektroden einsammeln, Lösungen in den Behälter für giftige anorganische Abfälle geben.

Typ	Zink-Kohle-Batterie	Alkali-Mangan-Batterie	Zink-Silberoxid-Batterie	Nickel-Cadmium-Akku	Lithium-Ionen-Akku
Spannung	1,5 V	1,5 V	1,55 V	1,2 V	3,7 V
Minuspol	Zink	Zink	Zink	Cadmium	Lithium-Metalloxid
Pluspol	Mangandioxid	Mangandioxid	Silberoxid	Nickelhydroxid	Graphit (Kohlenstoff)
Elektrolyt	Ammoniumchlorid	Kalilauge	Kalilauge	Kalilauge	Lösung von Lithium-Ionen in Lösemittel
Eigenschaften	schnelles Absinken der Spannung, preiswert, nicht auslaufsicher	hohe Leistung, langlebig, teuer	konstante Spannung für lange Zeit, sehr langlebig, teuer	wiederaufladbar, spart viele Einwegbatterien, umweltbelastend	sehr oft aufladbar, hohe, gleichmäßige Spannung, geringes Gewicht, sehr teuer
Anwendung (Beispiele)	Taschenlampen, Radio	Blitzgeräte, Kameras, Videokamera	Hörgeräte, Herzschrittmacher, Armbanduhren	Videokamera, Blitzgeräte, Baustellenlampen	Handy, Notebook, Elektroautos

1 Batterien und Akkus im Vergleich

Alkali-Mangan-Batterie Tragbare Audiogeräte, Kameras und Spielzeug laufen häufig im Dauerbetrieb unter hohem Energiebedarf. Diesen Anforderungen werden die **Alkali-Mangan-Batterien** gerecht.
Bei der Entladung geben Zinkatome Elektronen ab (Minuspol) und gehen als Zink-Ionen in Lösung. Die Elektronen fließen über den Verbraucher (z. B. Glühbirne in der Taschenlampe) zum Pluspol der Alkali-Mangan-Batterie. Dort werden die Mangan-Ionen des Braunsteins reduziert. Die Batterie ist entladen, wenn der Zinkbecher vollständig umgesetzt wurde. Dann kann die Batterie auslaufen und der ätzende Elektrolyt den Verbraucher zerstören.

2 Energie für mobile Geräte

Exp. 2 **Aufbau einer Zink-Kohle-Batterie**

Verwende eine Zink-Kohle-Batterie der Größe Baby oder Mono. Entferne zunächst die Plastikummantelung. Spanne die Batterie nun längs in einen Schraubstock ein und säge die Batterie längs mittig auf.
Identifiziere die Bauteile mithilfe von ▸**3**.
Beschreibe den Aufbau der Zink-Kohle-Batterie.
Entsorgung: Reste in den Behälter für Sondermüll geben.

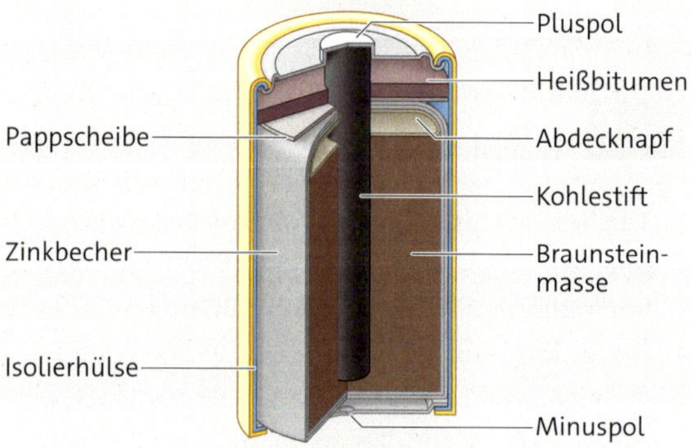

3 Aufbau einer Zink-Kohle-Batterie

Akkumulatoren – entscheidend für die mobile Anwendung Die ersten Handys kamen 1983 auf den Markt, wogen 800 g und man konnte damit etwa eine Stunde lang telefonieren. Heutige Mobiltelefone sind deutlich kleiner und leistungsfähiger, es gibt schon Geräte, die unter 80 g wiegen. Auch der Funktionsumfang ist stetig gewachsen. Vom reinen Telefon wurden sie zum Taschencomputer mit Kamera, MP3-Player u. v. m. Die immer kleinere Form bringt auch steigende Anforderungen an die mobile Energieversorgung mit sich. Für Handys kommen heute ausschließlich die wiederaufladbaren Akkumulatoren (lat. *accumulare:* sammeln) zum Einsatz. Hierzu gehören die zwar teuren, aber sehr leistungsfähigen Lithium-Ionen-Akkus mit einer Lebensdauer von mehreren Jahren.

4 Lithium-Ionen-Akku

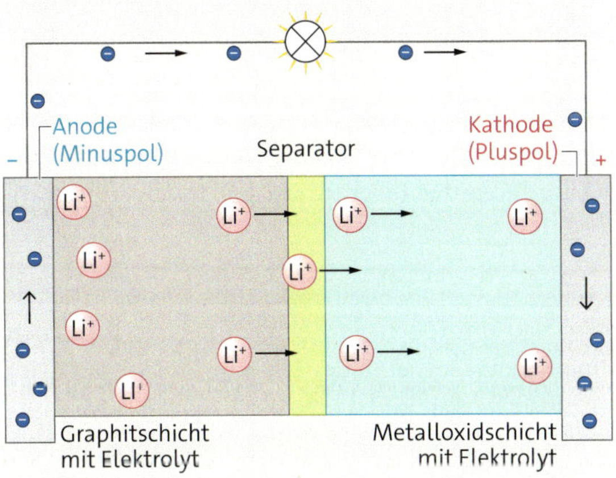

5 Modelldarstellung der Vorgänge im Lithium-Ionen-Akku

Brennstoffzellen In Batterien und Akkumulatoren ist nur ein bestimmter Vorrat an Ausgangsstoffen enthalten. Dadurch ist die der Zelle zu entnehmende elektrische Energie begrenzt. Bei Brennstoffzellen werden die Ausgangsstoffe kontinuierlich von außen zugeführt. Brennstoffzellen weisen einen sehr hohen Wirkungsgrad auf und besitzen daher bei gleicher Leistung eine viel geringere Masse als konventionelle Stromversorgungssysteme. Als Brennstoffe werden vor allem Wasserstoff und Methanol sowie seltener Ameisensäure eingesetzt.

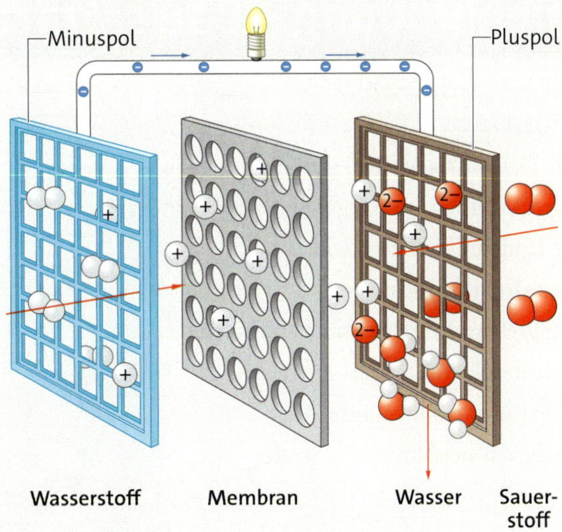

6 Vorgänge in der Brennstoffzelle im Modell

Handys der Zukunft Die neusten Entwicklungen von Mobiltelefonen zielen auf eine längere Betriebsdauer ab. Dazu gibt es bereits einige Prototypen von Handys, die mit Brennstoffzellen betrieben werden. Durch Kombination von Akkumulatoren als Stromspeicher für die durch Brennstoffzellen erzeugte elektrische Energie sollen die Betriebszeiten der Handys verdoppelt werden.
Da aber auch Wasserstoff nur unter großem Aufwand gespeichert werden kann, werden Brennstoffzellen entwickelt, die mit Methanol, Erdgas oder Biogas funktionieren.

Aufgaben

1 Begründe, warum in Fernbedienungen keine Lithium-Ionen-Akkus verwendet werden, sondern z. B. Alkali-Mangan-Batterien (▸**1**).

2 Erläutere den Bau und die Funktionsweise des Lithium-Ionen-Akkus. Überlege dabei, weshalb in Lithiumbatterien und Lithium-Ionen-Akkus nur nichtwässrige Elektrolyten eingesetzt werden.

3 Stelle die Reaktionsgleichungen der Vorgänge an den Elektroden in der Brennstoffzelle (▸**6**) auf. Recherchiere die Funktionsweise einer Methanol-Brennstoffzelle.

4 Erörtere, weshalb heute neben den wiederaufladbaren Akkus immer noch so viele Batterien und Batterietypen verwendet werden.

Ionenbindung – Bau salzartiger Stoffe

Die glasklaren Kristalle des Halits, auch Steinsalz genannt, glitzern an den Wänden im Bergwerk unter Tage und sind Schaustücke in Mineraliensammlungen. Hauptbestandteil des Steinsalzes ist Natriumchlorid. Es gibt weitere in der Natur vorkommende, dem Natriumchlorid ähnliche Stoffe.

1 Halitkristalle (Natriumchlorid) in der Kristallgrotte Merkers

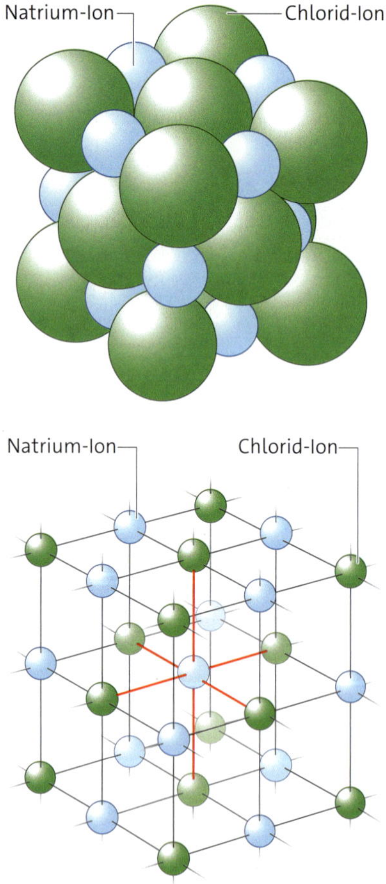

2 Modelle vom Bau des Natriumchlorids

Natriumchlorid – ein aus Ionen aufgebauter Stoff Obwohl in der Kristallgrotte Merkers einzigartig groß, sind in allen Stoffproben von Natriumchlorid regelmäßige, würfelförmige Kristalle zu erkennen (▸1). Die harten, spröden Kristalle, die durch Eindampfen einer Kochsalzlösung gewonnen werden können, sind farblos, in großer Anhäufung wirken sie weiß. Die Festigkeit und die kristalline Beschaffenheit ergeben sich aus der Art und Anordnung der Teilchen, aus denen Natriumchlorid aufgebaut ist.

Im Natriumchloridkristall ist eine unvorstellbar große Anzahl von einfach positiv geladenen Natrium-Ionen und einfach negativ geladenen Chlorid-Ionen regelmäßig angeordnet. Jedes Natrium-Ion ist dabei im Kristall von sechs Chlorid-Ionen und jedes Chlorid-Ion von sechs Natrium-Ionen umgeben (▸2). Natriumchlorid bildet **Ionenkristalle**, die durch die gegenseitige Anziehung der Ionen zusammengehalten werden. Die regelmäßige Anordnung der Ionen im Kristall wird **Ionengitter** genannt.

Ionenbindung Der Zusammenhalt der Teilchen in den Stoffen wird als **chemische Bindung** bezeichnet. Die starken, allseitig wirkenden Anziehungskräfte zwischen Natrium-Ionen und Chlorid-Ionen kommen durch die gegensätzliche Ladung der Ionen zustande. Sie bewirken die chemische Bindung zwischen den Ionen, die **Ionenbindung**.

Die Ionenbindung ist eine Art der chemischen Bindung, die durch Anziehungskräfte zwischen ungleichnamig elektrisch geladenen Ionen bewirkt wird.

Ionenverbindung Neben dem Natriumchlorid gibt es eine Vielzahl salzartiger Stoffe, die aus positiv und negativ geladenen Ionen aufgebaut sind. Insbesondere Metallhalogenide, jene Verbindungen aus Metallen und Halogenen (▸ S. 180 f.), sind ebenfalls solche **Ionenverbindungen** wie das Natriumchlorid. In Kaliumchlorid, Magnesiumbromid und Calciumfluorid (▸ **3**) sind positiv geladene Metall-Ionen und einfach negativ geladene Halogenid-Ionen durch Ionenbindung gebunden. Metalloxide und Metallsulfide zählen auch zu den Ionenverbindungen.

! Ionenverbindungen sind salzartige, aus Ionen aufgebaute Stoffe.

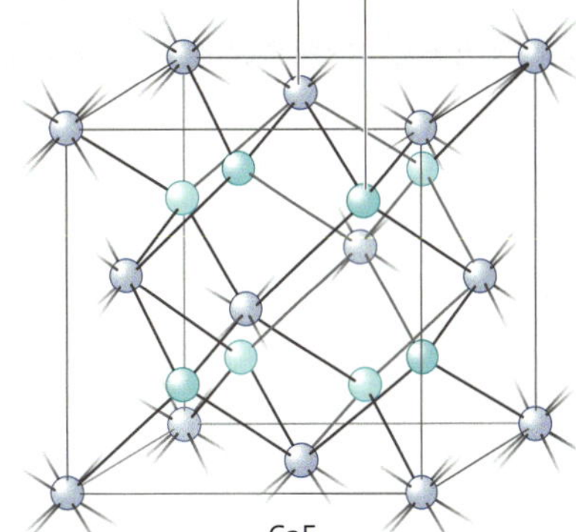

3 Modell vom Bau des Calciumfluorids

Noch gewusst?
Die Verhältnisformel kennzeichnet die kleinste Baueinheit einer Verbindung.

Formeln von Ionenverbindungen Die Formeln von Ionenverbindungen geben nur das kleinstmögliche Zahlenverhältnis der Ionen im Ionenkristall an. Es sind demnach Verhältnisformeln, die das Anzahlverhältnis der Kationen zu den Anionen wiedergeben. In einer Ionenverbindung gleichen sich die elektrischen Ladungen der ungleichnamig geladenen Ionen aus, denn alle Stoffe sind nach außen elektrisch neutral. Mit Kenntnis der Ionenladungen lässt sich die Verhältnisformel einer Ionenverbindung entwickeln.
Da Natrium-Ionen einfach positiv und Chlorid-Ionen einfach negativ geladen sind, liegen sie im Ionenkristall im Verhältnis 1 : 1 vor. Folglich lautet die Formel von Natriumchlorid Na_1Cl_1 oder vereinfacht NaCl.

Salzartige Verbindung	Kation	Anion	Kleinstmögliches Zahlenverhältnis der Ionen	Verhältnisformel
Kaliumchlorid	K^+	Cl^-	1:1	KCl
Calciumfluorid	Ca^{2+}	F^-	1:2	CaF_2
Aluminiumchlorid	Al^{3+}	Cl^-	1:3	$AlCl_3$
Lithiumnitrid	Li^+	N^{3-}	3:1	Li_3N
Kupfer(I)-oxid	Cu^+	O^{2-}	2.1	Cu_2O
Kupfer(II)-oxid	Cu^{2+}	O^{2-}	1:1	CuO

4 Formeln einiger Ionenverbindungen

5 Flussspat (Calciumfluorid)

Aufgaben

1 Stelle die Verhältnisformeln folgender Ionenverbindungen auf:
a Kaliumfluorid **b** Lithiumoxid
c Eisen(III)-chlorid **d** Magnesiumnitrid
e Aluminiumoxid **f** Calciumbromid

2 Ermittle aus den folgenden Verhältnisformeln von Ionenverbindungen die Ladungen der Ionen. Nutze dazu Tabelle ▸ **4** und benenne die Verbindungen.
a ZnO **b** Ag_2O **c** Fe_2O_3 **d** CuCl

3 Erläutere den Bau folgender Salze anhand ihrer Modelle:
a Natriumchlorid (▸ **2**)
b Calciumfluorid (▸ **3**)

4 Erläutere, warum die kleinste Baueinheit von Aluminiumchlorid immer aus einem Aluminium-Ion und drei Chlorid-Ionen aufgebaut ist.

Eigenschaften von Ionenverbindungen

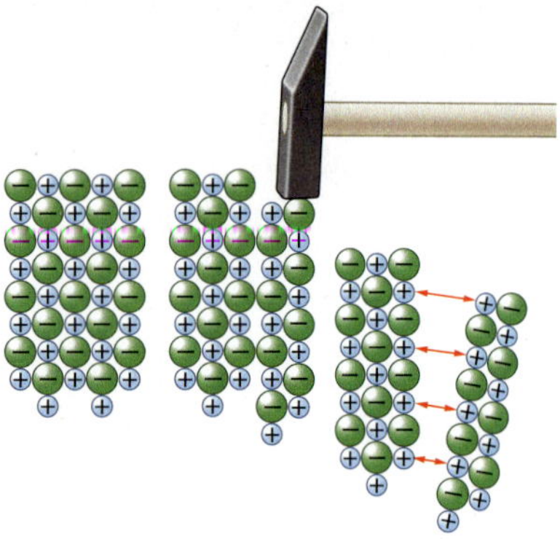

1 Modell für das Zerspringen von Ionenkristallen beim Einwirken einer Kraft

Ionen-verbindung	Verhältnis-formel	Schmelz-temperatur in °C
Natriumfluorid	NaF	992
Natriumchlorid	NaCl	801
Natriumbromid	NaBr	747
Natriumiodid	NaI	660
Magnesiumoxid	MgO	2 800
Calciumoxid	CaO	2 570
Strontiumoxid	SrO	2 430
Bariumoxid	BaO	1 920
Kupfer(I)-chlorid	$CuCl_2$	422
Kupfer(II)-chlorid	CuCl	630
Kupfer(I)-oxid	Cu_2O	1 232
Kupfer(II)-oxid	CuO	1 326

2 Schmelztemperaturen einiger Ionenverbindungen

Sprödigkeit Die harten Kristalle von Ionenverbindungen sind spröde, d. h., sie können nicht verformt werden, sondern zerspringen beim Einwirken einer Kraft in Bruchstücke mit glatten Flächen. Diese entstehen, da Ionenschichten so verschoben werden, dass gleichnamig geladene Ionen aufeinandertreffen und sich gegenseitig abstoßen. Der Kristall zerspringt entlang der Ionenschichten (►1).

Hohe Schmelztemperatur Salze sind bei Raumtemperatur fest. Die Schmelztemperaturen der Salze sind aufgrund der starken, allseitig wirkenden Ionenbindung sehr hoch. Beim Schmelzen müssen diese Anziehungskräfte so weit überwunden werden, dass sich die Ionen frei bewegen können, sonst würde eine Salzschmelze den elektrischen Strom nicht leiten. Die Stärke der Ionenbindung ist von der Art der Ionen abhängig. Sie ist umso stärker, je kleiner und je höher geladen die Ionen sind (►2).

Gute Löslichkeit Salze lösen sich meist leicht in Wasser, dabei muss zum Abbau des Ionengitters durch die Wassermoleküle Energie aufgewandt werden, weil die Ionenbindung überwunden werden muss. Gleichzeitig werden die nun frei beweglichen Ionen von den Wassermolekülen umhüllt. Dabei wird Energie freigesetzt (► S. 249). Das Verhältnis von aufgewandter Energie zum Abbau des Ionengitters zu freigesetzter Energie beim Umhüllen der Ionen mit Wassermolekülen bestimmt, wie gut ein Salz löslich ist und ob beim Lösevorgang eine Temperaturänderung zu beobachten ist. Beim Natriumchlorid sind beide Energiebeiträge nahezu gleich. Das Salz löst sich unter ganz leichtem Abkühlen. Die Ionenbindung im Silberchlorid ist dagegen so fest, dass die Energie zum Überwinden nicht aufgebracht werden kann.

Ionen in Reaktionsgleichungen Das Lösen z. B. von Natriumchlorid in Wasser lässt sich durch eine Reaktionsgleichung in Ionenschreibweise, eine **Ionengleichung**, darstellen. Das „aq" steht für in Wasser gelöst (engl. *in aqueous solution*).

$$NaCl\,(s) \longrightarrow Na^+\,(aq) + Cl^-\,(aq)$$

Aufgaben

1 Erkläre, warum sich salzartige Stoffe nicht verformen lassen.

2 Überlege, ob die Schmelztemperatur von Kaliumchlorid höher oder niedriger liegt als die Schmelztemperatur von Natriumchlorid. Begründe deine Entscheidung.

3 Begründe, warum sich Ionenverbindungen im Allgemeinen in warmem Wasser besser lösen als in kaltem.

4 Entwickle die Ionengleichungen für das Lösen der folgenden Salze in Wasser:
a Kupfer(II)-chlorid
b Kaliumiodid

Salze und Gesundheit

Salze sind lebensnotwendig Für eine gesunde Ernährung sollten neben Proteinen, Fetten, Kohlenhydraten und Vitaminen auch Mineralstoffe mit der Nahrung aufgenommen werden. Mineralstoffe sind Salze. Blut und andere Körperflüssigkeiten müssen einen bestimmten Anteil an gelösten Salzen enthalten. Dies sind z. B. Natrium-, Calcium-, Magnesium- und Kaliumsalze. Sie spielen eine wichtige Rolle bei der Regulation des Wasserhaushalts, bei der Erregung von Nerven und Muskeln sowie dem Aufbau von Knochen. Bei einer ausgewogenen Ernährung werden ausreichend Mineralstoffe aufgenommen. Eine Zufuhr über Nahrungsergänzungsmittel ist nicht erforderlich.

Salz als Konservierungsmittel Vor allem Fisch und Fleisch, aber auch Oliven oder Gurken werden durch Einlegen in Salzlösung (Salzlake) oder durch Einreiben mit Kochsalz konserviert. Die konservierende Wirkung des Salzens beruht darauf, dass das Salz den Lebensmitteln Wasser entzieht, das Mikroorganismen wie Schimmelpilze und Bakterien für ihr Wachstum benötigen. Das bei der Herstellung von Wurst verwendete Nitritpökelsalz, ein Gemisch aus Kochsalz, Natriumnitrat und Kaliumnitrat, tötet zusätzlich schädliche Bakterien ab.

1 Käse wird zur Konservierung in Salzlake getaucht.

2 „Iso-Drinks" enthalten wertvolle Mineralien, sind belebende und erfrischende Durstlöscher, die sofort wirken. Stimmt das wirklich?

Wie viel Salz braucht der Mensch? Täglich werden 2 bis 3 g Kochsalz benötigt, um Verluste über Nieren, Darm und Haut auszugleichen. Mit 10 bis 12 g pro Tag nehmen wir aber sehr viel mehr Kochsalz auf, als unser Körper braucht. Dafür ist nicht nur die Vorliebe für den Salzgeschmack, sondern auch der hohe Salzanteil vieler Lebensmittel verantwortlich. Eine zu hohe Salzaufnahme auf Dauer ist jedoch gesundheitsschädlich und kann zu Bluthochdruck führen.

Aufgaben

1 Recherchiere auf Etiketten von „Iso-Drinks" (isotonischen Getränken) die Inhaltsstoffe und ihren Anteil im Getränk. Bewerte die Angaben im Hinblick auf ihre gewünschte Wirkung als besonders geeigneter Durstlöscher nach sportlicher Betätigung.

2 Ermittle Lebensmittel, die einen hohen Massenanteil an Kochsalz haben. Nutze dafür auch Nährwerttabellen. Stelle die Ergebnisse in einer Tabelle zusammen.

3 Recherchiere, warum in Deutschland das Speisesalz iodiert und fluoriert ist.

Salze und Metalle – Elektronenübertragung

Ionen

Teilchen, aus denen Stoffe aufgebaut sein können; elektrisch positiv oder negativ geladene Teilchen in der Größenordnung von Atomen. Sie können aus Atomen durch Abgabe oder Aufnahme von Elektronen entstehen.

Ionenbindung

Art der chemischen Bindung, die durch Anziehung zwischen ungleichnamig elektrisch geladenen Ionen bewirkt wird

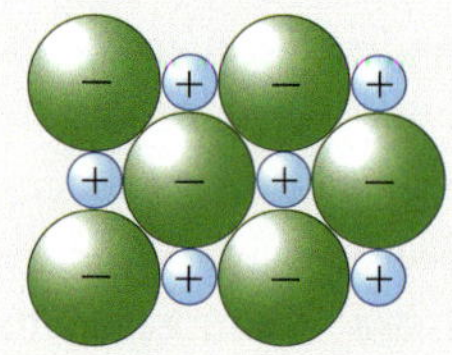

Eigenschaften von Salzen

Salze sind harte, spröde, kristalline Stoffe mit meist hohen Schmelztemperaturen. Die meisten Salze lösen sich gut in Wasser. Salzlösungen und Salzschmelzen leiten den elektrischen Strom, festes Salz nicht.

Bau von Salzen

Salze sind Ionenverbindungen, die aus elektrisch positiv geladenen Metall-Kationen und elektrisch negativ geladenen Nichtmetall-Anionen aufgebaut sind. Salze bilden Ionenkristalle, in denen die Ionen in einem Ionengitter regelmäßig angeordnet sind.

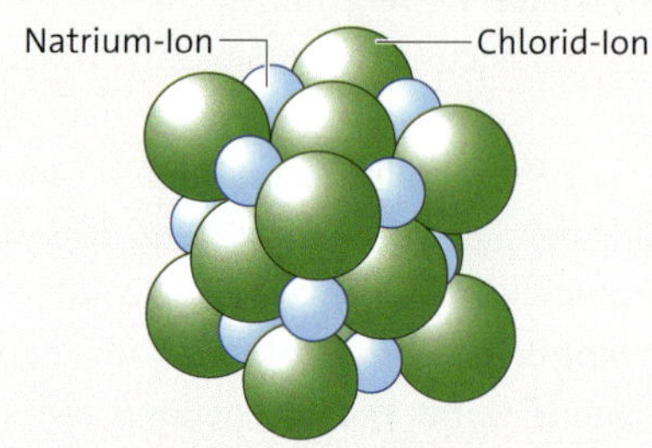

Chemische Reaktionen mit Elektronenübertragung

Reaktionen, bei denen zwischen den Teilchen der reagierenden Stoffe Elektronen übertragen werden. Solche Reaktionen sind Redoxreaktionen. Elektronenabgabe (Oxidation) und Elektronenaufnahme (Reduktion) finden dabei gleichzeitig statt.

Elektronenabgabe/Oxidation: $2\,K \longrightarrow 2\,K^+ + 2\,e^-$

Elektronenaufnahme/Reduktion: $Cl_2 + 2\,e^- \longrightarrow 2\,Cl^-$

Elektronenübertragung/Redoxreaktion: $2\,K + Cl_2 \longrightarrow 2\,KCl$

Elektrolyse

Elektrolysen sind endotherme chemische Reaktionen, bei denen durch den elektrischen Strom Elektronenübertragungen an Elektroden erzwungen werden. Elektrische Energie wird dabei in chemische Energie umgewandelt.

Elektronenabgabe/Oxidation: $2\,Cl^- \longrightarrow Cl_2 + 2\,e^-$

Elektronenaufnahme/Reduktion: $2\,K^+ + 2\,e^- \longrightarrow 2\,K$

Elektronenübertragung/Redoxreaktion: $2\,K^+ + 2\,Cl^- \longrightarrow 2\,K + Cl_2$

Aufgaben

1 Begründe, weshalb eine Lösung und eine Schmelze von Zinkchlorid den elektrischen Strom leiten, festes Zinkchlorid aber nicht.

2 Beschreibe unter Verwendung von Fachbegriffen die Ionenwanderung beim Anlegen einer elektrischen Spannung. Fertige eine Zeichnung an und beschrifte sie.

3 Erkläre mithilfe des Schalenmodells die Bildung von dreifach positiv geladenen Aluminium-Ionen aus Aluminiumatomen.

4 Leite aus der Stellung der Elemente im Periodensystem die elektrische Ladung folgender Ionen ab: Lithium-Ion, Magnesium-Ion, Nitrid-Ion, Oxid-Ion, Fluorid-Ion.

5 Beschreibe den Bau von Natriumchlorid.

6 Schlägt man mit einem Hammer auf einen Natriumchloridkristall, zerspringt dieser. Erkläre, warum die meisten Bruchstücke glatte Flächen aufweisen.

7 Erkläre, warum Salze bei Raumtemperatur nicht flüssig oder gasförmig sind.

8 Kalium reagiert mit Chlor in einer stark exothermen Reaktion zu einem Salz.
- **a** Stelle die Reaktionsgleichung auf und benenne das Reaktionsprodukt.
- **b** Stelle die Veränderung der Teilchen modellhaft dar. Verwende für die Darstellung der Teilchen das Schalenmodell.

9 Zink reagiert mit Iod in Anwesenheit eines Katalysators in einer exothermen Reaktion zu Zinkiodid.
- **a** Formuliere die Ionengleichungen für die Elektronenabgabe und Elektronenaufnahme sowie die Reaktionsgleichung für die Elektronenübertragung.
- **b** Benenne den Elektronendonator und den Elektronenakzeptor.
- **c** Kennzeichne die Oxidation und die Reduktion und benenne das Oxidationsmittel und das Reduktionsmittel.

10 Erläutere anhand eines selbst gewählten Beispiels, dass bei jeder Redoxreaktion mit Sauerstoffübertragung auch eine Elektronenübertragung stattfindet.

11 Formuliere Annahmen über mögliche Vorgänge, die beim Eintauchen eines Aluminiumblechstreifens in eine Lösung von Kupfer(II)-chlorid ($CuCl_2$) ablaufen. Begründe deine Annahmen.

12 Beschreibe die Vorgänge, die bei der Elektrolyse von Zinkchlorid ($ZnCl_2$) ablaufen. Betrachte dabei auch die Energieumwandlung. Formuliere die Ionengleichungen für die Teilreaktionen an den Elektroden.

13 Ein Werkstück soll vergoldet werden. Erkläre, warum das Werkstück dabei stets als Kathode geschaltet werden muss.

14 Gib die Verhältnisformel folgender Verbindungen an:
- **a** Caesiumbromid
- **b** Magnesiumsulfid
- **c** Calciumnitrid
- **d** Eisen(III)-oxid
- **e** Blei(IV)-oxid

15 Ermittle aus der Verhältnisformel die Ladungen der Ionen:
- **a** FeO
- **b** RbI
- **c** Zn_2O
- **d** LiF

Hilfe zu den Aufgaben findest du auf den Seiten ...

1	216 f.	9	220 f., 224 f.
2	216 f.	10	221
3	218 f.	11	224 f.
4	219	12	222 f.
5	230 f.	13	223
6	231	14	231
7	232	15	231
8	220 f.		

▶ Die Lösungen findest du im Anhang.

Material A: Kupferradierung

Die Kupferradierung ist ein historisches Verfahren, das zum Drucken von Bildern in Büchern erfunden wurde. Zunächst wurde eine Kupferplatte mit einer Schicht aus Wachs überzogen. Die Zeichnung wurde dann seitenverkehrt in diese Schicht eingeritzt, bis das Kupfer sichtbar wurde. Mit einer Eisen(III)-chloridlösung wurde die Zeichnung an den freigelegten Stellen in die Kupferplatte geätzt und das überschüssige Wachs anschließend mit heißem Wasser entfernt. In die entstandenen Vertiefungen wird die Druckfarbe gerieben und unter sehr hohem Druck auf saugfähiges Papier übertragen.

A1 Verfahren der Ätzradierung

$Na (s) \longrightarrow Na^{+} (aq) + e^{-}$
$Mg (s) \longrightarrow Mg^{2+} (aq) + 2 e^{-}$
$Al (s) \longrightarrow Al^{3+} (aq) + 3 e^{-}$
$Zn (s) \longrightarrow Zn^{2+} (aq) + 2 e^{-}$
$Fe (s) \longrightarrow Fe^{2+} (aq) + 2 e^{-}$
$Pb (s) \longrightarrow Pb^{2+} (aq) + 2 e^{-}$
$Cu (s) \longrightarrow Cu^{2+} (aq) + 2 e^{-}$
$Fe^{2+} (aq) \longrightarrow Fe^{3+} (aq) + e^{-}$
$Ag (s) \longrightarrow Ag^{+} (aq) + e^{-}$
$Pt (s) \longrightarrow Pt^{2+} (aq) + 2 e^{-}$
$Au (s) \longrightarrow Au^{3+} (aq) + 3 e^{-}$

A2 Reaktionsgleichungen für die Elektronenabgabe, geordnet nach der Redoxreihe der Metalle

1 Erläutere die einzelnen Schritte zur Anfertigung einer Kupferradierung (▸ **A1**).

2 Entwickle die Teilgleichungen und die Gesamtreaktionsgleichung für das Verfahren der Kupferradierung. Begründe deine Entscheidung mithilfe der Redoxreihe (▸ **A1, A2**).

3 Nimm begründet Stellung zu der Aussage, dass sich nach demselben Verfahren auch Goldradierungen herstellen lassen (▸ **A2**).

Material B: Haushaltsrezept zur Silberreinigung

Schmuck und Besteck aus Silber überziehen sich im Laufe der Zeit mit einer schwarzen Schicht von Silber(I)-sulfid (Ag_2S). Die „angelaufenen" Silberteile lassen sich aber einfach wieder „reinigen".

Silberschmuck reinigen ohne Chemie Mit dieser Methode erstrahlen Schmuckstücke wieder in altem Glanz: Eine Schale mit Alufolie auslegen, heißes Wasser einfüllen, einen Esslöffel Kochsalz oder Backpulver hinzugeben, umrühren und den schwarz gewordenen Schmuck auf die Alufolie legen. Das Kochsalz nicht vergessen, sonst dauert es viel zu lange.

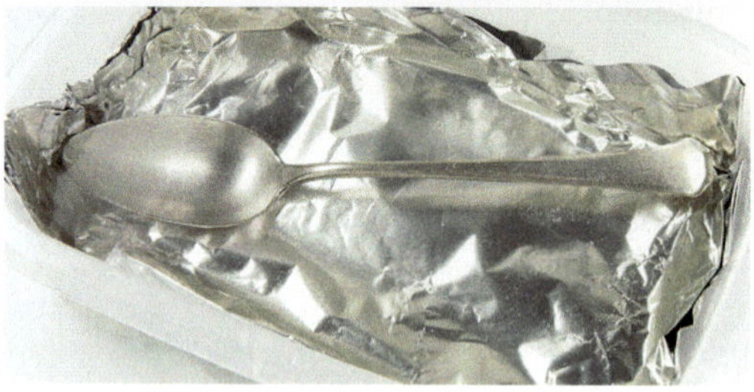

B1 Haushaltstipp aus dem Internet

1 Erläutere den „Reinigungsvorgang". Nutze dazu deine Kenntnisse über die Redoxreihe der Metalle. Wenn nötig, formuliere Reaktionsgleichungen (▸ **B1**).

2 Formuliere den Haushaltstipp (▸ **B1**) in eine Experimentieranleitung um. Gib dabei mögliche Gefahren an.

3 Bewerte die Aussage der Überschrift des Haushaltstipps: „Silberschmuck reinigen ohne Chemie".

4 Erläutere den Vorteil dieser Methode gegenüber einer mechanischen Reinigung, z. B. durch Abschleifen des dunklen Belags.

Material C: Gewinnung von Aluminium durch Schmelzflusselektrolyse

Aluminium wird aus geschmolzenem Aluminiumoxid durch Elektrolyse gewonnen. Das Aluminiumoxid muss dabei zuvor aus Bauxit hergestellt werden.

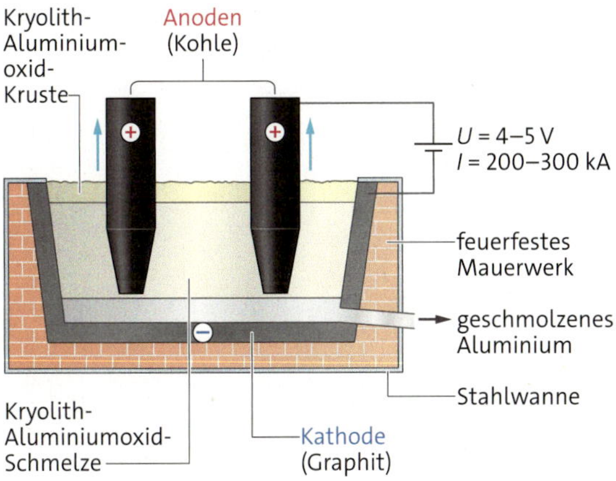

C1 Schema eines Elektrolyseofens zur Aluminiumgewinnung

Stoff	Schmelztemperatur in °C
Aluminiumoxid (Al_2O_3)	2 045
Kryolith (Na_3AlF_6)	1 000
Gemisch aus Aluminiumoxid ($w = 10\,\%$) und Kryolith ($w = 90\,\%$)	ca. 960
Aluminium	660

C2 Schmelztemperaturen der beteiligten Stoffe

Kennzahl	Wert
Bauxit	4 kg
Kohle	0,5 kg
Energiemenge elektrischer Strom	13–16 kWh
Spannung	4–5 V

C3 Auswahl an Kennzahlen zur Herstellung von 1 kg Aluminium aus Bauxit

1 Beschreibe den Aufbau des Elektrolyseofens und den Ablauf der Schmelzflusselektrolyse zur Aluminiumgewinnung (▸ **C1**).

2 Formuliere die Teilgleichungen der Reaktionen an Anode und Kathode sowie die Reaktionsgleichung für die Elektronenübertragung (▸ **C1**).

3 Erkläre, warum die Kohleanoden bei der Elektrolyse „verbraucht" werden und ständig von oben nachgeschoben werden müssen.

4 Die Schmelzflusselektrolyse wird nicht mit reinem Aluminiumoxid, sondern mit einem Gemisch aus Kryolith und Aluminiumoxid durchgeführt.
a Erläutere mithilfe von ▸ **C2** und ▸ **C3**.
b Erläutere anhand der Redoxreihe der Metalle, warum das eingesetzte Kryolith praktisch nicht verbraucht wird.

5 Eine 0,5-l-Getränkedose aus Aluminium wiegt ca. 16 g. Berechne die Energiemenge, die zur Herstellung des Aluminiums für die Dose aufgewandt werden muss.

Material D: Elektronenfluss

Bei der elektrolytischen Kupferraffination wird aus Rohkupfer (Reinheitsgrad 98,5 %) hochreines Kupfer, z. B. für die Elektroindustrie, gewonnen.

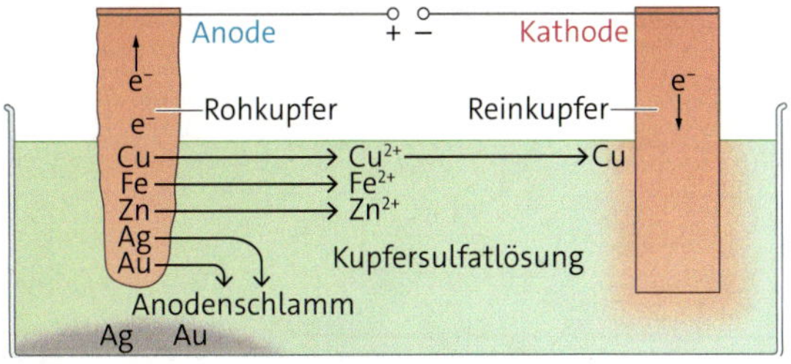

D1 Elektrolytische Kupferraffination im Modell

1 Erläutere das Verfahren der elektrolytischen Raffination von Kupfer (▸ **D1**).

2 Formuliere die Teilgleichungen für den Anoden- und Kathodenprozess sowie die Gesamtreaktionsgleichung (▸ **D1**).

3 Begründe, weshalb sich an der Kathode kein Eisen oder Zink bildet und weshalb sich unter der Anode der „Anodenschlamm" ansammelt, in dem elementares Silber und Gold enthalten ist (▸ **D1**).

4 Das hochreine Kupfer hat einen Reinheitsgrad von 99,97 %. Berechne die Masse an Verunreinigungen in einer Tonne hochreinem Kupfer.

Stoffe aus Molekülen – Elektronenpaarbindung

Der in südlichen Ländern lebende Gecko ist ein Tier mit ganz besonderen Fähigkeiten. Es gelingt ihm, an einer Glasscheibe kopfüber an der Decke zu spazieren, ohne abzustürzen.

Dass Wasser für uns lebensnotwendig ist, ist jedem bekannt. Es ist aber auch ein Stoff mit besonderen Eigenschaften: Gefroren zu Eis schwimmt es auf der Oberfläche und ein Bauchklatscher ins Wasser lässt die Oberfläche hart wie Beton werden. All diese Phänomene lassen sich mit dem Bau der Stoffe aus Molekülen erklären.

Die Elektronenpaarbindung

Wasserstoff, Sauerstoff, Chlor, Schwefel und Iod – alles Stoffe, die aus Molekülen aufgebaut sind. So verschieden sie auf den ersten Blick wirken, haben diese Stoffe Gemeinsamkeiten. Das einfachste ist das Wasserstoffmolekül.

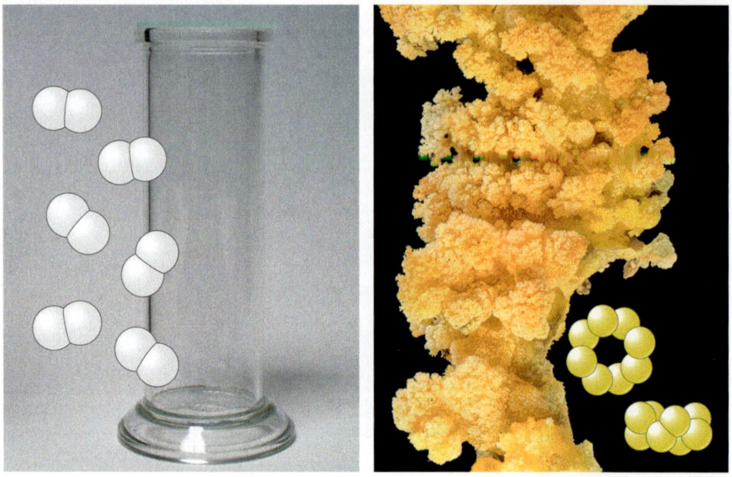

1 Stoffproben und Teilchenmodelle von Wasserstoff und Schwefel

Noch gewusst?
Edelgasatome besitzen in ihrer Atomhülle eine besetzte Außenschale mit 8 Elektronen (Ausnahme: Helium 2 Elektronen). Diese Elektronenverteilung ist energetisch besonders günstig.

Bau von Wasserstoffmolekülen Ein Wasserstoffmolekül mit der Molekülformel H_2 stellen wir uns im Modell als zwei „aneinanderklebende“ Kugeln vor (▸**2**). Warum kleben aber nicht drei oder vier Wasserstoffatome aneinander?
Betrachtet man jedes Wasserstoffatom für sich, besitzt es genau ein Elektron, das gleichzeitig das Außenelektron ist. Nach der schon bekannten Edelgasregel ist diese Elektronenverteilung energetisch nicht stabil (▸S. 202). Jedes Wasserstoffatom benötigt zur Besetzung der Elektronenschale nach der Edelgasregel ein weiteres Elektron.

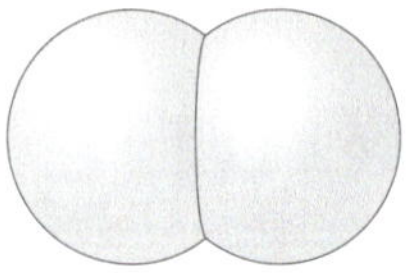

2 Modell des Wasserstoffmoleküls

Die zwei Wasserstoffatome im Wasserstoffmolekül erfüllen die Edelgasregel, indem sie ihre Außenelektronen gemeinsam nutzen. Ihre Elektronenhüllen durchdringen sich, ein **gemeinsames Elektronenpaar** entsteht. Dieses gemeinsame Elektronenpaar wird auch als **Elektronenpaarbindung** oder **Atombindung** bezeichnet (▸**3**). Für sich betrachtet besitzt nun jedes der beiden Wasserstoffatome zwei Elektronen in seiner Außenschale und damit die Elektronenverteilung des Heliums.

Die Elektronenpaarbindung ist eine chemische Bindung, die den Zusammenhalt von Atomen in Molekülen bewirkt. Das gemeinsame Elektronenpaar im Wasserstoffmolekül hält die Wasserstoffatome fest zusammen und ist sehr stabil. Zur Trennung der Atome im Molekül werden etwa 1 700 °C benötigt. Die beiden Elektronen, die diese Elektronenpaarbindung bewirken, werden als **bindendes Elektronenpaar** bezeichnet.

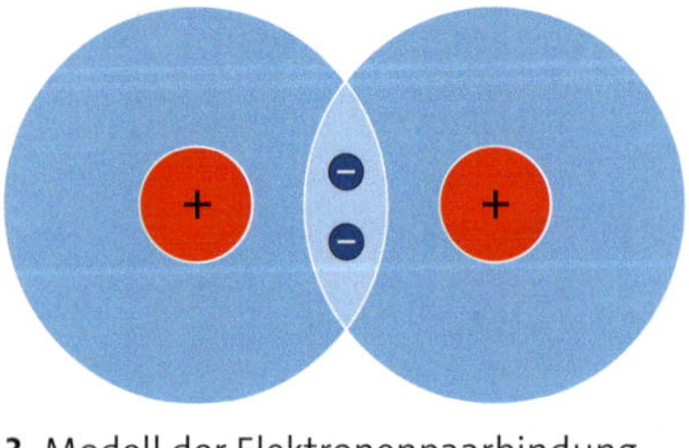

3 Modell der Elektronenpaarbindung bei einem Wasserstoffmolekül

Die Elektronenpaarbindung ist eine Art der chemischen Bindung, die durch gemeinsame Elektronenpaare zwischen Atomen bewirkt wird.

Einfachbindung Auch Chlormoleküle (Cl_2) bestehen aus zwei Chloratomen. Jedes Chloratom besitzt auf seiner Außenschale sieben Elektronen. Um die Edelgasregel zu erfüllen, fehlt dem Chloratom ein Elektron. Chloratome bilden in den Chlormolekülen, genauso wie die Wasserstoffatome, deshalb ein gemeinsames Elektronenpaar (▸ **4a**).
Eine durch ein bindendes Elektronenpaar bewirkte chemische Bindung wie im Wasserstoff- oder Chlormolekül wird als **Einfachbindung** bezeichnet.

Elektronenpaarbindungen können auch zwischen verschiedenartigen Atomen auftreten. Im Chlorwasserstoffmolekül (HCl), das aus einem Chlor- und einem Wasserstoffatom besteht, gibt es eine Einfachbindung zwischen den Atomen. Gemäß der Edelgasregel besitzt das Wasserstoffatom im Chlorwasserstoffmolekül für sich betrachtet zwei Außenelektronen und das Chloratom acht.

Mehrfachbindungen Sauerstoffmoleküle (O_2) bestehen aus jeweils zwei Sauerstoffatomen. Jedes Sauerstoffatom besitzt auf seiner Außenschale sechs Elektronen. Damit beide Sauerstoffatome im Sauerstoffmolekül den stabilen Zustand von acht Elektronen in der Außenschale erreichen, bilden sie zwei gemeinsame Elektronenpaare, die die Elektronenpaarbindung bewirken. Im Sauerstoffmolekül liegt nach diesen Vorstellungen eine **Doppelbindung** vor (▸ **4b**).

Bei einem Stickstoffmolekül (N_2) werden drei bindende Elektronenpaare gebildet, damit die Edelgasregel für jedes Stickstoffatom erfüllt ist. Es liegt eine **Dreifachbindung** vor. Allgemein werden Doppelbindungen und Dreifachbindungen als **Mehrfachbindungen** bezeichnet (▸ **4c**).

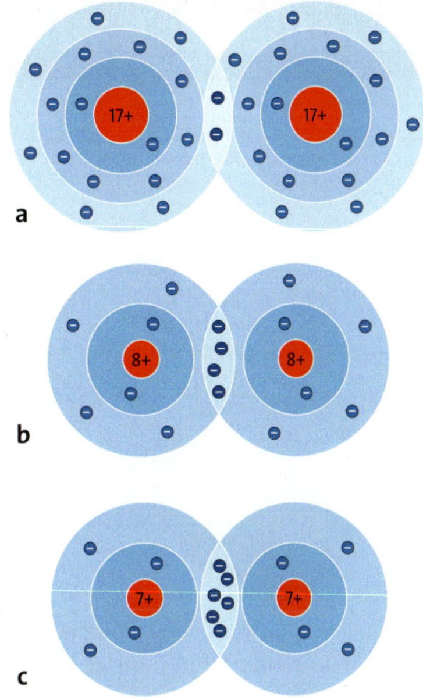

4 Modell der Elektronenpaarbindung bei einem **a** Chlor-, **b** Sauerstoff- und **c** Stickstoffmolekül

Noch gewusst?
In der Lewis-Formel werden die Außenelektronen eines Atoms durch Punkte am entsprechenden Elementsymbol dargestellt.

! Um die Edelgasregel zu erfüllen, treten in Molekülen Einfach-, Zweifach- oder Dreifachbindungen auf.

Lewis-Formeln Mithilfe der Lewis-Formeln lassen sich die Bindungsverhältnisse in Molekülen schematisch darstellen. Das bindende Elektronenpaar wird als Strich zwischen die Elementsymbole gesetzt; Außenelektronen, die nicht an einer Bindung teilnehmen, werden paarweise auch als Striche direkt am Symbol dargestellt.
In der Lewis-Formel des Chlormoleküls kennzeichnet so der Strich zwischen den Chlorsymbolen das bindende Elektronenpaar, die sechs anderen Striche kennzeichnen die **nicht bindenden** oder **freien Elektronenpaare** an den beiden Chloratomen (▸ **5**).

5 Lewis-Formel eines Wasserstoff-, Chlor-, Sauerstoff- und Stickstoffmoleküls

Aufgaben

1 Zeichne Schalenmodelle und Lewis-Formeln der Moleküle Br_2, N_2, HF und CO_2. Prüfe die Lewis-Formeln mithilfe der Edelgasregel.

2 Gib an, wodurch sich Wasserstoffatom, Heliumatom und Wasserstoffmolekül unterscheiden.

3 Erläutere, weshalb die Stoffe Stickstoff und Fluor aus Molekülen aufgebaut sind.

4 Vergleiche die Teilchen, die durch die folgenden chemischen Zeichen angegeben werden: Cl, Cl_2 und Cl^-. Erläutere die Unterschiede.

Räumlicher Bau einfacher Moleküle

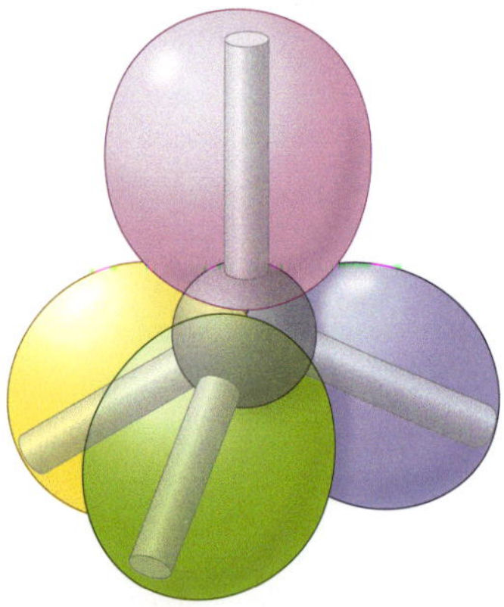

1 Modell aus Luftballons zur Darstellung der tetraedrischen Anordnung von vier Elektronenpaaren als Elektronenwolken um ein Zentralatom

Elektronenpaarabstoßungsmodell Eigenschaften und Reaktionen von Stoffen sind auch auf den räumlichen Bau der Moleküle zurückzuführen. Erst mithilfe des **Elektronenpaarabstoßungsmodells** kann dieser vorhergesagt werden. Das Modell beruht auf zwei einfachen Annahmen:

1. Alle Außenelektronen der Atome im Molekül spielen eine Rolle für den räumlichen Bau. Man stellt sich jedes Elektronenpaar modellhaft als **Elektronenwolke** vor (▸1).

2. Die negativ geladenen Elektronenpaare stoßen sich gegenseitig ab. Alle Elektronenpaare ordnen sich deshalb im Molekül räumlich so an, dass ihr Abstand zueinander so groß wie möglich ist. Die elektrostatische Abstoßung von freien Elektronenpaaren ist dabei größer als die von bindenden. Mehrfachbindungen werden im Modell wie Einfachbindungen betrachtet.

Räumlicher Bau einfacher Moleküle Das Methanmolekül (CH_4) besitzt vier bindende Elektronenpaare. Durch deren Abstoßung ordnen sie sich **tetraedrisch** um das Kohlenstoffatom an. Die Wasserstoffatome befinden sich dabei in den Ecken dieses Tetraeders, das Kohlenstoffatom in dessen Zentrum. Der Winkel zwischen den bindenden Elektronenpaaren beträgt 109,5°.

Im Wassermolekül (H_2O) existieren neben den zwei bindenden Elektronenpaaren noch zwei freie Elektronenpaare am Sauerstoffatom. Diese sind ebenfalls tetraedrisch angeordnet. An zwei Ecken befinden sich die Wasserstoffatome, die beiden freien Elektronenpaare weisen in die anderen Ecken. Durch die größere elektrostatische Abstoßung der freien Elektronenpaare verkleinert sich der Winkel zwischen den beiden Elektronenpaarbindungen im Vergleich zum Winkel im Methanmolekül etwas zu 105°. Das Wassermolekül ist **gewinkelt** (▸2).

Aufgaben

1 Beschreibe den räumlichen Bau von Kohlenstoffdioxid (CO_2). Nutze ▸2.

2 Ermittle den räumlichen Bau folgender Stoffe: Fluorwasserstoff (HF), Ammoniak (NH_3).

Stoff mit Lewis-Formel des Moleküls	Methan 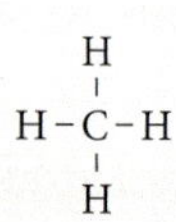	Wasser 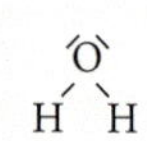	Kohlenstoffdioxid 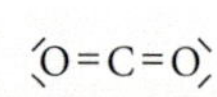
Elektronenpaare am zentralen Atom	4 bindende Elektronenpaare am Kohlenstoffatom	2 bindende und 2 freie Elektronenpaare am Sauerstoffatom	2 Doppelbindungen am Kohlenstoffatom (entsprechen zwei Einfachbindungen)
Molekülmodell und räumlicher Bau	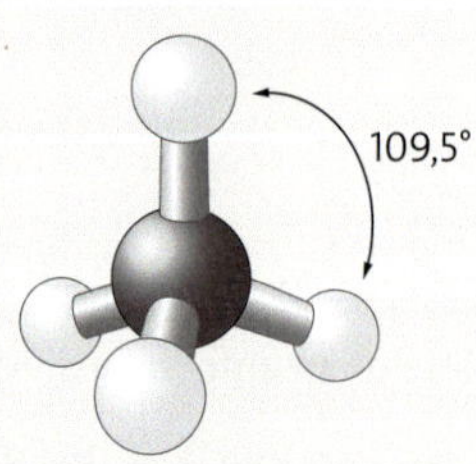 tetraedrisch	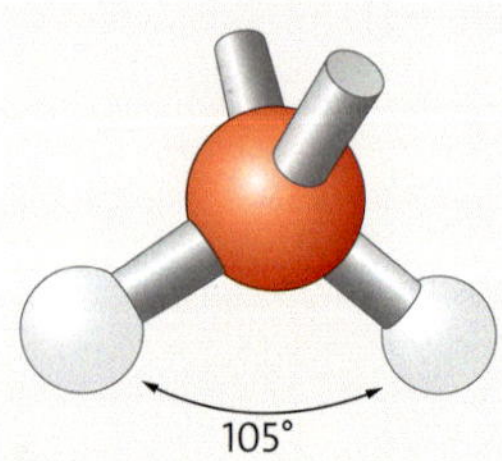 gewinkelt	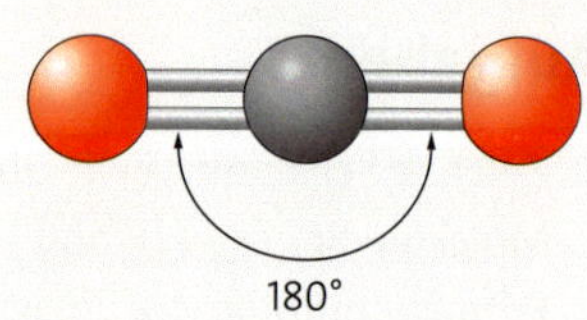 linear

2 Bau einfacher Moleküle nach dem Elektronenpaarabstoßungsmodell

Aufstellen von Lewis-Formeln

Die Edelgasregel hilft beim Aufstellen der korrekten Lewis-Formel. Für viele Moleküle gilt, dass die Gesamtzahl der bindenden und freien Elektronenpaare eines Atoms in einem Molekül identisch ist mit der Zahl der Außenelektronen des Edelgasatoms derselben Periode.

Zum sicheren Aufstellen der Lewis-Formel eines Moleküls geht man folgendermaßen vor:

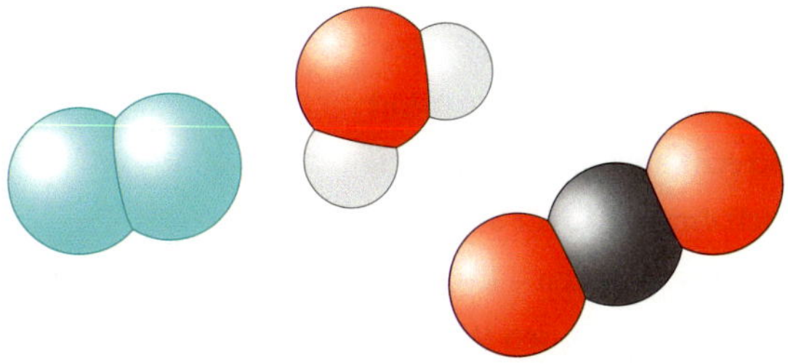

1 Fluormolekül, Wassermolekül und Kohlenstoffdioxidmolekül im Modell

1 Notiere den Namen und die Molekülformel der Verbindung.

2 Notiere die Elementsymbole der an der Verbindung beteiligten Atome mit ihren Außenelektronen.
Beachte: Die Außenelektronen werden als Punkte dargestellt. Erst wenn mehr als vier Außenelektronen vorhanden sind, werden zwei von ihnen als Elektronenpaar durch einen Strich gekennzeichnet.

3 Stelle fest, wie viele Bindungen das jeweilige Atom in dieser Verbindung eingehen kann.
Hinweis: Die Anzahl entspricht häufig der Anzahl der ungepaarten Elektronen.

4 Ordne die Elementsymbole entsprechend der Verknüpfung der Atome im Molekül an.

5 Bilde zwischen den Atomen bindende Elektronenpaare. Dabei sind Einfach- und Mehrfachbindungen möglich. Zeichne die nicht an der Bindung beteiligten Elektronenpaare als Striche am Symbol.
Beachte: Für alle Atome gilt die Edelgasregel.

6 Stelle die bindenden Elektronenpaare als Striche dar.
Hinweis: Überprüfe anhand der Lewis-Formel, ob alle beteiligten Atome acht Elektronen und damit ein Elektronenoktett bzw. Wasserstoffatome zwei Elektronen und damit ein Elektronendublett aufweisen.

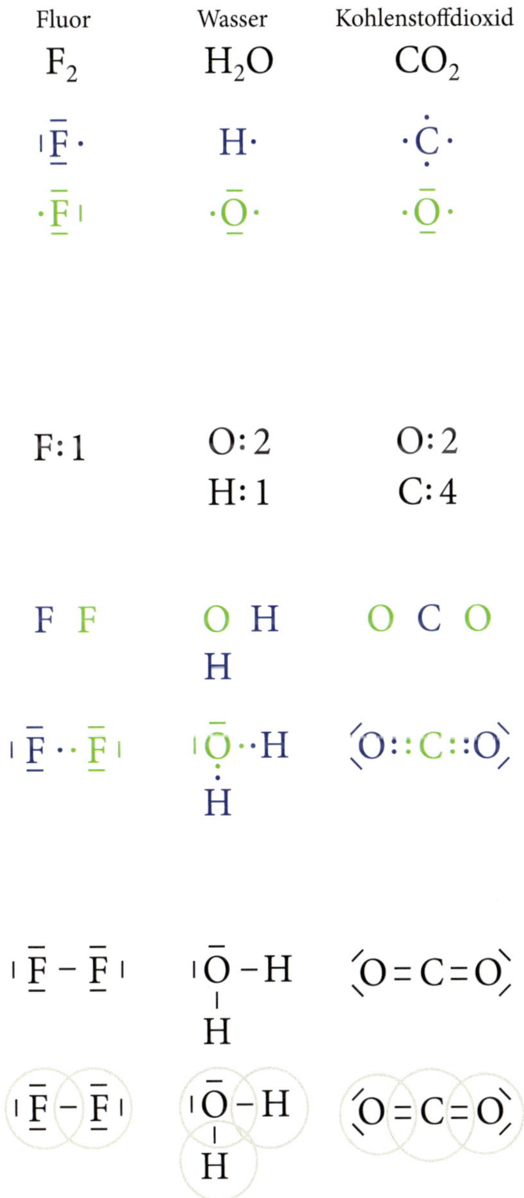

Die polare Elektronenpaarbindung

Bei einem Wasserfall fällt das Wasser im freien Fall gewohnt senkrecht nach unten. Hält man jedoch einen – zuvor an Kleidungsstücken geriebenen – Kunststoffstab an einen dünnen Wasserstrahl, so wird dieser angezogen.

1 Das Wasser der Niagarafälle und ein einfaches Wasserexperiment

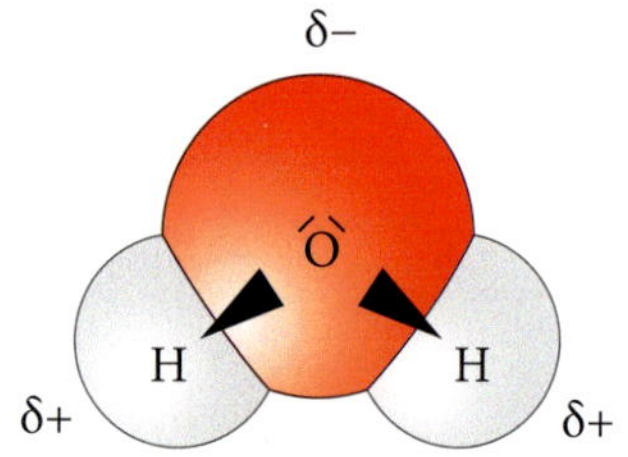

2 Polare Elektronenpaarbindung im Wassermolekül. Das Zeichen ▶ deutet die Verschiebung der Elektronen in Richtung des Sauerstoffatoms an.

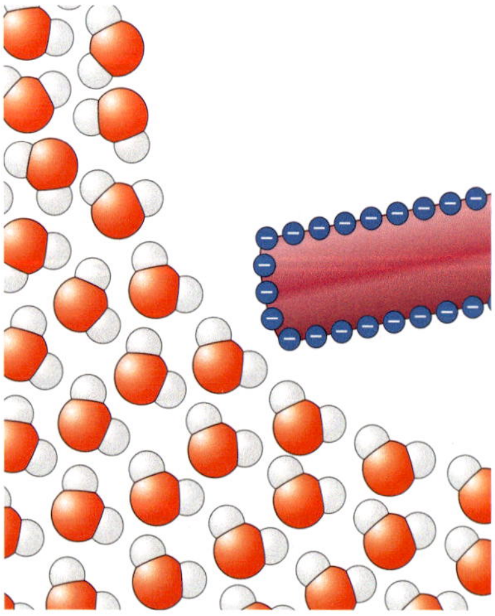

3 Modellvorstellung zur Ablenkung eines Wasserstrahls durch einen geladenen Körper

Die polare Bindung im Wassermolekül Obwohl ein Wassermolekül elektrisch neutral ist, wird ein dünner Wasserstrahl von einem negativ geladenen Kunststoffstab angezogen (▸1).

Betrachtet man die Bindungsverhältnisse im Wassermolekül, ist das Sauerstoffatom mit je einem Wasserstoffatom über ein gemeinsames Elektronenpaar verbunden. Das Sauerstoffatom zieht aufgrund der höheren Kernladung die Bindungselektronen stärker an als die Wasserstoffatome. Sie sind zum Sauerstoffatom verschoben. Wegen dieser Elektronenverschiebung hat das Sauerstoffatom eine elektrisch negative Teilladung (im Modell δ–; sprich: Delta minus). Die Wasserstoffatome tragen dagegen jeweils eine elektrisch positive Teilladung (im Modell δ+). Die unsymmetrische Elektronenverteilung zwischen den Atomen führt zur **polaren Elektronenpaarbindung** (▸2).

Die polare Elektronenpaarbindung beruht auf der verschieden starken Anziehung der Bindungspartner auf die Bindungselektronen.

Das Wassermolekül – ein Dipol Die polare Bindung im Wassermolekül führt zur Ausbildung von zwei Ladungsschwerpunkten – die positive Teilladung an den Wasserstoffatomen und die negative Teilladung am Sauerstoffatom.

Das Wassermolekül ist daher ein **Dipolmolekül** – ein elektrisch ungeladenes Teilchen, das aber von anderen Ladungen angezogen wird. In der Nähe des negativ geladenen Kunststoffstabs ordnen sich deshalb die Wassermoleküle so an, dass die positiv geladene Seite des Moleküls zum negativ geladenen Stab zeigt. Es kommt zur Anziehung der Wassermoleküle durch den geladenen Kunststoffstab (▸3).

Elektronegativitätswerte chemischer Elemente Um zu vergleichen, wie stark Atome bindende Elektronenpaare im Molekül anziehen, ordnete LINUS PAULING (1901–1994) den Elementen **Elektronegativitätswerte (EN)** zu. Dabei gilt: Je stärker die Anziehung ist, desto größer ist deren Elektronegativität (▸**4**).
Die Elektronegativität hängt sowohl von der Atomgröße als auch von der Kernladung ab. Die Anziehung eines Elektronenpaars wird umso schwächer, je weiter es vom Atomkern entfernt ist. Ist der Abstand zwischen Atomkern und Elektronenpaar annähernd gleich, so nimmt die Anziehung mit steigender Kernladung zu. Der Vergleich der Elektronegativitätswerte der Elemente Sauerstoff (EN von 3,5) und Wasserstoff (EN von 2,1) zeigt, dass das Sauerstoffatom in einem Wassermolekül eine deutlich größere Anziehungskraft auf das bindende Elektronenpaar ausübt als das Wasserstoffatom.

H							He
2,1							–
Li	Be	B	C	N	O	F	Ne
1,0	1,5	2,0	2,5	3,0	3,5	4,0	–
Na	Mg	Al	Si	P	S	Cl	Ar
0,9	1,2	1,5	1,8	2,1	2,5	3,0	–
K	Ca	Ga	Ge	As	Se	Br	Kr
0,8	1,0	1,6	1,8	2,0	2,4	2,8	–
Rb	Sr	In	Sn	Sb	Te	I	Xe
0,8	1,0	1,7	1,8	1,9	2,1	2,5	–
Cs	Ba	Tl	Pb	Bi	Po	At	Rn
0,7	0,9	1,8	1,8	1,9	2,0	2,2	–
Fr	Ra						
0,7	0,9						

4 Elektronegativitätswerte (EN) der Hauptgruppenelemente nach PAULING

Polarität einer chemischen Bindung Im Wasserstoffmolekül ist die Differenz der Elektronegativitätswerte null, da beide Wasserstoffatome die gleiche Elektronegativität haben. Es liegt eine unpolare Elektronenpaarbindung vor. Je größer die Differenz der Elektronegativitätswerte zwischen zwei Elementen ist, umso größer ist die **Polarität** einer chemischen Bindung. Überschreitet die Differenz der Elektronegativität einen Wert von 1,7, sind die Bindungselektronen in der Regel zu einem Atom hin verlagert. Es liegt dann eine Ionenbindung vor.

Abschätzung des Dipolcharakters von Molekülen Ob ein Molekül ein Dipolmolekül ist, hängt sowohl von der Polarität der chemischen Bindung als auch vom räumlichen Bau des Moleküls ab.
Beim Chlorwasserstoffmolekül sind beide Bedingungen für ein Dipolmolekül erfüllt. Aufgrund der Differenz zwischen den Elektronegativitätswerten von Chlor und Wasserstoff liegt eine polare Elektronenpaarbindung vor. Durch den linearen Bau bilden sich räumlich getrennte Ladungsschwerpunkte aus (▸**5**).
Das Methanmolekül ist hingegen kein Dipolmolekül. Die chemischen Bindungen zwischen Kohlenstoff- und Wasserstoffatom sind zwar jeweils polar, jedoch fallen aufgrund des tetraedrischen Baus die positiven und negativen Ladungsschwerpunkte zusammen (▸**5**). Das ist immer bei Molekülen der Fall, bei denen die Teilladungen symmetrisch angeordnet sind. So ist z. B. auch das linear gebaute Kohlenstoffdioxidmolekül kein Dipolmolekül.

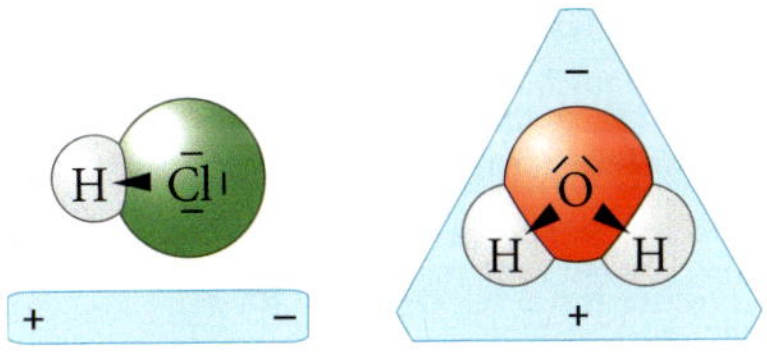

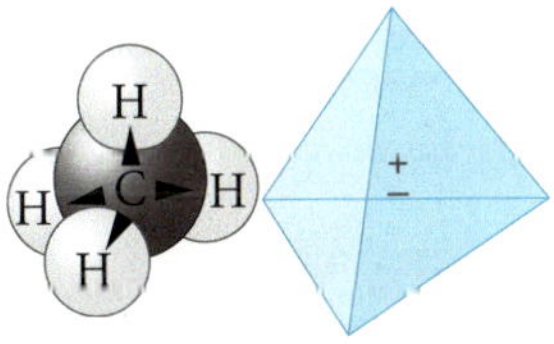

5 Schwerpunkte der Ladungen und Modelle verschiedener Moleküle

Aufgaben

1 Ordne die folgenden Bindungen nach steigender Polarität: H – F, H – Cl, H – Br, H – O, H – N, H – C.

2 Erläutere, wie ein Wasserstrahl von einem positiv geladenen Glasstab abgelenkt wird.

3 Begründe, weshalb es für Edelgasatome keine Elektronegativitätswerte gibt (▸**4**).

4 Ermittle einen Zusammenhang zwischen dem EN-Wert eines Elements und seinem Atombau (Ladung des Atomkerns, Anzahl der Elektronenschalen).

5 Beurteile, ob es sich bei folgenden Molekülen um Dipolmoleküle handelt: PH_3, HCN, $SiCl_4$, $CHCl_3$. Begründe deine Ansicht.

Zwischenmolekulare Kräfte

Wasser ist ein alltäglicher Stoff mit ungewöhnlichen Eigenschaften: Eine Wasserflasche, die wir im Gefrierfach vergessen haben, kann zerbrechen, wenn das Wasser darin zu Eis gefriert. Manche Tiere wie der Wasserläufer können dank der großen Oberflächenspannung auf dem Wasser laufen.

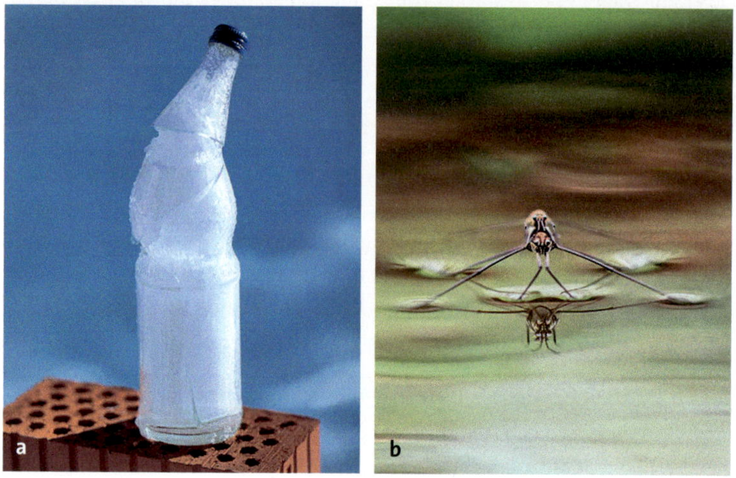

1 Zwei ungewöhnliche Eigenschaften des Wassers

Wasser
Farbe: farblos
Geruch: geruchlos
Geschmack: geschmacklos
Aggregatzustand bei 20 °C: flüssig
Schmelztemperatur: 0 °C
Siedetemperatur: 100 °C
Dichte bei 4 °C: 1,000 g/cm³
Dichte bei 0 °C: 0,999 84 g/cm³
Dichte Eis bei 0 °C: 0,917 g/cm³

Wasser – vertraut und ungewöhnlich Wasser gehört für uns zum alltäglichen Leben. Es besitzt jedoch Eigenschaften, die es von anderen ähnlich aufgebauten Verbindungen deutlich unterscheidet.
Wasser ist bei Raumtemperatur flüssig und hat bei 4 °C seine größte Dichte. Beim Erstarren vergrößert es sein Volumen. Eis hat daher eine geringere Dichte als Wasser und schwimmt auf dessen Oberfläche. Diese Dichteanomalie bewirkt auch, dass Flaschen und Felsgestein beim Erstarren des Wassers gesprengt werden können (▸ **1a**). Die Oberfläche von Wasser scheint eine „Haut" zu haben, sodass ein Wasserläufer darauf laufen kann (▸ **1b**). Selbst die Siedetemperatur ist ungewöhnlich: Stoffe, die aus ähnlich kleinen Molekülen wie Wasser aufgebaut sind, haben eine sehr viel kleinere Siedetemperatur, z. B. Methan ($\vartheta_v = -90\,°C$).

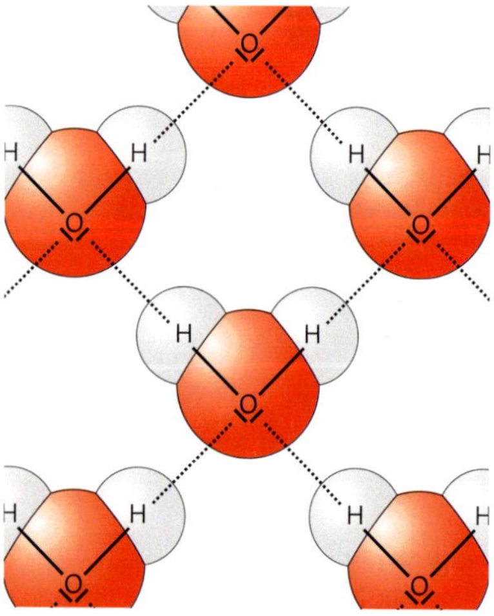

2 Modell der Wasserstoffbrücken

Wasserstoffbrücken Die Elektronenpaarbindung im Wassermolekül ist wegen der großen Differenz der Elektronegativitätswerte zwischen Sauerstoff und Wasserstoff stark polar. Die Wasserstoffatome besitzen eine hohe positive, das Sauerstoffatom mit seinen zwei nicht bindenden Elektronenpaaren eine hohe negative Teilladung. Jedes dieser freien Elektronenpaare kann aufgrund der negativen Teilladung zusätzlich eine **Wasserstoffbrücke** zu einem Wasserstoffatom eines benachbarten Wassermoleküls ausbilden.

Die Kennzeichnung von Wasserstoffbrücken erfolgt durch eine gestrichelte Linie. Das Wassermolekül kann über seine beiden Wasserstoffatome und sein Sauerstoffatom insgesamt vier O–H···O-Brücken ausbilden (▸ **2**). Wasserstoffbrücken beruhen immer auf Wechselwirkungen zwischen Wasserstoffatomen und freien Elektronenpaaren an einem Atom eines stark elektronegativen Elements wie Sauerstoff, Stickstoff oder Fluor.

Mithilfe der Wasserstoffbrücken lassen sich die ungewöhnlichen Eigenschaften des Wassers verstehen.
Die hohe Siedetemperatur entsteht, da die Wasserstoffbrücken beim Verdampfen erst überwunden werden müssen. Beim Gefrieren hingegen verbinden sich die Wassermoleküle über die Wasserstoffbrücken zu einem weitmaschigen Molekülgitter mit großen Hohlräumen (▸**3**). Der Abstand zwischen den Wassermolekülen wird größer als im flüssigen Zustand, da in der Flüssigkeit nie alle Wassermoleküle Wasserstoffbrücken untereinander ausbilden. Der starke Zusammenhalt der Wassermoleküle bewirkt auch, dass die Oberflächenspannung des Wassers sehr viel größer ist als bei anderen Flüssigkeiten (▸Exp. 1). Manche Tiere können sich deshalb auf der Wasseroberfläche bewegen (▸**1b**).

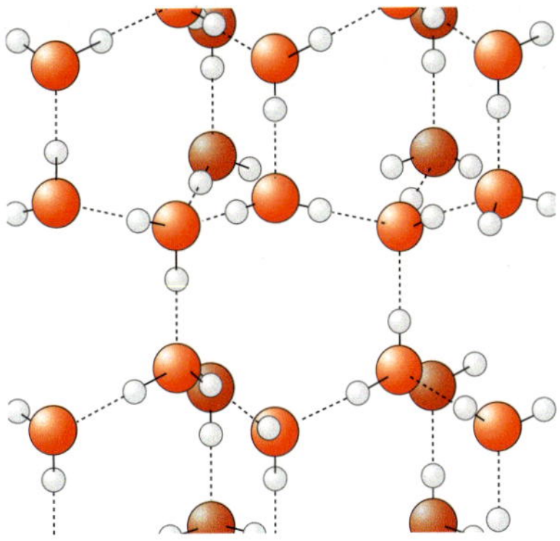

3 Modell vom Bau des Eises

Wasserstoffbrücken sind starke zwischenmolekulare Kräfte. Sie erklären die ungewöhnlichen Eigenschaften des Wassers.

Exp. 1

Oberflächenspannung des Wassers

Fülle eine Kristallisierschale randvoll mit Wasser. Lege eine Büroklammer oder eine Nähnadel vorsichtig auf die Wasseroberfläche. Versuche deine Beobachtung zu deuten.
Entsorgung: Gegenstände wiederverwenden, Wasser in das Abwasser geben.

Dipol-Dipol-Kräfte Schwefelwasserstoffmoleküle unterscheiden sich im Bau nicht von Wasserstoffmolekülen. Es sind Dipolmoleküle. Aufgrund der geringen Differenz in den Elektronegativitätswerten der Bindungspartner ist der Dipolcharakter aber viel geringer. Schwefelwasserstoffmoleküle können untereinander keine Wasserstoffbrücken ausbilden. Als Dipole mit zwei getrennten Ladungsschwerpunkten ziehen sie sich aber gegenseitig an. Diese Anziehung nennt man **Dipol-Dipol-Kräfte**. Sie sind ungerichtet und schwächer als die Wasserstoffbrücken.

Van-der-Waals-Kräfte Das Nichtmetall Iod ist bei Raumtemperatur fest und sublimiert bei leichtem Erwärmen zu einem violetten Gas. Iod besteht aus Molekülen, in denen zwei Iodatome durch eine unpolare Elektronenpaarbindung verbunden sind. Obwohl Iodmoleküle daher keine Dipolmoleküle bilden, muss es zwischen ihnen Anziehungskräfte geben, die mit dem Sublimieren überwunden werden.
Zwischen den Molekülen wirken sehr schwache Anziehungskräfte, die **Van-der-Waals-Kräfte** (Johannes D. van der Waals, 1837–1923, holländischer Physiker und Nobelpreisträger). Die Van-der-Waals-Kräfte bewirken, dass die Iodmoleküle im Iodkristall regelmäßig in einem Molekülgitter angeordnet sind (▸**4**). Sie sind deutlich schwächer als die Anziehung zwischen Dipolmolekülen und noch sehr viel schwächer als die Wasserstoffbrücken. Iod sublimiert daher bereits bei leichtem Erwärmen.

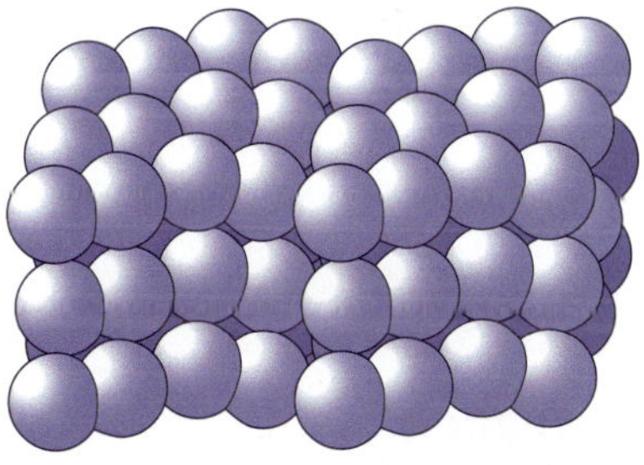

4 Modell vom Bau des Iods

Aufgaben

1 Im Winter können Wasserrohre bersten, wenn das in ihnen enthaltene Wasser gefriert. Erläutere diesen Sachverhalt.

2 Begründe die höhere Siedetemperatur von Wasser gegenüber Fluorwasserstoff ($\vartheta_V = 19{,}5\,°C$), obwohl die O–H-Bindung weniger stark polar ist.

3 Die Wasserstoffbrücken zwischen Ammoniakmolekülen sind verglichen mit den Wasserstoffbrücken zwischen Fluorwasserstoff- bzw. Wassermolekülen am stärksten. Nimm Stellung zu dieser Aussage und begründe sie.

Halogen	Siedetemperatur in °C
Fluor	−188
Chlor	−35
Brom	+58
Iod	+184

1 Siedetemperaturen der Halogene

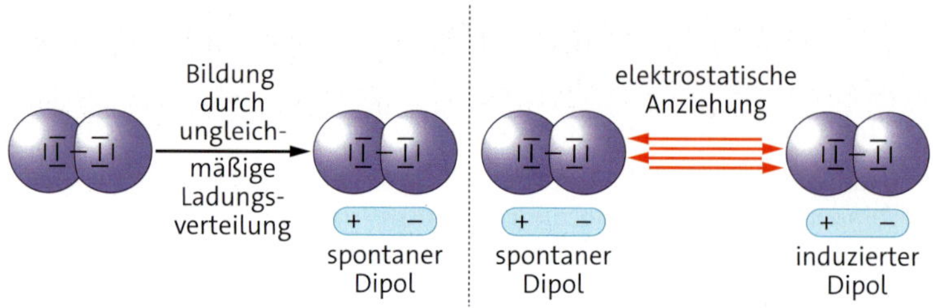

2 Entstehung der Van-der-Waals-Kräfte

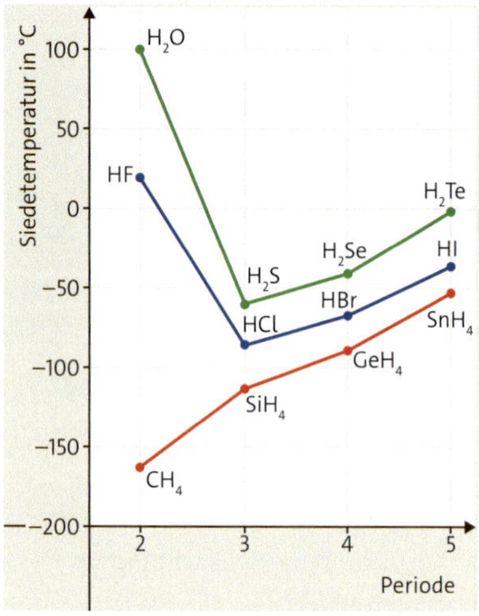

3 Siedetemperaturen der Wasserstoffverbindungen ausgewählter Elemente der IV., VI. und VII. Hauptgruppe

Entstehung der Van-der-Waals-Kräfte Durch die Bewegung der Elektronen in ihren Hüllen bilden sich in den Iodmolekülen für sehr kurze Augenblicke ungleichmäßige Verteilungen der negativen Ladung. Es entstehen Ladungsschwerpunkte, die zu einer Polarisierung der Moleküle führt. Diese kurzlebigen Dipolmoleküle werden spontane Dipole genannt. Durch elektrische Kräfte zwischen Ladungen können direkt benachbarte Moleküle ebenfalls polarisiert werden. Die daraus gebildeten Dipole werden induzierte Dipole genannt (▸**2**). Die schwache Anziehung zwischen diesen Dipolen sind die Van-der-Waals-Kräfte.

Van-der-Waals-Kräfte treten grundsätzlich in allen Molekülen oder Atomen auf, z. B. bei den Edelgasatomen. Bei Dipolmolekülen spielen sie aufgrund ihrer geringen Wirkung im Vergleich zu den anderen zwischenmolekularen Kräften aber keine oder nur eine sehr geringe Rolle. Die Van-der-Waals-Kräfte werden mit zunehmender Atomgröße stärker. Die Außenelektronen unterliegen in großen Atomen nicht mehr so stark den Anziehungskräften des positiv geladenen Atomkerns und können leichter verschoben werden. Daher steigt die Siedetemperatur innerhalb der Halogene mit der Ordnungszahl an (▸**1**).

Van-der-Waals-Kräfte sind sehr schwache zwischenmolekulare Kräfte. Sie entstehen durch die Anziehung zwischen kurzlebigen Dipolen.

Zwischenmolekulare Kräfte im Vergleich In der Reihe Methan (CH_4), Silan (SiH_4), Germaniumhydrid (GeH_4) und Zinnhydrid (SnH_4) steigt die Siedetemperatur kontinuierlich an (▸**3**). Alle vier Moleküle sind aufgrund der tetraedrischen Anordnung der Wasserstoffatome unpolar. Zwischen ihnen wirken nur die Van-der-Waals-Kräfte. Da in dieser Reihe das zentrale Atom immer größer wird, steigen auch die Van-der-Waals-Kräfte an.

Die Siedetemperaturen in der Reihe Schwefelwasserstoff (H_2S), Selenwasserstoff (H_2Se) und Tellurwasserstoff (H_2Te) liegen über denen der Wasserstoffverbindungen der IV. Hauptgruppe. Alle drei Stoffe sind aus gewinkelten Dipolmolekülen aufgebaut. Die Dipol-Dipol-Kräfte zwischen diesen Molekülen sind stärker als bei den unpolaren Verbindungen der IV. Hauptgruppe. Die sehr hohe Siedetemperatur des Wassers lässt sich durch die zusätzlich vorhandenen Wasserstoffbrücken zwischen den Wassermolekülen erklären.

Aufgaben

1 Ordne folgende Gase nach steigender Siedetemperatur: Wasserstoff, Chlor, Sauerstoff und Stickstoff. Begründe.

2 Erkläre den Verlauf der Siedetemperaturen der Wasserstoffverbindungen in der siebten Hauptgruppe (HF, HCl, HBr, HI) im Vergleich zu denen in der vierten Hauptgruppe.

Lösevorgang unter der Lupe

Exp. 2 **Temperaturmessung beim Lösen von Salzen**

Fülle ein Becherglas mit etwa 30 ml destilliertem Wasser und stelle es auf einen Magnetrührer. Tauche einen Temperaturmessfühler in die Flüssigkeit. Gib nun etwa 3 g des zu lösenden Salzes zu. Prüfe mit dieser Anordnung wasserfreies bzw. wasserhaltiges Kupfersulfat (GHS07|09), wasserhaltiges Calciumchlorid (GHS07) und Kaliumnitrat (GHS03). Betrachte jeweils den Bodenkörper, ermittle die Temperaturänderung und deute sie.
Entsorgung: Kupfersulfatlösung am Lehrertisch sammeln; alle anderen Lösungen in das Abwasser geben.

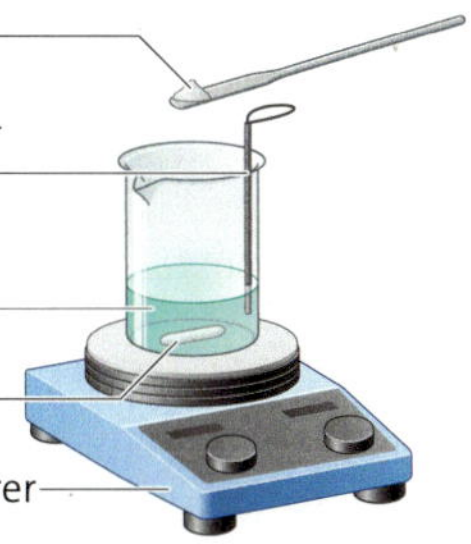

Lösevorgang von Kochsalz Im Kochsalz (NaCl) halten durch die starke elektrostatische Anziehung die positiv geladenen Natrium-Ionen und die negativ geladenen Chlorid-Ionen im Ionengitter fest zusammen. Trotzdem ist Wasser ein sehr gutes Lösemittel für Kochsalz.
Die beweglichen Wassermoleküle lagern sich an der Oberfläche der Salzkristalle an. Mit dem positiven Pol orientieren sie sich dabei zu den negativ geladenen Chlorid-Ionen. Umgekehrt treten die negativ polarisierten Sauerstoffatome der Wassermoleküle mit den positiv geladenen Natrium-Ionen in Wechselwirkung (▸**4a**).

Die Ionen an den Kanten und Ecken des Kristalls werden zuerst gelöst, da dort die Ionenbindung durch fehlende Nachbarn im Gitter am geringsten ist und diese mit mehreren Wassermolekülen in Wechselwirkung treten können (▸**4b**). Nach und nach umhüllen die Dipolmoleküle des Wassers die Ionen vollständig. Es werden **hydratisierte Ionen** gebildet. Dabei orientieren sich alle Wassermoleküle mit dem entgegengesetzten Ladungsschwerpunkt zum entsprechenden Ion. Sie bilden eine **Hydrathülle** um die Ionen (▸**4c**). Das Ionengitter wird so Schritt für Schritt abgebaut und der Ionenkristall löst sich im Wasser auf.

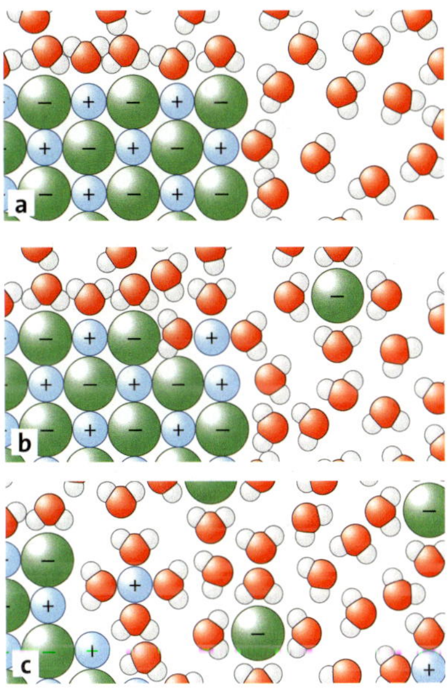

4 Lösevorgang von Kochsalz im Modell

Energiebilanz beim Lösen von Salzen Untersucht man die Temperaturveränderung beim Lösen verschiedener Salze, gibt es kein einheitliches Verhalten (▸Exp. 2). Beim Lösen von Calciumchlorid erwärmt sich die Lösung, bei Kaliumnitrat kühlt sie sich ab.
Beim Lösen spielen verschiedene Energiebeträge eine Rolle. Neben der **Gitterenergie** zur Spaltung des Ionengitters in einzelne Ionen muss auch immer Energie zum Überwinden der Wasserstoffbrücken zwischen den Wassermolekülen aufgebracht werden. Bei der anschließenden Bildung der Hydrathülle wird hingegen die **Hydratationsenergie** frei, da hier die Wassermoleküle mit den Ionen in Wechselwirkung treten.
Ist der Betrag der Hydratationsenergie größer ist als der Betrag der insgesamt aufgewendeten Energie, so verläuft der Lösevorgang exotherm (▸**5**). Bei einem endothermen Lösevorgang ist das Verhältnis umgekehrt.

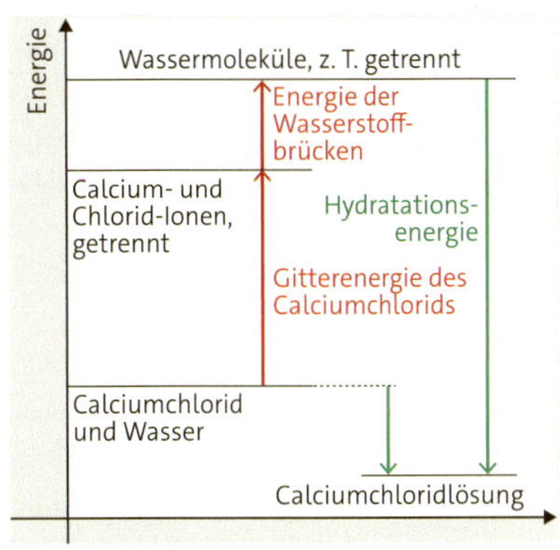

5 Energiebilanz für einen exothermen Lösevorgang

Modifikationen des Kohlenstoffs

Kohlenstoff wird als superfestes Schneidmittel oder als weiches Schmiermittel eingesetzt. Er kann durchsichtig oder dunkelgrau sein; leitet den elektrischen Strom nicht oder wird als Elektrodenmaterial bei der Gewinnung von Metallen eingesetzt. Als Diamant sehr teuer oder als Graphit ganz billig – und trotzdem alles Kohlenstoff.

Diamant und Graphit Die beiden Stoffe Diamant und Graphit bestehen aus dem Element Kohlenstoff. Solche unterschiedlichen Erscheinungsformen eines Elements heißen **Modifikationen**. Graphit und Diamant sind Modifikationen des Kohlenstoffs.
Die Unterschiede in den Eigenschaften sind auf den Bau der Stoffe zurückzuführen (►1). Bei Diamant ist jedes Kohlenstoffatom mit vier anderen Kohlenstoffatomen fest verbunden. Abstände und Anziehungskräfte zwischen den Atomen sind untereinander gleich. Im Graphit bilden die Kohlenstoffatome Schichten aus 6er-Ringen. In einer Schicht sind die Kohlenstoffatome mit drei ihrer vier Außenelektronen durch Elektronenpaarbindungen verbunden. Das vierte Außenelektron ist über die Schicht frei beweglich, deshalb leitet Graphit den elektrischen Strom.

2 Diamant und Graphit – alles aus Kohlenstoff

Fullerene Eine weitere kristalline Modifikation des Kohlenstoffs sind die Fullerene, deren kugelförmige Moleküle aus 60 bis 100 Kohlenstoffatomen bestehen. Das bekannteste Fulleren ist das erst 1985 entdeckte Buckminster-Fulleren (C_{60}), das im Aussehen einem Fußball ähnelt. Dieses „Fußballmolekül" besteht aus zwölf Fünfecken und zwanzig Sechsecken (►1). Man erzeugt Fullerene auf künstliche Weise aus Graphit durch Verdampfen in einem Lichtbogen.

Modifikation	Eigenschaften	Modell vom Bau	Anordnung der Atome
Diamant	– farblos – durchscheinend – sehr hart – elektrisch nicht leitend	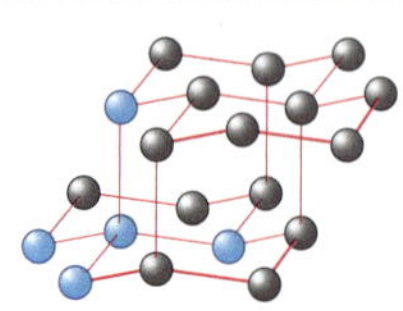	Atomgitter mit tetraedrischer Struktur: Jedes Kohlenstoffatom ist jeweils über 1 Elektronenpaarbindung an 4 weitere Kohlenstoffatome gebunden.
Graphit	– dunkelgrau – glänzend – weich – elektrisch leitend	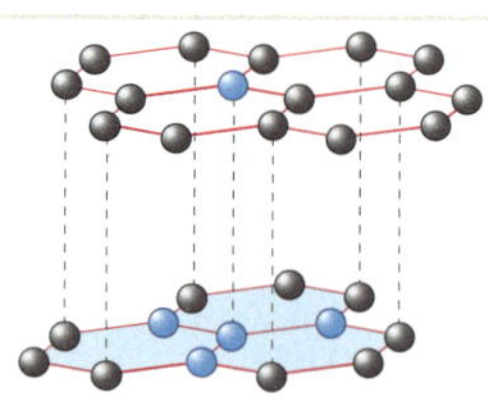	Gestapelte Schichten aus 6er-Ringen: Jedes Kohlenstoffatom ist durch Elektronenpaarbindung an 3 weitere Kohlenstoffatome gebunden.
Fullerene (Buckminster-Fulleren C_{60})	– braun-schwarze Pulver – metallischer Glanz – elektrische Halbleiter – löslich in unpolaren Lösemittel	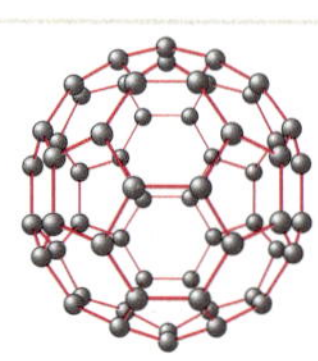	Kugelförmiges Molekül aus Kohlenstoffatomen: Jedes Kohlenstoffatom ist durch Elektronenpaarbindung an 3 weitere Kohlenstoffatome gebunden.

1 Modifikationen des Kohlenstoffs

Neben Diamant, Graphit und den Fullerenen existieren noch zwei weitere Modifikationen des Kohlenstoffs. Sie sind nicht nur für den Wissenschaftler interessant, sondern bieten aufgrund der außergewöhnlichen Eigenschaften zukünftig ein breites Anwendungsspektrum.

Nanotubes – molekulare Röhrchen aus Kohlenstoff Nanotubes sind sehr kleine molekulare Röhren aus Kohlenstoffatomen. Entdeckt wurden sie 1991 zufällig bei der Herstellung von Fullerenen.

Im Bau sind sie dem Graphit sehr ähnlich. Bei Nanotubes sind die Ebenen aus Kohlenstoffatomen jedoch zu einer Röhre aufgerollt. Aufgrund der starken Bindungskräfte zwischen den Kohlenstoffatomen sind Nanotubes viel steifer und mechanisch fester als andere Werkstoffe. Sie sind je nach Struktur metallisch leitend, halbleitend oder sogar supraleitend und werden zum Bau von Transistoren oder Displays eingesetzt. Nach Mischung mit herkömmlichem Kunststoff lassen sich sogar elektrisch leitende Kunststoffe herstellen, die z. B. im Fahrzeugbau verwendet werden. Durch elektrischen Strom lassen sich die Nanotubes bewegen. Daher erforscht man derzeit ihre Eignung als künstliche Muskeln.

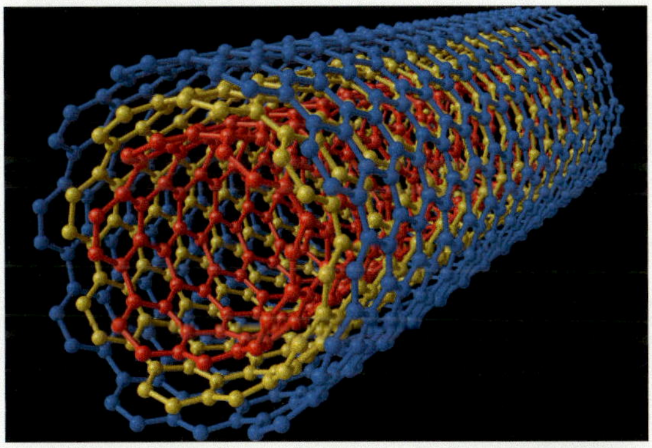

3 Anordnung der Kohlenstoffatome in einer mehrschichtigen Nanotube

Aufgaben

1 Erläutere mithilfe des Baus die Eigenschaften von Diamant.

2 Erläutere, warum Graphit zum Schreiben auf Papier verwendet wird, Diamant nicht.

Graphen – ein zweidimensionaler Werkstoff Graphen besteht nur aus einer einzigen Lage Kohlenstoff, die wie eine Graphitschicht aufgebaut ist – es ist daher praktisch zweidimensional. Für die Entdeckung des Graphens haben die Wissenschaftler Andre Geim und Konstantin Novoselov im Jahr 2010 den Nobelpreis für Physik erhalten.

Im Gegensatz zu Graphit, dessen schlechte Stabilität jeder vom Brechen der Bleistiftminen her kennt, ist eine Lage Graphen jedoch mehr als 100-mal zugfester als Stahl. Diese außergewöhnliche Eigenschaft kann Graphen erst als einlagiges Molekül aus Kohlenstoffatomen erreichen.

4 Graphen – das dünnste Material der Welt

Info 1 **Graphen – das Material der Zukunft**

Die Anwendungsmöglichkeiten für Graphen scheinen einem Science-Fiction-Roman entnommen zu sein. Vorstellbar sind hauchdünne Displays, die zusammengefaltet in eine Hemdtasche passen und trotzdem funktionieren, Tarnkappen und superschnelle Wunderchips für die Computerbranche.

Wegen seiner hohen Zugfestigkeit kommt dem Graphen auch im Bauwesen eine visionäre Rolle zu, z. B. würden die Tragseile der Golden Gate Bridge statt einem halben Meter nur noch wenige Zentimeter dick sein.

5 Tragseil der Golden Gate Bridge

Stoffe aus Molekülen – Elektronenpaarbindung

Elektronenpaarbindung	Art der chemischen Bindung, die durch gemeinsame Elektronenpaare zwischen den Atomen bewirkt wird 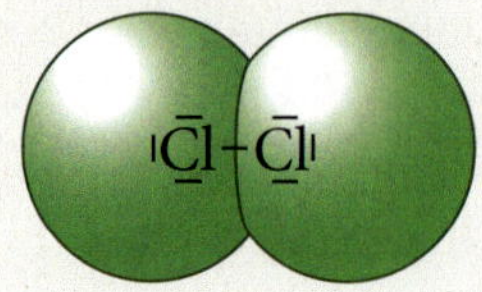
Polare Elektronenpaarbindung	Elektronenpaarbindung, bei der verschiedenartige Atome miteinander verbunden sind und das gemeinsame Elektronenpaar von den gebundenen Atomen unterschiedlich stark angezogen wird. Solche Moleküle sind häufig Dipolmoleküle. Als Vergleichsmaß zum Abschätzen der Polarität einer chemischen Bindung werden Elektronegativitätswerte der Elemente nach PAULING genutzt.
Dipolmoleküle	Moleküle, in denen getrennte Ladungsschwerpunkte für die positive und die negative elektrische Teilladung existieren. Chlorwasserstoffmoleküle und Wassermoleküle sind Dipolmoleküle. 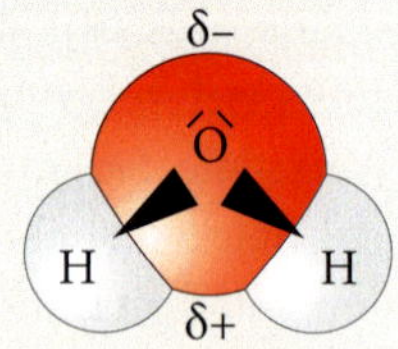
Elektronenpaarabstoßungsmodell	Modell zur Voraussage des räumlichen Baus einfacher Moleküle, das bindende und nicht bindende Elektronenpaare im Molekül betrachtet. Diese ordnen sich so im Molekül an, dass ihr Abstand am größten und damit ihre gegenseitige Abstoßung am geringsten wird.
Elektronegativität	Maß für die Anziehungskraft von Atomen auf bindende Elektronenpaare. Mithilfe der Elektronegativität kann die Polarität einer Elektronenpaarbindung abgeschätzt werden. Je größer die Differenz zwischen den Elektronegativitätswerten ist, desto polarer ist die Elektronenpaarbindung.
Zwischenmolekulare Kräfte	

Aufgaben

1 Stelle die Lewis-Formeln folgender Verbindungen auf: Tetrabromkohlenstoff (CBr_4), Selenwasserstoff (H_2Se), Ethan (C_2H_6), Ethen (C_2H_4).

2 Beschreibe die Bindungsverhältnisse in HBr.

3 Ordne folgende Stoffe mithilfe der EN-Werte nach Ionenverbindungen sowie unpolaren und polaren Molekülverbindungen: Chlor, Iod, Stickstoff, Sauerstoff, Natriumchlorid, Natriumbromid, Magnesiumchlorid, Magnesiumoxid, Kohlenstoffdioxid, Methan (CH_4) und Ammoniak (NH_3). Begründe jeweils deine Entscheidung.

4 Bei Fäulnisprozessen bildet sich unter anderem der nach faulen Eiern riechende Schwefelwasserstoff (H_2S).
a Stelle die Lewis-Formel von Schwefelwasserstoff auf.
b Das Schwefelwasserstoffmolekül ist ein gewinkeltes Molekül (der Winkel zwischen den beiden Schwefel-Wasserstoff-Bindungen beträgt etwa 92°). Prüfe, ob es sich beim Schwefelwasserstoffmolekül um ein Dipolmolekül handelt. Zeichne gegebenenfalls die Ladungsschwerpunkte in die Lewis-Formel ein.

5 Schwefeldioxid (SO_2) ist unter Normbedingungen ein gasförmiger Stoff (Schmelztemperatur $\vartheta_S = -76\,°C$; Siedetemperatur $\vartheta_V = -10\,°C$).
a Erläutere den Zusammenhalt von Schwefel- und Sauerstoffatomen in dieser Verbindung.
b Zeichne ein Teilchenmodell dieser Verbindung.

6 Erläutere den Aufbau des festen Iods.

7 Erläutere den räumlichen Bau von Molekülen der Stoffe Kohlenstoffdioxid und Ammoniak (NH_3) mithilfe des Elektronenpaarabstoßungsmodells.

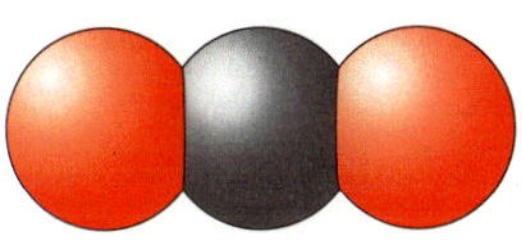

1 Kohlenstoffdioxid

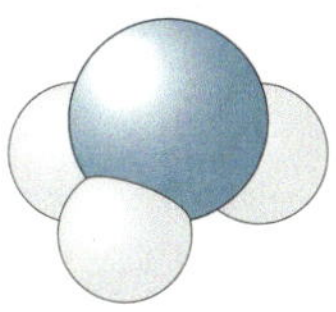

2 Ammoniak

8 Beschreibe den Bau von Wasser. Kennzeichne die chemische Bindung im Wassermolekül.

9 Wasserstoffperoxid entsteht unter bestimmten Bedingungen bei der Reaktion von Wasserstoff und Sauerstoff. Seine Moleküle bestehen jeweils aus zwei Sauerstoffatomen und zwei Wasserstoffatomen. Die Summenformel lautet H_2O_2.
a Entwickle anhand deiner Vorkenntnisse eine mögliche Lewis-Formel für das Wasserstoffperoxidmolekül. Begründe deine Entscheidung.
b Erkläre die „doppelt gewinkelte" Struktur des Moleküls mithilfe des Elektronenpaarabstoßungsmodells.

10 Ammoniak besitzt im Vergleich zu Phosphan (PH_3) eine ungewöhnlich hohe Schmelz- und Siedetemperatur. Erkläre diesen Sachverhalt.

11 Begründe, weshalb Wasser ein sehr gutes Lösemittel für Salze ist. Erläutere den Lösevorgang von Kaliumbromid in Wasser.

12 Fertige jeweils ein vollständig beschriftetes Energiediagramm für folgende Lösevorgänge an und erläutere es ausführlich:
a Lösen von wasserfreiem Calciumchlorid (Erwärmung der Lösung feststellbar)
b Lösen von Kaliumnitrat (Abkühlung der Lösung feststellbar)

Hilfe zu den Aufgaben findest du auf den Seiten ...

1	241, 243	7	242
2	240 f.	8	244 f.
3	244 f.	9	242 f.
4	243 ff.	10	246 ff.
5	240 f.	11	249
6	247	12	249

▶ Die Lösungen findest du im Anhang.

Material A: Self-cooling drinks

Selbstkühlende Getränke sind z. B. in Italien in speziellen Trinkbechern erhältlich. Die Dosen sind so konstruiert, dass sich das enthaltene Getränk von selbst kühlt.

Nach dem Drücken des Auslöseknopfs am Becherboden und anschließendem Schütteln kann man das wie mit Eis gekühlte Getränk genießen.

A1 Kaltgetränke auf Knopfdruck

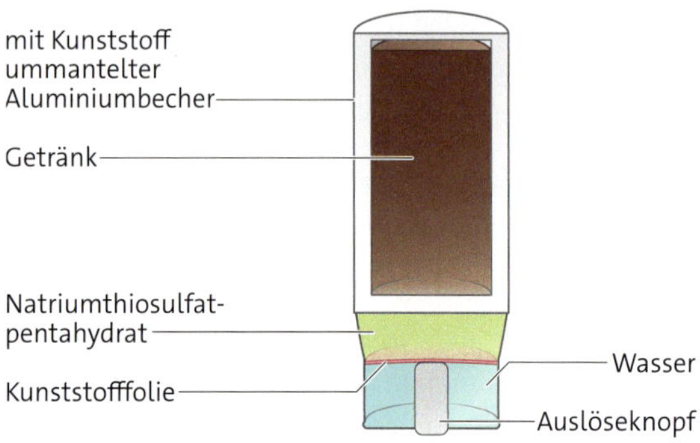

A2 Aufbau einer „self-cooling can“

1 Zeichne ein hydratisiertes Natrium-Ion sowie ein hydratisiertes Thiosulfat-Ion ($S_2O_3^{2-}$). Stelle dabei das Thiosulfat-Ion vereinfacht als zweifach negativ geladenes Teilchen dar.

2 Erläutere unter Verwendung geeigneter Fachbegriffe die Vorgänge, die nach dem Drücken des Auslöseknopfs des selbstkühlenden Trinkbechers stattfinden (► **A1**, **A2**).

3 Zeichne ein vollständig beschriftetes Energiediagramm für den Vorgang des Kühlens und erläutere es.

4 In baugleichen Dosen werden auch selbsterwärmende Getränke zum Kauf angeboten. Statt Natriumthiosulfat enthalten sie Calciumchlorid ($CaCl_2$). Erläutere, wie es zur Wärmeentwicklung kommt.

Material B: Erwärmen in der Mikrowelle

Die Mikrowelle ist fast jedem bekannt: Speisen und Getränke können einfach erwärmt werden.
In einer Versuchsreihe wurde das Verhalten von verschiedenen Stoffen in der Mikrowelle untersucht, dabei wurden Stoffproben von Wasser, Ethanol und Heptan verwendet.

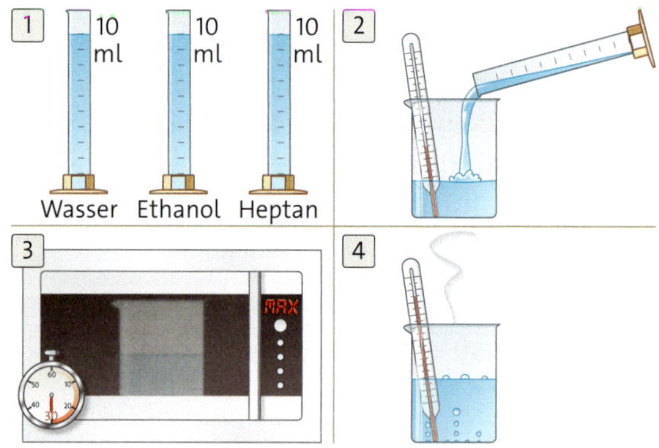

B1 Versuchsschema zur Untersuchung des Verhaltens verschiedener Flüssigkeiten in der Mikrowelle

Stoff	Temp. (vorher)	Temp. (nachher)
Wasser	20 °C	95 °C
Ethanol	20 °C	verdampft*
Heptan	20 °C	20 °C

B2 Messergebnisse der Versuchsreihe
(* Siedetemperatur von Ethanol = 78 °C)

Das Wassermolekül als Dipolmolekül kann die Mikrowellen absorbieren. Dabei kommt es zur Spaltung von Wasserstoffbrücken. Die Wassermoleküle drehen sich um ihre Achse, bevor sie erneut zusammenstoßen und in exothermer Reaktion neue Wasserstoffbrücken ausbilden.

1 Entwickle mithilfe des Versuchsschemas eine Versuchsdurchführung (► **B1**).

2 Im Versuch wurden Wasser, Ethanol (C_2H_5OH) und Heptan (C_7H_{16}) erhitzt.
- **a** Zeichne jeweils die Lewis-Formel eines Moleküls der Stoffe.
- **b** Beurteile, ob es sich bei den Molekülen dieser drei Stoffe um Dipolmoleküle handelt.

3 Deute die Messergebnisse bei der Behandlung in der Mikrowelle dieser Stoffe (► **B2**).

Material C: Warum können Geckos an der Decke laufen?

Der in südlichen Ländern lebende Gecko gehört zu den Eidechsen. Warum es Geckos so gut gelingt, kopfüber an der Decke zu spazieren, weckt schon länger die Neugier der Forscher. Faszinierend ist dabei, dass die Tiere die beeindruckende Haftkraft ihrer Füße blitzschnell wieder aufheben, um davonzuflitzen.
Eine Untersuchung der Geckofüße ergab, dass sich pro Quadratmillimeter einer Zehe mehrere Tausend spezielle feine Härchen (Setae) befinden.
Die Spitze eines Härchens geht in bis zu tausend kleine Verzweigungen (Spatulae) über.

C1 Geckofuß und elektronenmikroskopische Aufnahme der Setae (li.) und Spatulae (re.)

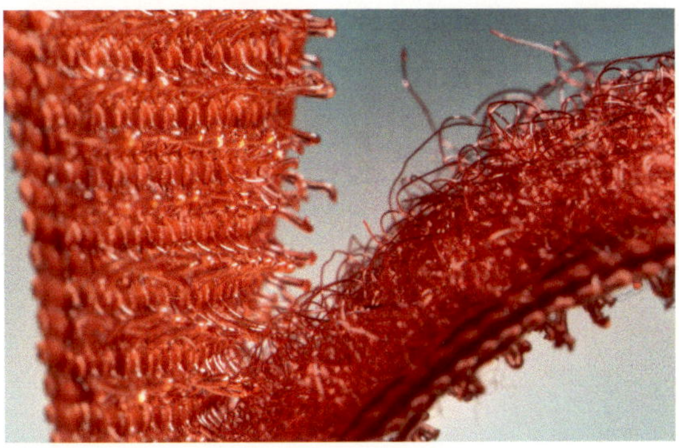

C2 Ein Klettverschluss wird Stück für Stück auseinandergezogen.

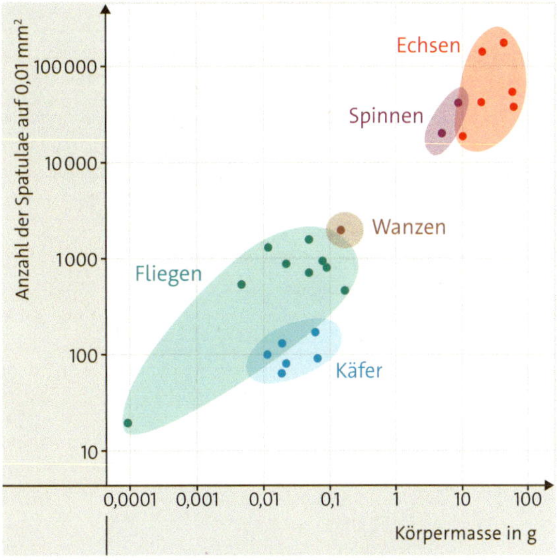

C3 Anzahl der Spatulae auf einer Fläche von $0{,}1 \cdot 0{,}1\,mm^2$

1 Zwischen einer Spatulae und dem Untergrund, auf dem der Gecko läuft, wirken nur Van-der-Waals-Kräfte (▸ **C1**).
  a Gib an, was man unter Van-der-Waals-Kräften versteht, und beschreibe den Aufbau eines Geckofußes.
  b Vergleiche die Van-der-Waals-Kräfte mit den Dipol-Dipol-Kräften, mit einer Wasserstoffbrücke und einer Elektronenpaarbindung.
  c Erläutere, weshalb der Gecko dennoch an Wänden oder sogar kopfüber an der Decke haften bleibt.

2 Erläutere mithilfe von ▸ **C2**, warum der Gecko seine Füße ohne große Kraftanstrengung auch wieder von Oberflächen lösen kann.

3 Auch Fliegen, Käfer oder Spinnen laufen an Decken oder Wänden.
  a Beschreibe das Diagramm in eigenen Worten (▸ **C3**).
  b Erläutere den im Diagramm dargestellten Zusammenhang (▸ **C3**).

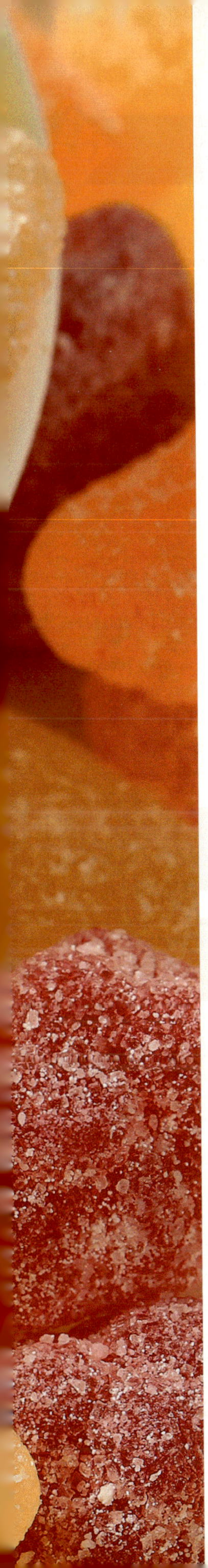

Saure und alkalische Lösungen

Ob saure Fruchtgummis, Essig oder Getränke mit Kohlensäure, auf den sauren Geschmack von Lebensmitteln wollen wir nicht verzichten. Ihre ätzende Wirkung ist aber auch eine Gefahr für unseren Zahnschmelz.

Rohreiniger enthalten ätzende Laugen, die einen umsichtigen Umgang erfordern. Es sind dieselben Stoffe, die der Laugenbrezel seit 800 Jahren ihren charakteristischen Geschmack und ihr Aussehen verleihen.

Saure Lösungen

Exp. 1 Prüfen verschiedener Lösungen mit Indikatoren

Gib in vier Reagenzgläser jeweils 2 ml folgender Lösungen: Mineralwasser, dest. Wasser, Essigessenz, Entkalker (GHS07). Versetze jede Probe mit vier Tropfen Bromthymolblaulösung (GHS02).

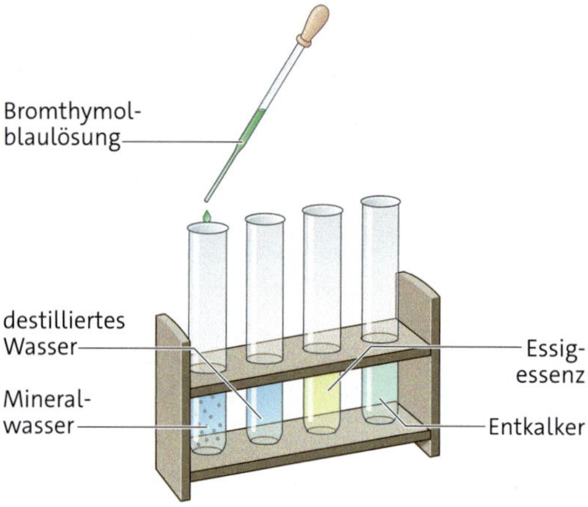

Notiere deine Beobachtungen mit Farbstiften in einer Tabelle.
Wiederhole die Versuchsreihe mit Lackmuslösung und Universalindikatorlösung.
Deute die Färbungen der Indikatorlösung in den verschiedenen Lösungen.
Entsorgung: Lösungen in das Abwasser geben.

Exp. 2 Elektrische Leitfähigkeit von Säuren

Prüfe feste Citronensäure (GHS05) und Eisessig (GHS02|05) auf elektrische Leitfähigkeit. Löse anschließend in zwei Reagenzgläsern etwas Citronensäure und Eisessig in jeweils 5 ml Wasser. Prüfe nacheinander die elektrische Leitfähigkeit beider Lösungen.
Notiere deine Beobachtungen. Stelle eine Vermutung über den Bau der untersuchten Stoffe auf.
Entsorgung: Lösungen in das Abwasser geben. Feste Stoffe wiederverwenden.

Exp. 3 Elektrische Leitfähigkeit verschieden saurer Lösungen

Gib in drei Reagenzgläser jeweils 5 ml verd. Salzsäure, verd. Schwefelsäure und verd. Phosphorsäure. Versetze jede Probe mit vier Tropfen Universalindikatorlösung. Prüfe nacheinander die elektrische Leitfähigkeit der Lösungen wie in Experiment 2. Notiere deine Beobachtungen und deute das Ergebnis.
Entsorgung: Lösungen in den Behälter für saure und alkalische Abfälle geben.

Exp. 4 Einleiten von Kohlenstoffdioxid in Wasser

Verschließe eine halbgefüllte Flasche frisches Mineralwasser mit einem passenden durchbohrten Stopfen mit kurzem Ableitungsrohr. Verbinde eine Glaspipette über ein Schlauchstück mit der Flasche. Tauche die Pipettenspitze in ein mit 10 ml Leitungswasser und einigen Tropfen Universalindikatorlösung gefülltes Reagenzglas. Schüttle nun vorsichtig die Mineralwasserflasche, sodass Gasblasen aus der Pipette durch die Indikatorlösung geleitet werden. Verschließe zwischendurch das Reagenzglas mit einem Stopfen und schüttle, bevor du weiteres Gas einleitest.

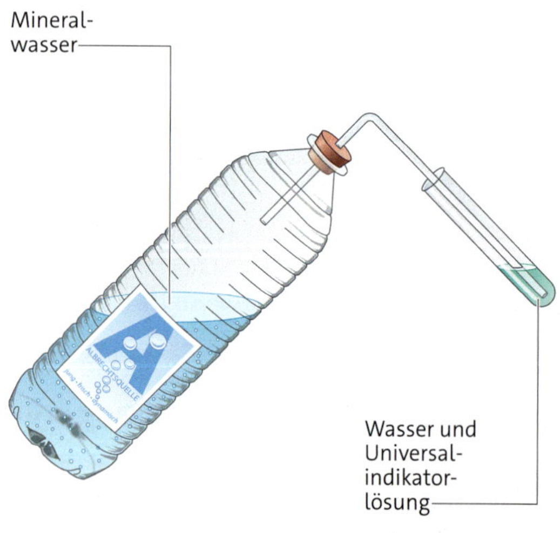

Beobachte und deute die Beobachtungsergebnisse.
Entsorgung: Lösungen in das Abwasser geben.

Exp. 5 Verhalten von Metallen gegenüber sauren Lösungen

Gib je eine Spatelspitze Magnesiumpulver (GHS02), Eisenpulver (GHS02), Zinkpulver (GHS02) und Kupferpulver (GHS02|09) in je ein Reagenzglas. Fülle in jedes Reagenzglas 5 ml verd. Salzsäure (GHS07). Fange das entstehende Gas pneumatisch auf und führe die Knallgasprobe durch. Dampfe nach Beendigung der Gasentwicklung jeweils 2 ml der entstandenen Lösungen in Reagenzgläsern vorsichtig ein und betrachte die Rückstände mit der Lupe. Wiederhole den Versuch mit Essigsäure (Essigessenz; GHS07).

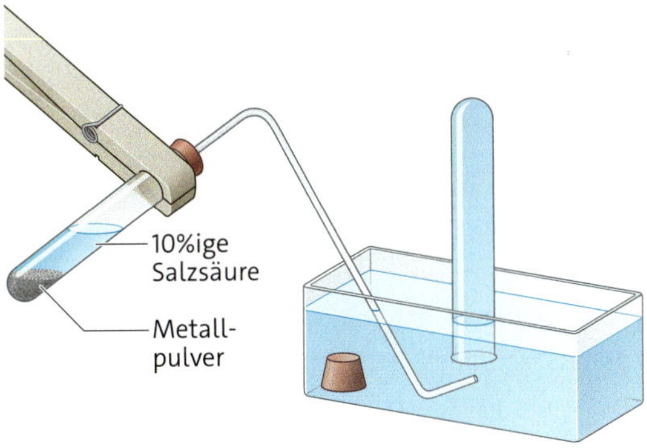

Notiere deine Beobachtungen und deute die Versuchsergebnisse.
Entsorgung: Feststoffe in den Hausmüll, Lösungen in das Abwasser geben.

Exp. 6 Wirkung von sauren Lösungen auf Marmor

Gib auf ein glattes, ebenes Stück Marmor an verschiedenen Stellen jeweils einige Tropfen Essigessenz und Entkalker (GHS07). Beschrifte die Stellen mit einem Bleistift und beobachte mit einer Lupe. Spüle nach einigen Minuten das Marmorstück mit Wasser ab und trockne es mit einem Tuch.
Schau dir die beschrifteten Stellen noch einmal an und streiche mit dem Finger darüber.
Notiere und deute deine Beobachtungen.
Entsorgung: Marmorstücke einsammeln, werden wiederverwendet.

Exp. 7 Wirkung von sauren Lösungen auf Kalk

Gib einige Körner Calciumcarbonat in je ein Reagenzglas, das zur Hälfte mit Entkalkerlösung bzw. verd. Salzsäure (GHS07) gefüllt ist. Verschließe das Reagenzglas mit einem durchbohrten Stopfen. Verbinde den durchbohrten Stopfen über einen kurzen Schlauch mit einer Spritze und fang in dieser das entstehende Gas auf.
Führe mit dem Gas die Knallgas- und die Kalkwasserprobe durch.
Notiere deine Beobachtungen und deute diese.
Entsorgung: Lösungen in das Abwasser geben.

Exp. 8 Ionenwanderung bei sauren Lösungen

Baue den Versuch gemäß folgender Skizze auf. Lege dafür ein in Kaliumchlorid getränktes Indikatorpapier auf einen Objektträger und befestige an beiden Enden des Objektträgers je eine Krokodilklemme mit Kabel. Verbinde die anderen Enden der Kabel mit einer Spannungsquelle.
Gib nun einen Tropfen Citronensäurelösung (GHS07) in die Mitte des pH-Papiers und regle die Spannung auf 20 V hoch.

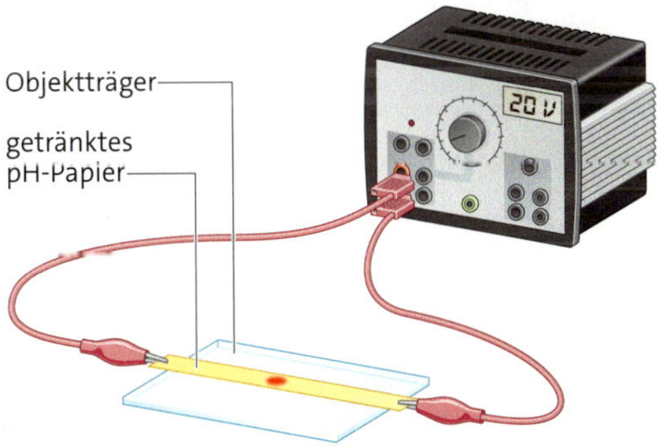

Beobachte den Tropfen auf dem pH- Papier über mehrere Minuten.
Wiederhole den Versuch mit Speiseessig und verd. Salzsäure (GHS07).
Notiere deine Beobachtungen. Stelle eine Vermutung zur Wanderung des Punktes auf dem pH-Papier auf.
Entsorgung: Lösungen in das Abwasser, pH-Papier in den Hausmüll geben.

Säuren und saure Lösungen

„Sauer macht lustig!“ Ob dafür der Zitronensaft verantwortlich ist oder die im Saft enthaltene Citronensäure – die auch abgepackt als Reinstoff erhältlich ist –, ist gar nicht so eindeutig.
Flüssigkeiten, feste Stoffe oder Lösungen. Was ist sauer?

1 Sauer macht lustig ...

2 Saure Reiniger

„Säuren“ im Alltag Der alltagssprachliche Begriff Säure leitete sich ursprünglich vom sauren Geschmack vieler Früchte ab. Die dafür verantwortlichen Stoffe werden als Säuren bezeichnet. So enthalten Früchte Fruchtsäuren wie Citronensäure, Äpfelsäure oder Weinsäure. Säuren kommen aber auch in anderen Lebensmitteln vor (▸**4**). In Milchprodukten ist z. B. Milchsäure enthalten (▸**6**).

In Sauerkonserven wie Gurken, Paprika oder Zwiebeln wird Essigsäure als Konservierungsmittel eingesetzt und sorgt für eine längere Haltbarkeit. Bei der Verwendung von Essig- oder Citronensäure in Reinigern und Entkalkern wird deren kalklösende Eigenschaft genutzt (▸**2**). Weiterhin assoziieren wir aus dem Alltag mit Säuren neben dem sauren Geschmack auch immer eine ätzende, eine zersetzende Wirkung. Gefahrenpiktogramme, z. B. auf Reinigern, müssen uns darauf hinweisen (▸**3**).

3 Vor der ätzenden Wirkung von Säuren wird durch ein Gefahrensymbol gewarnt.

Säure	Lebensmittel
Milchsäure	Joghurt, Käse, Quark, Crème fraîche, Sauerkraut
Essigsäure	Salatsoßen, Bestandteil von Essig (z. B. Branntweinessig, Fruchtessig)
Fruchtsäuren	(saure) Früchte wie Äpfel, Orangen, Zitronen, Kirschen
Citronensäure	Früchte, Sauerkraut, Säuerungsmittel in Limonaden
Ascorbinsäure (Vitamin C)	Früchte, Gemüse, als Konservierungsstoff in Lebensmitteln

4 Säuren in Lebensmitteln

- Immer Schutzbrille, Schutzhandschuhe und Laborkittel tragen.
- Unter dem Abzug arbeiten, wenn ätzende und giftige Dämpfe entstehen können.
- Zum Verdünnen konzentrierter Säuren mit Wasser immer die Säure unter Rühren zum Wasser geben, niemals umgekehrt.
- Spritzgefahr: Beim Verdünnen erhitzen sich die Lösungen.

5 Vorsichtsmaßnahmen beim Experimentieren mit Säuren

Saure Lösungen Bei Lebensmitteln wie Zitronensaft oder Essig mit saurem Geschmack handelt es sich nicht um reine Stoffe, sondern immer um wässrige Lösungen. Diese bezeichnen Chemiker als **saure Lösung**, obwohl sie in der Alltagssprache häufig als Säure benannt werden. Saure Lösungen entstehen durch das Lösen einer reinen Säure wie Citronensäure oder bei Einleiten eines Nichtmetalloxids wie Kohlenstoffdioxid in Wasser (▸Exp. 4, S. 258).

Eigenschaften von sauren Lösungen Saure Lösungen weisen einen pH-Wert kleiner als 7 auf und können durch die charakteristische Färbung von Indikatoren erkannt werden: Universalindikator und Lackmuslösung färben sich rot, Bromthymolblaulösung gelb (▸Exp. 1, S. 258; ▸**7**). Die ätzende Wirkung von sauren Lösungen zeigt sich gegenüber Kalk, Rost und Metallen (▸Exp. 5–7, S. 259), aber auch auf der Haut. Eine weitere charakteristische Eigenschaft saurer Lösungen ist ihre elektrische Leitfähigkeit (▸Exp. 3, S. 258).

Säuren als Reinstoffe Reine Citronensäure und Essigsäure zeigen keine elektrische Leitfähigkeit (▸Exp. 3, S. 258) oder ätzende Wirkung und weisen einen pH-Wert von 7 auf. Erst in Wasser gelöst, zeigen sie die charakteristischen Eigenschaften einer sauren Lösung.
Fachsprachlich korrekt werden die Reinstoffe als Säuren und ihre Lösungen in Wasser als saure Lösungen bezeichnet. So ist nicht die Essigsäure ätzend oder sauer, sondern die essigsaure Lösung – der Essig.

! Säuren sind Stoffe, die mit Wasser saure Lösungen bilden. Saure Lösungen – nicht Säuren – sind ätzend und elektrisch leitfähig.

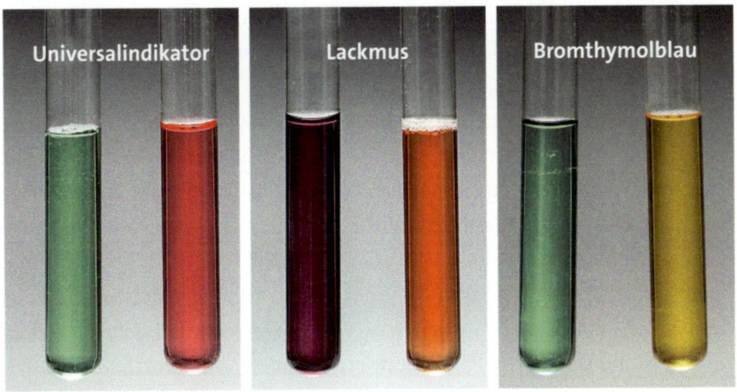

7 Verschiedene Indikatoren jeweils in neutraler (li.) und saurer Lösung (re.)

6 Viele Milchprodukte enthalten Milchsäure.

Noch gewusst?
Der pH-Wert ist eine Zahlenangabe, mit der man exakt den sauren oder alkalischen Charakter einer Lösung angeben kann.
$pH < 7$: saure Lösung
$pH = 7$: neutrale Lösung
$pH > 7$: alkalische Lösung

Aufgaben

1 Finde heraus, wo dir im Alltag Säuren und saure Lösungen begegnen. Benenne die Säuren.

2 Begründe, warum du beim Verdünnen einer sauren Lösung besonders vorsichtig sein musst.

3 Bewerte folgende Aussagen fachsprachlich:
a Die Phosphorsäure in Cola wirkt ätzend auf die Magenschleimhaut.
b Der Speiseessig entspricht einer essigsauren Lösung.

Kennzeichen saurer Lösungen – Protonenübertragung

Chlorwasserstoffgas ist eine der bedeutsamsten Grundchemikalien der chemischen Industrie. Mit Wasser bildet sich daraus die Salzsäure.

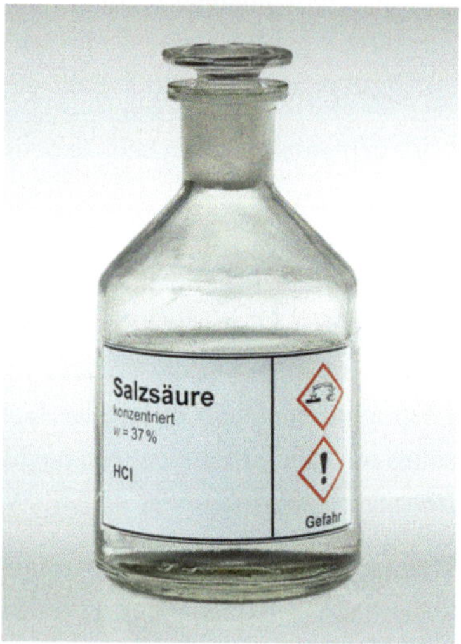

1 Chlorwasserstoff und Salzsäure

Exp. 9 | **L**

Elektrolyse saurer Lösungen

Verschiedene Lösungen von Säuren, z. B. Salzsäure (GHS05|07), Schwefelsäure (GHS05) und Citronensäure (GHS07) werden jeweils in ein U-Rohr mit seitlichen Ansätzen gegeben und an Graphitelektroden elektrolysiert.
Das jeweils entstehende Gas an der Kathode wird aufgefangen und mit der Knallgasprobe identifiziert.

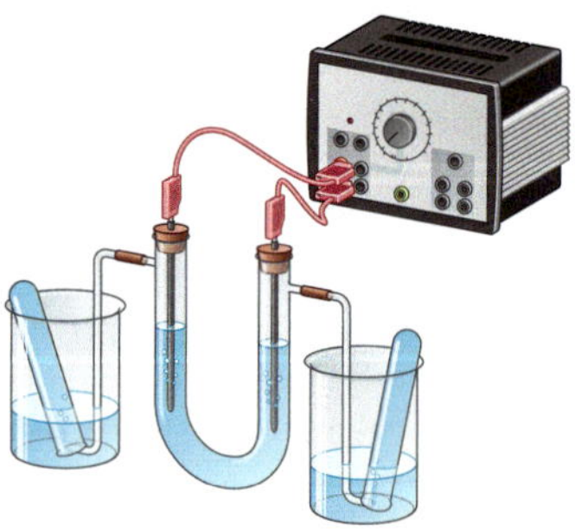

Säuren und saure Lösungen Generell muss zwischen Säuren und sauren Lösungen unterschieden werden, da sie sich in ihren Eigenschaften unterscheiden, z. B. in der elektrischen Leitfähigkeit. Umgekehrt besitzen alle sauren Lösungen, obwohl sie aus unterschiedlichen Stoffen gebildet werden, einige übereinstimmende Eigenschaften, z. B. ihre elektrische Leitfähigkeit oder die charakteristische Färbung von Indikatoren.

Sowohl die gemeinsamen Eigenschaften aller sauren Lösungen und die aller Säuren als auch die Unterschiede zwischen sauren Lösungen und Säuren lassen sich nur auf der Ebene der Teilchen deuten.
Die charakteristischen Eigenschaften von Stoffen und Stoffgemischen sowie deren Veränderungen während einer chemischen Reaktion sind auf die Art der Teilchen, deren Veränderung und Anordnung zurückzuführen.

Teilchen saurer Lösungen Aus der Untersuchung von Salzlösungen ist bekannt, dass die elektrische Leitfähigkeit wässriger Lösungen durch die in ihnen vorhanden Ionen verursacht wird. Saure Lösungen müssen deshalb ebenfalls Ionen enthalten (▸ Exp. 3, S. 258).
Führt man einen Versuch zur Ionenwanderung mit einem Indikatorpapier durch, auf dessen Mitte ein Tropfen Citronensäurelösung aufgetragen wurde, kann man feststellen, dass die Stelle mit der charakteristischen Rotfärbung von der Mitte zur Kathode – dem Minuspol – wandert (▸ Exp. 8, S. 259).
Diese Beobachtung lässt sich bei jeder sauren Lösung machen und lässt den Schluss zu, dass die in den sauren Lösungen enthaltenen Kationen für die charakteristische Färbung des Indikators verantwortlich sind.

Elektrolyse einer sauren Lösung Bei der Elektrolyse von Salzsäure bildet sich am Minuspol ein farbloses Gas, das als Wasserstoff nachgewiesen werden kann. Am Pluspol bilden sich gelbliche Schlieren in der Lösung und man nimmt einen Chlorgeruch wahr (▸ Exp. 9).
Auch bei der Elektrolyse anderer saurer Lösungen bildet sich an der Kathode stets Wasserstoff. Die Kationen müssen chemisch gebundenen Wasserstoff enthalten, der mithilfe des elektrischen Stroms in einer Elektronenübertragungsreaktion freigesetzt wird. Die in allen sauren Lösungen vorhandenen Kationen müssen identisch sein. Die Elektrolysen bestätigen, dass diese Ionen für saure Lösungen charakteristisch sind.

Bildung saurer Lösungen auf Teilchenebene Eine Lösung von Chlorwasserstoff (Salzsäure) entsteht beim Einleiten von gasförmigem Chlorwasserstoff in Wasser (▸ Exp. 10). Salzsäure ist eine wichtige Chemikalie und als Bestandteil des Magensafts bei der Verdauung unentbehrlich.
Beim Einleiten müssen sich die Ionen in der sauren Lösung erst durch eine chemische Reaktion bilden, denn im Gegensatz zur Salzsäure sind Wasser und Chlorwasserstoff aus Molekülen aufgebaute Stoffe.

Chlorwasserstoff- und Wassermoleküle sind Dipolmoleküle. Die Atome in den Molekülen sind durch polare Elektronenpaarbindungen miteinander verbunden. Aufgrund ihres Dipolcharakters ziehen sich die Moleküle untereinander an. Das mit einer positiven Teilladung versehene Wasserstoffatom des Chlorwasserstoffmoleküls wird dabei vom negativ geladenen Sauerstoffatom des Wassermoleküls angezogen. Bei der Annäherung beider Moleküle bildet sich eine neue Elektronenpaarbindung zwischen dem Sauerstoffatom des Wassermoleküls und dem Wasserstoffatom des Chlorwasserstoffmoleküls aus. Dabei dient eines der freien Elektronenpaare am Sauerstoffatom als neues bindendes Elektronenpaar. Gleichzeitig wird die Elektronenpaarbindung zwischen dem Wasserstoffatom und dem Chloratom gelöst, wobei die beiden Elektronen aufgrund der größeren Elektronegativität auf das Chloratom übergehen. Bei der Reaktion bildet sich ein Chlorid-Ion (Cl^-) und das **Oxonium-Ion (H_3O^+)**.

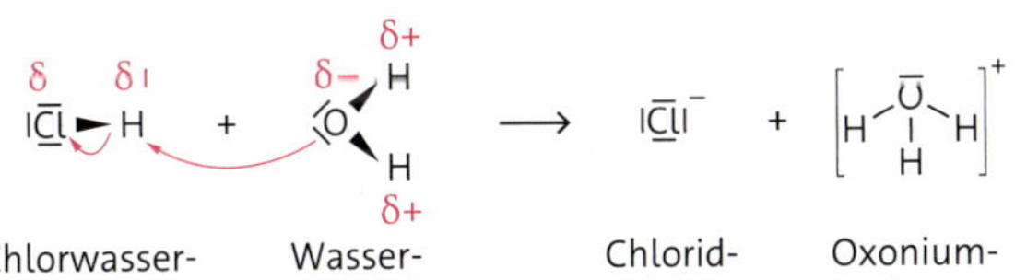

Auch beim Lösen anderer Säuren in Wasser findet eine chemische Reaktion zwischen den Säuremolekülen und den Wassermolekülen statt, wobei sich immer Oxonium-Ionen bilden. Sie sind für die charakteristische Färbung der Indikatoren verantwortlich und bilden an der Kathode bei der Elektrolyse den Wasserstoff.

! Alle sauren Lösungen enthalten Oxonium-Ionen (H_3O^+). Die Oxonium-Ionen bestimmen die Eigenschaften der sauren Lösung.

Exp. 10 | L

Einleiten von Chlorwasserstoff in Wasser

In ein Becherglas mit Rührstäbchen werden etwa 200 ml destilliertes Wasser und zehn Tropfen Universalindikatorlösung gegeben. Das Glas wird auf einen Magnetrührer gestellt und eine Leitfähigkeitsmesszelle am Rand eingetaucht. Über einen Trichter, dessen Rand sich etwa 5 mm über der Oberfläche der Lösung befindet, wird Chlorwasserstoff (GHS06|05) auf die Lösung geleitet. Die Änderung der Leitfähigkeit wird ermittelt.

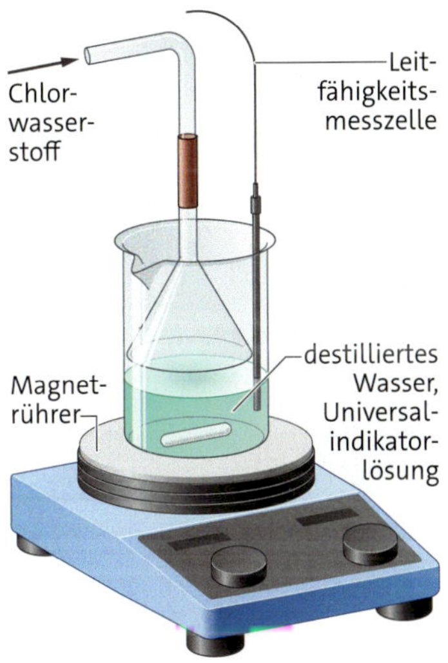

2 Modell und Formel des Oxonium-Ions

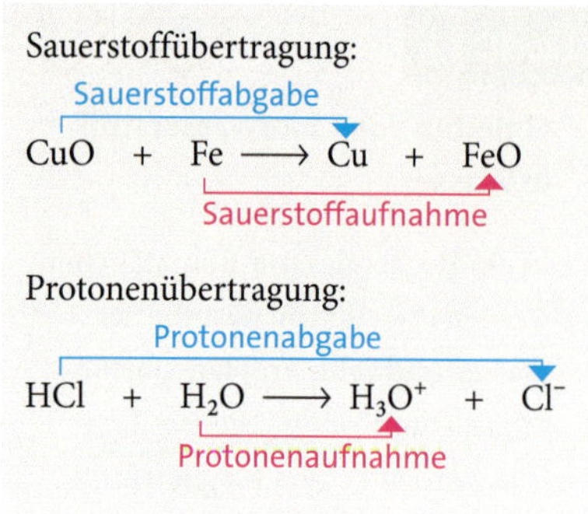

1 Vergleich Sauerstoffübertragung und Protonenübertragung

Reaktion mit Protonenübertragung Bei der Reaktion von Chlorwasserstoff mit Wasser findet zwischen den reagierenden Teilchen eine **Protonenübertragung** statt. Das gebildete Oxonium-Ion lässt sich gedanklich in ein Wasserstoff-Ion (H^+) und ein Wassermolekül (H_2O) zerlegen. Das Wasserstoff-Ion ist nichts anderes als ein **Proton**. Während der Reaktion wird also ein Proton vom Chlorwasserstoffmolekül auf das Wassermolekül übertragen. Es bilden sich das Oxonium-Ion und das Chlorid-Ion. Das Chlorwasserstoffmolekül wirkt als **Protonendonator** (lat. *donare:* schenken), es gibt ein Proton ab. Das Wassermolekül als **Protonenakzeptor** (lat. *accipere:* aufnehmen) nimmt ein Proton auf. Die Protonenübertragung ist wie die Sauerstoffübertragung ein Beispiel für eine chemische Reaktion nach dem Donator-Akzeptor-Prinzip (▸**1**).

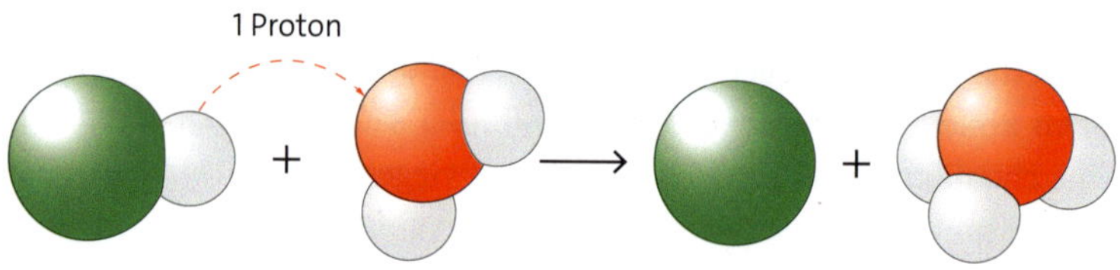

2 Pronenübertragung bei der Reaktion von Chlorwasserstoff mit Wasser im Modell

3 JOHANNES N. BRÖNSTED (1879–1974)

Säure-Base-Reaktion Der dänische Chemiker BRÖNSTED schlug vor, die Teilchen, die während einer chemischen Reaktion als Protonendonator wirken, als **Säuren** zu bezeichnen. Teilchen, die während einer chemischen Reaktion Protonen aufnehmen (Protonenakzeptor), definierte er als **Basen**. Bei der chemischen Reaktion von Chlorwasserstoff mit Wasser sind die Chlorwasserstoffmoleküle demnach die Säure und die Wassermoleküle die Base.
Die Protonenübertragungsreaktion selbst bezeichnete BRÖNSTED als **Säure-Base-Reaktion**.

Nach BRÖNSTED sind Säuren die Teilchen, die in einer Protonenübertragung als Protonendonator wirken. Basen sind die Teilchen, die als Protonenakzeptor wirken.

Aufgaben

1 Trockenes Indikatorpapier zeigt in reinem Chlorwasserstoff keine Farbänderung. Erkläre.

2 Begründe, warum Indikatorpapier vor seiner Verwendung angefeuchtet werden muss.

3 Beschreibe die Teilchenveränderungen beim Lösen von Chlorwasserstoff in Wasser.

4 Die elektrische Leitfähigkeit nimmt beim Verdünnen von Salzsäure erst zu und dann wieder ab. Leite daraus Schlussfolgerungen ab.

5 Salpetersäure (HNO_3) bildet mit Wasser Oxonium-Ionen. Formuliere die Gleichungen für die Protonenübertragung. Kennzeichne Protonenabgabe und -aufnahme.

6 Weise nach, dass in einer Salzsäurelösung die Oxonium-Ionen für die Säureeigenschaften bestimmend sind.

Säuren und Säurerest-Ionen in sauren Lösungen

Protonenübertragung bei anderen Säuren Säuren sind Stoffe, die aus Molekülen aufgebaut sind. Wie in Chlorwasserstoff sind auch in den anderen Säuremolekülen ein oder mehrere Wasserstoffatome über eine polare Elektronenpaarbindung gebunden. In einer Protonenübertragung können deshalb Protonen vom jeweiligen Säuremolekül auf Wassermoleküle übertragen werden. Es bilden sich die bekannten Oxonium-Ionen und negativ geladene **Säurerest-Ionen,** die für die Säure spezifisch sind. In der Salzsäure beispielsweise ist dies das Chlorid-Ion, in Schwefelsäure das Sulfat-Ion. Dabei ist zu beachten, dass sich die Säurerest-Ionen vieler Säuren häufig aus mehreren Atomen zusammensetzen. So besteht das Sulfat-Ion (SO_4^{2-}) aus einem Schwefelatom, an das durch Elektronenpaarbindung vier Sauerstoffatome gebunden sind. Auch das Carbonat-Ion ist aus mehreren Atomen zusammengesetzt (►**4**).

Kohlensäure Die Moleküle der Kohlensäure haben zwei Wasserstoffatome gebunden. Sie können diese Schrittweise abgeben. Zuerst überträgt ein Kohlensäuremolekül ein Proton auf ein Wassermolekül. Dabei bildet sich neben dem Oxonium-Ion ein Hydrogencarbonat-Ion. Das „Hydrogen" im Namen deutet darauf hin, dass noch ein Wasserstoffatom im Säurerest-Ion gebunden ist. In einem weiteren Schritt kann das Hydrogencarbonat-Ion unter Bildung eines Carbonat-Ions ein Proton auf ein weiteres Wassermolekül übertragen (►**5**). Neben der Kohlensäure gibt es noch weitere Säuren, die mehr als ein Wasserstoffatom im Molekül gebunden haben (►**6**).

H_2SO_4	$+\ 2\ H_2O$	$\longrightarrow$	$2\ H_3O^+$	$+\ SO_4^{2-}$
Schwefelsäure-molekül	Wasser-molekül		Oxonium-Ion	Sulfat-Ion

Säuremolekül + Wassermolekül ⟶ Oxonium-Ion + Säurerest-Ion

Säure		Säurerest-Ion	
Name	**Formel**	**Formel**	**Name**
Salzsäure	HCl	Cl^-	Chlorid-Ion
Salpetersäure	HNO_3	NO_3^-	Nitrat-Ion
Kohlensäure	H_2CO_3	HCO_3^- CO_3^{2-}	Hydrogencarbonat-Ion Carbonat-Ion
Schwefelsäure	H_2SO_4	HSO_4^- SO_4^{2-}	Hydrogensulfat-Ion Sulfat-Ion
Phosphorsäure	H_3PO_4	$H_2PO_4^-$ HPO_4^{2-} PO_4^{3-}	Dihydrogenphosphat-Ion Hydrogenphosphat-Ion Phosphat-Ion

6 Name und Formel verschiedener Säuren und Säurerest-Ionen

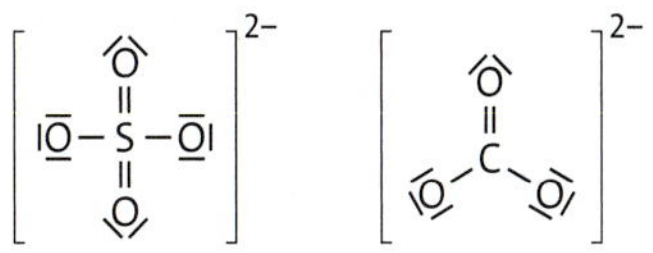

4 Lewis-Formel eines Sulfat-Ions und eines Carbonat-Ions

$$H_2CO_3 + H_2O \longrightarrow H_3O^+ + HCO_3^-$$
$$HCO_3^- + H_2O \longrightarrow H_3O^+ + CO_3^{2-}$$
$$H_2CO_3 + 2\,H_2O \longrightarrow 2\,H_3O^+ + CO_3^{2-}$$

5 Schrittweise Protonenübertragung bei der Reaktion von Kohlensäure mit Wasser

Aufgaben

1 Notiere die Reaktionsgleichung für die schrittweise Bildung einer sauren Lösung. Benenne die Ionen:
a aus Schwefelsäure
b aus Phosphorsäure

2 Beschreibe die Bindungsverhältnisse im Carbonat-Ion mithilfe der Lewis-Formel (►**4**).

Reaktionen von sauren Lösungen

1783 wurde von JACQUES ALEXANDRE CHARLES der erste Gasballon in Paris gestartet. Er war mit Wasserstoff gefüllt, der zuvor mühsam über mehrere Tage durch chemische Reaktion von Schwefelsäure mit Eisen hergestellt wurde. Einmal gefüllt konnte ein Gasballon mehrere Stunden in der Luft bleiben.

1 In den ersten Gasballons sorgte der Wasserstoff für Auftrieb.

Schon gewusst?
Edelmetalle wie Kupfer, Silber und Gold sind gegenüber sauren Lösungen beständig. Nur in Königswasser – einem Gemisch aus konzentrierter Salzsäure und Salpetersäure – kann Gold aufgelöst werden.
Einer Anekdote zufolge wurden im Labor von NIELS BOHR in der dänischen Hauptstadt Kopenhagen die goldenen Nobelpreismedaillen zweier deutscher Wissenschaftler in Königswasser aufgelöst, um sie vor dem Zugriff der deutschen Besatzungstruppen zu bewahren. Die Wissenschaftler hatten im Zweiten Weltkrieg ihre Medaillen BOHR anvertraut, da unter Hitler das Tragen und Annehmen von Nobelpreisen untersagt war. Nach Kriegsende wurde das Gold wieder zurückgewonnen, um daraus neue Medaillen für die beiden Wissenschaftler anzufertigen.

Einwirken von sauren Lösungen auf Metalle Unedle Metalle wie Zink, Magnesium und Eisen reagieren mit sauren Lösungen. Es ist eine Gasbildung zu beobachten und das Metall löst sich langsam auf. Das Gas kann mit der Knallgasprobe als Wasserstoff identifiziert werden.
Wird ein Teil der Probe eingedampft, bleibt ein kristalliner Stoff zurück. Während der Reaktion ist eine Salzlösung entstanden (▸Exp. 5, S. 259).

$$Zn + \underbrace{2\,H_3O^+ + 2\,Cl^-}_{\text{Salzsäure}} \longrightarrow \underbrace{Zn^{2+} + 2\,Cl^-}_{\text{Zinkchloridlösung}} + H_2 + 2\,H_2O$$

Es handelt sich bei dieser Reaktion um eine Reaktion mit Elektronenübertragung, also um eine Redoxreaktion.
Von Zinkatomen gehen Elektronen auf Oxonium-Ionen über. Die Zinkatome werden zu Zink-Ionen oxidiert. Die Oxonium-Ionen werden reduziert, dabei entstehen Wasserstoff- und Wassermoleküle. Die Chlorid-Ionen nehmen an der Reaktion nicht teil. Erst beim Eindampfen der Lösung verbinden sie sich mit den Zink-Ionen zu Zinkchlorid.

Elektronenabgabe:	Zn	$\longrightarrow$	$Zn^{2+} + 2\,e^-$
Elektronenaufnahme:	$2\,H_3O^+ + 2\,e^-$	$\longrightarrow$	$H_2 + 2\,H_2O$
Elektronenübertragung:	$Zn + 2\,H_3O^+$	$\longrightarrow$	$Zn^{2+} + H_2 + 2\,H_2O$

2 Redoxreaktion zwischen Zinkatomen und Oxonium-Ionen

Saure Lösungen reagieren mit unedlen Metallen unter Bildung von Salzlösungen und Wasserstoff. Dabei findet eine Elektronenübertragung (Redoxreaktion) statt.

Einwirken von sauren Lösungen auf Kalk In Haushaltsreiniger werden saure Lösungen der Citronensäure oder Essigsäure eingesetzt, um Calciumcarbonat bzw. Kalk aufzulösen. Das dabei entstehende Gas kann als Kohlenstoffdioxid nachgewiesen werden (► Exp. 6, 7; S. 259).

$$CaCO_3 + \underbrace{2\,H_3O^+ + 2\,Cl^-}_{\text{Salzsäure}} \longrightarrow \underbrace{Ca^{2+} + 2\,Cl^-}_{\text{Calciumchloridlösung}} + CO_2 + 3\,H_2O$$

Es handelt sich um eine Reaktion mit Protonenübertragung, also um eine Säure-Base-Reaktion. Von den Oxonium-Ionen werden insgesamt zwei Protonen auf ein Carbonat-Ion übertragen. Die dabei in einem Zwischenschritt gebildete Kohlensäure zerfällt zu einem Wasser- und einem Kohlenstoffdioxidmolekül (► **3**).

Protonenabgabe

$$CaCO_3 + 2\,H_3O^+ \longrightarrow Ca^{2+} + H_2CO_3 + 2\,H_2O$$

Protonenaufnahme

$$H_2CO_3 \longrightarrow CO_2 + H_2O$$

3 Säure-Base-Reaktion von Kalk mit einer sauren Lösung und Zerfall der Kohlensäure

Saure Lösungen reagieren in einer Protonenübertragung mit Carbonaten zu Kohlenstoffdioxid und Wasser.

Gase bei chemischen Reaktionen Die Reaktion eines unedlen Metalls mit Salzsäure kann dazu genutzt werden, gasförmigen Wasserstoff herzustellen, z. B. wenn Wasserstoff aus Druckgasflaschen nicht verfügbar ist. Dabei ist es wichtig zu wissen, wie viel Wasserstoff aus einer bestimmten Menge Metall entsteht (► S. 160 f.)

Noch gewusst?
Mithilfe des molaren Volumens kann das Volumen einer Gasportion aus der Stoffmenge berechnet werden.

$$V = V_m \cdot n$$

Aufgabe: Berechne das entstehende Volumen von Wasserstoff für die Reaktion von 0,1 g Magnesiumgranulat mit 10%iger Salzsäure unter Normbedingungen.

Gegeben: $m(Mg) = 0{,}1\,g$, $M(Mg) = 24{,}3\,\frac{g}{mol}$, $V_m = 22{,}4\,\frac{l}{mol}$

Gesucht: $V(H_2)$

Reaktionsgleichung: $Mg + 2\,HCl \longrightarrow MgCl_2 + H_2$

Lösung:

$$\frac{V(H_2)}{m(Mg)} = \frac{n(H_2) \cdot V_m}{n(Mg) \cdot M(Mg)} \qquad V(H_2) = \frac{n(H_2) \cdot V_m}{n(Mg) \cdot M(Mg)} \cdot m(Mg)$$

$$V(H_2) = \frac{1\,mol \cdot 22{,}4\,\frac{l}{mol}}{1\,mol \cdot 24{,}3\,\frac{g}{mol}} \cdot 0{,}1\,g = 0{,}0921 = 92\,ml$$

Ergebnis: Bei der Reaktion entstehen 92 ml Wasserstoff.

Aufgaben

1 Gib die Reaktionsgleichung für die Reaktion von Magnesium mit verdünnter Salpetersäure an.

2 Entwickle für die Reaktion von Aluminium mit Salzsäure die Ionengleichungen für die Elektronenaufnahme und Elektronenabgabe. Ordne diesen Teilreaktionen die Begriffe Oxidation und Reduktion zu. Beschreibe die Rolle des Säurerest-Ions bei diesem Vorgang.

3 Begründe, warum man in Kochtöpfen aus Aluminium kein Sauerkraut kochen sollte.

4 Berechne die Masse an Zink, die zur Füllung (500 l) eines Fesselballons mit Wasserstoff notwendig ist.

Carbonate

1 Kreidefelsen auf der Insel Rügen

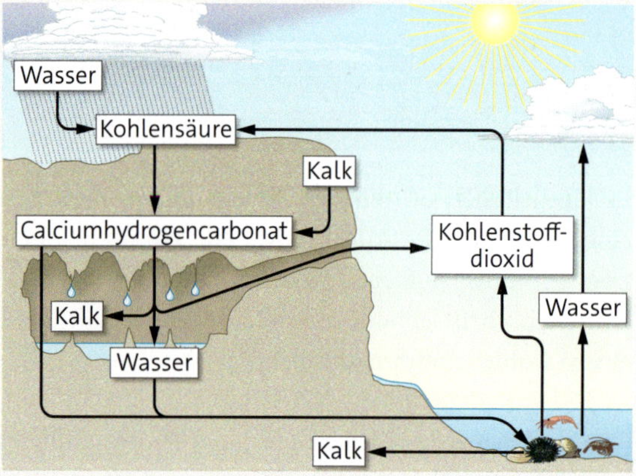

2 Kalkkreislauf in der Natur

Carbonate in der Natur Kalk (Calciumcarbonat, $CaCO_3$) ist als gesteinsbildendes Material in der Natur weit verbreitet, z. B. in Form von Kalkstein, Marmor oder Kreide (▸1). Dieses Sedimentgestein ist aus den Schalen und Skeletten fossiler Meereslebewesen entstanden. Kalk spielt in der lebenden Natur als Stützsubstanz eine wichtige Rolle, z. B. in Muschelschalen, Schneckenhäusern, Korallen, Eierschalen und Knochen.
Einige wichtige Erze zur Metallgewinnung sind ebenfalls Carbonate, z. B. Spateisenstein (Eisencarbonat, $FeCO_3$) und Zinkspat (Zinkcarbonat, $ZnCO_3$).

Carbonate im Haushalt Back- und Brausepulver sowie Feuerlöscher enthalten Natron (Natriumhydrogencarbonat, $NaHCO_3$). Hirschhornsalz, ebenfalls ein Backtriebmittel, enthält Ammoniumhydrogencarbonat (NH_4HCO_3). Erhitzt man diese Stoffe, zersetzen sie sich unter Abgabe von Kohlenstoffdioxid.

$$2\ NaHCO_3\ (s) \longrightarrow Na_2CO_3\ (s) + H_2O\ (l) + CO_2\ (g) \quad | \ \text{endotherm}$$

Der natürliche Kalkkreislauf Als natürlicher Kalkkreislauf wird die Auflösung und Wiederabscheidung von Calciumcarbonat in der Natur bezeichnet. Durch Verwitterung von Kalkstein entstehen zerklüftete Felsen, unterirdische Wasserläufe und Höhlen. Dabei reagiert die aus Kohlenstoffdioxid und Regenwasser gebildete Kohlensäure mit dem Calciumcarbonat kalkhaltiger Gesteine. Aus dem schwer löslichen Calciumcarbonat entsteht leicht lösliches Calciumhydrogencarbonat [$Ca(HCO_3)_2$], das sich im Wasser löst. Das Gestein wird so langsam abgetragen.

$$CaCO_3 + H_2CO_3 \longrightarrow Ca^{2+} + 2\ HCO_3^-$$

Andererseits scheidet sich, z. B. in Höhlen, Calciumcarbonat auch wieder ab. Die Verdunstung von Wasser aus herabtropfender Calciumhydrogencarbonatlösung führt dazu, dass Kohlenstoffdioxid entweicht und aus dem Calciumhydrogencarbonat Calciumcarbonat entsteht. Im Laufe der Zeit bilden sich so Tropfsteine an der Höhlendecke (Stalaktite) und an der Auftropfstelle am Boden (Stalagmite).

Exp. 1 **Reaktion von Calciumcarbonat mit kohlenstoffdioxidhaltigem Wasser**

Fülle gesättigte Calciumhydroxidlösung (Kalkwasser, GHS05) in ein Becherglas. Leite Kohlenstoffdioxid in die Flüssigkeit ein, bis sich ein weißer Niederschlag gebildet hat. Leite weiter Kohlenstoffdioxid ein, bis eine klare Lösung entsteht. Erhitze diese Lösung. Notiere deine Beobachtungen und deute die Ergebnisse.
Entsorgung: Lösung in das Abwasser geben.

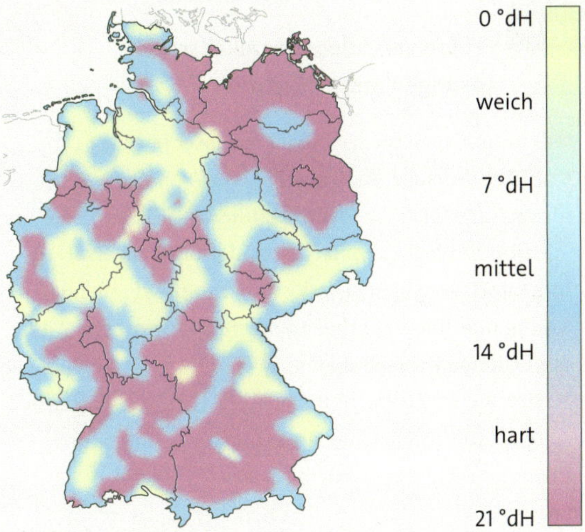

3 Wasserhärte des Trinkwassers in Deutschland

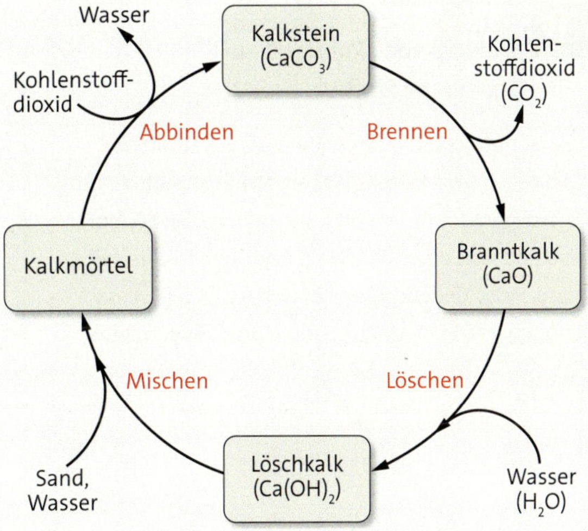

4 Technischer Kalkkreislauf

Hartes Wasser Trinkwasser, das aus Regionen mit kalkhaltigem Gestein stammt, ist meist sehr hartes Wasser. Der Gehalt an Calcium- und Magnesium-Ionen ist bei hartem Wasser relativ hoch und wird als Wasserhärte bezeichnet. Wird hartes Wasser erhitzt, bildet sich Kalk (Calciumcarbonat), der sich als Kesselstein an den Heizstäben oder Topfböden absetzt. Diese Kalkablagerungen behindern den Wärmeaustausch und erhöhen so den Energieverbrauch.
Durch saure Lösungen werden Carbonate unter Bildung von Kohlenstoffdioxid zersetzt. Daher enthalten manche Entkalker und Badreinigungsmittel Citronensäure.

Der technische Kalkkreislauf Kalkstein wird als Naturstein z. B. für Bodenbeläge, als Straßenschotter und als Zuschlagstoff bei der Eisen- und Stahlherstellung verwendet. Kalkstein ist außerdem ein wichtiger Rohstoff für die Baustoffindustrie zur Herstellung von Putz, Mörtel, Zement, Kalksandstein und (Poren-) Beton.
Um Mörtel herzustellen, verarbeitet man Kalkstein zu Branntkalk (CaO) und mit Wasser weiter zu Löschkalk [$Ca(OH)_2$]. Mit Sand und Wasser erhält man Kalkmörtel, der abgebunden eine steinharte Masse bildet. Im technischen Kalkkreislauf werden die dabei ablaufenden Reaktionen zusammengefasst (▸**4**).

Aufgaben

1 Erkundige dich bei den Stadtwerken deines Ortes nach dem Härtegrad des Leitungswassers und woher dieses Wasser stammt.

2 Begründe, warum Fliesen aus Marmor nicht mit säurehaltigen Haushaltsreinigern gepflegt werden dürfen.

3 Erläutere, wie Kalk aus der Natur auf den Boden eines Wasserkochers gelangt.

Info 1 **Fresko**

Als Fresko bezeichnet man eine Technik der Wandmalerei, die auf frischem (ital. *fresco*), noch nicht abgebundenem Kalkmörtelputz mit Wasserfarben ausgeführt wird. Die Farbpigmente sind nach dem Abbinden des Putzes unlöslich mit dem Kalk verbunden.

5 Ausschnitt aus einem Fresko von GIOTTO DI BONDONE (1267 bis 1337)

Alkalische Lösungen

Exp. 11 Wirkung von „Rohrfrei“ auf organische Stoffe

Löse in fünf Reagenzgläsern jeweils 5 g „Rohrfrei“ (GHS05) in 5 ml kaltem Wasser. Prüfe anschließend die Temperatur, indem du kurz an den Glasboden fasst. Gib in je eines der Reagenzgläser ein Büschel Haare, verschiedene Gewebefasern, z. B. aus Wolle, Baumwolle und Synthetik, und einige Fingernägel.

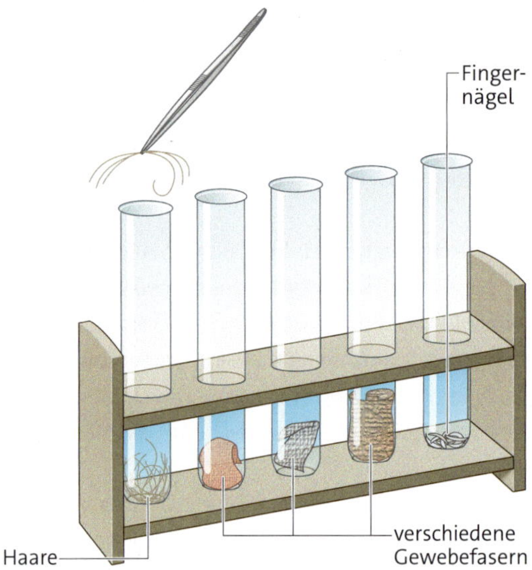

Vergleiche deine Beobachtungen, die du nach 5 und 30 Minuten und nach drei Tagen feststellen kannst.
Entsorgung: Lösungen in das Abwasser geben.

Exp. 12 Verhalten von Metalloxiden in Wasser

Gib in vier Reagenzgläser jeweils 5 ml Wasser. Füge jeweils drei Tropfen Phenolphthaleinlösung hinzu. Gib in die Reagenzgläser je eine Spatelspitze Calciumoxid (GHS05|07), Magnesiumoxid, schwarzes Kupferoxid (GHS07|09) und rotes Eisenoxid. Schüttle kurz und lass die Feststoffe absetzen.
Notiere deine Beobachtungen.
Entsorgung: Lösungen in Behälter für saure und alkalische Abfälle geben.

Exp. 13 Prüfen verschiedener alkalischer Lösungen mit Indikatoren

Gib in fünf verschiedene Reagenzgläser jeweils 2 ml verd. Natronlauge, Kalilauge, Kalkwasser, Ammoniaklösung (alle GHS05) sowie destilliertes Wasser. Prüfe alle fünf Flüssigkeiten nacheinander mit Universalindikatorlösung, Lackmuslösung, Bromthymolblaulösung und Phenolphthaleinlösung. Dampfe etwa 2 ml der Lösungen vorsichtig ein.
Notiere deine Beobachtungen. Leite eine Schlussfolgerung ab, für welche Untersuchungen der Indikator Phenolphthalein besonders geeignet erscheint.
Entsorgung: Lösungen in den Behälter für saure und alkalische Abfälle geben.

Exp. 14 Prüfen verschiedener Haushaltslösungen mit Universalindikator

Löse in drei Reagenzgläsern folgende Stoffe in jeweils 5 ml Wasser: einige Späne Kernseife, eine Spatelspitze Waschpulver, drei Tropfen Geschirrspülmittel. Gib zu den Reagenzgläsern jeweils drei Tropfen Universalindikatorlösung.
Notiere deine Beobachtungen.
Entsorgung: Lösungen in das Abwasser geben.

Exp. 15 Elektrische Leitfähigkeit von Natriumhydroxid und Kaliumhydroxid

Prüfe zuerst festes Natriumhydroxid (GHS05) und festes Kaliumhydroxid (GHS05) auf elektrische Leitfähigkeit. Löse anschließend in zwei Reagenzgläsern etwas Natriumhydroxid und Kaliumhydroxid in jeweils 5 ml Wasser. Vergleiche dabei die Temperatur der Flüssigkeiten vor und nach dem Lösevorgang, indem du kurz an den Glasboden fasst. Prüfe nacheinander die elektrische Leitfähigkeit beider Lösungen. Deute die Beobachtungsergebnisse.
Entsorgung: Lösungen in den Behälter für saure und alkalische Abfälle geben.

Reaktionen von sauren mit alkalischen Lösungen

Exp. 16 Herstellen einer Natronlauge

Stelle eine Natronlauge her, die in einem Liter Lösung 0,1 mol Natriumhydroxid enthält. Plane dazu die Vorgehensweise. Berechne die Masse Natriumhydroxid (GHS05), die du in einem bestimmten Volumen destilliertem Wasser lösen musst.
Entsorgung: Lösung in den Behälter für saure und alkalische Abfälle geben.

Exp. 17 pH-Wert Bestimmung nach Verdünnen einer sauren und einer alkalischen Lösung

Bestimme den pH-Wert einer 5%igen Salzsäure mit einem pH-Meter. Entnimm der Lösung 10 ml und verdünne sie mit destilliertem Wasser auf 100 ml. Bestimme den pH-Wert der hergestellten Lösung erneut. Wiederhole nun den Versuch mit 5%iger Natronlauge (GHS05).
Notiere deine Beobachtungen.
Entsorgung: Lösungen in den Behälter für saure und alkalische Abfälle geben.

Exp. 18 Mischen von sauren und alkalischen Lösungen

Mische in einem kleinen Becherglas 5 ml Wasser mit fünf Tropfen Calciumhydroxidlösung und vier Tropfen Phenolphthaleinlösung ($w < 1\,\%$). Tropfe mit einer Tropfpipette verd. Salpetersäure zu. Schwenke nach jedem Tropfen vorsichtig das Becherglas, um die Lösungen zu mischen. Wiederhole das Experiment unter Verwendung eines Gemischs aus 5 ml Wasser, fünf Tropfen verd. Salzsäure und vier Tropfen Universalindikatorlösung, zu dem du verd. Natronlauge (GHS05) tropfst.
Beschreibe das Verhalten der Indikatoren. Gib an, welche Teilchen bei den verschiedenen Färbungen der Indikatoren in der Lösung vorliegen müssen.
Entsorgung: Lösungen in den Behälter für saure und alkalische Abfälle geben.

Exp. 19 Temperaturänderung bei Zugabe von Natronlauge zu Salzsäure

Stelle ein Becherglas mit 30 ml verd. Salzsäure und eines mit 30 ml verd. Natronlauge (GHS05) bereit. Ermittle die Temperatur beider Lösungen. Gib beide Lösungen zusammen und bestimme die Temperatur erneut. Dampfe die entstandene Lösung vorsichtig ein. Betrachte den Rückstand mit einer Lupe.
Notiere deine Beobachtungen und deute die Veränderungen.
Entsorgung: Lösungen in das Abwasser geben.

Exp. 20 Titration von Speiseessig

Gib mit der Vollpipette 20 ml hellen Speiseessig in einen 200-ml-Erlenmeyerkolben und versetze die Probe mit 4 Tropfen Phenolphthaleinlösung ($w < 1\,\%$). Befülle die Bürette mit Natronlauge [$c(\text{NaOH}) = 1\,\frac{\text{mol}}{\text{l}}$; GHS05]. Titriere die Probe unter ständigem Umschwenken, bis sich die Lösung schwach pink färbt.

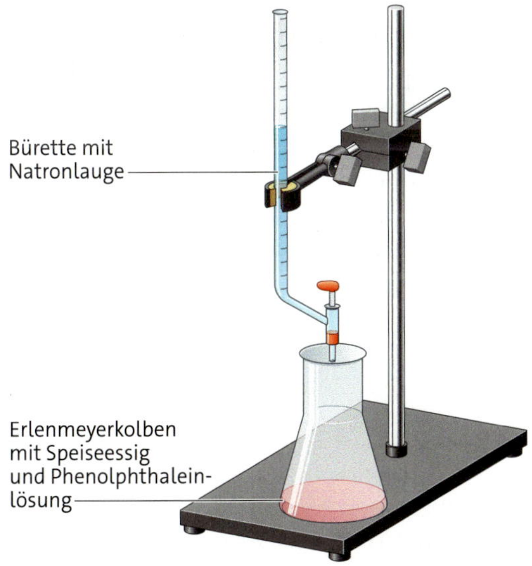

Notiere die Messwerte. Berechne die Stoffmengenkonzentration der Essigsäure in Essig.
Entsorgung: Lösungen in das Abwasser geben.

Kennzeichen alkalischer Lösungen

Ammoniak ist ein stechend riechendes Gas. Die Löslichkeit von Ammoniak in Wasser ist so groß, dass mit dem richtigen Versuchsaufbau ein beeindruckender Springbrunnen entsteht. Die dabei gebildete Lösung reagiert alkalisch.

1 Ammoniak löst sich sehr gut in Wasser.

Exp. 21 | L

Elektrische Leitfähigkeit von Natriumhydroxid

Vorsicht! Abzug! Die elektrische Leitfähigkeit von festem Natriumhydroxid (GHS05) ist zu prüfen. Natriumhydroxid wird in einem Porzellantiegel im Abzug erhitzt, bis es schmilzt. Die elektrische Leitfähigkeit der Schmelze ist mithilfe zweier Kohleelektroden zu prüfen (Wechselspannung von 6 bis 10 V).

Eigenschaften alkalischer Lösungen Wie saure Lösungen zeigen auch alkalische Lösungen einige gemeinsame Eigenschaften: Sie leiten den elektrischen Strom, weisen ein pH-Wert größer als 7 auf, fühlen sich seifig an und haben eine ähnlich ätzende Wirkung wie saure Lösungen (▸Exp. 11, S. 270). Alkalische Lösungen färben die Indikatoren Phenolphthalein rotviolett sowie Lackmus, Bromthymolblau und Universalindikator blau (▸Exp. 13, S. 270).
Viele Haushaltsreiniger bilden alkalische Lösungen (▸Exp. 14, S. 270), so ist in Rohrreiniger Natriumhydroxid enthalten, das in Wasser gelöst Natronlauge bildet. Alkalische Lösungen werden auch als **Laugen** bezeichnet. Sie entstehen u. a. durch Reaktion von Alkali- oder Erdalkalimetallen bzw. ihrer Oxide mit Wasser (▸Exp. 12, S. 270).

Teilchen in alkalischen Lösungen Auch andere Metallhydroxide wie Kaliumhydroxid oder Calciumhydroxid bilden beim Lösen in Wasser alkalische Lösungen.

$$KOH\ (s) \longrightarrow K^+\ (aq) + OH^-\ (aq) \quad |\ \text{exotherm}$$
$$Ca(OH)_2\ (s) \longrightarrow Ca^{2+}\ (aq) + 2\ OH^-\ (aq) \quad |\ \text{exotherm}$$

Ihre Schmelzen leiten den elektrischen Strom genauso wie die Lösung (▸Exp. 15, S. 270; ▸Exp. 21). Im Gegensatz zu den Säuren sind Metallhydroxide Salze, die aus Ionen aufgebaut sind. Der Vergleich zeigt, dass alle Metallhydroxidlösungen Hydroxid-Ionen enthalten. Sie sind charakteristisch für alle alkalischen Lösungen.

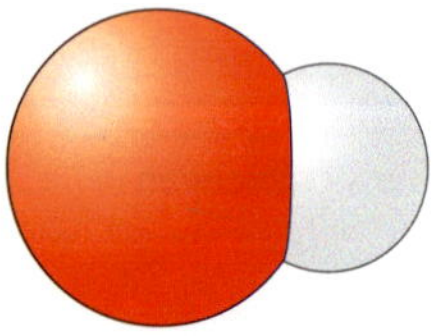

2 Modell und Formel des Hydroxid-Ions

Die charakteristischen Teilchen alkalischer Lösungen sind Hydroxid-Ionen (OH^-).

Bildung von Hydroxid-Ionen durch Protonenübertragung Ammoniak ist ein farbloses, stechend riechendes Gas. Beim Einleiten von Ammoniak in Wasser entsteht eine Lösung, die den elektrischen Strom leitet und Universalindikator blau färbt (▸ Exp. 22, ▸ 1). Die Lösung enthält folglich Hydroxid-Ionen, obwohl Ammoniak selbst aus Molekülen aufgebaut ist. Im Ammoniakmolekül (NH_3) sind 3 Wasserstoffatome durch jeweils eine Elektronenpaarbindung an ein Stickstoffatom gebunden.
Zwischen den Wassermolekülen und den Ammoniakmolekülen findet eine Protonenübertragung statt. Vom Wassermolekül wird ein Proton auf das Ammoniakmolekül übertragen. Es bindet an das freie Elektronenpaar des Stickstoffatoms im Ammoniakmolekül. Bei der Reaktion bilden sich aus den Wassermolekülen Hydroxid-Ionen (OH^-) und aus den Ammoniakmolekülen Ammonium-Ionen (NH_4^+). In dieser Säure-Base-Reaktion reagiert das Wassermolekül als Protonendonator (Säure) und das Ammoniakmolekül (Base) als Protonenakzeptor.

Protonenabgabe

$$NH_3 + H_2O \longrightarrow NH_4^+ + OH^-$$

Protonenaufnahme

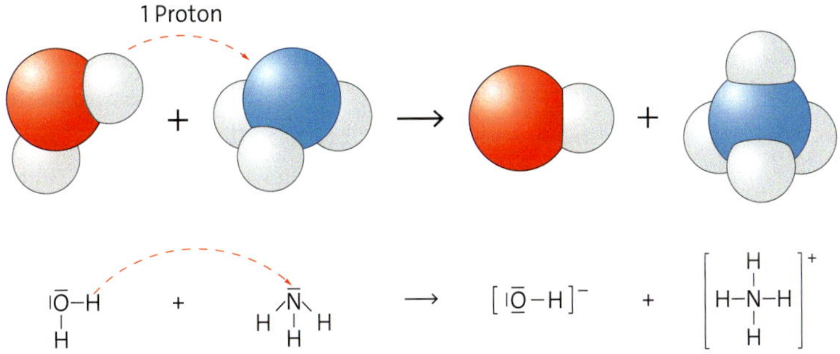

3 Reaktion mit Protonenübertragung zwischen Ammoniak und Wasser

Vergleicht man die Säure-Base-Reaktion von Ammoniak mit Wasser und die von Chlorwasserstoff mit Wasser, so fällt auf, dass das Wassermolekül bei der Reaktion von Chlorwasserstoff mit Wasser ein Proton aufnimmt, während es bei der von Ammoniak mit Wasser ein Proton abgibt. Das Wassermolekül kann also in Abhängigkeit vom Reaktionspartner sowohl als Säure (Protonendonator) als auch als Base (Protonenakzeptor) wirken. Solche Teilchen bezeichnet man auch als **Ampholyt**.

Exp. 22 | L

Lösen von Ammoniak in Wasser

Vorsicht! Abzug! Eine Kristallisierschale wird mit Wasser gefüllt, das mit Universalindikator versetzt ist. Ein mit Ammoniak (GHS06|09) gefüllter Rundkolben wird in die Kristallisierschale getaucht. Mit einer Pipette ist etwas Wasser in den Rundkolben einzuspritzen. Die entstandene Lösung wird auf elektrische Leitfähigkeit geprüft.

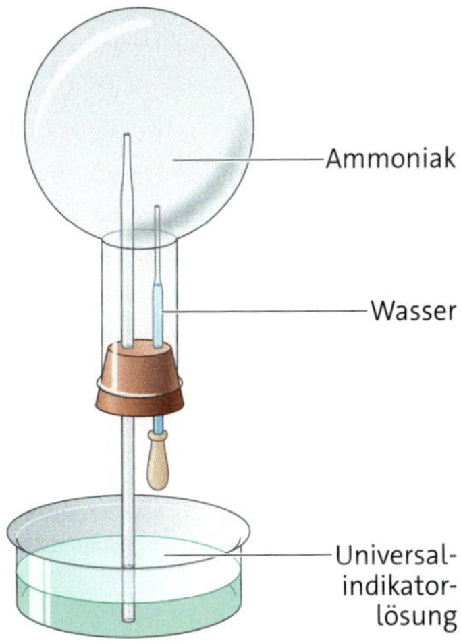

$$HCl + H_2O \longrightarrow H_3O^+ + Cl^-$$

Protonen-
akzeptor (Base)

$$H_2O + NH_3 \longrightarrow NH_4^+ + OH^-$$

Protonen-
donator (Säure)

4 Wassermoleküle als Ampholyt

Aufgaben

1 Feste Metallhydroxide leiten den elektrischen Strom nicht, wohl aber die Metallhydroxidlösungen. Erkläre.

2 Aluminiumpulver wird in Wasser erhitzt. Die entstandene Lösung färbt Lackmus blau. Deute die Beobachtung.

3 Begründe, warum in Experiment 17 zu Beginn Wasser in den Rundkolben gespritzt wird.

4 Vergleiche die Reaktion von Natriumhydroxid mit Wasser mit der Reaktion von Ammoniak mit Wasser auf der Teilchenebene.

Neutrale Lösung – Neutralisation

Saurer Regen kann zur Übersäuerung der Äcker führen. Um der Übersäuerung entgegenzuwirken, werden die Böden gekalkt. Auch die Abwässer in Kläranlagen müssen neutralisiert werden, bevor sie die biologische Stufe erreichen.

1 Kalken eines sauren Bodens

2 Zugabe von Natronlauge zu Salzsäure – vorher (oben) und nachher (unten); Lösungen enthalten Universalindikator.

Reaktion einer sauren mit einer alkalischen Lösung Wird zu verdünnter Salzsäure, die mit Universalindikator versetzt ist, tropfenweise verdünnte Natronlauge gegeben, so ändert sich die Farbe des Indikators nach Zugabe eines bestimmten Volumens Natronlauge nach Grün. Bei Zugabe von Salpetersäure zu Calciumhydroxidlösung ist auch ein Farbumschlag von Phenolphthalein beobachtbar (▸ Exp. 18, S. 271). Es ist jeweils eine neutrale Lösung entstanden. Chemische Reaktionen, bei denen saure Lösungen mit alkalischen Lösungen zu neutralen Lösungen reagieren, werden als **Neutralisationen** bezeichnet.

Neutralisation – eine chemische Reaktion Bei der Neutralisation handelt es sich um eine exotherm verlaufende chemische Reaktion. Die Zugabe von Salzsäure zu Natronlauge führt zu einem starken Temperaturanstieg (▸ Exp. 19, S. 271). Dabei reagieren positiv geladene Oxonium-Ionen der Salzsäure mit negativ geladenen Hydroxid-Ionen der Natronlauge zu Wassermolekülen.

Bei der Neutralisation ist eine Natriumchloridlösung entstanden, bei der nach Eindampfen das Natriumchlorid zurückbleibt (▸ Exp. 19, S. 271). Aus der Ionengleichung ist zu erkennen, dass die Natrium-Ionen und die Chlorid-Ionen nicht an der Reaktion teilnehmen. Sie verändern sich nicht und können in der Ionengleichung auch weggelassen werden.

$$\underbrace{H_3O^+ + Cl^-}_{\text{Salzsäure}} + \underbrace{Na^+ + OH^-}_{\text{Natronlauge}} \longrightarrow \underbrace{Na^+ + Cl^- + 2\,H_2O}_{\text{Natriumchloridlösung}} \mid \text{exotherm}$$

$$H_3O^+ (aq) + OH^- (aq) \longrightarrow 2\,H_2O\,(l) \mid \text{exotherm}$$

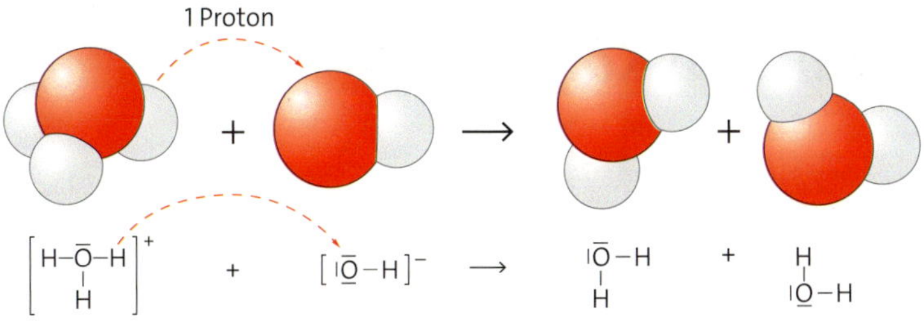

3 Protonenübertragung bei der Reaktion von Oxonium-Ionen mit Hydroxid-Ionen im Modell

Reaktion mit Protonenübertragung Bei einer Neutralisation findet eine Protonenübertragung zwischen dem Oxonium-Ion und dem Hydroxid-Ion statt. Das Oxonium-Ion gibt ein Proton ab und wirkt als Protonendonator. Das Hydroxid-Ion als Protonenakzeptor nimmt das Proton auf. Es bilden sich zwei Wassermoleküle (▸3).
Das gegenseitige Abgeben und Aufnehmen von Teilchen durch die reagierenden Stoffe ist bei vielen chemischen Reaktionen festzustellen. Es wird als **Donator-Akzeptor-Prinzip** bezeichnet und gilt als eine der Grundlagen zum Verständnis chemischer Reaktionen.

Die Neutralisation ist eine Reaktion mit Protonenübertragung (Säure-Base-Reaktion), bei der Oxonium-Ionen (Säure) mit Hydroxid-Ionen (Base) zu Wassermolekülen reagieren.

Bedeutung der Neutralisation Neutralisationen sind in vielen Bereichen von großer Bedeutung. Um saure oder alkalische Abwässer gefahrlos entsorgen zu können, werden sie in Abwasseraufbereitungsanlagen neutralisiert. In der Spülmaschine wird das alkalische Spülmittel im Klarspülgang mit der sauren Lösung eines Klarspülers versetzt. Durch sauren Regen kann der Boden sauer werden. Die Aufnahme von wichtigen Mineralstoffen durch die Pflanze wird dadurch eingeschränkt oder sogar verhindert. Kalkdünger schaffen einen für die Pflanzen günstigen pH-Wert. Beim Sodbrennen werden Medikamente eingesetzt, um die Magensäure zu neutralisieren und Verätzungen der Speiseröhre vorzubeugen. Im Labor lassen sich mithilfe der Neutralisation Stoffmengenkonzentrationen von sauren und alkalischen Lösungen bestimmen.

Schon gewusst?
Auch beim Färben von Haaren laufen Neutralisationen ab. Um das Haar für die Farbstoffe aufzuschließen, werden alkalische Lösungen eingesetzt. Nach dem Färbeprozess werden diese mit sauren Spülungen neutralisiert.

4 Spülmaschine: alkalisches Spülmittel, saurer Klarspüler

Aufgaben

1 Nenne die beobachtbaren Merkmale einer Neutralisation.

2 Formuliere die Ionengleichungen für die Reaktionen von Phosphorsäure mit Kalilauge und Schwefelsäure mit Calciumhydroxidlösung.

3 Erläutere an einem Beispiel die Protonenübertragung bei der Neutralisation.

4 Beim Kalken von Böden wird häufig Branntkalk (Calciumoxid) verwendet. Weise nach, dass es sich dabei um eine Neutralisation handelt.

5 Zeige, dass für das Lösen von Chlorwasserstoff in Wasser das Donator-Akzeptor-Prinzip gilt.

pH-Werte im menschlichen Körper

Alle Vorgänge des menschlichen Stoffwechsels sind abhängig vom pH-Wert in den Zellen und Organen. Häufig können die verschiedenen chemischen Reaktionen in unserem Körper nur bei ganz bestimmten pH-Werten stattfinden.

Mund

Mundspeichel: pH = 6,8 bis 7,2
Bei diesen pH-Werten arbeitet das Speichelenzym Amylase optimal. Es zerlegt Stärke in den Zucker Maltose.

Magen

pH ≤ 2 (Magenwand) bis 6,8 (Mageninneres)
Magensaft enthält Salzsäure mit einem Massenanteil von 0,5 % (pH = 1,0 –1,5). Die Salzsäure lässt Eiweiße gerinnen und aufquellen, sodass sie leichter verdaut werden können. Bakterien und andere Krankheitserreger, die mit der Nahrung in den Magen gelangen, werden abgetötet.

Dünndarm

pH = 5,6; nimmt bis 8,3 zu.
Wenn der saure Nahrungsbrei den Magen verlässt, wird er leicht alkalisch gemacht. In diesem Bereich wirken die Enzyme der Bauchspeicheldrüse und des Dünndarms am besten.

Dickdarm

pH-Wert zwischen 6,5 und 7,8
Im Dickdarm findet die Aufspaltung unverdauter Nahrungsreste durch Gärungs- und Fäulnisprozesse statt.

Blut

pH = 7,37 (venös), pH = 7,40 (arteriell)
Durch verschiedene Regulationssysteme wird der pH-Wert im Blut sehr konstant gehalten. Schon Abweichungen um 0,05 können zum Tod führen.

Haut

Frauen: pH = 5,6, Männer: pH = 4,9
Der Säureschutzmantel der Haut wehrt Bakterien und andere Krankheitserreger ab.

Harn

pH = 4,8 bis 7,7
Abweichungen lassen auf ernsthafte Erkrankungen schließen.

Info 1 **Sodbrennen**

Die Magenwand ist durch eine spezielle Schleimhaut vor der ätzenden Wirkung der Magensäure geschützt.
Durch den Genuss von besonders reichhaltigem oder fettigem Essen kann aber Magensaft in die nicht geschützte Speiseröhre aufsteigen und zu einem brennenden oder drückenden Schmerz führen – Sodbrennen. Gegen Sodbrennen helfen sogenannte Antacida. Sie enthalten Natriumhydrogencarbonat ($NaHCO_3$), Calcium- oder Magnesiumhydroxid, die die überschüssige Magensäure neutralisieren.

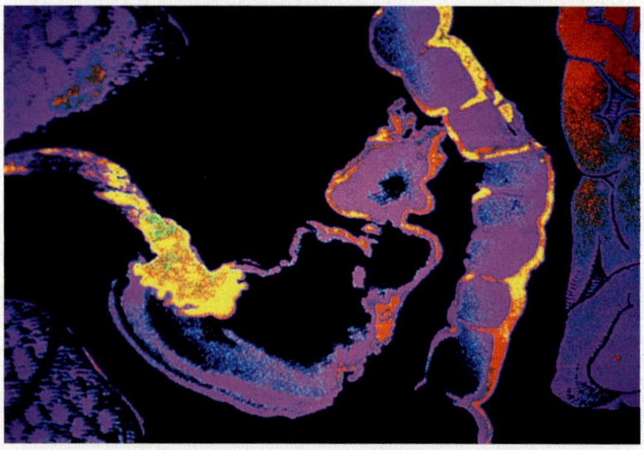

1 Beim Sodbrennen gelangt Magensäure (gelbe Bereiche) in die Speiseröhre.

Aufgaben

1 Erstelle ein Diagramm, aus dem der Verlauf des pH-Werts von der Nahrungsaufnahme über die Verdauung bis zur Ausscheidung hervorgeht.

2 Recherchiere, welche Folgen eine Übersäuerung (Azidose) für den Körper haben kann.

Konzentration von Lösungen

Im Labor findet man Chemikalienflaschen mit verschiedenen Etiketten, z. B. mit dem Aufdruck verdünnte Salzsäure oder konzentrierte Salzsäure. Doch wie viele Oxonium-Ionen enthalten sie?
Auch um saure bzw. alkalische Lösungen so zu neutralisieren, dass sie einen pH-Wert von genau 7 haben, muss man wissen, wie viele Oxonium- bzw. Hydroxid-Ionen in den Lösungen vorhanden sind.

Stoffmengenkonzentration Gehaltsangaben für Lösungen, z. B. die Massenkonzentration oder der Massenanteil, sind schon bekannt. So sind in 100 g einer 10%igen Salzsäurelösung 10 g Chlorwasserstoff gelöst. Für die Herstellung von Lösungen können solche Angaben sehr nützlich sein, da sie sich auf leicht messbare Größen beziehen. Für die Betrachtung von chemischen Reaktionen ist aber häufig eine Angabe besser, die sich auf die Anzahl der Teilchen in der Lösung bezieht.

Eine solche Größe ist die **Stoffmengenkonzentration** *c*. Sie ist der Quotient aus Stoffmenge des gelösten Stoffes und dem Volumen der Lösung. Die Einheit wird meist in $\frac{mol}{l}$ angegeben. Im Labor findet man auf dem Etikett von Chemikalienflaschen mit Lösungen neben dem Namen der Lösung häufig auch Angaben zur Stoffmengenkonzentration (▸1).

$$c(\text{gelöster Stoff}) = \frac{n(\text{gelöster Stoff})}{V(\text{Lösung})} \qquad \text{Einheit: } 1\,\frac{\text{mol}}{\text{l}}$$

Die Angaben zur Stoffmengenkonzentration sollen am Beispiel der Natronlauge näher erläutert werden. In 1 Liter Natronlauge mit einer Stoffmengenkonzentration von $0{,}5\,\frac{mol}{l}$ sind exakt 0,5 mol Natriumhydroxid gelöst. Mithilfe der molaren Masse $M(NaOH) = 40\,\frac{g}{mol}$ kann man berechnen, dass das einer Masse von 20 g Natriumhydroxid entspricht.
Zur Herstellung dieser Lösung mit $c(NaOH) = 0{,}5\,\frac{mol}{l}$ müssen also 20 g Natriumhydroxid in so viel Wasser gelöst werden, bis eine Lösung von 1 Liter Volumen entsteht (▸ Exp. 16, S. 271).
Entsprechend besitzt eine Salzsäure mit 2 mol gelöstem Chlorwasserstoff in 1 Liter Salzsäure eine Stoffmengenkonzentration $c(HCl) = 2\,\frac{mol}{l}$. Das entspricht einer Masse von 73 g Chlorwasserstoff in 1 Liter Salzsäure.

Die Stoffmengenkonzentration *c* ist der Quotient aus der Stoffmenge eines gelösten Stoffes und dem Volumen der Lösung.

$$c(\text{gelöster Stoff}) = \frac{n(\text{gelöster Stoff})}{V(\text{Lösung})} \qquad V(\text{Lösung}) = \frac{n(\text{gelöster Stoff})}{c(\text{gelöster Stoff})}$$

$$n(\text{gelöster Stoff}) = c(\text{gelöster Stoff}) \cdot V(\text{Lösung})$$

$$m(\text{gelöster Stoff}) = c(\text{gelöster Stoff}) \cdot M(\text{gelöster Stoff}) \cdot V(\text{Lösung})$$

2 Wichtige Beziehungen der Stoffmengenkonzentration *c*

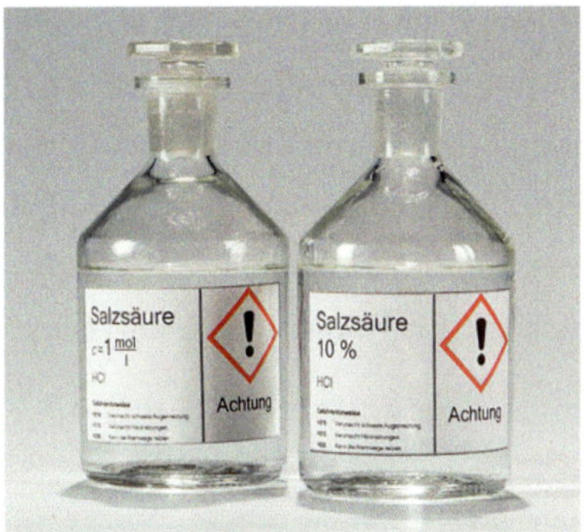

1 Stoffmengenkonzentration (li.) und Massenanteil als Gehaltsangaben einer Salzsäure

Noch gewusst?
Die Stoffmenge *n* gibt an, aus wie vielen Teilchen eine Stoffportion besteht.
Das Mol entspricht dabei einer Teilchenanzahl von rund 600 Trilliarden.

Aufgaben

1 Berechne jeweils die Masse, um die angegebenen Lösungen herzustellen:
- **a** 2 Liter Kalilauge ($c = 0{,}1\,\frac{mol}{l}$) aus Kaliumhydroxid
- **b** 5 Liter Natronlauge ($c = 0{,}2\,\frac{mol}{l}$) aus Natriumhydroxid

2 Im Alltag werden Konzentrationsangaben mit der Einheit Prozent (%) bevorzugt, Chemiker benutzen oft die Stoffmengenkonzentration *c*. Begründe.

3 Citronensäure hat eine molare Masse von $192\,\frac{g}{mol}$. Berechne die Masse, die benötigt wird, um 3 Liter Citronensäurelösung mit der Stoffmengenkonzentration $c = 0{,}5\,\frac{mol}{l}$ herzustellen.

Der pH-Wert

Saure, alkalische und neutrale Lösungen können mit Universalindikatorlösung unter Verwendung einer Vergleichsskala unterschieden werden. Mit einem pH-Meter lässt sich der pH-Wert einfach und exakt bestimmen.

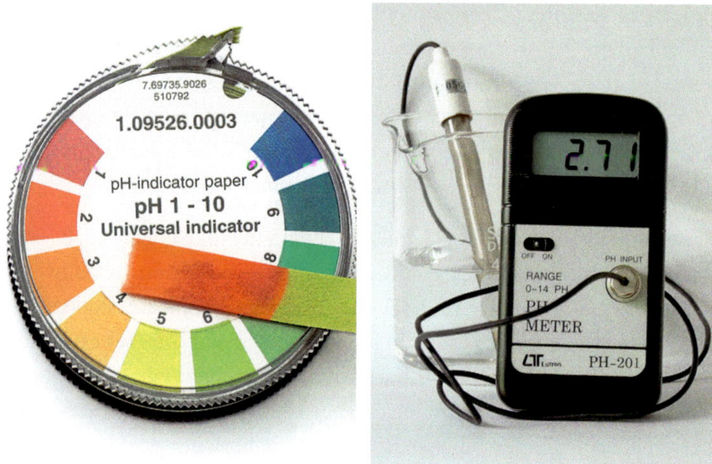

1 Methoden der pH-Wert-Bestimmung

Schon gewusst?

Die Lebewesen im Wasser benötigen einen für sie optimalen pH-Wert. Beim Einrichten eines Aquariums ist es daher wichtig, Fische auszuwählen, die die gleichen Ansprüche an das Wasser stellen. Das Wasser im Süßwasseraquarium sollte einen pH-Wert von 5,5 bis 7,5 besitzen, im Meerwasseraquarium sollte ein pH-Wert von 8,0 bis 8,5 eingestellt sein.

2 Seepferdchen benötigen einen pH-Wert von 8 bis 8,5.

Der pH-Wert saurer Lösungen Bekannt ist, dass jede saure Lösung Oxonium-Ionen enthält und einen pH-Wert kleiner 7 aufweist. Zwischen dem pH-Wert einer sauren Lösung und der Stoffmengenkonzentration der Oxonium-Ionen gibt es dabei einen Zusammenhang.

Verdünnt man eine Salzsäure auf das zehnfache Volumen, so stellt man einen Anstieg des pH-Werts um 1 fest (▸ Exp. 17, S. 271). So besitzt Salzsäure der Stoffmengenkonzentration $c(\text{HCl}) = 0{,}1\,\frac{\text{mol}}{\text{l}}$ einen pH-Wert von 1. Die Stoffmengenkonzentration an Oxonium-Ionen ist dabei ebenfalls $c(\text{H}_3\text{O}^+) = 0{,}1\,\frac{\text{mol}}{\text{l}} = 10^{-1}\,\frac{\text{mol}}{\text{l}}$.

Salzsäure mit einer Konzentration $c(\text{H}_3\text{O}^+) = 0{,}01\,\frac{\text{mol}}{\text{l}} = 10^{-2}\,\frac{\text{mol}}{\text{l}}$ besitzt einen pH-Wert von 2 und Salzsäure mit einer Konzentration von $c(\text{H}_3\text{O}^+) = 0{,}001\,\frac{\text{mol}}{\text{l}} = 10^{-3}\,\frac{\text{mol}}{\text{l}}$ einen pH-Wert von 3.

Der Vergleich zeigt, dass sich die Stoffmengenkonzentration der Oxonium-Ionen zwischen zwei Stufen des pH-Werts immer um den Faktor 10 verändert.

Der pH-Wert ist eine Angabe zur Stoffmengenkonzentration der Oxonium-Ionen. Bei einer Änderung des pH-Werts um 1 ändert sich die Konzentration um den Faktor 10.

		÷ 10		÷ 10		÷ 10		÷ 10		÷ 10		÷ 10	
$c(\text{H}_3\text{O}^+)$ in $\frac{\text{mol}}{\text{l}}$	10^0		10^{-1}		10^{-2}		10^{-3}		10^{-4}		10^{-5}		10^{-6}
pH-Wert	0		1		2		3		4		5		6
		+1		+1		+1		+1		+1		+1	

3 Zusammenhang zwischen pH-Wert und Stoffmengenkonzentration an Oxonium-Ionen

Der pH-Wert alkalischer Lösungen Neutrale Lösungen besitzen einen pH-Wert von 7. Sie enthalten demnach Oxonium-Ionen mit einer Konzentration von $c(H_3O^+) = 10^{-7}\frac{mol}{l}$. Neutrale Lösungen reagieren aber nicht sauer.
Bisher wurde nicht betrachtet, dass alle wässrigen Lösungen sowohl Oxonium- als auch Hydroxid-Ionen enthalten. So entspricht die Konzentration an Hydroxid-Ionen mit $c(OH^-) = 10^{-7}\frac{mol}{l}$ in einer neutralen Lösung der Konzentration an Oxonium-Ionen. Die Lösung reagiert deshalb neutral, weil beide Ionensorten sich in ihrer Wirkung neutralisieren.
Auch jede alkalische Lösung enthält eine sehr geringe Anzahl an Oxonium-Ionen, weshalb man für diese Lösungen eine pH-Wert angeben kann.

Bei einer Natronlauge der Konzentration $c(NaOH) = 0{,}1\frac{mol}{l}$ beträgt die Konzentration an Hydroxid-Ionen $c(OH^-) = 0{,}1\frac{mol}{l}$. Sie enthält aber auch Oxonium-Ionen der Konzentration $c(H_3O^+) = 10^{-13}\frac{mol}{l}$, woraus sich ein pH-Wert von 13 ergibt.

Die Konzentrationen von Hydroxid-Ionen und Oxonium-Ionen in einer Lösung hängen voneinander ab: Die Konzentration der einen Ionensorte steigt in dem Maße, wie die Konzentration der anderen Ionensorte fällt. Deshalb kann durch Angabe des pH-Werts für alkalische Lösungen auch auf die Konzentration der Hydroxid-Ionen geschlossen werden kann (▸5).

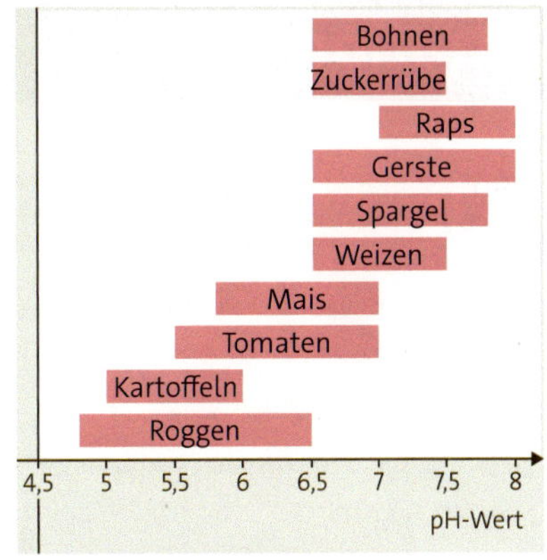

4 Um optimal gedeihen zu können, brauchen Pflanzen einen für sie geeigneten pH-Wert.

$c(H_3O^+)$ in $\frac{mol}{l}$	10^0	10^{-1}	10^{-2}	10^{-3}	10^{-4}	10^{-5}	10^{-6}	10^{-7}	10^{-8}	10^{-9}	10^{-10}	10^{-11}	10^{-12}	10^{-13}	10^{-14}
pH-Wert	0	1	2	3	4	5	6	7	8	9	10	11	12	13	14
$c(OH^-)$ in $\frac{mol}{l}$	10^{-14}	10^{-13}	10^{-12}	10^{-11}	10^{-10}	10^{-9}	10^{-8}	10^{-7}	10^{-6}	10^{-5}	10^{-4}	10^{-3}	10^{-2}	10^{-1}	10^0

5 Zusammenhang zwischen pH-Wert und Stoffmengenkonzentration der Oxonium-Ionen und der Hydroxid-Ionen. Zum Vergleich ist unten die Farbskala des Universalindikators angegeben.

Aufgaben

1 Erläutere den Zusammenhang zwischen dem pH-Wert und der Stoffmengenkonzentration an Oxonium-Ionen in einer wässrigen Lösung.

2 Zwei saure wässrige Lösungen weisen einen pH-Wert von 5 bzw. 3 auf. Gib jeweils die Stoffmengenkonzentration an Oxonium-Ionen an.

3 Leite den pH-Wert einer Salzsäure mit einer Stoffmengenkonzentration von $c = 1\frac{mol}{l}$ gelöstem Chlorwasserstoff ab.

4 Ein Liter Salzsäure mit einem pH-Wert von 1 soll so verdünnt werden, dass die entstehende Lösung einen pH-Wert von 5 aufweist. Berechne das Volumen an Wasser, das hinzugefügt werden muss.

5 Aus einer Kalilauge ($c = 1\frac{mol}{l}$) soll eine verdünnte Lösung mit pH = 9 hergestellt werden.
a Gib den pH-Wert der Kalilauge an.
b Berechne das Volumen der konzentrierten Kalilauge, das notwendig ist, um einen Liter verdünnte Lösung herzustellen.

Titration

1 Durchführung einer Titration

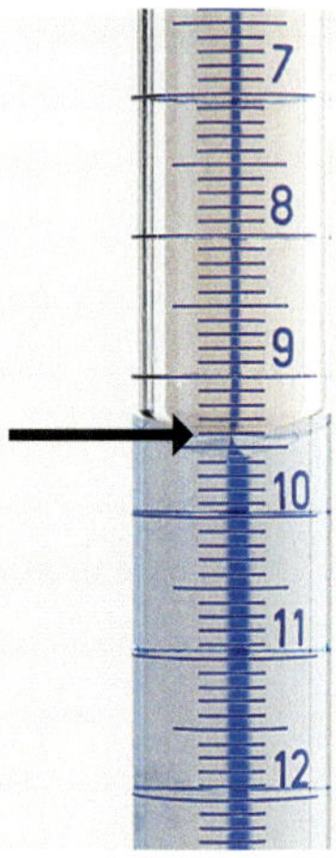

2 Ablesen des Flüssigkeitsmeniskus bei einer Bürette

Aufgaben

1 Bei einer Titration von Salzsäure und Natronlauge geht man von folgender Annahme aus: $n(OH^-) = n(H_3O^+)$. Begründe, warum das zulässig ist.

2 Bei der Titration von 20 ml Kalilauge wurden 16 ml Salzsäure mit $c(HCl) = 0{,}25\,\frac{mol}{l}$ verbraucht. Berechne die Stoffmengenkonzentration der Kalilauge.

Ermitteln der Stoffmengenkonzentration Mit einer **Titration** kann die unbekannte Stoffmengenkonzentration einer sauren oder alkalischen Lösung bestimmt werde (► Exp. 20, S. 271). Dabei wird die Tatsache genutzt, dass sich die Oxonium-Ionen einer sauren Lösung und die Hydroxid-Ionen einer alkalischen Lösung neutralisieren, wenn sie in gleicher Teilchenanzahl vorliegen. Sie reagieren zu Wasser und der saure bzw. alkalische Charakter der Lösung verschwindet.

Bei der Titration müssen Lösungen mit genau bekannter Stoffmengenkonzentration eingesetzt werden, sogenannte **Maßlösungen**. Die Maßlösung wird aus einer Bürette in die Lösung mit unbekannter Stoffmengenkonzentration (**Analysenlösung**) getropft (►**1**). Ein Indikator zeigt durch Farbumschlag das Ende der Titration an, z. B. wenn eine neutrale Lösung vorliegt.
Aus dem Volumen der verbrauchten Maßlösung, ihrer Stoffmengenkonzentration und dem Volumen der Analysenlösung (vor der Titration) kann die Stoffmengenkonzentration der Analysenlösung berechnet werden (Schrittfolge Ermitteln der Stoffmengenkonzentration ► S. 281).

Aufgabe: Bei der Titration von 20 ml Natronlauge unbekannter Stoffmengenkonzentration betrug der Verbrauch an Salzsäure mit der Stoffmengenkonzentration $c = 0{,}1\,\frac{mol}{l}$ genau 24 ml. Berechne die Stoffmengenkonzentration der Natronlauge.

Gegeben:
$c(HCl) = 0{,}1\,\frac{mol}{l}$
$V(HCl) = 24\,ml$
$V(NaOH) = 20\,ml$

Gesucht: $c(NaOH)$

Reaktionsgleichung:

$$\underbrace{Na^+ + OH^-}_{\text{Natronlauge}} + \underbrace{H_3O^+ + Cl^-}_{\text{Salzsäure}} \longrightarrow \underbrace{Na^+ + Cl^- + 2\,H_2O}_{\text{Kochsalzlösung}}$$

Lösung: $n(OH^-) = n(H_3O^+)$

Es gilt: $n(OH^-) = n(NaOH)$ und $n(H_3O^+) = n(HCl)$

$$n(NaOH) = n(HCl)$$
$$c(NaOH) \cdot V(NaOH) = c(HCl) \cdot V(HCl)$$
$$c(NaOH) = \frac{c(HCl) \cdot V(HCl)}{V(NaOH)}$$
$$c(NaOH) = \frac{0{,}1\,\frac{mol}{l} \cdot 24\,ml}{20\,ml}$$
$$c(NaOH) = 0{,}12\,\frac{mol}{l}$$

Ergebnis: Die Stoffmengenkonzentration der Natronlauge beträgt $0{,}12\,\frac{mol}{l}$.

Ermitteln der Stoffmengenkonzentration durch Titration

In der Industrie, in Klärwerken oder Laboren ist es oft erforderlich, die genaue Konzentration einer sauren oder alkalischen Lösung zu bestimmen. Ein geeignetes Verfahren ist die Titration.

Es soll die Stoffmengenkonzentration einer Salzsäure ermittelt werden.

1 Fülle ein genau definiertes Volumen der zu untersuchenden Lösung ab.
Miss mit einer Vollpipette genau 10 ml der Salzsäure ab und gib die abgemessene Lösung in einen Weithals-Erlenmeyerkolben.

2 Versetze die zu untersuchende Lösung mit Indikator.
Gib zu der Salzsäure einige Tropfen Bromthymolblaulösung.

3 Stelle die Maßlösung bereit.
Verwende als Maßlösung Natronlauge mit einer Stoffmengenkonzentration $c = 0{,}2\,\frac{\text{mol}}{\text{l}}$.

1 Der Indikator Bromthymolblau schlägt von Gelb nach Grün um.

4 Spüle die Bürette mit der bereitgestellten Maßlösung.
Lass zur Spülung ein wenig von der Maßlösung durch die Bürette in ein Becherglas laufen.

5 Fülle die Bürette mit der Maßlösung auf, notiere den Anfangsstand.

6 Tropfe unter vorsichtigem Umschwenken aus der Bürette die Maßlösung zu, bis die Farbe des Indikators umschlägt.

7 Lies den Endstand an der Bürette ab.
Berechne aus der Volumendifferenz von Endstand und Anfangsstand den Verbrauch an Maßlösung. In unserem Beispiel wurden 22,9 ml Natronlauge verbraucht.

8 Überprüfe das ermittelte Volumen an Maßlösung durch zwei weitere Titrationen.
Bilde aus den Ergebnissen der drei Titrationen den Mittelwert für den Verbrauch an Maßlösung.

9 Berechne die Stoffmengenkonzentration der zu untersuchenden Lösung.

Gegeben: $c(\text{NaOH}) = 0{,}2\,\frac{\text{mol}}{\text{l}}$ **Gesucht:** $c(\text{HCl})$

$V(\text{HCl}) = 10\,\text{ml}$

$V(\text{NaOH}) = 22{,}9\,\text{ml}$

Lösung:

$$c(\text{HCl}) = \frac{c(\text{NaOH}) \cdot V(\text{NaOH})}{V(\text{HCl})}$$

$$c(\text{HCl}) = \frac{0{,}2\,\frac{\text{mol}}{\text{l}} \cdot 22{,}9\,\text{ml}}{10\,\text{ml}} = 0{,}46\,\frac{\text{mol}}{\text{l}}$$

Ergebnis: Die Stoffmengenkonzentration der Salzsäure beträgt $0{,}46\,\frac{\text{mol}}{\text{l}}$.

Saure und alkalische Lösungen

Säuren und saure Lösungen

Säuren sind Stoffe, die durch Reaktion mit Wasser saure Lösungen bilden.
Saure Lösungen enthalten Oxonium-Ionen (H_3O^+).

Saure Lösungen entstehen z. B. durch:
1. das Lösen von Säuren in Wasser
2. die Reaktion einiger Nichtmetalloxide mit Wasser

Laugen und alkalische Lösungen

Wässrige Lösungen, die Hydroxid-Ionen (OH^-) enthalten.

Alkalische Lösungen entstehen z. B. durch:
1. das Lösen von einigen Metallhydroxiden in Wasser
2. die Reaktion einiger Metalloxide mit Wasser
3. die Reaktion einiger Metalle mit Wasser

Reaktion mit Protonenübertragung / Säure-Base-Reaktion

Chemische Reaktion, bei der zwischen den Teilchen der reagierenden Stoffe Protonen übertragen werden. Protonenübertragungen sind Säure-Base-Reaktionen. Säuren sind dabei Teilchen, die als Protonendonator wirken. Basen sind Teilchen, die als Protonenakzeptor wirken.

Protonenabgabe

Säure

$$HCl + H_2O \longrightarrow H_3O^+ + Cl^-$$

Base

Protonenaufnahme

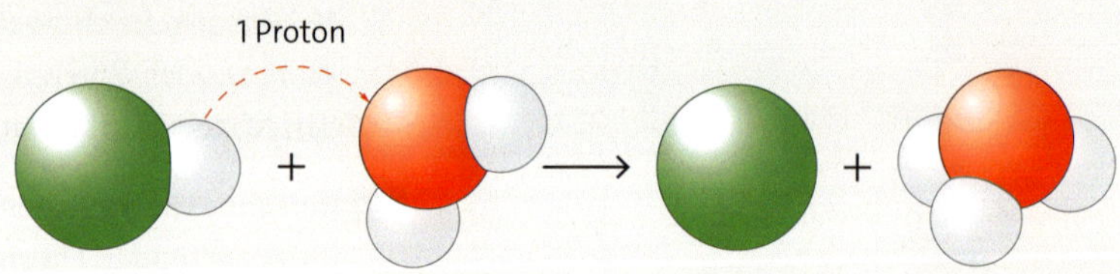

Stoffmengenkonzentration

Quotient aus der Stoffmenge des gelösten Stoffes und dem Volumen der Lösung. Die Einheit ist $\frac{\text{mol}}{\text{l}}$.

$$c(\text{gelöster Stoff}) = \frac{n(\text{gelöster Stoff})}{V(\text{Lösung})} \qquad \text{Einheit: } 1\,\frac{\text{mol}}{\text{l}}$$

pH-Wert

Maß für den Gehalt einer Lösung an Oxonium-Ionen. Der pH-Wert wird aus der Stoffmengenkonzentration der Oxonium-Ionen ermittelt.

Neutralisation

Säure-Base-Reaktion, bei der Oxonium-Ionen einer sauren Lösung mit Hydroxid-Ionen einer alkalischen Lösung zu Wassermolekülen reagieren. Die Neutralisation ist eine Reaktion mit Protonenübertragung.

Aufgaben

1 Säuren und saure Lösungen haben in der Chemie eine große Bedeutung.
- **a** Nenne drei charakteristische Eigenschaften einer sauren Lösung.
- **b** Nenne die typischen Teilchen einer sauren Lösung und erläutere deren Bildung.
- **c** Gib jeweils zwei Beispiele für eine Säure und eine saure Lösung an.

2 Chlorwasserstoff wird in Wasser eingeleitet.
- **a** Erläutere die dabei ablaufenden Vorgänge auf die Teilchenebene.
- **b** Ordne bestimmten Teilchen die Begriffe Protonendonator und Protonenakzeptor zu.

3 Gibt man Salzsäure zu Calciumkörnern, entwickelt sich u. a. Wasserstoff.
- **a** Formuliere die Reaktionsgleichung und benenne die weiteren Reaktionsprodukte.
- **b** Entwickle die Ionengleichungen für die Elektronenaufnahme und -abgabe und ordne diesen Teilreaktionen die Begriffe Oxidation und Reduktion zu.
- **c** Berechne das entstehende Volumen an Wasserstoff unter Normbedingungen bei der Reaktion von 4 g Calcium mit Salzsäure.

4 Alkalische Lösungen werden in vielen Bereichen benötigt.
- **a** Nenne zwei Beispiele für alkalische Lösungen.
- **b** Nenne die typischen Teilchen einer alkalischen Lösung und erläutere zwei Möglichkeiten für ihre Bildung.

5 Ammoniak färbt trockenes Universalindikatorpapier nicht. Ein Stück feuchtes Indikatorpapier wird dagegen in Ammoniakgas sofort blau. Erläutere die Vorgänge.

6 Soda (Na_2CO_3) löst sich leicht in Wasser. Prüft man die Lösung mit Unitest, verfärbt sie sich blau.
- **a** Deute die Beobachtung.
- **b** Entwickle eine Reaktionsgleichung, die deine Beobachtung stützt.
- **c** Deute die Reaktion auf Teilchenebene mithilfe der Säure-Base-Theorie nach BRÖNSTED.

7 In einem medizinischen Labor wird eine Urinprobe untersucht. Der pH-Wert der Urinprobe beträgt pH = 5,0.
- **a** Begründe, ob es sich bei dieser Probe um eine saure, neutrale oder alkalische Lösung handelt.
- **b** Ermittle die Stoffmengenkonzentrationen an Oxonium- und Hydroxid-Ionen in dieser Urinprobe.
- **c** Vergleiche die Stoffmengenkonzentrationen an Oxonium- und Hydroxid-Ionen in der Urinprobe mit den Stoffmengenkonzentrationen in einer neutralen Lösung. Gib jeweils die Faktoren an.

8 Neutralisationen sind wichtige chemische Reaktionen.
- **a** Erläutere den Begriff Neutralisation an der Reaktion von Kalilauge mit Schwefelsäure.
- **b** Formuliere für diese Neutralisation die ausführliche Ionengleichung.
- **c** Erläutere an dieser Neutralisation die Protonenübertragung. Benenne Protonendonator und Protonenakzeptor.

9 Das alkalische Abwasser eines Industriebetriebs wird mit Salzsäure [$c(\text{HCl}) = 0{,}2\,\frac{\text{mol}}{\text{l}}$] titriert. Bei der Titration von 20 ml dieses Abwassers beträgt der Verbrauch an Salzsäure $V(\text{HCl}) = 15{,}6$ ml.
- **a** Beschreibe den Ablauf der Titration unter Verwendung der Fachsprache.
- **b** Berechne die Stoffmengenkonzentration der Lauge im Abwasser unter der Annahme, dass das alkalische Abwasser nur Kalilauge enthält.

Hilfe zu den Aufgaben findest du auf den Seiten ...

1	261 ff.	6	264
2	262 ff.	7	278 f.
3	266 f.	8	276 f.
4	272 f.	9	280 f.
5	273		

▶ Die Lösungen findest du im Anhang.

Weitergedacht

Material A: Saurer Sprudel selbst gemacht

Um sich das Schleppen schwerer Mineralwasserkisten zu ersparen, stellen viele Verbraucher ihr Sprudelwasser mit einem Wassersprudler selbst her. Dabei wird gasförmiges Kohlenstoffdioxid aus einer Druckflasche in eine verschlossene Flasche mit Leitungswasser geleitet.

- „Bitte zur Zubereitung möglichst gekühltes Wasser verwenden."
- „Durch mehrmaliges Betätigen des Dosierknopfs kann der Kohlensäuregehalt erhöht werden."
- „Um den Geschmack Ihres hergestellten Tafelwassers zu erhalten, sollten Sie die Flasche stets gut verschließen."

A1 Aus einer Bedienungsanleitung ...

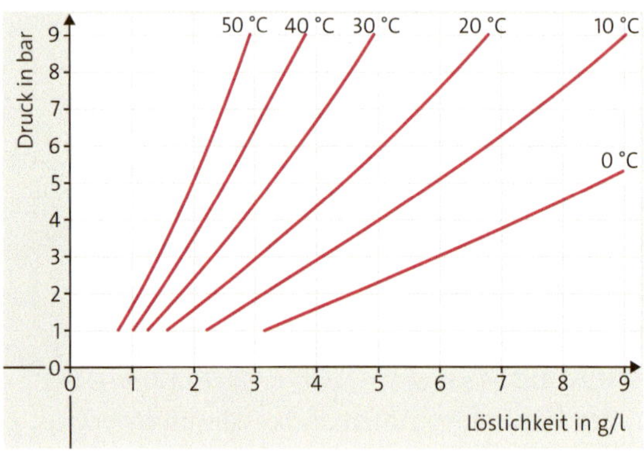

A2 Löslichkeit von Kohlenstoffdioxid in Wasser

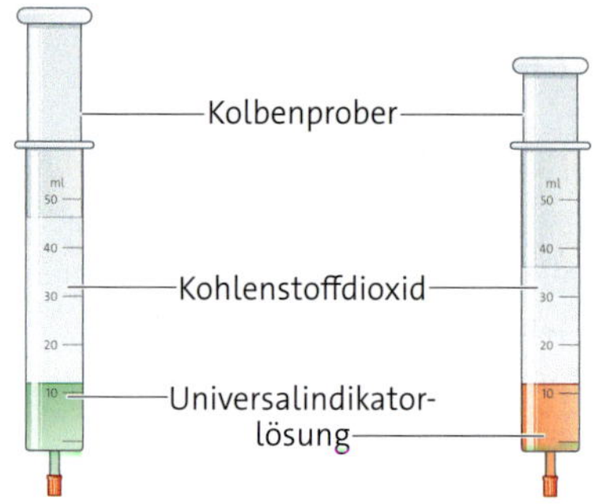

A3 Löslichkeitsversuch von Kohlenstoffdioxid in Wasser (schematisch)

1 Die Löslichkeit von Kohlenstoffdioxid in Wasser hängt von der Temperatur und vom Druck ab.
- **a** Gib die Löslichkeit von Kohlenstoffdioxid in Wasser für 0 °C, 10 °C und 20 °C sowie bei 2, 4 und 6 bar für 10 °C an (▸ **A2**).
- **b** Erkläre, warum beim Öffnen einer Sprudelflasche Kohlenstoffdioxid freigesetzt wird.
- **c** Erläutere die ersten beiden Hinweise aus der Bedienungsanleitung (▸ **A1**).

2 Mineralwasser wird auch als saurer Sprudel bezeichnet.
- **a** Beschreibe die Vorgänge, die beim Herunterdrücken des Stempels ablaufen (▸ **A3**).
- **b** Erläutere die Rotfärbung des Universalindikators bei Druck auf den Stempel anhand von Reaktionsgleichungen.
- **c** Erläutere den Begriff saurer Sprudel.

Material B: Weißer Rauch

Treffen die gasförmigen Stoffe Chlorwasserstoff und Ammoniak aufeinander, findet eine chemische Reaktion statt.

B1 Chlorwasserstoff reagiert mit Ammoniak.

1 Erläutere die Entstehung des weißen Rauchs. Benenne den entstandenen Stoff (▸ **B1**).

2 Stelle die Reaktionsgleichung auf.
- **a** Zeige, dass es sich um eine Säure-Base-Reaktion nach BRÖNSTED handelt.
- **b** Benenne die Teilchen, die als Protonendonator bzw. -akzeptor wirken.

3 Vergleiche das Experiment mit dem Lösen von Chlorwasserstoff bzw. Ammoniak in Wasser. Gehe vor allem auf die Unterschiede in den Reaktionen ein.

Material C: Schwefelsäure – ein Gefahrstoff

Im Januar 2011 ist das Tankschiff „Waldhof" bei St. Goarshausen im Rhein gekentert. Es hatte 2 400 Tonnen 96%ige Schwefelsäure geladen. Die Bergung war sehr schwierig, da bei eindringendem Wasser Explosionsgefahr durch entstehenden Wasserstoff herschte.
Zudem bestand die Gefahr, dass die bei einem Bersten eines Tanks schlagartig frei werdenden Mengen Schwefelsäure das Rheinwasser stark erhitzen könnten. So ließ man schließlich rund 500 t der Ladung langsam und kontrolliert in den Rhein ab.

C1 Auszug aus einem Zeitungsartikel zu einem Tankerunglück

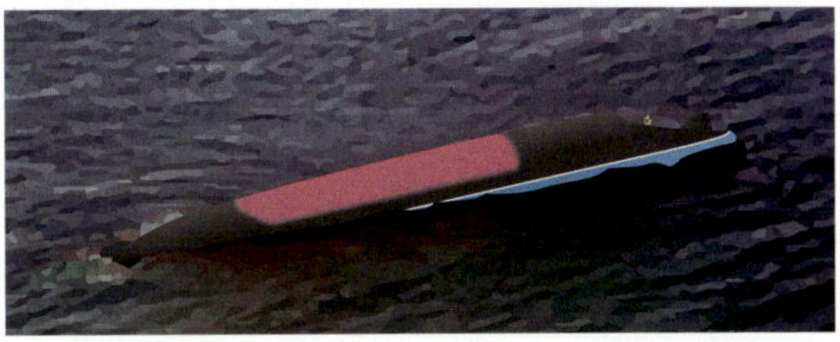

C2 Wärmebildaufnahme der „Waldhof" mit wärmeren Bereichen (rot)

1 Die Schwefelsäure wurde in mehreren Stahltanks transportiert.
- **a** Erläutere die Vorgänge beim Eindringen des Flusswassers in einen dieser Tanks (▸ **C1**, **C2**).
- **b** Erläutere, wie sich der Wasserstoff bei diesem Unglück gebildet hatte.
- **c** Stelle Vermutungen auf, warum konzentrierte Schwefelsäure in Stahltanks gefahrlos transportiert werden kann, verdünnte aber nicht.

2 Nenne zwei Folgen, die die schlagartige Freisetzung großer Mengen Schwefelsäure für die Fische in der Nähe der Unglücksstelle haben könnte.

Material D: Flusssäure

Geätztes Glas

Die Flusssäure (Fluorwasserstoffsäure) ist eine stark ätzende und giftige Säure. Sie ist in der Lage, Glas zu zersetzen. Deshalb kann man Flusssäure – im Gegensatz zu den meisten chemischen Substanzen – nicht in Glasflaschen aufbewahren. Zur Gewinnung der Flusssäure werden große Mengen Calciumfluorid (Flussspat) benötigt.

D1 Lexikoneintrag

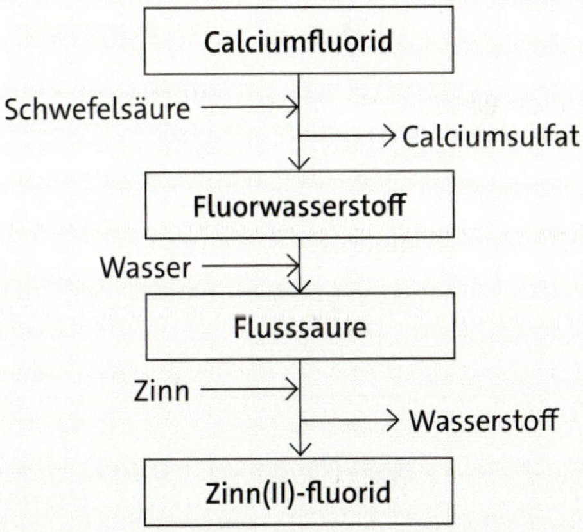

D2 Gewinnung von Flusssäure und Zinn(II)-fluorid, das zur Kariesprophylaxe in Zahnpasta verwendet wird

1 Beschreibe das angegebene Fließschema (▸ **D1**, **D2**) und gib die Formeln aller beteiligten Stoffe an.

2 Formuliere für die in der Übersicht (▸ **D2**) dargestellten Reaktionen die chemischen Gleichungen.

3 Zeige jeweils, dass
- **a** die Reaktion von Calciumfluorid mit Schwefelsäure eine Säure-Base-Reaktion ist (▸ **D2**).
- **b** die Bildung von Zinn(II)-fluorid aus Flusssäure eine Redoxreaktion ist (▸ **D2**).

Material E: Korrosion von Kalkstein

Bau- und Kunstwerke aus Kalkstein, Marmor oder Sandstein werden von saurem Regen angegriffen. Dabei reagiert Kalk (Calciumcarbonat) mit der im Niederschlag gelösten Schwefelsäure zu Gips (Calciumsulfat). Der Gips nimmt ein größeres Volumen ein als der ursprüngliche Kalk und wird durch nachfolgende Regenfälle ausgewaschen. Auf diese Weise wird das Material nach und nach abgetragen. Sorgfältig ausgearbeitete Skulpturen verwandeln sich in detaillose Gebilde.

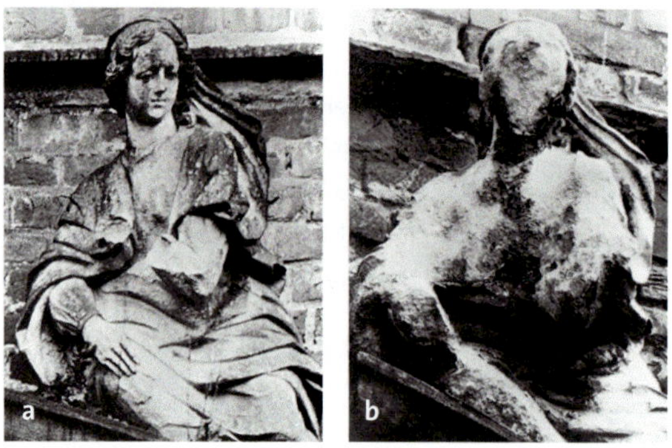

E1 Frei stehende Skulptur: **a** 1908, **b** 1969

1 Im Text wird ein chemischer Vorgang beschrieben.
  - **a** Formuliere die Reaktionsgleichung, bei der als Nebenprodukte Kohlenstoffdioxid und Wasser entstehen.
  - **b** Entscheide, ob es sich um eine Reaktion mit Protonenübertragung oder um eine Redoxreaktion handelt. Begründe deine Entscheidung.

2 Stelle eine Vermutung auf, warum Gips im Gegensatz zu Kalk über die Jahre durch den Regen ausgewaschen wird (▸ **E1**).

Material F: Rauchgasentschwefelung

Bei einem Verfahren zur Rauchgasentschwefelung in Kohlekraftwerken wird das Schwefeldioxid in den Abgasen durch eine Calciumhydroxid-Aufschlämmung (Kalkmilch) geleitet. Dabei reagiert das Schwefeldioxid mit Wasser zu schwefliger Säure, die anschließend neutralisiert wird. Bei der Reaktion entsteht u. a. Calciumsulfit als Zwischenprodukt, das dann durch Luftsauerstoff zu Calciumsulfat (Gips) oxidiert. In modernen Anlagen können so mehr als 95 % des Schwefeldioxids aus dem Rauchgas entfernt werden.

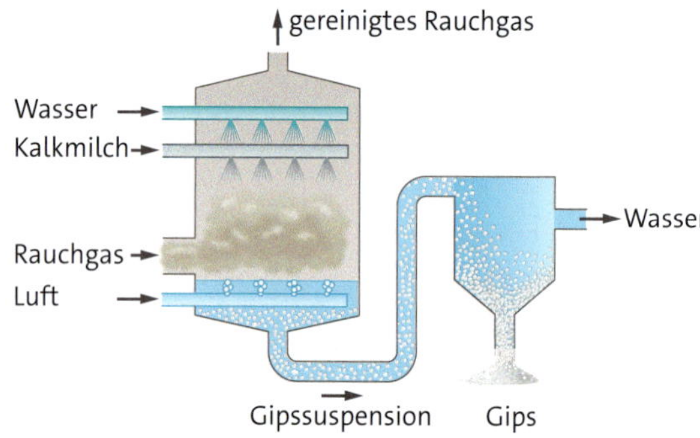

F1 Schema einer Rauchgasentschwefelungsanlage

1 Durch eine Rauchgasentschwefelungsanlage wird Schwefeldioxid aus dem Rauchgas entfernt.
  - **a** Entwickle ein passendes Fließschema.
  - **b** Formuliere die drei Reaktionsgleichungen der dabei ablaufenden Vorgänge.

2 In einer Rauchgasentschwefelungsanlage fallen täglich 1300 t Calciumsulfat an. Berechne das Volumen an Schwefeldioxid, das täglich aus dem Rauchgas entfernt wird.

Material G: Backpulver als Löschmittel

In ein Becherglas wird der Inhalt einer Brausepulverpackung gegeben und ein brennendes Teelicht dazugestellt. Nachdem etwas Wasser auf das Pulver getropft wurde, konnte das Ausgehen der Kerze beobachtet werden.

Zutaten: Zucker, Weinsäure, Natriumhydrogencarbonat, Süßstoffe, Farbstoffe

G1 Inhaltsstoffe im Brausepulver

1 Bei der Zugabe von Wasser schäumt das Pulver ein wenig auf, ohne aber dabei die Flamme der Kerze zu berühren.
  - **a** Stelle eine Vermutung auf, wodurch die Kerzenflamme gelöscht wurde. Begründe deine Vermutung.
  - **b** Formuliere die Reaktionsgleichung für die Bildung des eigentlichen Löschmittels (▸ **G1**).

Material H: Leitfähigkeitstitration

Statt mithilfe eines Indikators kann die Stoffmengenkonzentration einer unbekannten Lösung bei der Titration auch über die Messung der elektrischen Leitfähigkeit der Analysenlösung ermittelt werden. Für die elektrische Leitfähigkeit einer wässrigen Lösung sind die in ihr enthaltenen frei beweglichen Ionen verantwortlich. Dabei gilt u. a.: Je geringer die Anzahl der Ionen in 1 Liter Lösung, desto geringer ist auch die elektrische Leitfähigkeit der Lösung.

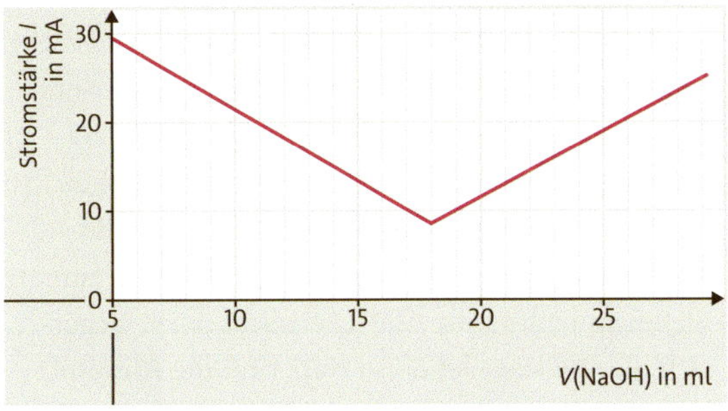

H1 Grafische Darstellung der Abhängigkeit der elektrischen Leitfähigkeit der Salzsäure vom zugegebenen Volumen der Natronlauge

1 Im Diagramm ist die elektrische Leitfähigkeit der Analysenlösung während der Titration dargestellt (▸ **H1**).

- **a** Beschreibe den Verlauf der elektrischen Leitfähigkeit während der Titration.
- **b** Erläutere die Vorgänge auf der Teilchenebene, wenn man Salzsäure mit Natronlauge neutralisiert und anschließend weiter Natronlauge zugibt.
- **c** Erkläre, warum zu keinem Zeitpunkt der Titration die elektrische Leitfähigkeit auf null absinkt.

2 Im Versuch wurden 21 ml einer Salzsäure unbekannter Konzentration mit einer Natronlauge $c(\text{NaOH}) = 0{,}35\ \text{mol/l}$ titriert.

- **a** Ermittle aus ▸ **H1** den Verbrauch an Natronlauge bis zur Neutralisation der Salzsäure. Begründe deine Wahl.
- **b** Berechne die Konzentration der Salzsäure.

Material I: Wenn der pH-Wert nicht stimmt!

Seit 150 Jahren nimmt der Volumenanteil an Kohlenstoffdioxid in der Atmosphäre durch die Verbrennung fossiler Brennstoffe wie Erdöl und Kohle ständig zu. Das Kohlenstoffdioxid löst sich auch in den Meeren, wo der pH-Wert immer geringer wird. Der pH-Wert der Ozeanoberfläche ist in den letzten 150 Jahren um 0,1 gesunken und liegt derzeit bei pH = 8,2. Bis 2100 erwarten Wissenschaftler eine weitere Absenkung um 0,5 auf pH = 7,7.

I1 Sinkt der pH-Wert der Meere weiter, lösen sich die Kalkskelette der Korallen auf.

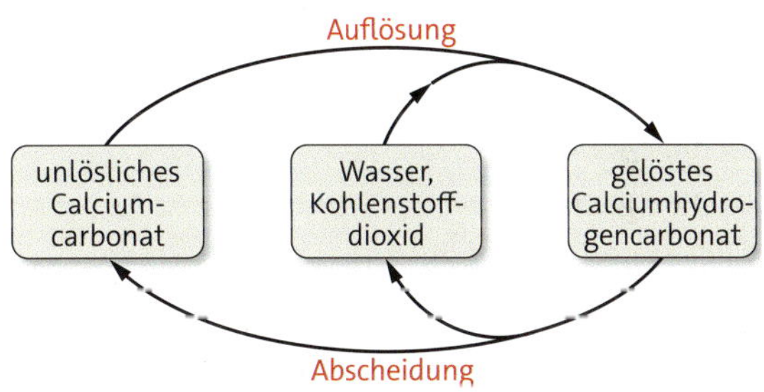

I2 Schematische Darstellung des Kalkkreislaufs, der das Auflösen von Calciumcarbonat erklärt

1 Erläutere unter Zuhilfenahme von Reaktionsgleichungen, wie es zur Absenkung des pH-Werts der Meere kommt.

2 Erläutere mithilfe des Schemas (▸ **I2**), wieso der Eintrag von Kohlenstoffdioxid in die Meere eine Gefahr für Muscheln und Kalkriffe darstellt.

3 Stelle eine begründete Vermutung auf, ob der Anstieg der Durchschnittstemperaturen der Meere durch die globale Erderwärmung das Absenken des pH-Werts weiter verstärkt.

Lösungen der Teste-dich-Aufgaben

Stoffen auf der Spur (Seite 43)

1 Eigenschaften, die einen Stoff charakterisieren, sind z. B. Farbe, Geruch, elektrische Leitfähigkeit, Löslichkeit, Dichte, Siedetemperatur und Schmelztemperatur.

2 Viele Chemikalien sind giftige, leicht brennbare oder ätzende Stoffe. Die Vorratsgefäße für Chemikalien sind deshalb so zu beschriften, dass der Inhalt genau gekennzeichnet ist, Gefahren eindeutig erkennbar sind und gesundheitliche Schäden vermieden werden können.
Behälter für Lebensmittel dürfen für die Aufbewahrung von Chemikalien nicht verwendet werden, da es dadurch leicht zu Verwechslungen und damit zu schweren Gesundheitsschäden oder zu Zerstörungen an Gegenständen kommen kann.

3 Das antike Modell vom Bau der Stoffe stimmt mit dem Teilchenmodell darin überein, dass alle Stoffe aus kleinsten, nicht weiter teilbaren Teilchen bestehen. Dabei ist generell jede Form der Teilchen vorstellbar. Weiterhin befindet sich zwischen den Teilchen leerer Raum.
Nach dem Teilchenmodell haben die kleinsten Teilchen aber selbst keine Farbe und sind untereinander nicht durch Haken und Ösen verbunden, sondern werden durch (nicht sichtbare) Kräfte zusammengehalten.

4 Pfannen: Eisen, Kupfer, Aluminium
Griffe: Holz, Kunststoffe
Unterschiedliche Stoffe werden deshalb verwendet, damit man heiße Pfannen anfassen kann. Die Stoffe, aus denen die Griffe bestehen, sind schlechte Wärmeleiter.

5 Gegeben: $m(\text{Olivenöl}) = 27{,}6\,\text{g}$
$V(\text{Olivenöl}) = 30\,\text{ml} = 30\,\text{cm}^3$
Gesucht: $\varrho(\text{Olivenöl})$
Lösung:

$$\varrho(\text{Olivenöl}) = \frac{m(\text{Olivenöl})}{V(\text{Olivenöl})}$$

$$\varrho(\text{Olivenöl}) = \frac{27{,}6\,\text{g}}{30\,\text{cm}^3} = \underline{\underline{0{,}92\,\text{g/cm}^3}}$$

Die Dichte des Olivenöls beträgt $0{,}92\,\text{g/cm}^3$.

6 Beispiele: Löten mit Zinn; im Winter nasse Wäsche im Freien trocknen; Entstehen von Eiswürfeln im Kühlschrank; Einfrieren von Nahrungsmitteln; Benutzen eines Gasfeuerzeugs; Verwendung von Flüssiggas für Heizungsanlagen; Gießen von Metallen

7 Im Eis sind die Wasserteilchen regelmäßig angeordnet. Die Teilchen schwingen um ihre Plätze. Erwärmt man das Eis, so werden die Schwingungen heftiger. Bei 0 °C schwingen die Teilchen so stark, dass die starre Ordnung zusammenbricht. Das Eis schmilzt, es wird zu Wasser.
Im flüssigen Wasser sind die Teilchen unregelmäßig fest angeordnet. Sie bewegen sich hin und her und verschieben sich dabei gegeneinander. Erwärmt man Wasser, so wird die Bewegung der Teilchen heftiger. Einzelne Wasserteilchen verlassen die Wasseroberfläche. Das Wasser verdunstet. Wenn die Siedetemperatur von 100 °C erreicht ist, bewegen sich die Wasserteilchen so stark und die Abstände zwischen ihnen werden so groß, dass sich die Teilchen voneinander trennen. Das Wasser verdampft, es entsteht Wasserdampf.

8 Der Essiggeruch in der Küche ist auf die selbstständige Durchmischung von Essigteilchen mit den Teilchen der Luft zurückzuführen. Dieser Vorgang wird als Diffusion bezeichnet. Die Ursache dafür ist die ständige regellose Bewegung der Essigteilchen und der Teilchen der Luft.

9 Steckbrief von Wasser:

Wasser
Aggregatzustand bei Raumtemperatur: flüssig
Farbe: farblos
Geruch: geruchlos
Geschmack: geschmacklos
Elektrische Leitfähigkeit: keine
Schmelztemperatur: 0 °C
Siedetemperatur: 100 °C
Dichte (bei 4 °C): $1{,}00\,\text{g/cm}^3$

Wasser gehört aufgrund seiner relativ niedrigen Schmelz- und Siedetemperatur zu den flüchtigen Stoffen. Im Gegensatz zu den Metallen leitet Wasser auch nicht den elektrischen Strom oder hat deren typischen Glanz.

10 a) Alle drei Lösungen müssen mit dem Universalindikator geprüft werden.
b) Die neutrale Lösung färbt den Universalindikator grün, die saure rot und die alkalische blau.

11 a) Seifenlösung ist alkalisch, destilliertes Wasser ist neutral, Apfelsaft ist sauer.
b) Der pH-Wert ist eine Zahlenangabe zur Kennzeichnung von sauren, alkalischen und neutralen Lösungen. Saure Lösungen weisen einen pH-Wert von kleiner als 7, alkalische einen von größer als 7 auf. Neutrale Lösungen besitzen ein pH-Wert von 7.

12 Die Löslichkeit von Sauerstoff in Wasser ist geringer als die von Kochsalz. Mit steigender Temperatur nimmt die Löslichkeit von Sauerstoff in Wasser ab, die von Kochsalz nimmt dagegen zu.

Stoffgemische (Seite 63)

1 Ein Reinstoff besteht nur aus einer Stoffart. Er hat einheitlich gleichbleibende Eigenschaften, kann durch physikalische Methoden nicht weiter getrennt werden und ist auf Teilchenebene nur aus einer Teilchenart aufgebaut.
Ein Stoffgemisch besteht aus mindestens zwei Reinstoffen. Es hat keine einheitlich gleichbleibenden Eigenschaften und kann durch physikalische Trennverfahren wieder in die einzelnen Reinstoffe getrennt werden. Auf Teilchenebene besteht ein Stoffgemisch aus mindestens zwei Teilchenarten.

2 a) Zuckerwasser, Kochsalzlösung, Speiseessig
b) Granit, Elektroschrott, Fertig-Backmischung
c) Milch, Mayonnaise, Hautcreme
d) Schlamm, Blut, Orangensaft
e) Bronze, Messing, Stahl

3 a)

Reinstoffe	Stoffgemische
Kupferblech	Ackerboden
Eisenschraube	Luft
Kochsalz	Kochsalzlösung
Schwefelpulver	Apfelsaft (klar)
destilliertes Wasser	Orangennektar
Zucker	Schmuckgold
	Mayonnaise

b) Zucker ist ein Reinstoff, da er einheitlich gleichbleibende Stoffeigenschaften hat. Er besteht nur aus Zuckerteilchen und kann durch physikalische Trennmethoden nicht weiter getrennt werden.
Kochsalzlösung ist ein homogenes Stoffgemisch, das aus den Reinstoffen Wasser und Kochsalz besteht. Durch Destillation kann es in die Reinstoffe getrennt werden.

c)

Homogene Stoffgemische	
Stoffgemisch	**Art des Stoffgemischs**
Luft	Gasgemisch
Kochsalzlösung	Lösung
Apfelsaft (klar)	Lösung
Schmuckgold	Legierung
Heterogene Stoffgemische	
Stoffgemisch	**Art des Stoffgemischs**
Ackerboden	Gemenge
Orangennektar	Suspension
Mayonnaise	Emulsion

d) Im Kochsalz werden alle Teilchen durch Kräfte zusammengehalten. Sie haben alle ihren festen Platz im Teilchenverband. Aufgrund der ständigen und regellosen Bewegung stoßen die Wasserteilchen mit den Teilchen des Kochsalzes zusammen. Dabei schieben sie sich auch zwischen die Teilchen des Kochsalzes. Die Teilchen des Kochsalzes verlieren ihren Zusammenhalt, werden von den Wasserteilchen vollständig umgeben und verteilen sich in der gesamten Lösung.

4 a)

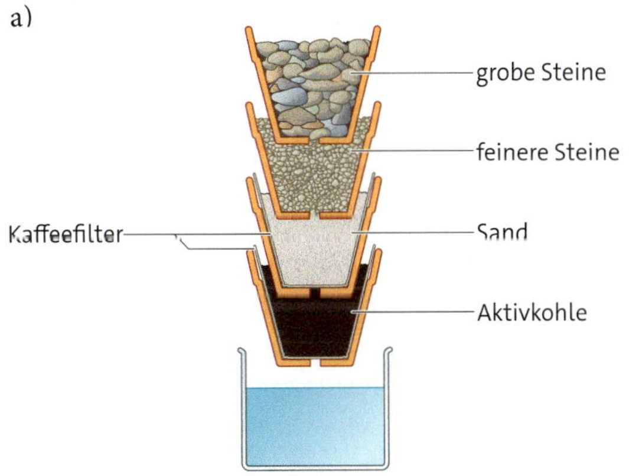

b)

Trennverfahren	Zum Trennen genutzte Eigenschaft
Filtrieren	Partikelgröße
Adsorbieren	Adsobierbarkeit

5 a) Legierungen sind homogene Stoffgemische. Sie entstehen durch das Zusammenschmelzen von mindestens zwei Metallen.

In homogenen Stoffgemischen können die einzelnen Reinstoffe nicht mehr unterschieden werden. In der Legierung haben sich die Teilchen der Metalle untereinander vollständig vermischt.

b) Bronze ist eine Legierung aus den Metallen Kupfer und Zink. Eine Zuckerlösung besteht aus den Reinstoffen Zucker und Wasser. Beide Stoffgemische sind homogen. In der Zuckerlösung sind alle Zuckerteilchen vollständig von Wasserteilchen umgeben. Zucker- und Wasserteilchen sind in der Lösung in ständiger, regelloser Bewegung. In Bronze sind die Zinkteilchen von den Kupferteilchen umgeben, aber alle Teilchen haben ihren festen Platz und werden durch Kräfte zusammengehalten.

6 **Mechanische Reinigungsstufe:** Aussieben grober Verunreinigungen, Absetzen von feinkörnigen, festen Verunreinigung als Klärschlamm
Biologische Reinigungsstufe: Zersetzen biologischer Verunreinigungen durch Bakterien
Chemische Reinigungsstufe: Ausfällen und anschließende Filtration von gefährlichen und wassergefährdenden Stoffen

7 Grundwasser bildet sich z. B. aus Niederschlägen durch Versickern im Boden. Dabei durchläuft das Wasser verschiedene Bodenschichten, die wie ein Filter oder Sieb feste Stoffe abtrennen. Andere Verunreinigungen werden von den Bestandteilen des Bodens adsobiert oder von im Boden lebenden Mikroorganismen abgebaut.

8 Die Eisenfeilspäne können mit einem Magneten entfernt werden, der am Gemisch vorbeigeführt wird. Nur Eisen ist magnetisierbar. Anschließend wird das Gemisch mit einem geeigneten Filter filtriert. Der Sand wird aufgrund seiner Partikelgröße vom Filter zurückgehalten. Zuletzt wird das Gemisch mit einem Brenner z. B. auf einem Uhrglas eingedampft (das Wasser geht verloren) oder destilliert (das Wasser wird auch aufgefangen), um das Kochsalz abzutrennen.

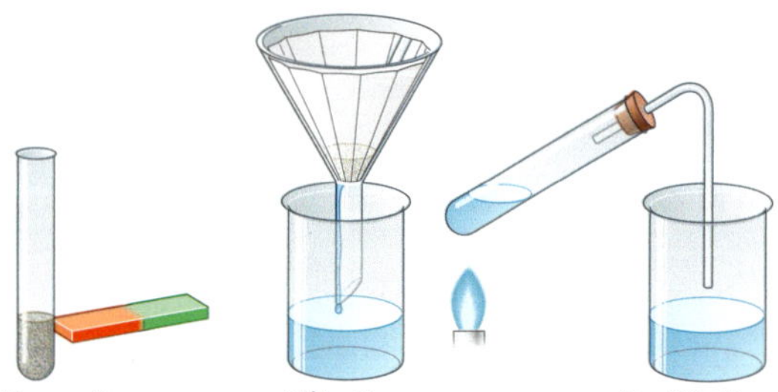

9 a)

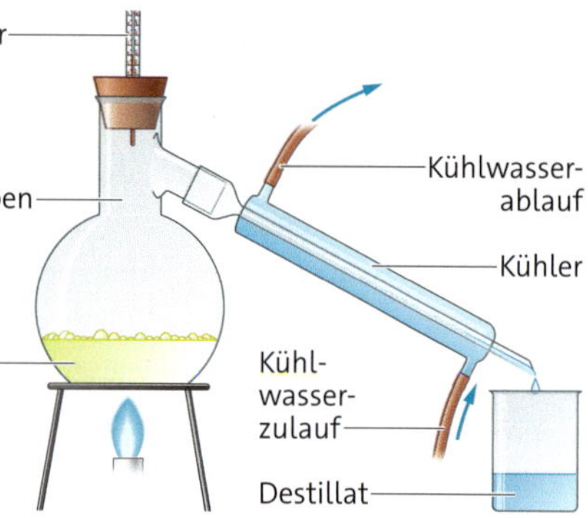

b) Bei der Destillation werden die Stoffe aufgrund ihrer unterschiedlichen Siedetemperaturen voneinander getrennt. Der im Rotwein enthaltene Alkohol siedet bei ca. 78 °C, während Wasser erst bei 100 °C siedet. Der Alkohol verdampft zuerst und geht in die Vorlage über.

10 Es handelt sich um eine Extraktion. Die Stoffe des Grasflecks lösen sich im Alkohol und werden so von der Oberfläche der Hose entfernt.

11 a) Nein, es handelt sich auch nach dem Homogenisieren weiterhin um eine Emulsion. Die Fetttröpfchen sind zwar kleiner als vor dem Homogenisieren, können aber immer noch mit einem Mikroskop sichtbar gemacht werden.

b)

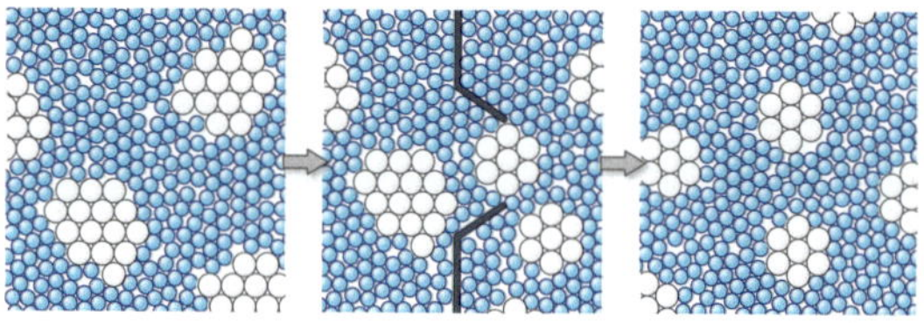

Chemische Reaktion (Seite 87)

1 a) Nein, es handelt sich um eine Aggregatzustandsänderung. Die Eigenschaftsänderung ist nur vorübergehend. Das Eis wird wieder flüssig, wenn es erwärmt wird.

b) Nein, es handelt sich um eine Aggregatzustandsänderung. Die Eigenschaftsänderung ist nur vorübergehend. Das Iod wird wieder fest, wenn es abkühlt.

c) Nein, es handelt sich um eine Aggregatzustandsänderung. Die Eigenschaftsänderung ist nur vorübergehend. Das Eisen wird wieder fest, wenn es abkühlt.

d) Ja, es handelt sich um eine chemische Reaktion. Der Zucker muss die ganze Zeit erhitzt werden, um zu karamellisieren. Die Eigenschaftsänderung bleibt auch nach Entfernung der Wärmequelle erhalten, sie ist dauerhaft.

e) Ja, es handelt sich um eine chemische Reaktion. Die Holzmenge wird während des Brennens immer weniger und am Ende bleibt nur noch Asche übrig. Flammen und Wärme sind energetische Erscheinungen, die auf Energieumwandlungen beruhen. Das Holz kann nicht wiederhergestellt werden. Die Veränderungen sind dauerhaft.

2 **Grünfärbung des Wassers:** Die Beobachtung deutet nicht auf eine Stoffumwandlung hin. Die Grünfärbung kann auch durch das Lösen des Brausepulvers in Wasser erklärt werden.

Abkühlung des Wassers: Die Beobachtung deutet auf eine Energieumwandlung hin und damit auf eine chemische Reaktion.

Bläschenbildung: Die Beobachtung deutet auf eine Stoffumwandlung hin und damit auf eine chemische Reaktion.

Das Brausepulver reagiert in einer endothermen Reaktion mit Wasser. Die Gasblasen bilden sich während der Reaktion. Die chemische Energie der Reaktionsprodukte ist größer als die chemische Energie der Ausgangsstoffe.

3 Kupfer (s) + Schwefel (s)
$\longrightarrow$ Kupfersulfid (s) | exotherm

Stoffumwandlung: Die Stoffe Kupfer (rot, glänzend) und Schwefel (gelb) sind nach der Reaktion nicht mehr vorhanden. Es entsteht Kupfersulfid (schwarz).

Energieumwandlung: Nach Aktivierung der Reaktion durch Erhitzen glüht das Reaktionsgemisch auf und erhitzt sich stark von selbst. Ein Teil der chemischen Energie der Ausgangsstoffe wird in Wärme- und Lichtenergie umgewandelt.

Umgruppierung der Teilchen: Die Atome der Ausgangsstoffe Kupfer und Schwefel gruppieren sich um und ordnen sich zum Reaktionsprodukt neu an.

4 Magnesium (s) + Schwefel (s)
$\longrightarrow$ Magnesiumsulfid (s)

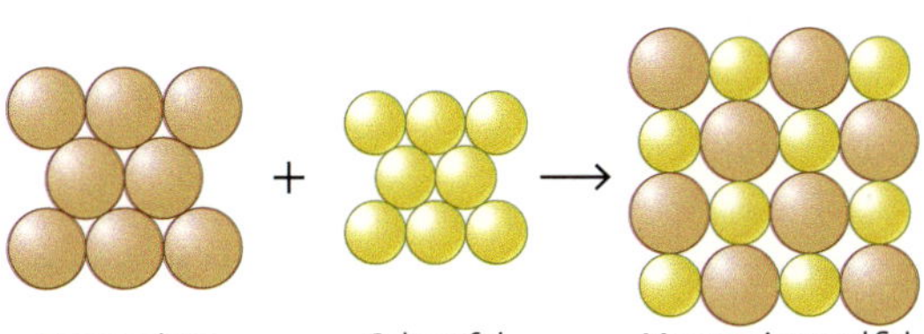

5 a) Magnesium und Schwefel reagieren zu Magnesiumsulfid in einer exothermen Reaktion. Die Energie der Ausgangsstoffe Magnesium und Schwefel ist größer als die des Reaktionsprodukts Magnesiumsulfid. Ein Teil der chemischen Energie der Ausgangsstoffe wird in thermische Energie umgewandelt und als Wärme abgegeben.

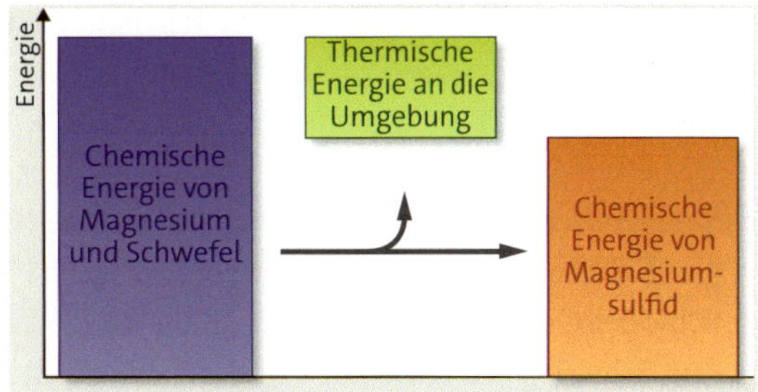

b) Das Pflanzenöl reagiert mit der Lauge in einer endothermen Reaktion zu Seifenleim. Die Energie der Ausgangsstoffe ist kleiner als die des Reaktionsprodukts. Damit die Stoffumwandlung stattfinden kann, muss ständig Energie in Form von Wärme zugeführt werden.

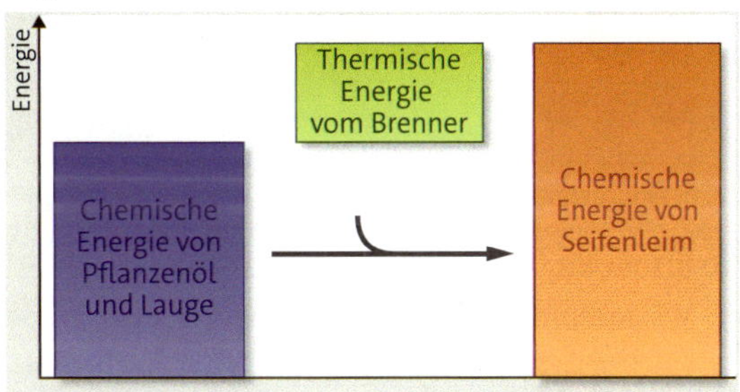

6 a) Es gilt:
m(Ausgangsstoffe) = m(Reaktionsprodukte)
Daraus folgt:
m(Zink) + m(Schwefel) = m(Zinksulfid)

b) Die Masse der Ausgangsstoffe ergibt sich aus der Masse aller Teilchen in den Ausgangsstoffen. Während der Reaktion gruppieren sich die Teilchen in den Ausgangsstoffen zum Reaktionsprodukt um. Anzahl und Art der Teilchen bleiben dabei erhalten, sodass auch die Masse erhalten bleibt.

7 Einzelne Atome haben nicht die Eigenschaften der Stoffe. Erst in sichtbaren Stoffportionen sind die Eigenschaften wie Farbe, Glanz und Festigkeit zu erkennen.

Die Atome sehen nicht wie Kugeln aus. Man stellt sich die Atome im Modell jedoch als kleine Kugeln vor. Mit diesem Modell lassen sich z. B. Aggregatzustandsänderungen der Stoffe erklären. Zwischen den Atomen ist leerer Raum. Luft kann sich nicht zwischen den Atomen befinden, da Luft als Gasgemisch ebenfalls aus kleinsten Teilchen aufgebaut ist.

8 Eisensulfid ist eine chemische Verbindung, die aus den Elementen Eisen und Schwefel gebildet wird. Eisensulfid ist deshalb ein Reinstoff mit einheitlich gleichbleibenden Stoffeigenschaften. Im Eisensulfid sind Eisen- und Schwefelatome im Teilchenverband regelmäßig angeordnet. Eisensulfid kann nur durch chemische Reaktionen wieder zerlegt werden.
Das Eisen-Schwefel-Gemisch ist ein heterogenes Stoffgemisch, ein Gemenge. Es hat keine einheitlich gleichbleibenden Stoffeigenschaften. Das Eisen-Schwefel-Gemisch besteht aus den Reinstoffen Eisen und Schwefel. Mit einer Lupe sind die einzelnen Stoffe gut zu unterscheiden. Die Eisen- bzw. Schwefelatome bilden untereinander noch größere Teilchenverbände.

9 a) Eisensulfid (s) $\longrightarrow$ Eisen (s) + Schwefel (s)
b)

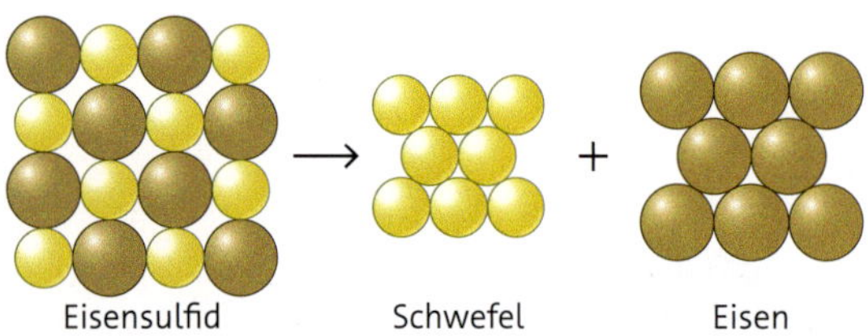

10 Blaues Kupfersulfat geht beim Erhitzen (bzw. bei Wärmezufuhr) in weißes Kupfersulfat über. Dabei wird zusätzlich Wasser gebildet. Wird nach dem Abkühlen dem weißen Kupfersulfat Wasser zugesetzt, bildet sich blaues Kupfersulfat unter Wärmeabgabe zurück.

11 a) Richtig. Chemische Verbindungen sind Reinstoffe mit einer charakteristischen Kombination einheitlich gleichbleibender Stoffeigenschaften.
b) Falsch. Die Destillation ist ein Trennverfahren für Lösungen (Stoffgemische). Chemische Verbindungen können nur durch chemische Reaktion zerlegt werden.
c) Richtig. Während einer chemischen Reaktion gruppieren sich die Teilchen der Ausgangsstoffe um. Sie finden sich im Reaktionsprodukt wieder.
d) Falsch. Die Aussage trifft nur auf endotherme Reaktionen zu. Bei exothermen Reaktionen ist es genau andersherum.

Luft und Verbrennung (Seite 110)

1 Wichtige Bestandteile der Lufthülle der Erde sind: Stickstoff (78 %), Sauerstoff (21 %), Edelgase (gesamt: 1 %), Kohlenstoffdioxid (0,03 %) und Wasserdampf (1 %).

2 Saubere Luft ist ein Stoffgemisch aus vielen Stoffen. Ein Reinstoff dagegen besteht nur aus einer Stoffart. Die Aussage des Mitschülers ist falsch.

3 Atmet eine Person in 24 Stunden 350 Liter Kohlenstoffdioxid aus, dann sind es in 6 Stunden 87,5 Liter (1/4 von 350 l).
26 Personen atmen dann die 26-fache Menge aus: $26 \cdot 87{,}5\,l = 2\,275\,l$.
26 Personen atmen in 6 Stunden 2 275 Liter Kohlenstoffdioxid aus.

4 Lebewesen benötigen die Luft zur Atmung und damit zur Durchführung lebensnotwendiger Stoffwechselprozesse, zur Energiegewinnung und zum Aufbau körpereigener Stoffe.

5
- Wind ist eine Bewegung der Luft. Er treibt Windräder zur Energiegewinnung an.
- Die Luft überträgt den Schall, sodass wir Geräusche wahrnehmen können.
- Nur mithilfe der Luft ist Fliegen möglich.
- Staubsaugen beruht auf dem Ansaugen von Luft.
- Reifen werden mit Luft gefüllt.
- Luftbestandteile, z. B. Sauerstoff und Stickstoff, dienen als Rohstoffe in der chemischen Industrie.

6 Stickstoff ist gasförmig und nicht brennbar. Er wird deshalb als Schutzgas bei der Verpackung von Lebensmitteln und als Füllgas für Reifen verwendet. Die Siedetemperatur von Stickstoff beträgt −196 °C. Flüssiger Stickstoff wird als Kühlmittel für Lebensmittel und in der Medizin zum Schockgefrieren von Gewebeteilen sowie zur Aufbewahrung medizinischer Präparate eingesetzt. In der Technik dient er zur Herstellung von Tiefkühlprodukten. Stickstoff ist ungiftig. Er ist im Gemisch mit Sauerstoff in Druckgasflaschen von Tauchern enthalten.
Sauerstoff ist gasförmig und lebensnotwendig für Stoffwechselvorgänge im Menschen. Er wird in der Medizin und bei der Ersten Hilfe als Beatmungsgas eingesetzt.
Er findet Verwendung in der Sauerstofftherapie, als Bestandteil der Atemluft in Flugzeugen und U-Booten. Sauerstoff wird genutzt als Reaktionspartner bei chemischen Reaktionen in Kraftwerken, Kraftstoffmotoren, Heizungen, als Bestandteil von

Raketentreibstoffen, zum Erzeugen großer Temperaturen beim Schweißen und Schneiden.

7 a) Kohlenstoff wird in Form von Kohlenstoffdioxid zwischen der Atmosphäre und den Ozeanen ausgetauscht. Pflanzen bauen mithilfe der Fotosynthese aus Kohlenstoffdioxid Kohlenhydrate auf, die durch chemische Reaktionen auch wieder zurückgewandelt werden. Kohlenstoff spielt auch bei der Gesteinsbildung und Verwitterung eine Rolle.
b) Nicht der Stoff Kohlenstoff (z. B. als Holzkohle) durchläuft beim Kohlenstoffkreislauf die einzelnen Prozesse, sondern die Atome, aus denen der Kohlenstoff aufgebaut ist. Die Kohlenstoffatome bleiben bei allen Reaktionen erhalten und finden sich jeweils in den Produkten wieder.

8 Vorschlag 4 ist richtig.
Gas A ist in Wasser nahezu unlöslich und es reagiert nicht mit Wasser. Seine Dichte unterscheidet sich nur geringfügig von der Dichte von Luft. Es lässt sich demnach am besten pneumatisch auffangen.
Gas B ist nur schlecht in Wasser löslich und reagiert nicht mit Wasser. Es lässt sich daher am besten pneumatisch auffangen. Da es eine größere Dichte als Luft hat, könnte es auch durch Luftverdrängung aufgefangen werden. Dabei muss das Auffanggefäß mit der Öffnung nach oben eingespannt werden.
Gas C ist gut in Wasser löslich und reagiert mit Wasser. Es kann daher nicht pneumatisch aufgefangen werden. Seine Dichte ist größer als die von Luft. Es kann durch Luftverdrängung aufgefangen werden, wobei die Öffnung des Auffanggefäßes nach oben zeigen muss.

9 Kohlenstoffdioxid ist für die Fotosynthese der Grünpflanzen und damit für das Leben auf der Erde unentbehrlich. Von tierischen Lebewesen wird es bei der Atmung abgegeben. Kohlenstoffdioxid als wichtiges Treibhausgas kann zur Erhöhung des natürlichen Treibhauseffekts beitragen. Daraus folgen Klimaveränderungen. Deshalb kann es auch als Luftschadstoff bezeichnet werden.

10 Der Zerteilungsgrad ist beim Aluminiumpulver viel größer als bei der Alufolie. Je größer der Zerteilungsgrad eines Stoffes, desto größer ist auch die Kontaktfläche mit Luft bzw. Sauerstoff und desto leichter lässt er sich entzünden.

11 a) Stickstoff (g) + Sauerstoff (g)
$\longrightarrow$ Stickstoffdioxid (g)
b) Stickstoff und Sauerstoff sind die Edukte der Reaktion und zugleich auch Nichtmetalle. Stickstoffdioxid ist das Produkt und ein Nichtmetalloxid.
c) Da bei einem Blitz sehr viel Energie als Wärme frei wird, kann es sich nur um eine Reaktion handeln, die Wärme benötigt, die also endotherm ist.

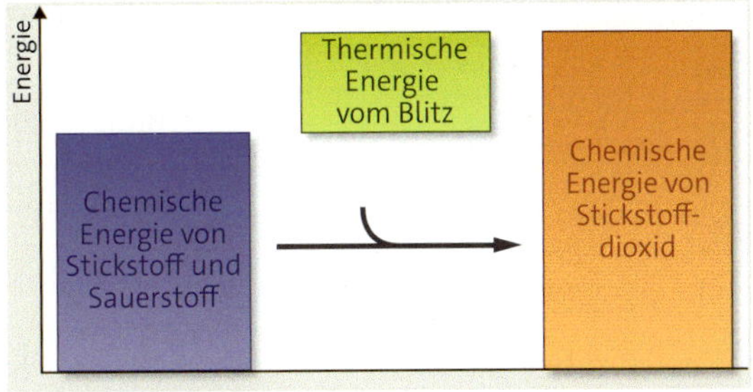

Gewinnung von Metallen (Seite 131)

1 Eine Sauerstoffübertragungsreaktion (Redoxreaktion) liegt vor, wenn die Bildung eines Oxids (Oxidation) und die Zerlegung eines anderen Oxids (Reduktion) gleichzeitig ablaufen. Dabei finden eine Sauerstoffaufnahme (Oxidbildung) und eine Sauerstoffabgabe (Oxidzerlegung) gleichzeitig statt. Bei der chemischen Reaktion von Kohlenstoffdioxid und Magnesium zu Magnesiumoxid und Kohlenstoff ist die Zerlegung von Kohlenstoffdioxid in Kohlenstoff die Sauerstoffabgabe und die Bildung von Magnesiumoxid aus Magnesium die Sauerstoffaufnahme.

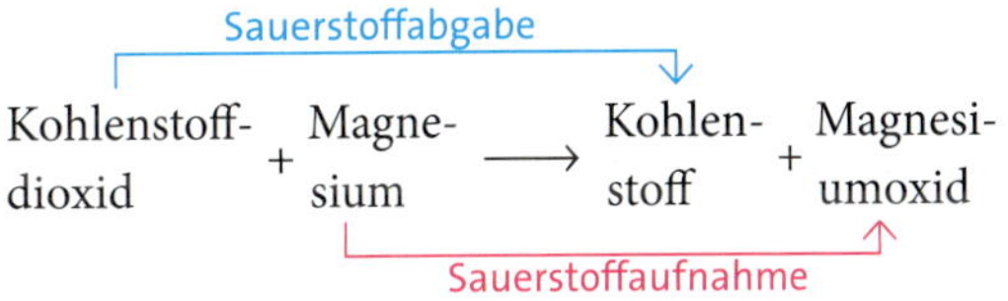

2 a) Bei der Bildung von Kupferoxid wurde im Vergleich zu Quecksilberoxid viel mehr Energie freigesetzt. Die chemische Energie von Kupferoxid ist deshalb geringer als von Quecksilberoxid. Die Temperatur der Brennerflamme reicht nur aus, um die Energie für die Zerlegung von Quecksilberoxid aufzubringen, nicht aber für Kupferoxid.

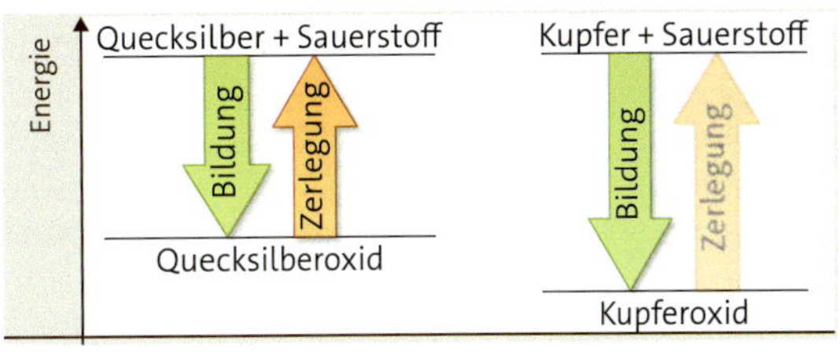

b) Kupfer kann durch Sauerstoffübertragungsreaktionen aus Kupferoxid gewonnen werden, z. B.:
Kupferoxid + Eisen ⟶ Kupfer + Eisenoxid

3 a) Sauerstoffabgabe
Silberoxid + Magnesium ⟶ Silber + Magnesiumoxid
Sauerstoffaufnahme

b) Sauerstoffabgabe
Zinkoxid + Aluminium ⟶ Zink + Aluminiumoxid
Sauerstoffaufnahme

c) Sauerstoffabgabe
Kupferoxid + Natrium ⟶ Kupfer + Natriumoxid
Sauerstoffaufnahme

d) Sauerstoffabgabe
Kohlenstoffdioxid + Magnesium ⟶ Kohlenstoff + Magnesiumoxid
Sauerstoffaufnahme

4 Bei der Sauerstoffübertragungsreaktion von Kohlenstoffdioxid mit Magnesium findet neben der endothermen Zerlegung von Kohlenstoffdioxid (Sauerstoffabgabe) auch die stark exotherme Bildung von Magnesiumoxid (Sauerstoffaufnahme) statt. Nur ein Teil der frei werdenden Energie der Sauerstoffaufnahme wird zur Zerlegung von Kohlenstoffdioxid genutzt. Die restliche Energie wird in Form von Wärme und Licht freigesetzt.

5 Als Reaktionspartner kommt nur Magnesium infrage, da dieses unedler als Aluminium ist, also eine höhere Affinität zu Sauerstoff hat.

Sauerstoffabgabe
Aluminiumoxid + Magnesium ⟶ Aluminium + Magnesiumoxid
Sauerstoffaufnahme

6 a) Das metallische Magnesium wird nach dem Experiment nicht mehr vorhanden sein. Ein weißer und ein gelber Feststoff werden entstehen. Es wird Wärme frei.

b) Sauerstoffabgabe
Schwefeldioxid + Magnesium ⟶ Schwefel + Magnesiumoxid
Sauerstoffaufnahme

7 Der Eisenschrott enthält chemisch gebundenen Sauerstoff, der mit dem im Roheisen enthaltenen Kohlenstoff zu Kohlenstoffdioxid reagiert. Somit wird der hohe Kohlenstoffanteil des Roheisens zu dem im Stahl gewünschten Anteil verringert. Gleichzeitig wird eine stoffliche Verwertung des Schrotts vollzogen und es werden Ressourcen geschont.

8 Setzt man voraus, dass die eingesetzten Stoffe im richtigen Verhältnis gemischt wurden und die Reaktion vollständig verläuft, ist die Aussage richtig. Allerdings entstehen keine elementaren Metalle. Ein Teil des Kohlenstoffs wird mit dem gebildeten Metall eine Legierung bilden.

9 a) Sauerstoffabgabe
Siliciumdioxid + Kohlenstoff ⟶ Silicium + Kohlenstoffdioxid
Sauerstoffaufnahme

b) Es liegt eine Sauerstoffübertragungsreaktion vor. In Teil a sind Sauerstoffabgabe und -aufnahme hervorgehoben. Siliciumoxid überträgt unter Bildung von Silicium Sauerstoff auf Kohlenstoff, der zu Kohlenstoffdioxid reagiert.

10 a)

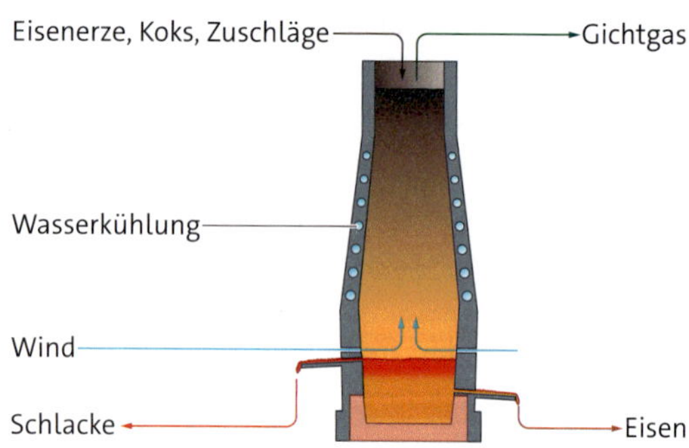

b) Kohlenstoff reagiert mit Sauerstoff aus dem Wind zu Kohlenstoffdioxid, der mit weiterem Kohlenstoff zu Kohlenstoffmonooxid umgewandelt wird.
Kohlenstoff + Sauerstoff ⟶ Kohlenstoffdioxid

Kohlenstoffdioxid + Kohlenstoff ⟶ Kohlenstoffmonooxid

Die eigentliche Sauerstoffübertragungsreaktion zur Eisengewinnung findet zwischen Kohlenstoffmonooxid und Eisenoxid statt.
Eisenoxid + Kohlenstoffmonooxid ⟶ Eisen + Kohlenstoffdioxid

11 Mithilfe des unedlen Aluminiums können durch Sauerstoffübertragungsreaktion – meist kleine Mengen – andere Metalle aus ihren Oxiden gewonnen werden.

Sauerstoffabgabe

Eisenoxid + Aluminium ⟶ Eisen + Aluminiumoxid

Sauerstoffaufnahme

Wasser (Seite 146)

1 a) Entweder direkt mithilfe von weißem Kupfersulfat oder Watesmo-Papier oder indirekt durch Reaktion mit Magnesium.
b) Weißes Kupfersulfat (bzw. das Watesmo-Papier) färbt sich blau. Beim indirekten Nachweis reagieren Magnesium und Wasserdampf zu Magensiumoxid und Wasserstoff, der durch die Knallgasprobe identifiziert werden kann.

2 a) Es entsteht Wasser.
Wasserstoff + Sauerstoff ⟶ Wasser | exotherm
b) Sauerstoff kann mit der Glimmspanprobe nachgewiesen werden, Wasserstoff mit der Knallgasprobe und Wasser mit weißem Kupfersulfat.
c) Mögliche Eigenschaften: brennbar, geruchlos, farblos, gasförmig bei Raumtemperatur,
$\varrho = 0{,}09\,\text{g/l}$, $\vartheta_S = -259\,°\text{C}$, $\vartheta_V = -252\,°\text{C}$

3 a) Der Wasserstoff brennt mit blauer, ruhiger Flamme ab, da nur wenig Sauerstoff an die Flamme kommt.
b) Die Kerze geht aus, da im Messzylinder zwar Wasserstoff, aber kein Sauerstoff vorhanden ist, der zur Verbrennung notwendig ist.

4 a)

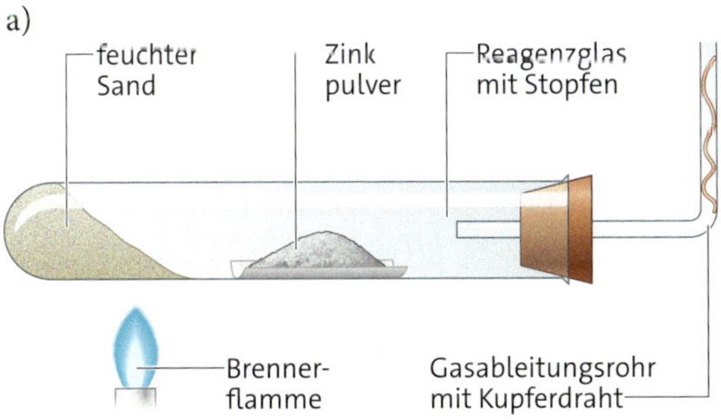

Sand wird mit Wasser befeuchtet und eine Magnesiarinne mit Zinkpulver in das Reagenzglas geschoben. Nun werden abwechselnd der feuchte Sand und das Zinkpulver erhitzt, sodass Wasserdampf über das glühende Zinkpulver geleitet wird. Das austretende Gas wird vorsichtig entzündet.

b) Das Zink ist nach der Reaktion nicht mehr vorhanden. Es entsteht ein weißes Pulver. Am Ende des Glasröhrchens kann ein Gas entzündet werden, das mit blauer Flamme brennt.
c) Zink + Wasser
⟶ Zinkoxid + Wasserstoff | exotherm

5

Nachzuweisender Stoff	Nachweismethode	Beobachtung
Sauerstoff	Glimmspanprobe	Auflammen eines glühenden Holzspans in Sauerstoff
Wasserstoff	Knallgasprobe	knallendes/ploppendes Geräusch beim Zünden eines Wasserstoff-Luft-Gemischs
Wasser	Wassernachweis	Blaufärbung von weißem Kupfersulfat durch Wasser
Kohlenstoffdioxid	Kalkwasserprobe	weißer Niederschlag von Kalk in Kalkwasser durch Kohlenstoffdioxid

6 Wasserstoff ist aus Wasserstoffmolekülen aufgebaut. Im Wasserstoffmolekül sind zwei Wasserstoffatome fest miteinander verbunden. Ein Atom ist ein einzelnes, chemisch nicht weiter zerlegbares Teilchen, Moleküle dagegen sind aus zwei oder mehreren Atomen aufgebaut.

7 a) Ein Reaktionsrohr (Eudiometer) wurde in unterschiedlichen Volumenverhältnissen mit Wasserstoff und Sauerstoff gefüllt. Das jeweilige Gasgemisch wurde gezündet und das Restvolumen an nicht umgesetztem Gas ermittelt.
b) Das bei der Synthese entstehende Wasser ist bei Raumtemperatur flüssig. Mit einem auf über 100 °C beheizten Eudiometer kann das Volumen an Wasserdampf zusätzlich ermittelt werden.
c) 1. 2 ml Sauerstoff; 2. 4 ml Wasserstoff;
3. kein Restgas; 4. 0,5 l Wasserstoff

8 a) Das chemische Symbol steht für den Stoff selbst und für ein Atom des Stoffes. Die chemische Formel steht für den Stoff. Aus der Molekülformel kann man die genaue Zusammensetzung des Moleküls (Atomarten und deren Anzahl) ableiten.
b) Pb, Ca, Fe, Mg, S und Ag
c) Helium, Kohlenstoff, Stickstoff, Mangan, Phosphor, Fluor, Kupfer, Kohlenstoffdioxid und Wasser

d) Indexzahlen geben in einer Molekülformel die Anzahl der Atome in einem Molekül an. Da es keine halben Atome gibt, kann es eine solche Verbindung nicht geben.

e) 1. Lachgas: 2 Stickstoffatome und 1 Sauerstoffatom
2. Ammoniak: 1 Stickstoffatom und 3 Wasserstoffatome
3. Ethan: 2 Kohlenstoffatome und 4 Wasserstoffatome
4. Rohrzucker: 12 Kohlenstoffatome, 22 Wasserstoffatome und 11 Sauerstoffatome

f) Die Frage ist nicht eindeutig zu beantworten. Wasserstoff ist aus Molekülen mit der Formel H_2 aufgebaut. H_2 steht für den Stoff Wasserstoff. In Reaktionsgleichungen muss deshalb immer die Molekülformel verwendet werden. Im Periodensystem der Elemente allerdings steht das Symbol H auch für den Stoff Wasserstoff.

Quantitative Betrachtungen (Seite 163)

1 a) Unter einer Verhältnisformel versteht man die kleinstmögliche Baueinheit einer salzartigen Verbindung oder eines Metalloxids. Sie drückt das Anzahlverhältnis der Atomarten in einer Verbindung aus.

b) Im Eisenoxid Fe_2O_3 liegen Eisenatome und Sauerstoffatome im Verhältnis Fe : O = 2 : 3 vor.

2 a) $\frac{m(\text{Calcium})}{m(\text{Sauerstoff})} = \frac{15\,\text{g}}{6\,\text{g}} = \frac{5}{2}$

b) $\frac{m_a(1\,\text{Ca})}{m_a(1\,\text{O})} = \frac{40\,\text{u}}{16\,\text{u}} = \frac{5}{2}$

Da das Massenverhältnis und das Atommassenverhältnis gleich sind, müssen Calciumatome und Sauerstoffatome im Verhältnis 1 : 1 im Calciumoxid vorliegen.

Die Verhältnisformel lautet CaO.

3 a) $\frac{m_a(1\,\text{Si})}{m_a(1\,\text{O})} = \frac{28\,\text{u}}{16\,\text{u}} = \frac{7}{4} \quad \frac{7}{8} \cdot \frac{4}{7} = \frac{1}{2} \Rightarrow 1:2$

Das Teilchenanzahlverhältnis von Silicium- zu Sauerstoffatomen beträgt 1 : 2.

Die Verhältnisformel lautet SiO_2.

b) $\frac{m_a(1\,\text{Fe})}{m_a(1\,\text{O})} = \frac{56\,\text{u}}{16\,\text{u}} = \frac{7}{2} \quad \frac{7}{3} \cdot \frac{2}{7} = \frac{2}{3} \Rightarrow 2:3$

Das Teilchenanzahlverhältnis von Eisen- zu Sauerstoffatomen beträgt 2 : 3.

Die Verhältnisformel lautet Fe_2O_3.

4 a) $2\,\text{Li (s)} + 1\,H_2\,\text{(g)} \longrightarrow 2\,\text{LiH (s)}$

b) $4\,\text{K (s)} + 1\,O_2\,\text{(g)} \longrightarrow 2\,K_2O\,\text{(s)}$

c) $2\,\text{B (s)} + 3\,Cl_2\,\text{(g)} \longrightarrow 2\,BCl_3\,\text{(s)}$

5 a) Falsch

Korrektur: $4\,\text{Na (s)} + O_2\,\text{(g)} \longrightarrow 2\,Na_2O\,\text{(s)}$

b) Richtig

c) Falsch

Korrektur: $2\,\text{Cu (s)} + \text{S (s)} \longrightarrow Cu_2S\,\text{(s)}$

d) Falsch

Korrektur: $2\,N_2\,\text{(g)} + 5\,O_2\,\text{(g)} \longrightarrow 2\,N_2O_5\,\text{(g)}$

6
- 1 Schwefelatom reagiert mit 1 Sauerstoffmolekül zu 1 Schwefeldioxidmolekül.
- 1 mol Schwefel reagiert mit 1 mol Sauerstoff zu 1 mol Schwefeldioxid.
- $6 \cdot 10^{23}$ Schwefelatome reagieren mit $6 \cdot 10^{23}$ Sauerstoffmolekülen zu $6 \cdot 10^{23}$ Schwefeldioxidmolekülen.

7 a) Na_2O: $M(Na_2O) = 2 \cdot M(1\,\text{Na}) + M(1\,\text{O})$
$= 2 \cdot 23\,\frac{\text{g}}{\text{mol}} + 16\,\frac{\text{g}}{\text{mol}} = 62\,\frac{\text{g}}{\text{mol}}$

Fe_2O_3: $M(Fe_2O_3) = 2 \cdot M(1\,\text{Fe}) + 3 \cdot M(1\,\text{O})$
$= 2 \cdot 56\,\frac{\text{g}}{\text{mol}} + 3 \cdot 16\,\frac{\text{g}}{\text{mol}} = 160\,\frac{\text{g}}{\text{mol}}$

$CaCO_3$:
$M(CaCO_3) = M(1\,\text{Ca}) + M(1\,\text{C}) + 3 \cdot M(1\,\text{O})$
$= 40\,\frac{\text{g}}{\text{mol}} + 12\,\frac{\text{g}}{\text{mol}} + 3 \cdot 16\,\frac{\text{g}}{\text{mol}} = 100\,\frac{\text{g}}{\text{mol}}$

b) Gegeben: $m(\text{Mg}) = 12\,\text{g}$
$M(\text{Mg}) = 24\,\frac{\text{g}}{\text{mol}}$

Gesucht: $n(\text{Mg})$
$N(\text{Mg-Atome})$

Lösung:

$n(\text{Mg}) = \frac{m(\text{Mg})}{M(\text{Mg})} = \frac{12\,\text{g}}{24\,\frac{\text{g}}{\text{mol}}} = \underline{\underline{0{,}5\,\text{mol}}}$

$N(\text{Mg-Atome}) = n(\text{Mg}) \cdot N_A$
$= 0{,}5\,\text{mol} \cdot 6{,}0 \cdot 10^{23}\,\frac{1}{\text{mol}} = \underline{\underline{3{,}0 \cdot 10^{23}}}$

Die Stoffmenge für 12 g Magnesium beträgt 0,5 mol.
Die Stoffportion enthält $3 \cdot 10^{23}$ Magnesiumatome.
Die Berechnung der anderen Größen erfolgt analog.
Achtung: 1,068 kg entsprechen 1068 g.

$M(\text{FeO}) = 72\,\frac{\text{g}}{\text{mol}}$; $n(\text{FeO}) = 0{,}2\,\text{mol}$
$N(\text{FeO-Baueinheiten}) = 1{,}2 \cdot 10^{23}$
$M(AlBr_3) = 267\,\frac{\text{g}}{\text{mol}}$; $n(AlBr_3) = 4\,\text{mol}$
$N(AlBr_3\text{-Baueinheiten}) = 2{,}4 \cdot 10^{24}$

c) Gegeben: $n(Cu_2O) = 2\,\text{mol}$
$M(Cu_2O) = 143\,\frac{\text{g}}{\text{mol}}$

Gesucht: $m(Cu_2O)$

Lösung: $m(Cu_2O) = n(Cu_2O) \cdot M(Cu_2O)$
$= 2\,\text{mol} \cdot 143\,\frac{\text{g}}{\text{mol}} = \underline{\underline{286\,\text{g}}}$

2 mol entsprechen 286 g Kupferoxid.
Die Berechnung der anderen Größen erfolgt analog.

Achtung: 4 mmol entsprechen 0,004 mol und $9 \cdot 10^{23}$ entsprechen 1,5 mol.
$M(ZnO) = 81\,\frac{g}{mol}$; $m(ZnO) = 0{,}33\,g$
$m(\text{Kupfer}) = 95{,}3\,g$

8 a) $2\,Mg\,(s) + O_2\,(g) \longrightarrow 2\,MgO\,(s)$
b) Gegeben: $m(MgO) = 2\,kg = 2\,000\,g$
$M(MgO) = 40\,\frac{g}{mol}$
$M(Mg) = 24\,\frac{g}{mol}$
Gesucht: $m(Mg)$
Lösung:
$$n(MgO) = \frac{m(MgO)}{M(MgO)} = \frac{2\,000\,g}{40\,\frac{g}{mol}} = \underline{\underline{50\,mol}}$$
Es gilt: $n(MgO) : n(Mg) = 2:2 = 1:1$
$\Rightarrow n(MgO) = n(Mg) = 50\,mol$
$m(Mg) = n(Mg) \cdot M(Mg)$
$= 50\,mol \cdot 24\,\frac{g}{mol} = \underline{\underline{1\,200\,g}}$
Es werden 1,2 kg Magnesium benötigt, um 2 kg Magnesia herzustellen.

9 a) $H_2\,(g) + Cl_2\,(g) \longrightarrow 2\,HCl\,(g)$
b) Aus der Reaktionsgleichung ist ablesbar, dass 1 mol Wasserstoff und 1 mol Chlorgas zu 2 mol Chlorwasserstoff reagieren. Der Satz von Avogadro besagt, dass gleiche Gasvolumina unter gleichen Bedingungen die gleiche Teilchenanzahl enthalten, d. h., zur vollständigen Umsetzung von 24 ml Chlorgas sind 24 ml Wasserstoff notwendig, bei der 48 ml Chlorwasserstoff entstehen.
c) Gegeben: $V(Cl_2) = 24\,ml = 0{,}024\,l$
$V(H_2) = 24\,ml = 0{,}024\,l$
$V(HCl) = 48\,ml = 0{,}048\,l$
$M(Cl_2) = 70{,}9\,\frac{g}{mol}$
$M(H_2) = 2\,\frac{g}{mol}$
$M(HCl) = 36{,}5\,\frac{g}{mol}$
$V_m = 22{,}4\,\frac{l}{mol}$
Gesucht: $m(Cl_2)$
$m(H_2)$
$m(HCl)$
Lösung: $m(Cl_2) = M(Cl_2) \cdot n(Cl_2)$
Zur Berechnung der Masse muss zuvor die Stoffmenge der Gasportion ermittelt werden.
$$n(Cl_2) = \frac{V(Cl_2)}{V_m} = \frac{0{,}024\,l}{22{,}4\,\frac{l}{mol}} = 0{,}0011\,mol$$
$m(Cl_2) = 70{,}9\,\frac{g}{mol} \cdot 0{,}0011\,mol = \underline{\underline{0{,}076\,g}} = \underline{\underline{76\,mg}}$
Es gilt: $n(Cl_2) = n(H_2) = 1/2 \cdot n(HCl)$
$m(H_2) = M(H_2) \cdot n(H_2) = 2\,\frac{g}{mol} \cdot 0{,}0011\,mol$
$m(H_2) = \underline{\underline{0{,}002\,g}} = \underline{\underline{2\,mg}}$
$m(HCl) = M(HCl) \cdot n(HCl) = 36{,}5\,\frac{g}{mol} \cdot 0{,}021\,mol$
$m(HCl) = \underline{\underline{0{,}078\,g}} = \underline{\underline{78\,mg}}$
Aus 76 mg Chlorgas entstehen mit 2 mg Wasserstoff 78 mg Chlorwasserstoff.

10 Gegeben: $m(TiO_2) = 2\,t = 2\,000\,000\,g$
$M(TiO_2) = 80\,\frac{g}{mol}$
$M(Ti) = 48\,\frac{g}{mol}$
Gesucht: $m(Ti)$
Lösung: $Ti\,(s) + O_2\,(g) \longrightarrow TiO_2\,(s)$
$$n(TiO_2) = \frac{m(TiO_2)}{M(TiO_2)} = \frac{2\,000\,000\,g}{48\,\frac{g}{mol}} = 25\,000\,mol$$
Es gilt: $n(Ti) = n(TiO_2) = 25\,000\,mol$
$m(Ti) = n(Ti) \cdot M(Ti)$
$= 25\,000\,mol \cdot 48\,\frac{g}{mol} = \underline{\underline{1\,200\,000\,g}} = \underline{\underline{1{,}2\,t}}$
Zur Herstellung von 2 t Titan(IV)-oxid werden 1,2 t Titan benötigt.

Elementfamilien (Seite 185)

1 a) Alkalimetalle, Erdalkalimetalle, Halogene, Edelgase
b) Alkalimetalle: Lithium, Natrium, Kalium, Rubidium, Caesium
Erdalkalimetalle: Beryllium, Magnesium, Calcium, Strontium, Barium
Halogene: Fluor, Chlor, Brom, Iod
Edelgase: Helium, Neon, Argon, Krypton, Xenon

2 Alkalimetalle sind sehr weich, leiten den elektrischen Strom und Wärme gut. Sie sind sehr reaktionsfreudig und überziehen sich an der Luft mit einer Oxidschicht. Erdalkalimetalle sind unedle Metalle von silberweißer Farbe mit einer geringen Dichte. An Luft überziehen sie sich mit einer Oxidschicht. Alle Erdalkalimetalle (außer Beryllium) reagieren mit Wasser.

3 a) Ein Magnesiastäbchen wird in 35%ige Salzsäure getaucht und in der nicht leuchtenden Brennerflamme bis zum Glühen erhitzt. Das Stäbchen ist dann in die Probe und anschließend erneut in die nicht leuchtende Brennerflamme zu halten.
b) Natriumverbindungen: gelb; Lithiumverbindungen: rot; Strontiumverbindungen: rot; Bariumverbindungen: grün

4 An feuchter Luft reagieren die Alkalimetalle mit dem in der Luft enthaltenen Wasser(dampf). In trockener Luft befindet sich kein Wasser(dampf), sodass nur die langsamere Reaktion mit dem Sauerstoff der Luft stattfinden kann.

5 a) Das Stückchen Kalium bewegt sich unter Gasentwicklung auf der Wasseroberfläche lebhaft hin und her. Das Kalium schmilzt und es kommt zur

Flammenbildung. Der Indikator im Wasser färbt sich violett.
Kalium reagiert mit Wasser in einer stark exothermen Reaktion. Es entsteht Kaliumhydroxid, das sich im Wasser löst und dabei eine alkalische Lösung bildet.
b) $2\,K\,(s) + 2\,H_2O\,(l) \longrightarrow 2\,KOH\,(aq) + H_2\,(g)$ | exotherm

6 Halogene sind Nichtmetalle. Im gasförmigen Zustand haben sie einen stechenden Geruch und sind Atemgifte. Halogene sind sehr reaktionsfähige Elemente.

7 Halogene sind Atemgifte und wirken reizend bzw. ätzend.

8 Alle Halogene bestehen aus zweiatomigen Molekülen.

9 a) $2\,Al\,(s) + 3\,Br_2\,(l) \longrightarrow 2\,AlBr_3\,(s)$ | exotherm
b) Reaktionsprodukt: Aluminiumbromid;
Stoffklasse: Metallhalogenide

10 Magnesiumbromid:
Magnesium + Brom ⟶ Magnesiumbromid
Alkalimetallhalogenide: Lithiumchlorid, Natriumiodid, Kaliumfluorid
Erdalkalimetallhalogenide: Magnesiumbromid, Calciumchlorid, Bariumiodid

11 Der menschliche Körper benötigt Magnesium-, Calcium- und Chlorverbindungen beispielsweise für die Muskeltätigkeit. Bei starker körperlicher Aktivität werden mit dem Schweiß auch Mineralien abgegeben, sodass es zu Mineralstoffmangel kommen kann. Dies wird durch Mineralienzufuhr mit der Nahrung verhindert.

12 Edelgase sind sehr reaktionsträge und gehen in der Umwelt keine Verbindungen ein. Demgegenüber sind Alkalimetalle, Erdalkalimetalle und Halogene sehr reaktiv und kommen in der Natur nur chemisch gebunden in Verbindungen vor.

13 Helium hat eine geringere Dichte als Luft und ist sehr reaktionsträge.

Atombau und Periodensystem der Elemente (Seite 209)

1 Eine dünne Goldfolie (ca. 1 000 Atomlagen) wurde mit Alpha-Strahlung (positiv geladene Teilchen) beschossen. Um die Goldfolie herum war ein Leuchtschirm aufgebaut, mit dem man die Alpha-Strahlung sichtbar machen konnte.
Beobachtungen: Der Großteil der Alpha-Teilchen passierte die Goldfolie ungehindert. Ein Teil der Teilchen wurde dabei aber von seiner geradlinigen Flugbahn abgelenkt. Etwa 1 von 100 000 Teilchen wurde an der Folie zurückgeworfen.
Deutung: Die Beobachtungen lassen sich mit dem Kern-Hülle-Modell der Atome deuten. Es besagt, dass Atome aus einer riesigen, fast leeren Atomhülle bestehen, in der sich die Elektronen aufhalten. Diese Hülle kann von den Alpha-Teilchen ungehindert passiert werden. Lediglich der sehr kleine Atomkern ist massiv. Er ist positiv geladen und vereint 99,9 % der Atommasse. Treffen Alpha-Teilchen direkt auf den Kern, werden sie zurückgeworfen. Durch die positive Ladung des Atomkerns wird zudem ein Teil der Alpha-Strahlung abgelenkt.

2

Isotop	Anzahl Protonen	Anzahl Elektronen	Anzahl Neutronen	OZ
$^{3}_{2}He$	2	2	1	2
$^{4}_{2}He$	2	2	2	2
$^{54}_{26}Fe$	26	26	28	26
$^{56}_{26}Fe$	26	26	30	26
$^{37}_{17}Cl$	17	17	20	17

3 a) Die Atome des Elements Kupfer unterscheiden sich in der Anzahl der Neutronen im Atomkern. 69,2 % der Kupferatome haben 34 Neutronen, sie sind die $^{63}_{29}Cu$-Isotope. 30,8 % der Kupferatome haben hingegen 36 Neutronen. Die beiden Isotope des Kupfers haben unterschiedliche Massen.
b) $m = 62{,}93\,u \cdot 0{,}692 + 64{,}93\,u \cdot 0{,}308 = 63{,}55\,u$
Die durchschnittliche Atommasse für Kupfer aus den beiden Isotopen beträgt 63,55 u.

4 Thomson ging davon aus, dass Atome eine innere Struktur besitzen. Ein Atom besteht aus einer positiv geladenen Masse (Kuchenteig), in der sich die negativ geladenen Elektronen gleichmäßig verteilen (Rosinen).
Auch im Atommodell von Rutherford besitzen die Atome eine innere Struktur. Ein Atom besteht aus einem Atomkern aus positiv elektrisch geladenen Protonen und einer im Vergleich dazu riesigen Atomhülle, in der sich die negativ elektrisch geladenen Elektronen mit großer Geschwindigkeit bewegen. Beiden Modellen gemeinsam ist, dass Atome aus Elektronen bestehen, deren negative Ladung durch eine gleich große positive Ladung ausgeglichen wird. Atome sind elektrisch neutral. Zudem sind Atome unvorstellbar kleine Teilchen, die das chemische Verhalten und den Bau eines Elements bestimmen.

5

Element	Elementfamilie	Hauptgruppe
Kalium Rubidium Caesium	Alkalimetalle	I
Beryllium Strontium Barium	Erdalkalimetalle	II
Fluor Brom Iod	Halogene	VII
Helium Krypton Xenon	Edelgase	VIII

6

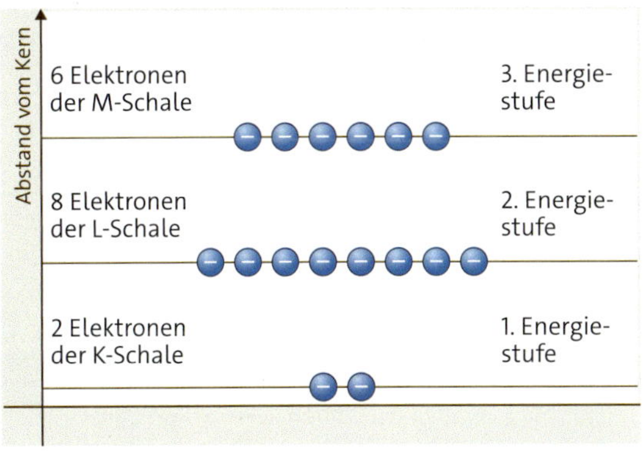

7 Ein Schwefelatom besitzt 16 Elektronen. Hätten alle Elektronen im Schnitt die gleiche Entfernung zum Kern, so müsste die Ionisierungsenergie mit jeder weiteren Abspaltung eines Elektrons kontinuierlich zunehmen. Stattdessen beobachtet man, dass im Schwefelatom drei Gruppen von Elektronen existieren, die sich jeweils auf einem ähnlichen Energieniveau befinden. Die Entdeckung der Abstufungen in den Ionisierungsenergien konnte nur mit einer differenzierten Atomhülle erklärt werden.

8 Das Schalenmodell der Atomhülle besagt, dass die Atomhülle in Elektronenschalen gegliedert ist. In einer Elektronenschale halten sich Elektronen mit etwa gleicher Energie in gleichem Abstand zum Atomkern auf. In einem Aluminiumatom befinden sich nach dem Schalenmodell der Atomhülle zwei Elektronen auf der 1. Schale (der innersten), acht Elektronen auf der 2. Schale und drei Elektronen auf der 3. Schale (der äußeren).

9

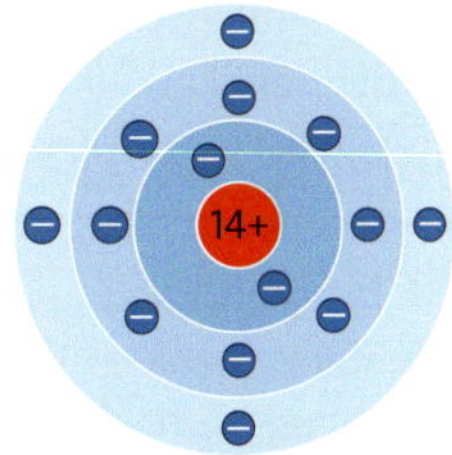

Schalenmodell des Siliciumatoms

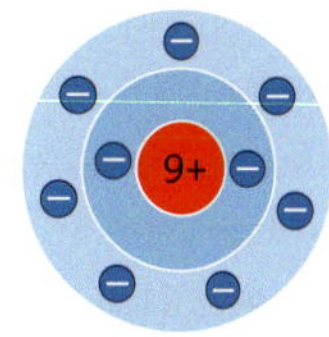

Schalenmodell des Fluoratoms

10 Li˙ |Kr| ˙Ca˙ |Br| |N˙·

11 Wasserstoffatome besitzen ein Proton im Kern und ein Elektron in der Atomhülle. Mit der Ordnungszahl 1 steht Wasserstoff im Periodensystem der Elemente an 1. Stelle. Er steht in der 1. Periode, weil seine Atome nur eine Elektronenschale aufweisen. Mit nur einem Elektron in der Elektronenschale wird Wasserstoff in die I. Hauptgruppe gestellt, in der die Elemente stehen, deren Atome jeweils ein Elektron in der äußeren Schale aufweisen.

12 a) Helium könnte auch in der II. Hauptgruppe in der 1. Periode stehen. Heliumatome haben wie alle anderen Atome der Elemente der II. Hauptgruppe zwei Valenzelektronen.
b) In den Gruppen des Periodensystems stehen Elemente, die sich chemisch sehr ähnlich sind. Sie bilden Elementfamilien. Helium ist sehr reaktionsträge und bei Raumtemperatur ein einatomiges Gas. Es gehört zu den Edelgasen. Die Elemente der II. Hauptgruppe bilden die Elementfamilie der reaktionsfreudigen Erdalkalimetalle. Auch vom Atombau passt es besser in die VIII. Hauptgruppe, da die erste Elektronenschale mit zwei Valenzelektronen abgeschlossen ist und im Gegensatz zu allen anderen Elektronenschalen die Edelgasregel erfüllt.

13 Aluminiumatome haben 13 Protonen und 13 Elektronen entsprechend der Ordnungszahl 13. Die Anzahl der drei Elektronenschalen entspricht der Stellung des Elements in der 3. Periode. Die Anzahl von drei Außenelektronen lässt sich aus seiner Stellung in der III. Hauptgruppe ableiten.
Phosphoratome haben 15 Protonen und 15 Elektronen entsprechend der Ordnungszahl 15. Die Anzahl der Elektronenschalen beträgt 3 entsprechend der Stellung des Elements in der 3. Periode. Die Anzahl von 5 Außenelektronen entspricht der Stellung des Elements in der V. Hauptgruppe.
Neonatome haben 10 Protonen und 10 Elektronen entsprechend der Ordnungszahl 10. Die 10 Elek-

tronen verteilen sich auf zwei Elektronenschalen entsprechend der Stellung des Elements in der 2. Periode. Die 2. Elektronenschale ist mit 8 Elektronen voll besetzt; 8 Außenelektronen entsprechend der Stellung in der VIII. Hauptgruppe. Neon gehört zu den Edelgasen, daher weisen Neonatome diese stabile Elektronenanordnung, die Edelgaskonfiguration, auf.

14 a) Das Element mit der Ordnungszahl 38 ist das Element Strontium. Strontiumatome haben 38 Protonen im Atomkern und 38 Elektronen in der Atomhülle. Die Elektronen verteilen sich auf 5 Elektronenschalen (entsprechend der 5. Periode des PSE). Zwei der Elektronen sind Außenelektronen (entsprechend der II. Hauptgruppe).
b) Strontium ist ein Metall, als Element der II. Hauptgruppe ein Erdalkalimetall mit charakteristischen Metalleigenschaften, wie elektrischer Leitfähigkeit, Wärmeleitfähigkeit und Glanz.

15 Das Gesetz der Periodizität besagt, dass die gleiche Anzahl Außenelektronen eine Ähnlichkeit in den chemischen Eigenschaften der Elemente bedingen. Die Atome der Erdalkalimetalle besitzen jeweils zwei Außenelektronen. Auch in ihren Eigenschaften und ihrem chemischen Verhalten weisen die Erdalkalimetalle Ähnlichkeiten auf. Es sind reaktionsfreudige Leichtmetalle, die in der Natur nur in ihren Verbindungen vorkommen. Mit Wasser reagieren sie zu Hydroxiden.

16 Aufgrund der gegebenen Atommassen lässt sich die Aufgabe in diesem Fall durch geschicktes Kombinieren lösen: rel. Häufigkeit von ^{12}C 99 % und rel. Häufigkeit von ^{13}C 1 %.
Überprüfung:
$0{,}01 \cdot 13\,u + 0{,}99 \cdot 12\,u = 12{,}01\,u$
Die Lösung lässt sich aber auch berechnen:
Wenn x die rel. Häufigkeit von ^{13}C und y die rel. Häufigkeit von ^{12}C ist, dann gilt:
$x \cdot 13\,u + y \cdot 12\,u = 12{,}01\,u$ und
$x + y = 1 \Leftrightarrow y = 1 - x$
Ersetzen von y:
$x \cdot 13\,u + (1 - x) \cdot 12\,u = 12{,}01\,u$
$x \cdot 13\,u + 12\,u - x \cdot 12\,u = 12{,}01\,u$
Es folgt:
$x = 0{,}01 = 1\,\%$ und
$y = 0{,}99 = 99\,\%$
Das ^{12}C-Isotop kommt mit einer relativen Häufigkeit von 99 % vor. Das ^{13}C-Isotop mit einer relativen Häufigkeit von 1 %.

Salze und Metalle – Elektronenübertragung (Seite 235)

1 Zinkchlorid ist eine Ionensubstanz, die aus zweifach positiv geladenen Zink-Ionen und einfach positiv geladenen Chlorid-Ionen aufgebaut ist. In der Lösung und in der Schmelze liegen diese Ionen als frei bewegliche Ladungsträger vor, die die elektrische Leitfähigkeit bewirken. Im festen Zinkchlorid bilden die Ionen ein Ionengitter, in dem die Ionen durch starke elektrostatische Kräfte zusammengehalten werden. Sie sind nicht frei beweglich und deshalb besitzt der Feststoff keine elektrische Leitfähigkeit.

2 Im elektrischen Feld wandern positiv elektrisch geladene Ionen (Kationen) zur Kathode, der Elektrode, die mit dem Minuspol der Spannungsquelle verbunden ist. Die negativ elektrisch geladenen Ionen (Anionen) wandern zur Anode, der Elektrode, die mit dem Pluspol der Spannungsquelle verbunden ist.

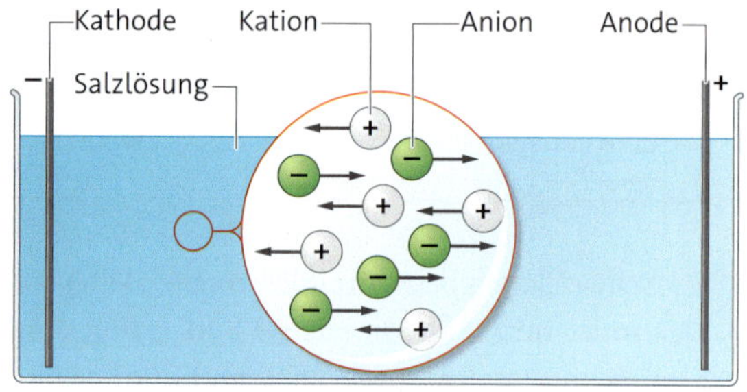

3 Art und Anzahl der Ladungen von Ionen lassen sich aus der Stellung der Elemente im Periodensystem ableiten: Entsprechend der Ordnungszahl 13 haben Aluminiumatome 13 Protonen und 13 Elektronen.

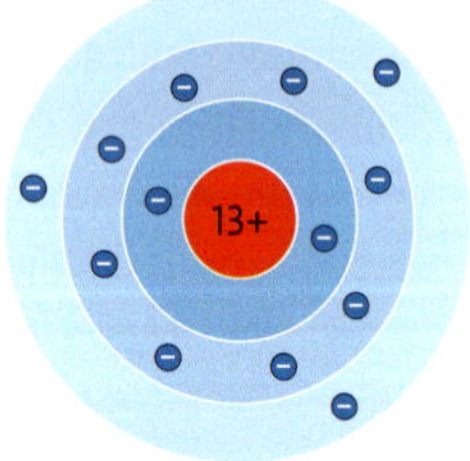

Die Anzahl der drei Elektronenschalen entspricht der Stellung des Elements in der 3. Periode. Die Anzahl von drei Außenelektronen lässt sich aus der Stellung des Aluminiums in der III. Hauptgruppe ableiten. Durch Abgabe der drei Außenelektronen wird die stabile Elektronenkonfiguration des Edelgases Neon erreicht (Edelgasregel). Deshalb weist Aluminium in seinen Verbindungen häufig dreifach positiv geladene Ionen auf.

4 Die Atome erreichen durch Abgabe oder Aufnahme von Elektronen die stabile Edelgaskonfiguration.

Element	Hauptgruppe	Anzahl Außenelektronen der Atome	Ionen	Entstehung der Ionen durch
Lithium	I	1	Li^{+}	Abgabe des einen Außenelektrons
Magnesium	II	2	Mg^{2+}	Abgabe der zwei Außenelektronen
Stickstoff	V	5	N^{3-}	Aufnahme von drei Außenelektronen
Sauerstoff	VI	6	O^{2-}	Aufnahme von zwei Elektronen
Fluor	VII	7	F^{-}	Aufnahme eines Elektrons

5 Natriumchlorid ist eine Ionenverbindung. Im Ionengitter liegen in regelmäßiger Anordnung einfach positiv geladene Natrium-Ionen und einfach negativ geladene Chlorid-Ionen vor.
Jedes Natrium-Ion ist im Kristall von sechs Chlorid-Ionen umgeben und jedes Chlorid-Ion von sechs Natrium-Ionen.

6 Natriumchlorid ist eine Ionensubstanz. Im Ionengitter des Natriumchlorids wechseln sich positiv geladene Natrium-Ionen und negativ geladene Chlorid-Ionen regelmäßig ab. Beim Einwirken einer Kraft verschieben sich Ionenschichten entlang des gesamten Ionenkristalls. Gleichartig geladene Ionen stehen sich gegenüber und bewirken eine elektrostatische Abstoßung. Der Ionenkristall zerspringt entlang dieser Schicht in Bruchstücke mit glatten Flächen.

7 Salze sind Ionensubstanzen, die aus positiv geladenen Metallkationen und negativ geladenen Anionen aufgebaut sind. Durch die starke, allseitig wirkende Ionenbindung zwischen den ungleichnamig geladenen Ionen bilden sie bei Raumtemperatur regelmäßig aufgebaute Ionengitter, in denen alle Ionen ihren festen Platz haben. Erst bei sehr hohen Temperaturen können die Kräfte zwischen den Ionen überwunden werden.

8 a) $2\,K(s) + Cl_2(g) \longrightarrow 2\,KCl(s)$
Kaliumchlorid

b)

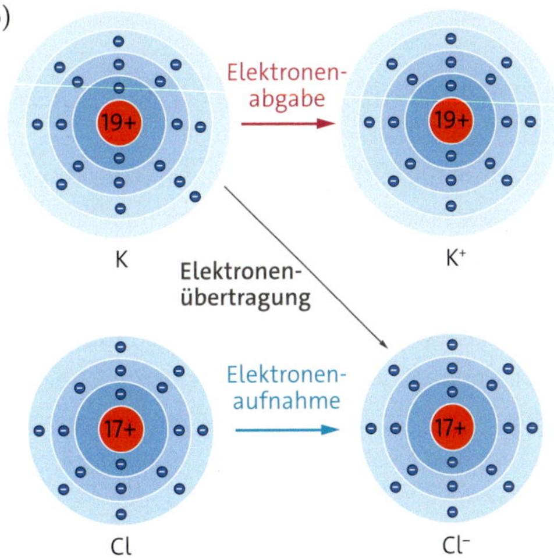

9 a) Elektronenabgabe/Oxidation:
$Zn \longrightarrow Zn^{2+} + 2\,e^{-}$
Elektronenaufnahme/Reduktion:
$2\,I + 2\,e^{-} \longrightarrow 2\,I^{-}$
Elektronenübertragung/Redoxreaktion:
$Zn + I_2 \longrightarrow ZnI_2$
b) Elektronendonator: Zinkatome
Elektronenakzeptor: Iodatome
c)

Reduktion

$Zn(s) + I_2(s) \longrightarrow ZnI_2(s)$

Oxidation

Reduktionsmittel: Zinkatome
Oxidationsmittel: Iodatome

10 Zu den Redoxreaktionen mit Sauerstoffübertragung gehören z. B. die Reduktionen von Metalloxiden durch unedle Metalle. Bei der Reaktion von schwarzem Kupferoxid mit Aluminium wird Sauerstoff vom Kupferoxid auf das Aluminium übertragen und es entstehen Kupfer und Aluminiumoxid.

Reduktion

$3\,CuO(s) + 2\,Al(s) \longrightarrow 3\,Cu(s) + Al_2O_3(s)$

Oxidation

Aus der Verbindung Kupferoxid (aufgebaut aus Kupfer-Ionen und Oxid-Ionen) entsteht elementares Kupfer (bestehend aus Kupferatomen). Dabei nehmen die zweifach positiv geladenen Kupfer-Ionen jeweils zwei Elektronen auf und Kupferatome entstehen. Gleichzeitig geben die Aluminiumatome jeweils drei Elektronen ab. Es entstehen dreifach positiv geladene Aluminium-Ionen, die mit den Oxid-Ionen die Verbindung Aluminiumoxid bilden.

Reduktion/Elektronenaufnahme:

$3\ Cu^{2+} + 6\ e^- \longrightarrow 3\ Cu$

Oxidation/Elektronenabgabe:

$2\ Al \longrightarrow 2\ Al^{3+} + 6\ e^-$

11 Das Aluminiumblech wird sich mit einer Kupferschicht überziehen, da Aluminium unedler als Kupfer ist. Aluminiumatome haben ein höheres Bestreben zur Elektronenabgabe als Kupferatome. Sie geben jeweils drei Elektronen ab. Es bilden sich Aluminium-Ionen. Aus den zweifach positiv geladenen Kupfer-Ionen der Lösung entstehen an der Aluminiumblechoberfläche Kupferatome durch Aufnahme von jeweils zwei Elektronen.

12 In der Zinkchloridlösung liegen Zink-Ionen und Chlorid-Ionen vor. Die zweifach positiv geladenen Zink-Ionen werden von der Kathode (Minuspol) angezogen, während die einfach negativ geladenen Chlorid-Ionen zur Anode (Pluspol) wandern. An der Kathode nehmen die Zink-Ionen jeweils zwei Elektronen auf und Zinkatome entstehen. Elementares Zink scheidet sich in Form eines grauen Belags ab. An der Anode geben die Chlorid-Ionen jeweils ein Elektron ab. Es bilden sich Chloratome, die sich zu Chlormolekülen verbinden. An der Anode steigt Chlor in Form kleiner Gasbläschen auf. Die Elektronenübertragungen werden durch den elektrischen Strom erzwungen, dabei wird ein Teil der elektrischen Energie in chemische Energie der reagierenden Stoffe umgewandelt. Die Elektrolyse verläuft daher endotherm.

Elektronenaufnahme an der Kathode:

$Zn^{2+} + 2\ e^- \longrightarrow Zn$

Elektronenabgabe an der Anode:

$2\ Cl^- \longrightarrow Cl_2 + 2\ e^-$

13 Beim Vergolden (Galvanisieren) werden Goldatome auf der Oberfläche eines Werkstücks mithilfe des elektrischen Stroms abgeschieden. Das Werkstück muss als Kathode (Minuspol) geschaltet werden, da die Goldatome durch Reduktion von elektrisch positiv geladenen Gold-Ionen aus einer Salzlösung gebildet werden.

14 a) $CsBr$

b) MgS

c) Ca_3N_2

d) Fe_2O_3

e) PbO_2

15 a) FeO: Fe^{2+} und O^{2-}

b) RbI: Rb^+ und I^-

c) Zn_2O: Zn^+ und O^{2-}

d) LiF: Li^+ und F^-

Stoffe aus Molekülen – Elektronenpaarbindung (Seite 253)

1 Tetrabromkohlenstoff (CBr_4):

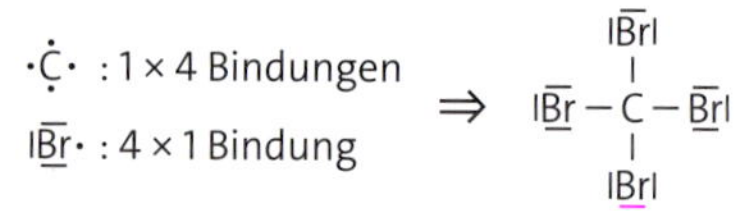

Selenwasserstoff (H_2S):

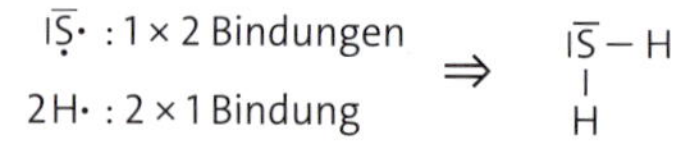

Ethan (C_2H_6):

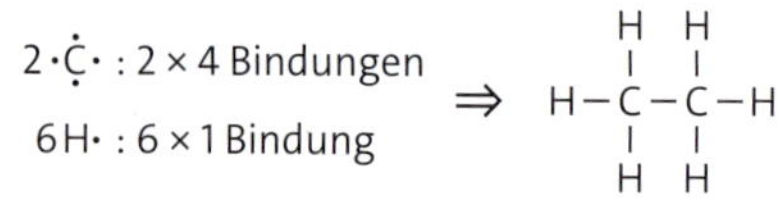

Ethen (C_2H_4):

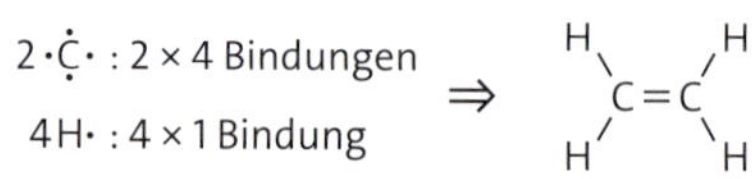

2 Bromwasserstoffmoleküle (HBr) sind aus einem Wasserstoffatom und einem Bromatom aufgebaut. Die Atome im Molekül werden durch eine Elektronenpaarbindung zwischen ihnen zusammengehalten. Durch das Teilen eines gemeinsamen Elektronenpaars erfüllen beide Atome für sich die Edelgasregel.

3 Chlor, Iod, Stickstoff und Sauerstoff gehören zu den unpolaren Molekülverbindungen. Jeweils zwei Chloratome, Iodatome, Stickstoffatome und Sauerstoffatome halten in den Molekülen der Stoffe durch Elektronenpaarbindung zusammen.

Natriumchlorid, Natriumbromid, Magnesiumchlorid und Magnesiumoxid gehören zu den Ionenverbindungen. Die positiv geladenen Metall-Ionen sind jeweils an die negativ geladenen Chlorid-, Bromid- oder Oxid-Ionen durch Ionenbindung gebunden.

Kohlenstoffdioxid, Methan und Ammoniak gehören zu den Molekülverbindungen. Im Kohlenstoffdioxidmolekül sind die Sauerstoffatome durch polare Elektronenpaarbindung an das Kohlenstoffatom gebunden. Im Methanmolekül existieren vier polare Elektronenpaarbindungen zwischen Wasserstoffatomen und dem Kohlenstoffatom. Im Ammoniakmolekül gibt es drei polare Elektronenpaarbindungen zwischen dem Stickstoffatom und den Wasserstoffatomen.

Unpolare Elektronenpaarbindungen entstehen, wenn die Differenz der EN-Werte zwischen den Bindungspartnern 0 beträgt. Dies trifft auf Elektronenpaarbindungen zwischen Atomen des gleichen Elements zu. Ionenverbindungen entstehen aus Metallen und Nichtmetallen, wenn die Differenz zwischen den EN-Werten größer als 1,7 ist, und polare Elektronenpaarbindungen entstehen, wenn sich Atome zweier verschiedener Nichtmetalle verbinden, die sich in ihren EN-Werten unterscheiden.

4 a) $H-\overline{\underline{S}}-H$

b) Das Schwefelwasserstoffmolekül ist ein Dipolmolekül. Die bindenden Elektronenpaare werden vom Schwefelatom stärker angezogen als von den Wasserstoffatomen. Am Schwefelatom ist der negative Ladungsschwerpunkt, zwischen den Wasserstoffatomen der der positiven elektrischen Teilladungen.

5 a) Im Schwefeldioxidmolekül sind die zwei Sauerstoffatome an ein Schwefelatom gebunden.

b)

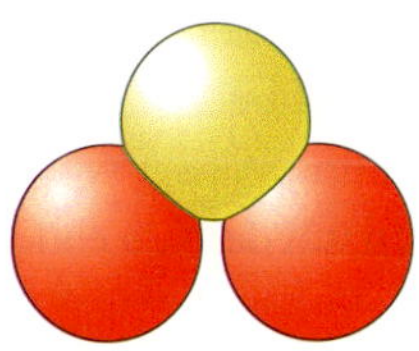

6 Iodatome haben 7 Elektronen auf der äußeren besetzten Elektronenschale. Eine stabile Elektronenanordnung kann erreicht werden, wenn je zwei Iodatome ein gemeinsames Elektronenpaar aufweisen. Iod ist deshalb aus zweiatomigen Molekülen aufgebaut, die im festen Iod in einem Molekülgitter angeordnet sind.

7 Das Kohlenstoffdioxidmolekül ist linear aufgebaut. Am Kohlenstoffatom gibt es nur bindende Elektronenpaare jeweils zu einem der Sauerstoffatome, die symmetrisch zum Kohlenstoffatom im Winkel von 180° angeordnet sind. Der positive und der negative Ladungsschwerpunkt fallen zusammen. Deshalb ist das Kohlenstoffdioxidmolekül auch kein Dipolmolekül.

Im Ammoniakmolekül sind drei Wasserstoffatome jeweils durch Einfachbindung – jeweils durch ein bindendes Elektronenpaar – an ein Stickstoffatom gebunden.

Am Stickstoffatom liegt noch ein freies Elektronenpaar vor. Das freie Elektronenpaar und die drei Wasserstoffatome sind nach den Eckpunkten eines Tetraeders ausgerichtet. Das Stickstoffatom befindet sich im Zentrum des Tetraeders. Die drei Wasserstoffatome mit den bindenden Elektronenpaaren stoßen sich untereinander weniger ab, als das freie Elektronenpaar des Stickstoffatoms die Wasserstoffatome abstößt. Das Stickstoffatom und die Wasserstoffatome bilden eine Pyramide. Das Ammoniakmolekül ist ein Dipolmolekül.

8 Wasser ist ein aus Molekülen aufgebauter Stoff. In Wassermolekülen ist jeweils ein Sauerstoffatom an zwei Wasserstoffatome gebunden. Die chemische Bindung im Molekül ist eine polare Elektronenpaarbindung. Wassermoleküle sind Dipolmoleküle. Zwischen den Wassermolekülen wirken zusätzliche Wasserstoffbrückenbindungen.

9 a) Wasserstoffperoxid (H_2O_2):

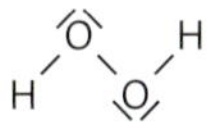

Damit alle Atome im Wasserstoffperoxidmolekül die Edelgasregel erfüllen, bilden die Sauerstoffatome untereinander eine Elektronenpaarbindung sowie jeweils eine Elektronenpaarbindung zu einem Wasserstoffatom aus.

b) Im Wasserstoffperoxidmolekül besitzen die zwei Sauerstoffatome jeweils noch zwei freie Elektronenpaare, die für den räumlichen Bau des Moleküls mitbetrachtet werden müssen. Die vier Elektronenpaare (2 bindende, 2 freie) ordnen sich tetraedrisch um jedes Sauerstoffatom an, sodass sie untereinander den größtmöglichen Abstand einnehmen. Jede H–O–O-Bindung ist damit für sich gewinkelt.

10 Im Ammoniakmolekül gibt es drei stark polarisierte Elektronenpaarbindungen – jeweils zwischen einem Wasserstoffatom und dem Stickstoffatom. Aufgrund des pyramidenförmigen Baus des Moleküls ist das Ammoniakmolekül ein Dipol. Durch das freie Elektronenpaar am Stickstoffatom können die Moleküle starke Wasserstoffbrücken untereinander ausbilden, die zum Schmelzen bzw. Sieden des Stoffes erst überwunden werden müssen. Der räumliche Bau und die Bindungsverhältnisse im Phosphanmolekül sind dem im Ammoniakmolekül ähnlich. Die Elektronenpaarbindungen im Molekül sind allerdings nicht polar, da Phosphoratome und Wasserstoffatome den gleichen EN-Wert aufweisen. Phospanmoleküle sind deshalb keine Dipole. Zwischen den Molekülen können sich nur schwache Van-der-Waals-Kräfte ausbilden, die schon bei viel niedrigeren Temperaturen überwunden werden.

11 a) Wassermoleküle sind Dipolmoleküle, d. h., es existieren eine positive und eine negative Teilladung im polaren Molekül. Aus diesem Grund können Wassermoleküle die Ionen aus dem Ionengitter eines salzartigen Stoffes herauslösen und diese umhüllen, hydratisieren. Die Wassermoleküle lagern sich mit ihrem negativen Ladungsschwerpunkt an die positiven Ionen der Ionenverbindung bzw. mit dem positiven Ladungsschwerpunkt an die negativen Ionen der Ionenverbindung an. Die Ionenbindung im Ionenkristall wird so gespalten und die hydratisierten Ionen werden in der Lösung frei beweglich. Der Ionenkristall löst sich.
Die beweglichen Wassermoleküle lagern sich an der Oberfläche des Kaliumbromidkristalls an. Mit dem positiven Wasserstoff-Pol orientieren sie sich dabei zu den negativ geladenen Bromid-Ionen. Umgekehrt treten die negativ polarisierten Sauerstoffatome der Wassermoleküle mit den positiv geladenen Kalium-Ionen in Wechselwirkung.
Die Ionen an den Kanten und Ecken des Kristalls werden zuerst gelöst, da dort die Ionenbindung durch fehlende Nachbarn im Gitter am geringsten ist und diese mit mehreren Wassermolekülen in Wechselwirkung treten können. Die Ionen werden von den Wassermolekülen umhüllt, d. h., es bilden sich hydratisierte Ionen.
Das Ionengitter wird Schritt für Schritt abgebaut und der Ionenkristall löst sich im Wasser auf.

12 Die Energiebilanz des Lösevorgangs eines Salzes setzt sich aus mehreren Teilbeträgen zusammen. Zum Lösen muss immer die Gitterenergie des Salzes aufgebracht werden, da die Ionen voneinander getrennt werden. Zudem muss Energie aufgewandt werden, um einen Teil der Wasserstoffbrücken zwischen Wassermolekülen zu überwinden, da ein Teil der Wassermoleküle mit den Ionen in Wechselwirkung tritt. Beim Hydratisieren der Ionen wird die Hydratisierungsenergie frei.

a)

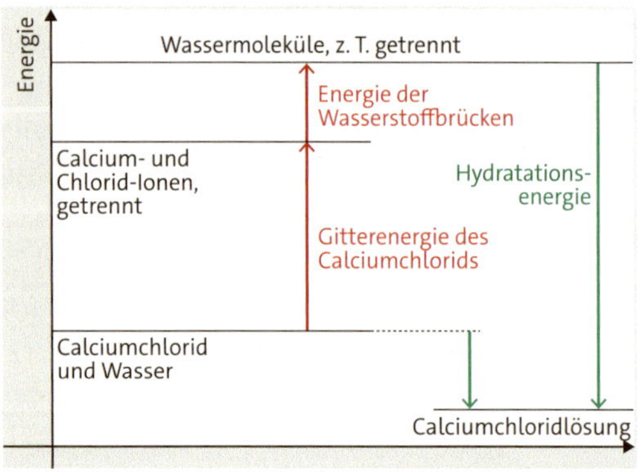

Im Calciumchlorid sind die Beträge aus Gitterenergie und Energie der Wasserstoffbrücken insgesamt kleiner als der Betrag der Hydratationsenergie. Die chemische Energie der Calciumchloridlösung ist damit kleiner als von Calciumchlorid und Wasser vor dem Lösen. Der Lösevorgang verläuft deshalb exotherm (Erwärmung der Lösung).

b)

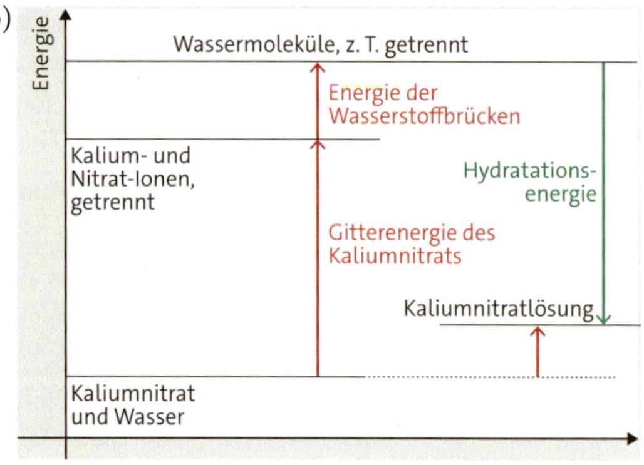

Beim Kaliumnitrat sind die Beträge aus Gitterenergie und Energie der Wasserstoffbrücken insgesamt größer als der Betrag der Hydratationsenergie. Die chemische Energie der Kaliumnitratlösung ist damit größer als von Kaliumnitrat und Wasser vor dem Lösen. Der Lösevorgang verläuft deshalb endotherm (Abkühlung der Lösung).

Saure und alkalische Lösungen (Seite 283)

1 a) Eine saure Lösung wirkt ätzend, färbt Indikatoren charakteristisch, leitet den elektrischen Strom und reagiert mit Kalkstein sowie unedlen Metallen.
b) Typische Teilchen sind die Oxonium-Ionen (H_3O^+). Oxonium-Ionen bilden sich bei der Aufnahme eines Protons (Wasserstoff-Ions, H^+) durch ein Wassermolekül.
c) Säuren sind z. B. Chlorwasserstoff oder Schwefelsäure, saure Lösungen sind Salzsäurelösung oder Essigsäurelösung.

2 a) Beim Einleiten von Chlorwasserstoff in Wasser spalten sich die Chlorwasserstoffmoleküle jeweils in ein Proton und ein Chlorid-Ion. Die Protonen verbinden sich jeweils mit einem Wassermolekül zu Oxonium-Ionen. Die chemische Bindung erfolgt über ein freies Elektronenpaar des Wassermoleküls.
b) Chlorwasserstoffmoleküle sind die Protonendonatoren; Wassermoleküle fungieren als Protonenakzeptoren.

3 a) Bei der Reaktion von Salzsäure mit Calcium entstehen Wasserstoff und eine Calciumchloridlösung.

$Ca(s) + 2\ H_3O^+(aq) + 2\ Cl^-(aq)$

$\longrightarrow Ca^{2+}(aq) + 2\ Cl^-(aq) + 2\ H_2O(l) + H_2(g)$

b) Elektronenabgabe/Oxidation:

$Ca(s) \longrightarrow Ca^{2+}(aq) + 2\ e^-$

Elektronenaufnahme/Reduktion:

$2\ H_3O^+(aq) + 2\ e^- \longrightarrow 2\ H_2O(l) + H_2(g)$

c)

Gegeben: $m(Ca) = 4\,g$; $M(Ca) = 40\,g/mol$;

$V_m = 22{,}4\,l/mol$

Gesucht: $V(H_2)$

Reaktionsgleichung:

$Ca(s) + 2\ H_3O^+(aq) + 2\ Cl^-(aq)$

$\longrightarrow Ca^{2+}(aq) + 2\ Cl^-(aq) + 2\ H_2O(l) + H_2(g)$

Lösung: $n(Ca) = n(H_2)$

$$n(Ca) = \frac{m(Ca)}{M(Ca)}$$

$$n(H_2) = \frac{V(H_2)}{V_m}$$

$$\frac{m(Ca)}{M(Ca)} = \frac{V(H_2)}{V_m}$$

$$V(H_2) = \frac{m(Ca) \cdot V_m}{M(Ca)}$$

$$V(H_2) = \frac{4\,g \cdot 22{,}4\,l/mol}{40\,g/mol}$$

$$V(H_2) = \underline{\underline{2{,}24\,l}}$$

Ergebnis: Bei der Reaktion von 4 g Calcium mit Salzsäure bilden sich 2,24 l Wasserstoff.

4 a) Ammoniaklösung, Natronlauge

b) Typische Teilchen einer alkalischen Lösung sind die Hydroxid-Ionen (OH^-). Sie bilden sich z. B. bei der Reaktion eines Metalloxids mit Wasser, wobei die Wassermoleküle jeweils ein Proton an die Oxid-Ionen des Metalloxids übertragen.

Auch beim Lösen eines Metallhydroxids bilden sich frei bewegliche hydratisierte Hydroxid-Ionen.

5 Erst wenn Ammoniakmoleküle mit den Wassermolekülen des feuchten Indikatorpapiers in Berührung kommen, kann die Protonenübertragung zur Bildung von hydratisierten Ammonium-Ionen [$NH_4^+(aq)$] und hydratisierten Hydroxid-Ionen [$OH^-(aq)$] erfolgen.

6 a) Die Blaufärbung der Lösung nach Zugabe von Unitest deutet auf eine alkalische Lösung.

b) In der Lösung müssen sich Hydroxid-Ionen gebildet haben.

$CO_3^{2-}(aq) + H_2O(l) \longrightarrow HCO_3^-(aq) + OH^-(aq)$

c) Das Carbonat-Ion nimmt während der Reaktion mit Wasser ein Proton auf. Es ist ein Protonenakzeptor (Brönsted-Base). Das Wassermolekül gibt während der Reaktion ein Proton ab. Es ist ein Protonendonator (Brönsted-Säure). Insgesamt wird ein Proton vom Wassermolekül auf das Carbonat-Ion übertragen.

$CO_3^{2-}(aq) + H_2O(l) \longrightarrow HCO_3^-(aq) + OH^-(aq)$

Protonen-akzeptor Protonen-donator

7 a) Die Urinprobe ist eine saure Lösung, da der pH-Wert kleiner als 7 ist.

b) $c(H_3O^+) = 10^{-5}\,mol/l$; $c(OH^-) = 10^{-9}\,mol/l$

c) Die Stoffmengenkonzentration der Oxonium-Ionen in der Urinprobe ist um den Faktor 100 größer als in einer neutralen Lösung. Die Stoffmengenkonzentration der Hydroxid-Ionen beträgt 1/100 der Stoffmengenkonzentration in einer neutralen Lösung.

8 a) Bei der chemischen Reaktion von Kalilauge mit einem bestimmten Volumen Schwefelsäure reagieren eine alkalische und eine saure Lösung in einer exothermen Reaktion zu einer neutralen Lösung. Die hydratisierten Oxonium-Ionen der Schwefelsäure reagieren dabei mit den hydratisierten Hydroxid-Ionen der Kalilauge zu Wassermolekülen. Ein solcher Vorgang wird als Neutralisation bezeichnet.

b) $2\ K^+(aq) + 2\ OH^-(aq) + 2\ H_3O^+(aq) + SO_4^{2-}(aq)$

$\longrightarrow 4\ H_2O(l) + 2\ K^+(aq) + SO_4^{2-}(aq)$

c) Die Protonenübertragung findet zwischen den Oxonium-Ionen und den Hydroxid-Ionen statt. Oxonium-Ionen geben Protonen ab und wirken als Protonendonatoren. Hydroxid-Ionen nehmen Protonen auf und sind die Protonenakzeptoren.

9 a) Ein bestimmtes Volumen der Analysenlösung mit unbekannter Konzentration wird mit einer Vollpipette in einen Weithals-Erlenmeyerkolben abgefüllt und es werden einige Tropfen Indikator, z. B. Bromthymolblau, hinzugegeben.

Die Maßlösung mit genau bekannter Stoffmengenkonzentration wird in die Bürette gefüllt und der Anfangsstand notiert. Anschließend wird unter vorsichtigem Umschwenken der Analysenlösung so lange Maßlösung aus der Bürette tropfend hinzugefügt, bis der Indikator umschlägt. Der Endstand der Titration wird an der Bürette abgelesen und notiert. Der Verbrauch an Maßlösung wird durch die Volumendifferenz von Anfangs- und Endstand berechnet.

b)

Gegeben: $c(HCl) = 0{,}2\,mol/l$; $V(HCl) = 15{,}6\,ml$

$V(KOH) = 20\,ml$

Gesucht: $c(KOH)$

Reaktionsgleichung:

$$K^+(aq) + OH^-(aq) + H_3O^+(aq) + Cl^-(aq) \longrightarrow 2\,H_2O(l) + K^+(aq) + Cl^-(aq)$$

Lösung: $n(OH^-) = n(H_3O^+)$

$n(OH^-) = n(KOH)$ und $n(H_3O^+) = n(HCl)$

$n(KOH) = n(HCl)$

$c(KOH) \cdot V(KOH) = c(HCl) \cdot V(HCl)$

$$c(KOH) = \frac{c(HCl) \cdot V(HCl)}{V(KOH)}$$

$$c(KOH) = \frac{0{,}2\,mol/l \cdot 15{,}6\,ml}{20\,ml}$$

$$c(KOH) = \underline{\underline{0{,}156\,mol/l}}$$

Ergebnis: Die Stoffmengenkonzentration der Lauge im Abwasser beträgt 0,156 mol/l.

Einstufung von Gefahrstoffen nach der GHS-Verordnung

Mit dem neuen GHS (*Globally Harmonised System of Classification and Labelling of Chemicals*) werden die Kriterien für die Einstufung der Gefahrstoffe neu festgelegt und mit international einheitlichen Piktogrammen versehen. Neu ist auch die Verwendung der Signalwörter **Gefahr** und **Achtung** für das Ausmaß der Gefahr: „Gefahr" bei hoher Gefährdung oder „Achtung" bei geringerer Gefährdung. Das GHS gilt seit 2009; für die bisherige Verordnung gelten Übergangsfristen.

Gefahrenpiktogramm und Piktogrammcode	Mit dem Gefahrenpiktogramm gekennzeichnete Stoffe und Gemische	Signalwort	Kennzeichnung nach bisheriger Gefahrstoffverordnung	
			Gefahrensymbol	Gefahrenhinweise
GHS01	explosive und sehr gefährliche selbstzersetzliche Stoffe und Gemische sowie sehr gefährliche organische Peroxide	Gefahr oder Achtung	E	R2, R3
GHS02	entzündbare, selbsterhitzungsfähige und gefährliche selbstzersetzliche Stoffe und Gemische, pyrophore Stoffe sowie Stoffe und Gemische, die bei Berührung mit Wasser entzündbare Gase entwickeln	Gefahr oder Achtung	F+ oder F oder –	R12, R11 oder R10; R17; R15
GHS02	gefährliche organische Peroxide	Gefahr oder Achtung	O	R7
GHS03	Stoffe und Gemische mit oxidierender Wirkung	Gefahr oder Achtung	O	R8, R9
GHS04*	Gase unter Druck	Achtung	–	
GHS05	Stoffe und Gemische, die korrosiv auf Metalle wirken	Achtung	–	
GHS05	Stoffe und Gemische, die schwere Verätzungen der Haut und/oder schwere Augenschäden verursachen	Gefahr	C oder Xi	R34, R35; R41
GHS06	lebensgefährliche und giftige Stoffe und Gemische	Gefahr	T+ oder T	R26, R27, R28 oder R23, R24, R25
GHS07	gesundheitsschädliche Stoffe und Gemische	Achtung	Xn	R20, R21, R22
GHS07	Stoffe und Gemische, die Haut- und/oder Augenreizungen verursachen und/oder allergische Hautreaktionen, Reizungen der Atemwege und/oder Schläfrigkeit und Benommenheit verursachen können	Achtung	Xi	R36, R37, R38; R43; R67
GHS08	Stoffe und Gemische, die bei Verschlucken und Eindringen in die Atemwege tödlich sein können und/oder eine Gefahr für die Gesundheit darstellen. Diese Stoffe und Gemische schädigen bestimmte Organe und/oder können Krebs erzeugen, die Fruchtbarkeit beeinträchtigen, das Kind im Mutterleib schädigen und/oder genetische Defekte und/oder beim Einatmen Allergien, asthmaartige Symptome oder Atembeschwerden verursachen.	Gefahr oder Achtung	T+ T oder Xn	R45, R49, R40; R60, R62; R61, R63; R46; R39/...; R68/...; R48/...; R42; R33; R65
GHS09	Stoffe und Gemische, die sehr giftig oder giftig für Wasserorganismen sind	Achtung oder –	N	R50, R50/53 R51/53

* Die in den Experimenten verwendeten Gase stehen meist nicht unter Druck, daher wird dort in der Regel auf diese Kennzeichnung verzichtet. In der Gefahrstoffliste sind alle Gase auch mit GHS04 gekennzeichnet.

Gefahrenhinweise (H-Sätze)

Gefahrenhinweise für physikalische Gefahren

H200	Instabil, explosiv.
H201	Explosiv, Gefahr der Massenexplosion.
H202	Explosiv; große Gefahr durch Splitter, Spreng- und Wurfstücke.
H203	Explosiv; Gefahr durch Feuer, Luftdruck oder Splitter, Spreng- und Wurfstücke.
H204	Gefahr durch Feuer oder Splitter, Spreng- und Wurfstücke.
H205	Gefahr der Massenexplosion bei Feuer.
H220	Extrem entzündbares Gas.
H221	Entzündbares Gas.
H222	Extrem entzündbares Aerosol.
H223	Entzündbares Aerosol.
H224	Flüssigkeit und Dampf extrem entzündbar.
H225	Flüssigkeit und Dampf leicht entzündbar.
H226	Flüssigkeit und Dampf entzündbar.
H228	Entzündbarer Feststoff.
H240	Erwärmung kann Explosion verursachen.
H241	Erwärmung kann Brand oder Explosion verursachen.
H242	Erwärmung kann Brand verursachen.
H250	Entzündet sich in Berührung mit Luft von selbst.
H251	Selbsterhitzungsfähig; kann in Brand geraten.
H252	In großen Mengen selbsterhitzungsfähig; kann in Brand geraten.
H260	In Berührung mit Wasser entstehen entzündbare Gase, die sich spontan entzünden können.
H261	In Berührung mit Wasser entstehen entzündbare Gase.
H270	Kann Brand verursachen oder verstärken; Oxidationsmittel.
H271	Kann Brand oder Explosion verursachen; starkes Oxidationsmittel.
H272	Kann Brand verstärken; Oxidationsmittel.
H280	Enthält Gas unter Druck; kann bei Erwärmung explodieren.
H281	Enthält tiefkaltes Gas; kann Kälteverbrennungen oder -verletzungen verursachen.
H290	Kann gegenüber Metallen korrosiv sein.

Gefahrenhinweise für Gesundheitsgefahren

H300	Lebensgefahr bei Verschlucken.
H301	Giftig bei Verschlucken.
H302	Gesundheitsschädlich bei Verschlucken.
H304	Kann bei Verschlucken und Eindringen in die Atemwege tödlich sein.
H310	Lebensgefahr bei Hautkontakt.
H311	Giftig bei Hautkontakt.
H312	Gesundheitsschädlich bei Hautkontakt.
H314	Verursacht schwere Verätzungen der Haut und schwere Augenschäden.
H315	Verursacht Hautreizungen.
H317	Kann allergische Hautreaktionen verursachen.
H318	Verursacht schwere Augenschäden.
H319	Verursacht schwere Augenreizung.
H330	Lebensgefahr bei Einatmen.
H331	Giftig bei Einatmen.
H332	Gesundheitsschädlich bei Einatmen.
H334	Kann bei Einatmen Allergie, asthmaartige Symptome oder Atembeschwerden verursachen.
H335	Kann die Atemwege reizen.
H336	Kann Schläfrigkeit und Benommenheit verursachen.
H340	Kann genetische Defekte verursachen <*Expositionsweg angeben, sofern schlüssig belegt ist, dass diese Gefahr bei keinem anderen Expositionsweg besteht*>.
H341	Kann vermutlich genetische Defekte verursachen <*Expositionsweg angeben, sofern schlüssig belegt ist, dass diese Gefahr bei keinem anderen Expositionsweg besteht*>.
H350	Kann Krebs erzeugen <*Expositionsweg angeben, sofern schlüssig belegt ist, dass diese Gefahr bei keinem anderen Expositionsweg besteht*>.
H350i	Kann beim Einatmen Krebs erzeugen.
H351	Kann vermutlich Krebs erzeugen <*Expositionsweg angeben, sofern schlüssig belegt ist, dass diese Gefahr bei keinem anderen Expositionsweg besteht*>.
H360	Kann die Fruchtbarkeit beeinträchtigen oder das Kind im Mutterleib schädigen <*konkrete Wirkung angeben, sofern bekannt*> <*Expositionsweg angeben, sofern schlüssig belegt ist, dass die Gefahr bei keinem anderen Expositionsweg besteht*>.
H360F	Kann die Fruchtbarkeit beeinträchtigen.
H360D	Kann das Kind im Mutterleib schädigen.
H360FD	Kann die Fruchtbarkeit beeinträchtigen. Kann das Kind im Mutterleib schädigen.
H360Fd	Kann die Fruchtbarkeit beeinträchtigen. Kann vermutlich das Kind im Mutterleib schädigen.
H360Df	Kann das Kind im Mutterleib schädigen. Kann vermutlich die Fruchtbarkeit beeinträchtigen.
H361	Kann vermutlich die Fruchtbarkeit beeinträchtigen oder das Kind im Mutterleib schädigen <*konkrete Wirkung angeben, sofern bekannt*> <*Expositionsweg angeben, sofern schlüssig belegt ist, dass die Gefahr bei keinem anderen Expositionsweg besteht*>.
H361f	Kann vermutlich die Fruchtbarkeit beeinträchtigen.
H361d	Kann vermutlich das Kind im Mutterleib schädigen.
H361fd	Kann vermutlich die Fruchtbarkeit beeinträchtigen. Kann vermutlich das Kind im Mutterleib schädigen.
H362	Kann Säuglinge über die Muttermilch schädigen.
H370	Schädigt die Organe <*oder alle betroffenen Organe nennen, sofern bekannt*> <*Expositionsweg angeben, sofern schlüssig belegt ist, dass diese Gefahr bei keinem anderen Expositionsweg besteht*>.
H371	Kann die Organe schädigen <*oder alle betroffenen Organe nennen, sofern bekannt*> <*Expositionsweg angeben, sofern schlüssig belegt ist, dass diese Gefahr bei keinem anderen Expositionsweg besteht*>.
H372	Schädigt die Organe <*alle betroffenen Organe nennen*> bei längerer oder wiederholter Exposition <*Expositionsweg angeben, wenn schlüssig belegt ist, dass diese Gefahr bei keinem anderen Expositionsweg besteht*>.
H373	Kann die Organe schädigen <*alle betroffenen Organe nennen, sofern bekannt*> bei längerer oder wiederholter Exposition <*Expositionsweg angeben, wenn schlüssig belegt ist, dass diese Gefahr bei keinem anderen Expositionsweg besteht*>.

Gefahrenhinweise für Umweltgefahren

H400	Sehr giftig für Wasserorganismen.
H410	Sehr giftig für Wasserorganismen, mit langfristiger Wirkung.
H411	Giftig für Wasserorganismen, mit langfristiger Wirkung.
H412	Schädlich für Wasserorganismen, mit langfristiger Wirkung.
H413	Kann für Wasserorganismen schädlich sein, mit langfristiger Wirkung.

Ergänzende Gefahrenmerkmale

Physikalische Eigenschaften

EUH001	In trockenem Zustand explosionsgefährlich.
EUH006	Mit und ohne Luft explosionsfähig.
EUH014	Reagiert heftig mit Wasser.
EUH018	Kann bei Verwendung explosionsfähige/entzündbare Dampf/Luft-Gemische bilden.
EUH019	Kann explosionsfähige Peroxide bilden.
EUH044	Explosionsgefahr bei Erhitzen unter Einschluss.

Gesundheitsgefährliche Eigenschaften

EUH029	Entwickelt bei Berührung mit Wasser giftige Gase.
EUH031	Entwickelt bei Berührung mit Säure giftige Gase.
EUH032	Entwickelt bei Berührung mit Säure sehr giftige Gase.
EUH066	Wiederholter Kontakt kann zu spröder oder rissiger Haut führen.
EUH070	Giftig bei Berührung mit den Augen.
EUH071	Wirkt ätzend auf die Atemwege.

Umweltgefährliche Eigenschaften

EUH059	Die Ozonschicht schädigend.

Ergänzende Kennzeichnungselemente / Informationen über bestimmte Stoffe und Gemische

EUH201	Enthält Blei. Nicht für den Anstrich von Gegenständen verwenden, die von Kindern gekaut oder gelutscht werden könnten.
EUH201A	Achtung! Enthält Blei.
EUH202	Cyanacrylat. Gefahr. Klebt innerhalb von Sekunden Haut und Augenlider zusammen. Darf nicht in die Hände von Kindern gelangen.
EUH203	Enthält Chrom (VI). Kann allergische Reaktionen hervorrufen.
EUH204	Enthält Isocyanate. Kann allergische Reaktionen hervorrufen.
EUH205	Enthält epoxidhaltige Verbindungen. Kann allergische Reaktionen hervorrufen.
EUH206	Achtung! Nicht zusammen mit anderen Produkten verwenden, da gefährliche Gase (Chlor) freigesetzt werden können.
EUH207	Achtung! Enthält Cadmium. Bei der Verwendung entstehen gefährliche Dämpfe. Hinweise des Herstellers beachten. Sicherheitsanweisungen einhalten.
EUH208	Enthält <*Name des sensibilisierenden Stoffes*>. Kann allergische Reaktionen hervorrufen.
EUH209	Kann bei Verwendung leicht entzündbar werden.
EUH209A	Kann bei Verwendung entzündbar werden.
EUH210	Sicherheitsdatenblatt auf Anfrage erhältlich.
EUH401	Zur Vermeidung von Risiken für Mensch und Umwelt die Gebrauchsanleitung einhalten.

Sicherheitshinweise (P-Sätze)

Sicherheitshinweise – Allgemeines

P101	Ist ärztlicher Rat erforderlich, Verpackung oder Kennzeichnungsetikett bereithalten.
P102	Darf nicht in die Hände von Kindern gelangen.
P103	Vor Gebrauch Kennzeichnungsetikett lesen.

Sicherheitshinweise – Prävention

P201	Vor Gebrauch besondere Anweisungen einholen.
P202	Vor Gebrauch alle Sicherheitshinweise lesen und verstehen.
P210	Von Hitze/Funken/offener Flamme/heißen Oberflächen fernhalten. Nicht rauchen.
P211	Nicht gegen offene Flamme oder andere Zündquelle sprühen.
P220	Von Kleidung/.../brennbaren Materialien fernhalten/entfernt aufbewahren.
P221	Mischen mit brennbaren Stoffen/... unbedingt verhindern.
P222	Kontakt mit Luft nicht zulassen.
P223	Kontakt mit Wasser wegen heftiger Reaktion und möglichem Aufflammen unbedingt verhindern.
P230	Feucht halten mit ...
P231	Unter inertem Gas handhaben.
P232	Vor Feuchtigkeit schützen.
P233	Behälter dicht verschlossen halten.
P234	Nur im Originalbehälter aufbewahren.
P235	Kühl halten.
P240	Behälter und zu befüllende Anlage erden.
P241	Explosionsgeschützte elektrische Betriebsmittel/Lüftungsanlagen/Beleuchtung/... verwenden.
P242	Nur funkenfreies Werkzeug verwenden.
P243	Maßnahmen gegen elektrostatische Aufladungen treffen.
P244	Druckminderer frei von Fett und Öl halten.
P250	Nicht schleifen/stoßen/.../reiben.
P251	Behälter steht unter Druck: Nicht durchstechen oder verbrennen, auch nicht nach der Verwendung.
P260	Staub/Rauch/Gas/Nebel/Dampf/Aerosol nicht einatmen.
P261	Einatmen von Staub/Rauch/Gas/Nebel/Dampf/Aerosol vermeiden.
P262	Nicht in die Augen, auf die Haut oder auf die Kleidung gelangen lassen.
P263	Kontakt während der Schwangerschaft und der Stillzeit vermeiden.
P264	Nach Gebrauch ... gründlich waschen.
P270	Bei Gebrauch nicht essen, trinken oder rauchen.
P271	Nur im Freien oder in gut belüfteten Räumen verwenden.
P272	Kontaminierte Arbeitskleidung nicht außerhalb des Arbeitsplatzes tragen.
P273	Freisetzung in die Umwelt vermeiden.
P280	Schutzhandschuhe/Schutzkleidung/Augenschutz/Gesichtsschutz tragen.
P281	Vorgeschriebene persönliche Schutzausrüstung verwenden.
P282	Schutzhandschuhe/Gesichtsschild/Augenschutz mit Kälteisolierung tragen.
P283	Schwer entflammbare/flammhemmende Kleidung tragen.
P284	Atemschutz tragen.
P285	Bei unzureichender Belüftung Atemschutz tragen.
P231 + P232	Unter inertem Gas handhaben. Vor Feuchtigkeit schützen.
P235 + P410	Kühl halten. Vor Sonnenbestrahlung schützen.

Sicherheitshinweise – Reaktion

P301	BEI VERSCHLUCKEN:
P302	BEI BERÜHRUNG MIT DER HAUT:
P303	BEI BERÜHRUNG MIT DER HAUT (oder dem Haar):
P304	BEI EINATMEN:
P305	BEI KONTAKT MIT DEN AUGEN:
P306	BEI KONTAMINIERTER KLEIDUNG:
P307	BEI Exposition:
P308	BEI Exposition oder falls betroffen:
P309	BEI Exposition oder Unwohlsein:
P310	Sofort GIFTINFORMATIONSZENTRUM oder Arzt anrufen.
P311	GIFTINFORMATIONSZENTRUM oder Arzt anrufen.
P312	Bei Unwohlsein GIFTINFORMATIONSZENTRUM oder Arzt anrufen.
P313	Ärztlichen Rat einholen/ärztliche Hilfe hinzuziehen.
P314	Bei Unwohlsein ärztlichen Rat einholen/ärztliche Hilfe hinzuziehen.
P315	Sofort ärztlichen Rat einholen/ärztliche Hilfe hinzuziehen.
P320	Besondere Behandlung dringend erforderlich (siehe ... auf diesem Kennzeichnungsetikett).
P321	Besondere Behandlung (siehe ... auf diesem Kennzeichnungsetikett).
P322	Gezielte Maßnahmen (siehe ... auf diesem Kennzeichnungsetikett).
P330	Mund ausspülen.
P331	KEIN Erbrechen herbeiführen.
P332	Bei Hautreizung:
P333	Bei Hautreizung oder -ausschlag:
P334	In kaltes Wasser tauchen/nassen Verband anlegen.
P335	Lose Partikel von der Haut abbürsten.
P336	Vereiste Bereiche mit lauwarmem Wasser auftauen. Betroffenen Bereich nicht reiben.
P337	Bei anhaltender Augenreizung:
P338	Eventuell Vorhandene Kontaktlinsen nach Möglichkeit entfernen. Weiter ausspülen.
P340	Die betroffene Person an die frische Luft bringen und in einer Position ruhig stellen, die das Atmen erleichtert.
P341	Bei Atembeschwerden an die frische Luft bringen und in einer Position ruhig stellen, die das Atmen erleichtert.
P342	Bei Symptomen der Atemwege:
P350	Behutsam mit viel Wasser und Seife waschen.
P351	Einige Minuten lang behutsam mit Wasser ausspülen.
P352	Mit viel Wasser und Seife waschen.
P353	Haut mit Wasser abwaschen/duschen.
P360	Kontaminierte Kleidung und Haut sofort mit viel Wasser abwaschen und danach Kleidung ausziehen.
P361	Alle kontaminierten Kleidungsstücke sofort ausziehen.
P362	Kontaminierte Kleidung ausziehen und vor erneutem Tragen waschen.
P363	Kontaminierte Kleidung vor erneutem Tragen waschen.
P370	Bei Brand:
P371	Bei Großbrand und großen Mengen:
P372	Explosionsgefahr bei Brand.
P373	KEINE Brandbekämpfung, wenn das Feuer explosive Stoffe/Gemische/Erzeugnisse erreicht.
P374	Brandbekämpfung mit üblichen Vorsichtsmaßnahmen aus angemessener Entfernung.
P375	Wegen Explosionsgefahr Brand aus der Entfernung bekämpfen.
P376	Undichtigkeit beseitigen, wenn gefahrlos möglich.
P377	Brand von ausströmendem Gas: Nicht löschen, bis Undichtigkeit gefahrlos beseitigt werden kann.
P378	... zum Löschen verwenden.
P380	Umgebung räumen.
P381	Alle Zündquellen entfernen, wenn gefahrlos möglich.
P390	Verschüttete Mengen aufnehmen, um Materialschäden zu vermeiden.
P391	Verschüttete Mengen aufnehmen.
P301 + P310	BEI VERSCHLUCKEN: Sofort GIFTINFORMATIONSZENTRUM oder Arzt anrufen.
P301 + P312	BEI VERSCHLUCKEN: Bei Unwohlsein GIFTINFORMATIONSZENTRUM oder Arzt anrufen.
P301 + P330 + P331	BEI VERSCHLUCKEN: Mund ausspülen. KEIN Erbrechen herbeiführen.
P302 + P334	BEI KONTAKT MIT DER HAUT: In kaltes Wasser tauchen/nassen Verband anlegen.
P302 + P350	BEI KONTAKT MIT DER HAUT: Behutsam mit viel Wasser und Seife waschen.
P302 + P352	BEI KONTAKT MIT DER HAUT: Mit viel Wasser und Seife waschen.
P303 + P361 + P353	BEI KONTAKT MIT DER HAUT (oder dem Haar): Alle kontaminierten Kleidungsstücke sofort ausziehen. Haut mit Wasser abwaschen/duschen.
P304 + P340	BEI EINATMEN: An die frische Luft bringen und in einer Position ruhig stellen, die das Atmen erleichtert.
P304 + P341	BEI EINATMEN: Bei Atembeschwerden an die frische Luft bringen und in einer Position ruhig stellen, die das Atmen erleichtert.
P305 + P351 + P338	BEI KONTAKT MIT DEN AUGEN: Einige Minuten lang behutsam mit Wasser spülen. Vorhandene Kontaktlinsen nach Möglichkeit entfernen. Weiter spülen.
P306 + P360	BEI KONTAKT MIT DER KLEIDUNG: Kontaminierte Kleidung und Haut sofort mit viel Wasser abwaschen und danach Kleidung ausziehen.
P307 + P311	BEI Exposition: GIFTINFORMATIONSZENTRUM oder Arzt anrufen.
P308 + P313	BEI Exposition oder falls betroffen: Ärztlichen Rat einholen/ärztliche Hilfe hinzuziehen.
P309 + P311	BEI Exposition oder Unwohlsein: GIFTINFORMATIONSZENTRUM oder Arzt anrufen.
P332 + P313	Bei Hautreizung: Ärztlichen Rat einholen/ärztliche Hilfe hinzuziehen.
P333 + P313	Bei Hautreizung oder -ausschlag: Ärztlichen Rat einholen/ärztliche Hilfe hinzuziehen.
P335 + P334	Lose Partikel von der Haut abbürsten. In kaltes Wasser tauchen/nassen Verband anlegen.

P337 + P313 Bei anhaltender Augenreizung: Ärztlichen Rat einholen/ärztliche Hilfe hinzuziehen.
P342 + P311 Bei Symptomen der Atemwege: GIFTINFORMATIONSZENTRUM oder Arzt anrufen.
P370 + P376 Bei Brand: Undichtigkeit beseitigen, wenn gefahrlos möglich.
P370 + P378 Bei Brand: … zum Löschen verwenden.
P370 + P380 Bei Brand: Umgebung räumen.
P370 + P380 + P375 Bei Brand: Umgebung räumen. Wegen Explosionsgefahr Brand aus der Entfernung bekämpfen.
P371 + P380 + P375 Bei Großbrand und großen Mengen: Umgebung räumen. Wegen Explosionsgefahr Brand aus der Entfernung bekämpfen.

Sicherheitshinweise – Aufbewahrung

P401 … aufbewahren.
P402 An einem trockenen Ort aufbewahren.
P403 An einem gut belüfteten Ort aufbewahren.
P404 In einem geschlossenen Behälter aufbewahren.
P405 Unter Verschluss aufbewahren.
P406 In korrosionsbeständigem/… Behälter mit korrosionsbeständiger Auskleidung aufbewahren.
P407 Luftspalt zwischen Stapeln/Paletten lassen.
P410 Vor Sonnenbestrahlung schützen.
P411 Bei Temperaturen von nicht mehr als … °C aufbewahren.
P412 Nicht Temperaturen von mehr als 50 °C aussetzen.
P413 Schüttgut in Mengen von mehr als … kg bei Temperaturen von nicht mehr als … °C aufbewahren.
P420 Von anderen Materialien entfernt aufbewahren.
P422 Inhalt in/unter … aufbewahren.
P402 + P404 In einem geschlossenen Behälter an einem trockenen Ort aufbewahren.
P403 + P233 Behälter dicht verschlossen an einem gut belüfteten Ort aufbewahren.
P403 + P235 Kühl an einem gut belüfteten Ort aufbewahren.
P410 + P403 Vor Sonnenbestrahlung geschützt an einem gut belüfteten Ort aufbewahren.
P410 + P412 Vor Sonnenbestrahlung schützen und nicht Temperaturen von mehr als 50 °C aussetzen.
P411 + P235 Kühl und bei Temperaturen von nicht mehr als … °C aufbewahren.

Sicherheitshinweise – Entsorgung

P501 Inhalt/Behälter … zuführen.

Entsorgungsratschläge (E-Sätze)

E 1 Verdünnen, in den Ausguss geben (WGK 0 bzw. 1)
E 2 Neutralisieren, in den Ausguss geben
E 3 In den Hausmüll geben, gegebenenfalls im Polyethylenbeutel (Stäube)
E 4 Als Sulfid fällen
E 5 Mit Calcium-Ionen fällen, dann E 1 oder E 3
E 6 Nicht in den Hausmüll geben
E 7 Im Abzug entsorgen
E 8 Der Sondermüllbeseitigung zuführen (Adresse zu erfragen bei der Kreis- oder Stadtverwaltung), Abfallschlüssel beachten
E 9 Unter größter Vorsicht in kleinsten Portionen reagieren lassen (z. B. offen im Freien verbrennen)
E 10 In gekennzeichneten Behältern sammeln:
1. „Organische Abfälle – halogenhaltig"
2. „Organische Abfälle – halogenfrei", dann E 8
E 11 Als Hydroxid fällen (pH = 8), den Niederschlag zu E 8
E 12 Nicht in die Kanalisation gelangen lassen
E 13 Aus der Lösung mit unedlem Metall (z. B. Eisen) als Metall abscheiden (E 14, E 3)
E 14 Recycling-geeignet (Redestillation oder einem Recyclingunternehmen zuführen)
E 15 Mit Wasser vorsichtig umsetzen, frei werdende Gase absorbieren oder ins Freie ableiten
E 16 Entsprechend den speziellen Ratschlägen für die Beseitigungsgruppen beseitigen

Entsorgung von Chemikalienabfällen

Nach dem Experimentieren werden die Reste in die dafür vorgesehenen Sammelbehälter gegeben:

nicht gefährliche und wasserlösliche Chemikalien	nicht gefährliche und feste Chemikalien	Säuren und Laugen	giftige anorganische Chemikalien	halogenfreie organische Chemikalien	halogenhaltige organische Chemikalien
z. B. Natriumchlorid, Natriumcarbonat, Wasserstoffperoxidlösung	z. B. Eisen, Indikatorpapier	z. B. Salzsäure, Natronlauge	z. B. Kupfersulfat	z. B. Petroleumbenzin, Methanol	z. B. Trichlormethan

Die weitere Behandlung und Entsorgung bzw. Übergabe der Abfälle zur Sondermüllentsorgung erfolgt durch die Lehrerin bzw. den Lehrer.

Anhang

Liste der Gefahrstoffe nach der GHS-Verordnung

Gefahrstoff	Signalwort	Piktogrammcode	H-Sätze und EUH-Sätze	E-Sätze
Aceton (Propanon)	Gefahr	GHS02 GHS07	H225 H319 H336 EUH066	1-10-14
Aluminium, Grieß o. Pulver (stabilisiert)	Gefahr	GHS02	H261 H228	6-9
Aluminiumbromid, wasserfrei	Gefahr	GHS05 GHS07	H290 H302 H314	2
Aluminiumchlorid, wasserfrei	Gefahr	GHS05	H314	2
Aluminiumiodid	Gefahr	GHS05	H314	2
Ameisensäure (Methansäure) $w \ge 90\,\%$	Gefahr	GHS02 GHS05	H226 H314	1-10
$10\,\% \le w < 90\,\%$	Gefahr	GHS05	H314	1-10
$2\,\% \le w < 10\,\%$	Achtung	GHS07	H315 H319	1-10
Ammoniak, wasserfrei	Gefahr	GHS04 GHS06 GHS05 GHS09	H221 H280 H331 H314 H400 EUH071	2-7
Ammoniaklösung $10\,\% \le w < 25\,\%$	Gefahr	GHS05	H314 H335	2
$5\,\% \le w < 10\,\%$	Achtung	GHS07	H315 H319 H335	2
Ammoniumcarbonat	Achtung	GHS07	H302	1
Ammoniumchlorid	Achtung	GHS07	H302 H319	2
Bariumchlorid, wasserfrei	Gefahr	GHS06	H301 H332	1-3
Bariumchloridlösung $3\,\% \le w < 25\,\%$	Achtung	GHS07	H302	1
Bariumhydroxid, Bariumhydroxid-Octahydrat	Gefahr	GHS05 GHS07	H302 H314 H332	1-3
Bariumoxid	Gefahr	GHS06 GHS05	H301 H314 H332	1-3
Benzoesäure	Achtung	GHS07	H302 H319	10-12
Blei (bioverfügbar)	Gefahr	GHS08 GHS07 GHS09	H360Df H302 H332 H373 H410	8
Blei(II)-acetat	Gefahr	GHS08 GHS09	H351 H360Df H373 H410	8-14
Brom	Gefahr	GHS06 GHS05 GHS09	H330 H314 H400	16
Bromethan (Ethylbromid)	Gefahr	GHS02 GHS08 GHS07	H225 H302 H332 H351	10
Bromthymolblaulösung (ethanolisch, $w = 0{,}1\,\%$)	Gefahr	GHS02	H225	10
Bromwasser $1\,\% \le w < 5\,\%$	Gefahr	GHS06	H311 H330	16
Bromwasserstoff	Gefahr	GHS04 GHS06 GHS05	H280 H314 H331	2
n-Butan	Gefahr	GHS02 GHS04	H220 H280	7
Butan-1-ol	Gefahr	GHS02 GHS05 GHS07	H226 H302 H335 H315 H318 H336	10
Butansäure (Buttersäure)	Gefahr	GHS05	H314	10
Calcium	Gefahr	GHS02	H261 EUH014	15
Calciumcarbid	Gefahr	GHS02	H260	15-16
Calciumchlorid	Achtung	GHS07	H319	1
Calciumhydroxid (Löschkalk)	Gefahr	GHS05 GHS07	H315 H318 H335	2
Calciumoxid	Gefahr	GHS05 GHS07	H315 H318 H335	2
Chlor	Gefahr	GHS03 GHS04 GHS06 GHS09	H270 H280 H330 H319 H335 H315 H400 EUH071	16
Chlorethan (Ethylchlorid)	Gefahr	GHS02 GHS04 GHS08	H220 H351 H412	16
Chlormethan (Methylchlorid)	Gefahr	GHS02 GHS04 GHS08	H220 H351 H373	7-12
Chlorwasser, gesättigt $w \approx 0{,}7\,\%$	Achtung	GHS07	H332	16
Chlorwasserstoff	Gefahr	GHS04 GHS06 GHS05	H280 H331 H314 EUH071	2
Citronensäure	Gefahr	GHS05	H318	3
Dibenzoylperoxid	Gefahr	GHS02 GHS07	H242 H319 H317	10-12

w: Massenanteil

Gefahrstoff	Signalwort	Piktogrammcode	H-Sätze und EUH-Sätze	E-Sätze
Diethylether (Ether)	Gefahr	GHS02 GHS07	H224 H302 H336 EUH019 EUH066	9-10-12
Eisen, Pulver	Gefahr	GHS02	H228	3
Eisen(III)-chlorid	Gefahr	GHS05 GHS07	H302 H315 H317 H318	2
Eisen(II)-sulfat, Eisen(II)-sulfatlösung $w \geq 25\,\%$	Achtung	GHS07	H302 H319 H315	2
Eisen(II)-sulfid	Achtung	GHS09	H400 EUH031	8
Essigsäure (Ethansäure) $w \geq 90\,\%$	Gefahr	GHS02 GHS05	H226 H314	2-10
$25\,\% \leq w < 90\,\%$	Gefahr	GHS05	H314	2-10
$10\,\% \leq w < 25\,\%$	Achtung	GHS07	H319 H315	2-10
Essigsäureanhydrid	Gefahr	GHS02 GHS05 GHS07	H226 H332 H302 H314 H335	2-10
Essigsäureethylester (Ethylacetat)	Gefahr	GHS02 GHS07	H225 H319 H336 EUH066	10-12
Ethan	Gefahr	GHS02 GHS04	H220 H280	7
Ethanal (Acetaldehyd)	Gefahr	GHS02 GHS08 GHS07	H224 H351 H319 H335	9-10-12-16
Ethanallösung (Acetaldehydlösung) $w \geq 10\,\%$	Achtung	GHS08 GHS07	H351 H319 H335	9-10-12-16
Ethandiol	Achtung	GHS07	H302	1-10
Ethanol (Brennspiritus)	Gefahr	GHS02	H225	1-10
Ethen (Ethylen)	Gefahr	GHS02 GHS04 GHS07	H220 H280 H336	7
Ethin (Acetylen)	Gefahr	GHS02 GHS04	H220 H280 EUH006	7
Fehling'sche Lösung I	Achtung	GHS07	H302 H319 H315 H410	8
Fehling'sche Lösung II	Gefahr	GHS05	H314	2
n-Heptan	Gefahr	GHS02 GHS08 GHS07 GHS09	H225 H304 H315 H336 H410	10-12
Hexan-1-ol	Achtung	GHS07	H302	10
Hex-1-en	Gefahr	GHS02 GHS08	H225 H304	10-12
Hex-1-in	Gefahr	GHS02 GHS08 GHS07	H225 H304 H315 H319 H335	10-12
Iod	Achtung	GHS07 GHS09	H332 H312 H400	1-16
Iodwasserstoff	Gefahr	GHS04 GHS05	H314	1
Isobutanol (2-Methylpropan-1-ol)	Gefahr	GHS02 GHS05 GHS07	H226 H315 H318 H336 H335	10
Kalium	Gefahr	GHS02 GHS05	H260 H314 EUH014	6-12-16
Kaliumcarbonat	Achtung	GHS07	H319 H315 H335	1
Kaliumchlorat	Gefahr	GHS03 GHS07 GHS09	H271 H302 H332 H411	1-6
Kaliumhydroxid (Ätzkali)	Gefahr	GHS05 GHS07	H302 H314 H290	2
Kaliumhydroxidlösung (Kalilauge) $w \geq 5\,\%$	Gefahr	GHS05 GHS07	H302 H314	2
$2\,\% \leq w < 5\,\%$	Gefahr	GHS05	H314	2
$0{,}5\,\% \leq w < 2\,\%$	Achtung	GHS07	H319 H315	2
Kaliumnitrat	Achtung	GHS03	H272	1
Kaliumnitrit	Gefahr	GHS03 GHS06 GHS09	H272 H301 H400	1-16
Kaliumpermanganat	Gefahr	GHS03 GHS07 GHS09	H272 H302 H410	1-6
Kaliumpermanganatlösung $w \geq 25\,\%$	Gefahr	GHS07 GHS09	H302 H410	1-6
Kohlenstoffmonooxid	Gefahr	GHS02 GHS04 GHS06 GHS08	H220 H280 H360D H331 H372	7
Kupfer, Pulver	Gefahr	GHS02 GHS09	H228 H410	3
Kupferacetat	Achtung	GHS07 GHS09	H302 H315 H319 H335 H410	11
Kupfer(II)-chlorid	Achtung	GHS07 GHS09	H302 H319 H315 H335 H400	11

Gefahrstoff	Signalwort	Piktogrammcode	H-Sätze und EUH-Sätze	E-Sätze
Kupfer(II)-chloridlösung 3 % ≤ *w* < 25 %	Achtung	GHS07	H302	11
Kupfer(II)-hydroxidcarbonat (Malachit)	Achtung	GHS07	H302	8-12
Kupfer(I)-oxid	Achtung	GHS07 GHS09	H302 H410	8-16
Kupfer(II)-oxid	Achtung	GHS07 GHS09	H302 H410	8-16
Kupfer(II)-sulfat, Kupfer(II)-sulfat-Pentahydrat	Achtung	GHS07 GHS09	H302 H319 H315 H410	11
Kupfer(II)-sulfatlösung *w* ≥ 25 %	Achtung	GHS07 GHS09	H302 H319 H315 H410	11
Lithium	Gefahr	GHS02 GHS05	H260 H314 EUH014	15-1
Lithiumchlorid	Achtung	GHS07	H302 H319 H315	1
Magnesium, Pulver oder Späne (phlegmatisiert)	Gefahr	GHS02	H228 H261 H251	3
Mangan(IV)-oxid (Braunstein)	Gefahr	GHS03 GHS07	H272 H332 H302	3
Methan	Gefahr	GHS02 GHS04	H220 H280	7
Methanal (Formaldehyd), wasserfrei	Gefahr	GHS06 GHS08 GHS05	H301 H311 H314 H317 H330 H351	10-12-16
Methanallösung (Formaldehydlösung) *w* ≥ 25 %	Gefahr	GHS06 GHS08 GHS05	H351 H330 H311 H301 H314 H317 H335 H370	10-12-16
5 % ≤ *w* < 25 %	Gefahr	GHS06 GHS08	H351 H331 H311 H301 H319 H315 H317 H335	1-10
0,2 % ≤ *w* < 5 %	Gefahr	GHS08 GHS07	H302 H317 H351	1-10
Methanol	Gefahr	GHS02 GHS06 GHS08	H225 H331 H311 H301 H370	1-10
Methansäure s. Ameisensäure				
Natrium	Gefahr	GHS02 GHS05	H260 H314 EUH014	6-12-16
Natriumcarbonat	Achtung	GHS07	H319	1
Natriumfluorid	Gefahr	GHS06	H301 H315 H319 EUH032	5
Natriumhydroxid (Ätznatron)	Gefahr	GHS05	H290 H314	2
Natriumhydroxidlösung (Natronlauge) *w* ≥ 2 %	Gefahr	GHS05	H290 H314	2
0,5 % ≤ *w* < 2 %	Achtung	GHS07	H315 H319	1
Natriumiodid	Achtung	GHS09	H400	6-12-16
Natriumnitrat	Gefahr	GHS03 GHS07	H272 H302	1
Natriumnitrit	Gefahr	GHS03 GHS06 GHS09	H272 H301 H400	1-16
Natriumoxalat	Achtung	GHS07	H302 H312	
Natriumsulfid	Gefahr	GHS08 GHS07 GHS09	H302 H332 H360Df H373 H410	1
n-Octan	Gefahr	GHS02 GHS08 GHS07 GHS09	H225 H304 H315 H336 H410	10-12
Octan-1-ol	Achtung	GHS07	H319	10
Oxalsäure	Achtung	GHS07	H312 H302	5
Oxalsäurelösung *w* ≥ 5 %	Achtung	GHS07	H312 H302	5
n-Pentan	Gefahr	GHS02 GHS08 GHS07 GHS09	H225 H304 H336 H411 EUH066	10-12
Pentan-1-ol	Achtung	GHS02 GHS07	H226 H315 H332 H335	10-14
Petrolether (Leichtbenzin)	Gefahr	GHS02 GHS08 GHS07 GHS09	H225 H304 H315 H336 H411	10-12
Petroleum	Gefahr	GHS08	H304	10-12
Petroleumbenzin	Gefahr	GHS02 GHS08 GHS07 GHS09	H225 H304 H315 H336 H361f H373 H411	10-12
Phenolphthaleinlösung (ethanolisch, *w* > 1 %)	Gefahr	GHS02	H225	1-10

Gefahrstoff	Signalwort	Piktogrammcode	H-Sätze und EUH-Sätze	E-Sätze
Phosphor, rot	Gefahr	GHS02	H228 H412	6-9
Phosphor(V)-oxid	Gefahr	GHS05	H314	2
Phosphorsäure *w* ≥ 25 %	Gefahr	GHS05	H290 H314	2
10 % ≤ *w* < 25 %	Achtung	GHS07	H319 H315	1
Propan	Gefahr	GHS02 GHS04	H220 H280	7
Propanal	Gefahr	GHS02 GHS07	H225 H319 H335 H315	9-10-12-16
Propan-1-ol	Gefahr	GHS02 GHS05 GHS07	H225 H318 H336	10
Propan-2-ol	Gefahr	GHS02 GHS07	H225 H319 H336	10
Propanon s. Aceton				
Propansäure (Propionsäure) 10 % ≤ *w* < 25 %	Gefahr	GHS02 GHS05	H326 H314	2
Resorcin (1,3-Dihydroxybenzol)	Achtung	GHS07 GHS09	H302 H319 H315 H400	10
Rohöl (synthetisch)	Gefahr	GHS02 GHS07 GHS09	H224 H315 H336 H411	10-12
Salpetersäure *w* ≥ 65 %	Gefahr	GHS03 GHS05	H272 H290 H314	2
5 % ≤ *w* < 65 %	Gefahr	GHS05	H314	2
Salzsäure *w* ≥ 25 %	Gefahr	GHS05 GHS07	H314 H335	2
10 % ≤ *w* < 25 %	Achtung	GHS07	H315 H319 H335	2
Sauerstoff	Gefahr	GHS03 GHS04	H270 H280	7
Schiffs Reagenz	Achtung	GHS07	H319 H335	2
Schwefel	Achtung	GHS07	H315	3
Schwefeldioxid	Gefahr	GHS04 GHS06 GHS05	H331 H314 H280 EUH071	7
Schwefelsäure *w* ≥ 15 %	Gefahr	GHS05	H290 H314	2
5 % ≤ *w* < 15 %	Gefahr	GHS05	H290 H319 H315	2
Schwefelwasserstoff	Gefahr	GHS02 GHS04 GHS06 GHS09	H220 H330 H400	2-7
Schwefelwasserstofflösung 0,1 % ≤ *w* ≤ 1 %	Achtung	GHS07	H332	2
Schweflige Säure *w* ≥ 5 %	Gefahr	GHS05 GHS07	H332 H314	2
0,5 % ≤ *w* < 5 %	Gefahr	GHS07	H332 H314	
Silbernitrat	Gefahr	GHS03 GHS05 GHS09	H272 H314 H410	12-13-14
Silbernitratlösung 5 % ≤ *w* ≤ 10 %	Achtung	GHS07	H319 H315	12-13-14
Silberoxid	Gefahr	GHS03 GHS05	H272 H314 EUH044	12-13-14
Strontiumchlorid	Achtung	GHS07	H319 H315 H335	1-11
Styrol	Achtung	GHS02 GHS08 GHS07	H226 H304 H332 H335 H319 H315 H372	10-12
Wasserstoff	Gefahr	GHS02 GHS04	H220 H280	7
Wasserstoffperoxidlösung 30 % ≤ *w* < 50 %	Gefahr	GHS03 GHS05 GHS07	H271 H332 H302 H314 H335	1
8 % ≤ *w* < 30 %	Gefahr	GHS05 GHS07	H302 H318	1
5 % ≤ *w* < 8 %	Achtung	GHS07	H332 H302 H319	1
Weinsäure	Gefahr	GHS05	H138	1-10
Zink, Pulver o. Staub (stabilisiert)	Achtung	GHS09	H410	3
Zinkbromid	Gefahr	GHS05 GHS09	H314 H410	1-11
Zinkchlorid	Gefahr	GHS05 GHS07 GHS09	H302 H314 H335 H410	1-11
Zinkchloridlösung 5 % ≤ *w* < 10 %	Achtung	GHS07	H319 H315	1-11
Zinkiodid	Gefahr	GHS07	H319 H315	12-16
Zinkoxid	Achtung	GHS09	H410	3
Zinksulfat, wasserfrei	Gefahr	GHS05 GHS07 GHS09	H302 H318 H410	1-11
Zinn(II)-chlorid	Achtung	GHS07	H302 H315 H317 H319 H335	1-11

Einfache Laborgeräte

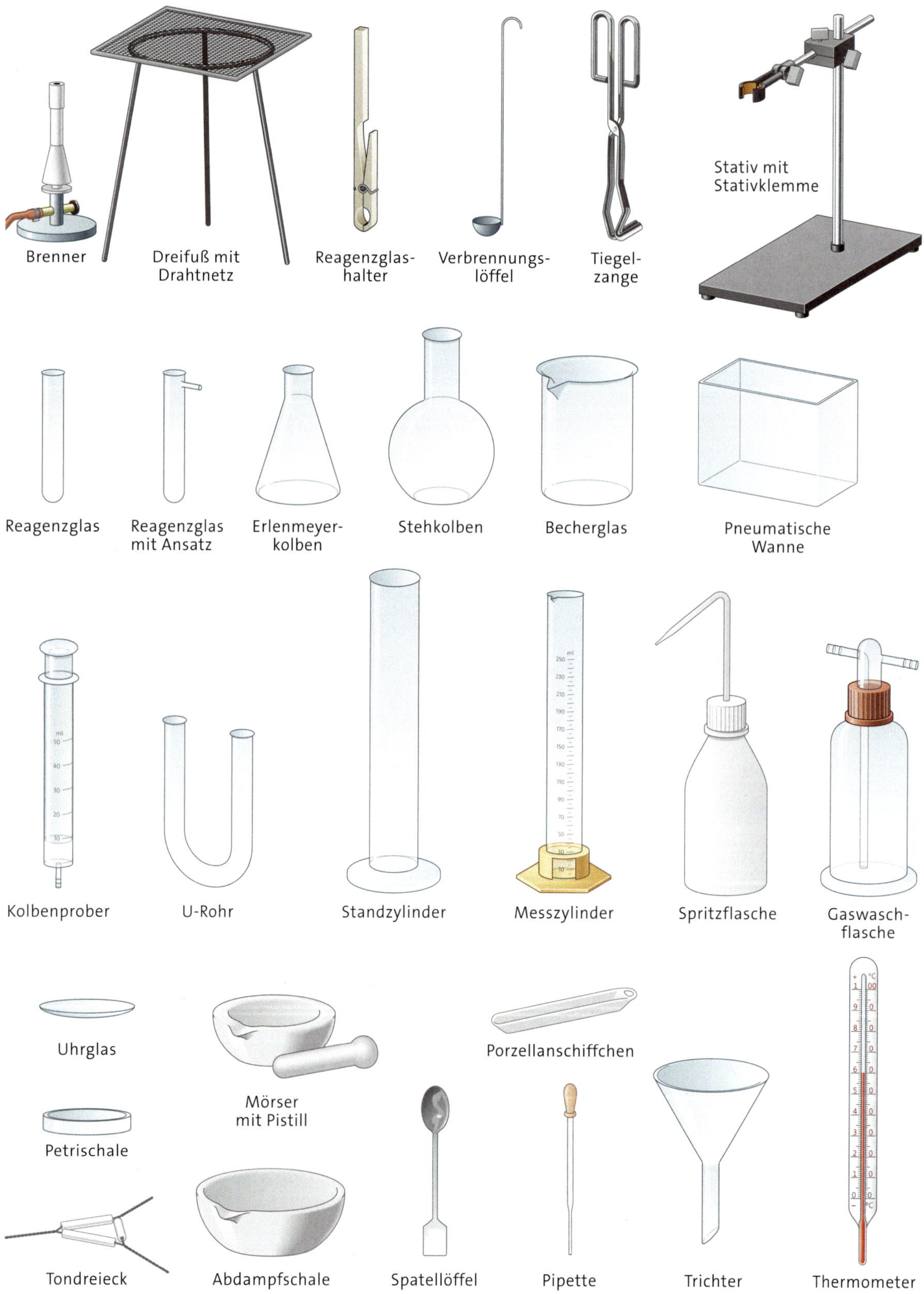

Wichtige Größen in der Chemie

Größen in der Chemie

Größe	Formelzeichen	Einheit
Masse	m	kg, g
Volumen	V	m^3, ℓ
Stoffmenge	n	mol
molare Masse	M	g/mol
molares Volumen	V_m	ℓ/mol
Teilchenanzahl	N	1
Dichte	ϱ	kg/m^3, g/cm^3, g/ℓ
Massenanteil	w	1, %
Volumenanteil	φ	1, %
Massenkonzentration	β	g/ℓ
Stoffmengenkonzentration	c	mol/ℓ
Temperatur	T, ϑ	K, °C

Größengleichungen in der Chemie

Dichte	$\varrho = \frac{m}{V}$ $\varrho = \frac{M}{V_m}$
molare Masse	$M = \frac{m}{n}$
molares Volumen	$V_m = \frac{V}{n}$
Massenanteil	$w(\text{Stoff}) = \frac{m(\text{Stoff})}{m(\text{Stoffgemisch})}$
Volumenanteil	$\varphi(\text{Stoff}) = \frac{V(\text{Stoff})}{V(\text{Stoffgemisch})}$
Massenkonzentration	$\beta(\text{Stoff}) = \frac{m(\text{Stoff})}{V(\text{Stoffgemisch})}$
Stoffmengenkonzentration	$c(\text{Stoff}) = \frac{n(\text{Stoff})}{V(\text{Stoffgemisch})}$

Vorsätze von Einheiten (Auswahl)

Vorsatz	Kurzzeichen	Faktor, mit dem die Einheit multipliziert wird	
Giga	G	1 000 000 000	(10^9)
Mega	M	1 000 000	(10^6)
Kilo	k	1 000	(10^3)
Hekto	h	100	(10^2)
Dezi	d	0,1	(10^{-1})
Zenti	c	0,01	(10^{-2})
Milli	m	0,001	(10^{-3})
Mikro	µ	0,000 001	(10^{-6})
Nano	n	0,000 000 001	(10^{-9})

Konstanten in der Chemie

Normdruck p_n	$p_n = 1013\,\text{hPa}$
Normtemperatur T_n	$T_n = 273{,}15\,\text{K}$
Molares Volumen eines idealen Gases im Normzustand $V_{m,n}$	$V_{m,n} = 22{,}4$ ℓ/mol
Avogadro-Konstante N_A	$N_A = 6{,}022\,1367 \cdot 10^{23}\,\text{mol}^{-1}$

Glossar

A

Aggregatzustand: Zustandsform aller ▸ Stoffe. Man unterscheidet drei Aggregatzustände: fest (gleichbleibende Form/gleichbleibendes Volumen), flüssig (veränderliche Form/gleichbleibendes Volumen) und gasförmig (veränderliche Form/veränderliches Volumen).

Akkumulator: Wiederaufladbare ▸ galvanische Zelle, bei der im Entladevorgang chemische Energie in elektrische Energie umgewandelt wird. Im Ladevorgang wird elektrische Energie wieder in chemische Energie umgewandelt. Beispiele: Bleiakkumulator, Lithium-Ionen-Akkumulator

Aktivierungsenergie: Energie, die zum Auslösen einer ▸ chemischen Reaktion für das Erreichen des reaktionsbereiten Zustands der Teilchen der Ausgangsstoffe, z. B. durch Wärme- oder Lichtzufuhr, notwendig ist.

Alkalimetalle: Elementfamilie der Elemente der I. Hauptgruppe. Alkalimetallatome bilden durch Elektronenabgabe einfach geladene ▸ Kationen.

Alkalische Lösungen: Wässrige ▸ Lösungen, die hydratisierte ▸ Hydroxid-Ionen [OH^- (aq)] enthalten. Die Hydroxid-Ionen bewirken bei ▸ Indikatoren eine typische Farbänderung.

Analyse: ▸ Chemische Reaktion zur Zerlegung einer ▸ Verbindung in ihre Elemente.

Anion: Negativ elektrisch geladenes ▸ Ion.

Atom: Teilchen, aus denen ▸ Stoffe aufgebaut sein können. Alle Atome eines ▸ Elements besitzen die gleiche Anzahl ▸ Protonen im Atomkern.

Atommasse: Die Masse eines ▸ Atoms ist unvorstellbar klein. Deshalb wird die Atommasse in der atomaren Masseneinheit unit (u) angegeben. 1 u entspricht ungefähr der Masse eines Wasserstoffatoms.

Avogadro-Konstante: Wert, der angibt, wie viele Teilchen in einem Mol eines Stoffes enthalten sind.

$$N_A = 6 \cdot 10^{23} \frac{1}{\text{mol}}$$

B

Basen: Stoffe, die in Wasser gelöst ▸ alkalische Lösungen bilden.

Brennstoffzelle: ▸ Galvanische Zelle, in die die Ausgangsstoffe fortlaufend von außen zugeführt werden. Brennstoffzellen liefern kontinuierlich elektrische Energie. Beispiel: Wasserstoff-Sauerstoff-Brennstoffzelle.

C

Chemische Bindung: Zusammenhalt von Teilchen (▸ Atomen oder ▸ Ionen) in ▸ Stoffen durch anziehende bzw. abstoßende Kräfte. Die wichtigsten chemischen Bindungen sind die ▸ Elektronenpaarbindung (Atombindung) und die ▸ Ionenbindung.

Chemische Formel: Chemisches Zeichen für Verbindungen. Sie kennzeichnet jeweils den Stoff und bei ▸ Ionenverbindungen eine Baueinheit und deren Zusammensetzung (▸ Verhältnisformel) sowie bei ▸ Molekülverbindungen ein ▸ Molekül und dessen Zusammensetzung (▸ Molekülformel).

Chemische Reaktion: Bei einer chemischen Reaktion werden durch Stoffumwandlung neue ▸ Stoffe mit anderen Eigenschaften gebildet. Jede chemische Reaktion ist auch durch Energieumwandlung gekennzeichnet. Dabei unterscheidet man ▸ exotherme und ▸ endotherme Reaktionen. Bei chemischen Reaktionen gruppieren sich die ▸ Atome der Ausgangsstoffe zu der in den Produkten charakteristischen Anordnung um.

Chemische Reaktion mit Elektronenübertragung: Chemische Reaktion, bei der zwischen den Teilchen der reagierenden Stoffe ▸ Elektronen übertragen werden. Solche Reaktionen sind ▸ Redoxreaktionen. Elektronenabgabe (▸ Oxidation) und Elektronenaufnahme (▸ Reduktion) finden dabei stets gleichzeitig statt.

Chemisches Symbol: International einheitliches chemisches Zeichen, das ein ▸ Element oder ein ▸ Atom dieses Elements kennzeichnet.

Chemische Verbindung: ▸ Reinstoffe, die durch ▸ chemische Reaktion in die ▸ Elemente zerlegt oder aus diesen gebildet werden können. Chemische Verbindungen sind aus mindestens zwei verschiedenen Atomarten aufgebaut.

D

Dichte: messbare Eigenschaft eines Stoffes, die zu seiner Charakterisierung dient. Die Dichte ist der Quotient aus Masse und Volumen einer Stoffportion. Sie ist unabhängig von Form und Größe der Stoffportion.

$\varrho = \frac{m}{V}$ Einheit: $1 \frac{g}{cm^3}$

Diffusion: eigenständiges Durchmischen zweier ▸ Stoffe (z. B. zweier Flüssigkeiten) aufgrund der Teilchenbewegung (Brown'sche Bewegung).

Dipolmoleküle: Moleküle, in denen getrennte Ladungsschwerpunkte für die positive und die negative elektrische Teilladung existieren. In ihnen liegt eine ▸ polare Elektronenpaarbindung vor. Beispiele: Chlorwasserstoffmolekül, Wassermolekül.

E

Edelgase: Elementfamilie der Elemente der VIII. Hauptgruppe. Sie sind sehr reaktionsträge.

Edelgaskonfiguration: Besonders stabile Elektronenkonfiguration. Die äußere Elektronenschale ist wie bei ▸ Edelgasen mit acht ▸ Elektronen besetzt (beim Helium mit zwei). Sie wird im Fall von acht Elektronen auch als Elektronenoktett bezeichnet.

Elektrolyse: ▸ Chemische Reaktion, bei der eine ▸ chemische Verbindung mithilfe von elektrischer Energie zerlegt wird. Elektrolysen sind ▸ endotherme Redoxreaktionen, bei denen durch den elektrischen Strom Elektronenübertragungen an Elektroden erzwungen werden. Elektrische Energie wird dabei in chemische Energie umgewandelt.

Elektron: Negativ elektrisch geladenes Teilchen in der Atomhülle von ▸ Atomen.

Elektronegativität: Nach PAULING ein Vergleichswert für die Anziehungskräfte von ▸ Atomen unterschiedlicher chemischer Elemente auf bindende Elektronenpaare. Die Polarität einer chemischen Bindung kann mithilfe der Differenz der Elektronegativitätswerte der ▸ Elemente abgeschätzt werden.

Elektronenakzeptor: Teilchen, das ▸ Elektronen aufnimmt.

Elektronendonator: Teilchen, das ▸ Elektronen abgibt.

Elektronenkonfiguration: Anordnung der ▸ Elektronen in den Elektronenschalen eines ▸ Atoms.

Elektronenpaarabstoßungsmodell: Modell zur Voraussage des räumlichen Baus einfacher ▸ Moleküle, das bindende und freie Elektronenpaare im Molekül betrachtet. Diese ordnen sich so im Molekül an, dass ihr Abstand am größten und damit ihre gegenseitige Abstoßung am geringsten ist.

Elektronenpaarbindung (Atombindung): Art der ▸ chemischen Bindung, die durch gemeinsame Elektronenpaare zwischen den ▸ Atomen bewirkt wird, z. B. in Wasserstoff-, Chlor- und Sauerstoffmolekülen.

Element: ▸ Reinstoff, der nur aus gleichartigen ▸ Atomen besteht.

Elementarteilchen: Teilchen, aus denen ▸ Atome aufgebaut sind, z. B. ▸ Protonen, ▸ Neutronen und ▸ Elektronen.

Elementfamilie: Gruppe von ▸ Elementen mit ähnlichen Eigenschaften und Reaktionen.

Endotherme Reaktion: ▸ Chemische Reaktion, die unter Aufnahme von Wärme aus der Umgebung abläuft. Die chemische Energie der Ausgangsstoffe ist kleiner als die chemische Energie der Reaktionsprodukte.

Erdalkalimetalle: ▸ Elementgruppe der Elemente der II. Hauptgruppe. Erdalkalimetallatome bilden durch Elektronenabgabe zweifach geladene ▸ Kationen.

Exotherme Reaktion: ▸ Chemische Reaktion, die unter Abgabe von Wärme an die Umgebung abläuft. Die chemische Energie der Ausgangsstoffe ist größer als die chemische Energie der Reaktionsprodukte.

F

Flammpunkt: Temperatur, bei der der Dampf über einem brennbaren Stoff durch Zündung entflammt werden kann.

G

Galvanische Zelle: Kombination aus zwei elektrochemischen Halbzellen, mit der chemische Energie in elektrische Energie umgewandelt wird. Beispiel: Batterie, Akkumulator, Brennstoffzelle.

Gesetz der konstanten Massenverhältnisse: In jeder ▸ chemischen Verbindung sind die ▸ Elemente in einem bestimmten konstanten Massenverhältnis gebunden.

Gesetz der Periodizität: Im ▸ Periodensystem kehren Elemente mit ähnlichem Atombau und ähnlich chemischem Verhalten periodisch wieder.

Gesetz von der Erhaltung der Masse: Bei ▸ chemischen Reaktionen ist die Masse der Ausgangsstoffe gleich der Masse der Reaktionsprodukte.
m(Ausgangsstoffe) = m(Reaktionsprodukte)

Glimmspanprobe: Nachweis für ▸ Sauerstoff. In reinem Sauerstoff flammt ein glimmender Holzspan hell auf.

H

Halbmetalle: ► Elemente, die mit ihren Eigenschaften zwischen ► Metallen und Nichtmetallen stehen.

Halogene: ► Elementgruppe der Elemente der VII. Hauptgruppe. Die ► Atome der Halogene bilden durch Elektronenaufnahme einfach geladene ► Anionen.

Halogenwasserstoffe: ► Halogene reagieren mit ► Wasserstoff zu Halogenwasserstoffen.

Hochofenprozess: Verfahren zur Herstellung von Roheisen aus Eisenerzen durch ► Redoxreaktionen im Hochofen.

Hydroxid-Ion: In einem Hydroxid-Ion ist ein Sauerstoffatom mit einem Wasserstoffatom über eine ► Elektronenpaarbindung verbunden. Chemisches Zeichen: OH^-

I

Indikator: Farbstoffe, die in ► sauren oder ► alkalischen Lösungen eine typische Farbänderung zeigen.

Ion: Positiv oder negativ elektrisch geladenes Teilchen in der Größenordnung von ► Atomen. Durch Aufnahme oder Abgabe von Elektronen können aus Atomen Ionen gebildet werden.

Ionenbindung: Art der ► chemischen Bindung, die durch Anziehung zwischen ungleichnamig elektrisch geladenen ► Ionen bewirkt wird. Die gebundenen Teilchen sind ► Ionen. Sie liegt in ► Ionenverbindungen vor, z. B. im Kaliumchlorid und im Magnesiumchlorid.

Ionenverbindung: Salzartige, aus ► Ionen aufgebaute Stoffe. Es sind harte, spröde Stoffe, mit meist hohen Schmelztemperaturen. Sie besitzen keine elektrische Leitfähigkeit im festen Zustand, sind aber als Schmelzen und in ► Lösungen elektrisch leitend. Beispiele: Natriumchlorid, Magnesiumoxid.

Isotop: ► Atome eines Elements mit gleicher Anzahl an ► Protonen, aber unterschiedlicher Anzahl an ► Neutronen und damit unterschiedlicher ► Atommasse.

K

Kalkwasserprobe: Nachweis für ► Kohlenstoffdioxid. Kalkwasser trübt sich milchig weiß bei Einleitung von Kohlenstoffdioxid.

Katalysator: Stoffe, die die ► Aktivierungsenergie einer ► chemischen Reaktion herabsetzen, ohne selbst dabei verbraucht zu werden.

Kation: Positiv elektrisch geladenes ► Ion.

Kern-Hülle-Modell: Modellvorstellung vom ► Atom. Nach diesem Modell bestehen Atome aus einem Atomkern und einer Atomhülle. Im Atomkern befinden sich positiv elektrisch geladene ► Protonen. In der Atomhülle befinden sich negativ elektrisch geladene ► Elektronen.
Atome sind elektrisch neutral, da die Anzahl der Protonen und die Anzahl der Elektronen übereinstimmen.

Kernladungszahl: Zahl, die die Anzahl der ► Protonen im Atomkern angibt. Sie entspricht der ► Ordnungszahl des ► Elements im ► Periodensystem der Elemente.

Knallgasprobe: Nachweis für Wasserstoff (in Kombination mit ► Wassernachweis). Ein Gasgemisch aus Wasserstoff und Luft bzw. Sauerstoff reagiert explosionsartig unter einem lauten Knall.

Kohlenstoffdioxid: Luftbestandteil, der sich durch ► Verbrennung von Erdöl, Kohle und Erdgas in der Atmosphäre anreichert und den natürlichen Treibhauseffekt verstärkt. Als Nachweis dient die ► Kalkwasserprobe.

Korrosion: Eine von der Oberfläche ausgehende Zerstörung von ► Metallen und ► Legierungen durch elektrochemische Reaktionen. Sie beruht auf Elektronenübertragungsreaktionen.

L

Laugen: Wässrige ► Lösungen von Metallhydroxiden. Laugen enthalten ► Hydroxid-Ionen [OH^- (aq)].

Legierung: homogene ► Stoffgemische aus verschiedenen ► Metallen. Legierungen unterscheiden sich in ihren Eigenschaften von den reinen ► Metallen, aus denen sie hergestellt wurden.

Löslichkeit: Gibt an, welche Masse eines festen Stoffes unter Normbedingungen (20 °C, 1013 hPa) in 100 g eines Lösemittels höchstens gelöst werden. Bei der Löslichkeit von Gasen wird angegeben, welche Masse eines Gases sich in 1 Liter Lösemittel höchstens löst.

Lösung: Homogene Gemische aus mindestens zwei reinen Stoffen. Sie bestehen aus gelöstem Stoff und Lösemittel. Wässrige Lösungen können sauer, neutral oder alkalisch sein. Sie sind durch ► Indikatoren nachweisbar.

Luft: ► Stoffgemisch aus mehreren Gasen. Hauptbestandteile sind ► Stickstoff ($\varphi = 78\,\%$) und ► Sauerstoff ($\varphi = 21\,\%$). Weitere Luftbestandteile sind die Edelgase und ► Kohlenstoffdioxid.

Luftschadstoffe: Die in der ▸ Luft enthaltenen Luftverunreinigungen wie Schwefeldioxid, Stickstoffoxide, Kohlenstoffmonooxid und Ozon. Luftschadstoffe können Pflanzen, Tiere und Menschen schädigen und das Klima auf der Erde beeinflussen.

M

Massenzahl: Zahl, die der Summe der Anzahl der ▸ Protonen und ▸ Neutronen im Atomkern entspricht. Die Massenzahl ist gleich der Nukleonenzahl.

Metall: ▸ Stoffe, die Wärme und den elektrischen Strom gut leiten. Sie lassen sich verformen und zeigen einen für Metalle typischen Glanz. Metalle bilden aufgrund ihrer charakteristischen Eigenschaften eine eigene Stoffgruppe. Metalle lassen sich nach der Dichte in Leichtmetalle ($\varrho < 5\,g/cm^3$) und Schwermetalle ($\varrho > 5\,g/cm^3$) sowie nach der Reaktivität gegenüber ▸ Sauerstoff und ▸ sauren Lösungen in unedle Metalle und Edelmetalle einteilen.

Metallhalogenide: ▸ Halogene reagieren mit ▸ Metallen zu Metallhalogeniden.

Molare Masse *M*: Quotient aus der Masse *m* und der ▸ Stoffmenge *n* einer Stoffportion mit der Einheit g/mol. Sie ist für jeden ▸ Stoff charakteristisch. Aus der molaren Masse eines Stoffes lässt sich die Masse eines Mols dieses Stoffes ableiten.

$M = \frac{m}{n}$ Einheit: $1\,\frac{g}{mol}$

Molares Volumen V_m: Quotient aus dem Volumen und der ▸ Stoffmenge *n* einer Stoffportion eines Gases.

$V_m = \frac{V}{n}$ Einheit: $1\,\frac{l}{mol}$

Unter Normbedingungen beträgt das molare Volumen $V_m = 22{,}4\,l/mol$.

Molekül: Teilchen, das aus zwei oder mehr fest miteinander verbundenen ▸ Atomen zusammengesetzt ist.

Molekülformel: Aus der Molekülformel ist erkennbar, aus welchen ▸ Elementen und wie viele ▸ Atome dieses Elements im Molekül miteinander verbunden sind. Die Molekülformel gibt die genaue Zusammensetzung einer ▸ Molekülverbindung wieder.

Molekülverbindung: Meist gasförmige oder flüssige, aus ▸ Molekülen aufgebaute Stoffe mit relativ niedrigen ▸ Siedetemperaturen. Sie sind nicht elektrisch leitend.
Beispiele: Brom, Chlorwasserstoff, Wasser.

N

Neutrale Lösung: Wässrige ▸ Lösung, die genauso viele ▸ Oxonium-Ionen wie ▸ Hydroxid-Ionen enthält. Sie ist weder sauer noch alkalisch. Ihr pH-Wert beträgt 7.

Neutralisation: ▸ Chemische Reaktion, bei der die hydratisierten ▸ Oxonium-Ionen einer ▸ sauren Lösung mit den hydratisierten ▸ Hydroxid-Ionen einer ▸ alkalischen Lösung zu Wassermolekülen reagieren. Neutralisationen verlaufen exotherm.

Neutron: Elektrisch neutrale Teilchen im Atomkern von ▸ Atomen.

O

Ordnungszahl: Zahl, die die Reihenfolge der ▸ Elemente im ▸ Periodensystem der Elemente kennzeichnet. Sie entspricht der ▸ Kernladungszahl und gibt die Anzahl der ▸ Protonen im Atomkern an.

Oxidation: Teilreaktion der ▸ Redoxreaktion, bei der eine Elektronenabgabe stattfindet. Sie ist die Umkehrung der ▸ Reduktion.

Oxidationsmittel: Stoff, der in einer ▸ Redoxreaktion einen anderen Stoff oxidiert. Oxidationsmittel sind ▸ Elektronenakzeptoren. Das Oxidationsmittel wird bei der Redoxreaktion reduziert.

Oxide: ▸ Chemische Verbindungen, in denen ein ▸ Metall oder ein Nichtmetall mit dem Element ▸ Sauerstoff verbunden ist. Oxide können durch ▸ chemische Reaktion von Metallen oder Nichtmetallen mit Sauerstoff entstehen.

Oxonium-Ion: In einem Oxonium-Ion ist ein Sauerstoffatom mit drei Wasserstoffatomen über jeweils eine ▸ Elektronenpaarbindung verbunden. Chemisches Zeichen: H_3O^+

P

Periodensystem der Elemente: Übersicht, in der die ▸ Elemente auf der Grundlage ihres Atombaus nach steigender ▸ Ordnungszahl angeordnet sind. Die Elemente sind in waagerechten Zeilen, den Perioden, und in senkrechten Spalten, den Gruppen, angeordnet.

pH-Wert: Maß für den Gehalt einer Lösung an Wasserstoff-Ionen. Er wird aus der ▸ Stoffmengenkonzentration der ▸ Oxonium-Ionen berechnet. Bei pH = 7 liegt eine neutrale Lösung vor, bei pH-Werten unter 7 ist die Lösung sauer, bei pH-Werten über 7 liegt eine alkalische Lösung vor.

Polare Elektronenpaarbindung: Art der chemischen Bindung in Molekülen. Sind verschiedenartige ► Atome miteinander verbunden, liegt eine polare Elektronenpaarbindung vor, in der das gemeinsame Elektronenpaar von den gebundenen Atomen unterschiedlich stark angezogen wird. Solche ► Moleküle sind häufig ► Dipolmoleküle. Als Vergleichsmaß zum Abschätzen der Polarität einer chemischen Bindung werden die ► Elektronegativitätswerte der Elemente nach PAULING genutzt. Beispiele: in Wassermolekülen und Chlorwasserstoffmolekülen

Proton: Positiv elektrisch geladenes Teilchen im Atomkern von ► Atomen.

R

Reaktion mit Protonenübertragung: ► Chemische Reaktion, bei der zwischen den Teilchen der reagierenden Stoffe ► Protonen übertragen werden.

Reaktionsgleichung: Beschreibt eine ► chemische Reaktion mithilfe chemischer Zeichen. Sie kennzeichnet die an der Reaktion beteiligten Stoffe und die Teilchen der Stoffe. Aus Reaktionsgleichungen lassen sich quantitative Aussagen über die kleinstmögliche Anzahl der reagierenden Teilchen, über die ► Stoffmengen aller Stoffe sowie über das ► Stoffmengenverhältnis der Stoffe untereinander ableiten. Beispiel: $2\,H_2\,(g) + O_2\,(g) \longrightarrow 2\,H_2O\,(l)$ | exotherm

Redoxreaktion: ► Chemische Reaktion, bei der ► Oxidation und ► Reduktion gleichzeitig ablaufen. Dabei wird das ► Reduktionsmittel oxidiert und das ► Oxidationsmittel reduziert. Redoxreaktionen sind Donator-Akzeptor-Reaktionen, bei denen zwischen Teilchen der reagierenden Stoffe Elektronenübertragungen stattfinden. Redoxreaktionen haben große Bedeutung bei technischen Prozessen, z. B. bei der Eisenerzeugung im ► Hochofenprozess.

Redoxreihe der Metalle: Anordnung von ► Metallen nach ihrem Bestreben, Elektronen abzugeben. Mithilfe der Redoxreihe der ► Metalle können mögliche ► Redoxreaktionen abgeschätzt werden.

Reduktion: Teilreaktion der ► Redoxreaktion, bei der eine Elektronenaufnahme stattfindet. Sie ist die Umkehrung der ► Oxidation.

Reduktionsmittel: ► Stoff, der in einer ► Redoxreaktion einen anderen Stoff reduziert. Reduktionsmittel sind ► Elektronendonatoren. Das Reduktionsmittel wird bei der Redoxreaktion oxidiert.

Reinstoff: ► Stoff, der aus einer Stoffart besteht. Reinstoffe können nicht weiter getrennt werden und haben einheitlich gleichbleibende Eigenschaftskombinationen.

S

Satz von Avogadro: Gleiche Volumina aller Gase enthalten bei gleicher Temperatur und gleichem Druck die gleiche Anzahl Teilchen.

Sauerstoff: Nichtmetall, das aus ► Molekülen aufgebaut ist. Sauerstoff ist ein farbloses und geruchloses Gas, das die ► Verbrennung anderer Stoffe fördert. Als Nachweis für Sauerstoff dient die Glimmspanprobe: Ein glimmender Holzspan flammt in reinem Sauerstoff auf.

Saure Lösungen: Wässrige Lösungen, die hydratisierte ► Oxonium-Ionen [H_3O^+ (aq)] enthalten. Die hydratisierten Oxonium-Ionen bewirken bei ► Indikatoren eine typische Farbänderung.

Säuren: Stoffe, die in Wasser gelöst ► saure Lösungen bilden.

Schalenmodell der Atomhülle: Atommodell, das besagt, dass die Atomhülle in Elektronenschalen gegliedert ist. In einer Elektronenschale halten sich Elektronen mit etwa gleicher Energie in gleichem Abstand zum Atomkern auf.

Schmelztemperatur: Temperatur, bei der ein ► Stoff vom festen in den flüssigen ► Aggregatzustand wechselt. Der Stoff schmilzt. Die Schmelztemperatur ist eine charakteristische Stoffeigenschaft, die aber von den äußeren Bedingungen abhängt (Luftdruck).

Siedetemperatur: Temperatur, bei der ein ► Stoff vom flüssigen in den gasförmigen ► Aggregatzustand wechselt. Der Stoff verdampft bzw. siedet. Die Siedetemperatur ist eine charakteristische Stoffeigenschaft, die aber von den äußeren Bedingungen abhängt (Luftdruck).

Stickstoff: Nichtmetall, das aus ► Molekülen aufgebaut ist. Stickstoff ist ein farbloses und geruchloses, nicht brennbares Gas, das Flammen erstickt.

Stoffe: Alle Gegenstände bestehen aus Stoffen. Stoffe erkennt man an ihren Eigenschaften. Die Eigenschaften der Stoffe lassen sich mithilfe der Sinnesorgane sowie mit Hilfsmitteln und Messgeräten ermitteln. Jeder Stoff besitzt eine für ihn typische Eigenschaftskombination, durch deren Angabe in einem Steckbrief jeder Stoff identifizierbar ist.

Der Bau der Stoffe lässt sich mithilfe des Teilchenmodells veranschaulichen. Man stellt sich dabei vor, dass die Stoffe aus kleinsten, unteilbaren Teilchen bestehen, die in ständiger Bewegung sind. Mit dem Teilchenmodell können Erscheinungen und Vorgänge gedeutet werden.

Stoffgemische: Stoffgemische bestehen aus mindestens zwei ▸ Reinstoffen. Sie können in Reinstoffe getrennt werden und haben keine einheitlich gleichbleibenden Eigenschaftskombinationen. Es werden homogene und heterogene Stoffgemische unterschieden. Beispiele für homogene Stoffgemische: Gasgemisch, ▸ Lösung, ▸ Legierung; Beispiele für heterogene Stoffgemische: Rauch, Suspension, Emulsion, Gemenge.

Stoffmenge *n*: Mathematische Größe, die der Zählbarkeit von Teilchen zugeordnet ist. Die Stoffmenge $n = 1$ mol gibt an, dass diese Stoffportion aus etwa $6 \cdot 10^{23}$ gleichartigen Teilchen besteht.

Stoffmengenkonzentration *c*: Quotient aus der ▸ Stoffmenge des gelösten Stoffes und dem Volumen der Lösung. Die Einheit ist mol/l.

$$c(\text{gelöster Stoff}) = \frac{n(\text{gelöster Stoff})}{V(\text{Lösung})} \qquad \text{Einheit: } 1\,\frac{\text{mol}}{\text{l}}$$

Synthese: ▸ Chemische Reaktion zur Bildung einer ▸ Verbindung aus den Elementen.

T

Titration: Verfahren zur Bestimmung der unbekannten ▸ Stoffmengenkonzentration einer ▸ sauren Lösung oder ▸ alkalischen Lösung.

Trennverfahren: Verfahren, die zum Trennen von ▸ Stoffgemischen genutzt werden. Beispiele für Trennverfahren: Sieben, Extrahieren, Sedimentieren, Filtrieren, Zentrifugieren, Eindampfen, Destillieren, Extrahieren, Chromatografieren.

V

Valenzstrichformel (Lewis-Formel): Strukturformel, in der bindende und nicht bindende (freie) Elektronenpaare dargestellt sind.

Van-der-Waals-Kräfte: Schwache Anziehungskräfte zwischen unpolaren ▸ Molekülen, z. B. zwischen Iodmolekülen.

Verbrennung: ▸ Chemische Reaktion, bei der ein Stoff mit dem Element ▸ Sauerstoff unter Entwicklung hoher Temperatur und Lichterscheinungen reagiert. Bei einer Verbrennung entstehen als Reaktionsprodukte ▸ Oxide. Die Verbrennung ist eine Redoxreaktion.

Verhältnisformel: Aus der Verhältnisformel ist ableitbar, aus welchen ▸ Elementen eine ▸ chemische Verbindung besteht und in welchem Anzahlverhältnis die ▸ Atome der Elemente in der Verbindung vorkommen.

W

Wärmeleitfähigkeit: Stoffeigenschaft, die kennzeichnet, wie gut ein ▸ Stoff die Wärme leitet. ▸ Metalle sind gute Wärmeleiter, Holz und Kunststoff sind schlechte Wärmeleiter.

Wasser: Reines Wasser ist eine ▸ chemische Verbindung. In einem Wassermolekül sind zwei ▸ Atome ▸ Wasserstoff mit einem Atom ▸ Sauerstoff verbunden. Wasser ist farblos, geruchlos und geschmacksfrei. Es siedet bei Normaldruck bei 100 °C und erstarrt bei 0 °C. Wasser ist ein gutes Lösemittel für viele feste Stoffe, Flüssigkeiten und Gase.

Wassernachweis: Die Blaufärbung von weißgrauem Kupfersulfat durch die Bildung von blauem, wasserhaltigem Kupfersulfat dient als Nachweis für Wasser.

Wasserstoff: Nichtmetall. In jedem Wasserstoffmolekül sind zwei ▸ Atome Wasserstoff miteinander verbunden. Wasserstoff ist farblos, geruchlos und brennbar. Er hat die geringste ▸ Dichte aller Stoffe. Mit ▸ Luft und ▸ Sauerstoff bildet er ein Gasgemisch, das explosionsartig mit lautem Knall verbrennt. Der Nachweis solcher Gasgemische wird als ▸ Knallgasprobe bezeichnet.

Wasserstoffbrücken: Zusätzliche Anziehungskräfte zwischen Dipolmolekülen, bei denen Wasserstoffatome an ein stark elektronegatives Element gebunden sind. Wasserstoffbrücken werden dadurch zu benachbarten ▸ Molekülen ausgebildet, z. B. in Wassermolekülen.

Wortgleichung (Reaktionsschema): Reaktionsschema zur Beschreibung einer ▸ chemischen Reaktion durch Kennzeichnung von Ausgangsstoffen und Reaktionsprodukten.
Beispiel: Eisen (s) + Sauerstoff (g)
⟶ Eisenoxid (s) | exotherm

Register

D

E

X

Z

Allgemeiner Hinweis zu den in diesem Lehrwerk abgebildeten Personen: Soweit in diesem Lehrwerk Personen fotografisch abgebildet sind und ihnen von der Redaktion fiktive Namen, Berufe, Dialoge und Ähnliches zugeordnet oder diese Personen in bestimmte Kontexte gesetzt werden, dienen diese Zuordnungen und Darstellungen ausschließlich der Veranschaulichung und dem besseren Verständnis des Inhalts.

Bildnachweis

Titelbild: Mauritius images/John Warburton-Lee
123RF/Massimiliano Gallo: 10/3 | A1PIX/Your Photo Today: 11/4 | action press: 173/3 | Agentur Focus/SPL: 81/5, 175/5a, 175/5b, 230/5 | akg-images: 190/1, 161/4, 264/3 | Arne Mundt: 94/2 | Bahro, K., Berlin: 99/5 | Bildagentur Huber/Baviera Guido: 269/5 | Brandl: 133/B1 | Corbis: moodboard: 9/1, Najlah Feanny: 11/1, Ressmeyer, R.: 183/4, Scientifica/Visuals Unlimited: 205/2, The State Hermitage Museum, St. Petersburg, Russia: 85/4 | Cornelsen Schulverlage GmbH: 44/A2, 83/1 | Deutsche Bahn AG/Wolfgang Klee: 124/1 | Deutscher Verkehrssicherheitsrat: 54/2 | doc-stock GmbH: 239/3 | Döring, V., Hohen Neuendorf: 15/1, 15/2, 18/2, 27/2, 30/1d, 30/Eisen, 37/4, 50/2, 52/2, 59/2, 84/1, 94/4, 107/4, 120/1, 152/3, 153/1, 154/1, 160/1, 170/2, 171/3, 171/5, 174/2, 175/1a, 175/1b, 175/1c, 175/1d, 175/1e, 177/1a, 177/1b, 177/1c, 178/3b, 178/3c, 179/5, 180/1, 180/2, 184/1, 184/2, 184/3, 184/4, 184/5, 213/1, 216/2/unten, 220/1, 224/2/links, 224/2/rechts, 225/5, 240/1a, 244/1b, 257/1, 260/2, 261/6, 261/7a, 261/7b, 261/7c, 262/1a, 262/1b, 274/2oben, 274/2unten, 280/1, 281/1, 284/B1 | Engelhard Arzneimittel GmbH & Co. KG.: 159/oben | F1 online/Flirt: 276/1 | Fotex/Rex Interstock: 99/6 | Fotofinder: Design Pics/images.de: 236/A1, LEEMAGE/images.de: 226/3/links, Science & Society/images.de: 226/3/rechts | Fotolia: 8vfan: 150/1, Alexander Erdbeer: 173/1, Andy Nowack: 67/1, ArtemSam: 182/2, ArTo: 64/B1a, Barbara Pheby: 16/2, BeTa-Artworks: 136/1b, Dan Race: 260/1, digitalstock: 100/1b, Dmitry DG: 30/Kupfer, Dron: 100/1a, Eisenhans: 31/5, emer: 27/1, Erwin Wodicka: 30/1a, Gina Sanders: 4/1, 66/1, grekoff: 71/3b, ingwio: 71/3a, Jörg Hackemann: 52/1, Jostein Hauge: 198/1, Jürgen Fälchle: 275/4, kab-vision: 257/3, khorixas: 129/7, Kzenon: 47/1, lichtblickefied: 21/1, lycidas84: 64/B1b, marcel: 45/D2, Martin Schwan: 239/2, Matze: 95/5, mezzotint: 14/1, molekuul.be: 14/2, Natika: 176/1, Nikolai Sorokin: 47/2, Pavlo Vakhrushev: 74/1, PEHA: 251/5, prezoom: 16/1, Raphael Goetter: 158/1, RCphoto: 156/1a, Reinhard Marscha: 189/2, Ruediger Rau: 64/B1c, Rulan: 129/6, Schlierner: 278/1a, Sebastian Kaulitzki: 181/2, seen: 71/3e, Sergiogen: 167/2, StefanieB.: 167/3, Steve Young: 24/3, Steve Young: 118/1c, tadoma: 193/4, Thomas Leiss: 55/4, ThorstenSchmitt: 107/3, Udo Ingber: 183/5, VRD: 156/1b, Wild Geese: 76/1re, wiw: 268/1, XueJun Li 2011: 228/2, YUYANG: 19/1 | GlowImages: Heritage Images RM: 266/1, imagebroker.com: 192/1, Koolstock/Radius Images: 137/4, SuperStock: 198/2 | Imago/blickwinkel: 239/1 | iStockphoto: 136/2d, Alexey Ukhov: 136/2b, Don Wilkie: 72/1, ElementalImaging: 92/2, Eric Isselée: 70/Schlange, FotografiaBasica: 36/1, iom: 76/1li, Jacom Stephens: 91/2, John Gollop: 118/1b, Karen Arehart: 136/2f, Kevin Maw: 115/1, Laurentiu Lordache: 115/2, Lijuan Guo: 4/2, 90/1, Martin Strmko: 287/I1, Nicholas: 91/3, olliemtdog: 128/1, Ralph125: 11/3, robynmac: 257/2, Sandra vom Stein: 10/1, Sunnybeach: 75/5, Thomas Saupe: 9/3, Thomas Saupe: 5/2, 148/1 | Juniors Bildarchiv/WILDLIFE/D. Harms: 255/C2 | Laif/Berthold Steinhilber: 230/1 | LD Systeme AG & Co. KG: 152/2 | Mahler, H., Fotograf, Berlin: 28/1a, 37/3, | mauritius images: Alamy: 6/1, 21/2, 173/2, 188/1, CuboImages: 88/A1, Dietmar Walser: 47/3, euroluftbild.de/Robert Grahn: 274/1, H. Frei: 138/1, Hans-Peter Merten: 124/2, ib: 111/B1, ib/Christian Handl: 102/2, ib/Michael Weber: 31/3, ib/Paul Sawer/FLPA: 11/2, imagebroker: 224/1, imageBROKER / H.-D. Falkenstein: 213/3, Jay Reilly: 216/1, Jeffrey Blackler/Alamy: 213/2, Jiri Hubatka: 246/1a, Peter Lehner: 64/B1d, Photo Researchers: 39/3, Photononstop: 149/1, Phototake: 255/C1b, 255/C1c, SuperStock: 250/1a, United Archives: 30/1c, 143/1, 189/1, 286/E1/links, V&A Images: 285/D1 | Minkus, Volker: 24/1, 40/2, 51/3a, 51/3b, 71/5, 71/5, 106/1, 138/3, 222/2, 236/B1/oben, 236/B1/unten, 272/1a,

272/1b, 277/1 | NASA: 98/1, 201/1, CXC/MIT/L.Lopez: 201/2, Johns Hopkins University Applied Physics Laboratory/Carnegie Institution of Washington: 164/B1, JPL-Caltech/STScI/CXC/SAO: 3/1, 8/1 | OKAPIA: Hans Reinhard: 39/1, J-L Klein & M-L Hubert: 135/1, 255/C1a, NAS/Biophoto Associates: 181/3 | Oliver Killig: 14/3 | Panthermedia: GRONDIN Julien: 9/2, Songquan Deng: 5/3, 166/1, Thomas Kakalik: 244/1a | Photoshot/Bandphoto/UPPA: 140/1 | picture-alliance: 226/1, Artcolor: 122/1, dpa: 6/2, 50/1, 89/C1, 123/2, 135/3, 212/1, Kai Remmers: 275/oben, maxppp: 79/4, 142/1, Nicolas Armer: 201/3, OKAPIA KG, Germany: 52/3, Patrick Seege: 222/1, Reinhard Dirscherll: 34/2, Wiesbaden112: 112/D1, WILDLIFE: 135/2, ZB: 34/1, 39/2, 94/3, 178/2, ZB/euroluftbild: 196/1 | Pitopia/Lukas Kaisler, 2011: 170/1 | Reinhard Dirscherl/WaterFrame: 78/1 | Reuters: 254/A1, Yuriko Nakao: 10/2 | Röhl, S., Berlin: 12/2, 13/4, 13/6, 13/7, 24/2, 29/4, 60/2, 61/1, 126/unten links, 152/1, 216/2/oben | S. Ruhmke, Berlin: 12/1 | Schuchardt, W. Göttingen: 178/3a | Shutterstock: 233/1, 233/2, Africa Studio: 58/5, Alexey Bragin: 251/4, Anatoly Maslennikov: 30/1b, Anneka: 250/1b, ASchindl: 3/2, 20/1, bluebay: 149/3, bluehand: 278/2, Bragin Alexey: 58/1, chinahbzyg: 183/7, Christian Lagerek: 211/C1/oben, CREATISTA: 226/2, Cristi Lucaci: 24/4, David Spieth: 196/1, DDCoral: 6/3, 238/1, FreshPaint: 71/4, Fribus Ekaterina: 118/1a, fztommy: 44/B, Gary Whitton: 4/3, 114/1, Gordon Bell: 65/D1, gresei: 56/2, H. Kan: 136/1a, Henri Vandelanotte: 5/1, 134/1, hxdbzxy: 58/3, Jim Hughes: 223/5, Johann Viloria: 79/3, JustASC: 21/3, kavram: 3/3, 46/1, Kletr: 121/3, Konstantin Kuznetcov: 61/2a, Limpopo: 108/1, Lisa F. Young: 56/1, Ljupco Smokovski: 58/4, M. Bonotto: 57/5a, magicinfoto: 167/1, mama_mia: 80/1, Marcel Clemens: 240/1b, Margrit Hirsch: 61/2b, Mark Mirror: 246/1b, Mark William Penny: 136/2e, Michal Baranski: 118/3, muratart: 178/1, Nikolaj Kondratenko: 58/6, Ogwen: 251/3, OlegD: 91/1, Olga Popova: 189/3, Pakhnyushcha: 10/5, Paul-Andrä-Belle-Isle: 41/3, photofriday: 65/C1, qvist: 56/3, Rido: 136/2a, ronfromyork: 102/3, Sean Pavone Photo: 115/3, Siim Sepp: 128/2, Songquan Deng: 182/1, Susanna Barzaghi: 58/2, Tom Begasse: 28/1b, Valentyn Volkov: 36/2, Valentyn Volkov: 58/7, Valerie Potapova: 64/A1, Viktor1: 7/1, 256/1, Vilainecrevette: 136/2c, Wlad74: 126/2, Yuriy Chertok: 211/C1/unten | Söchting Biotechnik GmbH: 147/A1 | Speedminton GmbH: 10/4 | SPL/Andrew Lambert Photography: 119/4 | Süddeutsche-Zeitung-DIZ /Science Museum/SSPL: 194/1 | vario images: 133/B2, Chromorange: 187/C1 | Wacker Siltronic, Burghausen: 129/6 | Wilhelm, S., Berlin: 44/A, 57/5b, 57/5c, 59/1, 67/2, 67/3, 70/1, 70/2, 71/3c, 71/3d, 106/2, 149/2, 157/3, 165/C1, 278/1b, 280/2 | WMF AG, Geislingen/Steige: 127/4 | www.conrad.de: 229/4 | Your photo today. A1 pix - superbild: 174/1

Periodensystem der Elemente

Metall	Halbmetall	Nichtmetall

schwarz = Feststoff
weiß = Flüssigkeit
rot = Gas
hellblau = künstliches Element
* = radioaktives Element

[1] = Gruppennummerierung IUPAC (1989): Gruppennummern 1 bis 18
[2] = vorläufiges IUPAC-Symbol

Periode	1[1] I. Hauptgruppe	2 II. Hauptgruppe	3 III. Nebengruppe	4 IV. Nebengruppe	5 V. Nebengruppe	6 VI. Nebengruppe	7 VII. Nebengruppe	8 VIII. Nebengruppe	9 VIII. Nebengruppe
1	1 1,008 2,1 H Wasserstoff								
2	3 6,94 1,0 Li Lithium	4 9,01 1,5 Be Beryllium							
3	11 22,99 0,9 Na Natrium	12 24,31 1,2 Mg Magnesium							
4	19 39,10 0,8 K Kalium	20 40,08 1,0 Ca Calcium	21 44,96 1,3 Sc Scandium	22 47,88 1,5 Ti Titan	23 50,94 1,6 V Vanadium	24 51,996 1,6 Cr Chrom	25 54,94 1,5 Mn Mangan	26 55,85 1,8 Fe Eisen	27 58,93 1,8 Co Cobalt
5	37 85,47 0,8 Rb Rubidium	38 87,62 1,0 Sr Strontium	39 88,91 1,3 Y Yttrium	40 91,22 1,4 Zr Zirconium	41 92,91 1,6 Nb Niob	42 95,94 1,8 Mo Molybdän	43 [98] 1,9 Tc* Technetium	44 101,07 2,2 Ru Ruthenium	45 102,91 2,2 Rh Rhodium
6	55 132,91 0,7 Cs Caesium	56 137,33 0,9 Ba Barium	57 138,91 1,1 La ● Lanthan	72 178,49 1,3 Hf Hafnium	73 180,95 1,5 Ta Tantal	74 183,84 1,7 W Wolfram	75 186,21 1,9 Re Rhenium	76 190,23 2,2 Os Osmium	77 192,22 2,2 Ir Iridium
7	87 [223] 0,7 Fr* Francium	88 226,03 0,9 Ra* Radium	89 227,03 1,1 Ac* ●● Actinium	104 [261] Rf* Rutherfordium	105 [262] Db* Dubnium	106 [266] Sg* Seaborgium	107 [264] Bh* Bohrium	108 [277] Hs* Hassium	109 [268] Mt* Meitnerium

Ordnungszahl — 7
Atommasse in u — 14,007
Elektronegativitätswert — 3,0
Symbol — N
Name — Stickstoff

Die Atommassen in eckigen Klammern beziehen sich auf das längstlebige gegenwärtig bekannte Isotop des betreffenden Elements.

● **Elemente der Lanthanreihe (Lanthanoide)**

Periode					
6	58 140,12 1,1 Ce Cer	59 140,91 1,1 Pr Praseodym	60 144,24 1,2 Nd Neodym	61 [145] 1,2 Pm* Promethium	62 150,36 1,2 Sm Samarium

●● **Elemente der Actiniumreihe (Actinoide)**

Periode					
7	90 232,04 1,3 Th* Thorium	91 231,04 1,5 Pa* Protactinium	92 238,03 1,7 U* Uran	93 [237] 1,3 Np* Neptunium	94 [244] 1,3 Pu* Plutonium